中国海相碳酸盐岩大中型油气田分布规律及勘探实践丛书

金之钧　马永生　主编

南方海相层系油气形成规律及勘探评价

马永生　郭旭升　郭彤楼　胡东风　付孝悦　等 著

科 学 出 版 社

北 京

内 容 简 介

中国南方海相地层天然气资源丰富，本书以南方中古生界海相盆地形成与改造、海相烃源岩和油气储盖发育分布及形成机理、复杂构造区带油气保存条件评价研究、大型礁滩气田形成富集规律以及勘探关键技术为重点，并结合勘探实践，系统总结了该区自“十一五”时期以来的主要研究成果。

本书是一部理论性、实践性、实用性较强的专著，材料翔实，论述深入，可供广大地质勘探人员、石油地质综合研究人员参考，也可供石油地质类高等院校学生阅读使用。

审图号：GS 京（2022）1472 号

图书在版编目（CIP）数据

南方海相层系油气形成规律及勘探评价/马永生等著. —北京：科学出版社，2022.11

（中国海相碳酸盐岩大中型油气田分布规律及勘探实践丛书/金之钧，马永生主编）

ISBN 978-7-03-073838-7

Ⅰ. ①南… Ⅱ. ①马… Ⅲ. ①海相生油–油气藏形成–研究–南方地区 ②海相生油–油气勘探–研究–南方地区 Ⅳ. ①P618.130.2

中国版本图书馆 CIP 数据核字（2022）第 221292 号

责任编辑：孟美岑 姜德君 陈姣姣/责任校对：王 瑞
责任印制：吴兆东/封面设计：陈 敬

科学出版社 出版
北京东黄城根北街 16 号
邮政编码：100717
http://www.sciencep.com
北京中科印刷有限公司印刷

科学出版社发行 各地新华书店经销
*
2022 年 11 月第 一 版 开本：787×1092 1/16
2022 年 11 月第一次印刷 印张：21 1/4
字数：500 000

定价：298.00 元
（如有印装质量问题，我社负责调换）

丛书编委会

丛 书 序

保障国家油气供应安全是我国石油工作者的重大使命。在东部老区陆相盆地油气储量难以大幅度增加和稳产难度越来越大时，油气勘探重点逐步从中国东部中、新生代陆相盆地向中西部古生代海相盆地转移。与国外典型海相盆地相比，国内海相盆地地层时代老、埋藏深，经历过更加复杂的构造演化史。高演化古老烃源岩的有效性、深层储层的有效性、多期成藏的有效性与强构造改造区油气保存条件的有效性等油气地质理论问题，以及复杂地表、复杂构造区的地震勘探技术、深层高温高压钻完井等配套工程技术难题，严重制约了海相油气勘探的部署决策、油气田的发现效率和勘探进程。

针对我国石油工业发展的重大科技问题，国家科技部2008年组织启动国家科技重大专项“大型油气田及煤层气开发”，并在其中设立了“海相碳酸盐岩大中型油气田分布规律及勘探评价”项目。“十二五”期间又持续立项，前后历时8年。项目紧紧围绕“多期构造活动背景下海相碳酸盐岩层系油气富集规律”这一核心科学问题，以“落实资源潜力，探索海相油气富集与分布规律，实现大中型油气田勘探新突破”为主线，聚焦中西部三大海相盆地，凝聚26家单位500余名科研人员，形成了“产学研”一体化攻关团队，以成藏要素的动态演化为研究重点，开展了大量石油地质基础研究和关键技术与装备的研发，进一步发展和完善了海相碳酸盐岩油气地质理论、勘探思路及配套工程工艺技术，通过有效推广应用，获得了多项重大发现，落实了规模储量。研究成果标志性强，产出丰富，得到了业界专家高度评价，在行业内产生了很大影响。

由金之钧、马永生两位院士主编的《中国海相碳酸盐岩大中型油气田分布规律及勘探实践丛书》是在项目成果报告基础上，进一步凝练而成。

在海相碳酸盐岩层系成盆成烃方面，突出了多期盆地构造演化旋回对成藏要素的控制作用及关键构造事件对成藏的影响，揭示了高演化古老烃源岩类型及生排烃特征与机理，建立了多元生烃史恢复及有效性评价方法；在储层成因机理与评价方法方面，重点分析了多样性储层发育与分布规律，揭示了埋藏过程流体参与下的深层储层形成与保持机理，建立了储层地质新模式与评价新方法；在油气保存条件方面，提出了盖层有效性动态定量评价思路和指标体系，揭示了古老泥岩盖层的封盖机理；在油气成藏方面，阐明了海相层系多元多期成藏、油气转化和改造调整的特征，完善了油气成藏定年示踪及混源定量评价技术，明确了海相层系油气资源及盆地内各区带资源分布。创新提出了海相层系“源-盖控烃”“斜坡-枢纽控聚”“近源-优储控富”的油气分布与富集规律，并依此确立了选区、选带、选目标的勘探评价思路。

在地震勘探技术方面，面对复杂地表、复杂构造和复杂储层，形成了灰岩裸露区的地震采集技术，研发了山前带低信噪比的三维叠前深度偏移成像技术及起伏地表叠前成像技术；在钻井工程方面，针对深层超深层高温高压及酸性腐蚀气体等难点，形成了海相油气井优快钻井技术、超深水平井钻井技术、井筒强化技术及多压力体系固井技术等，逐步形成了海相大中型油气田，特别是海相深层油气勘探配套的工程技术系列。

这些成果代表了海相碳酸盐岩层系油气理论研究的最新进展和技术发展方向，有力支撑了海相层系油气勘探工作。实现了塔里木盆地阿-满过渡带的重大勘探突破、四川盆地元坝气田的整体探明及川西海相层系的重大导向性突破、鄂尔多斯盆地大牛地气田的有序接替，新增探明油气地质储量 8.64 亿吨油当量，优选了 6 个增储领域，其中 4 个具有亿吨级规模。同时，形成了一支稳定的、具有国际影响力的海相碳酸盐岩研究和勘探团队。

我国海相碳酸盐岩层系油气资源潜力巨大，勘探程度较低，是今后油气勘探十分重要的战略接替领域。我本人从 20 世纪 80 年代末开始参加塔里木会战，后来任中国石油副总裁和总地质师，负责科研与勘探工作，一直在海相碳酸盐岩领域从事油气地质研究与勘探组织工作，对中国叠合盆地形成演化与油气分布的复杂性，体会很深。随着勘探深度的增加，勘探风险与成本也在不断增加。只有持续开展海相油气地质理论与技术、装备方面的科技攻关，才能不断实现我国海相油气领域的开疆拓土、增储上产、降本增效。我相信，该套丛书的出版，一定能为继续从事该领域理论研究与勘探实践的科研生产人员提供宝贵的参考资料，并发挥日益重要的作用。

谨此将该套丛书推荐给广大读者。

国家科技重大专项“大型油气田及煤层气开发”技术总师
中国科学院院士

2021 年 11 月 16 日

丛书前言

中国海相碳酸盐岩层系具有时代老、埋藏深、构造改造强的特点，油气勘探面临一系列的重大理论技术难题。经过几代石油人的艰苦努力，先后取得了威远、靖边、塔河、普光等一系列的油气重大突破，初步建立了具有我国地质特色的海相油气地质理论和勘探方法技术。随着海相油气勘探向纵深展开，越来越多的理论技术难题逐步显现出来，影响了海相油气资源评价、目标优选、部署决策，制约了海相油气田的发现效率和勘探进程。借鉴我国陆相油气地质理论与国外海相油气地质理论和先进技术，创新形成适合中国海相碳酸盐岩层系特点的油气地质理论体系和勘探技术系列，实现海相油气重大发现和规模增储，是我国油气行业的奋斗目标。

2008 年国家三部委启动了“大型油气田及煤层气开发”国家重大专项，设立了“海相碳酸盐岩大中型油气田分布规律及勘探评价”项目。“十二五”期间又持续立项，前后历时 8 年。项目紧紧围绕“多期构造活动背景下海相碳酸盐岩层系油气富集规律”这一核心科学问题，聚焦中西部三大海相盆地石油地质理论问题和关键技术难题，开展了多学科结合，产-学-研-用协同的科技攻关。

基于前期研究成果和新阶段勘探对象特点的分析，进一步明确了项目研究面临的关键问题与攻关重点。在地质评价方面，针对我国海相碳酸盐岩演化程度高、烃源岩时代老、生烃过程恢复难，缝洞型及礁滩相储层非均质性强、深埋藏后优质储层形成机理复杂，多期构造活动导致多期成藏与改造、调整、破坏等特点导致的勘探目标评价和预测难度增大，必须把有效烃源、有效储盖组合、有效封闭保存条件统一到有效的成藏组合中，全面、系统、动态地分析多期构造作用下油气多期成藏与后期调整改造机理，重塑动态成藏过程，从而更好地指导有利区带的优选。在地震勘探方面，面对“复杂地表、复杂构造、复杂储层”等苛刻条件，亟需解决提高灰岩裸露区地震资料品质、山前带复杂构造成像、提高特殊碳酸盐岩储层预测及流体识别精度等技术难题。在钻完井工程技术方面，亟需开发出深层多压力体系、裂缝孔洞发育、富含腐蚀性气体等特殊地质环境下的钻井、固井、储层保护等技术。项目具体的理论与技术难题可概括为六个方面：①海相烃源岩多元生烃机理和资源量评价技术；②深层-超深层、多类型海相碳酸盐岩优质储层发育与保存机制；③复杂构造背景下盖层有效性动态评价与保存条件预测方法；④海相大中型油气田富集机理、分布规律与勘探评价思路；⑤针对“复杂地表、复杂构造、复杂储层”条件的地球物理采集、处理以及储层与流体预测技术；⑥深层-超深层地质环境下，优快钻井、固井、完井和酸压技术。

围绕上述科学技术问题与攻关目标，项目形成了以下技术路线：以“源-盖控烃”“斜坡-枢纽控聚”“近源-优储控富”地质评价思路为指导，以“落实资源潜力、探索海相油气富集分布规律、实现大中型油气田勘探新突破”为主线，围绕多期构造活动背景下的海相碳酸盐岩油气聚散过程与分布规律这一核心科学问题，以深层-超深层碳酸盐岩储层预测与优快钻井技术为攻关重点，将地质、地球物理与工程技术紧密结合，形成海相大中型油气田勘探评价及配套工程技术系列，遴选出中国海相碳酸盐岩层系油气勘探目标，为实现海相油气战略突破提供有力的技术支撑。

针对攻关任务与考核目标，项目设立了 6 个课题：课题 1——海相碳酸盐岩油气资源潜力、富集规律与战略选区；课题 2——海相碳酸盐岩层系优质储层分布与保存条件评价；课题 3——南方海相碳酸盐岩大中型油气田分布规律及勘探评价；课题 4——塔里木-鄂尔多斯盆地海相碳酸盐岩层系大中型油气田形成规律与勘探评价；课题 5——海相碳酸盐岩层系综合地球物理勘探技术；课题 6——海相碳酸盐岩油气井井筒关键技术。

项目和各课题按“产-学-研-用一体化”分别组建了研究团队。负责单位为中国石化石油勘探开发研究院，联合承担单位包括：中国石化石油工程技术研究院、勘探分公司、西北油田分公司、华北油气分公司、江汉油田分公司、江苏油田分公司、物探技术研究院，中国科学院广州地球化学研究所、南京地质古生物研究所、武汉岩土力学研究所，北京大学，中国石油大学（北京），中国石油大学（华东），中国地质大学（北京），中国地质大学（武汉），西安石油大学，中国海洋大学，西南石油大学，西北大学，成都理工大学，南京大学，同济大学，浙江大学，中国地质科学院地质力学研究所等。

在全体科研人员的共同努力下，完成了大量实物工作量和基础研究工作，取得了如下进展：

（1）建立了海相碳酸盐岩层系油气生、储、盖成藏要素与动态成藏研究的新方法与地质评价新技术。①明确了海相烃源岩成烃生物类型及生烃潜力。通过超显微有机岩石学识别出四种成烃生物：浮游藻类、底栖藻类、真菌细菌类、线叶植物和高等植物类。海相烃源岩以Ⅱ型干酪根为主，不同成烃生物生油气产率表现为陆源高等植物（III型）<真菌细菌类<或≈底栖生物（Ⅱ型）< 浮游藻类（Ⅰ型）。硅质型、钙质型、黏土型三类烃源岩在早、中成熟阶段排烃效率存在显著差异。硅质型烃源岩排烃效率约为 21%～60%，随硅质有机质薄层增加而增大；钙质型烃源岩排烃效率约为 13%～36%，随碳酸盐含量增加而增大；黏土型烃源岩排烃效率约为 1%～4%。在成熟晚期，三类烃源岩排油效率均迅速增高到 60%以上。②揭示了深层优质储层形成机理与发育模式，建立了评价和预测新技术。通过模拟实验研究，发现了碳酸盐岩溶蚀率受温度（深度）控制的“溶蚀窗”现象，揭示出高温条件下白云石-SiO_2-H_2O 的反应可能是一种新的白云岩储集空间形成机制。通过典型案例解剖，建立了深层岩溶、礁滩、白云岩优质储层形成与发育模式。完善了成岩流体地球化学示踪技术；建立了基于分形理论的储集空间定量表征技术；在地质建模的基础上，发展了碳酸盐岩储层描述、评价与预测新技术。③建立了海相层系油气保存条件多学科综合评价技术。研发了地层流体超压的地震预测新算法；探索了以横波估算、分角度叠加、叠前弹性反演为核心的泥岩盖层脆塑性评价方法；建立了改造阶段盖层封闭性动态演化评价方法，完善了“源-盖匹配”关系研究内容，形成了油气保存条件定量评价指标体系，综合评价了三大盆地海相层系油气保存条件。④建立了海相层系油气成藏定年-示踪及混源比定量评价技术。根据有机分子母质继承效应、稳定同位素分馏效应以及放射性子体同位素累积效应，构建了以稳定同位素组成为基础，以组分生物标志化合物轻烃、非烃气体和稀有气体同位素、微量元素为重要手段的烃源

转化、成烃、成藏过程示踪指标体系，明确了不同类型烃源的成烃过程及贡献，厘定了油气成烃、成藏时代。采用多元数理统计学方法，建立了定量计算混源比例新技术。利用完善后的定年地质模型测算元坝气田长兴组天然气成藏时代为12～8 Ma。定量评价塔河油田混源比，确定了端元烃源岩的性质及油气充注时间。

（2）发展和完善了海相大中型油气田成藏地质理论，剖析了典型海相油气成藏主控因素与分布规律，建立了海相盆地勘探目标评价方法。①明确了四川盆地大中型油气田成藏主控因素与分布规律。通过晚二叠世缓坡—镶边台地动态沉积演化过程及区域沉积格架恢复，重建了“早滩晚礁、多期叠置、成排成带”的生物礁发育模式，建立了“三微输导、近源富集、持续保存”的超深层生物礁成藏模式。提出川西拗陷隆起及斜坡带雷口坡组天然气成藏为近源供烃、网状裂缝输导、白云岩化+溶蚀控储、陆相泥岩封盖、构造圈闭及地层+岩性圈闭控藏的地质模式。提出早寒武世拉张槽控制了优质烃源岩发育，建立了沿拉张槽两侧“近源-优储”的油气富集模式。②深化了塔里木盆地大中型油气田成藏规律认识，建立了不同区带油气成藏模式。通过典型油气藏解剖，建立了塔中北坡奥陶系碳酸盐岩“斜坡近源、断盖匹配、晚期成藏、优储控富”的天然气成藏模式。揭示了塔河外围与深层“多源供烃、多期调整、储层控富、断裂控藏”的碳酸盐岩缝洞型油气成藏机理。③建立了鄂尔多斯盆地奥陶系风化壳天然气成藏模式和储层预测方法。在分析鄂尔多斯盆地奥陶系风化壳天然气成藏主控因素的基础上，建立了“双源供烃、区域封盖、优储控富”的成藏模式。提出了基于沉积（微）相、古岩溶相和成岩相分析的“三相控储”优质储层预测方法和风化壳裂缝-岩溶型致密碳酸盐岩储层分布预测描述技术体系。④建立了海相盆地碳酸盐岩层系油气资源评价及勘探目标优选方法。开展了油气资源评价方法和参数体系的研究，建立了4个类比标准区，计算了塔里木、四川、鄂尔多斯盆地海相烃源岩油气资源量。阐明了海相碳酸盐岩层系斜坡、枢纽油气控聚机理，总结了海相碳酸盐岩层系油气富集规律。在“源-盖控烃”选区、“斜坡-枢纽控聚”选带和“近源-优储控富”选目标的勘探思路指导下，开展了海相碳酸盐岩层系油气勘探战略选区和目标优选。

（3）研发了一套适合于复杂构造区和深层-超深层地质条件的地震采集处理和钻完井工程技术。①针对我国碳酸盐岩领域面临的复杂地表、复杂构造和储层条件，建立了系统配套的地球物理技术。形成了南方礁滩相和西部缝洞型储层三维物理模型与物理模拟技术，建立了一套灰岩裸露区地震采集技术。研发了适应山前带低信噪比资料特征的Beam-ray三维叠前深度偏移成像技术，建立了一套起伏地表各向异性速度建模与逆时深度偏移技术流程，形成了先进的叠前成像技术。②发展了海相碳酸盐岩层系优快钻、完井技术。研制了随钻地层压力测量工程样机、带中继器的电磁波随钻测量系统、高效破岩工具及高抗挤空心玻璃微珠、低摩阻钻井液体系、耐高温地面交联酸体系等。揭示了碳酸盐岩地层大中型漏失、高温条件下的酸性气体腐蚀、碳酸盐岩储层导电等机理。建立了碳酸盐岩地层孔隙压力预测、混合气体腐蚀动力学、超深水平井分段压裂、完井管柱安全性评价、含油气饱和度计算等模型。提出了地层压力预测及测量解释、漏层诊断、井壁稳定控制、碳酸盐岩深穿透工艺、水平井分段压裂压降分析、流体性质识别等方法，形成了长传输电磁波随钻测量系统、超深海相油气井优快钻井、超深水平井钻井、海相油气井井筒强化、深井超深井多压力体系固井、缝洞型储层测井解释与深穿透酸压等技术。

（4）研究成果及时应用于三大海相盆地油气勘探工作之中，成效显著。①阐释了“源-盖控烃”“斜坡-枢纽控聚”“近源-优储控富”的机理，提出了勘探选区选带选目标评价方法，有效指导海相层系油气勘探。在“源-盖控烃”选区、“斜坡-枢纽控聚”选带、“近源-优储控富”选目标勘探思路的指导下，开展了海相碳酸盐岩层系油气勘探战略选区评价，推动了 4 个滚动评价区带的扩边与增储上产，明确了 16 个预探和战略准备区，优选了 9 个区带，提出了 20 口风险探井（含科探井）井位建议（塔里木盆地 10 口，南方 10 口），其中 8 口井获得工业油气流。②储层地震预测技术应用于元坝超深层礁滩储层，厚度预测符合率 90.7%，礁滩复合体钻遇率 100%，生屑滩储层钻遇率 90.9%，礁滩储层综合钻遇率 95.4%。在塔里木玉北地区裂缝识别符合率大于 80%，碳酸盐岩储层预测成功率较“十一五”提高 5%以上。③关键井筒工程技术在元坝、塔河及外围地区推广应用 307 口井，碳酸盐岩深穿透酸压设计符合率 93%，施工成功率 100%，施工有效率>91.3%。Ⅱ类储层测井解释符合率≥86%，基本形成Ⅲ类储层测井识别方法。固井质量合格率 100%。大中型堵漏技术现场应用一次堵漏成功率 93%，堵漏作业时间、平均钻井周期与“十一五”末相比分别减少 50%和 22.69%以上。④ “十二五”期间，在四川盆地发现与落实了 4 个具有战略意义的大中型气田勘探目标，新增天然气探明储量 $4148.93\times10^8\,m^3$。塔河油田实现向外围拓展，塔北地区海相碳酸盐岩层系合计完成新增探明油气地质储量 $44868.43\times10^4\,t$ 油当量。鄂尔多斯盆地实现了大牛地气田奥陶系新突破，培育出马五 1+2 气藏探明储量目标区（估算探明储量 $103\times10^8\,m^3$），控制马五 5 气藏有利勘探面积 834 km^2，圈闭资源量 $271\times10^8\,m^3$。

（5）项目获得了丰富多彩的有形化成果，得到了业界高度认可与好评，打造了一支稳定的、具有国际影响力的海相碳酸盐岩研究团队。①项目相关成果获得国家科技进步一等奖 1 项、二等奖 1 项，省部级科技进步一等奖 5 项、二等奖 7 项、三等奖 2 项，技术发明特等奖 1 项、一等奖 1 项。申报专利 108 件，授权 39 件。申报中国石化专有技术 8 件。发布行业标准 5 项，企业标准 13 项，登记软件著作权 34 项。发表论文 396 篇，其中 SCI-EI 177 篇。 ②新当选中国工程院院士 1 人、中国科学院院士 1 人。获李四光地质科学奖 1 人，孙越崎能源大奖 1 人，全国优秀科技工作者 1 人，青年地质科技奖金锤奖 1 人、银锤奖 1 人，孙越崎青年科技奖 1 人，中国光华工程奖 1 人。引进千人计划 1 人。培养百千万人才 1 人，行业专家 19 人，博士后 22 人，博士 58 人，硕士 123 人。③项目验收专家组认为，该项目完成了合同书规定的研究任务，实现了“十二五”攻关目标，是一份优秀的科研成果，一致同意通过验收。

《中国海相碳酸盐岩大中型油气田分布规律及勘探实践丛书》是在项目总报告和各课题报告基础上进一步凝练而成，包括以下 7 个分册：

《海相碳酸盐岩大中型油气田分布规律及勘探评价》，作者：金之钧等。

《海相碳酸盐岩层系成烃成藏机理与示踪》，作者：刘文汇、蔡立国、孙冬胜等。

《中国海相层系碳酸盐岩储层与油气保存系统评价》，作者：何治亮、沃玉进等。

《南方海相层系油气形成规律及勘探评价》，作者：马永生 、郭旭升、郭彤楼 、胡东风、付孝悦等。

《塔里木盆地下古生界大中型油气田形成规律与勘探评价》，作者：王毅、云露、杨伟利、周波等。

《碳酸盐岩层系地球物理勘探技术》，作者：魏修成 、季玉新、刘炯等。

《海相碳酸盐岩超深层钻完井技术》，作者：曾义金、刘修善等。

我国海相碳酸盐岩层系资源潜力大，目前探明程度仍然很低，是公认的油气勘探开发战略接替阵地。随着勘探深度不断增加，勘探难度越来越大，对地质理论认识与关键技术创新的需求也越来越迫切。这套丛书的出版旨在总结过去，启迪未来。希望能为未来从事该领域油气地质研究与勘探技术研发的广大科研人员的持续创新奠定基础，同时，也为我国海相领域后起之秀的健康成长助以绵薄之力。

“大型油气田及煤层气开发”重大专项总地质师贾承造院士是我国盆地构造与油气地质领域的著名学者，更是我国海相油气勘探的重要实践者与组织者，他全程关心和指导了项目的研究过程，百忙之中又为本丛书作序，在此，深表感谢！重大专项办公室邹才能院士、宋岩教授、赵孟军教授、赵力民高工等专家，以及项目立项、中期评估与验收专家组的各位专家，在项目运行过程中，给予了无私的指导、帮助与支持。中国石化科技部张永刚副主任、王国力处长、关晓东处长、张俊副处长及相关油田的多位领导在项目立项与实施过程中给予了大力支持。中国石油、中国石化、中国科学院及各大院校为本项研究提供了大量宝贵的资料。全体参研人员为项目的研究工作付出了热情与汗水，是项目成果不可或缺的贡献者。在此，谨向相关单位与专家们表示崇高的敬意与诚挚的感谢！

由于作者水平有限，书中错误在所难免，敬请广大读者赐教，不吝指正！

金之钧　马永生

2021年11月16日

本书前言

中国南方陆地的中古生界海相层系，展布于四川盆地、中下扬子地区以及滇黔桂湘的广大地区，有利油气勘探面积约 96 万 km^2。中华人民共和国成立以来，对中国南方中古生界海相层系的油气勘探研究从未停止。20 世纪 50 年代到 60 年代中叶，石油工业部以四川盆地为重点开展了“川中石油大会战”，发现了威远气田，这是我国海相油气勘探取得的首个重要发现，也是我国陆地的首个海相气田。20 世纪 60 年代中叶至 80 年代初，地质部组织了南方海相层系油气勘探普查，其中以湘中、桂中、黔南、湘鄂西等地区中古生界海相残留拗陷盆地为重点，实施了大量地面地质勘查、少量地球物理勘探以及油气普查井，获取了丰富的油气地质资料，为后续勘探奠定了良好的基础。改革开放以后，从“六五”至“八五”时期，国家实施了三轮海相碳酸盐岩层系油气勘探科技攻关，从扬子陆块到滇黔桂湘的海相盆地，从地面地质、实验地质到勘探关键技术，组织全覆盖的攻关研究，取得丰硕成果，发现川东石炭系、二叠系、三叠系众多中小气田，建成四川天然气工业基地，保障了国家能源供应。20 世纪末至 21 世纪初，中国石油和中国石化相继组织了南方海相重点区带油气勘探评价，中国石油在四川盆地东北部发现了罗家寨、铁山坡等三叠系高含硫气田，中国石化发现了普光大型整装海相气田和元坝超深层生物礁大气田，开创了我国海相层系油气勘探新局面。至 2016 年，在四川盆地，已累计探明天然气地质储量 4 万亿 m^3（含页岩气），年产天然气 351 亿 m^3（含页岩气），为国家现代化建设提供了优质清洁能源保障。

南方海相层系经历几十年勘探和科技攻关，仅在四川盆地取得重要发现，而其他广大地区和复杂构造盆地并未取得实质突破，勘探方法技术仍然存在较大的不适应性和不确定性，仍需加大研究攻关力度。仅就四川盆地而言，资源探明率依然较低，还有较大的勘探空间和剩余资源潜力，常规和非常规油气富集规律及其勘探配套技术仍需深入研究。为此，国家确立“十一五”至“十三五”油气开发国家科技重大专项，继续开展南方海相碳酸盐岩层系油气勘探方法技术攻关。本书是“十一五”至“十三五”时期油气开发国家科技重大专项 05 项目“海相碳酸盐岩层系油气分布规律与资源评价”下属 03 课题“南方海相层系油气形成规律及勘探评价”的阶段性研究成果。课题由中国石化勘探南方分公司牵头，联合中国石化江汉油田分公司、中国石化江苏油田分公司、中国地质大学、中国石油大学（北京）、北京大学、浙江大学、成都理工大学共同承担。课题于 2007 年立项，2008 年启动，历时八年。“十一五”课题长为马永生，副课题长为郭旭升、郭彤楼。“十二五”课题长为郭旭升，副课题长为郭彤楼、胡东风。课题两期任务目标为：发展和完善四川盆地深层、超深层碳酸盐岩储层形成机理与预测模式；揭示四川盆地大中型气田成藏机理与富集规律；初步形成南方复杂构造区勘探目标综合评价方法；发现并落实 2～3 个具有战略意义的大中型气田勘探目标。通过攻关，发现元坝超深层生物礁大气田，取得川西深层雷口坡组勘探重大突破，创新深层、超深层碳酸盐岩储层形成机理与天然气富集规律新认识，攻关形成超深层礁滩储层精细预测等勘探关键技术，深化南方海相层系油气成藏条件以及滇黔桂区、中下扬子地区的复杂构造区带评价研究，形成一项标志性成果——“元坝超深层生物礁大气田高效勘探及关键技术”，并荣获 2014 年度国家科学技术进步奖一等奖。

本书以南方中古生界海相盆地形成与改造、海相烃源岩和油气储盖发育分布及形成机理、复杂构造区带油气保存条件评价研究、大型礁滩气田形成富集规律以及勘探关键技术为重点，综合总结了课题自“十一五”时期以来的主要研究成果，同时也消化吸收了前人及中国石化自研项目成果。全书共分六章，第一章阐述了南方大陆构造基本分划、中古生界海相原型盆地形成与改造特征、海相残留型盆地基本类型与油气赋存特点，提出了中国南方大陆自新元古代以来为统一陆块，以及其内部裂离与聚合过程的新认识；第二章主要阐述了南方中古生界海相烃源岩地球化学特征、发育分布规律；第三章主要讨论了礁滩型和不整合岩溶型两类碳酸盐岩油气储层的成储特征和成储模式；第四章阐述了南方地区海相油气盖层发育分布规律，探讨了复杂构造区带油气保存条件评价思路与方法，尝试性提出了复杂构造区带油气保存条件评价指标体系；第五章主要讨论了四川盆地礁滩大气田成藏机理、富集规律及其勘探评价关键技术；第六章主要介绍了滇黔桂区、中下扬子地区及米仓山-大巴山山前带等复杂构造区带近期的勘探研究新成果新认识。

本书编写分工如下：第一章由付孝悦、张树林、段金宝、梅庆华编写；第二章由郭彤楼、黄仁春、梅廉夫、徐祖新编写；第三章由马永生、郭旭升、刘波、唐德海编写；第四章由马永生、付孝悦、楼章华、姜智利、金爱民编写；第五章由郭旭升、张庆峰、邹华耀、陈祖庆、蒲勇、李金磊、缪志伟编写；第六章由胡东风、张仕亚、梁兵、赵陵、张矿明编写；马永生、郭旭升对全书进行了统稿，张庆峰、朱祥、黎承银对全书进行了校稿。参与本课题研究的其他骨干人员还有尹正武、凡睿、 高林、李宇平、周明辉、王良军、石文斌、曾萍、张学丰、李平平、刘树根、侯明才、梁西文、盛贤才、李华东、张桂权、张文军、李毕松 范志伟、盛秋红、彭嫦姿、屈大鹏、郑建华、卿科、熊治富等，他们也是本书和课题成果的主要贡献者。金之钧院士、蔡希源总师、冯建辉主任、蔡勋育主任、王国力处长等给予了课题研究以具体指导和帮助。在此，对他们的贡献与帮助，一并表示诚挚感谢！

本书是一部理论性、实践性、实用性较强的专著，适合广大地质勘探人员、石油地质综合研究人员及地质院校学生阅读参考。限于研究对象的复杂性和勘探工作的阶段性等因素，以及作者水平有限，书中定有不妥之处，敬请广大读者批评指正。

目　录

第一章　南方海相中古生界盆地形成与改造

中国南方，是指秦岭-大别山以南、青藏高原东边界以东、东至海域、南到国界的区域，地质构造上主要由扬子、华夏、湘桂及诸多大小不等的陆块或地块拼合而成，其中扬子陆块规模最大、最稳定。南方大陆自震旦纪以来，发育多旋回海相沉积盆地，并经中-新生代陆相叠置和多旋回构造强烈改造，形成了典型的复杂构造改造型盆地或残留盆地。中国南方大陆海相层系原始生油条件优越，具多套生、储、盖组合，具良好的油气勘探前景。本章在前人研究成果的基础上，对南方大陆进行了构造单元划分，并深入分析了中古生界南方大陆海相原型盆地的形成演化，以及中-新生代以来，多期构造旋回对南方大陆的调整改造，在此基础上，简要分析了四川盆地、中下扬子以及滇黔桂湘等典型的海相残留盆地地质构造及油气赋存条件特征。

第一节　南方大陆构造单元划分

南方大陆及邻区具有复杂的地质历史和地质结构，众多学者对南方大陆构造单元分划的认识不尽相同。黄汲清、任纪舜等最早在《中国主要地质构造单位》（黄汲清，1954）及随后出版的《中国大地构造及其演化——1∶400 万中国大地构造图简要说明》中将中国南方划分为扬子准地台和华南褶皱系两大地质构造单元。随着板块构造理论引入中国，20 世纪 80～90 年代，我国许多学者对南方地质构造进行了详细研究，提出多种观点，其中郭令智等（1980）将华南划分出多个沟-弧-盆增生体系，杨森楠和杨巍然（1985）提出扬子陆块和华南大陆边缘的基本分划，许靖华（1980，1987）提出江南-雪峰构造带为三叠纪的碰撞型造山带。刘宝珺和许效松（1994）等沉积大地构造学者根据沉积、构造和古生物等特征，将中国南方早古生代构造划分为扬子陆块和华夏陆块两个构造单元，其间为华南洋。殷鸿福等（1999）根据对古特提斯构造的研究认为中国南方是古特提斯多岛洋的一部分。张国伟等（2013）将南方大陆进行了两分，即以雪峰山为界，雪峰山以东的部分包括部分扬子陆块称为华南复合造山区，雪峰山以西以扬子陆块为主划分为扬子复合变形准克拉通区。马永生等（2009）、马力等（2004）从石油地质研究和含油气盆地分析的需求出发，运用板块构造理论，突出含油气区块的地质变迁，将南方及台湾等海域构造划分为上、中、下扬子三个较稳定地块，五个陆缘造山带，一个加里东构造域（华南褶皱系），一个基底拆离造山带（江南-雪峰隆起）。

本书在继承前人研究认识的基础上，综合近年区域地质与地球物理研究资料和成果，以构造单元“二元论”和“物质结构组成决定论”思想为指导，将南方大陆构造划分为一个大陆块体、五个基本单元。一个大陆块体是指华南陆块，五个基本单元是指华南陆块内部的扬子陆块、江南-雪峰隆起带、湘桂地块、武夷-云开褶皱带和华夏陆块（图 1-1），认为中国南方自中元古代末晋宁期聚合形成统一陆块以后再未有大的离散，其构造沉积演化均为陆内构造变形过程。

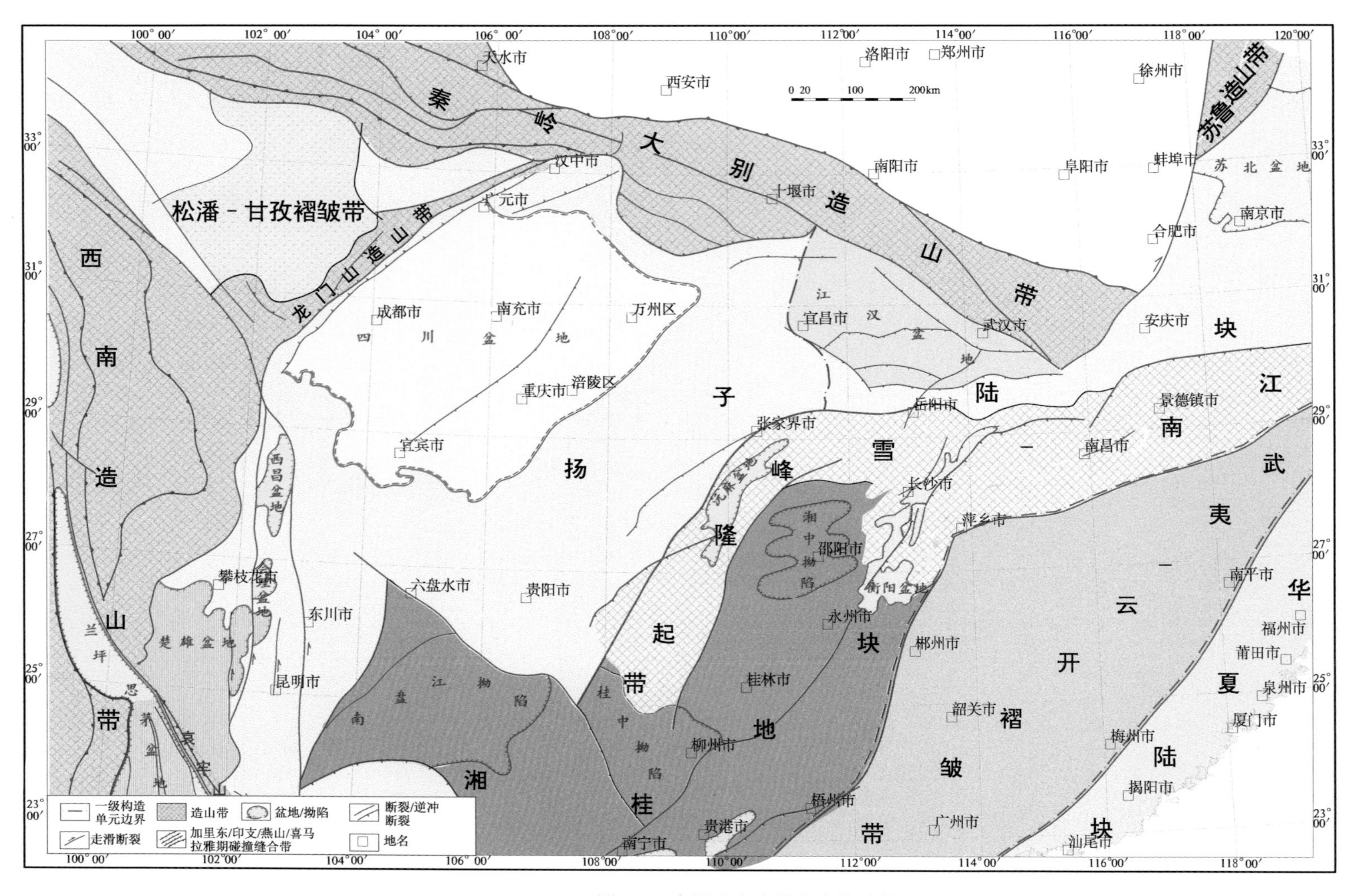

图 1-1 中国南方大陆基本构造单元

一、扬子陆块

扬子陆块指介于中央造山系（张国伟等，2003）东段秦岭-大别-苏鲁造山带与江南隆起之间的中、古生界出露和覆盖地区，并以郯庐断裂为界分成中上扬子和下扬子-南黄海两个呈哑铃状的次一级地块。马力等（2004）研究了中上扬子和下扬子-南黄海地区作为两个相对独立地块之间的差异。

（一）扬子陆块的基底组成

扬子陆块是南方大陆克拉通化程度稍高的一块，但仍具有较大的活动性，该陆块具有双层基底（程裕淇，1994），纵向上总体可以分为冷家溪期及其以前的结晶基底、板溪期沉积变质基底。

在扬子陆块，周新华等（1993）对浙北“陈蔡群”角闪岩研究，获得Sm-Nd同位素等时线年龄为3125±184 Ma；Zhang等（1990）对位于郯庐断裂东侧、安庐石英正长岩带中的大龙山岩体进行单颗粒锆石U-Pb同位素测定，获得放射性成因铅同位素年龄为3330±180 Ma，说明在扬子陆块可能存在太古宙基底。

在陕西勉县-略阳（勉略为扬子与秦岭-大别造山带的分界线）一带鱼洞子群片麻岩中获得2600 Ma的年龄值，上扬子龙门山地区后河群获得2065 Ma、2078 Ma的年龄值；在湖北武当群获得＞2200 Ma的年龄值；在川西康定群获得2062 Ma、2451 Ma的年龄值及四川会理、西昌及云南米易等地的河口群的1900～1700 Ma的变质年龄等，表明扬子陆块的核部存在新太古界－古元古界的变质基底。该变质基底形成了泛扬子陆块的雏形。在泛扬子陆块周缘分布的晋宁期花岗岩，Nd模式年龄为1.1～2.0 Ga，指示了中元古界基底的存在。

根据Sm-Nd等时线年龄数据，泛扬子陆块冷家溪群年龄在1720～1157 Ma，由下往上年龄值有序地向年轻变化（表1-1）。武陵运动是区内已知最早的造山运动，中元古代洋盆和岛弧型火山岩及浊积复理石建造全面褶皱变形，一般认为泛扬子陆块是在武陵运动拼接、固化成型，其上不整合青白口系板溪群及相当层位的浅变质岩。

表1-1　湖南冷家溪群Sm-Nd等时线年龄统计表

地层	雷神庙组	雷神庙组	黄浒洞组	南桥组	小木坪组
岩性	石英角斑岩	板岩	板岩	细碧角斑岩	板岩
年龄/Ma	1720±72	1566～1548	1351～1322	1260±97	1280～1157

扬子陆块基底主要特点是：普遍有岩体侵入，结晶基底形成的陆核小，褶皱基底分布广，厚度大，具有明显的非均质性，塑性较强，除川中外，在外力作用下较易变形。

（二）扬子陆块的沉积盖层

扬子陆块在震旦纪—中三叠世发育了良好的以浅海相为主的沉积盖层，据地球物理测深资料，四川盆地、下扬子地区盖层厚度达 10 km；中、新生代陆相沉积也比较发育，特别是长江沿岸地带，分布着一串规模较大的盆地。从油气勘探的角度，扬子陆块沉积盖层纵向上总体为加里东旋回海相盆地、海西-早印支旋回海相盆地、晚印支-早燕山陆相盆地和晚燕山-喜马拉雅断陷盆地 4 个构造层。

扬子陆块新元古代晚期的南华系由稳定的碎屑岩及冰碛岩组成，震旦系以厚度较大的碳酸盐岩为主，加里东旋回中，扬子陆块早古生代早中期地层也以稳定型碳酸盐岩为主，广泛发育，志留纪开始为碎屑岩所代替，晚期经历了一次强烈的升降运动，形成明显的沉积间断。

海西期构造旋回以泥盆纪、石炭纪海侵作为开端，海侵从扬子陆块周边开始，到二叠纪覆盖全区，直至中三叠世，才结束以碳酸盐岩为主的稳定型海相地层沉积历史。

加里东旋回和海西-早印支旋回海相盆地是扬子陆块海相的主要勘探目标，二者都表现为稳定克拉通沉积，以碳酸盐沉积为主要特征。不过，加里东旋回海相盆地沉积从地块内部向东南有从台地向大陆边缘变化的特征，反映当时华南存在深海-次深海沉积；而海西-早印支旋回海相盆地则主要表现为克拉通内部的盆台沉积体系。

扬子陆块晚三叠世至新生代为陆相沉积，集中分布于四川、江汉及苏北盆地中，下扬子地区宁芜地区中侏罗世—晚白垩世，有大量中、酸性火山岩地层发育。晚印支-早燕山陆相盆地和晚燕山-喜马拉雅断陷盆地同属陆相沉积，但构造体制、沉积特点和分布不同。前者是在特提斯体制与太平洋体制转换的过渡产物，主要分布在特提斯造山带陆内复活的山前地带，属于前陆盆地性质；后者是主要受太平洋体制控制形成的断陷盆地，分布范围受先期存在的构造形迹影响，但可以跨越早期的不同构造单元，在扬子陆块主要发育于中、下扬子地区。

在多期构造运动中，泛扬子陆块总体表现相对稳定，变质程度比较低，岩浆活动（特别是侵入作用）相对较少。较强的褶皱变形主要发生在印支期—早燕山期，涉及范围广泛且差异性明显。

（三）扬子陆块的基本分划：中上扬子和下扬子地区

传统上以黄陵背斜和郯庐断裂为界将扬子陆块分为上、中、下扬子三个部分，但实质上中、上扬子之间在晚印支期以前的沉积构造演变并无明显差异，其主要差异形成于印支期之后。中-晚三叠世，两地块的生物群明显不同；晚白垩世—古近纪，中扬子地区表现为剧烈的伸展、扩张，形成江汉盆地，而上扬子地区相对抬升、盆地萎缩，形成挤压构造。

中上扬子地区主要为长江中上游的扬子地台区，主要包括云、贵、川、湘、鄂等的部分或全部地区，该区是我国新元古代地层发育较为完整的地区之一。

中上扬子地区大部分为稳定型沉积盖层，基底岩系仅边缘区域零星出露，加里东期地层发育较完整、连续，海西期—印支期地层前期缺失较多，后期较完整、连续，以海相碎屑岩-碳酸盐岩沉积为主。燕山期—喜马拉雅期以陆相含煤碎屑岩及红色碎屑岩为主。晚古生代开始，中上扬子地区的地层发育略显差异，中-新生代更为明显。上扬子地区中生代地层分布集中于四川盆地及其周边，地层发育较完整，新生代地层分布范围较小。中扬子地区分布范围小，侏罗纪后多为不连续沉积，有火山岩出现，古近系相对发育。

下扬子地区主要包括江苏省、上海市及部分安徽省、浙江省在内的长江下游及其附近地区。下扬子地区大地构造位置隶属扬子准地台东部，西临连（云港）黄（梅）大断裂，东连南黄海，北与华北地台相接，南抵华南褶皱系，陆上面积 23 万 km^2。

下扬子地区与中上扬子地区差别较大，主要表现在三个方面：①下扬子基底具有多个结晶碎块，褶皱基底厚，活动性大，早震旦世有明显火山活动，晚奥陶世为一个大陆边缘活动陆棚；②该地块内部自燕山期以来火山岩浆活动频繁，且属性明显不同于中上扬子地区；③深部构造反映其近期仍是一个活动性较大的地块。

二、江南-雪峰隆起带

江南-雪峰隆起带展布于桂北、湘西、湘北、鄂南、赣北、皖南、浙西北地区，构造位置上处于华南陆块中央部位，夹于扬子陆块与华南加里东褶皱带之间，为一相对独立的地质构造单元。北为江南断裂、西北为慈利-花垣断裂和施洞口断裂、南为绍兴-江山和断裂广丰-萍乡断裂、东南为安化-溆浦-三江断裂所围限。

关于江南-雪峰隆起带的属性，学术界长期以来存在争议。黄汲清（1945）最早称其为“江南古陆”。郭令智等（1980）认为它是元古宙古岛弧褶皱带。朱夏（1986）认为雪峰山是一个在硅铝层上大陆岩石圈内部析离形成的推覆体。许靖华（1980，1987）认为其是一个来自华夏古陆区的阿尔卑斯式远程推覆体，板溪群是构造混杂岩，华南在三叠纪曾是大洋，在印支期包括江南-雪峰地区在内是一个阿尔卑斯造山带。丘元禧等（1998）认为雪峰山的地质构造演化是以大陆地壳为背景，其构造环境经历了由陆缘向陆内的变化：武陵（四堡）期至晋宁期处在大陆边缘阶段，晋宁期板溪群、下江群和丹州群为大陆边缘海沉积，洋陆俯冲是其造山期的主要动力学机制，其形成的造山带仍属于大陆边缘（或板缘）造山带的性质；但自晋宁期以后已逐步转成陆内，自震旦纪至早古生代开始裂陷，从构造变形样式、岩浆岩分布等地质记录看，应该属于陆内裂陷；加里东裂陷旋回结束时，陆内俯冲和顺层滑脱已成为其主要的地球动力学过程。但是，这些争议并不否认在地质历史时期江南-雪峰隆起带曾作为一个古隆起存在的地质事实（陈洪德等，2012）。

江南-雪峰隆起带主要出露中-新元古代变质地层，并见晋宁期、加里东期和印支期—早燕山期多期侵入岩，两翼发育震旦纪—早古生代地层。

隆起带内发育的中-新元古代地层有四套：冷家溪群及其相当层位、板溪群及其相当层位、南华系、震旦系，后两者目前主要是作为盖层岩系。随着近年区调工作的广泛开展，特别是 1∶5 万区调工作研究进展，在该带地区都揭示出存在早前寒武纪的结晶基底。在湘中益阳揭示的沧水铺岩系，其变质年龄为 2.8 Ga，并发现科马提岩。在湘东北揭示有变质年龄为 2.5 Ga 的沧溪杂岩和连云山群，在赣北出露的星子杂岩变质年龄为 2.1 Ga。这些古老变质岩的发现表明江南-雪峰隆起带下伏存在早前寒武纪的结晶基底。

从江南-雪峰隆起带及其相邻区域发育的两大套变质地层，即冷家溪群和板溪群及其相当层位地层的岩性岩相分带来看。冷家溪群及其相当层位地层为裂离阶段沉积地层，根据岩性组合大致可分为两种相区的沉积，在江南-雪峰隆起带主体以发育夹含火山岩和火山碎屑岩的优地槽（裂陷海槽）沉积为主，在其北翼的扬子陆块东南缘主要发育的是代表相对稳定环境下的陆棚或冒地槽相沉积。前者经变形变质成为江南-雪峰隆起带的变质地体，后者经变形变质（但程度要轻）拼贴到扬子古老基底之上，形成扬子的褶皱基底。板溪群代表的主要是汇聚阶段残留海槽和前陆拗陷沉积。因此，江南-雪峰隆起带是古元古代在华南陆块内发育起来的一个陆内裂陷海槽，晋宁运动褶皱回返，形成陆内造山带。加里东旋回早期再次伸展形成扬子东南陆架斜坡，晚加里东运动挤压隆升，晚印支期—早燕山期形成继承性的基底拆离隆升带（另一种形式的陆内造山活动）。

三、湘 桂 地 块

湘桂地块涵盖范围包括湘中、桂中、右江流域至越北地区，北界师宗-迷勒断裂、右江断裂、桂中拗陷北缘、湘中拗陷西缘和北缘，南界红河断裂，东界茶陵-荔浦-南宁一线。在国内经典的地质构造区划认识或传统的认识上，湘桂地块主要是作为活动带来认识的，如黄汲清和程浴淇将其定义为华南褶皱系或华南活动带内的湘桂印支褶皱带，在刘宝珺和陈洪德等的震旦纪—寒武纪构造层序岩相古地理图上被标识为湘桂边缘海（也是作为一个活动带来认识的）。随着近年来区域地质调查和地球物理研究的深入，国内地学界有将其作为稳定地质构造单元来认识的趋势。其依据一是从区域重力场和航磁异常图上来看，该区重磁异常均较为稳定，具有稳定地块的特征；二是该区印支构造层虽然变形但未变质且无同期岩浆热事件；三是作为加里东构造层的寒武纪—早奥陶世沉积地层主要发育的还是陆棚相或陆棚边缘的含灰泥质岩、泥灰岩、钙质页岩及硅质岩，代表裂陷海槽相的复理石和类复理石的沉积主要分布在萍博断裂东侧，而在滇东南及马关隆起上出露的震旦系—寒武系则是一套以碳酸盐岩台地为主的稳定沉积盖层，覆盖在马关隆起和越北古陆核上。因此，湘桂地块在海西期—印支期稳定型沉积和震旦纪—加里东期次稳定型沉积盖层之下可能存在四堡期褶皱变质基底，联系到越北地区出露的古元古代—太古宙结晶岩系及区域地球物理场特征推测该区应有结晶基底发育。

四、武夷-云开褶皱带

武夷-云开褶皱带为夹于扬子陆块与华夏陆块之间的广大加里东期褶皱区，也相当于华南海槽分布带。华南海槽从产生到消亡的性质和方式都充满着争议，但 350 多千米宽的褶皱带是不争的事实。

关于华南海槽的演化主要有四种代表性模型：一是大陆增生，郭令智等（1984）认为，是雪峰造山运动使江南元古宙各地体增生，进而拼贴到扬子古陆边缘并形成江南古岛弧；随后的加里东造山运动使各华南加里东地体增生、拼贴到新的扬子大陆边缘的江南岛弧褶皱带，形成一个复杂的加里东期的镶嵌造山区，而东南沿海及台湾地区的一些地体，则先后于古生代末期、中生代和新生代增生、拼贴到中国大陆的边缘。每一次地体拼合与造山过程，都使得古大陆边缘生成岛弧、海沟与盆地体系，这种沟弧盆体系不断向东南方向迁移。二是板块，刘宝珺等（1993）认为，在扬子陆块与华夏陆块之间发育了华南洋，加里东运动过程就是华南洋消亡（盆地消亡）、华南造山带形成的过程。不过，由于巨厚沉积的缓冲和阻碍作用，华南海槽的消亡不像大洋那样“浓缩”为蛇绿混杂岩组成的狭窄的缝合带，而是形成由陆屑浊积岩、钙屑浊积岩及硅、泥质岩组成的褶皱带。三是多岛洋，殷鸿福等（1999）认为，华南是特提斯多岛洋体系的一部分，特提斯多岛洋由秦岭微板块、扬子陆块（含下扬子陆块、昌都-思茅地块、义敦地块、松潘-甘孜地块）、华夏陆块、滇缅泰马板块（保山）、印支-南海板块（海南岛）组成。扬子陆块与华夏陆块之间在加里东期拼合之前，存在一个洋盆——古华南洋，晋宁运动使扬子陆块和华夏陆块在北段拼接形成北东向的江（山）绍（兴）缝合带，但中、南段并未闭合，成为残留盆地。晚震旦世－寒武纪，华南残留盆地又拉张为小洋盆，在加里东期，华夏陆块与扬子陆块由北东向南西发生三次幕式拼合，华南小洋盆转变为加里东造山带。随后，在石炭-二叠纪，华南造山带再度发生张裂，直到中三叠世开始的印支运动才使二者最终全面拼合。四是陆内裂谷，张国伟等（2013）认为，既然加里东期无蛇绿岩、无缝合边界、无配套的钙碱性岩浆，所谓华南海槽就是华南大陆内的裂谷，加里东期挤压褶皱为原地系统。

可以看出，无论哪种模型都不能无视华南褶皱带的存在，因此，将之单独划分为一个构造单元是必要的，也是可行的。从沉积学的角度来看，扬子到华南下古生界是台地-大陆边缘-深海连续的沉积相序，没有俯冲缺相现象也表明华南褶皱带属原地系统。该带与扬子陆块的最大区别在于海相以碎屑岩沉积为主，变形强烈，下古生界发生了明显变质和花岗岩岩浆活动。除加里东期褶皱变形、与上古生界角度不整合接触外，印支期也发生强烈挤压变形，甚至很多人称为陆内造山。绿片岩相区域变质作用广泛，局部地区还存在角闪岩相和麻粒岩相变质作用（陈斌和庄育勋，1994），下古生界的变质程度甚至比扬子陆块的板溪群还要高。

五、华夏陆块

目前大多数学者将华夏当作板块看待，认为最早的角闪岩相陆壳岩石分布在浙南，年龄与扬子古陆相当，为 3.0～2.5 Ga，华夏陆块的雏形在 18 亿年前的浙闽运动中出现，浙闽地区存在以建瓯群、陈蔡群为代表的广泛的元古宙变质基底。当时可能是曾经连成一体的古大陆，其上可能还有发育程度不同的中-新元古代似盖层沉积（水涛等，1988）。华夏古陆在震旦纪开始解体，其裂陷部分接受了震旦系、下古生界至三叠系沉积。在目前的地质图上，这一区域表现为走向北东的一系列隆起和凹陷，隆起部位一般为元古宙片麻岩类，凹陷部分的较老地层常为震旦系、寒武系和奥陶系。目前尚缺乏足够详细、精确的地层古生物和古地磁资料来恢复这些微地块的原型，只能在宏观上将其看作一个华夏陆块。由于东南海域和浙闽粤地区地磁场异常的走向均为北北东向，与早前寒武纪的构造线一致，反映东南海域具有与浙闽粤地区统一的早前寒武纪基底，亦属于华夏陆块。

尽管人们对华夏和华南地体的认识有很大差异，简单梳理一下可以看出两点共识：①华夏古陆与扬子古陆同期或稍早形成，晋宁期拼合为统一大陆，震旦纪开始从拼合带解体，并逐步扩展为华南海槽，不管有没有形成洋壳，其上沉积了厚达 20 km 以上的沉积物。②华南海槽在加里东期主体闭合，这种闭合不同于板块碰撞造山模式，其间形成了宽达 350 km 以上的褶皱带；该褶皱带是在两地块之间裂解、沉积、褶皱形成的，是一个新的构造带，不应属于任何一个原来的地块，因此，本书认为华南褶皱带即武夷-云开褶皱带划为单独的构造单元，华夏陆块仅限于华南海槽东南侧的物源供给区及大陆斜坡沉积区。

尽管华夏陆块和华南褶皱带都遭受了较强的变形、变质和花岗岩侵入，但它们之间还是有差别的。闽东南地区晋江和莆田忠门半岛的斜长角闪岩，分别测得 Sm-Nd 同位素年龄为 509 Ma 和 463 Ma 左右（黄辉等，1989），代表加里东早期的变质作用；而此时华南褶皱带正接受深海沉积。赣中-湘南的半深海复理石沉积区主要形成壳幔同熔型（或 I 型）花岗岩，其锶同位素的初始值一般都小于 0.709；浙西-闽西-粤中西部大陆边缘沉积组合地区，主要发育地壳重熔型（或称改造型）花岗岩与混合岩，其锶同位素的初始值一般都大于 0.710（孙明志和徐克勤，1990）。以上研究表明，华南褶皱带岩浆来源于深部的壳幔边界，而华夏陆块则主要来自较浅的地壳内部。

第二节　中古生界海相原型盆地形成演化

从区域上看，以新元古代罗迪尼亚（Rodinia）超大陆裂解开始到三叠纪古亚洲大陆形成为标志，表现为古中国洋（昆秦洋）的形成到古特提斯的消亡，以及相应发生的几期陆块增生与缝合，由此产生加里东、海西和印支运动。就我国南方而言，以志留纪末的加里东运动和中、晚三叠世的印支运动为界，将我国南方中生代和古生代海相沉积盆地演化划分为新元古代－早古生代、晚古生代－中生代早期（三叠纪）两大发展阶段，尤其是印支运动不仅结束了我国南方海相沉积盆地的发育史，而且使我国南方之后的盆地发育演化进入了一个全新的时期，并在与古生代完全不同的构造运动体制控制下经历了多次陆内变革与相应盆地发育过程。

一、罗迪尼亚超大陆的形成与裂解

20 世纪末至 21 世纪初，越来越多的学者接受了在中元古代末期至新元古代早期全球的大陆可能聚合形成了一个超大陆，即罗迪尼亚超大陆的构造假说。各国的学者已开始将各地的晚前寒武纪区域性古大洋和古陆块的形成与消亡以及区域性造山运动放置到罗迪尼亚超大陆聚合与裂解的全球背景下进行分析和研究。由于构成中国大陆主体的诸多陆块如扬子、塔里木等陆块的基底都形成在中元古代末期，而盖层沉积则形成在新元古代中期，因此它们与罗迪尼亚超大陆的聚合与裂解过程可能有着密切的联系，所以从罗迪尼亚超大陆演化的角度重新审视中国诸陆块晚前寒武纪造山运动以及大陆裂解等相关问题是十分必要的（郝杰和翟明国，2004）。

（一）晋宁运动形成罗迪尼亚超大陆

20世纪末期，McMenaming 和 McMenaming（1990）、Hoffman（1991）、Dalziel（1991）、Moores（1991）根据格林威尔（Grenville）造山运动及其造山带的识别和对比，提出在中元古代末期至古元古代初期全球的主要大陆汇聚成了一个超大陆，称为罗迪尼亚。其后，Li 等（1995，1996）、Li（1998）和 Condie（2001）对罗迪尼亚超大陆的古地理和各陆块拼接方案做了大量的研究。经过近10年来的研究，虽然在罗迪尼亚超大陆复原和各陆块之间的拼合方案尚有分歧，但是在超大陆的聚合与裂解等一些关键性问题上基本达成了共识：①超大陆的主要聚合过程发生在中元古代晚期（距今1200～1000 Ma），格林威尔造山运动代表着罗迪尼亚超大陆聚合的构造过程，格林威尔期造山带是各陆块拼合的主要对比标志；②超大陆的解体发生在新元古代早期（距今900～700 Ma）。

1. 晋宁运动及其相关问题

中元古代末，全球范围内发生格林威尔运动，中国南方大约 1200 Ma 开始消减，1000～950 Ma 达到碰撞高峰（吴根耀，2000），华北与扬子，扬子与浙闽、华夏、湘桂等块体发生碰撞，然后各块体聚合在一起，因此，华南地区在中元古代末新元古代初可能是罗迪尼亚超大陆的一部分。而华南大陆的晋宁运动指的是发生在中元古代晚期的一次区域性造山运动，其大地构造性质和时代完全可以与国际上格林威尔造山运动进行对比（郝杰和翟明国，2004）。

“晋宁运动”是由 Mish（1942）首先发现并命名的，系指云南晋宁地区下震旦统“澄江砂岩”与中元古界昆阳群变质岩系及峨山花岗岩之间不整合面所代表的一次强烈的区域性造山运动。由于当时区域地质研究程度的限制，Mish（1942）将晋宁不整合面定为震旦系沉积盖层与扬子陆块基底之间的构造界面，因此，震旦系的底界作为晋宁不整合面的标志成为正统的认识。

随着区域地质研究的逐步深入，在扬子陆块的周边地区，如西缘的苏雄等地区、北缘神农架和大洪山地区及东南缘的江南等地区，人们在经典的下震旦统（如开建桥组、莲沱组、硐门组、休宁组和志棠组等）之下，中元古界（如峨边群、神农架群、打鼓石群、双桥山群、四堡群、上溪群、双溪坞群等）之上，发现了既不同于中元古界，也不同于下震旦统的一套地层，如苏雄组、马槽园组、花山群、落可岽群等，它们高角度不整合在变形、变质均较强烈的中元古界之上，又与上覆的下震旦统呈小角度或平行不整合接触。这套地层的发现使云南晋宁地区发育的中元古界昆阳群与下震旦统澄江组之间的一个不整合面被分成两个或多个不整合面，由此引发了到底哪一个不整合面代表晋宁运动的认识分歧，同时也给晋宁运动构造意义的认识带来了较大的争议和一定的混乱。

第一种观点强调“晋宁不整合面代表着扬子陆块震旦系沉积盖层与基底之间的构造界面”。因此，将下震旦统澄江组、莲沱组、硐门组、志棠组和休宁组等的底界视为晋宁不整合面，将其时代确定在距今 800 Ma 左右，将新元古代早期（距今 1000～800 Ma）划为一个独立的晋宁造山旋回。这种观点一直被作为中国区域地质上的正统认识。这种认识对华南大地构造的研究具有较大的影响。

第二种观点则强调“晋宁运动代表的是发生在中元古代末期，并造成中元古代地层变形、变质和岩浆侵入的构造事件”。因此，将位于中元古界顶部的四堡运动、武陵运动、神功运动等的不整合面对比晋宁不整合面（表 1-2）。但是，由于受 Mish（1942）晋宁不整合面代表扬子陆块沉积盖层与基底之间的构造界面这一传统认识的约束，因此，仍将震旦系的底界下延于该不整合面之上，从而造成下震旦统地层划分、对比的混乱，以致其中对晋宁运动的合理认识并没有得到广泛的认同（刘鸿允等，1991）。

表 1-2　晋宁运动和震旦系的区域对比（刘鸿允，1991）

地质年代			川西	滇东	峡东	湘西北	黔东北-湘西	桂北	赣西北	赣东北	皖南	浙西	构造运动
震旦纪	晚震旦世	灯影期	灯影组	灯影组	灯影组	灯影组	灯影组	老堡组	留茶坡组	皮园村组	皮园村组	西峰寺组	
		陡山沱期	观音崖组	陡山沱组	陡山沱组	陡山沱组	陡山沱组	陡山沱组	陡山沱组	陡山沱组	兰田组		
		南华大冰期 南沱冰期	列古六组	南沱组	南沱组	南沱组	南沱组	酒里口组	雷公坞组	雷公坞组	雷公坞组	雷公坞组	
		大塘坡间冰期				大塘坡组	大塘坡组	富禄组	含锰页岩	锰虎组		洋安组	
		长安冰期				东山峰组	两界河组	长安组	下冰渍组	朗口组			(澄江运动) 74Ma
	早震旦世		开建桥组; 苏雄群 / 小相岭火山岩	莲沱组	莲沱组	泥沙市群	板溪组	丹洲组	峒门组; 落可栋组 / 峒门组; 彭山组; 修水群	志棠组; 登山组 / 昭林组; 枫坡林组; 小浮溪组	志棠组; 铺岭组; 井潭组 邓家组	志棠组; 上段; 上墅段; 虹赤村组; 骆家门组	
				(晋宁运动)			(武陵运动)	(四堡运动)	(九岭运动)			(神功运动)	(晋宁运动) 900Ma
前震旦纪			峨边群 / 会理群	昆阳群	三斗坪群	冷家溪群	梵净山群 / 冷家溪群	四堡群	双桥山群	双桥山群	工溪群	双桥山群	

第三种观点是采取了折中的方案，即将上述两个不整合面分别代表晋宁运动的两个不同阶段，即晋宁Ⅰ期和晋宁Ⅱ期的造山作用，并认为扬子陆块的基底最终形成于晋宁Ⅱ期（王鸿祯，1986）。

从罗迪尼亚超大陆聚合以及相关的格林威尔造山作用过程来看，我国传统将晋宁不整合面的空间位置定义在下震旦统的底界，在时间上确定为 800 Ma 左右是存在问题的。其理由简要分析如下：

首先大量的研究结果已经证实，在晋宁运动命名地的云南晋宁地区，晋宁面之下的昆阳群为中元古界，其变形、变质作用和峨山花岗岩的侵入事件发生在中元古代晚期（同位素年龄分析结表明为距今 1150～1000 Ma），与不整面之上的下震旦统澄江组砂岩之间存在着大约 200 Ma 的沉积间断（郝杰等，1992；任纪舜等，2000）。这一事实表明，该不整合面代表的晋宁运动显然是指发生在中元古代晚期（距今 1150～1000 Ma）的地质-构造事件，该事件造成中元古界昆阳群变形、变质，并有峨山花岗岩为代表的岩浆侵入事件。由此可见，将晋宁不整合面的位置确定在澄江组的底界，并将晋宁运动发生的时代确定在距今约 800 Ma 的认识，不符合晋宁运动命名地的基本事实。

其次依据不整合面上覆沉积体底界确定不整合面空间位置的做法违背了区域性不整合面大地构造意义判定原则（郝杰和翟明国，2004）。众所周知，区域不整合面是由造山作用和风化夷平、沉积间断以及新一期沉积三个地质作用构成。由于地质背景不同，造山区开始接受新一期沉积的时代可以是不同的，因此，确定不整合面发育的位置和造山运动发生的时代，不应简单地以不整合面上覆沉积体的底面为标志，而应该以不整合面下伏地质体的变形、变质、岩浆活动以及磨拉石沉积的时代为标准，因为它们才代表着造山作用的发育时间，包含着不整合面的大地构造意义。传统在晋宁不整合面对比时恰恰错误地采用了以不整合面上覆地层底界作为确定不整合面位置和造山运动发生时代标志的做法，因而使具有不同大地构造意义的不整合面对比在一起，造成晋宁不整合面区域对比的混乱和大地构造意义理解的错误。

因此，晋宁运动代表的是发生在中元古代晚期的一次区域性造山事件，晋宁不整合面的位置应定义在已发生变形、变质的中元古界及其侵入体的顶界，而不论其上覆是何时代地层（表 1-3）。从罗迪尼亚超大陆聚合以及相关的格林威尔造山作用的角度出发，将发生于中国南方的晋宁构造运动站在全球构造的视野去分析，晋宁运动所发生的时间应该为中元古代末期，即距今 1200～1000 Ma。

表 1-3 晋宁运动及其相关地层的区域对比（郝杰和翟明国，2004）

国际地质年代表		本书地质年代表		扬子西缘		扬子北缘			扬子南缘				扬子东缘					年代
				滇东	川西	神农架	大洪山	大别山	湘西北	湘西	黔东北	桂北	赣西北	赣东北	皖南	浙西	豫西	
新元古代	新元古III纪	震旦纪	灯影期	灯影组	灯影组	灯影组	灯影组	白兆山组	灯影组	留茶坡组	留茶坡组	老堡组	灯影组	灯影组	皮园村组	西峰寺组	东坡组	
			陡山沱期	陡山沱组	观音崖组	陡山沱组	陡山沱组	岔河组	陡山沱组	陡山沱组	陡山沱组	陡山沱组	陡山沱组	陡山沱组	兰田组			650 Ma
	650 Ma 成冰纪	南华冰纪	南沱冰期	南沱组	列古六组	南沱组	南沱组	随县群	南沱组	南沱组	南沱组	南沱组	南沱组	雷公坞组	雷公坞组	雷公坞组	罗圈组	
			大塘坡间冰期			大塘坡组			大塘坡组	大塘坡组	大塘坡组	富禄组				大塘坡组		
			长安冰期			古城组			东山峰组	江口组	两界河组	长安组				古城组		750 Ma（澄江运动）
		扬子纪	莲沱期	（澄江运动）澄江组	开建桥组	莲沱组	莲沱组	随县群；变细碧角斑岩组	莲沱组	（雪峰运动）板溪群	下江群	丹洲群	峒门组	志棠组	休宁组	志棠组	董家组	
	850 Ma 拉伸纪 1000 Ma		苏雄期		苏雄组	马槽园组	花山组			沧水铺群			落可栎组	登山组	铺岭组#；邓家组#	上墅组；虹赤村组；骆家门组	黄莲垛组	900 Ma
中元古代				（晋宁运动）昆阳群	峨边群	神农架群	打鼓石群		（武陵运动）冷家溪群	冷家溪群	梵净山群	（四堡运动）四堡群	修水群；双桥山群	（九岭运动）双桥山群	上溪群	（神功运动）双溪坞群	洛峪群；汝阳群	1000 Ma（晋宁运动）

2. 晋宁运动的特征

基于以上认识，晋宁运动也是发生于中元古代末期的一次区域性构造运动，是全球性的格林威尔造山运动在中国南方的具体体现。即使存在争议的地区，其构造运动的实际意义也是相同的，举例说明如下。

（1）在扬子陆块腹地的峡东地区：传统下震旦统莲沱组不整合在崆岭群之上，因此认为该地区的晋宁构造运动发生于大约距今 800 Ma。实际上，该不整合面也是中元古代末期或新元古代早期的产物。现在的研究资料证实，崆岭群的形成时代属于新太古代—古元古代。虽然在杂岩中获得距今 1000～800 Ma 的同位素年龄，但是它们不是崆岭群杂岩变形、变质和岩浆活动的时代，而是反映新元古代早期陆内热事件（可能与罗迪尼亚超大陆解体相对应）对其的影响。因此，该不整合面的大地构造意义指的是在古元古代末期的造山运动，而使崆岭群杂岩变形、变质的构造热事件，即吕梁运动（1800 Ma），相当于哥伦比亚超大陆的形成时间（陆松年，2001；Rogers and Santosh，2002）。

（2）在扬子陆块的西缘、北缘和东缘：传统下震旦统澄江组、莲沱组、峒门组、休宁组和志棠组在区域上不整合在晋宁期造山带褶皱岩系或杂岩之上，即在中元古界昆阳群、峨边群、神农架群、双桥山群、上溪群、冷家溪群和双溪坞群等之上，而在局部地段则平行不整合或小角度不整合在新元古界早期裂谷沉积之上，如苏雄组、马槽园组、落可栋群、沥口群和上墅组、虹赤村组、骆家门组等之上。前者反映的是发生在中元古代末期的造山运动，即晋宁运动。后者反映的则是发生在新元古代早期的大陆裂谷沉积与区域性海侵沉积之间的构造事件。两者具有完全不同的大地构造性质，不能等同看待，只有前者才是真正晋宁构造运动的产物（郝杰和翟明国，2004）。

（3）对于扬子陆块南缘的丹洲群、下江群和扬子北缘的随县群，从新元古代早期到莲沱期为一套连续沉积，其间没有沉积间断和不整合接触（表 1-3），因此，将晋宁运动的界面置于莲沱组与下伏丹洲群、下江群或随县群之间是缺乏构造依据的。

3. 南方大陆晋宁运动的相应特征

晋宁运动期间，扬子陆块先后与华夏、华北、印支古陆块三向聚合，分别形成了主体呈北东向、东西向和近南北向的造山带，奠定了华南地区的古构造框架。

扬子、华夏古陆对接，形成了该期最显著的一条陆间造山带，总体呈反“S”状弧形展布。北部为江南造山带，主体由东西向、北东向的线形褶皱组成，北西向的横褶皱也有所见，伴有大量规模不等的韧性剪切带，总体显示向南仰冲，沿带出现一条四堡期—晋宁期花岗岩链；南侧为绍兴-萍乡-北海结合带，由长兴-宜丰断裂带、歌县-歙兴蛇绿混杂岩带、绍兴-萍乡缝合带等组成，中夹浙西地块，向西收敛并转向北海，结合带以南为新地层掩盖，构造面貌尚不清楚。

扬子陆块西南陆缘的康滇南北向褶皱带，可能是川滇地区晋宁期造山带的一部分。由于扬子古陆西侧的元古大洋洋壳向东俯冲（蛇绿岩 1300.93～901 Ma），印支、扬子古陆拼合，在仰冲侧形成了南北向的康滇隆起带和由酸性岩浆岩带组成的岩浆弧，并伴有安宁河等南北走向的巨大韧性剪切带，与华南东南部呈对挤状态。

中元古代出现的近东西向褶皱，普遍见于康滇、江南地区。但最显著的东西向变形带展布于扬子陆块北缘与秦岭活动带的交接地带，晋宁期时发育一条巨大的蓝闪片岩、榴辉岩带，表明扬子与华北陆块在晋宁期发生南北向汇合。

（二）兴凯地裂运动导致罗迪尼亚超大陆解体

罗迪尼亚超大陆的解体发生在新元古代早期，裂解作用大都是沿着格林威尔期造山带发育的，并形成一些具有全球性分布的大陆裂谷带（郝杰和翟明国，2004）。而黄汲清等（1980）提出古中国地台形成于中元古代末华南陆块的晋宁运动，于距今 800 Ma 开始裂解，距今 700 Ma 达到高潮，并将古中国地台的裂解称为“兴凯旋回”，因此，罗迪尼亚超大陆的解体与兴凯地裂运动在时间上是可以对应的，在空间上是有联系的。

1. 兴凯地裂运动在华南古板块东南缘演化特征

新元古代中、晚期发生的兴凯地裂运动所产生的裂谷和隆起控制沉积相。兴凯地裂运动期由先到后、自下向上可分为 4 个裂谷期和相应的沉积组合，可对应地裂运动开始、高潮至结束期的特征。

1）地裂运动开始期

晋宁运动后扬子陆块和华夏陆块会聚成华南大陆，其后兴凯地裂运动开始，形成许多初始裂谷、盆地，发育冲、洪积相夹火山碎屑岩相组合，但在上扬子的川滇和江南岛弧的赣北和皖南隆起上缺失（图 1-2）。

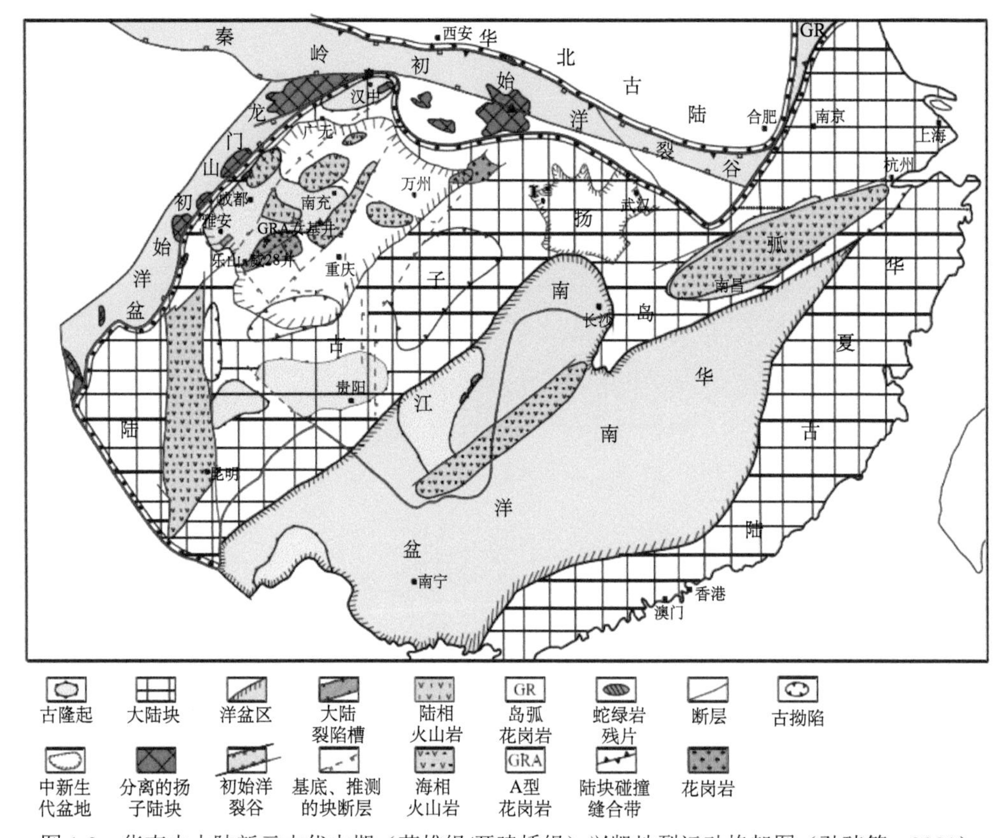

图 1-2　华南古大陆新元古代中期（苏雄组/开建桥组）兴凯地裂运动格架图（孙玮等，2001）

2）地裂运动高潮期：裂谷盆地发育期

近十多年来，国内许多研究表明，华南是全球新元古代中期（距今 830～750 Ma）与罗迪尼亚超大陆裂解有关岩石记录最完整的地区，如大陆溢流玄武岩、基性岩墙群、双峰式火山岩、基性-超基性侵入体、碱性侵入体以及板内花岗岩侵入体等，其同位素年龄为 830～680 Ma，集中于 780～750 Ma。这些具有大陆裂谷型地球化学特征的岩浆岩，正是全球罗迪尼亚超大陆裂解作用在中国华南地区的真实表现，也是华南地区兴凯地裂运动早期的表现。据野外调查和近年来 1∶20 万区域地质调查，以及刘宝珺等和成都理工大学沉积地质研究院等的岩相古地理研究（罗志立，1981，1991；刘宝珺和许效松，1994；罗志力等，2005），认为华南板块南华纪早期（苏雄组/开建桥组）是兴凯地裂运动高潮期（图 1-3），陆相或海相火山岩及火山碎屑岩组合，主要发育在扬子古陆西南和东南缘，如苏雄组和开建桥组，反映兴凯地裂运动在早期裂陷的构造特征。

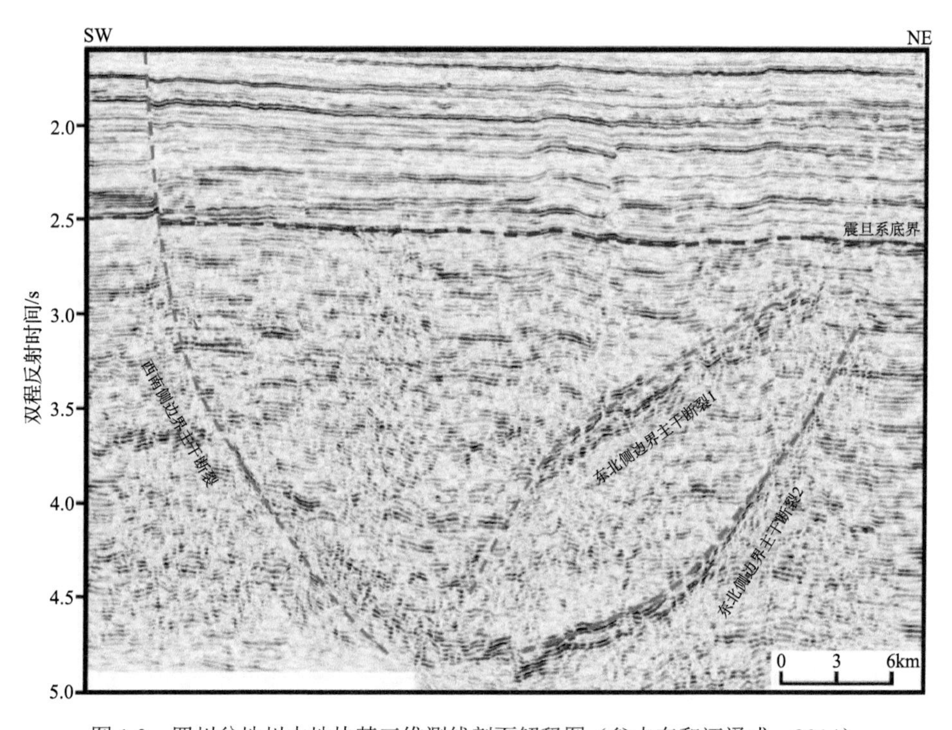

图 1-3　四川盆地川中地块某三维测线剖面解释图（谷志东和汪泽成，2014）

3）地裂运动中期：裂谷盆地中期

在华南板块广泛发育冰碛岩组合（如南沱组），它与全球化的“雪球化地球事件”同步。

4）地裂运动结束期：裂谷盆地发育晚期

以震旦系的陡山沱组和灯影组为代表，发育碳酸盐岩台地和碳硅质的碎屑岩组合，其后发生“生命大爆发事件”。本组合延续到中奥陶世末的郁南运动，兴凯地裂运动结束。

2. 兴凯地裂运动在华南古板块西北缘演化特征

1）秦岭 EW 向裂谷系

在华南板块北缘的秦岭造山带中，陆松年等（2005）认为存在北、南两条新元古代岩浆岩带，根据其物质成分、地球化学特征、U-Pb 年龄及大陆动力学构造背景，认为新元古代中期（南华纪）华南板块北缘和西缘存在两条裂谷系，三联点在汉南地块。

秦岭初始裂谷系北带主要发育在北缘的秦岭岩系分布区，东延可达桐柏-大别-苏鲁一带，由花岗岩质岩石组成，时代为距今 955～844 Ma。

秦岭初始裂谷系南带主要发育在中、南秦岭区，包括神农架、大洪山地区，勉县-唐县-碧口-平武一带，近陆一侧发育一套陆相大陆裂谷系型火山-沉积岩系，如马槽园组；远陆一侧发育一套海相裂谷型-细碧-角斑岩系，即花山群和碧口群等，时代为距今 810～710 Ma。本条裂谷系是劳伦、澳大利亚和华南陆块初始裂解的产物，是原特提斯洋形成的前兆。到了早寒武世，秦岭洋初始裂谷进一步扩展为南秦岭海槽。

汉南侵入杂岩体形成于距今 837～800 Ma，处于 EW 向初始裂谷系与扬子陆块西缘 SN 向康滇裂谷带交接处，成为三联点。

2）扬子陆块西缘 SN 向康滇裂谷系及其发展

北起于四川大相岭、小相岭及甘洛、峨眉等地，向南延入滇东地区，岩石记录为苏雄组、小相岭组和澄江组。苏雄组为酸性-基性熔岩及火山碎屑岩，底部以不整合覆于峨边群（中元古界）之上，曾测得英安岩的 Rb-Sr 年龄为 822～812 Ma（刘鸿允等，1981）。连续沉积于苏雄组之上的开建桥组中玄武岩 K-Ar 年龄为 726 Ma。相当于苏雄组和开建桥组的地层，在大、小相岭地区称小相岭组，Rb-Sr 年龄为 794 Ma；其上为列古六组，为上叠盆地产物，即裂谷盆地闭合于澄江运动（700 Ma）。在滇东的武定、罗茨经东川至巧家发育的澄江组，下段碱性玄武岩 Rb-Sr 年龄为 887 Ma，与苏雄组年龄大体相当。它实际是苏雄组裂谷型火山岩南延部分，上段是一段粗碎屑岩，层位上与开建桥组相当（刘鸿允，1991）。

3. 兴凯地裂运动在四川盆地的表现

兴凯地裂运动期南华纪形成的火山岩体，控制四川盆地基底分异。

（1）当前四川盆地由西向东，构造变形有显著“明三块”的差异。据研究，主要受控于兴凯地裂运动期基底差异沉降和火山侵入岩体控制。以龙泉山基底断裂为界的川西地区，仅有绵阳一个基性杂岩体侵入，其余地区分布弱磁性的中元古界黄水河群。但据陆松年研究，认为是三联点向南延的裂谷系分支，可与康滇裂谷系相连。因其为塑性岩石或裂谷为基底，故易沉降接受沉积，沉积盖层厚度可达 11 km。

（2）在龙泉山和华蓥山断裂之间的川中地区，有多个火山岩体，在威 28 井和女基井已钻到花岗岩和霏细斑岩，属新元古代晚期产物，构成稳定的结晶基底，因而后期沉积盖层薄（6～8 km）、构造变形弱。

（3）在华蓥山至齐岳山断裂之间的川东南地区，物探解释仅在忠县有侵入岩体，大部分地区为新元古界板溪群充填，盖层厚度达 11 km。

（4）四川盆地基底发育多个规模不等的伸展构造（谷志东和汪泽成，2014），证明四川盆地内部可能存在兴凯地裂运动期的拉张活动（图 1-3）。

（5）晚震旦世—早寒武世在四川盆地再次发育拉张构造，在德阳-安岳地区发现近南北向裂陷槽（杜金虎等，2016），对该裂陷槽的展布特征、形成发育机制还存在诸多争议（汪泽成等，2014；杜金虎等，2016；刘树根等，2016），但该裂陷槽的发育时代基本上是在晚震旦世—早寒武世，与震旦纪末期桐湾运动的剥蚀及早寒武世早期的拉张作用相关，可能是兴凯地裂运动末期的一次构造作用（图 1-4）。

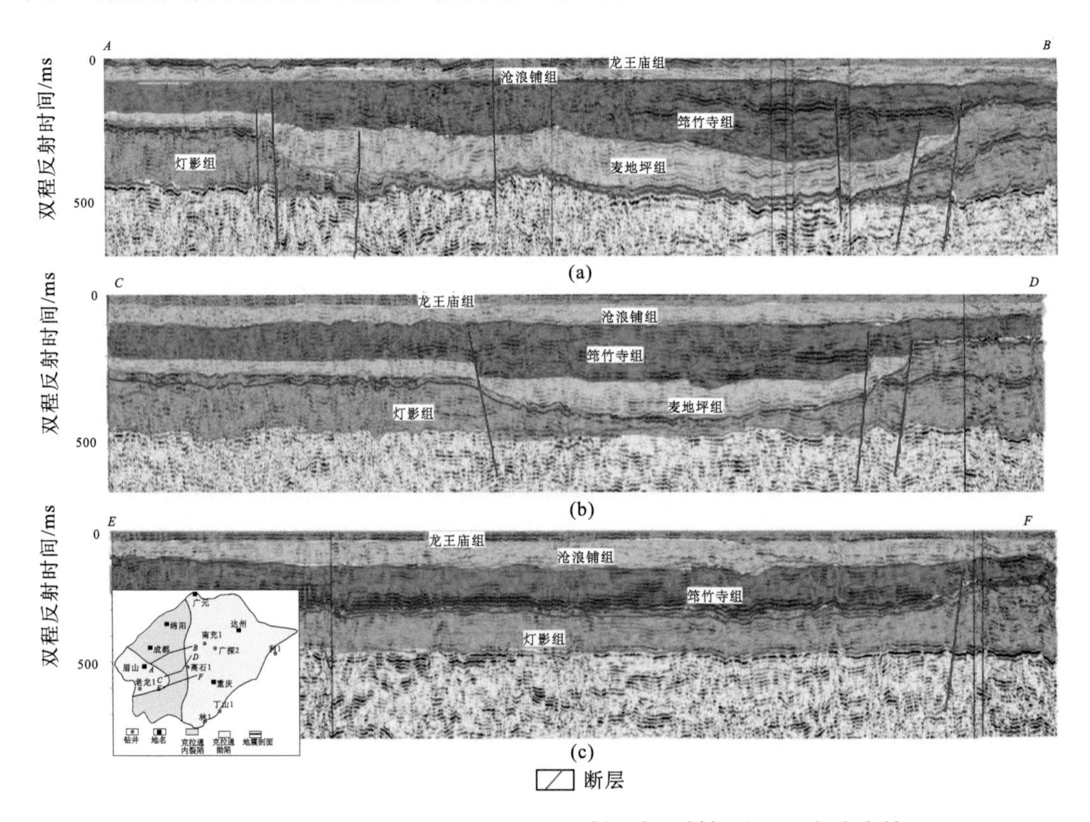

图 1-4　过克拉通内裂陷的地震解释剖面（沧浪铺组顶界反射层拉平，杜金虎等，2016）

二、震旦纪—志留纪盆地旋回

原型盆地的形成与后期改造研究是在油气勘探实践的基础上提出来的，该技术是以构造动力学分析为主线，结合沉积相、沉积充填史、构造演化史、地层残留厚度等，探索其原始沉积面貌、形成机制及后期剥蚀改造过程。Weeks 早在 20 世纪 50 年代就呼吁“要了解石油的产出，必须回到原始沉积盆地中去”（Weeks，1952）。何登发等（2004）对盆地原型或原型盆地描述为“相应于盆地发展的某一个阶段（相当于一个构造层的形成时间），有相对稳定的大地构造环境（如构造背景与深部热体制），有某种占主导地位的沉降机制，有一套沉积充填组合，有一个确定的盆地边界（虽然此边界常常难以恢复）”。

（一）震旦纪—中奥陶世

该期处于强烈拉张裂离阶段，由于陆壳发生移离，陆块边缘裂陷进一步扩大，并诞生新的大洋——北秦岭洋（古中国洋的东段），同时受拉张作用，扬子陆块沉降，接受海侵覆盖，形成广阔的克拉通碳酸盐岩台地，扬子陆块的北、东南、西南三面边缘则发育面向周围古大洋的被动边缘盆地（图 1-5），并在整体拗陷沉降的同时伴有张断陷活动，呈现向大洋倾斜的阶梯状断阶或垒、堑相间结构。

1. 扬子北部被动大陆边缘盆地

经新元古代初（青白口纪）的大陆裂解作用后，新元古代中晚期－早古生代扬子与华北两陆块已经分离，之间形成北秦岭至昆仑的东西向大洋（又称“古中国洋”），其在陕西凤县一带分叉向西北延伸至祁连山一带，形成支洋盆，从而分隔了我国华北、华南、塔里木、柴达木等主要陆块。根据昆仑、秦岭、祁连各地测得的该大洋残留蛇绿岩套同位素年龄总体在 1000～450 Ma，反映为新元古代－早古生代发育的古洋盆。它总体呈向西敞开的喇叭形，向东延伸插入华北与扬子两陆块之间，但至多延伸到郯庐断裂以西，郯庐断裂以东的苏鲁造山带-朝鲜半岛临津江变形带迄今尚未见直接的洋壳证据，张渝昌（1997）认为此区间可能已转变为一个大陆裂谷带。因此，它属于一个向西张开、向东收敛的楔形洋盆-裂谷带。现有资料反映，该洋盆在新元古代－早古生代早期（早、中奥陶世前）主要属于扩张阶段，早古生代晚期（晚奥陶世－志留纪）主要为俯冲消减阶段（图 1-6）。从该洋盆两侧双变质带和活动边缘配置情况看，主洋盆的东段（阿尔金断裂以东的东昆仑-秦岭段）为向北单极性俯冲，沿商县-丹凤-信阳一带（洋壳残留蛇绿岩带）平行分布着低温高压（3T 多硅白云母、C 类榴辉岩、蓝闪岩）和高温低压（以夕线石为特征矿物）的双变质带，以及华北陆块南缘 O_3–S 相应转化的弧盆活动边缘，指示了其俯冲方向；主洋盆西段（西昆仑）和北祁连支洋盆则为双向俯冲，在西昆仑段的两侧形成压性弧特征的安第斯型深成岩浆弧，在北祁连蛇绿岩套和高压变质带两侧分别发育活动陆缘的弧-盆系，因而双向俯冲明显。志留纪末－泥盆纪，为该洋盆关闭与陆块碰撞造山阶段，扬子与华北两陆块沿北秦岭一带发生碰撞造山，形成规模巨大的秦祁昆造山系，沿该造山系分布的 420～325 Ma 碰撞型花岗岩指示了其形成时间。

因此，震旦纪－早古生代期间，扬子陆块的北缘为面向昆秦古洋盆的被动边缘。在该边缘上，新元古界－古生界地层发育齐全。根据吉让寿等（1997）的研究，在该边缘的东秦岭地区，自南向北由扬子地台向北秦岭洋方向呈以下构造-沉积分带格局（图 1-7）：台地→台地周边（南大巴）→浅-半深海垒堑式断陷（北大巴-南秦岭南部及东延的随州、浠水）→岛状隆起（小木岭-淅川）→向洋斜坡（山阳-柞水），经深海盆→洋盆（北秦岭）。各带沉积特征主要如下：大致以广济-襄樊-城口断裂为界，以南为扬子克拉通碳酸盐岩台地，以北至商丹缝合带为其北部被动边缘范围，安康-随州一带（$Ⅱ_1$）为其沉降沉积中心，呈南北两断凹、中夹一隆结构，主要沉积了一套欠补偿较深水-深水含碳硅质岩、黑色页岩、泥岩、碳质碳酸盐岩夹火山岩（ϵ）、泥钙质类复理石（$O_{1\sim2}$）及深水灰岩，

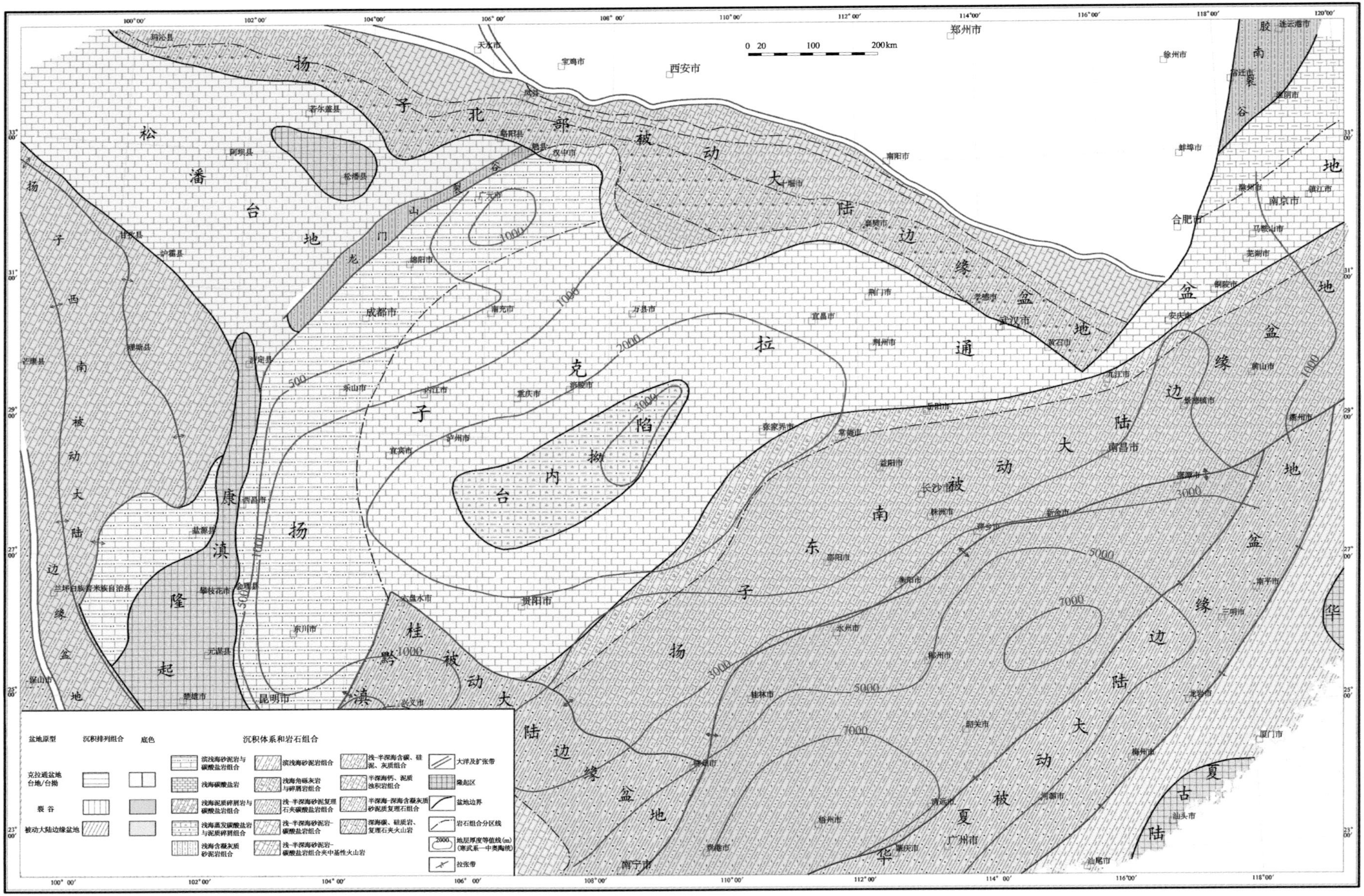
0 20 100 200km
盆地原型
沉积排列组合
底色
沉积体系和岩石组合
克拉通盆地 台地/台拗
裂谷
被动大陆边缘盆地
滨浅海砂泥岩与碳酸盐岩组合
浅海碳酸盐岩
浅海泥质碎屑岩与碳酸盐岩组合
浅海蒸发碳酸盐岩与泥质碎屑岩组合
浅海含凝灰质砂泥岩组合
滨浅海砂泥岩组合
浅海角砾灰岩与碎屑岩组合
浅–半深海砂泥复理石夹碳酸盐岩组合
浅–半深海砂泥岩–碳酸盐岩组合
浅–半深海砂泥岩–碳酸盐岩组合夹中基性火山岩
浅–半深海含碳、硅泥、灰质组合
半深海钙、泥质浊积岩组合
半深海–深海含凝灰质砂泥质复理石组合
深海碳、硅质岩、复理石夹火山岩
大洋及扩张带
隆起区
盆地边界
岩石组合分区线
地层厚度等值线(m)(寒武系—中奥陶统)
拉张带
500
1000
2000
3000
5000
7000

图1-5 中国南方震旦纪—中奥陶世盆地原型分布图

该断陷带北侧为小木岭-淅川断隆（Ⅱ$_2$），断隆之上早期为碳硅质岩、泥质岩沉积，晚期以浅海碳酸盐岩沉积为主，断隆北侧为柞水-山阳向洋斜坡（Ⅱ$_3$），以含碳细碎屑复理石、硅质岩夹火山岩沉积为主。

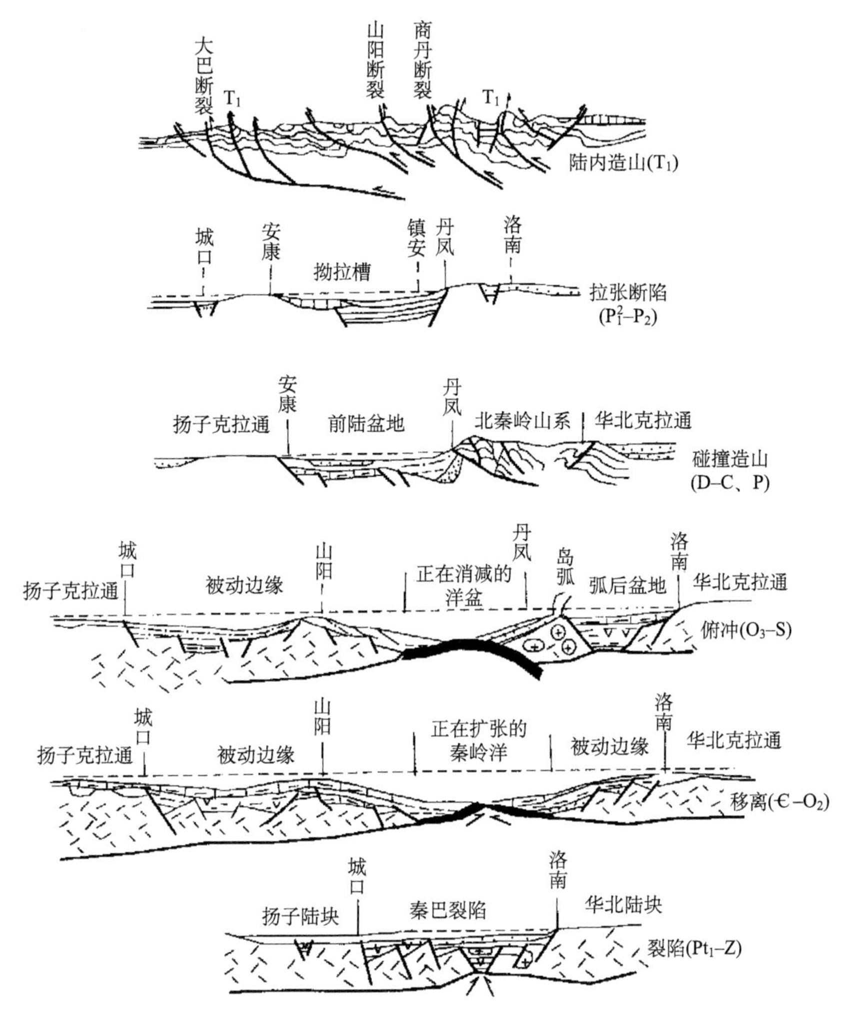

图 1-6　扬子-秦岭-华北 Pt_3–T_1 构造演化模式图（据张渝昌，1997）

2．扬子东南-华夏被动大陆边缘盆地

扬子东南-华夏被动大陆边缘盆地位于现今江南断裂-九岭北缘断裂-武陵、雪峰西侧断裂的东南侧，为扬子陆块向东南倾斜的斜坡，其与东南华夏陆块西侧边缘斜坡一起构成范围广大的断拗沉降带，成为面向东南古大洋（前特提斯）的广阔被动边缘。

晚震旦世－中奥陶世，扬子陆块东南部的沉积特征表现出典型的古被动大陆边缘性质，从西北向东南可明显分出三个构造-沉积组合带。

1）江南欠补偿陆架断拗带（被动大陆边缘内带）

其位于浙西-皖南-赣北-湘中-湘西-黔东一带，南界位于江绍断裂-九岭南缘断裂-

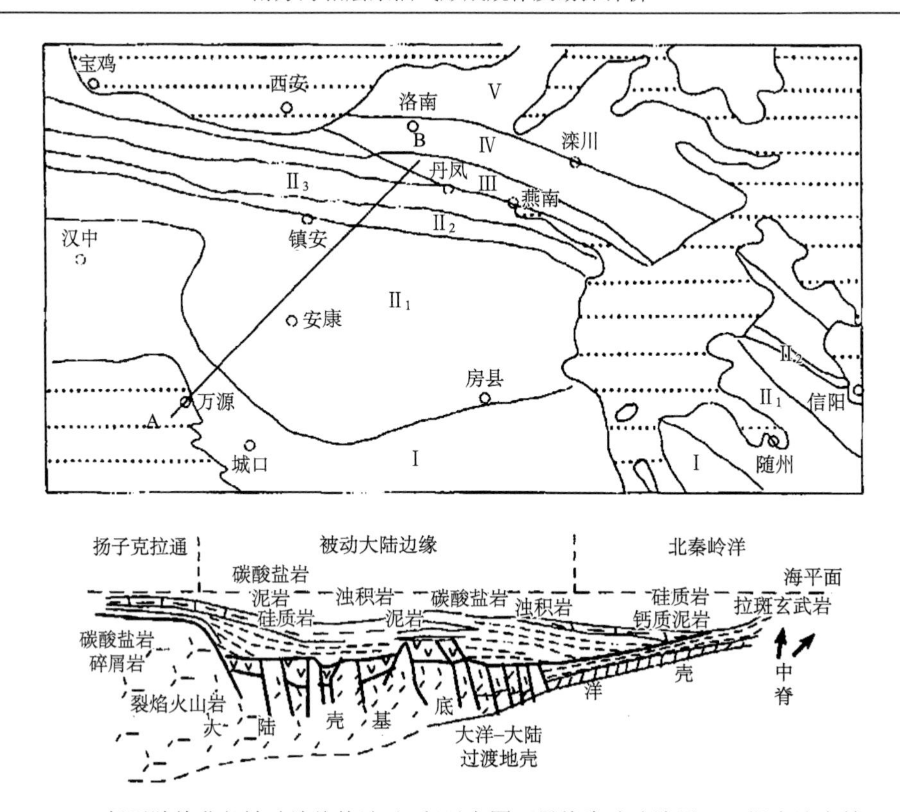

图 1-7　Z_2–O_2 扬子陆块北部被动边缘构造-沉积示意图（界线为改造边界）（据吉让寿等，1997）

Ⅰ. 扬子克拉通；Ⅱ. 扬子陆块北部被动边缘；$Ⅱ_1$. 安康-随州断陷盆地；$Ⅱ_2$. 小木岭-淅川断隆；$Ⅱ_3$. 柞水-山阳向洋斜坡；Ⅲ. 北秦岭洋；Ⅳ. 华北陆块南部被动边缘；Ⅴ. 华北陆块

衡阳附近-广西柳州一线。该带大部分地段被后期冲断推覆，其东北段安徽石台县和西南段雪峰山西缘可看到与扬子克拉通周边（台缘）沉积的过渡，在衡阳以南见该带与东面的华南裂陷区的复理石拗陷呈过渡关系。

该带震旦系－中奥陶统以碳硅质岩、泥碳酸盐岩、笔石页岩沉积为主，发育含原生黄铁矿细粒的薄层黑色灰岩，地层厚度薄，水平层理发育，陆源碎屑少，生物群以球接子、漂浮三叶虫和笔石为主，因此是水体较深、离岸较远的滞流沉降地带，以拗陷为主，仅早期有正断层活动。但横向、纵向变化大，总趋势是从北东、西北-西南、东南方向碳酸盐岩成分减少、宽度变窄，而碎屑岩增多。在皖南、浙西、湘中地段，震旦系－寒武系纵向上表现为滨浅海碎屑岩、浅海冰筏碎屑岩夹火山碎屑岩（Z_1）→硅质岩、黑色页岩、碳酸盐岩（Z_2–$Є_1^1$）→富含有机质灰岩、泥质条带灰岩、链状灰岩（$Є_1^2$–$Є_{2\sim3}$）→笔石页岩，反映海水不断加深和向北西侵进的过程。

2）赣湘桂深水复理石裂陷带（华南裂陷区）

其位于赣南-粤桂一带，其东界大致位于武夷山西侧-石城-云开断裂带，它是在中元古代未完全关闭的残留海盆基础上经新元古代早期拉张的继承性大型裂陷带，处于扬子、华夏两陆块的中间。

该带从西北-东南有硅泥质增多的趋势，代表了向洋方向的陆坡复理式沉积特征。这套复理式沉积自下而上从细砂岩、粉砂岩和页岩的韵律（Z–€）过渡到以泥岩、碳硅质岩为韵律互层（$O_{1\sim2}$），其沉积厚度变化大，化石稀少，仅有一些腕足类、笔石和海绵骨针，沉积物中砂岩、粉砂岩成分成熟度和结构成熟度很高，主要是石英砂岩，而长石石英砂岩很少。但在一些水下隆起（如鹰扬关水下隆起）碎屑较粗，厚度较薄。此外，尽管该带岩石经受了强烈变形和轻微变质，但浊积特征清楚，一些地方发育改造浊积岩而沉积的等积岩。

该带具火山活动，但较微弱，沿西侧湘南、粤桂边境和赣中–粤中两条北北东向地带分布有中基性为主的火山岩，并以夹层产出，主要喷发期为早震旦世，代表了早期拉张破裂。

3）华夏西北被动边缘盆地

其位于浙闽粤一带，为华夏陆块向西北–西南倾斜的大陆斜坡。该带沉积水体总体由东向西北、西南加深，沉积物变细，以陆源碎屑岩及浊积岩沉积为主，推测浙闽东部存在物源供给的隆起剥蚀区。除此之外，在龙泉–政和断裂带、建宁–石城断裂带有拉张断陷的火山活动。张渝昌（1997）、张渝昌和秦德余（1990）认为，该带构造–沉积格局与现今南海盆地、菲律宾海北部盆地构造类似，华夏陆块被裂解为多个小陆块，陆块之间以条状断槽相隔，可能以北东走向为主，局部断槽内可能出现过小洋盆或洋陆过渡壳（图 1-8），断槽内沉积以细复理石–双峰火山岩为主，而陆块之上以面状分布的粗屑复理石沉积为特征。

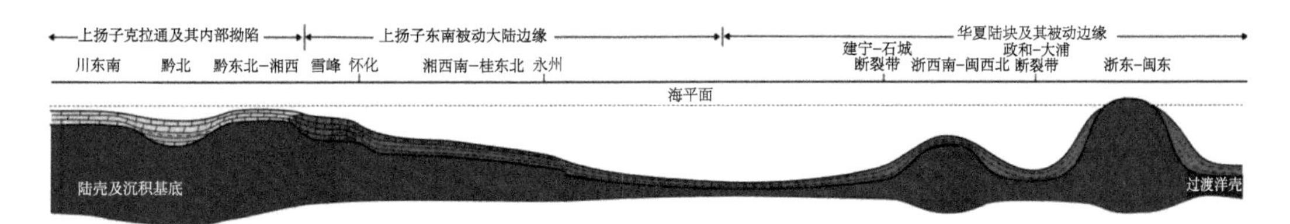

图 1-8　扬子陆块东南–浙闽沿海 Z_2–O_2 被动大陆边缘剖面示意图

3. 滇黔桂被动大陆边缘盆地

滇黔桂被动大陆边缘盆地位于师宗–弥勒断裂以东，罗甸–河池断裂以南，夹于扬子与华夏两大构造区之间，属于湘桂地块的一部分，新元古代－早古生代早期其可能独立于扬子陆块之外，它们之间可能也以裂陷相隔，亦属于扬子东南被动大陆边缘的一部分，由于受晚古生代盆地叠加和后期多次构造运动改造，其与上扬子之间的下古生界盆地发育面貌不甚清楚。该区下古生界沉积特征与上扬子之间存在着明显的差异，以砂岩–页岩组合或碎屑–碳酸盐岩组合为主。根据构造–岩相古地理研究（陈洪德等，2002），该区沉积古地理面貌呈自南向北倾斜的斜坡格局，与扬子东南被动边缘的构造与沉积明显不协调，为后期陆块碰撞所致。

4. 扬子西南被动大陆边缘盆地

扬子西南被动大陆边缘盆地处于甘孜–理塘一线至上澜沧江–昌宁–双江一线之间，为扬子陆块西延的巴颜喀拉-松潘台地面向前特提斯洋的广阔被动边缘。该带由西北向西南包括了雅江地块、甘孜-理塘断陷、中咱地块、金沙江-哀牢山断陷、兰坪-思茅地块等（图 1-9）。

晚震旦世，扬子克拉通上广泛分布的稳定碳酸盐岩台地沉积范围已越过甘孜-理塘断陷带，在理塘老灰里-里降一带分布有潮间坪灯影组藻叠层、藻斑点葡萄状白云岩，其下为青白口系－下震旦统钠质火山岩，说明当时西南被动大陆边缘经历过初始拉张裂陷和热沉降。寒武纪，由于金沙江以西深海盆的扩张，扬子西南部发生强烈沉降并再度拉张破裂，但拉张强度不大，总体呈断阶状向西南倾斜的斜坡。寒武纪早中期，以泥质岩、细碎屑岩沉积为主，夹黑色泥岩和基性火山岩；寒武纪晚期为浅海-半深海泥质岩和泥质碳酸盐岩韵律互层。早、中奥陶世，断陷分割作用更加明显，形成断陷与地块相间的构造-盆地格架，断陷中沉积了很厚的海相碎屑岩，自下而上从细粒长石石英砂岩、石英砂岩夹泥岩到以泥质粉砂岩、泥岩为主，偶夹泥灰岩，含笔石、三叶虫化石，反映水体不断加深过程，但未达到深水环境，是边沉积、边断陷的结果，在断陷之间的地块上，则以碳酸盐岩沉积为特征，早期为泥灰岩、白云质灰岩、白云岩，底栖生物较繁盛；中期以白云岩为主，夹灰岩、钙质粉砂岩；晚期沉积了类似宝塔灰岩的薄层瘤状灰岩或胶缩灰岩，代表潮下高能带及局限台地沉积。

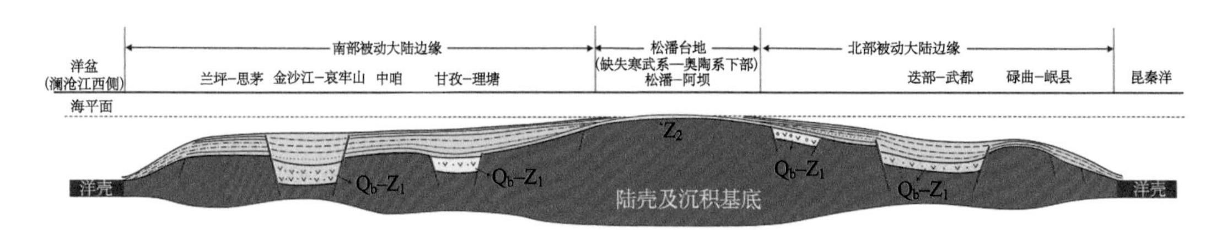

图 1-9　松潘台地及两侧 Z_2–O_2 被动边缘剖面示意图

5. 扬子克拉通盆地

晚震旦世－中奥陶世，扬子克拉通区处于相对稳定总体下沉的状态，有条状拗陷和隆起出现，缺乏宽广的剥蚀区，仅松潘（缺失寒武系－奥陶系下部沉积）、康滇地轴一带发育较长时间的隆起。该期随着陆块边缘的裂离，海侵扩大，地层向克拉通内超覆。主要为广阔的浅海碳酸盐岩、蒸发岩（白云岩）台地，仅在扬子台地西南部的康滇古陆周围发育陆相-滨岸相碎屑岩，向外过渡为蒸发岩台地。台内拗陷主要分布在上扬子川东南-黔北，其在晚震旦世－中寒武世沉积幅度大，堆积了近 3000 m 膏盐沉积，其他地区发育的拗陷一般规模不大，且时有时无，范围也变化。同时，在扬子台地的南北两侧，发育向被动边缘过渡的沉积周边，北侧主要分布在大巴山前一带，南侧分布在常州-九江-岳阳-铜仁-独山一带，总体以浅海碳酸盐岩沉积为主，夹碎屑岩，而南侧台缘沉积更类似于东南被动边缘斜坡沉积，上震旦统发育含磷泥岩，下寒武统为滞流黑色岩系，中上寒武统－下奥陶统发育滑塌堆积、碳酸盐重力流和碎屑流沉积。

6. 龙门山裂谷盆地

该裂谷盆地是在先前新元古代陆内裂谷基础上的继承性发育，北与南秦岭裂陷相连，分隔了上扬子台地与松潘台地。裂谷内主要为一套浅海相细碎屑砂、泥岩沉积，夹火山岩。中晚寒武世可能一度反转隆升，造成下奥陶统与寒武系的平行不整合。

（二）晚奥陶世—志留纪

该阶段主要构造事件是东南沿海地区发生微陆块的持续拼贴与增生造山，即加里东运动，尽管扬子西南缘昌都-思茅陆块西侧也发生有增生造山作用，但最主要的拼贴仍在东南沿海地区。同时，北秦岭洋由先前扩张转以单极性向北俯冲消减。在上述背景下，扬子陆块周缘先前被动边缘盆地性质发生了重大转变。该期盆地原型分布见图 1-10。

扬子陆块北缘，尽管仍保留被动大陆边缘性质，但已由非补偿性沉积的被动边缘向补偿性充填为主的残余海盆发展，预示着被动边缘发育将结束，与洋盆消亡相呼应。晚奥陶世－早志留世，该边缘拗陷区以厚层含泥硅质岩、硅质碳质板岩为主要沉积特征，夹中基性火山岩，并出现隆起（如小木岭－淅川断隆）。中、晚志留世，盆地进入充填期，以陆源碎屑砂泥岩和碳酸盐岩沉积为主，沉积环境也由还原环境逐步转变为氧化环境，至晚志留世几乎以底栖生物繁盛的浅色灰岩沉积为主，预示着盆地几乎被填满，行将消亡。

扬子陆块东南缘，由于受东南华夏裂解微陆块的持续拼贴与碰撞造山作用而向碰撞前渊（前陆盆地）转化，原被动边缘沉积物发生褶皱与逆掩造山。这一过程是从东南向西北方向逐渐推进的（图 1-11）。其中，粤西、粤中在寒武纪末－奥陶纪初就开始有拼贴，下奥陶统粗碎屑岩角度不整合在寒武系复理石之上。早期碎陆块的拼贴造成绍兴-江山、赣州-云开一线以东的褶皱冲断，震旦系－中奥陶统发生中浅变质，同时伴有大规模花岗岩侵入和基底隆升，缺失晚奥陶世－志留纪沉积。主要拼合带有长乐-厦门带、龙泉-大浦带、绍兴-江山-武夷山西一侧-云开山西侧带，它们依次自东南向西北冲断推覆。前渊盆地主要在绍兴-江山-武夷山西侧-云开山西侧的前沿冲断带之西，盆地中心靠近冲断带部位沉积了 2000～4000 m 浅海复理石，同时在前渊盆地的后缘江南-雪峰山一带形成后缘隆起（雪峰山南部、江南隆起东部可能出露水面成为隆起剥蚀区）。中、晚期，随着微陆块的进一步拼贴，冲断作用向北西推进，卷进了前渊盆地部分，同时前渊盆地沉降沉积中心向西迁移，沉积物变粗。至此，华南增生造山系形成。而此期，仅钦防地区逃脱了这次造山运动的影响，形成残余海盆，泥盆纪深水沉积与志留系连续，它在晚古生代进一步发展为古特提斯伸入大陆的拗拉槽。从该区广泛缺失中、下泥盆统和上泥盆统－石炭系向东层层超覆来看，该造山运动和碰撞前渊盆地演化最终结束于志留纪末－泥盆纪初。

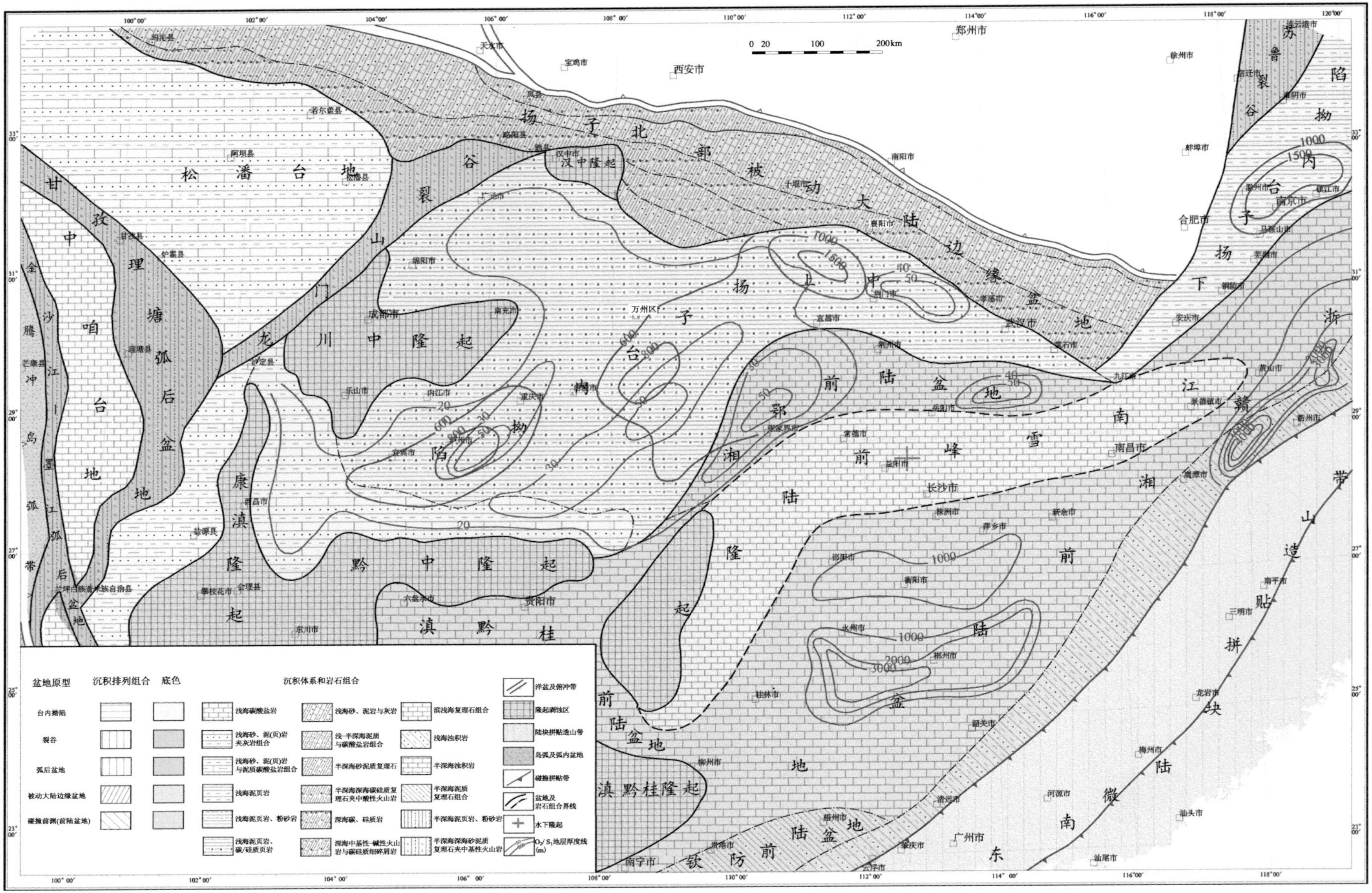

图 1-10　中国南方晚奥陶世—志留纪盆地原型分布图

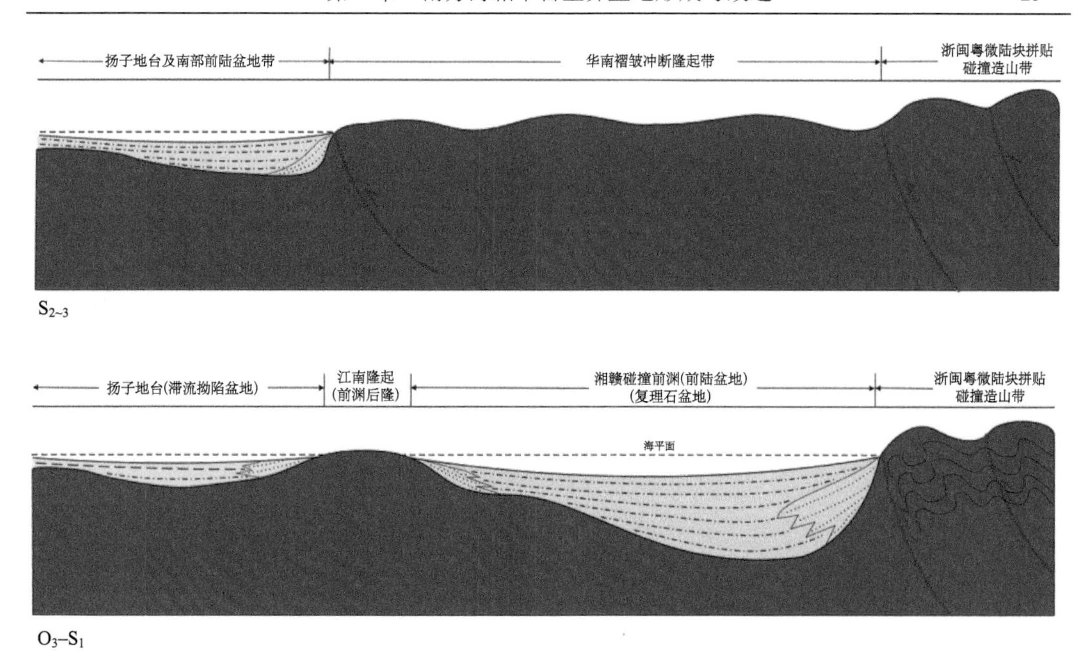

图 1-11　扬子陆块东南部 O_3–S 前陆盆地演化模式图

扬子西南缘，该期前特提斯洋向北俯冲增生，从该洋盆南侧的保山-羌南微陆块北缘晚古生代被动边缘与早古生代被动边缘连续发育，以及东侧钦防-马江-墨江海槽泥盆系与志留系连续沉积来看，该期的俯冲增生作用洋盆并未消亡。而且，此俯冲作用使昌都-思茅陆块西侧形成造山增生带，发育岛弧及弧内盆地，并在东侧金沙江一带、甘孜-理塘一带形成弧后拉张裂谷。该区除这些裂谷内有上奥陶统沉积外，大部分地区缺失沉积，且裂谷内见下志留统以区域性假整合覆盖在中、下奥陶统之上，中晚志留世伴有火山活动，火山岩以中基性为主，酸性次之，为具碱性趋势的双峰式火山岩套。因此，它们属于陆内裂谷。

扬子克拉通区，晚奥陶世－志留纪，扬子克拉通受北部被动边缘向北移动而在后缘拉张，以及东南被动边缘微陆块拼贴造山影响，克拉通内部发生反转，即由前一阶段的中间隆、向外倾斜、水深加大的构造格局，转为四周隆、水体浅和中部深的构造/盆地格局。加上康滇古陆扩大，黔中、黔南-滇东东西向古陆形成，原来的扬子台地主体下沉为宽广的半深海滞流拗陷盆地，沉积了厚度很小（几米至几十米）的放射虫硅质岩、碳质页岩（上奥陶统）和几十米至几百米的黑色笔石页岩（下志留统下部）。向南，碳、硅质岩减少，碳酸盐岩和砂泥岩增多，过渡到黔滇隆起和间夹的碳酸盐岩次级拗陷。向东，与东南边缘残留浅海复理石前陆盆地过渡。向北，与北部被动边缘半深海滞流盆地相连。随着东南边缘的持续拼贴，褶皱抬升不断向西推进，黔滇隆起进一步抬升，扩大到川中。志留纪末，由于华北陆块与扬子陆块的碰撞和东南边缘褶皱造山，两股指向扬子陆块内部的挤压力使扬子克拉通全部抬升为陆，只有松潘地区未受太大影响，仅台地中部短暂抬升。

三、泥盆纪—中三叠世盆地旋回

该阶段以古特提斯的形成、扩张至消亡以及由此产生的印支运动，形成不断增生的古亚洲大陆为标志。志留纪末－泥盆纪初，我国南方经加里东运动统一起来的新大陆与华北陆块实现联合，形成古中国陆，稍后（石炭纪）古中亚洋消亡，与北方西伯利亚陆块联合成古亚洲大陆。在北方大陆逐步汇聚的同时，我国南方大陆的西南缘发生裂解与陆块离散，诞生了新的大洋，即古特提斯洋。其主洋盆——澜沧江洋是在前特提斯洋基础上的连续发育，由于其从中泥盆世开始扩张，并依次有几条新的洋壳产生（如金沙江-墨江支洋盆、甘孜-理塘支洋盆），故以此区别于前特提斯洋。

（一）泥盆纪—早石炭世

经加里东运动之后，我国南方扬子地区和东南沿海为广阔的剥蚀夷平区。泥盆纪－早石炭世，由于受古特提斯澜沧江洋的扩张和钦防海槽的扩张及其向北东陆内的推进，以及北部北秦岭洋自东向西的剪式关闭而发生的陆-陆碰撞造山，从而形成“北挤南张”的区域构造-盆地格局。在此背景下，扬子北缘沿北秦岭造山带山前（商丹断裂以南）形成一个近东西走向的碰撞前陆盆地，同时受由北向南强大的挤压应力作用，在该前陆盆地南侧的中-下扬子地区形成一个东西向条状的台内拗陷（西至川鄂边界，东与古特提斯相通）；而南部湘黔桂粤地区，形成以钦防扩张海槽为共轭中心的北东向湘桂断陷和北西向右江断陷。从而在扬子南、北两侧形成北挤南张的两大盆地区，在这两个盆地区之间为上扬子-江南-浙闽相连的剥蚀古陆（图 1-12）。也正因为受上述南部拉张作用，华南陆块边缘沉降，海水向陆侵进，早石炭世时岸线已达贵阳、桂林、桃源、萍乡、吉安、紫金一线。但该期北部的挤压作用对松潘区段影响较小，仍保持为碳酸盐岩台地环境，其与上扬子之间的龙门山地区，泥盆纪沉积了一套厚度较大的细碎屑岩和碳酸盐岩，很可能是与南秦岭前陆盆地垂直相接的断陷。华南陆块西南缘，古特提斯澜沧江洋扩张的持续增强，导致其边缘的拉张裂散，为被动大陆边缘，并在康滇古陆东西两侧发育形成盐源-大理裂谷和凉山-昆明裂谷。而对于浙闽东侧沿海地区，因当时古特提斯洋-古太平洋呈“U”形环抱我国南方大陆南部，故处于被动大陆边缘环境，下面仅就以上发育的主要盆地原型作简要叙述。

1. 扬子北缘南秦岭碰撞前陆盆地

其东可至商城一带，西可延伸到甘肃南部-青海，南以略阳-安康断裂为界。该前陆盆地从早泥盆世开始发育，中泥盆世达到鼎盛阶段，石炭纪全面收缩。早石炭世，随着北部褶皱冲断带的向南推进，原先盆地北部的深沉降带卷入褶皱冲断和抬升（即山阳-柞水海西褶皱带），沉降中心向南迁移（图 1-13）；而且，在此冲断作用的同时，由于兼有较大的右行平移，盆地还受到平行于挤压方向的正断层作用，在盆地沉降带上叠置了 NNW 走向右行雁列的次拗和次隆（吉让寿等，1997）。该盆地内泥盆系在南秦岭-北大巴

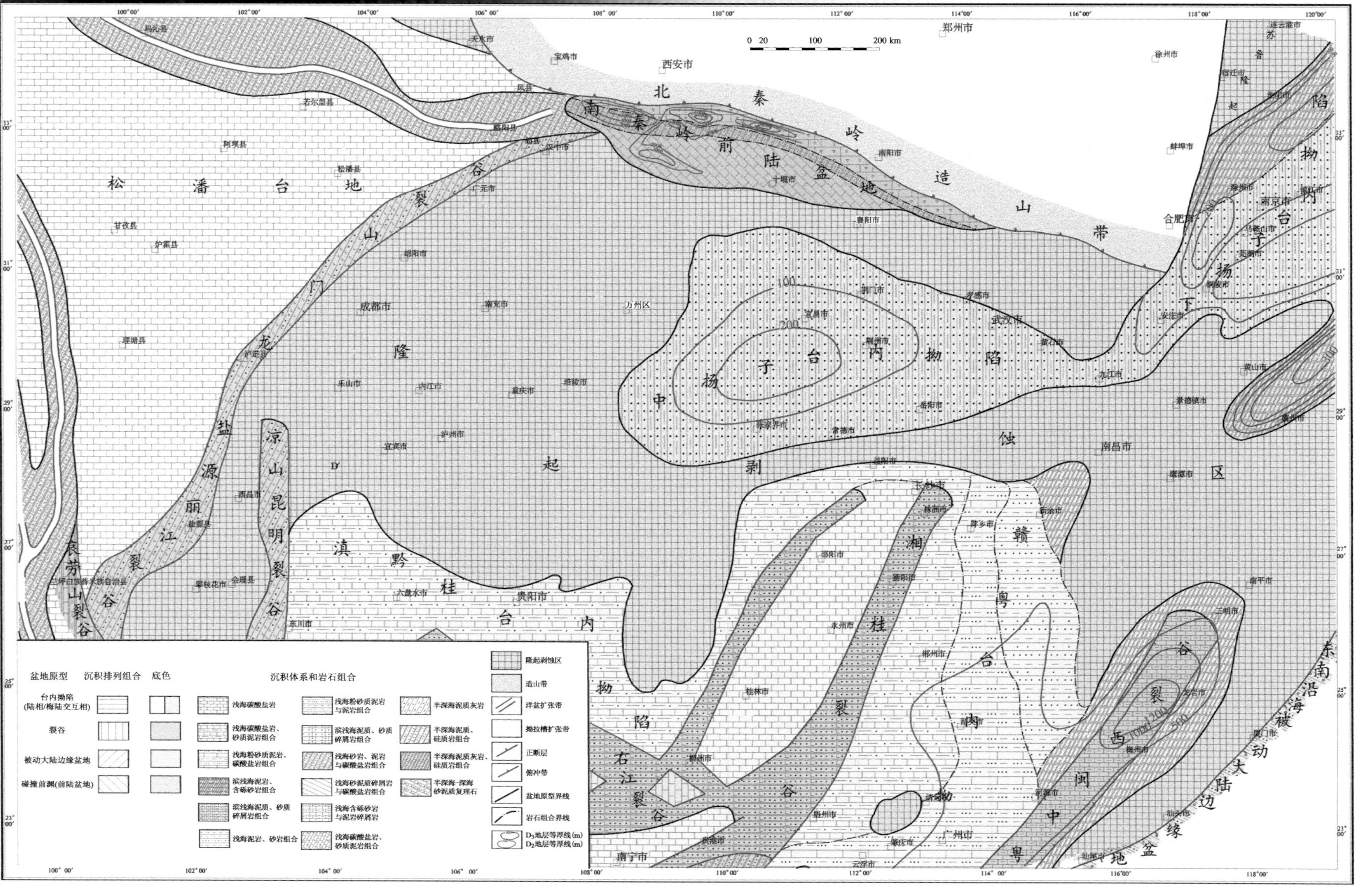

图 1-12　中国南方泥盆纪—早石炭世盆地原型分布图

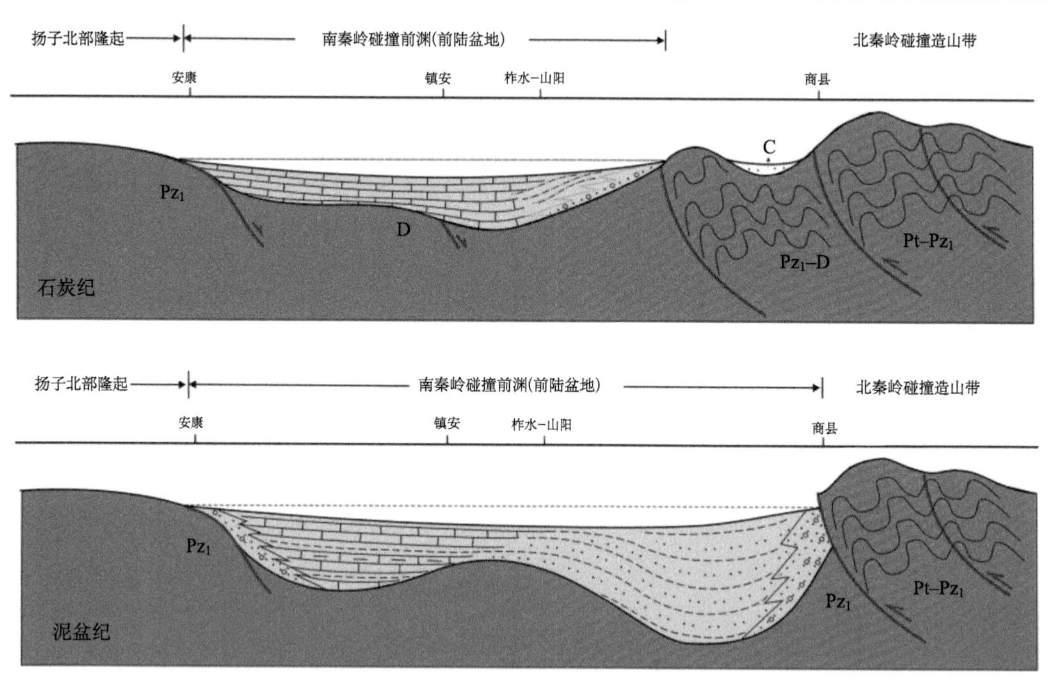

图 1-13　泥盆纪－石炭纪南秦岭前陆盆地演化示意图（据吉让寿等，1997）

地区厚 3000～4500m，主要为滨浅海碳酸盐岩和少量碎屑岩沉积，边缘部分有冲积扇辫状河流相粗碎屑岩，沉积厚度近万米（图 1-14）；而西秦岭一带中-下泥盆统为碎屑岩夹少量碳酸盐岩系（舒家坝群），上泥盆统为河流相沉积。上石炭统逐渐变为滨浅海碎屑岩夹碳酸盐岩和陆相河流含煤磨拉石（如下石炭统阳山煤系为典型的磨拉石含煤系），且沉积速率明显减小，显示盆地即将消亡。

2. 中、下扬子台内拗陷

中泥盆世，该拗陷范围很小，仅限于鄂中（与湘桂断陷有一浅水通道）和浙西北，沉积了厚度不大的滨岸-浅海石英砂岩；晚泥盆世－早石炭世，下扬子接受来自东侧的海侵，并与鄂中拗陷相连，海域向西、南扩大，且一直延续到早二叠世早期，沉积了 400～1200m 浅滨海碎屑岩和浅海碳酸盐岩，但沉降中心仍在鄂中和浙西北。

3. 湘桂裂谷与右江裂谷

平面上呈北东和北西向有规律展布，它们交汇于钦防海槽，两者构成“U”形环扬子地台南缘裂谷盆地带，呈现由断陷槽与台地相间的古构造格局。其中，NE 向湘桂断陷盆地（深水台、槽）受三江断裂、城步-龙胜-永福断裂、衡阳-梧州断裂带等控制；NW 向右江断陷盆地的右江台块和台槽分界受右江、都安、河池等断裂控制，且沿断裂带有火山活动。早泥盆世晚期、中泥盆世末－晚泥盆世初、早石炭世是三次主要拉张活动期。在拉张活动期间，台、槽格局显著，沉积分异明显，台块上主要为浅水碳酸盐岩沉积，断槽中以深水相黑色页岩、含放射虫硅质岩、硅质泥岩为主要沉积特征，在台块边缘与断槽过渡带上（断裂带）发育有滑塌角砾状灰岩及生物礁。

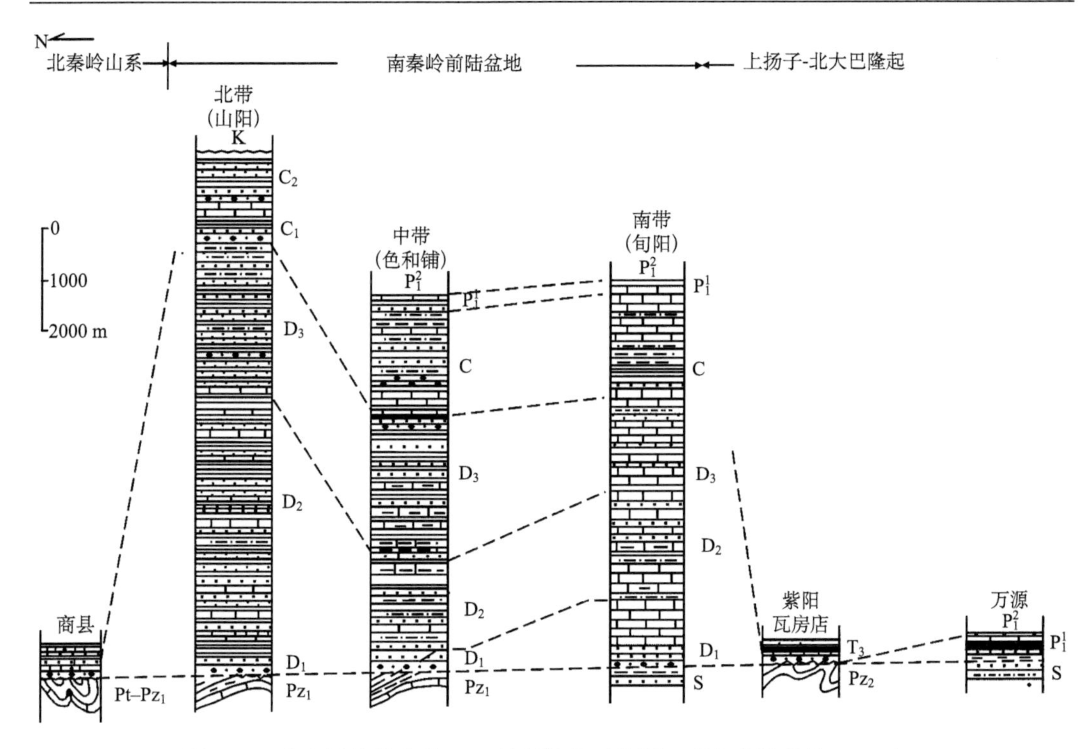

图 1-14 南秦岭前陆盆地 D–C 地层柱状对比图（引自吉让寿等，1997）

4. 盐源-大理裂谷与凉山-昆明裂谷

凉山-昆明裂谷东部边界北段以峨眉-金阳断裂为界，向南与滇东北的断陷盆地北界相连。西界以普雄河断裂-则木河-巧家-易门-罗茨断裂为界。泥盆纪是海水不断扩张的过程，沉积建造表现为早泥盆世的陆源碎屑建造，到中泥盆世的陆屑碳酸盐建造，再到晚泥盆世的碳酸盐建造。泥盆纪末期的“柳江运动”，使本区普遍上升，早石炭世的海侵使本区仍保留滨浅海相碳酸盐沉积。

盐源-大理裂谷东界受盐边断裂控制，西界为木里-丽江断裂，底部为砾岩和粗碎屑岩，厚度变化急剧。向上逐渐变为海相碳酸盐沉积。

5. 西南被动大陆边缘盆地

中泥盆世，古特提斯主洋盆-澜沧江洋开始扩张，洋盆走向南东-北西向，至石炭纪早中期扩张到最大宽度。泥盆纪－早石炭世，北羌塘、昌都、思茅等微陆块链还没有从华南主陆块边缘裂离出去，面向澜沧江洋的被动边缘拗陷位于陆块链的西南缘，近洋一侧为深-半深海浊积岩、硅质岩，有较大规模的基性火山活动，向陆地渐变为浅海碎屑岩和碳酸盐岩，与台地交接的断裂带常见重力滑塌沉积。与上述同时，先前早古生代已存在的炉霍-道孚、甘孜-理塘、金沙江等裂陷进一步拉开，其间的地块向西南移动，并与扬子克拉通明显分离，其中金沙江裂陷逐步拉开形成初始洋盆（至少在早石炭世末－晚石炭世初已经形成），该洋盆东侧为扬子陆块西南缘的被动大陆边缘，呈断槽和沉降台块相间面貌。台块上，如中咱台块，沉降幅度小，形成以生物礁体为主的碳酸盐岩；断槽中，沉积了厚度很大的（2000 m 左右）碎屑岩、泥岩和碳酸盐岩，夹少量的火山岩，断槽边缘有与同生拉张断裂相伴随的塌积岩。

（二）晚石炭世—早二叠世

该阶段以区域整体沉降、接受广泛海侵为主，形成广阔的碳酸盐岩台地。晚石炭世，金沙江洋扩张，华南陆块整体沉降，海水自西南、东南两方向向古陆侵入，海侵范围迅速扩大，除上扬子南部（川南、滇东北、黔北）、浙闽中东部仍然为隆起外，其余广大地区均为海水覆盖，成为开阔台地，沉积了几乎没有差异的浅海碳酸盐岩（图 1-15）。早二叠世早期，海侵达到最大，淹没了整个华南陆块，在相对高的部位（川中南-黔北）沉积了浅色厚层灰岩，其他地区为较深水深色灰岩、燧石条带（或结核）灰岩夹硅质岩，成为华南地区重要的烃源岩。南部湘桂断陷、右江断陷区拉张活动停滞，盆地收缩变浅转以拗陷沉降，以碳酸盐岩台地相及潟湖相沉积为主。扬子地台北部拗陷向西延伸发展与西部海域相连。同时，上扬子台地西南缘，受金沙江洋扩张影响，在其东侧附近的三江口-木里一带形成裂谷，成为随后甘孜-理塘洋的前身。从早二叠世晚期开始，由于甘孜-理塘洋的形成与扩张，以及南昆仑洋的向东拓展，又进入了区域强烈拉张期，并使整个华南地区此后到中三叠世期间一直处于幕式拉张环境，最显著的表现是扬子碳酸盐岩台地破裂和有序的玄武岩喷发。茅口期，扬子北部拗陷开始向断陷盆地转化，南部湘桂地区再次拉张断陷，台、槽再次分异，且断陷活动不仅仅局限于扬子的南北两侧，而且还影响到扬子台内，在赣东北、川东-黔中（织金）一带及龙门山-滇西盐源一带发育以北东向为主的拉张断陷。上述几个主要盆地特征如下。

1. 扬子北部台内拗陷

石炭纪晚期，秦岭造山带向南推挤停止，南秦岭前渊盆地消亡，转化为台内拗陷，拗陷南侧为北大巴隆起剥蚀区。晚石炭世－早二叠世早期，该拗陷构造沉积格局变化基本不大，反映构造活动相对平静，以继承性沉降为主，沉积主要局限在汉中-安康-十堰一线以北至山阳-柞水褶皱冲断带之间，沉积了上千米厚的滨浅海碳酸盐岩夹碎屑岩，并发育有陆相砂页岩及薄煤线。在北大巴隆起与上扬子-江南隆起之间夹持一东西走向的台内拗陷，且该台内拗陷向东一直延伸到皖南北部-苏北的下扬子地区。早二叠世中期，受海侵影响，该拗陷明显加深和拓宽，沉积了浅海较深水含硅碳酸盐岩夹硅质岩，不同于两侧台地的浅色厚层灰岩，是南方地区重要烃源岩。

2. 湘桂断-拗盆地

晚石炭世，由于拉张活动的停滞，盆地收缩变浅，台、槽相间格局基本消失，其中右江区具断-拗性质，湘粤区具拗陷性质，同时钦防海槽收缩，但仍以深水沉积为主。晚石炭世，该区总体以浅水碳酸盐岩台地占主要地位，局部地区发育潟湖相泥晶灰岩、白云岩等沉积组合，且该格局一直延续到早二叠世早期（栖霞期）。早二叠世晚期（茅口期），

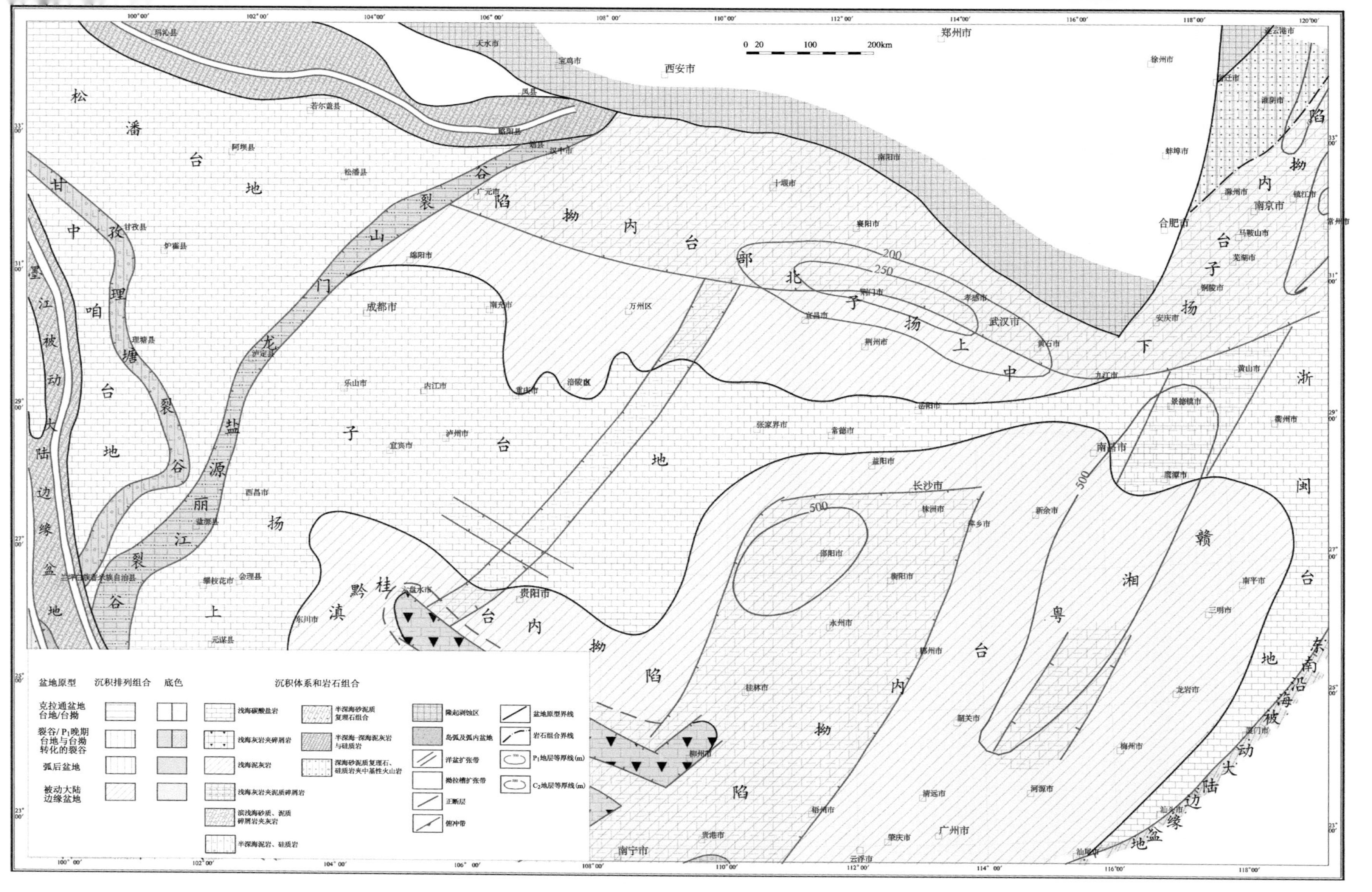

图 1-15　中国南方晚石炭世—早二叠世盆地原型分布图

由于再次拉张断裂活动，台、槽再次分异，断槽内发育暗色含海绵骨针泥晶灰岩、含放射虫硅质岩，而台块上为灰岩，夹透镜状煤层，显示水体极浅，甚至露出海面。

3. 西南被动边缘盆地

晚石炭世－早二叠世，金沙江洋已成为成熟洋盆，昌都-思茅陆块裂离华南主陆，陆块两侧形成对称被动大陆边缘，并在理塘-木里裂谷内有板内基性火山岩、滑混岩、泥钙质岩和硅质岩沉积。在羌北-昌都-思茅陆链的北东边缘，晚石炭世沉积陆棚相碳酸盐岩和少量滑混岩，早二叠世早期拉张-沉降增强和扩展，依次沉积了陆棚碳酸盐岩和滑混岩→陆坡的深海砂泥浊积岩、硅泥浊积岩和放射虫硅质岩和较多基性火山岩。早二叠世早期，澜沧江洋自南部临沧一带率先向东俯冲消减，在东侧产生了杂多-临沧火山岩带，在景洪拉张形成弧后盆地。

（三）晚二叠世—中三叠世

该阶段整个南方地区处于区域幕式强烈拉张阶段，主要有两次强烈拉张期，即早二叠世末－晚二叠世初和晚二叠世末－早三叠世。自早二叠世晚期以来，由于甘孜-理塘洋的扩张，在其东侧附近形成以康定为中心的“三叉”形裂谷系，同时受古特提斯西段（南昆仑-阿尼玛卿一带）扩张的影响，在南秦岭-大别一带形成近东西走向的裂谷（图 1-16、图 1-17）。在此格局下，扬子西南缘-松潘台地的南北缘成为广阔的被动边缘，它们分别面向南侧的甘孜-理塘洋和北侧的南昆仑-阿尼玛卿洋。扬子北部下扬子-川北一带由先前台内拗陷向拉张断陷转化，呈拗-断并列或交互演替的面貌。南部湘桂一带进入拉张最强烈、最活跃的时期，右江断陷内甚至拉出了洋壳，同时断陷进一步向北东方向发展，北东可达江绍-下扬子一带，早期曾一度与下扬子裂陷盆地相通，形成北东走向断陷盆地带，其次在赣南-闽西南-粤东的龙南-韶关、大田-福清一带还发育小型断陷，从而在华南东南部形成堑、垒相间格局。东南沿海福建长乐-南澳断裂带以东地区仍继承前期构造-沉积格局，为面向东南古大洋的被动边缘。此外，在上述甘孜-理塘洋发生扩张的同时，金沙江洋向西、南俯冲消减，澜沧江洋向东、北俯冲消减，从而使昌都-思茅陆块链东、西两侧由被动陆缘转化为对称的弧-盆活动边缘，中咱地块西缘仍保持为被动边缘（图 1-18）。需要指出的是，晚二叠世晚期－早三叠世，由于古特提斯澜沧江、金沙江洋进入俯冲消减阶段，其伸入华南大陆南部的钦防海槽可能也发生俯冲，其俯冲岛弧与云开地块首先发生碰撞，使云开地块受挤隆升为陆，西侧钦防海槽一带转为弧-陆碰撞的前陆盆地，该盆地内晚二叠世为磨拉石沉积，早三叠世为浅海陆棚沉积并间有孤立碳酸盐岩台地。上述主要盆地沉积特征如下。

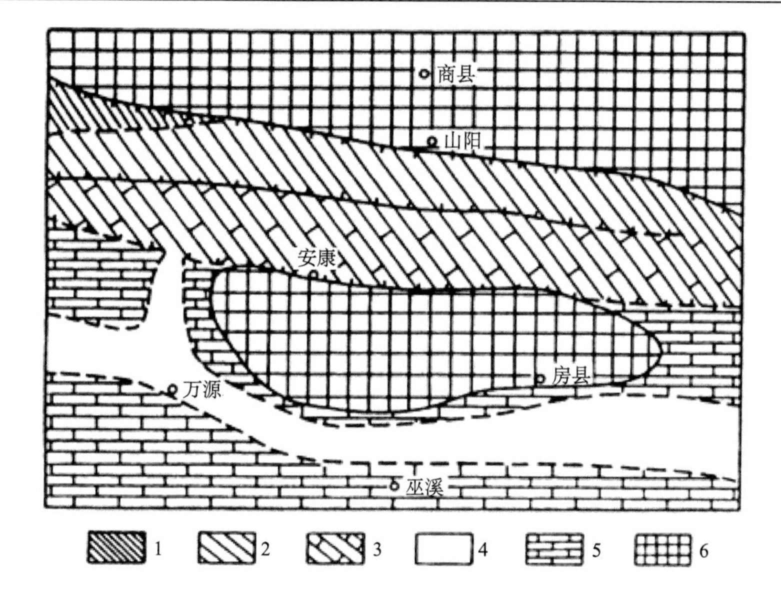

图 1-16　南秦岭 P–T_2 裂谷及上扬子北部断-拗盆地岩相分布图（引自吉让寿等，1997）

1. 裂谷西部：复理石；2. 裂谷东部：碳酸盐岩、细碎屑岩；3. 裂谷边缘：碳酸盐岩为主；4. 克拉通内断陷；5. 克拉通内拗陷；6. 古隆起

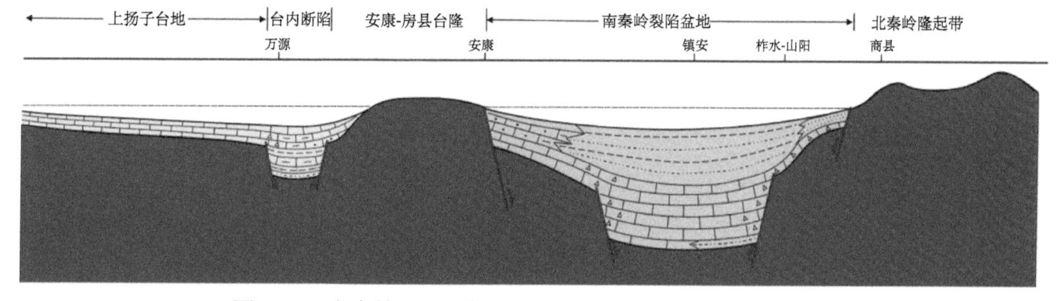

图 1-17　南秦岭 P–T_2 裂谷及扬子北部断-拗发育剖面示意图

1. 南秦岭裂谷

南秦岭裂谷从早二叠世晚期或晚二叠世开始发育。南秦岭一带，早二叠世晚期（茅口期）—晚二叠世主要为滨浅海台地相碳酸盐岩夹碎屑岩沉积，岩性主要为泥晶灰岩、生屑灰岩、生物灰岩、砾屑灰岩夹细砂岩、页岩及泥灰岩；早三叠世转变为台缘-陆棚相钙泥质沉积（早期）和陆棚-陆棚边缘斜坡钙泥质类复理石夹较多碎屑流和滑塌沉积（晚期），岩性主要为灰黑色薄层泥质灰岩、灰岩和深灰色钙质页岩、页岩；中三叠世过渡为陆棚外斜坡含钙细碎屑岩；总体反映沉降速度从早二叠世晚期—中三叠世迅速增大。西部凤县一带，早二叠世晚期—晚二叠世属斜坡滑塌沉积和浅海碎屑岩沉积，十里墩群由粗砂岩、砂质板岩、板岩、含碳板岩、角砾灰岩组成，属断陷初期产物；早三叠世早期转为半深海碎屑岩和碳酸盐岩沉积，早三叠世晚期为半深海-深海泥钙质浊积岩，伴有滑塌沉积，下三叠统留凤关群就属于典型的泥钙质复理石沉积。本带之西的甘肃南部中-上三叠统为半深海-深海浊积岩，其两侧为陆棚碳酸盐岩夹泥岩。

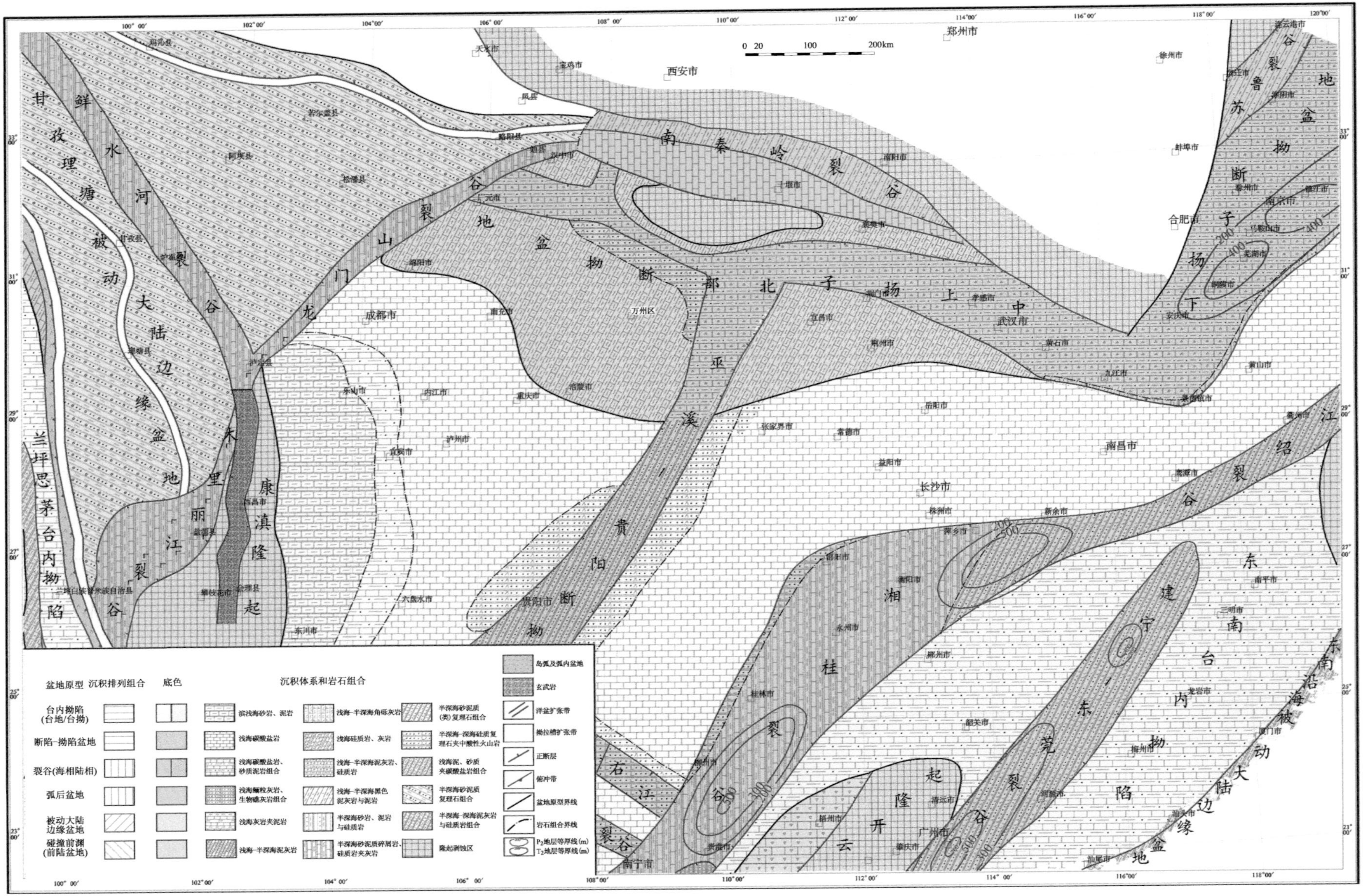

图 1-18　中国南方晚二叠世—中三叠世盆地原型分布图

2. 下扬子-川北台内拗-断盆地

受早二叠世晚期－早三叠世南北向拉张作用，在南秦岭-大别裂谷产生和引张的同时，在先前拗陷基础上转为深拗陷与断陷并列或演替的复杂结构面貌，且盆地沉降中心西移至上扬子北部，并沿雪峰西缘以一近南北向狭长的台沟（断拗）与右江裂谷相连。断陷发育的标志是早二叠世末期和晚二叠世末期在江苏镇江、南京，安徽巢县，湖北京山-四川北部巫溪、城口、万源、旺苍、广元的东西向一带分布有较深水放射虫硅质岩、泥质硅质岩。沉积特征一般是从断槽中的含硅灰岩、深色灰岩过渡到台地礁滩和浅色灰岩。早三叠世沉积了深水陆棚纹层状泥质灰岩，并发育重力滑动角砾状灰岩。中三叠世盆地萎缩，并被晚三叠世之后的大别冲断前渊叠加。

3. 东南断陷盆地（带）

东南断陷盆地（带）主要发育江山-浏阳-桂林、龙南-韶关、大田-福清三条北东向地堑带及其间的台垒带。地堑带中沉积了放射虫硅质岩（P）和砂泥、钙泥等远源浊积岩和边缘滑积岩（T_1）。从北西向南东，浊积岩由砂泥质向钙泥质变化，显示向南倾斜的海水加深，最外带（现今陆地边缘长乐-南奥断裂以东）可能已属被动边缘范围。早三叠世晚期，东南沿海闽粤一带抬升，盆地向西迁移，海水向西南退出，晚三叠世向西北的冲断，形成浙西-赣北-湘东冲断前渊。

4. 右江裂谷

早二叠世末期－早三叠世是拉张沉降最剧烈的时期，堑垒结构反差最显著，地堑逐渐扩大，台垒逐步减小。地堑内发育放射虫硅质岩和含海绵骨针泥晶灰岩、浊积岩和火山岩。西南部凭祥-那坡-富宁地堑核部有共生的超镁铁质岩和玄武岩产出，反映已达初始洋盆规模。中三叠世起，由于南侧越北地块向北冲断隆起，该裂陷区转化为残余海盆并向北迁移的冲断前渊，堆积了巨厚近源陆源碎屑复理石。

5. 康定三叉裂谷

康定三叉裂谷由龙门山、康滇、鲜水河三叉裂谷构成，它们向外延伸分别与古特提斯洋盆相连。早期裂谷内以碳酸盐重力流沉积和海相枕状玄武岩为主，底部常见滑塌角砾状灰岩，鲜水河裂谷局部出现初始洋壳，裂谷与洋盆之间为向洋倾斜的沉降台块，沉积了浅海较深水碳酸盐岩。

6. 松潘被动边缘盆地

晚二叠世－中三叠世，该区受南北两侧洋盆扩张影响拉张沉降，沉积水体不断加深，并以先前松潘台地为沉降中轴向南、北两侧倾斜，表现为陆架上部-陆架下部-陆坡-深海盆地的古地理面貌，使整个上扬子西侧呈现离散的被动大陆边缘格局。该区二叠系－中下三叠统主要为一套砂岩、泥板岩夹碳酸盐岩（以灰岩为主）沉积，上二叠统－下三叠统还夹有基性火山岩，反映有强烈的拉张裂陷活动，推测除发育龙门山裂谷、鲜水河裂谷外，区内还可能发育有其他的裂谷带。

根据地表露头资料及目前红参1井钻揭，该区三叠系沉积总体表现为以海进为主的两次海进、海退旋回，早三叠世－中三叠世早期海平面位置最高，大部分地区表现为欠补偿较深水沉积，中三叠世大量物质冲入海盆，沉积了一套以巨厚碎屑浊积扇为主的沉积物；晚三叠世早期，又一次广泛海侵，以低密度浊积为主，并出现过深水缺氧事件。晚三叠世中晚期，因昆仑洋-秦岭裂谷的俯冲、关闭，松潘台地北缘形成碰撞前渊（前陆盆地），叠加在该期的原被动边缘之上。松潘地区南缘，因晚三叠世中期甘孜-理塘洋的向南俯冲，仅短暂保留为被动边缘，但很快受来自北部的挤压作用转为残留海盆，并于晚三叠世末期－早侏罗世碰撞造山。

7. 昌都-思茅弧后盆地

由于澜沧江洋、金沙江洋先后向昌都-思茅陆块链对向俯冲，在该陆块链的西侧形成杂多-景洪火山弧带及弧后盆地，充填了晚二叠世－三叠纪海陆交替相碎屑岩和双峰火山岩。东侧沿俯冲带生成蓝片岩带，并自东向西依次出现弧前盆地、陆缘岩浆弧。晚二叠世末－三叠纪初，南羌塘-保山微陆块与北羌塘-昌都-思茅陆块链碰撞造山，致使该区大部分地区缺失下三叠统。金沙江洋的关闭与碰撞造山发生在中三叠世，并延续到三叠纪末甚至更晚，形成金沙江造山带，该造山作用使昌都东缘的岛弧向西强烈冲掩，弧后区随之强烈拗陷，沉积了数千米上三叠统海陆交互相火山岩-碳酸盐岩和含煤碎屑岩。

第三节　中-新生代构造运动与海相残留盆地

中、晚三叠世发生的印支运动使古亚洲大陆南部得到进一步增生，我国南方从此转入陆内盆地发育演化阶段，盆地的形成演化主要受陆内形变机制控制。

一、三次构造变革

印支运动以后，华南地区结束了其海相沉积历史，构造作用主要发生于大陆内部。由于受特提斯和太平洋两大动力系统共同或一方为主另一方为辅的控制，又因本区属于年轻的活动性较大的陆壳基底，因而中-新生代时期，南方大陆内部发生了显著的陆内造山与板内变形，其范围包括四川盆地在内的整个华南板块。但是在不同时期，随着边界条件和构造动力背景的转变其造山作用的范围及机制有所不同，形成了不同的构造风格与盆地类型（付孝悦等，2002）。

（一）晚印支期—早燕山期（T_3–J_2）:碰撞造山作用及前陆盆地形成

碰撞造山作用发生于陆-陆或弧-陆之间，是洋壳消亡以后大陆相对挤压而形成山链或山链与大陆之间发生强构造作用。

早-中三叠世，随着新特提斯洋的强烈扩张，古特提斯洋向北消减并最终于中三叠世末闭合，完成华北与华南陆壳的对接与碰撞。晚三叠世—早侏罗世，沿着南方大陆的北、西、南三面发生了强烈的陆-陆或弧-陆碰撞造山作用。陆-陆碰撞造山作用是以刚性陆壳基底向山链主动俯冲下插来实现的，即所谓A俯冲，而夹于两大陆之间的造山带则被动上冲逆掩于陆壳基底之上，形成所谓扇形或塞子式的复合山链（马托埃，1983）。

伴随该期碰撞造山作用，在南方大陆的南、北两侧发育了两个前陆盆地带（徐汉林等，2001）。北前陆盆地带沿龙门山、秦岭-大别-胶南造山带前缘而形成，位于造山带前缘的陆内一侧，包括四川前陆盆地、中扬子前陆盆地、下扬子前陆盆地（图 1-19）。北前陆盆地由扬子北部被动大陆边缘转化而来，因此，属周缘前陆盆地性质。需要指出的是，除四川前陆盆地发育有前渊到陆隆的典型楔状结构外，中、下扬子前陆盆地均不具

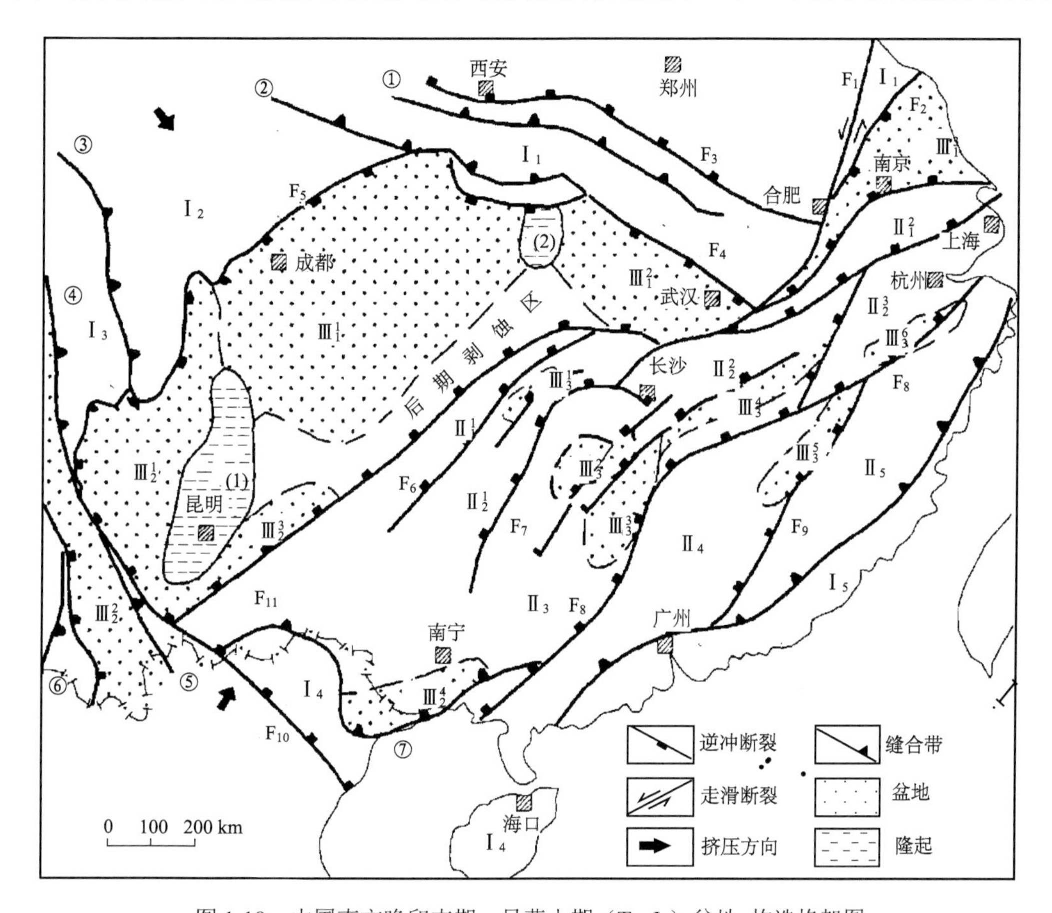

图 1-19　中国南方晚印支期—早燕山期（T_3–J_2）盆地-构造格架图

缝合带：①商丹；②勉略；③甘孜-理塘；④金沙江；⑤墨江；⑥碧土-昌宁-孟连；⑦八布-小董。主要断裂：F_1. 郯庐；F_2. 嘉山-响水；F_3. 周口-合肥；F_4. 襄广；F_5. 龙门山；F_6. 江南；F_7. 溆浦-四堡；F_8. 江绍；F_9. 崇安-河源；F_{10}. 红河；F_{11}. 师宗-弥勒。造山带（Ⅰ）：I_1. 秦岭-大别-胶南；I_2. 甘孜-阿坝；I_3. 三江；I_4. 越海；I_5. 东南沿海火山岛弧。板内变形区（Ⅱ）：II_1^1. 武陵变形区；II_1^2. 下扬子变形区；II_2^1. 雪峰冲断隆起；II_2^2. 九岭冲断隆起；II_2^3. 怀玉山冲断隆起；II_3. 湘桂变形区；II_4. 武夷-云开冲断隆起；II_5. 华夏冲断隆起。盆地（Ⅲ）：III_1. 北前陆盆地带，III_1^1. 四川，III_1^2. 中扬子，III_1^3. 下扬子；III_2. 南前陆盆地带，III_2^1. 楚雄，III_2^2. 兰坪-思茅，III_2^3. 南盘江，III_2^4. 十万大山；III_3. 板内冲断前渊盆地，III_3^1. 沅麻，III_3^2. 湘中，III_3^3. 湘赣，III_3^4. 萍乐，III_3^5. 赣东闽西，III_3^6. 金衢隆起区［（1）为滇东隆起，（2）为黄陵隆起］

这种结构特征，沉积沉降中心位于盆地中心。因此，这类盆地并非典型的前陆盆地，应归入陈发景（1986）提出的类前陆盆地一类。南前陆盆地带包括楚雄、兰坪-思茅、南盘江、十万大山盆地等，它们是在华南板块南部活动大陆边缘的基础上演化而来的，即是在弧-陆碰撞背景下形成的，属弧后前陆盆地群。另外，包括扬子东南缘在内的华南板块内部，由于板缘造山传递到板内的挤压应力作用而发生变形，形成江南-雪峰、武夷-云开、华夏等冲断隆起，在每个冲断隆起前缘因压陷而形成冲断前渊盆地，其代表是湘赣浙闽地区残留的 T_3-J_2 沉积。

（二）中燕山期（J_3–K_2）：基底拆离隆升造山、板内变形及山间磨拉石盆地的形成

基底拆离隆升造山、板内变形是板缘造山传递到板内的一种响应，实际上这种造山机制自印支期即已开始，只不过中燕山运动是华南板内变形最剧烈的时期，时间上从晚侏罗世一直延续到早-中白垩世，涉及范围包括四川盆地在内的整个华南区。其中江南-雪峰隆起带及其以南地区为基底拆离隆升造山带，扬子陆块内部则为上述基底拆离作用应力传递到稳定区而产生盖层滑脱式变形。孙肇才等（1991）描述了一个递进推覆的陆内山链的形成（图 1-20），该山链是自印支期至喜马拉雅期由东南向西北递进推覆而形成的，自雪峰山至川中被划分为如下四个变形带（孙肇才等，1991）。

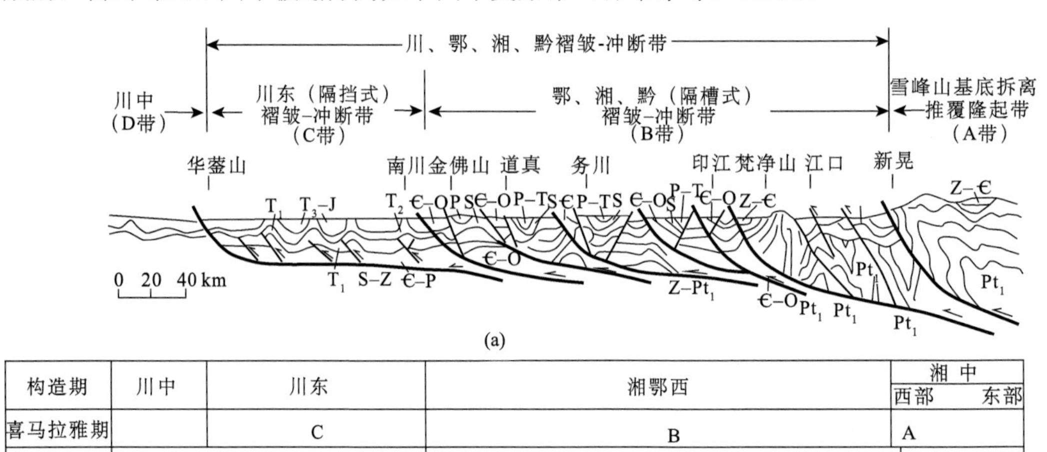

构造期	川中	川东	湘鄂西	湘中 西部	湘中 东部
喜马拉雅期		C	B	A	
燕山期	D		C	B	A
印支期			D　C		B
加里东期					C　B

(b)

图 1-20　中国南方板内基底拆离造山、递进变形构造模式图（据孙肇才等，1991）

A 带（强变形带）称雪峰山基底拆离推覆隆起带，具“三变”特征，即变形、变位、变质，基底被卷入褶皱冲断系统，拆离面位于基岩流变带。

B 带（较强变形带）位于湘鄂西、黔东北地区，为隔槽式褶皱-冲断带，拆离面主要沿下志留统和下寒武统等软弱层发育，部分卷入前寒武系，是一个具有变形、变位特征

的“两变”带。

C 带（中等变形带）位于川东华蓥山至齐岳山地区，为一隔挡式褶皱-冲断带，滑脱面为下志留统泥页岩和下三叠统膏盐岩层。分为三个变形层：上变形层为同心褶皱；中变形层夹于两滑脱面之间，为褶皱-冲断组合；下变形层基本未变形。

D 带位于川中地区，为一弱变形带，发育大型的挠曲干涉变形。

上述四个变形带在空间上是有序分布的，在时间上是逐渐向前推进的。印支期，C 带前缘位于雪峰山西缘江南断裂一线（图 1-21）；燕山中-晚期，C 带推进到了齐岳山断裂一线；喜马拉雅中期，C 带前缘到了现今的华蓥山断裂一线；而川中的褶皱则主要是喜马拉雅晚期的产物。中燕山期的板内变形及沉积盆地分布概貌见图 1-21。

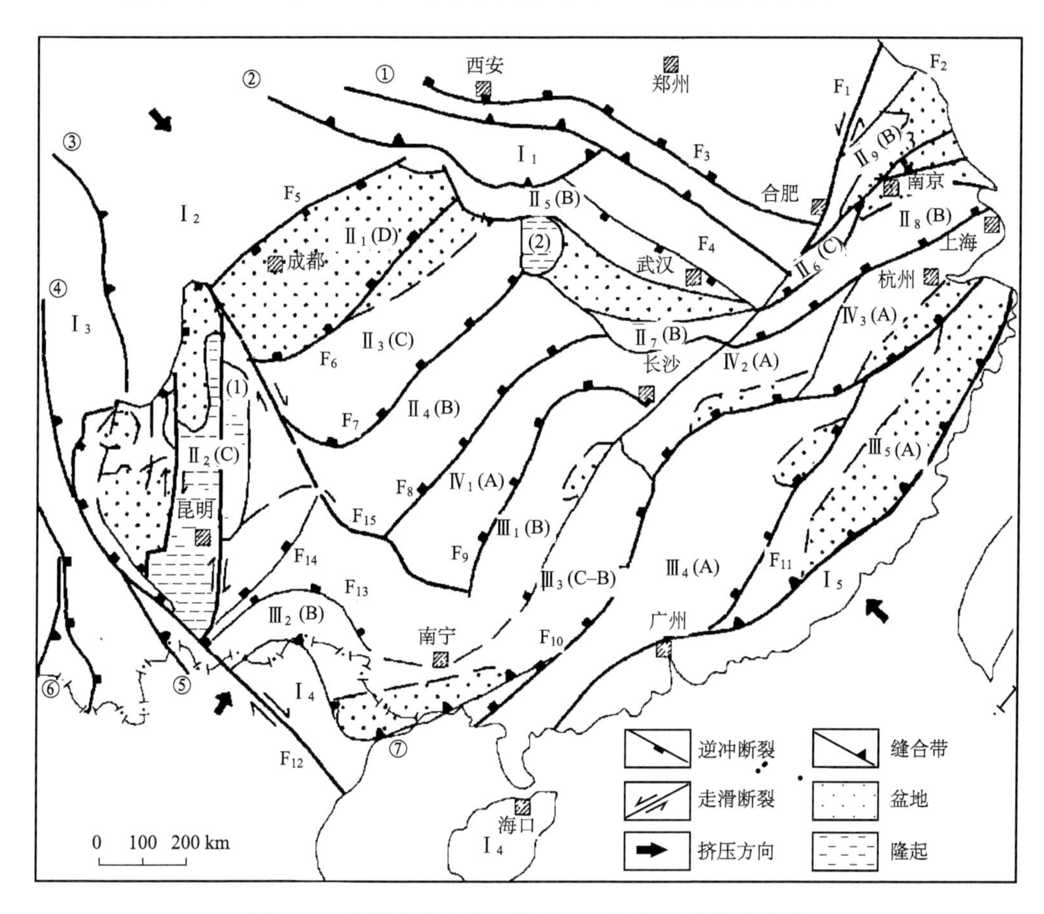

图 1-21　中国南方中燕山期（J_3–K_2）盆地-构造格架图

缝合带：①商丹；②勉略；③甘孜-理塘；④金沙江；⑤墨江；⑥碧土-昌宁-孟连；⑦八布-小董。主要断裂：F_1. 郯庐；F_2. 嘉山-响水；F_3. 周口-合肥；F_4. 襄广；F_5. 龙门山；F_6. 华蓥山；F_7. 七耀山；F_8. 江南；F_9. 溆浦-四堡；F_{10}. 江绍；F_{11}. 崇安-河源；F_{12}. 红河；F_{13}. 广南-富宁；F_{14}. 师宗-弥勒；F_{15}. 紫云-罗甸。造山带（Ⅰ）：$Ⅰ_1$. 秦岭-大别-胶南；$Ⅰ_2$. 甘孜-阿坝；$Ⅰ_3$. 三江；$Ⅰ_4$. 越海；$Ⅰ_5$. 东南沿海火山岛弧。板内变形单元：扬子板内变形区（Ⅱ）：$Ⅱ_1$（D）. 四川盆地（括号内的字母 D 代表图 1-20 中的变形分带，下同），$Ⅱ_2$（C）. 川滇隆起区，$Ⅱ_3$（C）. 川东隔挡变形区，$Ⅱ_4$（B）. 武陵隔槽变形区，$Ⅱ_5$（B）. 大巴山-大洪山推覆带，$Ⅱ_6$（C）. 扬子对冲构造带，$Ⅱ_7$（B）. 鄂东南推覆带，$Ⅱ_8$（B）. 苏南皖南推覆构造区，$Ⅱ_9$（B）. 苏北推覆构造区；华南板内变形区（Ⅲ）：$Ⅲ_1$（B）. 湘桂滑脱变形区，$Ⅲ_2$（B）. 马关冲断隆起，$Ⅲ_3$（C–B）. 南岭冲断隆起，$Ⅲ_4$（A）. 武夷-云开冲断隆起，$Ⅲ_5$（A）. 华夏冲断隆起；江南-雪峰基底拆离造山带（Ⅳ）：$Ⅳ_1$（A）. 雪峰，$Ⅳ_2$（A）. 九岭，$Ⅳ_3$（A）. 怀玉山。隆起区：（1）滇东隆起；（2）黄陵隆起

上述递进推覆的动力主要源自东南部，是由板缘逐渐传递到板内的。该时期太平洋板块向北运动，在东南沿海地区形成了岛弧型造山带，即滨太平洋造山带，沿南澳-长乐至台湾岛发育了四个蛇绿混杂岩带。

在江南-雪峰及其以南地区，伴随基底拆离变形广泛发育了中燕山期熔融型花岗岩，即A型花岗岩，东南沿海地区还发育了大量的中酸性火山岩，其范围影响到了包括下扬子-南黄海的华南大部分地区，同时郯庐断裂发生大规模的左旋走滑运动。在陆内形成如此大规模基底拆离造山作用的原因应归于两方面：一是存在以扬子陆块为中心的“核小肉厚”且固结性差的年轻陆壳基底，其中华南地区为加里东期的，扬子东南部为中-新元古代的变质基底；二是太平洋板块向北和欧亚大陆向南运动而产生的强大扭压作用。

伴随基底拆离隆升造山作用在其前缘往往形成碎屑磨拉石盆地，如中-下扬子地区的J_3-K_1盆地，在其后缘往往形成山间磨拉石盆地，物源以火山碎屑和火山熔岩为主，如东南沿海地区的J_3-K_1火山岩盆地。

（三）晚燕山期—喜马拉雅期（K_3–N）：伸展剥离、基底隆升造山作用及大陆裂谷盆地的形成

晚燕山期—喜马拉雅期，中国东部以伸展剥离、基底隆升造山及伴随大规模陆内裂谷的形成为特色。其构造动力背景是西部新特提斯洋的关闭和印度次大陆与欧亚大陆强大的碰撞挤压作用，而此时太平洋板块仍以向北运动为主，对中国大陆东部施压的影响较小，在此背景下产生了包括东南亚在内的向东的挤出作用，这导致中国东部，武陵-太行以东的地区陆壳蠕散减薄、壳幔隆升，从而形成以伸展断块运动为主的板内变形。西部四川盆地仍维持压性盆地的面貌，川滇桂地区发生左旋走滑运动（图1-22）。

壳幔隆升的构造活动，一方面引起部分地区因基底块断减薄而形成大型裂谷盆地，另一方面在其他地区则引起基底强烈隆升形成所谓剥离造山作用，二者相辅相成。剥离造山作用是以基底的主动隆升而盖层岩系被动滑离形成的，山链随着盖层岩系的剥离而逐渐显露出来。江南-雪峰-怀玉山以及大别山南北两翼古生代地层的剥离作用及重力滑覆构造已为较多的专家学者所认识。大别山地区广泛出露的角闪岩和麻粒岩岩相，据矿物包裹体测温，形成于地壳深部达27～37 km，温度为650～850℃，压力为800～1150 MPa的环境下。作者认为，这种地壳深部岩相的出露，并非挤压推覆出来的，而是壳幔隆升、盖层剥离所致。周祖翼等（2002）通过磷灰石和锆石裂变径迹的时温测定，获取的资料数据表明，大别山150 Ma以来发生了大规模的热穹窿与伸展剥离作用，32～38 Ma以来造山带核部的隆升剥蚀量比翼部多出2000 m以上，反映出此期基底剥离造山作用具有相当大的规模，是一种完全属于大陆内部的与板块构造不相关的造山作用机制。

大型陆内裂谷盆地往往发育于具刚性地壳的地区，如江汉和苏北。而华南地区因其壳厚且柔弱，块断构造难以形成，故而主要沿早先的基底拆离断层的回返下滑而形成小

型断陷盆地。华南地区广泛分布的K_2–E"红盆"即为这种类型。这类盆地因其过早"夭折"，大部分不具勘探前景。

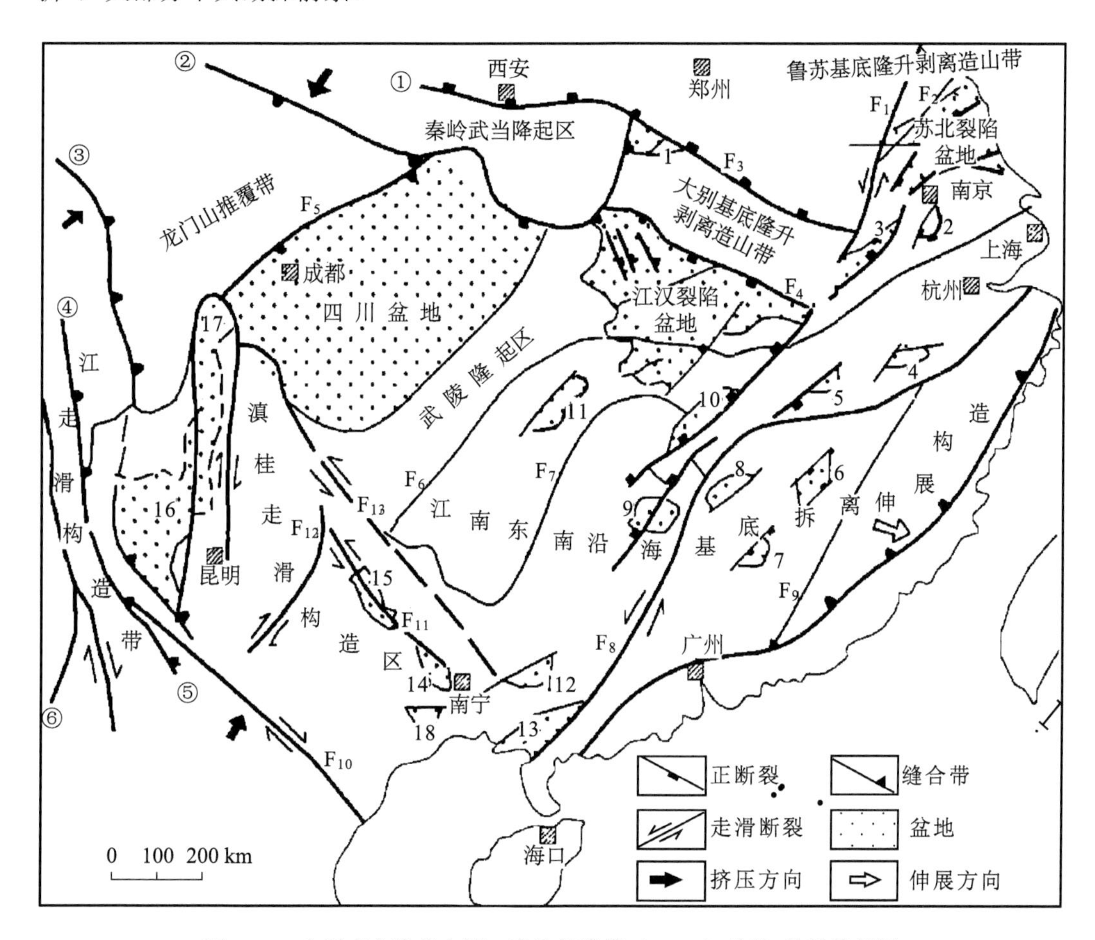

图 1-22　中国南方晚燕山期—喜马拉雅期（K_3–N）盆地–构造格架图

缝合带：①商丹；②勉略；③甘孜–理塘；④金沙江；⑤墨江；⑥碧土–昌宁–孟连。主要断裂：F_1. 郯庐；F_2. 嘉山–响水；F_3. 周口–合肥；F_4. 襄广；F_5. 龙门山；F_6. 江南；F_7. 溆浦–四堡；F_8. 江绍；F_9. 崇安–河源；F_{10}. 红河；F_{11}. 右江；F_{12}. 师宗–弥勒；F_{13}. 紫云–罗甸。盆地：1. 南阳；2. 句容；3. 芜湖；4. 弋阳；5. 信阳；6. 吉安；7. 赣州；8. 萍乡；9. 衡阳；10. 长沙；11. 沅麻；12. 桂平；13. 合浦；14. 南宁；15. 百色；16. 楚雄；17. 西昌；18. 宁明

二、海相残留盆地基本类型和特征

经历加里东期、海西期—印支期、燕山期、喜马拉雅期的多旋回改造，南方海相盆地形成了复杂的残留盆地结构构造特征，油气赋存条件也随之发生了重大的调整与变化。根据变形结构与构造样式的差异，可将南方海相盆地划分为四种不同结构类型残留盆地，其油气赋存条件也有所差异。

（一）四川盆地——大型克拉通残留盆地结构构造特征及油气赋存条件

四川盆地是在扬子刚性克拉通基底上经历多旋回裂陷与挤压拗陷及改造变形而形成的大型克拉通型残留盆地，现今以侏罗系剥蚀线为边界，盆地面积 19 万 km^2。

四川盆地的显著特征：①具有早前寒武纪刚性结晶基底；②震旦纪—古生代发育多旋回稳定的克拉通沉积盖层，以台地碳酸盐岩沉积为主，发育多期平行不整合；③盆地结构发生多期调整与改变，现今为压性盆地，盆地边缘发生复杂结构变形，盆内构造稳定，沉积盖层未发生大规模变形，局部发育断裂分割，沉积盖层以滑脱变形为主，整体保持稳定（图 1-23）；④有巨厚的陆相地层叠加覆盖；⑤流体性质发生了转变，为静水压力系统，但压力体系未遭遇破坏；⑥无论是海相地层还是陆相地层，成岩程度较高，岩石致密化。

油气赋存条件：发育和保持了多旋回的巨厚的海、陆相沉积地层，形成多套生储盖组合；发育多套优质海相烃源岩层，震旦系、寒武系、志留系、二叠系、三叠系都发育烃源层；发育多类型储层及优质白云岩和与不整合有关的缝洞型储层；发育多期大型不整合和通源断层，油气输导条件较好；发育多套优质盖层，包括泥质盖层和膏盐岩，并为较厚的陆相地层所覆盖，油气保存条件好；为常压和高压系统，封存条件较好。

（二）中下扬子残留、断陷盆地结构构造特征及油气赋存条件

中下扬子断陷盆地包括中扬子江汉盆地和下扬子苏北盆地，是在中古生界褶皱变形的海相地层基础上叠加了中-新生代陆内伸展裂陷盆地，盆内发育相反的两套变形结构，一是海相地层经历多期变形，形成复杂的挤压变形结构，在中下扬子区形成了北南向对冲挤压变形，海相地层在中-新生代陆相裂陷沉积覆盖前经历多期变形与隆升剥蚀，不同地区隆升剥蚀幅度不同，保存的海相地层不全，其上部中-新生代陆相层系主要为张性断块结构，并且张性正断层向下切穿海相地层甚至达基底层系，形成海相地层调整变形结构，有些张性正断层沿先存的逆掩断层反向滑脱（图 1-24）。海相地层实体在伸展断陷期发生差异隆升剥蚀，部分高断块剥露的地层达基底岩系，形成潜山构造，有些大的伸展断层导致海相地层的撕裂，断层下盘出露古老岩系。张性断块结构对海相含油气系统的重大破坏与改造，对油气藏保存是不利的。海、陆两套地层形成了两种不同性的流体压力体系，上部陆相地层为压实流体，下部海相地层为静水压力体系。陆相地层的叠加也有利于油气保存的一面，一是后期阻止了海相油气进一步逸散破坏，二是深埋条件下导致海相地层再生油气系统的形成和保存，形成新生古储和古生新储油气藏。

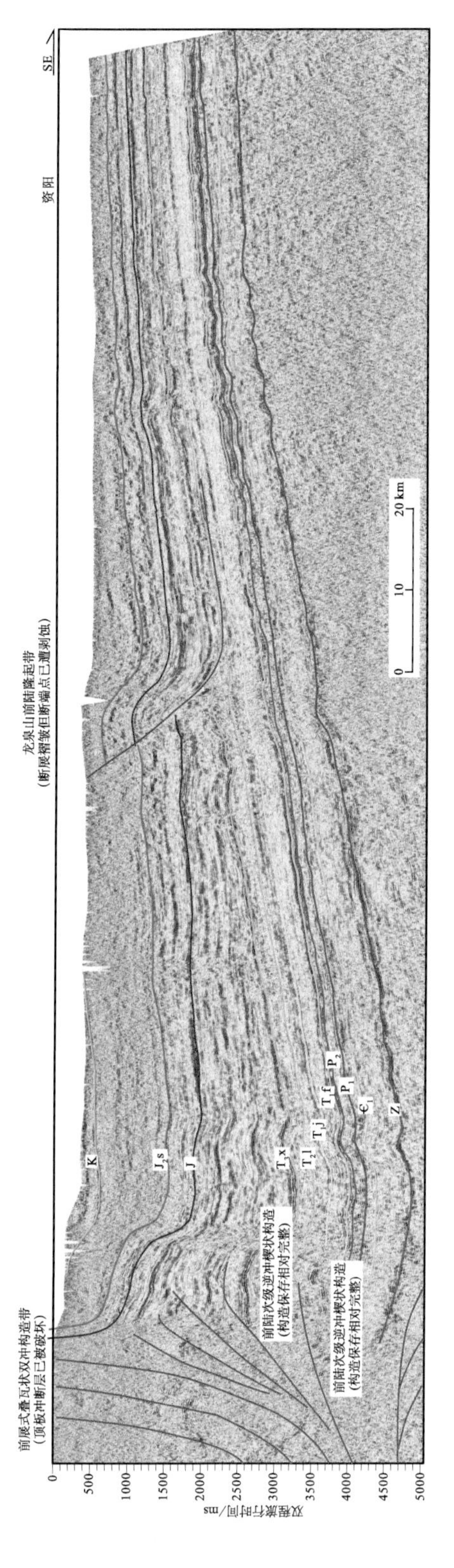

图 1-23　四川盆地 L2 地震剖面西段构造解释剖面图

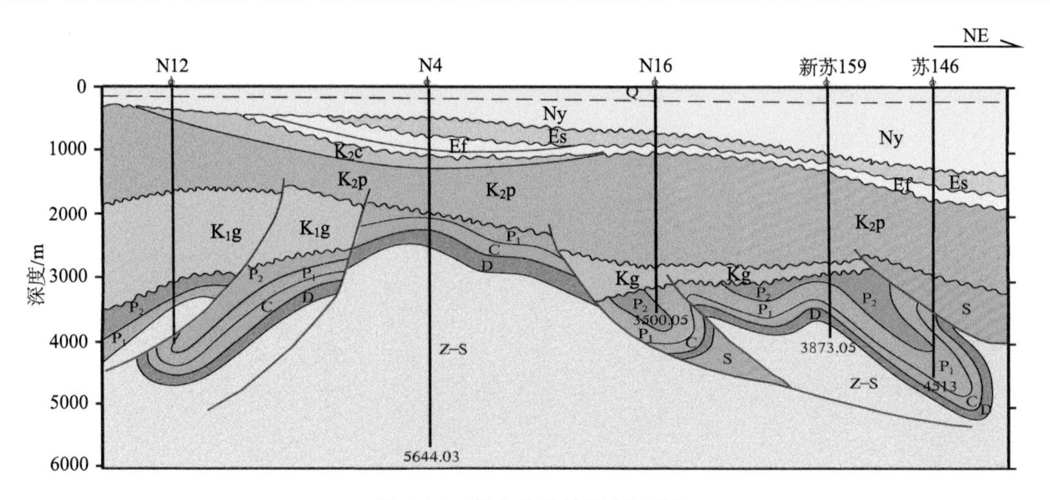

图 1-24　苏北盆地构造剖面图

油气赋存条件：中古生界发育多套海相生储盖组合，具有良好的或是优质原始成油物质条件；但海相地层经历较强的后期差异变形和抬升剥蚀，分割性强；水文地质条件较复杂，在变形较强、隆升剥蚀较大地区为大气渗流水，在海相地层保存完整的地区存在局部沉积封存水；张性断块构造对海相油气藏有重要的影响。有利因素体现在两个方面：一是在断陷盆地深埋区存在二次生烃条件和形成新生古储油气藏；二是局部变形较弱，海相保存较好地区具有保存海相油气的可能。

（三）滇黔桂湘中古生界残留拗陷型盆地的结构构造特征及油气赋存条件

中古生界残留拗陷是指经历后期构造抬升和挤压变形，盆地实体为中古生界残留地层并且发生了较强变形，现今以中生界或古生界残留剥蚀线或断层为边界的负向构造单元（图 1-25）。主要展布于滇黔桂湘地区，包括湘中拗陷、桂中拗陷、南盘江拗陷、黔南拗陷、西昌盆地、楚雄盆地、十万山盆地七大含油气单元。主要油气赋存特点是含油气地层裸露地表或近地表，地层发生广泛变形，断裂发育，负压的流体动力系统，保存条件分割性明显。

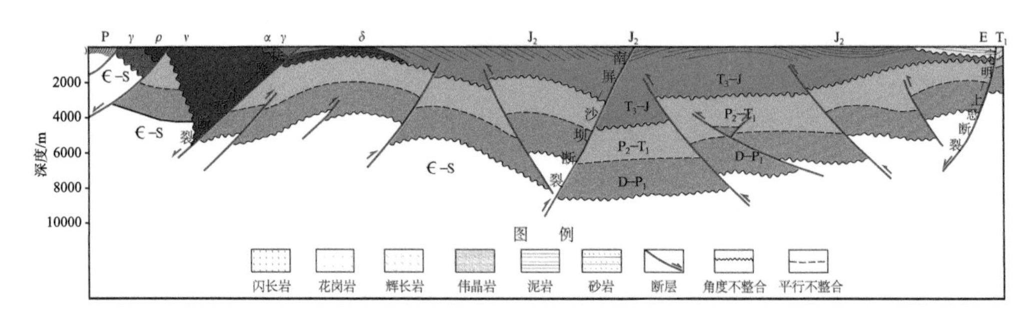

图 1-25　十万山盆地南部区块 SD9095-3 测线地震地质综合解释剖面

（四）台缘隆起带结构构造特征及油气赋存条件

台缘隆起带是指展布于造山褶皱带前沿和稳定地块边缘，出露震旦系和下古生界为主体的，变形较复杂的海相残留地层实体。其实质是位于稳定地块边缘的各盆山过渡带，是被强烈改造了的海相残留盆地的一部分。局部抬升剥蚀幅度小的地区也残存了部分上古生界。主要分布于扬子准地台的西缘、北缘、东南缘、湘桂地块的北缘和南缘，其中湘鄂西表现为挤压-隆升结构，其主要的构造变形方式表现为隔槽式褶皱-冲断带的持续抬升，且造成海相地层广泛而强烈的暴露剥蚀（图 1-26）。主要特点是从盆缘向盆内形成逆冲推覆变形，保存的地层主要是下古生界和震旦系，而且变化较大。其油气赋存条件与中古生界残留拗陷有相似之处，但因变形强度更大，油气保存条件的分割性更明显，除了大规模的逆冲推覆断层下盘原地系统外，一般不具找油前景。

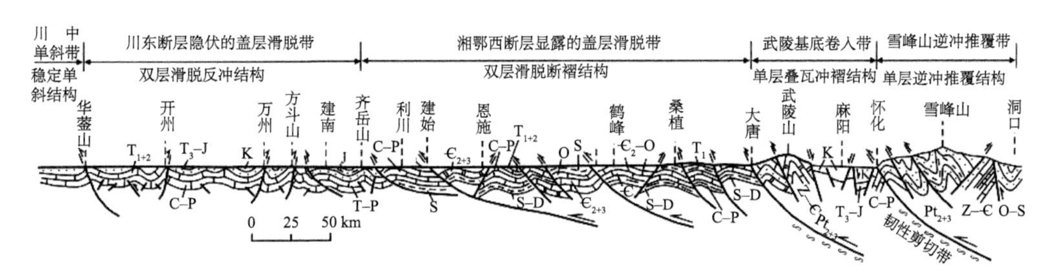

图 1-26　川东-湘鄂西地区构造样式图

参 考 文 献

蔡希源, 郭旭升, 何治亮, 等. 2016. 四川盆地天然气动态成藏. 北京: 科学出版社

陈斌, 庄育勋. 1994. 粤西云炉紫苏花岗岩及其麻粒岩包体的主要特点和成因讨论. 岩石学报, 10(2): 139-150

陈发景. 1986. 我国含油气盆地的类型、构造演化与油气分布. 地球科学, 11(3): 221-230

陈洪德, 许效松, 等. 2002. 中国南方海相震旦系－中三叠统构造-层序岩相古地理研究及编图. 成都: 成都理工大学沉积地质研究所

陈洪德, 郭彤楼, 等. 2012. 中上扬子叠合盆地沉积充填过程与物质分布规律. 北京: 科学出版社

程裕淇. 1994. 中国区域地质概论. 北京: 地质出版社

杜金虎, 汪泽成, 邹才能, 等. 2016. 上扬子克拉通内裂陷的发现及对安岳特大型气田形成的控制作用. 石油学报, 37(1): 1-16

付孝悦, 肖朝晖, 陈光俊, 等. 2002. 晚印支期以来中国南方大陆的构造演化与油气分布. 海相油气地质, 7(3): 37-43

谷志东, 汪泽成. 2014. 四川盆地川中地块新元古代伸展构造的发现及其在天然气勘探中的意义. 中国科学: 地球科学, 44(10): 2210-2220

郭令智, 施央申, 马瑞士. 1980. 华南大地构造格架和地壳演化//国际交流地质学术论文集(一). 北京: 地质出版社

郭令智, 施央申, 马瑞士, 等. 1984. 中国东南部地体构造的研究. 南京大学学报(自然科学版), 20(4): 732-739

郭旭升, 梅廉夫, 汤济广, 等. 2006. 扬子陆块中、新生代构造演化对海相油气成藏的制约. 石油与天然

气地质, 27(3): 295-304, 325
郝杰, 翟明国. 2004. 罗迪尼亚超大陆与晋宁运动和震旦系. 地质科学, 39(1): 139-152
郝杰, 李曰俊, 胡文虎. 1992. 晋宁运动与震旦系及有关问题的讨论. 中国区域地质, (2): 131- 140
何登发, 贾承造, 童晓光, 等. 2004. 叠合盆地概念辨析. 石油勘探与开发, 31(1): 1-7
黄辉, 李荣安, 杨传夏. 1989. 福建东南沿海变质带的年代学研究及其大地构造意义. 科学通报, (16): 1249-1251
黄汲清. 1954. 中国主要地质构造单元. 北京: 地质出版社
黄汲清, 任纪舜, 姜春发, 等. 1980. 中国大地构造及其演化——1∶400 万中国大地构造图简要说明. 北京: 科学出版社
吉让寿, 秦德余, 高长林, 等. 1997. 东秦岭造山带与盆地. 西安: 西安地图出版社
刘宝珺, 丘东洲. 1995. 中国南方岩相古地理与油气前景. 南方油气地质, 2(1): 3-7
刘宝珺, 许效松. 1994. 中国南方岩相古地理图集(震旦纪—三叠纪). 北京: 科学出版社
刘宝珺, 许效松, 潘杏南, 等. 1993. 中国南方古大陆沉积地壳演化与成矿. 北京: 科学出版社
刘鸿允. 1991. 中国晚前寒武纪构造、古地理与沉积演化. 地质科学, (4): 309-316
刘鸿允, 等. 1991. 中国震旦系. 北京: 科学出版社
刘鸿允, 胡华光, 胡世玲, 等. 1981 从 Rb-Sr 及 K-Ar 年龄测定讨论某些前寒武系及中生代火山岩地层的时代. 地质科学, (4): 303-313
刘树根, 邓宾, 李智武, 等. 2011. 盆山结构与油气分布——以四川盆地为例. 岩石学报, (3): 621-635
刘树根, 王一刚, 孙玮, 等. 2016. 拉张槽对四川盆地海相油气分布的控制作用. 成都理工大学学报(自然科学版), 43(1): 1-23
楼章华, 马永生, 郭彤楼, 等. 2006. 中国南方海相地层油气保存条件评价. 天然气工业, 26(8): 8-11
陆松年. 2001. 从 Rodinia 到冈瓦纳超大陆. 地学前缘, 8(4): 441-448
陆松年, 陈志宏, 李怀坤, 等. 2005. 秦岭造山带中两条新元古代岩浆岩带. 地质学报, 79(2): 165-173
罗志立. 1981. 中国西南地区晚古生代以来地裂运动对石油等矿产形成的影响. 四川地质学报, 2(1): 1-22
罗志立. 1991. 地裂运动与中国油气分布. 北京: 石油工业出版社
罗志立, 李景明, 刘树根, 等. 2005. 中国板块构造和含油气盆地分析. 北京: 石油工业出版社
马力, 陈焕疆, 甘克文, 等. 2004. 中国南方大地构造和海相油气地质. 北京: 地质出版社
马托埃 M. 1983. 山链的形成//特提斯构造带地质学. 刘小汉, 许志琴译. 北京: 地质出版社
马永生, 郭彤楼, 付孝悦, 等. 2002. 中国南方海相石油地质特征及勘探潜力. 海相油气地质, 7(3): 19-27
马永生, 陈洪德, 王国力, 等. 2009. 中国南方层序地层与古地理. 北京: 科学出版社
丘元禧, 张渝昌, 马文璞. 1998. 雪峰山陆内造山带的构造特征与演化. 高校地质学报, 4(4): 432-443
任纪舜, 王作勋, 陈炳蔚, 等. 2000. 从全球看中国大地构造——中国及邻区大地构造图简要说明. 北京: 地质出版社
水涛, 徐步台, 梁如华, 等. 1988. 中国浙闽变质基底地质. 北京: 科学出版社
孙明志, 徐克勤. 1990. 华南加里东花岗岩及其形成地质环境试析. 南京大学学报(自然科学版), 4: 10-22
孙玮, 罗志立, 刘树根, 等. 2001. 华南古板块兴凯地裂运动特征及对油气影响. 西南石油大学学报(自然科学版), 33(5): 1-8
孙肇才, 邱蕴玉, 郭正吾. 1991. 板内变形与晚期次生成藏——扬子海相油气总体形成规律的探讨. 石油实验地质, 13(2): 107-142
汪泽成, 姜华, 王铜山, 等. 2014. 四川盆地桐湾期古地貌特征及成藏意义. 石油勘探与开发, 41(3): 305-312
王鸿桢. 1986. 论中国前寒武地质时代及年代地层的划分. 地球科学, (5): 231-240
王清晨, 蔡立国. 2007. 中国南方显生宙大地构造演化简史. 地质学报, 81(8): 1025-1040

王砚耕, 王立亭. 1995. 南盘江地区浅层地壳结构与金矿分布模式. 贵州地质, 12(2): 91-183
吴根耀. 2000. 华南的格林威尔造山带及其坍塌: 在罗迪尼亚超大陆演化中的意义. 大地构造与成矿学. (2): 112-123
夏文臣, 张茂年, 周杰, 等. 1991. 黔桂地区海西—印支阶段的构造古地理演化及沉积盆地的时空组合. 地球科学, (5): 3-14
夏文臣, 周杰, 雷建喜, 等. 1995. 滇黔桂晚海西—中印支伸展裂谷海盆地的演化. 地质学报, 69(2): 97-112
徐汉林, 冯世焕, 朱宏发, 等. 2001. 晚三叠世—中侏罗世中国南方前陆盆地构造格局的形成与演化. 海相油气地质, 6(1): 19-26
徐云俊, 赵宗举, 俞广. 2001. 南盘江坳陷含油气系统分析. 海相油气地质, 6(2): 13-20
许靖华. 1980. 碰撞型造山带的薄板块构造模型. 中国科学, 11: 1081-1089
许靖华. 1987. 是华南造山带而不是华南地台. 中国科学(B 辑), 101: 1107-1115
杨森楠, 杨巍然. 1985. 中国区域大地构造学. 北京: 地质出版社
叶舟, 梁兴, 马力, 等. 2006. 下扬子独立地块海相残留盆地油气勘探方向探讨. 地质科学, 41(3): 523-548
殷鸿福, 吴顺宝, 杜远生, 等. 1999. 华南是特提斯多岛洋体系的一部分. 地球科学——中国地质大学学报, (1) : 1-12
张国伟, 董云鹏, 赖绍聪, 等. 2003. 秦岭-大别造山带南缘勉略构造带与勉略缝合带. 中国科学(D 辑), 33(12): 1121-1135
张国伟, 郭安林, 王岳军, 等. 2013. 中国华南大陆构造与问题. 中国科学(D 辑), 43(10): 1553-1582
张渝昌. 1997. 中国含油气盆地原型分析. 南京: 南京大学出版社
张渝昌, 秦德余. 1990. 扬子地区古生代盆地构造演化和油气关系: 75—54—02—01—01("七五"国家重点科技攻关项目成功报告). 地质矿产部石油地质中心实验室
赵文智. 2002. 中国海相石油地质与叠合含油气盆地. 北京: 石油工业出版社
周新华, 胡世玲, 任胜利, 等. 1993. 东南陆壳超多阶段构造演化同位素年代学制约//李继亮. 东南大陆岩石圈结构与地质演化. 北京: 冶金工业出版社
周祖翼, Reiners P W, 许长海, 等. 2002. 大别山造山带白垩纪热窿伸展作用——锆石(U-Th)/He 年代学证据. 自然科学进展, 12(7): 763-766
朱夏. 1986. 论中国含油气盆地构造. 北京: 石油工业出版社
Condie K C. 2001. Continent grouping during formation of Rodinia at 1. 35-0. 9 Ga. Gondwana Research, (1): 5-16
Dalziel I W D. 1991. Neoproterozoic-Paleozoic geography and tectonics: review, hypothesis, environmental speculation. Geological Society of America Bulletin, 109(1): 16-42
Grabau A W. 1924. Stratigraphy of China, Part I, Paleozoic and Older. The Geological Survey of Agriculture and Commerce, 528: 1-6
Hoffman P F. 1991. Did the breakup of Laurentia turn Gondwana inside out? Science, 252: 1409-1412
Li Z X. 1998. Tectonic History of the Major East Asian Lithospheric Blocks Since the Mid-Proterozoic—A Synthesis. Mantle Dynamics and Plate Interactions in East Asia, Geodynamics 27. Washington D C: American Geophysical Union
Li Z X, Zhang L H, Powell C M. 1995. South China in Rodinia: part of the missing link between Australia-East Antarctica and Laurentia? Geology, 23(5): 407-410
Li Z X, Zhang L H, Powell C M. 1996. Positions of the East Asian cratons in the Neoproterozoic supercontinent Rodinia. An International Geoscience Journal of the Geological Society of Australia, 43(6): 593-604

McMenaming M A S, McMenaming D L S. 1990. The Emergence of Animals: the Cambrain Breakthough. New York: Columbia University Press

Mish B F. 1942. The Sinian strata in the eastern-central Yunnan Province. Bull Geol Soc China, 16: 1-12

Moores E W. 1991. Southwest US-East Antarctica (SWEAT) connection: a hypothesis. Geology, 19: 425-428

Rogers J W, Santosh M. 2002. Configuration of columbia, a mesoproterozoic supercontinent. Gondwana Research, 5(1): 5-22

Weeks L G. 1952. Factors of sedimentary basin development that control oil occurrence. AAPG Bulletin, 36(11) : 2071-2124

Zhang H, Zheng Y F, Zheng M G, et al. 1990. Early Achaean inheritance in zircon from Mesozoic Dalongshan granitoids in the Yangtze Foldbelt of Southeast China. Geochemical Journal, 24: 133-141

第二章　南方海相烃源岩特征及评价

烃源岩是油气成藏的基本要素之一。伴随两个世代海相盆地的形成，我国南方发育了下寒武统、上奥陶统—下志留统、下二叠统和上二叠统四套区域性烃源岩，同时发育了震旦系、中上奥陶统、下泥盆统等地区性烃源岩，为海相地层烃类的形成奠定了良好的物质基础（蔡勋育等，2005）。

前人对我国南方上、中、下扬子地区海相地层进行了系统的生烃成藏研究（肖开华等，2006；黄大瑞等，2007；梁狄刚等，2008，2009a，2009b）。南方海相烃源岩的理论研究、评价技术均取得了长足的发展，认识到地质环境和生物演化对海相优质烃源岩形成的协同控制作用，揭示了海相碳酸盐岩层系在多期构造背景下的多元生烃转化及其多期成藏作用机理，发展并完善了高过成熟海相烃源岩的有效识别和动态评价技术（张水昌等，2006；陈践发等，2006；腾格尔，2011）。但是，目前南方深层油气生成及其保存机制研究尚不深入，油气资源潜力预测仍存在不确定性，非常规油气研究有待深入，客观上反映出烃源岩研究的必要性和迫切性，需要突破常规研究思路和评价方法，进一步加强优质烃源岩形成机理和动态、综合分析研究。本书在前人研究成果上，结合近年的新资料和勘探新成果，首先总结了海相烃源岩的研究进展，其次详细分析了各套烃源岩的纵横向分布特征，总结了烃源岩的发育分布规律，然后基于大量实验分析数据，详细研究了下寒武统、上奥陶统—下志留统、下二叠统和上二叠统四套区域性烃源岩的地球化学特征及生烃潜力，最后分析了各套烃源岩形成的古构造环境，建立了烃源岩发育模式。

第一节　海相烃源岩研究进展

一、有效烃源岩下限

对于寻找工业油气藏而言，确定“有效烃源岩”的下限是十分重要的，低丰度的碳酸盐岩不能成为有效的烃源岩。目前，对于泥质烃源岩有机质丰度下限值的评价标准国内外比较一致，总有机碳（TOC）含量多采用0.5%作为下限值，但是碳酸盐岩烃源岩有机质丰度下限值争议较大。目前研究表明，碳酸盐岩作为有效烃源岩的有机碳下限值要低于泥岩的有机碳下限值。

许多学者认为，尽管碳酸盐岩烃源岩有机碳含量低，但其烃转化率高，作为有效烃源岩的有机碳含量下限也应该比泥岩低；一些学者认为碳酸盐岩有机质丰度的不足可以由其巨大的体积来弥补；还有许多学者提出，我国碳酸盐岩烃源岩成熟度普遍高、过成熟，其原始有机碳含量需要恢复，而且采用了较高的恢复系数（2～3，甚至更高）。因此，对于碳酸盐岩作为有效烃源岩的下限，不同的学者根据不同的资料或方法提出了不同的下限值，范围为 0.05%～0.5%，争议比较大（表 2-1）。

表 2-1　不同单位及学者提出的碳酸盐岩有机质丰度下限值　（单位：%，占岩石）

<table>
<tr><th>学者</th><th>碳酸盐岩烃源岩</th><th>泥质岩烃源岩</th><th>学者</th><th>碳酸盐岩烃源岩</th></tr>
<tr><td>Hunt（1967）</td><td>0.29，0.33</td><td rowspan="5">0.5</td><td>黄第藩（1992）</td><td>0.1</td></tr>
<tr><td>Palacas（1984）</td><td>0.30，0.50</td><td>刘宝泉等（1985）</td><td>0.05</td></tr>
<tr><td>Tissot 和 Welse（1984）</td><td>0.3</td><td>陈丕济（1985）</td><td>0.1</td></tr>
<tr><td>傅家谟和史继扬（1977）、傅家谟和刘德汉（1982）</td><td>0.1～0.2</td><td>郝石生和贾振远（1989）</td><td>0.2</td></tr>
<tr><td></td><td></td><td>梁狄刚等（2000）</td><td>0.5</td></tr>
</table>

总体来看，国外学者和机构提出的标准较高，而国内学者提出的标准则相对较低。原因有两个，一是国外学者说的是有效烃源岩下限，而国内学者提出的标准是最低烃源岩下限；二是国外学者提出的烃源岩丰度下限依据于中、新生代地层中低成熟、未成熟源岩区的研究，而国内学者则是根据我国古生代陆表海碳酸盐岩丰度较低、成熟度较高的特点，提出碳酸盐岩烃源岩有机质丰度标准。

需要注意的是，部分学者认为碳酸盐岩有机质丰度下限随源岩厚度的增加而减少、随成熟度的增加先减小后增加、随有机质类型的变好而减小，并认为碳酸盐岩气源岩有机质丰度下限随地质条件的不同变化很大，不能用一个统一的有机碳下限值来评价气源岩。

近年来，国内学者对于碳酸盐岩作为烃源岩的有机碳下限在未成熟阶段的划分基本上也逐步趋于相近，绝大多数学者认为应该为 0.4%，这与泥质岩的有机质丰度下限基本是一致的。陈建平等（2012）按照国际通行的描述烃源岩等级的热解生烃潜力为基本标准，建立了我国不同类型古生界海相烃源岩有机碳含量分级评价界线（表 2-2）。

表 2-2　中国古生界海相烃源岩生烃潜力评价等级划分标准（陈建平等，2012）

<table>
<tr><th rowspan="2">烃源岩等级</th><th>热解生烃潜力</th><th colspan="3">有机碳含量/%</th></tr>
<tr><th>S_1+S_2/（mg/g）</th><th>下古生界（Ⅱ$_1$型）</th><th>上古生界（Ⅱ$_2$型）</th><th>上古生界（煤系）</th></tr>
<tr><td>非</td><td><0.5</td><td><0.5</td><td><0.5</td><td><0.5</td></tr>
<tr><td>差</td><td>0.5～2.0</td><td>0.5～0.75</td><td>0.5～1.0</td><td>0.5～1.0</td></tr>
<tr><td>中</td><td>2.0～6.0</td><td>0.75～1.5</td><td>1.0～2.0</td><td>1.0～2.5</td></tr>
<tr><td>好</td><td>6.0～10</td><td>1.5～2.0</td><td>2.0～3.0</td><td>2.5～4.0</td></tr>
<tr><td>很好</td><td>10～20</td><td>2.0～4.0</td><td>3.0～5.0</td><td>4.0～7.0</td></tr>
<tr><td>极好</td><td>>20</td><td>>4.0</td><td>>5.0</td><td>>7.0</td></tr>
</table>

二、优质烃源岩发育主控因素

优质烃源岩是指有机质特别富集、类型好、生烃潜力大的烃源岩，它们往往厚度不大，却对油气藏的形成具有较大贡献。研究已经证明，优质烃源岩的形成和许多因素相关，如原始生产率、古水深、异地有机质供应、沉积速率、底水的含氧量等。沉积有机质只有在缺氧条件下才能保存下来，高水位体系域有利于优质烃源岩发育。近期，四川盆地安岳气田和涪陵页岩气田的勘探实践表明，拉张槽和深水陆棚相有利于优质烃源岩发育。

2011 年以来，四川盆地中部震旦系—寒武系天然气勘探进展迅速，在安岳地区下古生界发现了特大型气田——安岳气田。在勘探过程中，发现在川中威远-安岳之间存在一个近南北向展布的绵阳-长宁拉张槽，经钻井、二维和三维地震勘探证实，绵阳-长宁拉张槽控制了寒武系烃源岩的沉积，拉张槽内寒武系烃源岩厚度大。早寒武世早期，绵阳-长宁拉张槽继承发展，同时受扬子北缘伸展作用影响，在汉南古陆与开江古隆起之间形成台内坳陷，川东北地区受古裂陷槽和台内坳陷联合控制，广泛发育筇竹寺组厚层优质烃源岩（图 2-1）。因此，拉张槽是优质烃源岩发育中心，裂陷内筇竹寺组及麦地坪组烃源岩厚度大，达 200～400 m；TOC 含量高，高石 17 井揭示筇竹寺组烃源岩 TOC 含量平均为 2.17%，麦地坪组烃源岩 TOC 含量平均为 1.67%；生气强度高，达 40×10^8～120×10^8 m^3/km^2。这些优质烃源岩生成的油气可通过侧向或垂向运移为安岳震旦系—寒武系整装特大型气田提供充足油气源。

图 2-1　四川盆地及周缘筇竹寺组烃源岩厚度等值线图

随着中国石油化工股份有限公司勘探南方分公司焦石坝南方海相页岩气的战略突破，我们逐渐认识到深水陆棚优质泥页岩发育是页岩气“成烃控储”的基础。深水陆棚相优质泥页岩往往具有高的生烃能力、适中的热演化程度和良好的页岩储层品质，是页岩气“成烃控储”的基础条件（郭旭升，2014）。

晚奥陶世—早志留世，四川盆地东南缘一带属于深水-浅水陆棚沉积环境，受沉积相控制，区域上沉积了一套较大厚度的暗色富有机质泥页岩，深水陆棚亚相岩性主要为含放射虫碳质笔石页岩，浅水陆棚亚相岩性主要有含碳含粉砂泥岩、含碳含笔石页岩、含碳粉砂质泥岩。龙马溪组岩性剖面下部为深水陆棚沉积，笔石含量较多，以栅笔石为主，黄铁矿局部以薄层、条带状富集；上部为浅水陆棚沉积，笔石含量较少，以单笔石为主，黄铁矿常以团块、结核状富集。总体上，五峰组—龙马溪组中上部为灰色、灰黑色泥页岩夹少量粉砂岩薄层或条带，在龙马溪组底部 40 m 左右则为质地较纯的灰黑色-黑色含笔石碳质页岩。在深水陆棚沉积区，富有机质泥页岩厚度一般为 40～120 m，例如，在石柱漆辽-焦石坝-丁山-长宁双河-雷波芭蕉滩一带厚度达 80～120 m。优质泥页岩（TOC 含量大于 2.0%）厚度一般为 20～50 m，四川盆地周缘分布镇巴南、石柱漆辽、涪陵焦石坝、习水丁山、长宁双河-雷波芭蕉滩五个优质泥页岩发育区，厚度可达 40～60 m（图 2-2）。

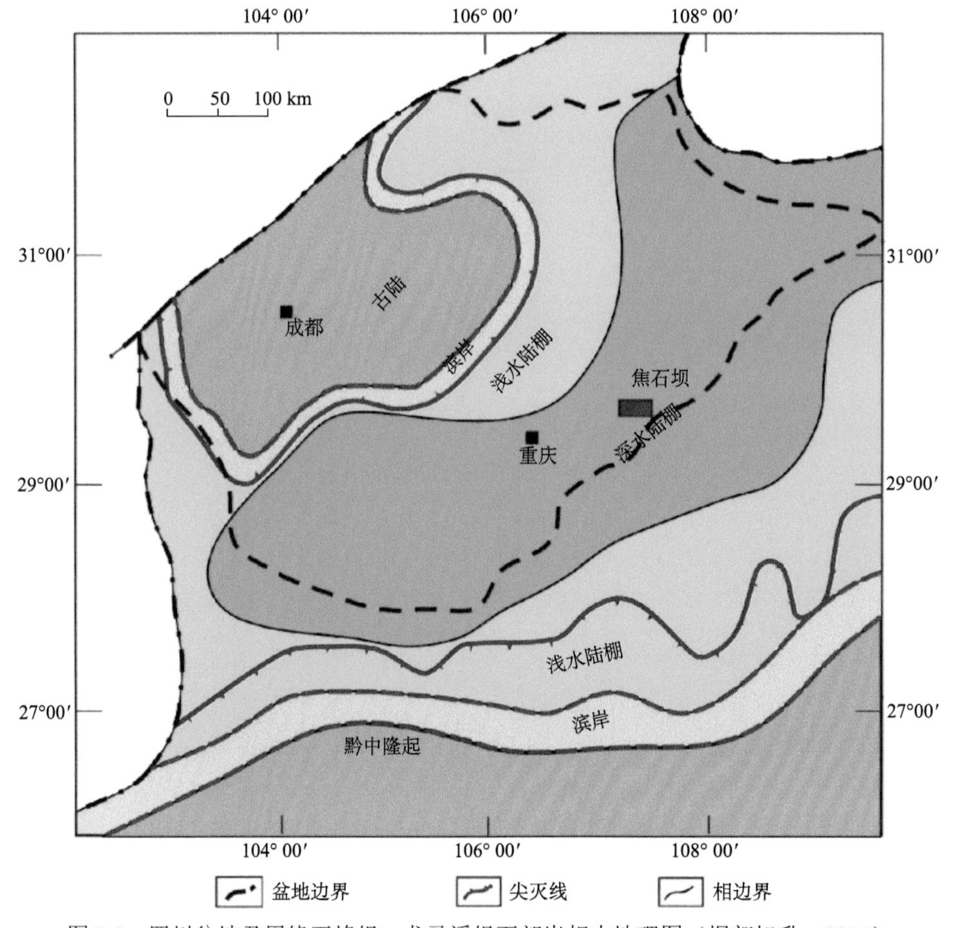

图 2-2 四川盆地及周缘五峰组—龙马溪组下部岩相古地理图（据郭旭升，2014）

三、生烃潜力与母质类型

目前众多学者对烃源岩研究主要集中在烃源岩形成的沉积环境及其控制因素、定量评价、有机质赋存方式、生烃模拟实验以及生烃动力学等方面，但是对不同类型优质烃源岩生排烃特征研究较为薄弱。

母质类型不同，烃源岩生烃潜力不同；相同条件下不同成烃生物其生烃潜力及生烃量也不同。近期，通过对海相优质烃源岩的超显微有机岩石学综合研究，发现中国南方高成熟-过成熟海相优质烃源岩可以识别出的成烃生物主要有浮游生物（浮游藻类）、底栖生物（或底栖藻类）、菌类（真菌类和细菌）及线叶或高等植物 4 大类，干酪根类型主要为Ⅱ型（底栖藻类、菌类及浮游藻类为主）。这些海相优质烃源岩的原始生烃能力相当于Ⅱ型干酪根，其中底栖藻类相当于$Ⅱ_1$型，真菌细菌类一般相当于$Ⅱ_2$型；其次为浮游生物，生烃潜力与Ⅰ型干酪根相当（秦建中等，2015）。

优质烃源岩按成岩颗粒或生屑成分可以分为 3 种类型: 硅质型、钙质型和黏土型，不同类型优质烃源岩生排烃特征存在较大差异:①成熟早中期硅质型优质烃源岩排油量与排油效率最高，早期以重质油排出为主，排油效率高达 50%左右；钙质型优质烃源岩次之，排烃效率一般在 30%左右；黏土型优质烃源岩排油效率一般只有 4%～11%。②在成熟中晚期，硅质型优质烃源岩排油效率最高，但是钙质型烃源岩增加迅速，达 65%，黏土型烃源岩增加不明显。③成熟晚期-高成熟阶段，硅质型和钙质型优质烃源岩排油效率变化不明显，而黏土型烃源岩排油效率则从 20%迅速增加到 90%。硅质型、钙质型和黏土型优质烃源岩生排油气模式之间最大的差异是它们在成熟早中期排油效率和排油量不同（图 2-3）。

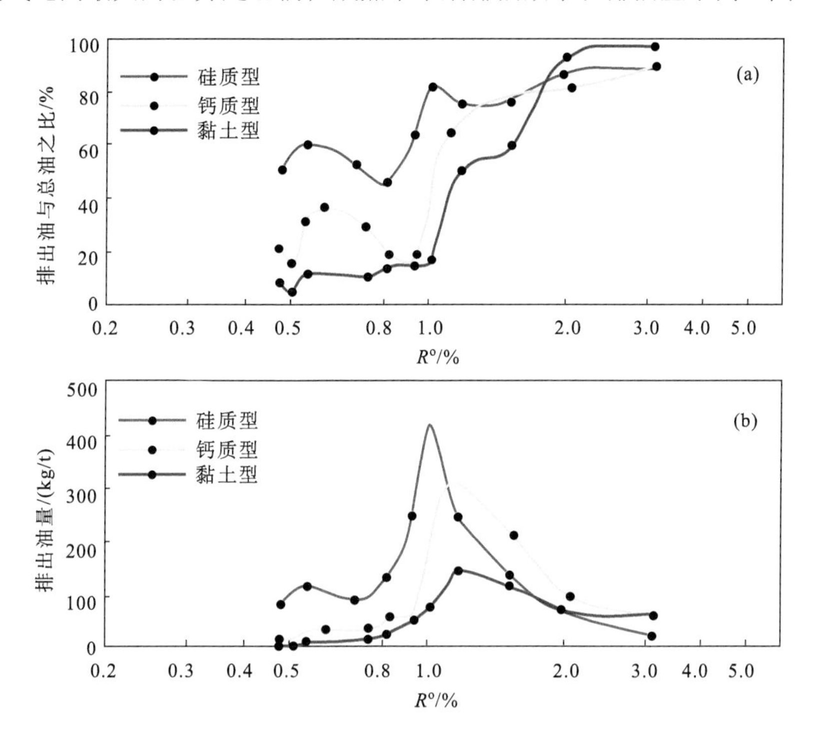

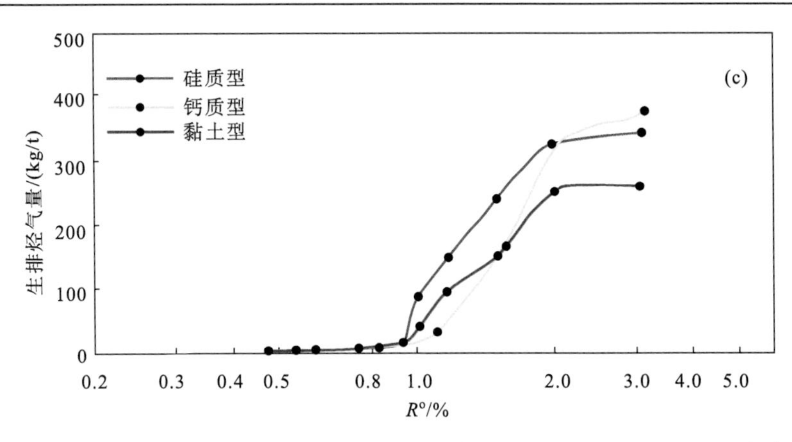

图 2-3　不同优质烃源岩排油效率（a）、排油量（b）和生排烃气量（c）对比图（据秦建中等，2013）

在地质演化过程中，不同干酪根类型或成烃生物优质烃源岩的生排油气能力始终都是动态变化的，其评价方法和评价技术也是动态变化的。秦建中等（2014）在海相优质烃源岩常规有机地球化学分析的基础上，建立了我国南方海相优质烃源岩不同干酪根类型生油气能力的动态评价标准（表 2-3）。

表 2-3　海相优质烃源岩不同干酪根类型生油气能力的动态评价数据（秦建中等，2014）

<table>
<tr><th rowspan="2">成熟度</th><th rowspan="2">有机质类型</th><th colspan="3">钙质或硅质生屑页岩</th><th colspan="3">黏土质泥页岩</th></tr>
<tr><th>w（TOC）/%</th><th>生烃潜量/（mg/g）</th><th>已经生排油气率</th><th>w（TOC）/%</th><th>生烃潜量/（mg/g）</th><th>已经生排油气率</th></tr>
<tr><td rowspan="3">未成熟早中期（R^{o}<0.5%）</td><td>Ⅰ型</td><td>>1.5</td><td rowspan="3">>10</td><td rowspan="3">零或少量重质油</td><td>>2</td><td rowspan="3">>10</td><td rowspan="3">很少</td></tr>
<tr><td>$Ⅱ_1$型</td><td rowspan="2">>2</td><td rowspan="2">>3</td></tr>
<tr><td>$Ⅱ_2$型</td></tr>
<tr><td rowspan="3">成熟早中期（0.45%<R^{o}<1.0%）</td><td>Ⅰ型</td><td>>1.5</td><td rowspan="3">>10</td><td rowspan="2">大量重质油及正常原油</td><td>>2</td><td rowspan="2">>10</td><td rowspan="2">大量正常原油</td></tr>
<tr><td>$Ⅱ_1$型</td><td rowspan="2">>2</td><td>>3</td></tr>
<tr><td>$Ⅱ_2$型</td><td>大量正常原油</td><td>>3</td><td>较高</td><td>轻质油气</td></tr>
<tr><td rowspan="3">成熟中晚期（R^{o}为 0.8%～1.35%）</td><td>Ⅰ型</td><td>>1.5</td><td rowspan="3">一般</td><td rowspan="3">大量轻质油气</td><td>>2</td><td rowspan="3">一般</td><td rowspan="3">大量轻质油气</td></tr>
<tr><td>$Ⅱ_1$型</td><td rowspan="2">>2</td><td rowspan="2">>3</td></tr>
<tr><td>$Ⅱ_2$型</td></tr>
<tr><td rowspan="3">高成熟（R^{o}为 1.3%～2.0%）</td><td>Ⅰ型</td><td>>1.2</td><td rowspan="3">低</td><td rowspan="3">凝析湿气</td><td>>1.5</td><td rowspan="3">低</td><td rowspan="3">凝析湿气</td></tr>
<tr><td>$Ⅱ_1$型</td><td rowspan="2">>1.5</td><td rowspan="2">>2</td></tr>
<tr><td>$Ⅱ_2$型</td></tr>
<tr><td rowspan="3">过成熟早中期（R^{o}为 2.0%～4.3%）</td><td>Ⅰ型</td><td>>1.2</td><td rowspan="3">很低</td><td rowspan="3">天然气（甲烷）</td><td>>1.5</td><td rowspan="3">很低</td><td rowspan="3">天然气（甲烷）</td></tr>
<tr><td>$Ⅱ_1$型</td><td rowspan="2">>1.5</td><td rowspan="2">>2</td></tr>
<tr><td>$Ⅱ_2$型</td></tr>
<tr><td rowspan="3">过成熟晚期（R^{o}>4.3%）</td><td>Ⅰ型</td><td>>1.2</td><td rowspan="3">接近零</td><td rowspan="3">天然气（甲烷）</td><td>>1.5</td><td rowspan="3">接近零</td><td rowspan="3">天然气（甲烷）</td></tr>
<tr><td>$Ⅱ_1$型</td><td rowspan="2">>1.5</td><td rowspan="2">>2</td></tr>
<tr><td>$Ⅱ_2$型</td></tr>
</table>

四、原油裂解气

裂解气一般形成于埋藏较深的地层。早期干酪根热降解生油气理论认为，随着温度的增高，沉积岩中的干酪根在不同成熟度阶段生成石油和天然气，该理论已有效指导了世界范围的油气勘探。随着油气地质理论的不断发展及天然气勘探的不断深入，原油在高温状态下发生裂解形成的原油裂解气引起了更广泛的关注。

研究结果显示，在地下相对封闭的烃源岩体系中，生成的原油如未能及时排出，在高温条件下可能会发生裂解形成天然气，并且裂解气不仅存在于烃源岩的高、过成熟演化阶段中，还存在于早期形成的古油藏的深埋热演化过程中。该认识突破了传统意义上强调的裂解气是由干酪根高温裂解形成的一维模式，一方面使油气形成过程变得更加复杂，另一方面增强了裂解气的勘探潜力。

目前原油裂解气的研究除了对所研究盆地做细致的分析外，国内外许多学者都采用实验室热模拟这一有效手段，探索不同地质因素如温度、压力、矿物质、过渡金属等对裂解气形成过程的影响。

原油裂解形成的天然气在组成上有明显的特征，C_1/C_2 值保持稳定，而 C_2/C_3 值变化较大；相比之下，干酪根裂解气中的 C_2/C_3 值基本不变（甚至减小），C_1/C_2 值逐渐增大，因此在 $\ln(C_2/C_3)$与 $\ln(C_1/C_2)$关系判识图上，烃类二次裂解产生的天然气 $\ln(C_2/C_3)$值的变化比 $\ln(C_1/C_2)$值更大，在图中近乎垂直（图 2-4）。该特征常作为判识原油裂解气的指标。

此外，原油裂解形成的天然气的碳同位素较轻，且在相同演化阶段，原油裂解气的甲烷碳同位素轻于干酪根裂解气的同位素。

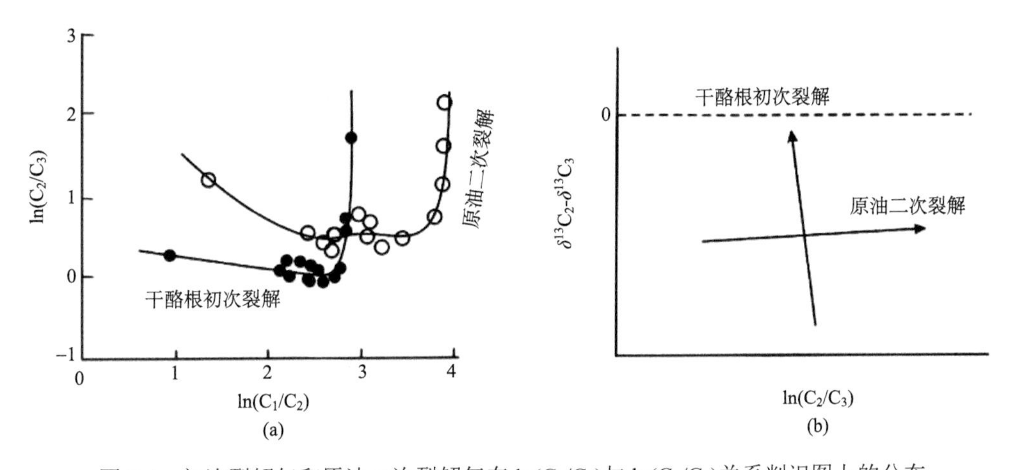

图 2-4　初次裂解气和原油二次裂解气在 $\ln(C_2/C_3)$与 $\ln(C_1/C_2)$关系判识图上的分布

裂解气的主生气门限决定了有效裂解气源灶的分布，从而决定了裂解气的资源潜力。Horsfield 等（1992）对来自挪威北海盆地的中等密度的海相原油样品在封闭系统条件下进行了原油裂解实验模拟，认为原油裂解气的生成温度为 160～190℃；Schenk 等（1997）对来源于湖相、冲积扇、海相碎屑岩及海相碳酸盐岩等原油样品在封闭系统中进行原油裂解模拟，认为原油裂解成气过程的最低门限值不低于 160℃；王云鹏等（2005）认为原油裂解气主生气期的 R^o 值为 1.6%～3.2%；赵文智等（2006）研究发现，从 160℃左右（R^o=1.6%）海相原油才开始大量裂解形成天然气，主生气期晚于干酪根的裂解，但生气数量是干酪根的 2～4 倍。整体来看，前人关于原油裂解气生烃门限基本一致，即原油裂解气的生成温度大于 160℃。

近年来，对原油裂解气的研究取得了一些进展，但还有待加强：①目前南方海相原油裂解气与碳酸盐体系有关，膏盐及其矿物对原油裂解气产生何种影响需要进一步研究。②超压在南方地区广泛分布，对原油裂解成气过程必然会造成一定影响。对于超压条件下原油裂解成气的主生气门限及化学动力学问题的研究需要加强。③原油裂解成气定量预测研究方面目前非常薄弱，如何准确地预测高成熟原油到天然气的裂解率，不仅是重要的生烃动力学问题，也直接关系到裂解气的勘探。

第二节　海相烃源岩宏观发育分布

一、海相烃源岩纵向分布特征

我国南方海相烃源岩主要分布于下寒武统牛蹄塘组/筇竹寺组，上奥陶统五峰组—下志留统龙马溪组，下二叠统栖霞组、茅口组与梁山组，上二叠统龙潭组/吴家坪组。此外，局部地区震旦系陡山陀组、灯影组灯三段、中上奥陶统、下泥盆统烃源岩较发育（图 2-5）。

（一）下寒武统烃源岩

寒武系在上扬子地区分布广泛（马力等，2004），其中烃源岩主要发育在下寒武统，其分布层位稳定。下寒武统烃源岩在四川盆地为筇竹寺组，贵州地区为牛蹄塘组，主要是一套黑色泥岩、页岩和灰色粉砂质泥岩沉积。

川北南江沙滩剖面 154 块样品有机碳分析表明，高丰度烃源岩主要发育于剖面下部，由寒武系底部向上逐渐降低，下部含磷结核泥岩有机质丰度最高（图 2-5），TOC 含量基本上为 3.0%～5.0%，厚度约 30 m；30～50 m 的泥岩 TOC 含量为 1.0%～2.5%；50～90 m 层段粉砂质泥岩有机碳含量基本上为 0.5%～1.2%；90 m 以上层段钙质（灰质）泥岩的有机碳含量基本上小于 0.5%，属于非烃源岩。全剖面上有机碳含量大于 1.0%的中等级别以上烃源岩厚度在 60 m 左右，2.0%以上的好烃源岩厚度在 44 m 左右。

贵州凯里下司镇羊跳大桥浅 6 井揭示的 50 m 寒武纪地层有机碳含量很高，绝大多数为 5.0%～15%，有些层段甚至在 15%以上，厚度为 5～10 m。在此高有机质丰度地层之上，发育厚 20～25 m 的灰黑色粉砂质泥岩段，有机碳含量低于 0.5%，然后是厚 10～15 m 的有机碳含量为 1.0%～3.0%的灰黑色泥岩地层。在这套地层之上是薄层灰岩和泥灰岩，有机碳含量为 0.3%～1.7%（图 2-6）。

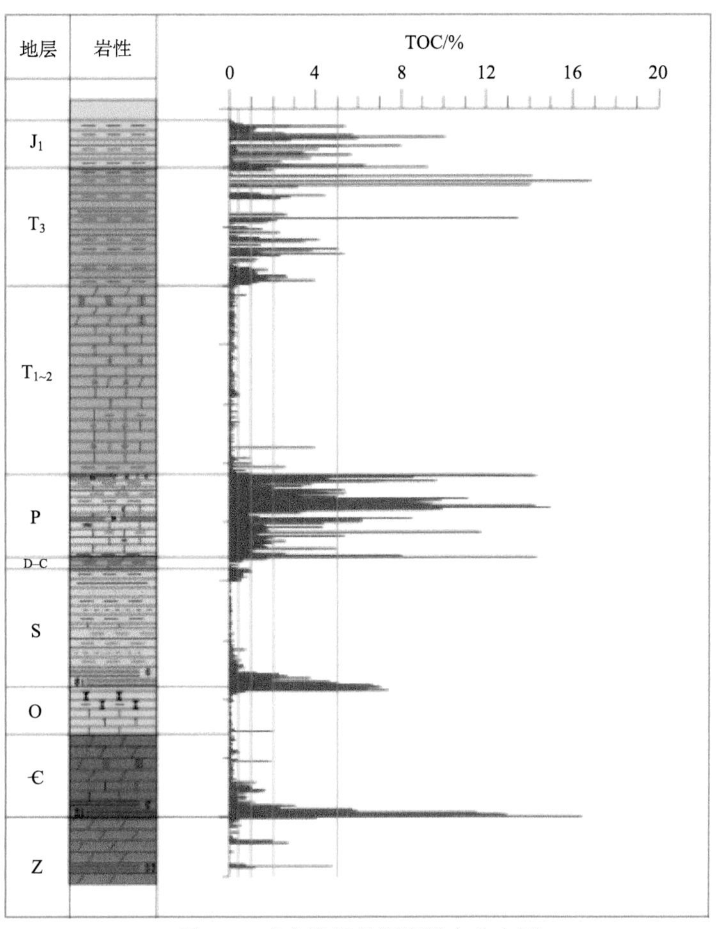

图 2-5　南方海相烃源岩纵向分布图

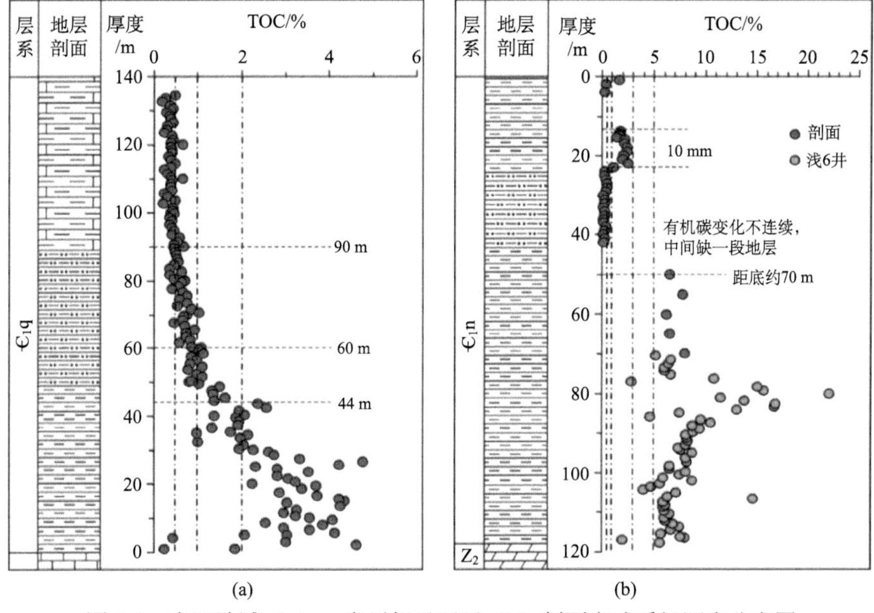

图 2-6　南江沙滩（a）、贵州凯里下司（b）剖面寒武系烃源岩分布图

（二）上奥陶统—下志留统烃源岩

从纵向上看，上奥陶统—下志留统烃源岩的发育非常有规律，几乎所有的剖面好烃源岩都发育在五峰组－龙马溪组下部，岩性主要为硅质泥岩和含笔石页岩。剖面向上随着含砂量的增大，有机质丰度迅速减小，不同地区高有机质丰度烃源岩的厚度呈现一定差异（图 2-7）。在南江桥亭剖面，有机碳含量大于 0.5%的烃源岩的厚度为 20 m 左右。石柱漆辽剖面五峰组－龙马溪组烃源岩非常发育，有机碳含量大于 1.0%的烃源岩厚度约 120 m。剖面下部 25～30 m 烃源岩有机质丰度高，有机碳含量基本在 3.0%以上，最高达 6.7%；其上是 80～85 m 厚、有机碳含量在 2.0%左右的烃源岩。

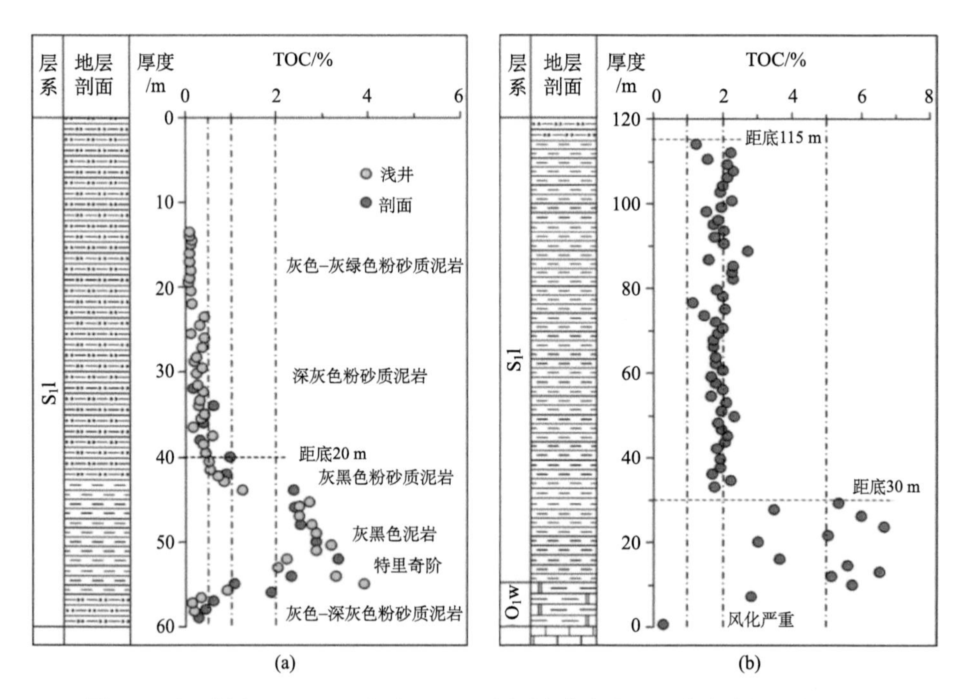

图 2-7　南江桥亭（a）、石柱漆辽（b）剖面上奥陶统－下志留统烃源岩分布图

（三）下二叠统烃源岩

早二叠世是晚古生代以来南方最大的海侵时期，是烃源岩发育的有利时期。下二叠统烃源岩自下而上包括上扬子地区的梁山组（P_1l）和中扬子地区的马鞍山组（P_1ma）泥岩，栖霞组（P_1q）和茅口组（P_1m）灰岩，以及下扬子地区的孤峰组（P_1g）泥岩；其中以栖霞组—茅口组碳酸盐岩烃源岩厚度较大。四川盆地及邻区各层系烃源岩发育情况、岩性特点、不同丰度级别烃源岩分布如表 2-4 所示。

梁山组：在 22 件样品中 14 件的 TOC≥0.40%，平均 TOC 为 1.98%，岩性以泥质岩为主。

栖霞组：272 件样品中仅 89 件样品 TOC≥0.40%，达标率为 32.7%，烃源岩发育欠佳。在达标样品中，泥质岩占 21.3%，碳酸盐岩占 78.7%，烃源岩岩性以碳酸盐岩为主。从有机质丰度级别看，差-中等丰度级别烃源岩所占比例最高，达 69.7%，其次为较好丰度级别烃源岩（23.6%），好和极好烃源岩仅占 6.7%。烃源岩残余有机碳分布于 0.40%～8.02%，平均值为 1.06%，总体评价为较好丰度级别烃源岩。

茅口组：333 件样品中 162 件样品 TOC≥0.40%，达标率为 48.6%，烃源岩较栖霞组略为发育。在达标样品中，泥质岩仅占 5.6%，碳酸盐岩占 94.4%，烃源岩岩性以碳酸盐岩为主。不同丰度级别烃源岩的分布与栖霞组大致相似，差-中等级别所占比例最高（66.0%），其次为较好的烃源岩（27.8%），优质烃源岩所占比例最低（6.2%）。烃源岩残余有机碳分布于 0.40%～10.34%，平均值为 1.08%，总体评价为较好丰度级别烃源岩。

表 2-4　四川盆地及邻区下二叠统烃源岩残余有机碳分级统计表

层位	岩性	达标/%	不同丰度级别烃源岩所占比例/%			
			0.4%≤TOC＜1%	1%≤TOC＜2%	2%≤TOC＜5%	5%≤TOC
P_1m	泥质岩	48.6	0.6	2.5	1.2	1.2
	碳酸盐岩		65.4	25.3	3.1	0.6
P_1q	泥质岩	32.7	10.1	9.0	2.2	0.0
	碳酸盐岩		59.6	14.6	3.4	1.1
P_1l	泥质岩	63.6	57.1	21.4	7.1	7.1
	碳酸盐岩		0.0	7.1	0.0	0.0

（四）上二叠统烃源岩

上扬子地区上二叠统烃源岩包括龙潭组和大隆组，主要分布在四川盆地。川东北河坝地区二叠系厚度约 850 m，龙潭组煤系地层厚近 100 m，有机质含量明显高于其他层段，泥岩或者泥灰岩的有机碳含量均在 0.5%～6.0%，大多数在 2%以上，烃源岩的厚度约 90 m；长兴组以灰岩为主，其有机碳含量一般不超过 0.2%，仅有少量灰岩的有机碳含量大于 0.5%，且不大于 1.0%，其厚度约 20 m；普光地区（图 2-8）龙潭组煤系地层厚 210 m 左右，有机碳含量明显高于其他层段，泥岩或者泥灰岩的有机碳含量均在 0.5%～5.0%，多数在 1.0%以上，烃源岩的厚度达到 170 m 左右；长兴组以灰岩为主，其有机碳含量一般不超过 0.2%，仅有少量的有机碳含量约 0.3%。

上扬子川南-黔西北地区，龙潭组底部为泥岩、碳质泥岩夹煤层，泥岩的有机碳含量一般在 1.0%以上，中部以灰质泥岩、泥岩、泥灰岩、砂质灰岩互层沉积，泥灰岩的有机碳含量通常在 0.5%～1.5%，泥岩的有机碳含量通常大于 1.5%，有些甚至大于 2.0%，砂质灰岩的有机碳含量一般低于 0.5%；上部为砂质灰岩段，有机碳含量基本上低于 0.3%，属于非烃源岩层段。长兴组以灰岩为主，中间夹少量泥岩或灰质泥岩，泥岩夹层的有机碳含量相对较高，而相邻的灰岩有机碳含量很低，因此仍然以非烃源岩为主（图 2-9）。

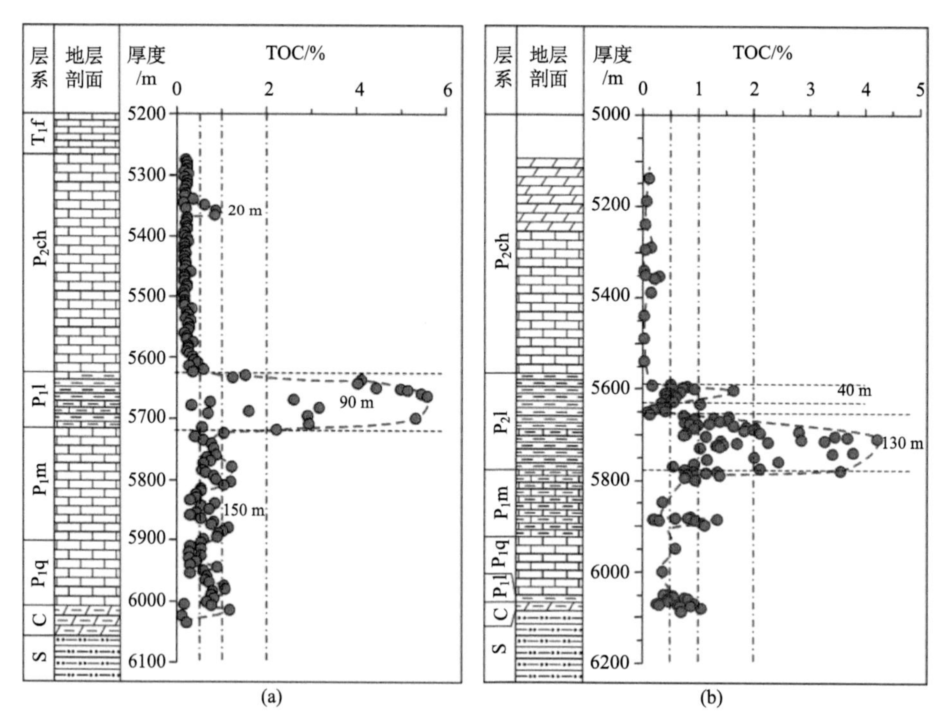

图 2-8　川东北地区河坝 1 井（a）、普光 5 井（b）二叠系源岩分布剖面

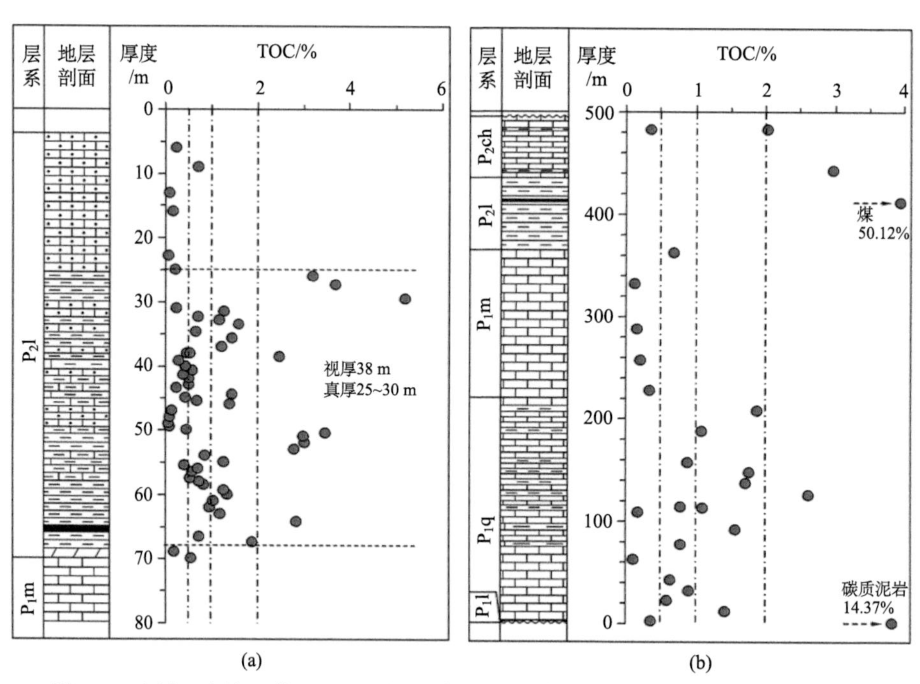

图 2-9　南川三泉浅 2 井（a）、黔西北桐梓韩家店剖面（b）二叠系源岩分布剖面

上扬子地区龙潭组煤系地层厚 100～300 m，不同地区存在一定的差异，河坝 1 井龙潭组烃源岩厚度约 100 m。至达州-云阳一带，龙潭组含煤沉积地层逐渐增厚，东西存在差异。云阳以西的云安 19 井属于典型的龙潭组沉积，龙潭组厚度为 200 m，以泥岩、碳

质泥岩和煤沉积为主，夹少量薄层灰岩，烃源岩厚度在 170 m 左右。至达州以西的龙会 4 井，龙潭组地层厚度增至 230 m，且中部出现灰岩沉积段，但是上下两段泥质烃源岩的累计厚度为 90～100 m，比东部云阳地区薄。川东南部地区龙潭组相对较薄，而且灰岩、泥质灰岩或灰质泥岩相对较发育，烃源岩的厚度仅 30～50 m。黔西北地区良好的龙潭组烃源岩也较发育，厚度为 70～80 m。上扬子四川盆地内部大隆组烃源岩主要分布于广元-旺苍陆棚城口-鄂西陆棚，开江-梁平陆棚内，厚度为 5～30 m，有机碳含量在 2.0%以上。

中扬子地区上二叠统烃源岩主要分布于荆门-京山-仙桃-潜江地区，厚度为 20～40 m，其他地区的厚度均小于 20 m。在宜昌-潜江一带有机碳含量较高，一般为 0.5%～1.0%。宜昌天坑-麻阳河剖面二叠系厚 447 m，从下至上分别为马鞍山组、栖霞组、茅口组、吴家坪组、大隆组（图 2-10），吴家坪组（P_2w）厚 28 m，底部为杂色泥岩及煤线，向上为灰色中至厚层状泥晶灰岩，含云质斑块及硅质团块。有机碳含量为 0.06%～0.17%，该组有机碳含量均低于 0.5%，没有烃源岩。大隆组（P_2d）厚 12 m，黑色薄层硅质岩、黑灰色泥晶云岩、含云灰岩等厚互层，水平层理发育，单层厚度稳定，层面平整，有机碳含量为 0.37%～1.73%。

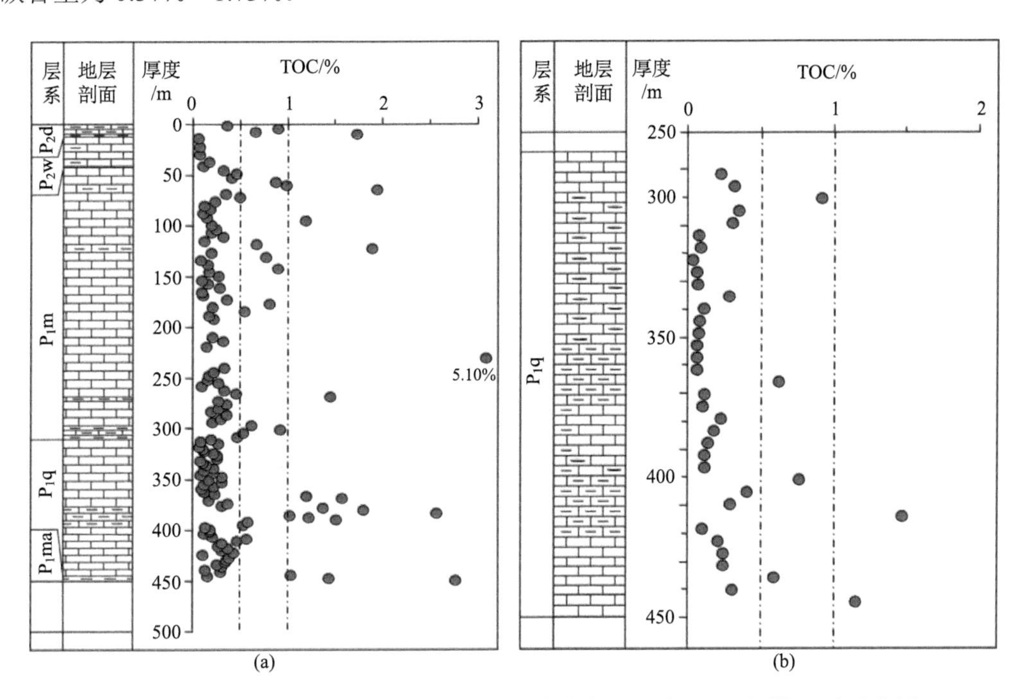

图 2-10　宜昌天坑-麻阳河（a）、京山石龙水库（b）剖面二叠系烃源岩分布图

下扬子地区上二叠统烃源岩主要分布于龙潭组、大隆组、长兴组。总体上看，上二叠统龙潭组为含煤沉积，长兴组以灰岩为主，大隆组以泥岩为主。龙潭组沉积厚度大，有机质丰度也比较高，烃源岩的厚度也较大；大隆组厚度不大，但以泥岩或含硅质泥岩为主，有机质丰度高，是很好的烃源岩。龙潭组烃源岩的厚度通常为 50～200 m，尤其在苏南-皖南地区厚度基本上在 200 m 左右，分布范围与孤峰组类似。大隆组厚度一般为 20～50 m，主要分布在高淳-句容-海安地区。龙潭组泥岩有机碳含量变化比较大，最

低有机碳含量为 0.1%，最高达到 16.46%，其中包括了碳质泥岩，平均有机碳含量为 1.96%。其中有机碳含量主要为 0.5%～2.0%。龙潭组泥岩中所夹少量灰岩的有机碳含量明显低于泥岩，烃源岩有机碳含量平均为 0.73%。

二、海相烃源岩横向分布特征

如前面烃源岩纵向分布特征所述，烃源岩主要发育于下寒武统牛蹄塘组/筇竹寺组，上奥陶统五峰组—下志留统龙马溪组，二叠系栖霞组、茅口组和龙潭组/吴家坪组。局部地区震旦系陡山陀组、灯影组灯三段，以及中上奥陶统、下泥盆统、下石炭统、下三叠统烃源岩较发育。烃源岩岩性除栖霞组—茅口组以碳酸盐岩为主外，其他层系烃源岩以泥质岩为主。受盆地原型和沉积相控制，各套烃源岩发育厚度、横向分布特征不同。

（一）下寒武统烃源岩

下寒武统烃源岩主要是早寒武世沉积的、与最大海泛面相对应的低能黑色页岩和含泥质的碳酸盐岩，为克拉通基底盆地内的第一套区域性烃源岩。平面上下寒武统烃源岩主体分布在四川盆地川中古隆起周围，雪峰隆起北缘和下扬子地区的南北部区域（图 2-11）。四川盆地寒武系烃源岩主要位于下寒武统麦地坪组和筇竹寺组，其中筇竹寺组底部的烃源岩大面积分布，也是页岩气赋存的层段。四川盆地震旦系受区域拉张环境作用，在西南部磨溪-高石梯与威远-资阳之间发育近南北向裂陷槽。早寒武世古裂陷槽继承性发育，对四川盆地下寒武统烃源岩具有明显的控制作用：裂陷槽内沉积的筇竹寺组+麦地坪组厚度一般为 300～450 m，烃源岩厚度可达 140～160 m，相邻的川中古隆起区域地层厚度一般为 50～200 m，烃源岩厚度为 20～80 m，TOC 为 1.7%～3.6%（平均为 2.8%），R^o 为 2.0%～3.5%（邹才能等，2014）。

上扬子地区下寒武统烃源岩围绕川中古隆起分布，构造部位于川中、川南、川西南褶皱带，在川北南江-川东城口、巫溪-鄂西利川、咸丰-黔东松桃-黔中瓮安、凯里-黔西北金沙、毕节-川南泸州地区非常发育，厚度一般为 40～200 m，川东-鄂西-湘西最厚，有机碳含量平均高于 1.0%，构造位置为湘鄂西黔东南断褶带，其次为黔中-黔西北，厚度为 40～100 m 时有机碳含量平均为 2.0%左右。

中扬子地区下寒武统烃源岩主要分布在西部，即鄂西兴山-恩施-鹤峰及湘西的桑植-吉首地区，厚度一般为 100～160 m，有机碳含量为 1.0%～3.0%；东部江汉盆地南部的松滋-赤壁地区，构造部位江汉南部断块、鄂东南断褶带烃源岩的厚度相对要薄一些，厚度一般为 50～100 m，有机碳含量低于 0.5%。

下扬子地区寒武系呈北东向展布，主要分布在两个中心带：一个中心带在南部的浙西北常山、开化、安吉-皖南休宁、泾县、芜湖地区，构造部位苏皖北、苏皖南断块，烃源岩厚度为 100～300 m，局部地区最厚可达 600 m，有机碳含量整体为 1.0%～2.0%；另一个中心带在北部的苏北扬州、盐城、大丰地区，构造部位泰州对冲过渡带，烃源岩厚度为 50～150 m，有机碳含量为 1.0%～2.5%。苏南句容-苏北海安一线相对薄一些，一般为 30～100 m。

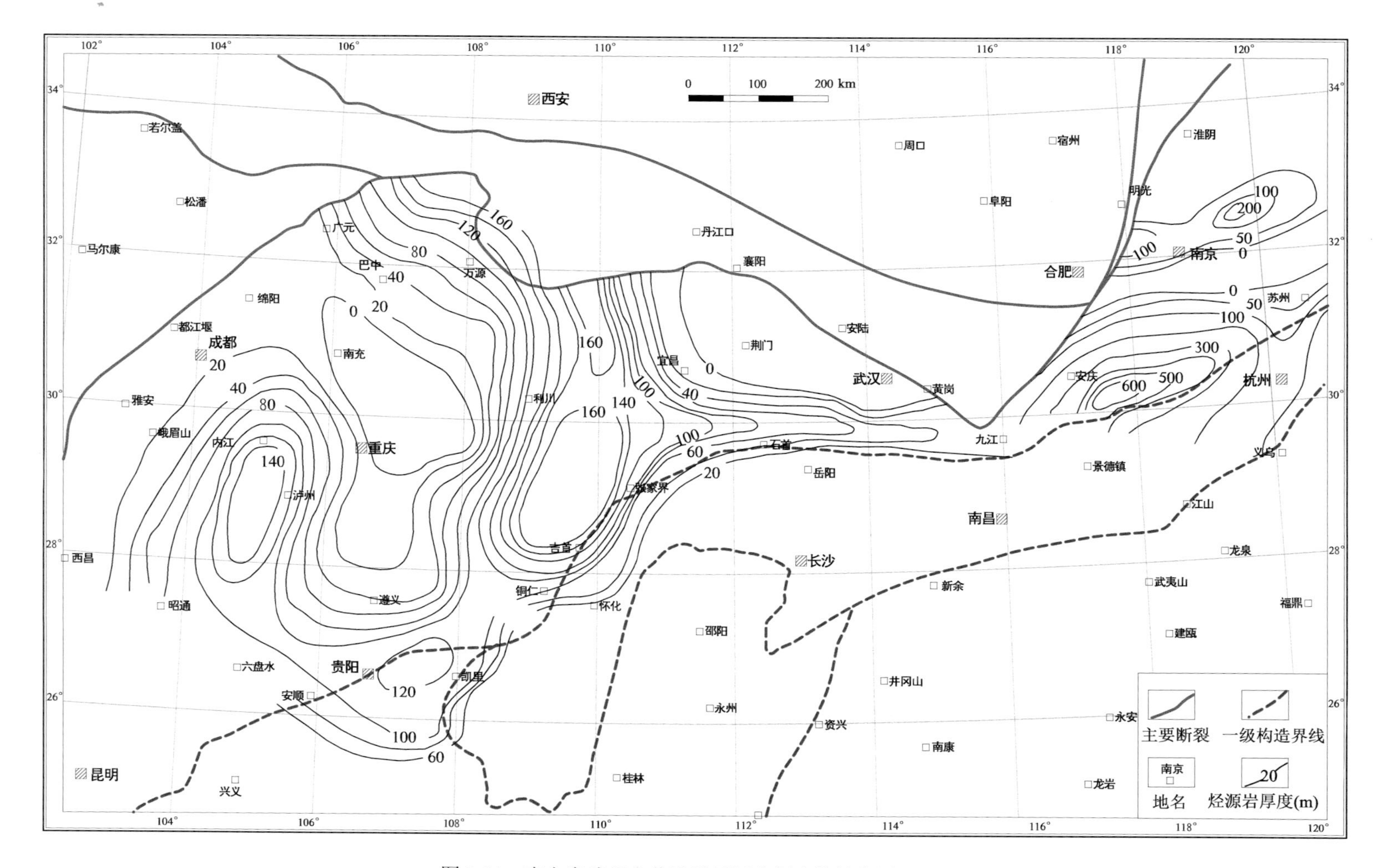

图 2-11　南方寒武纪水井沱期烃源岩厚度等值线图

整体上下寒武统区域烃源岩围绕川中古隆起分布，以四川盆地南缘、川东北大巴山逆冲褶皱带、湘鄂西-黔东南断褶带为生烃中心，沿北东-南西方向发育在川东北-鄂西-湘西-黔西北-黔中以及川南一带。川北-川东北地区烃源岩厚度为20～120 m，有机碳含量高于1.5%；鄂西-渝东烃源岩厚度可达140 m以上，有机碳含量为0.5%～1.5%；黔东北-黔中厚 60～10 m，有机碳含量为1.5%～3%；黔西北厚 30～100 m，有机碳含量为1.5%～2.0%；川南厚 20～80 m，有机碳含量为 0.5%～1.5%；川西成都-广元厚度小于20 m，有机碳含量低于0.5%。

（二）上奥陶统—下志留统烃源岩

上奥陶统－下志留统烃源岩是南方海相层系另一套区域性主力烃源岩，平面上主要分布于中上扬子地区和下扬子地区（图2-12）。

上奥陶统五峰组和下志留统龙马溪组基本上为连续沉积，可以作为一套烃源岩层系，岩性有硅质泥岩、碳质页岩、硅质页岩等。五峰组烃源岩厚数米至30 m，主要为灰黑色-黑色硅质、碳泥质页岩。龙马溪组烃源岩底部常含笔石页岩，主要为浅海相沉积，岩性主体为灰色、黑色硅质泥岩。

中上扬子地区上奥陶统－下志留统烃源岩主要分布在西北部川东-川南断褶带及其西部的四川盆地和湘鄂西-黔东北断褶带的北部地区，彭水地区内则残存部分上奥陶统－下志留统烃源岩。川东-川南断褶带该套烃源岩厚度为40～100 m，有机碳含量和镜质组反射率分别为0.66%～2.51%和2.4%～4.0%；湘鄂西-黔东北断褶带内该套烃源岩主要分布在北部，厚度为20～60 m，有机碳含量为0.5%～4.0%，镜质组反射率分布在1.85%～3.4%；彭水地区内残留该套烃源岩厚度为50～120 m，彭页1井上奥陶统烃源岩有机碳含量和镜质组反射率分别为 0.13%～1.57%和 1.90%～2.79%，平均值分别为 1.14%和2.44%，下志留统烃源岩有机碳含量和镜质组反射率分别为 0.07%～1.61%和 1.91%～3.09%，平均值分别为0.83%和2.62%。

下扬子地区揭示五峰组－高家边组厚度较大，如句容地区圣科 1 井揭示下志留统950 m左右，黄桥地区N4井揭露志留系高家边组1700 m，但大部分志留纪地层为非烃源岩。下扬子地区上奥陶统－下志留统烃源岩主要分布在句容-海安-东台地区，厚度为40～80 m，其他区域泥岩品质较差。

（三）下二叠统烃源岩

二叠系层位从下至上分别为马鞍山组、栖霞组、茅口组、吴家坪组、大隆组。二叠系碳酸盐岩烃源岩主要分布在下二叠统栖霞组和茅口组。下二叠统栖霞组烃源岩是南方一套区域性的海相主力烃源岩（图2-13）。

区域上，下二叠统栖霞组烃源岩在中上扬子地区厚度比较大，川东北地区厚度最大，可达150 m，宜昌-荆门一线厚度为100 m， 围绕黄陵隆起沿南北方向逐渐减薄。下扬子地区下二叠统栖霞组烃源岩厚度一般为50～100 m，分布在句容-海安一带，在皖南-苏南

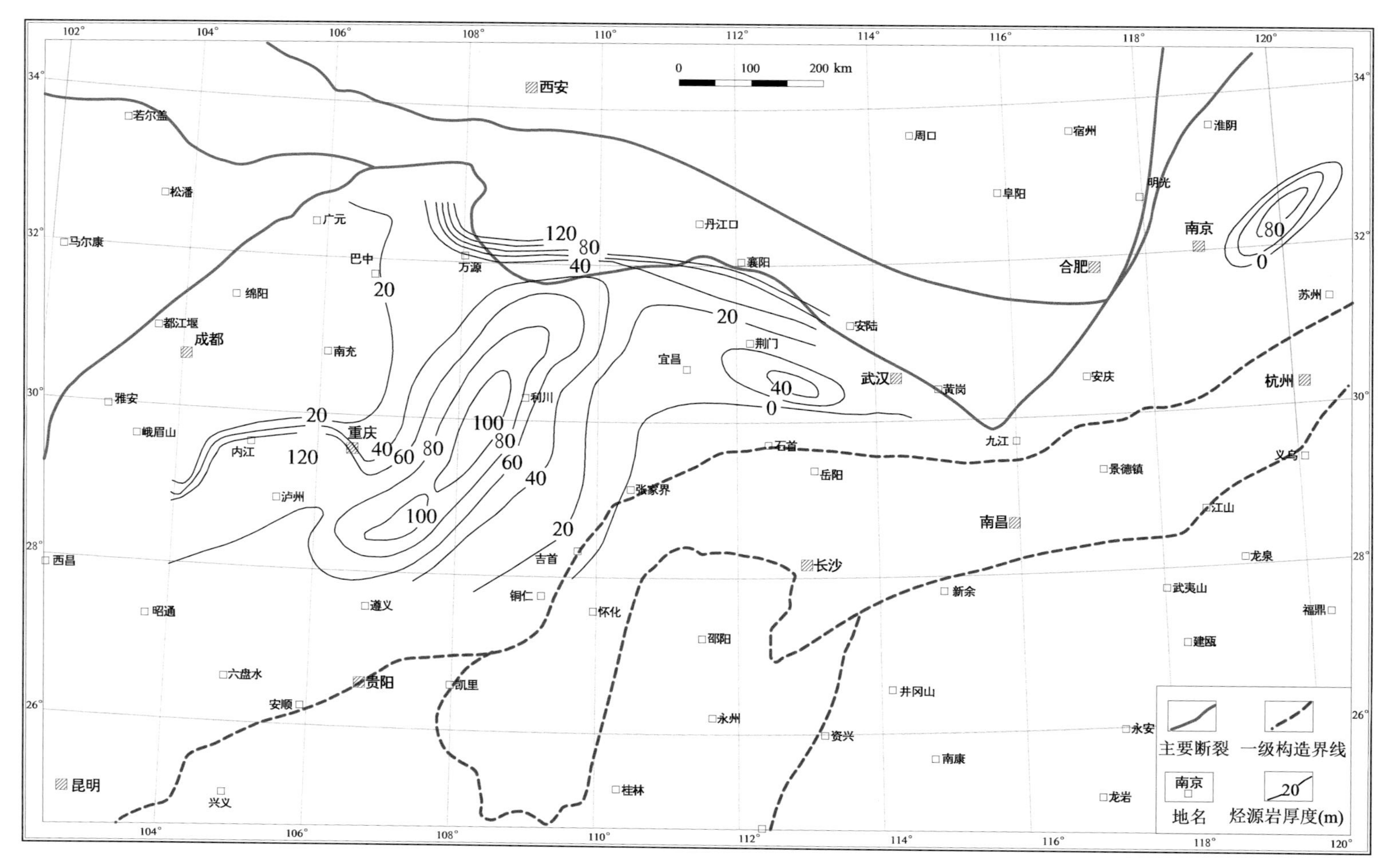

图 2-12　南方奥陶纪五峰期—志留纪龙马溪早期烃源岩厚度等值线图

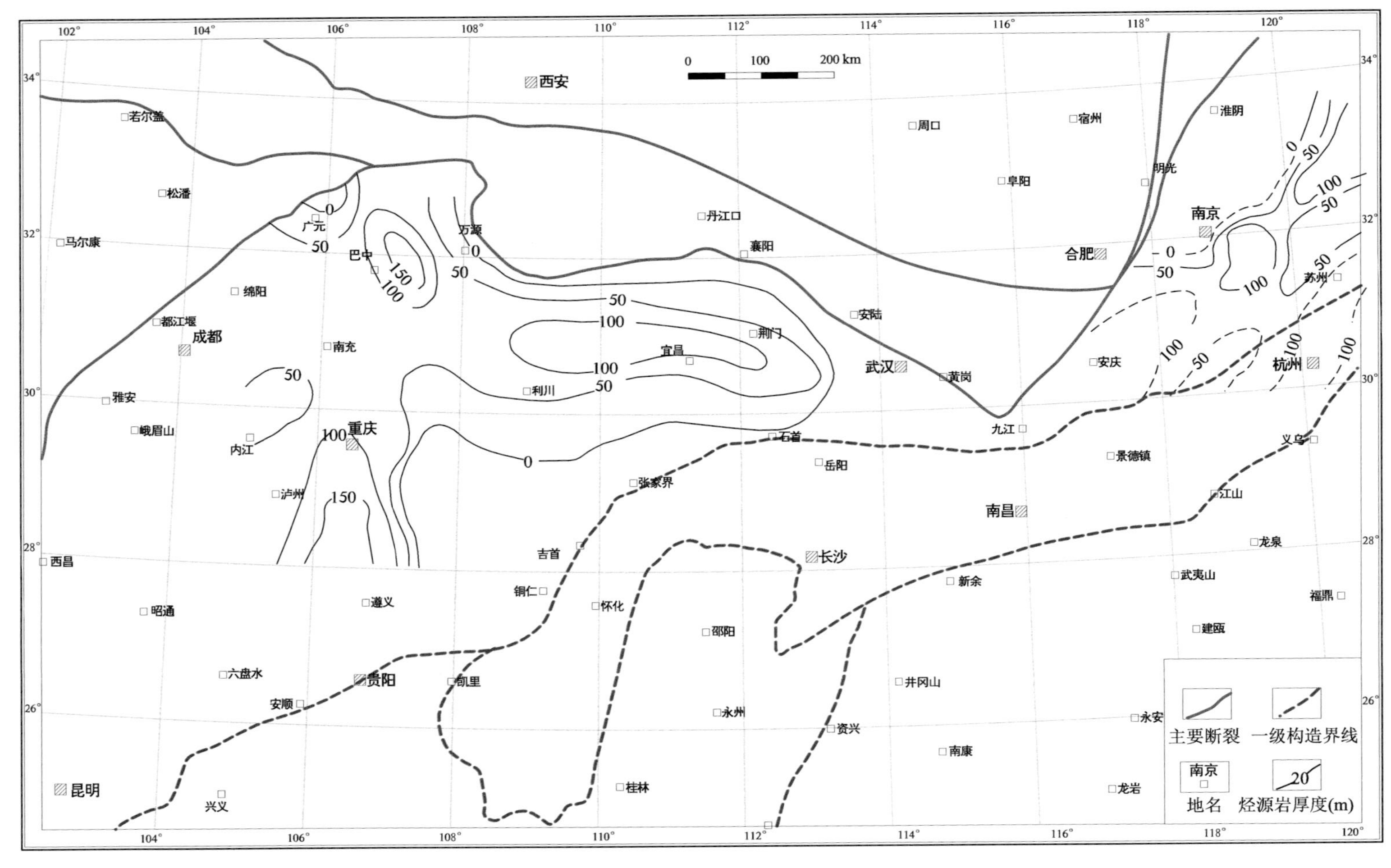

图 2-13　南方二叠纪栖霞期烃源岩厚度等值线图

及苏北泰兴-海安地区广泛分布。湘桂地区下二叠统烃源岩在南盘江凹陷、黔西南拗陷分布，厚度为200～500 m，局部地区厚度可达700 m；湘中邵阳地区烃源岩分布，厚度为50～200 m。具体来说下二叠统烃源岩在上扬子川北、川东北地区最为发育，厚度为50～150 m，川北以广元-巴中一线分布，厚度度为50～100 m，有机碳含量为0.5%；中扬子地区下二叠统烃源岩沿秭归-当阳-潜江一线呈东西向分布，平均厚度为100 m，沿此线向两侧烃源岩逐渐减薄，中上扬子对冲过渡带厚为50～150 m，沿大巴山逆冲褶皱带向北烃源岩厚度逐渐减薄，小于50 m，有机碳含量为0.4%～1.0%；中扬子东部江汉盆地中部也有下二叠烃源岩分布，厚20～40 m，有机碳含量为0.4%～0.5%；下扬子地区下二叠统烃源岩主要分布于沿江断裂以南地区，在皖南-苏南及苏北泰兴-海安地区烃源岩的厚度为50～100 m，有机碳含量为0.4%～2.0%。湘桂地区下二叠统烃源岩主要分布在黔西南、黔南。桂中地区，其中南盘江拗陷和黔西南拗陷烃源岩厚度可达200～600 m，有机碳含量低于0.4%；湘中地区为两个中心控制的烃源岩分布，一个以宜山构造带为中心烃源岩厚度达700 m，有机碳含量低于0.4%，另一个中心处于桂中拗陷和东兰断块控制下，烃源岩厚度为300～700 m，有机碳含量低于0.2%。

整体下二叠统烃源岩主要分布在川东北-川东、鄂西、皖南-苏南、桂中、黔西南、黔南地区，扬子地区烃源岩厚度一般为50～100 m，大致呈东西向分布，有机碳含量平均为0.3%；湘桂地区烃源岩厚度大，呈北西-南东向展布，厚度为300～600 m，有机碳含量普遍较低。

茅口组烃源岩厚度为30～190 m，一般厚50～100 m，总体呈北北西或北西向展布，具多个烃源岩发育中心，总体较栖霞组烃源岩厚度大。

鄂西-渝东地区茅口组烃源岩最为发育，烃源岩厚度为100～198 m，呈北东向展布。川南地区茅口组烃源岩发育欠佳，广大地区烃源岩厚度小于50 m，仅小范围内烃源岩厚度较大，如屏山-水富县一带烃源岩厚度大于100 m，最大厚度为136.2 m。川西地区茅口组烃源岩厚度为50～100 m，都江堰-彭州一带烃源岩厚度大于100 m（最厚117 m），且分布局限，在绵竹-安州-北川一线以西，烃源岩厚度小于50 m。川北地区茅口组烃源岩在南江桥亭-通江诺水河一带欠发育，厚度小于50 m，盆缘镇巴一带小范围内烃源岩较发育，厚度大于100 m（最大厚度为136 m），其他地区分布于50～100 m。

（四）上二叠统烃源岩

泥质烃源岩主要分布在上二叠统龙潭组/吴家坪组，局部地区大隆组也有泥质烃源岩发育。上二叠统吴家坪组烃源岩在中上扬子地区平均厚度为40～160 m，主要分布在四川盆地，以川东北厚度最大，可达160 m，在川中地区厚度可达100 m。此外在中扬子荆门-潜江地区上二叠统烃源岩厚度为20～40 m；下扬子地区上二叠统烃源岩以苏州为中心分布，厚度为50～600 m，呈北东-南西向展布。湘桂地区上二叠统烃源岩主要分布在黔西南、桂中、湘中、桂东北地区，平均烃源岩厚度为50～200 m（图2-14）。

具体来说上二叠统烃源岩在上扬子川西南、川东北广泛分布。川西、川西北烃源岩厚度低于40 m；川中-川西南地区，构造位于川中褶皱带、川西南断褶带，上二叠统烃

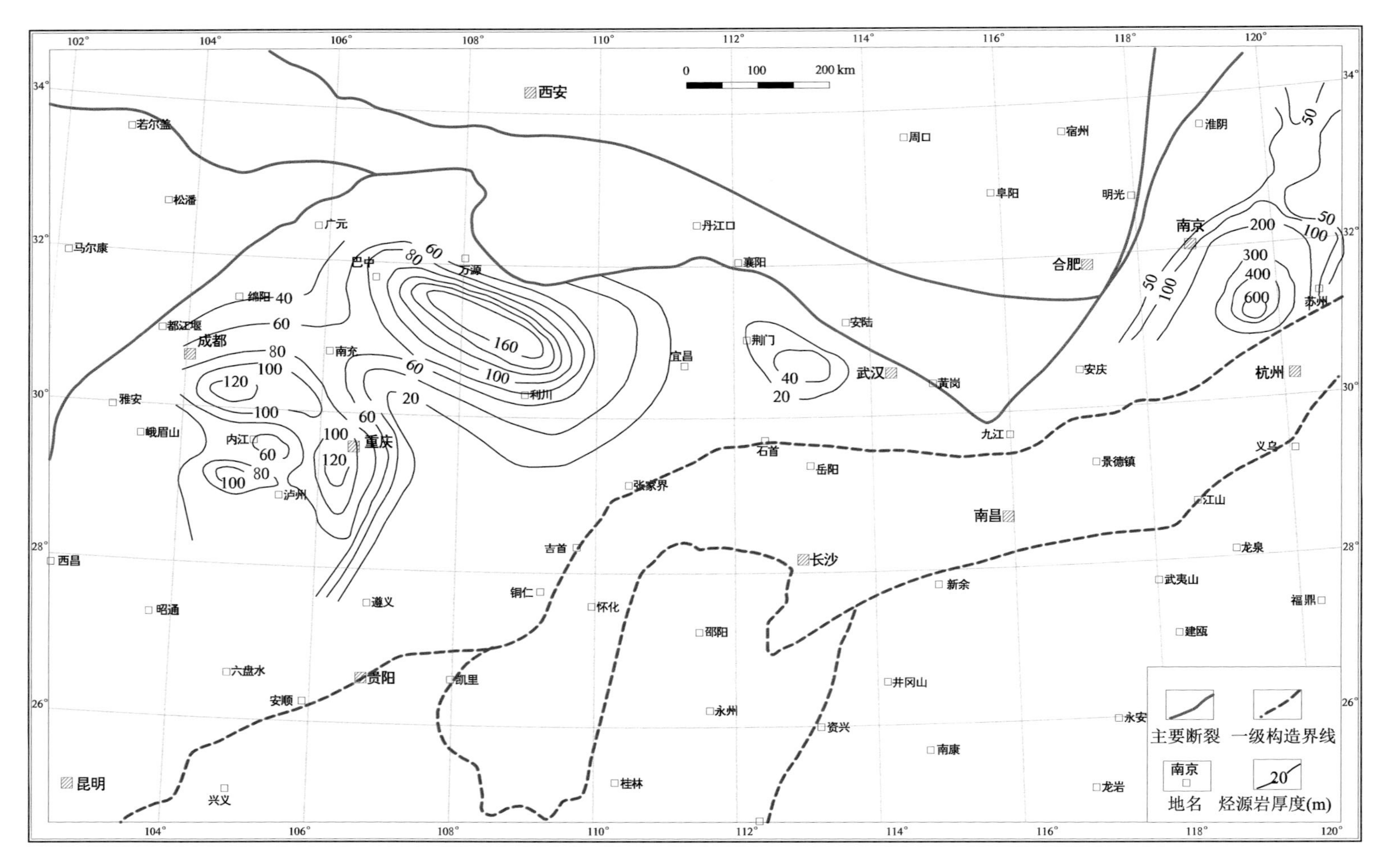

图 2-14　南方二叠纪吴家坪期烃源岩厚度等值线图

源岩厚 100～120 m，基本呈东西向展布，有机碳含量为 3.0%～7.0%；川南-川东地区，上二叠统烃源岩以重庆-泸州一线分布，构造位于川南断褶带北缘、川东断褶带，整体呈北东-南西向展布，厚 40～120 m，有机碳含量为 3.0%～6.0%；川东北地区广元-巴中-利川一线，构造位于川东断褶带北缘、中上扬子对冲过渡带，沿此线烃源岩呈北西-南东向展布，并沿此线向两侧逐渐减薄，厚 60～140 m，有机碳含量小于 4.0%。

中扬子地区上二叠统烃源岩主要分布于荆门-京山-仙桃-潜江地区，厚度为 20～40 m，其他地区的厚度均小于 20 m，有机碳含量为 1.0%～3.0%。下扬子地区上二叠统烃源岩在苏西南地区发育，以苏州为中心，沿苏皖南断块区北缘、泰兴常熟断块区、泰州对冲过渡带发育，厚度基本在 200 m 以上，其中苏皖南断块区北缘生烃中心厚度可达 600 m，有机碳含量为 2.0%～3.0%。上二叠统大隆组厚度一般为 20～50 m，主要分布在高淳-句容-海安地区。

湘中地区上二叠统烃源岩以邵阳-永州-连州一线分布，厚度为 50～200 m，有机碳含量为 0.5%～2.0%，在湘中桂东北断褶带东北缘存在一个生烃中心，烃源岩厚度为 150～300 m，有机碳含量很低。

整体上二叠统吴家坪组烃源岩，厚度一般为 60～100 m，在中上扬子地区发育广泛，川东北地区厚达 160 m，下扬子地区烃源岩厚度最大，可达 600 m。湘桂地区烃源岩厚度为 50～200 m，局部地区厚度为 1000 m，上二叠统大隆组在川北-川东北发育，厚度一般为 10～30 m；分布于皖南芜湖-苏南句容-苏北海安一线的大隆组，厚度一般为 20～50 m。

（五）地区性烃源岩

1. 上震旦统陡山沱组烃源岩

上震旦统陡山沱组烃源岩是一套地区性的海相烃源岩。受古构造、沉积环境等因素控制，陡山沱组烃源岩岩性以泥质岩为主，其次为碳酸盐岩。陡山沱组烃源岩发育于该组的中部和顶部，属于浅海陆棚-台盆环境。岩性以深灰色泥岩、灰黑色含碳质、碳质泥岩为主，厚度一般为 100～300 m，主体分布在鄂西台盆沉积中心区，向东西两侧逐渐减薄。有机碳含量一般为 0.5%～2.2%，平均为 1.2%。该套烃源岩是鄂西地区下组合重要的烃源岩，但对四川盆地贡献很小。

上扬子地区陡山沱组烃源岩主要分布在黔东南、湘鄂西、川北以及川东北地区，为一套薄-中层状黑色碳质页岩局部夹粉矿质泥岩，在金沙-桐梓-正安一带，有效烃源岩厚度为 3～90 m，岩性主要为黑色页岩与泥灰岩互层；在贵阳-瓮安-印江一线以东烃源岩主要为一套低能还原条件下沉积的斜坡-盆地相黑色泥质岩，厚度达 40～120 m，最厚处在台江-三穗一带，平均厚度达 100 m，有机碳含量为 0.8%～2.0%，大部分在 1.0%以上，属于好-最好烃源岩；川东北、川东属局限海台地相沉积，岩性为碳质页岩、页岩夹硅质岩，底部为菱锰矿层，分布在镇巴-城口以北的地区，厚度为 20～120 m。中扬子为台缘下斜坡-台盆相沉积，为黑色含磷泥岩、含泥硅质岩，分布在宣恩-秭归一线，厚度为 20～120 m；湘鄂西区建始-恩施-咸丰一线以西地区厚度均小于 50 m，鹤峰区块厚度普遍大于 100 m，以石门杨家坪最厚，为 425.2 m。泥质源岩厚度一般为 10～347.43 m，平均为 56.19 m；平原区厚度均小于 20 m，湘鄂西区利川-彭水以西地区厚度均小于 10 m，鹤峰区块厚度相对较大，一般为 50～200 m，以鹤峰白果坪最厚为 347.43 m。中扬子地区上震旦统陡山沱组烃源岩有机质丰度高值区主要分布在区内中南部，沿利川-宜恩-大庸方向逐渐增高，平原区由南往北逐渐降低。

上震旦统陡山沱组烃源岩在上扬子地区金沙、遵义-习水、桐梓-綦江为陆棚沉积相区，TOC 含量为 0.5%～1.6%，呈自西向东递增的趋势。贵阳、瓮安和印江一线以东的斜坡-盆地相区，分布于铜仁、镇远、都匀、三都、独山一带，烃源岩主要为一套低能还原条件下沉积的斜坡-盆地相黑色泥质岩类，TOC 含量为 0.8%～2.0%，大部分在 1.0%以上，属于好-最好烃源岩。总体面貌为上扬子地区东部（盆地相区）有机碳含量比西部（台缘-台地相区）高，东部有机碳含量平均约 5.90%，西部平均约 0.1%。而西部、北部局部地区（遵义、湄潭等）出现有机碳含量的高值（1.57%）。

在中扬子地区，平原区有机碳含量均小于 0.5%，盆地中南部略高，中部覆盖区相对较低；湘鄂西区利川-彭水一线以西地区均小于 0.2%，以东地区普遍大于 0.4%，有机碳含量最高达 1.67%，总的趋势是湘鄂西区较平原区高。泥质源岩有机碳含量一般为 0.32%～4.37%，平均为 1.23%，高值区主要分布在区内中南部，沿利川-宜恩-大庸方向逐渐增高，平原区由南往北逐渐降低。

上扬子安徽休宁地区陡山沱组厚 50 m 左右，有机碳含量非常高，平均有机碳含量大于 2.0%，最高达到 12.0%，该处陡山沱组烃源岩的厚度在 40 m 左右。灯影组白云岩的有机碳含量低，仅 0.58%左右。皮园村组硅质泥岩有机质丰度也不高，一般低于 1.0%，烃源岩的厚度在 80 m 左右；硅质岩的有机质丰度很低，属于非烃源岩，陡山沱组、皮园村组两套泥质烃源岩总厚度为 120 m。

2. 震旦系灯三段烃源岩

灯三段底部的含硅质泥岩对四川盆地下组合较为重要。灯三段主要分布在盆地的中西部地区，从已揭示的资料看，高石梯-磨溪地区烃源岩厚度最大，可达 40 m，通南巴东北部地区厚度为 20～40 m。

川中高科 1 井灯三段有机碳含量为 0.11%～2.39%，平均为 1.23%。干酪根显微组分以腐泥组+壳质组组分为主，镜质组含量较少，惰质组含量在 2.3%以下，类型指数 TI 基本上为腐泥型Ⅰ-腐殖腐泥型Ⅱ_1；烃源岩中干酪根碳同位素比较轻，$\delta^{13}C<-30‰$，反映其母质类型以低级菌藻类为生源构成的特点。镜质组反射率为 2.14%～4.62%，处于过成熟晚期干气阶段。威远、资阳、高石梯震旦系天然气气源对比结果表明，其来源有灯三段烃源岩的贡献。川北马深 1 井灯三段地层厚度为 42 m，岩性以粉砂质泥岩为主，TOC 含量为 0.82%～2.42%，平均为 1.54%，有效烃源岩厚度为 36 m。

3. 中下奥陶统烃源岩

中下奥陶统主要由泥岩和灰岩组成，夹有少量白云岩，多数地层段有机质丰度不高，最高有机碳含量为 3.59%，其平均有机碳含量为 1.51%，原始热解生烃潜量为 5.4 mg/g，达到中等烃源岩水平。有机质丰度相对较高的烃源岩主要在皖南宁国一带及浙江桐庐地区。

中下奥陶统灰岩的有机质丰度较低，有机碳含量为0.01%～3.85%，平均为0.37%，整体有机碳含量偏低，高值区主要在皖南宁国地区，平均有机碳含量为1.40%，平均原始热解生烃潜量为4.9 mg/g，达到中等烃源岩水平（表2-5，图2-15）。

表2-5　下扬子地区中下奥陶统有机质丰度与原始生烃潜力统计汇总表

地区	层位	岩性	地层TOC/%		烃源岩（TOC>0.5%）	烃源岩原始生烃潜力/（mg/g）	
			分布范围	平均值	平均值	最大值	平均值
下扬子	O_{1+2}	泥岩	0.01～3.95	0.57	1.51	16.6	5.4
	O_{1+2}	灰岩	0.01～3.85	0.37	1.40	16.1	4.9

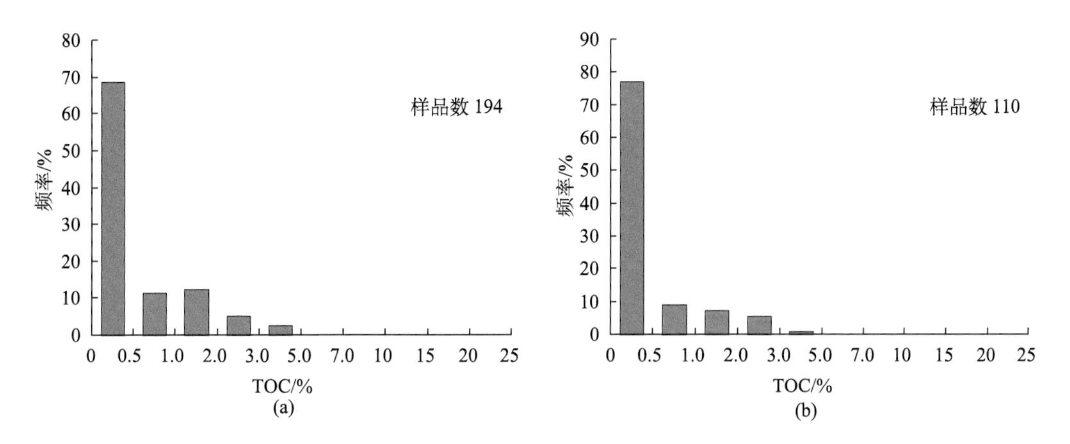

图2-15　下扬子地区中下奥陶统泥岩（a）和灰岩（b）有机碳分布图

中下奥陶统烃源岩泥岩和灰岩的有机碳含量主要集中分布在小于0.5%的范围内，其中泥岩有机碳含量在0.5%～3.0%之间的分布范围内相比灰岩比重要大，泥岩的整体有机碳含量平均值和原始生烃潜力比灰岩要高，整体评价中下奥陶统烃源岩是比较差的烃源岩，其中泥岩烃源岩比灰岩烃源岩品质稍好。

4. 下泥盆统烃源岩

下泥盆统烃源岩是一套地区性的海相烃源岩，主要发育在湘桂及邻区。下泥盆统烃源岩在整个十万山盆地都有发育，但是烃源岩厚度差异较大。烃源岩最厚的部位在中央陆棚区，最大厚度可达600 m以上。向西北部的缓斜坡带和东南部陡斜坡带方向，厚度逐渐减薄。南盘江拗陷下泥盆统的烃源岩不发育，仅见于南丹罗富、隆林含山、田林八渡等地，罗富地区益兰组、塘丁组深灰色及灰黑色碳质页岩类烃源岩；隆林含山为深灰色-灰黑色钙质泥岩及泥灰岩类烃源岩，属于台盆相沉积，泥质岩类烃源岩厚度为250～1100 m，一般为250～300 m，碳酸盐岩类烃源岩一般厚50 m左右，隆林地区厚100 m左右。桂中拗陷下泥盆统发育泥岩和碳酸盐岩两类烃源岩，但两者的厚度和分布区域差别较大。泥岩类烃源岩主要沿拗陷的东南边界，呈弧形发育，厚度为 100～800 m，拗陷中部此类烃源岩不发育。与之相比，碳酸盐岩类烃源岩则非常发育，分布范围遍布整个拗陷，厚度为 100～1600 m。黔西南拗陷仅在东南部安龙-贞丰-望谟一带发现烃源岩。泥岩类烃源岩厚度为 50～200 m，碳酸盐岩类烃源岩相对比较发育，厚度为 50～500 m。

三、海相烃源岩分布规律

基于烃源岩分布特征的研究，结合前人研究成果，南方海相烃源岩的分布呈现一定的规律性，即层序地层控制了烃源岩的纵向分布层位，构造背景及沉积相控制了烃源岩的平面展布。具体表现在以下几个方面。

（1）烃源岩主要发育于海侵半旋回中。

（2）烃源岩的分布受盆地原型控制：下寒武统烃源岩主要分布于被动大陆边缘内带和克拉通内边缘拗陷；五峰组—龙马溪组烃源岩主要分布于前陆盆地系统的隆后沉积带（或称为克拉通内拗陷的滞留盆地相）；二叠系烃源岩主要分布于陆内裂陷盆地及其毗邻地区。

（3）台盆相、欠补偿盆地相、深水陆棚相烃源岩最为发育：下寒武统筇竹寺阶烃源岩发育于正常深水泥质陆棚区；晚奥陶世—早志留世烃源岩主要发育于深水泥质陆棚区；早二叠世栖霞组—茅口组烃源岩发育于深水碳酸盐岩陆棚区；孤峰组烃源岩发育于台凹区；晚二叠世龙潭组烃源岩发育于海湾-潟湖-沼泽环境；大隆组烃源岩发育于台凹区。

前人通过对我国南方早寒武世、泥盆纪、早三叠世烃源岩以及塔里木盆地早寒武世、奥陶纪烃源岩的系统研究，优质烃源岩发育的部位主要位于水进体系域向高水位体系域的转变层位（表 2-6）。

表 2-6　中国南方海相烃源岩发育层位一览表

主要烃源岩发育层系	主控因素 （剖面高 TOC 层位）	构造背景	层序位置	古地理
上二叠统大隆组	高海平面	被动陆缘拉张	水进体系晚期	台凹
上二叠统龙潭组	高海平面	东吴运动后的拉张	水进体系晚期	潟湖，海湾
下二叠统孤峰组	高海平面	被动陆缘拉张	水进体系晚期	台凹
下二叠统栖霞组—茅口组	高海平面	被动陆缘	水进体系晚期	深水陆棚
下志留统龙马溪组	冰期后突发性大范围水进，高海平面	前陆拗陷，压性开始之前	水进体系晚期	深水陆棚
上奥陶统五峰组	两次水进时发育好烃源岩，不受都匀运动和宜昌上升区发育好烃源岩	活动陆缘	水进体系晚期	深水陆棚、火山作用，具障壁
下奥陶统顶部－中奥陶统底部 （局部烃源岩）	高海平面	被动陆缘，张性	水进体系晚期	深水陆棚
下寒武统筇竹寺阶下部	突发性大范围水进	被动陆缘，张性	水进体系晚期	深水陆棚
下寒武统梅树村阶上部	地外事件，热水喷流	被动陆缘，张性	水进体系晚期	深水陆棚

续表

主要烃源岩发育层系	主控因素 （剖面高 TOC 层位）	构造背景	层序位置	古地理
上震旦统－下寒武统留茶坡组	长期凹地	被动陆缘，张性		台内凹地
陡山沱组	水进体系	被动陆缘，张性	水进体系晚期	深水陆棚，冰蚀洼地
大塘坡组	水进体系	被动陆缘，张性	水进体系晚期	陆棚，冰蚀洼地

南方下寒武统牛蹄塘组烃源岩的分布受控于早寒武世早期盆地原型的分布，烃源岩主要发育于扬子地台南、北被动大陆边缘内带、台缘过渡带和台内碳酸盐岩台地周缘（图 2-16）。

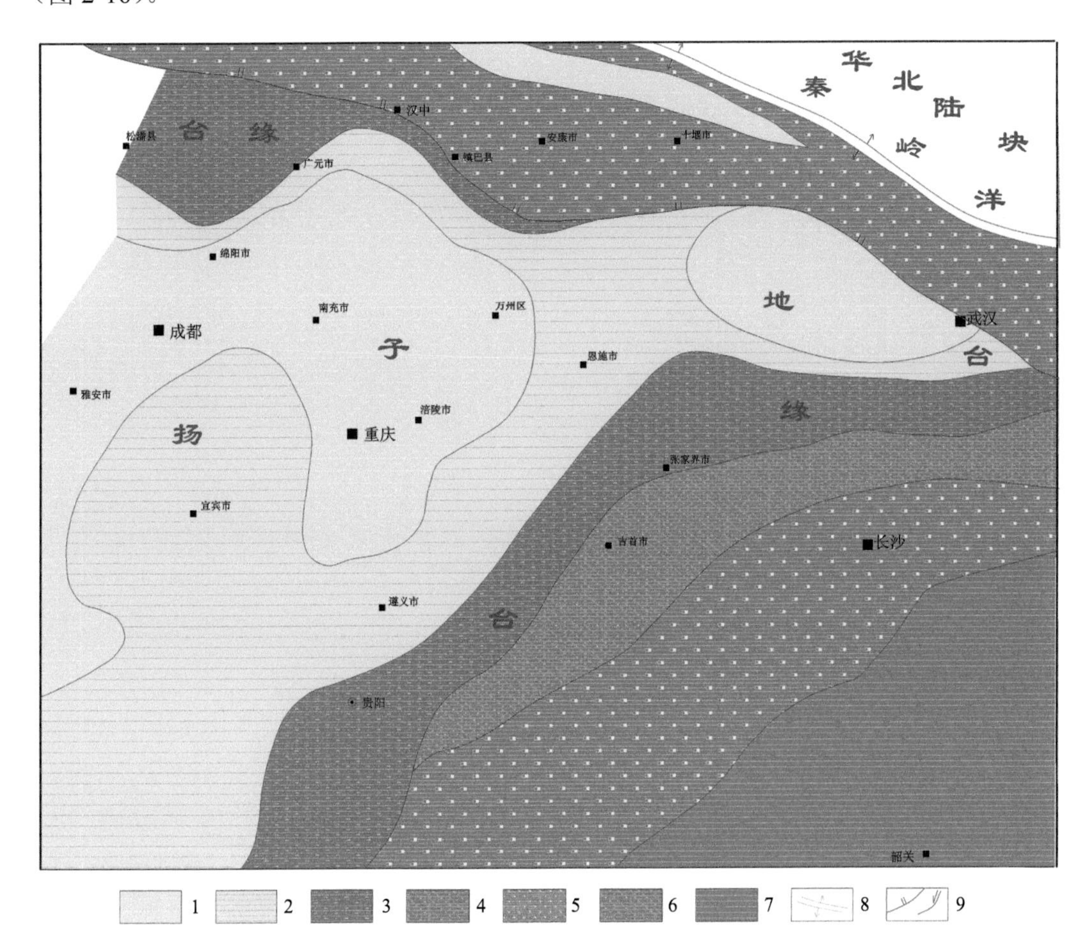

图 2-16　中上扬子地区早寒武世梅树村期盆地-沉积组合与烃源岩分布（蔡希源等，2016）

台地：1. 白云岩、灰岩；2. 白云岩、灰岩、磷块岩、页岩。台缘：3. 页岩、硅质岩。

被动大陆边缘：4. 磷块岩、泥页岩、硅质岩；5. 硅质岩、泥页岩；6. 硅质岩；7. 砂泥岩；8. 扩张洋盆；9. 后期断裂带

五峰组—龙马溪组烃源岩的发育与分布受控于盆地原型的分布（图 2-17）。晚奥陶世晚期—早志留世早期，因华南地区褶皱造山并向北西向的逆冲推覆，在造山负载、SE-NW 向水平挤压应力作用及沉积负载作用下，岩石圈挠曲沉降形成前陆盆地（系统），湘中一带为前渊沉积带，雪峰山（隆起）为前陆隆起带，扬子台地则为隆后沉积带。由于秦岭-大别洋向北俯冲消减，在扬子陆块北缘形成被动大陆边缘。与此同时，川中地区、滇黔桂区隆起成为物源区。从烃源岩的分布看，其主要发育于扬子台内拗陷（隆后沉积带内），烃源岩展布走向与造山带走向和古隆起边界线近于平行。

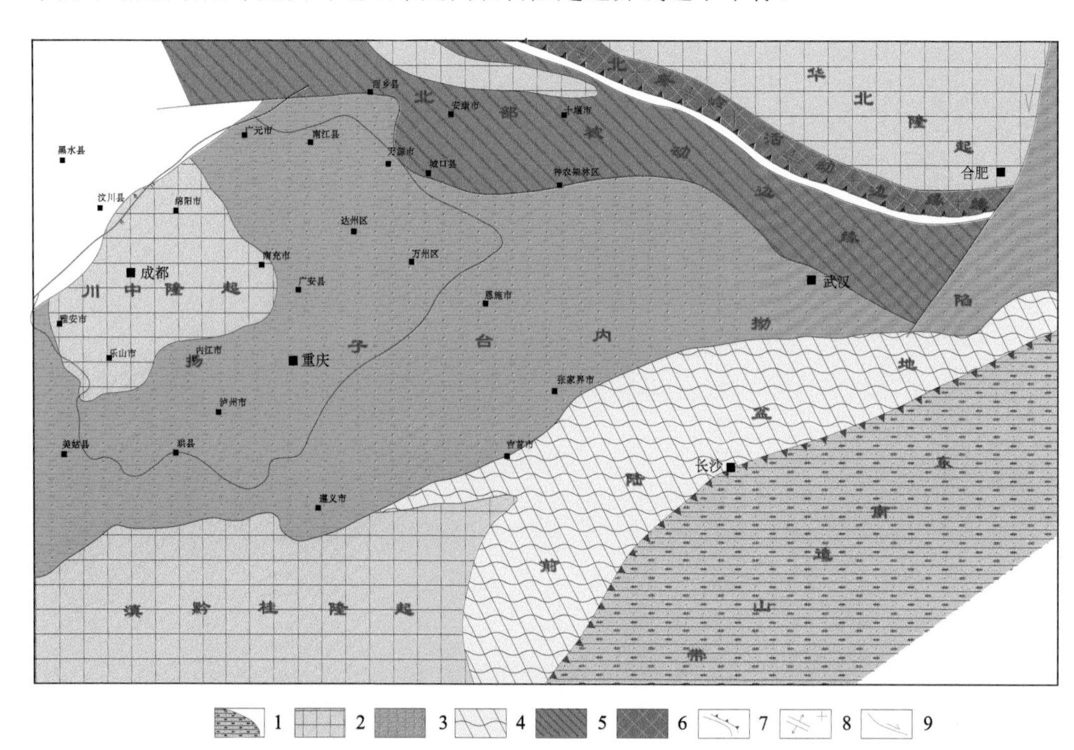

图 2-17　中上扬子及邻区早志留世盆地原型与烃源岩分布关系图（蔡希源等，2016）

1. 造山带；2. 古隆起；3. 台内拗陷；4. 前陆盆地；5. 被动大陆边缘；6. 活动大陆边缘；7. 消减洋盆；8. 岩浆弧及弧后盆地；9. 后期断层

二叠系烃源岩的分布也表现出一定的规律：①发育于台盆相、深水陆棚相、开阔台地相带内的台内洼地亚相、台缘斜坡等相带，其中深水陆棚相、台盆相烃源岩最发育，且有机质丰度相对较高，而台内洼地多发育低丰度的烃源岩。②在纵向序列上，烃源岩主要发育于海侵半旋回中，最大海泛时期源岩有机质丰度最高；少数层段烃源岩发育于海退半旋回中，如南江吴家坪组、石柱茅口上部烃源层。③烃源岩有机碳含量与硫含量呈正相关关系，反映出烃源岩形成于还原环境。④烃源岩有机质丰度受古生物生产率和有机质保存条件控制，两者都好时，烃源岩有机质丰度均较高，而生物生产率较低时，即使有机质保存环境优越，烃源岩有机质丰度也较低，如南江桥亭剖面茅口组（蔡希源等，2016）。

第三节　海相烃源岩地球化学特征及评价

第二节分析了南方海相烃源岩纵横向分布特征及其发育与分布的主控因素，本节将分析主要烃源岩现今有机丰度、有机质类型、有机质成熟度，综合评价烃源岩的地球化学特征及其生烃潜力。

一、下寒武统烃源岩

（一）残余有机碳平面分布特征

下寒武统烃源岩有机质丰度与其发育环境、厚度存在良好的对应关系。下寒武统烃源岩属于陆棚相沉积，在离古陆相对较近的地区虽然沉积地层较厚，但烃源岩发育厚度相对小，而远离古陆的地区烃源岩厚度相对大，其有机质丰度也相对比较高。

上扬子地区川北南江-巫溪一线烃源岩比较发育，其有机质丰度也比较高，有机碳含量为1.0%～4.0%，平均在2.0%左右，其原始生烃潜力为3～20 mg/g。川中南充-石柱、都会-綦江-丁山1井一线烃源岩不发育，烃源岩的有机质丰度比较低，有机碳含量一般低于1.0%，其原始生烃潜力低于3 mg/g。川南泸州-古蔺烃源岩厚度较大，有机碳含量在5.0%以上，为上扬子的一个高值区。在黔西北金沙岩孔、松林-黔中瓮安、麻江-松桃一带寒武系牛蹄塘组烃源岩发育，其有机质丰度很高，一般为3.0%～15.0%，平均有机碳含量基本在5.0%以上，是上扬子地区牛蹄塘组烃源岩有机质丰度的另一个高值区。黔南三都、湘西吉首地区尽管烃源岩的厚度很大，但仅底部有20～30 m层段高有机质丰度（大于3.0%）烃源岩，其中上部有机碳含量更低一些，基本上为2.0%～3.0%或更低，平均有机碳含量明显低于金沙-麻江-松桃-溶溪地区。上扬子地区下寒武统筇竹寺组/牛蹄塘组泥质烃源岩发育，其有机质丰度极高，尽管目前残余生烃潜力已经很低，但其原始生烃潜力应该很高，属于非常好的烃源岩。

中扬子地区下寒武统烃源岩在湘西吉首-秀山一带最为发育，其有机质丰度为整个扬子区最高，达6.0%以上；中扬子地区的鄂西鹤峰、宜昌一线烃源岩比较发育，其有机质丰度相对比较高，有机碳含量平均在2.0%左右，其原始生烃潜力为3～20 mg/g；平原区相对较低，一般为0.2%～2.4%，由北向南呈逐渐增高的趋势，南部在崇阳最高达11.49%；通山珍珠口有机碳含量较低，平均值为0.99%，可见通山地区烃源岩有机碳含量比西边低，中扬子地区有机碳含量由东向西有增大的趋势，湘西是中扬子地区下寒武统高有机质丰度烃源岩分布区。中扬子地区下寒武统泥质烃源岩比较发育，其平均有机质丰度中等，目前残余生烃潜力已经很低，但原始生烃潜力较高，属于好烃源岩。

下扬子地区下寒武统烃源岩有机质丰度分布具有很好的规律性。位于最南部的浙西江山、常山地区泥岩的有机碳含量在2.0%左右，属于相对低有机质丰度带（表2-7）。向北至开化底本地区有机碳含量明显增高，平均达到了6.59%，皖南休宁-宁国-浙西北安吉一带有机碳含量略低，但平均有机碳含量仍然高达 4.7%左右，为一高有机质丰度带。至皖南黄山一带有机质含量又有所降低，平均有机碳含量为 1.67%，苏南苏州一带也是一个有机碳相对低值区，平均有机碳含量为 2.06%；南京幕府山-泰兴黄桥一带有机碳含量略有增高，平均有机碳含量为 2.9%～3.0%；至海安-东台一带，有机碳含量又略有增加，平均有机碳含量达到 3.5%左右。因此，平面上，由南至北下寒武统泥岩有机质丰度基本上呈现低-高-低-高-低的弧形条带状分布。

表 2-7　下扬子地区寒武系有机质丰度与原始生烃潜力统计汇总表

地区	层位	岩性	地层 TOC/%	烃源岩 TOC（>0.5%）	推算的烃源岩原始生烃潜力/(mg/g)	
			分布范围	平均值	最大值	平均值
浙西	$€_1h$	泥岩	0.55～23.44	4.52	105.7	19.2
皖南-浙西北	$€_1h$	泥岩	0.43～14.89	4.70	66.6	20.0
苏南-苏北	$€_1m$	泥岩	0.26～4.98	3.07	21.3	12.6
下扬子	$€_1$	泥岩	0.26～23.44	4.22	105.7	17.8
皖南-浙西北	$€_1h$	灰岩	0.35～1.98	1.15	7.6	3.8
苏南-苏北	$€_1m$	灰岩	0.02～1.93	0.93	7.3	2.8
下扬子	$€_1$	灰岩	0.02～1.98	1.05	7.6	3.3

（二）有机质类型

四川盆地及邻区干酪根碳同位素分析表明：28 件寒武系样品干酪根碳同位素分布于–32.17‰～–24.86‰，平均为–29.94‰（图 2-18）；其中干酪根碳同位素轻于–28‰的腐泥型（Ⅰ型）干酪根样品 22 件，占样品总数的 78.57%；$-28‰<\delta^{13}C_{干}\leqslant-26‰$的腐殖腐泥型干酪根（$Ⅱ_1$型）样品 3 件，占样品总数的 10.71%；$-26‰<\delta^{13}C_{干}\leqslant-24‰$的腐殖腐泥型（$Ⅱ_2$型）干酪根样品 3 件，占样品总数的 10.71%；没有腐殖型（Ⅲ型）干酪根（图 2-18）。

剔除寒武系非烃源岩样品干酪根碳同位素测值后，下寒武统烃源岩样品干酪根碳同位素值分布于–31.20‰～–28.77‰，平均值为–30.10‰，均属腐泥型。

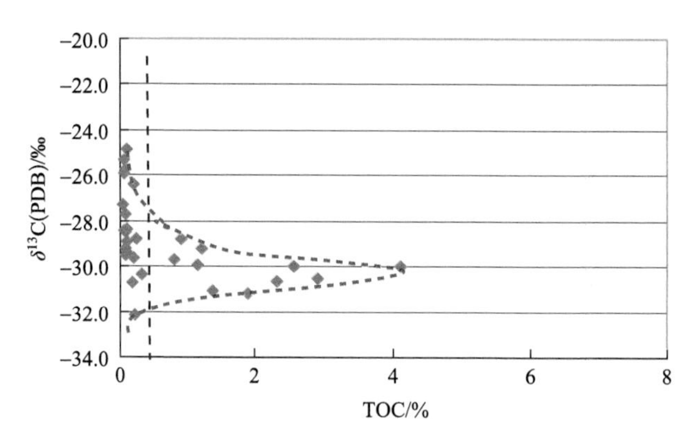

图 2-18　四川盆地及邻区寒武系有机碳与干酪根碳同位素相关图

有机岩石学特征：对龙山响水洞、金沙岩孔、湄潭黄连坝、三都等8条剖面18件下寒武统烃源岩样品有机岩石学特征研究表明，其生源组合中以腐泥组+藻类组占绝对优势，腐泥组+藻类组相对含量分布于52.1%～97.1%，平均为82.17%；碳沥青含量一般分布于10%～20%，平均为10.64%；微粒体含量变化较大，从含量甚微至20%，但总平均含量低，不足10%；动物碎屑含量较低，一般小于5%，平均不足2%[图2-19（a）]。干酪根类型指数大于80，属腐泥型干酪根。这与干酪根碳同位素所获结论一致。

下寒武统石牌组—石龙洞组3件非烃源岩样品的有机岩石学特征研究表明[图2-19（b）]，其生源组合与下寒武统烃源岩样品存在较大差异，一是腐泥组+藻类组相对含量明显降低，分布于20.0%～47.4%，平均为30.47%；二是固体沥青含量显著增加，与腐泥组+藻类组相对含量的变化呈互为消长关系，分布于38.1%～62.0%，平均达52.37%；微粒体含量略有增加，平均为14.23%；此外，在这3件样品中还见少量惰性组（平均含量为2.93%），主要为菌核体。显微组分的这种变化特征反映出烃源岩生成的油气曾经向邻近非烃源岩层系发生过运移。

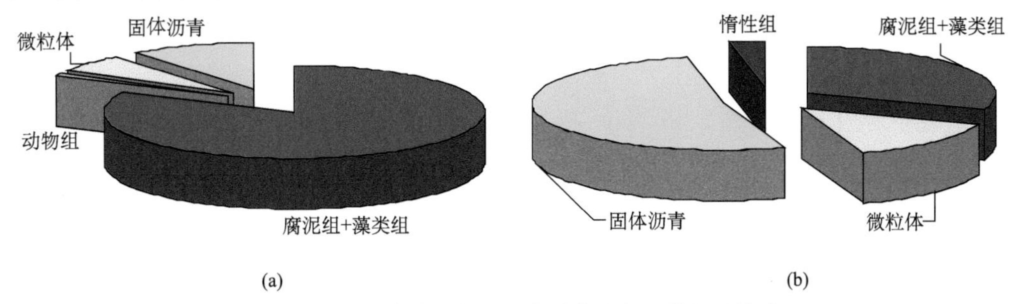

图2-19　四川盆地及邻区下寒武统有机显微组分构成

（a）烃源岩；（b）非烃源岩

甾、萜烷组成特征：下寒武统烃源岩规则甾烷C_{27}/（C_{28}+C_{29}）值分布于0.41～0.98，平均为0.63，说明C_{27}胆甾烷相对含量较高，反映出生源组合中低等水生生物和藻类丰富。C_{27}-ααα-20R-胆甾烷、C_{28}-ααα-20R-麦角甾烷和C_{29}-ααα-20R-谷甾烷相对含量构成曲线可分为4种类型，主体呈$C_{27}>C_{29}$不对称“V”形或“L”形分布，少数样品呈$C_{27}>C_{28}>C_{29}$的“\”形分布，个别样品呈现为$C_{27}<C_{29}$的不对称“V”形分布，总体反映出下寒武统烃源岩生源组合中以浮游低等水生生物及藻类为主，有机质类型较好（图2-20）。

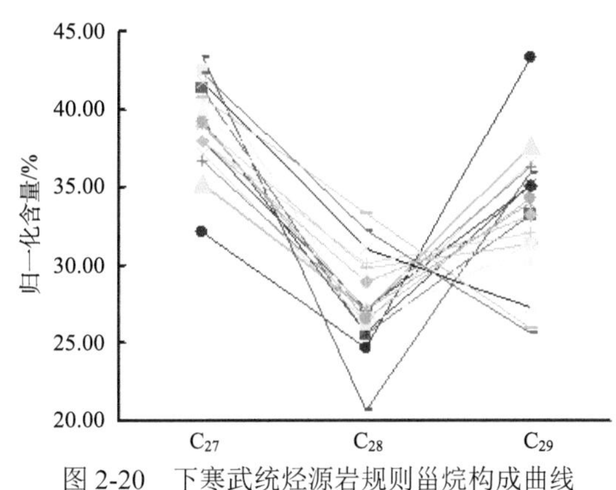

图2-20　下寒武统烃源岩规则甾烷构成曲线

（三）有机质成熟度

南方下寒武统烃源岩现今演化程度差异显著，下寒武统烃源岩在上扬子黔西北、川西南、鄂西渝东地区热演化程度高，R^o为3.0%～4.0%（图2-21）。

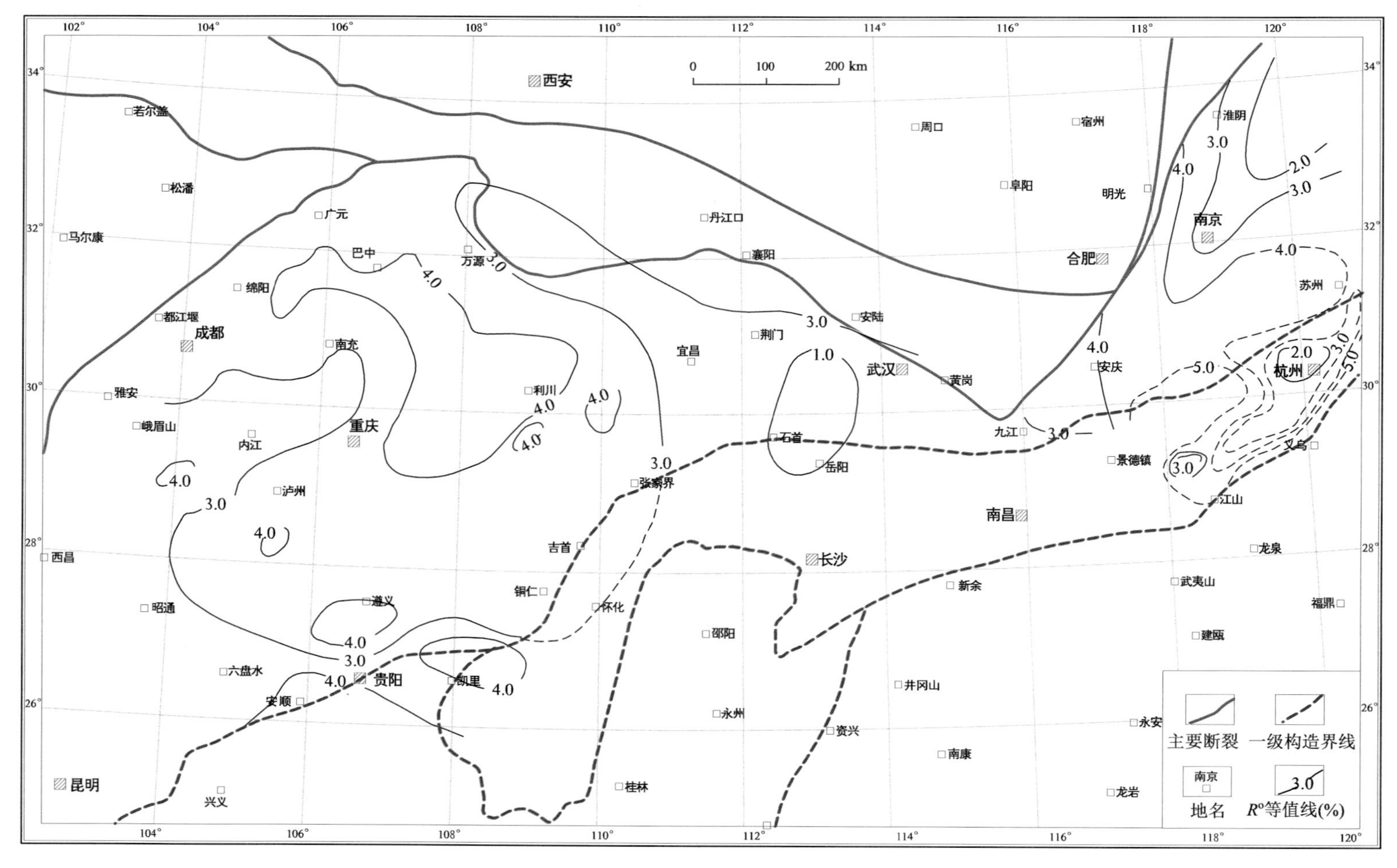

图 2-21　扬子地区下寒武统烃源岩有机质热演化等值线图

中扬子地区 R^o 为 1.0%～3.0%，川东北地区下寒武统烃源岩热演化程度较高，R^o 最高值超过 4.0%，其中诺水河剖面 R^o 最高为 4.6%；川东外缘烃源岩热演化程度相对较低，R^o 一般分布于 2.0%～3.0%，处于过成熟早中期演化阶段；川东南及其外缘烃源岩热演化程度大多分布于 3.0%～4.0%，处于过成熟中晚期演化阶段。

下扬子地区在苏皖北和江南隆起北缘的烃源岩热演化程度都很高，R^o 分别为 2.0%～3.0%、3.0%～5.0%。

二、上奥陶统—下志留统烃源岩

（一）残余有机碳平面分布特征

上扬子地区上奥陶统—下志留统烃源岩有机质丰度呈现较好的规律性，从川北旺苍向东至川东巫溪田坝、开江五科 1 井，烃源岩有机质丰度逐渐增高，平均有机碳含量达到 3.0%以上，好烃源岩也明显增厚；石柱漆辽、利川毛坝等地区烃源岩厚度达到最大，且有机质丰度也高，平均有机碳含量达到 2.5%以上；酉阳、秀山地区烃源岩厚度变小，有机质丰度也有所降低；南川三泉地区最低，主要是有机碳含量低于 1.0%的差烃源岩，由此向西南至綦江观音桥-良村，随着烃源岩厚度的增加，有机质丰度增高，下部发育高有机质丰度的烃源岩，平均值达到 2.0%左右。该套烃源岩有机质丰度呈现较好的规律性，平均值达到 2.0%左右。向西的泸州-雷波也发育了高丰度的烃源岩，平均值为 2.0%（图 2-22，表 2-8）。

表 2-8　上中扬子地区部分探井或剖面上奥陶统—下志留统泥质烃源岩厚度表

剖面位置	层位	地层厚度/m	TOC/%	不同 TOC 的烃源岩厚度/m				备注
				>0.5%	>1.0%	>2.0%	>3.0%	
巫溪田坝	O_3w–S_1l	354	0.11～7.35	>70	70	65	35	
巫溪徐家坝	O_3w–S_1l	443	0.07～5.47	58	58	48	30	
五科 1 井	O_3w–S_1l	300	2.59～6.13	50	40			
城口双河	O_3w–S_1l	418	0.16～8.65	>25	>17	>17	>17	底部覆盖
镇巴观音	O_3w–S_1l	292	0.10～2.74	130	60	18		
南郑福成	S_1l	300	0.12～5.01	20	18	8	2	
南江桥亭	S_1l	315	0.08～3.94	20	15	13	5	
旺苍正源	S_1l	677	0.09～4.56	8	7	5	3	
利川毛坝	O_3w–S_1l	440	0.15～4.90	57	55	55	8	
石柱漆辽	O_3w–S_1l	656	0.29～6.67	120	115	115	30	
秀山城西	O_3w–S_1l	347	0.13～4.99	30	25	18	10	底部 5 m 风化
酉阳黑水	O_3w–S_1l	470	0.15～6.10	40	30	20	10	
来凤三胡	O_3w–S_1l	412	2.79～4.73	>40	>15	>15	>10	区调资料
彭水黑溪	O_3w–S_1l		2.09～5.24	>10	>10	>5	>5	未见顶底

续表

剖面位置	层位	地层厚度/m	TOC/%	不同 TOC 的烃源岩厚度/m				备注
				>0.5%	>1.0%	>2.0%	>3.0%	
丁山 1 井	O_3w–S_1l	148	0.22～3.86	93	40	10	3	
綦江观音桥	O_3w–S_1l	219	0.17～8.11	90	30	12	8	
南川三泉	O_3w–S_1l	263	0.21～1.03	80				底部 2 m
习水良村浅 5 井	O_3w–S_1l	90	0.41～8.28	80	40	30	25	

中扬子地区秀山溶溪-石门磺厂-宜昌王家湾一线以西，五峰组平均有机碳含量一般大于 2.0%，属于最好的烃源岩；鄂西-宜昌一线烃源岩比较发育，其有机质丰度相对也比较高，有机碳含量平均为 2.0%～3.0%或更高；京山-潜江地区有机碳含量为 1.0%～2.0%；松滋-东部通山一线基本没有烃源岩。总之，中扬子地区烃源岩有机碳含量自东向西逐渐增高，鄂西渝东地区较平原区略高。

下扬子地区，烃源岩集中分布在与龙马溪组层位相当的高家边组笔石页岩段，分布稳定且有机碳含量高。高家边组有机碳含量可达 2.0%，是良好的烃源岩。高家边组上部烃源岩的有机碳含量很低，平均值仅为 0.26%。在下扬子地区，龙马溪组烃源岩残余有机碳含量一般为 0.5%～1.0%。在下扬子地区存在两个残余有机碳高值分布区：北部残余有机碳高值区中心位于仪征-江都-扬中-句容，残余有机碳含量大于 1.0%；南部残余有机碳高值区中心位于南陵-广德-安吉-歙县，残余有机碳含量大于 1.0%。

（二）有机质类型

干酪根碳同位素：104 件奥陶系—下志留统龙马溪组样品干酪根碳同位素分布于–30.83‰～–23.74‰，最大值与最小值差值达 7.09‰，其中 $\delta^{13}C_{干}$≤–28‰的腐泥型干酪根样品数为 62 件，占样品总数的 59.62%，–28‰<$\delta^{13}C_{干}$≤–26‰的腐殖-腐泥型干酪样品数为 32 件，占样品总数的 30.77%，–26‰<$\delta^{13}C_{干}$≤–24‰的腐泥-腐殖型干酪根样品数为 9 件，占样品总数的 8.65%，$\delta^{13}C_{干}$<–24‰的腐殖型干酪根样品数为 1 件，占样品总数的 0.96%（图 2-23）。

但当考察 TOC≥0.4%的烃源岩样品时，其干酪根碳同位素分布于–30.83‰～–27.68‰，平均为–29.14‰；在 37 件五峰组（18 件）—龙马溪组（19 件）烃源岩样品中，干酪根碳同位素重于–28‰的样品仅 4 件，由此表明，五峰组—龙马溪组烃源岩有机质类型绝大多数属腐泥型（Ⅰ），仅少数样品属腐殖-腐泥型（$Ⅱ_1$）。

有机岩石学特征：7 条剖面 14 件五峰组—龙马溪组碳质、硅质泥页岩烃源岩有机显微组分分析表明，本套烃源岩生源组合中腐泥组含量变化大，从小于 10%至大于 60%均有分布，但腐泥组+藻类组含量相对稳定，一般分布大于 40%，平均含量为 54.25%；次生有机显微组分沥青组相对含量较高，仅次于腐泥组+藻类组，平均含量为 21.52%；微粒体相对含量位居其次，平均含量约为 16%；动物组相对含量尽管一般较低，但在每件样品中均观测到，而且平均含量相对较高，约达 7%（图 2-24）。

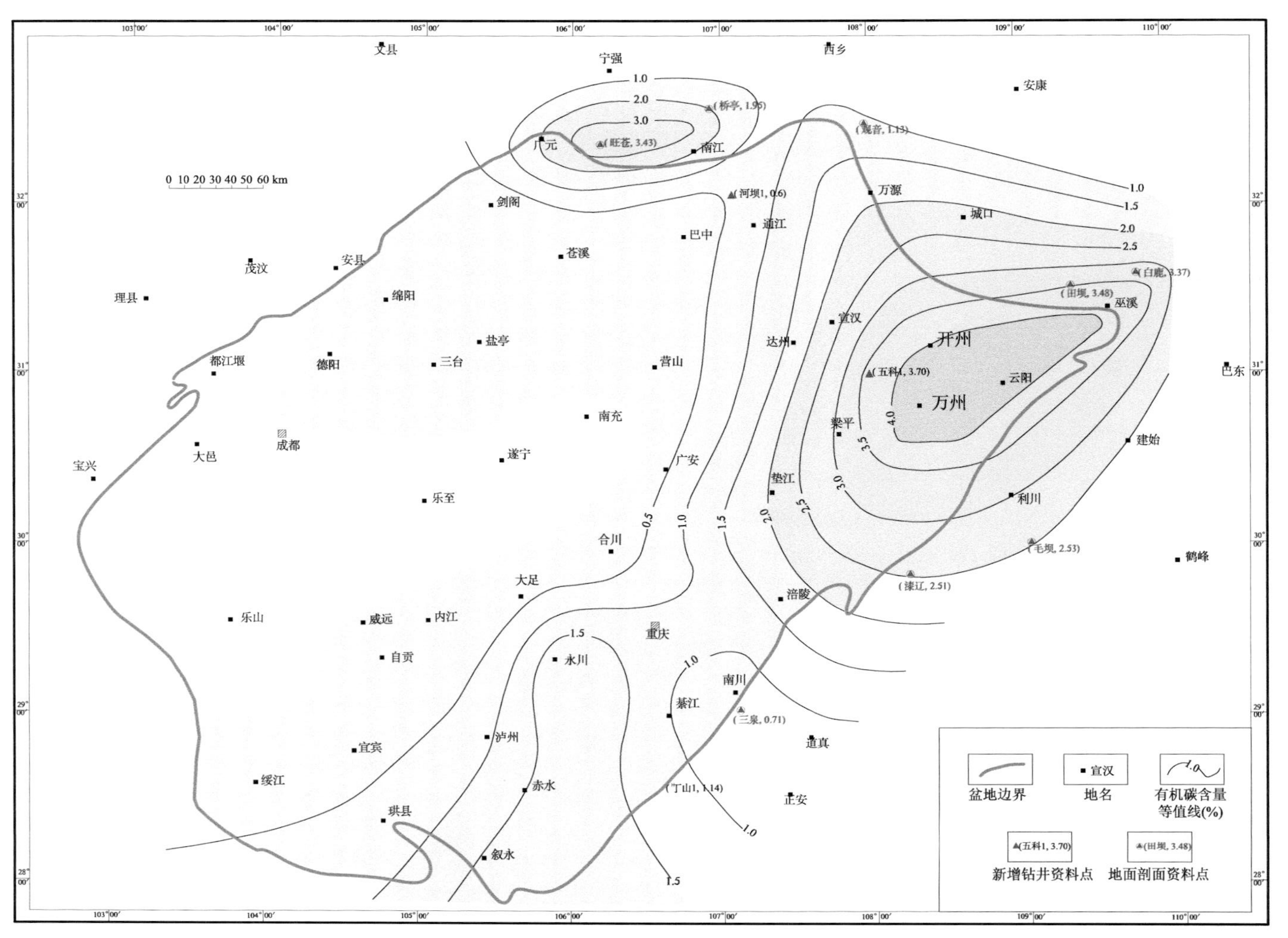

图 2-22　四川盆地上奥陶统—下志留统泥质烃源有机碳含量等值线图

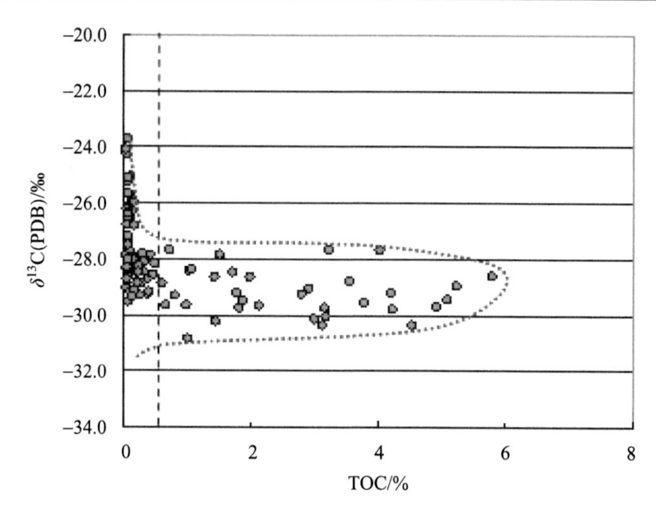

图 2-23　五峰组—龙马溪组烃源岩干酪根碳同位素与 TOC 相关图

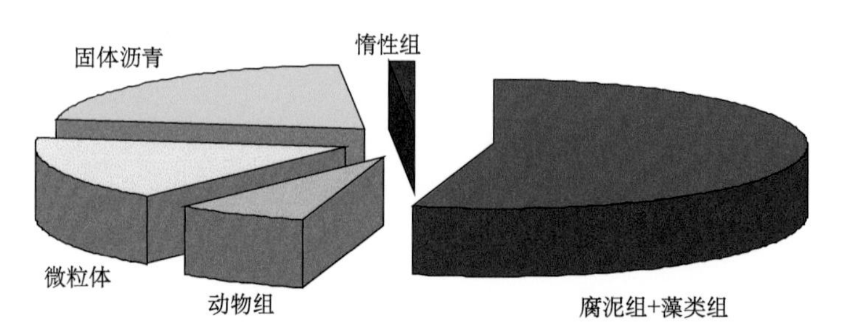

图 2-24　五峰组—龙马溪组烃源岩有机显微组分构成

从类型指数上看，五峰组—龙马溪组分布于 82～94，有机质类型属腐泥型。与牛蹄塘组烃源岩相比，五峰组—龙马溪组烃源岩腐泥组+藻类组含量略有降低，而次生有机显微组分（沥青组、微粒体）含量增加，动物组含量明显比下寒武统的要高。有机显微组分的差异，尤其是沥青含量的差异，反映了两套烃源岩排烃效率的差异，牛蹄塘组烃源岩硅质含量高，有利于烃类的排出，而龙马溪组烃源岩除底部硅质含量较高外，往上硅质减少，而黏土质增加，其生成的烃类不易排出。甾、萜烷组成特征：从五峰组—龙马溪组烃源岩规则甾烷 $C_{27}/(C_{28}+C_{29})$值看，其值分布于 0.33～0.72，平均为 0.50，反映 C_{27}胆甾烷相对含量较高，表明生源组合中低等水生生物和藻类丰富。C_{27}-ααα-20R-胆甾烷、C_{28}-ααα-20R-麦角甾烷和 C_{29}-ααα-20R-谷甾烷相对含量分布可分为 3 种类型（图 2-25），主体呈不对称“V”形，部分样品呈“L”形分布，另一部分样品则呈“反 L”形分布。与下寒武统牛蹄塘组烃源岩相比，C_{27}-胆甾烷相对丰度降低，而且 C_{27}-ααα-20R-胆甾烷含量小于 C_{29}-ααα-20R-谷甾烷含量的样品数增多，反映两套烃源岩生源组合存在一定的差异。

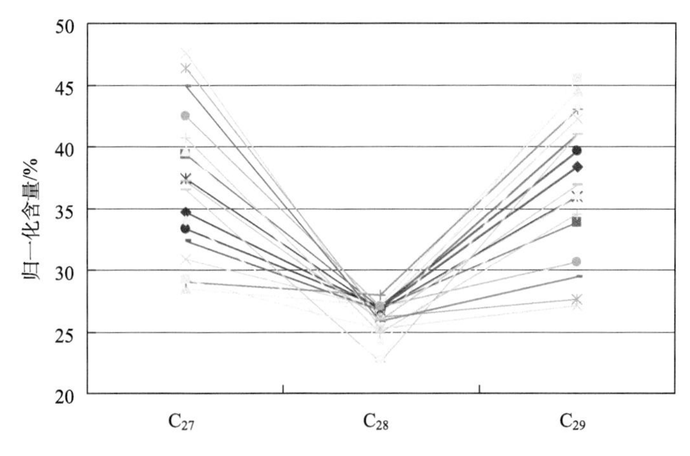

图 2-25　五峰组—龙马溪组烃源岩 ααα-20R 规则甾烷构成曲线

（三）有机质成熟度

五峰组－龙马溪组烃源岩成熟度的分布和变化趋势与下寒武统烃源岩基本相似，只有 R^o 值比牛蹄塘组稍低（图 2-26）。四川盆地川南和川东南地区烃源岩热演化程度相对较低，R^o 为 2%～2.6%，其余地区 R^o 普遍大于 3.8%，大多处于过成熟中晚期演化阶段。中扬子地区荆门-潜江一线，R^o 为 2.0%～2.5%。下扬子地区南京句容-安海一线，泰兴-常熟断块区和江南隆起北缘，R^o 为 2.0%～3.0%。

三、下二叠统烃源岩

（一）残余有机碳平面分布特征

上扬子四川-贵州地区二叠系泥岩的有机质丰度比较高（图 2-27，表 2-9）。有机质丰度集中在两个范围内，其中一个集中分布在 0.5%～5.0%，另一个相对比较集中的有机碳含量范围是 5.0%～15.0%，有机碳含量大于 15.0%的很少。整体有机碳含量平均值为 5.0%。二叠系碳酸盐岩（灰岩和泥灰岩）有机质丰度则明显比泥岩低得多（图 2-28）。

中扬子地区二叠系碳酸盐岩烃源岩有机碳含量较低，差-中等烃源岩是所有级别烃源岩中比例最高的。根据其有机碳含量推算，在其未成熟-低成熟演化阶段的平均原始生烃潜力应该为 3.2 mg/g，属于中等（一般）烃源岩。从宜昌-湘鄂西地区所获得的泥质烃源岩有机碳含量统计看，有机碳含量比碳酸盐岩烃源岩高，但数量少。中扬子地区二叠系泥质烃源岩比碳酸盐岩烃源岩有机碳含量高，中等烃源岩是所有级别烃源岩中比例较高的。根据有机碳含量推算，在其未成熟-低成熟演化阶段的平均原始生烃潜力应该为 5.9 mg/g，属于中等烃源岩。碳质泥岩的有机碳含量为 11.9%，推算的原始生烃潜力为 38.8 mg/g。

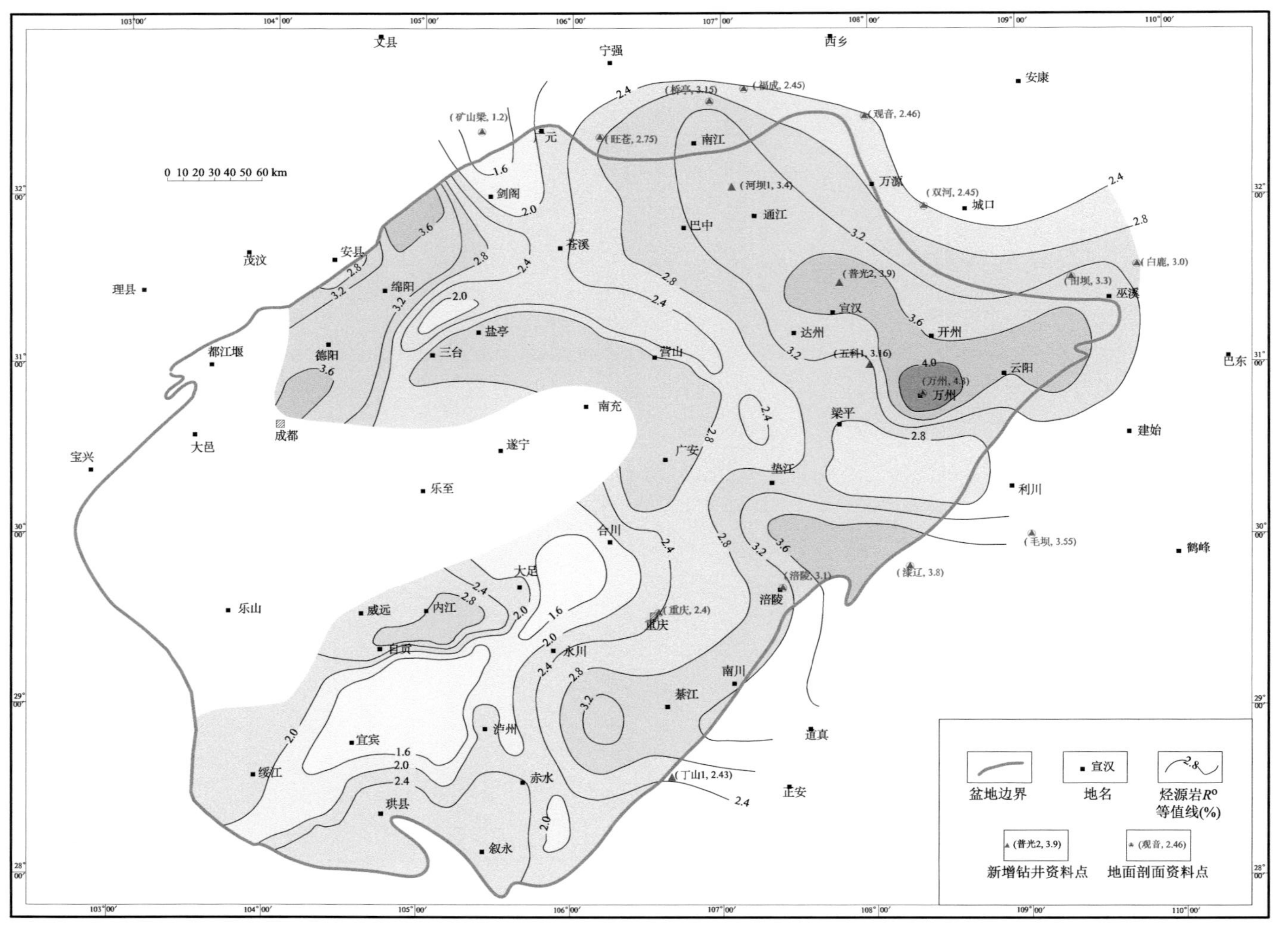

图 2-26　四川盆地及周缘五峰组—龙马溪组烃源岩 R^o 等值线图

表 2-9　上扬子地区二叠系烃源岩有机质丰度与原始生烃潜力

层位及岩类	地层 TOC/%	烃源岩（TOC>0.5%）	烃源岩原始烃潜力/（mg/g）	
	分布范围	平均值	最大值	平均值
泥岩（不包括大隆组）	0.14～5.93	2.64	16.0	6.6
泥岩（包括大隆组）	0.14～21.2	3.10	70.0	10.3
泥质岩（包括碳质泥岩）	0.05～38.54	4.72	110	12.5
碳质泥岩	6.05～38.54	12.94	110	36.0
煤	1.82～81.53	59.98	200	150
二叠系灰岩	0.05～2.11	0.88	6.2	2.1

从区域上看，下二叠统烃源岩在南江-达州-云阳-巫溪一带最发育，其中川东北地区有机质丰度相对高一些，有机碳含量为 1.0%～2.0%，其他地区有机碳含量相对低一些，一般为 1.0%～1.5%。

平面上，不同地区二叠系灰岩的有机碳含量比较均衡，整体上有机质丰度相对较低（图 2-27），有机碳含量平均为 1.22%，其原始生烃潜力仅 2 mg/g 左右，属于差烃源岩。其中，在兴山峡口-咸宁区域有机碳含量为 1.0%～2.0%，为一相对高丰度烃源岩分布区。另外在鄂西恩施地区也略高一点，平均有机碳含量在 1.2%左右。泥质烃源岩比灰岩数量少，平面分布上兴山-宜昌-鹤峰一线泥质烃源岩有机碳含量较高（图 2-28），即中扬子地区中部有一个泥质烃源岩有机碳含量相对高值区，主要分布在鄂西渝东地区，有机碳含量可达 5.0%，整体上泥质烃源岩平均有机碳含量为 1.0%～2.0%。

下扬子地区下二叠统栖霞组以灰岩沉积为主。在苏南句容及苏北地区，栖霞组灰岩有机碳含量为 0.01%～2.11%，平均有机碳含量为 0.4%，平均原始热解生烃潜量仅为 2.0 mg/g，属于差烃源岩。栖霞组泥岩的有机质丰度要高于灰岩。在苏北黄桥地区和句容-巢湖地区平均有机碳含量为 1.32%，平均原始热解生烃潜量为 3.5 mg/g，略高于灰岩，属于中等烃源岩。

下扬子地区下二叠统孤峰组烃源岩以泥岩沉积为主，广泛分布，其厚度一般为 20～50 m，最厚达 120 m。该套地层有机质丰度高，苏南、苏北地区平均有机碳含量在 4.0%以上，有机质丰度与生烃潜力明显高于栖霞组泥岩和灰岩。根据有机碳含量推测和判断，在下扬子地区孤峰组是一套有机质丰度很高、生烃潜力很好的烃源岩，也是该区最重要的烃源岩。

（二）有机质类型

干酪根碳同位素：下二叠统栖霞组主体属开阔台地相沉积，烃源岩以碳酸盐岩为主，泥质岩为辅，其干酪根碳同位素分布于–24.4‰～–30.2‰，其中 $\delta^{13}C_{干}$≤–28‰的腐泥型干酪根占 45.24%，–28‰<$\delta^{13}C_{干}$≤–26‰的腐殖-腐泥型干酪根占 30.95%，较Ⅰ型干酪根所占比例略低，–26‰<$\delta^{13}C_{干}$≤–24‰的腐泥-腐殖型干酪根占 23.81%，没有腐殖型干酪根（图 2-29）。

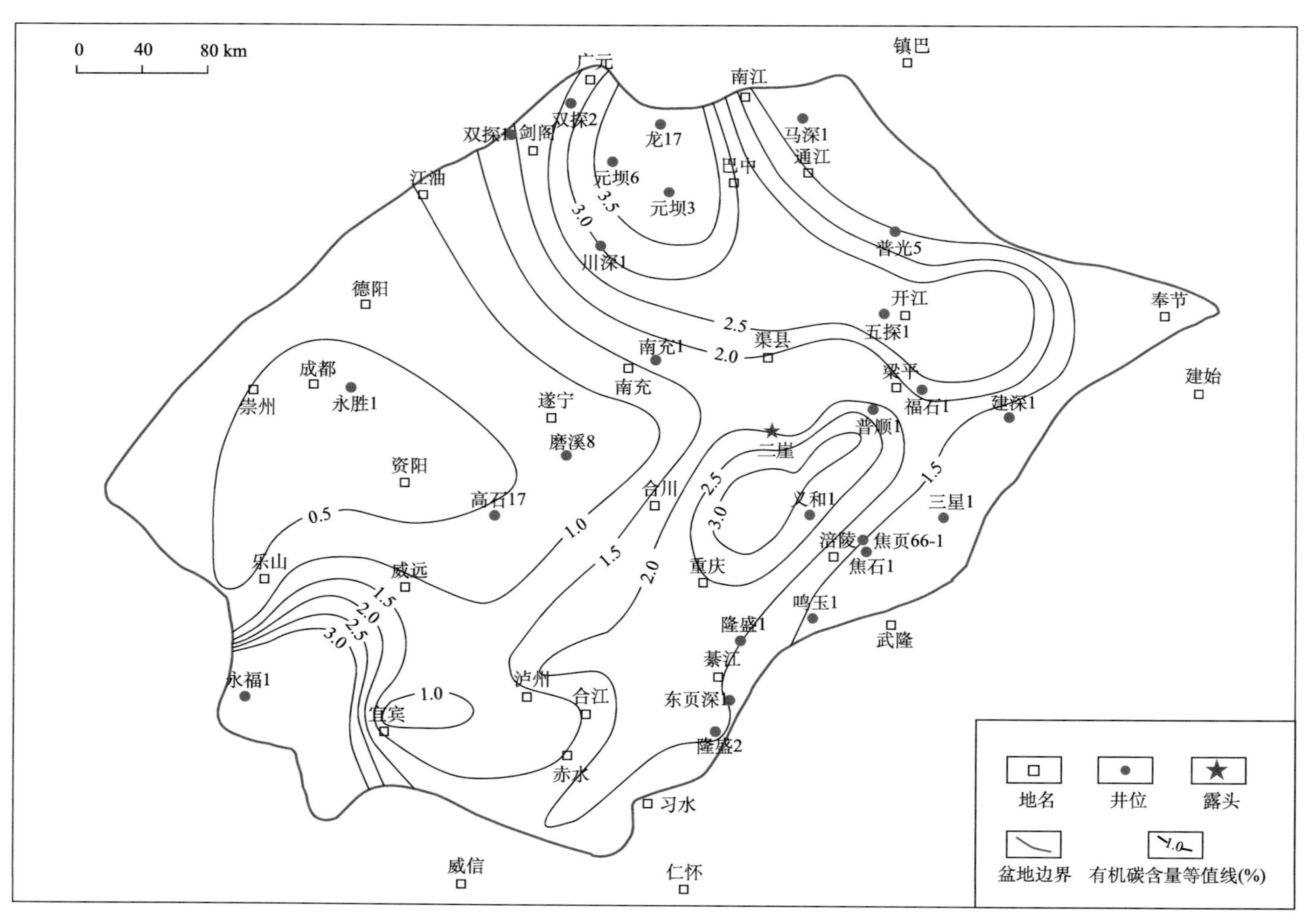

图 2-27　四川盆地下二叠统泥质烃源岩有机碳含量等值线图

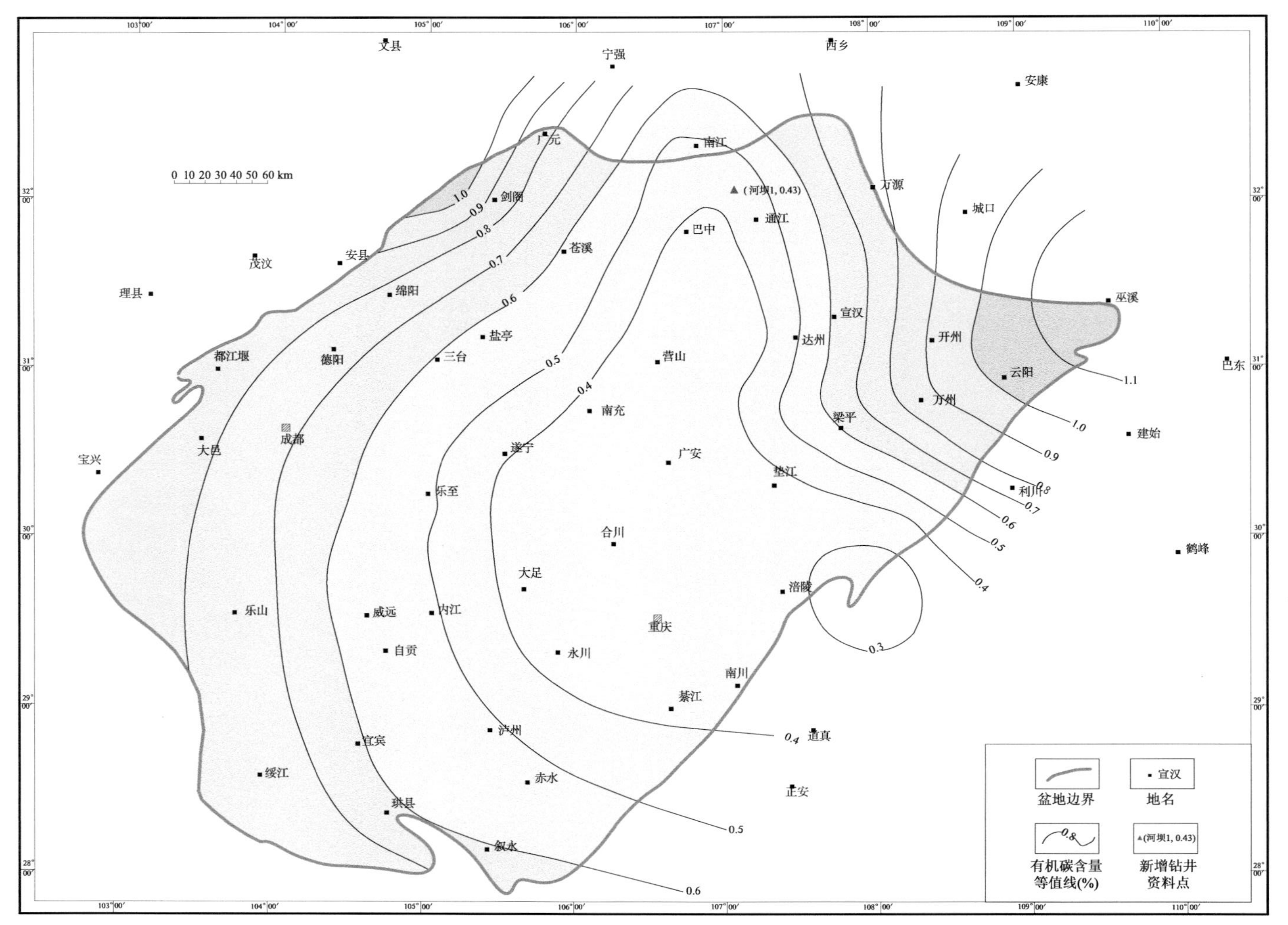

图 2-28　四川盆地下二叠统碳酸盐岩有机碳含量等值线图

下二叠统茅口组主体属于开阔台地相和台内凹陷，烃源岩以碳酸盐岩为主，泥质岩为辅，其干酪根碳同位素分布于–24.6‰～–29.9‰，其中 $\delta^{13}C_{干}$≤–28‰的腐泥型干酪根占 29.17%，较栖霞组烃源岩低得多，–28‰＜$\delta^{13}C_{干}$≤–26‰的腐殖-腐泥型干酪根占 58.33%，较栖霞组的高，且较 I 型干酪根所占比例高得多，–26‰＜$\delta^{13}C_{干}$≤–24‰的腐泥-腐殖型干酪根所占比例较低，为 12.50%，与栖霞组一样，没有腐殖型干酪根。

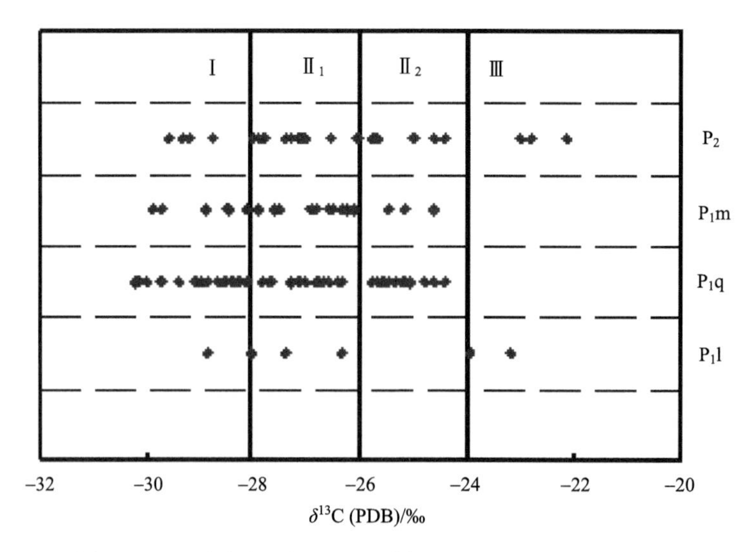

图 2-29 四川盆地及邻区二叠系各层段干酪根碳同位素分布

有机岩石学特征：下二叠统栖霞组—茅口组泥质岩烃源岩有机显微组分构成中，腐泥组+藻类组一般占 50%左右，次生有机显微组分微粒体约占 12%，碳沥青含量一般小于 25%，普遍见源自陆生高等植物的有机显微组分——镜质组，其含量变化较大，但一般小于 20%，惰性组含量一般较低。类型指数为 9～79，有机质类型属混合型。栖霞组—茅口组碳酸盐岩烃源岩的有机显微组分组成特征与泥质岩类烃源岩完全不同，以腐泥组、藻类组为主，个别样品以次生有机显微组分碳沥青为主，缺乏来自陆生高等植物的有机显微组分（图 2-30）。类型指数大于 80，有机质类型属腐泥型。这与据干酪根碳同位素对有机质类型的划分结果相吻合。

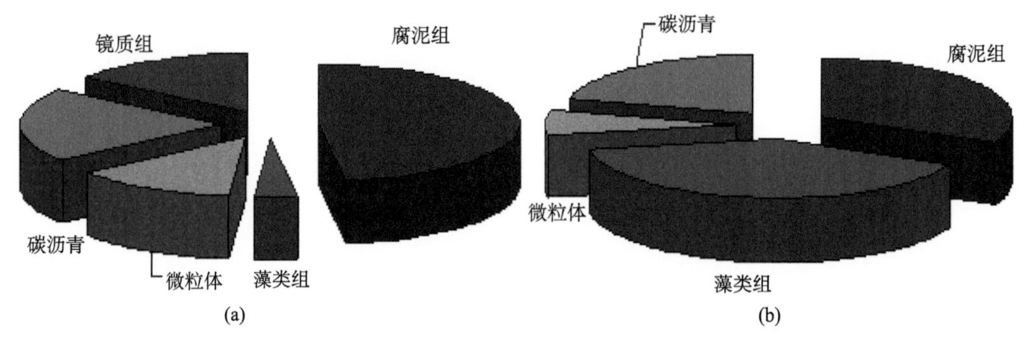

图 2-30 栖霞组—茅口组典型样品有机显微组分组成特征

（a）栖霞组碳质泥岩；（b）茅口组薄层灰岩

甾、萜烷组成特征：下二叠统栖霞组烃源岩 ααα-20R-C_{27}、C_{28}、C_{29}规则甾烷分布可分为 3 类：第一类为 ααα-20R-C_{27}胆甾烷含量（平均值 39.20%）略高于 ααα-20R-C_{29}谷甾烷（平均值 36.17%），ααα-20R-C_{28}麦角甾烷含量（平均值 24.84%）最低的近对称“V”形，占样品数的 20%。第二类为 ααα-20R-C_{29}谷甾烷含量（平均值 41.21%）略高于 ααα-20R-C_{27}胆甾烷（平均值 35.45%），ααα-20R-C_{28}麦角甾烷含量（平均值 23.34%）最低的近对称“V”形，占样品数的 65%。第三类为 ααα-20R-C_{29}谷甾烷含量（平均值 39.67%）大于 ααα-20R-C_{28}麦角甾烷（平均值 30.29%），ααα-20R-C_{27}胆甾烷含量（平均值 30.04%）最低的“/”形，所占比例最低（15%），总体反映出有机质类型较好[图 2-31（a）]。

下二叠统茅口组烃源岩 ααα-20R-C_{27}、C_{28}、C_{29}规则甾烷分布与栖霞组烃源岩的基本相似，只是各种类型所占比例略有不同，第一类占 18.18%，与栖霞组的相近，在 C_{27}、C_{28}、C_{29}相对含量上与栖霞组的基本相近（平均值分别为 40.06%、24.09%、35.85%），生源组合特征基本相近。第二类占 69.67%，其可进一步分为 2 个亚类，一类胆甾烷与谷甾烷含量相当，呈近对称“V”形分布，另一类谷甾烷含量明显较胆甾烷高，呈反“L”形分布[图 2-31（b）]。

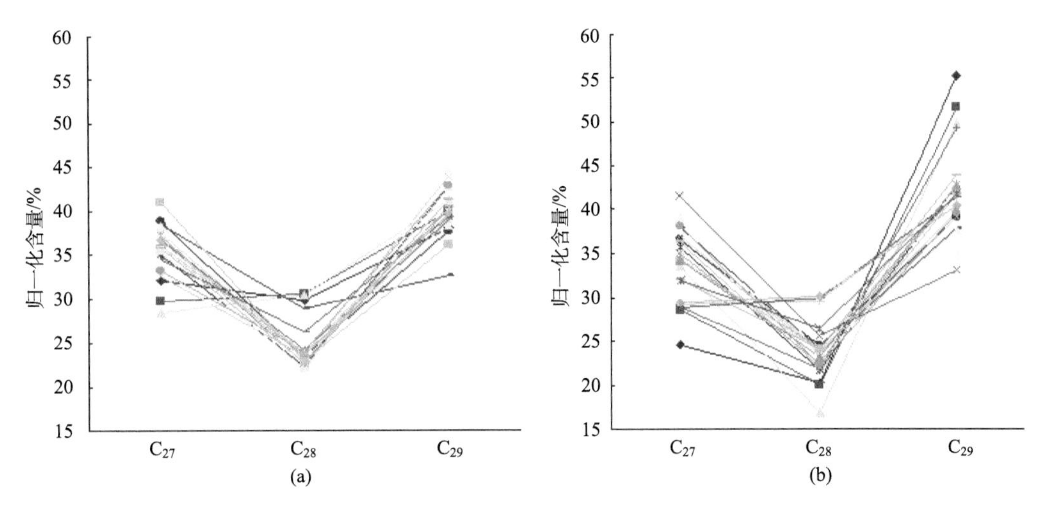

图 2-31　栖霞组（a）、茅口组（b）烃源岩 ααα-20R 规则甾烷构成曲线

下二叠统栖霞组烃源岩 $C_{27}/C_{28}+C_{29}$ 分布于 0.40～0.70，平均为 0.55，茅口组烃源岩分布于 0.33～0.72，平均为 0.52，明显较牛蹄塘组（0.63）的平均值低，反映其生源组合中低等水生生物较下古生界烃源岩低。

（三）有机质成熟度

下二叠统烃源岩热演化在上扬子川北地区 R^o 为 2.0%～3.0%，湘鄂西-黔东南地区 R^o 为 1.0%～2.0%，黔西北地区 R^o 为 3.0%，中扬子江汉南部区域 R^o 为 2.0%～3.0%，下扬子地区 R^o 为 1.3%～3.0%，湘桂地区湘中拗陷 R^o 为 2.0%～5.0%，南盘江拗陷和黔西南拗陷 R^o 为 2.0%～3.0%（图 2-32）。

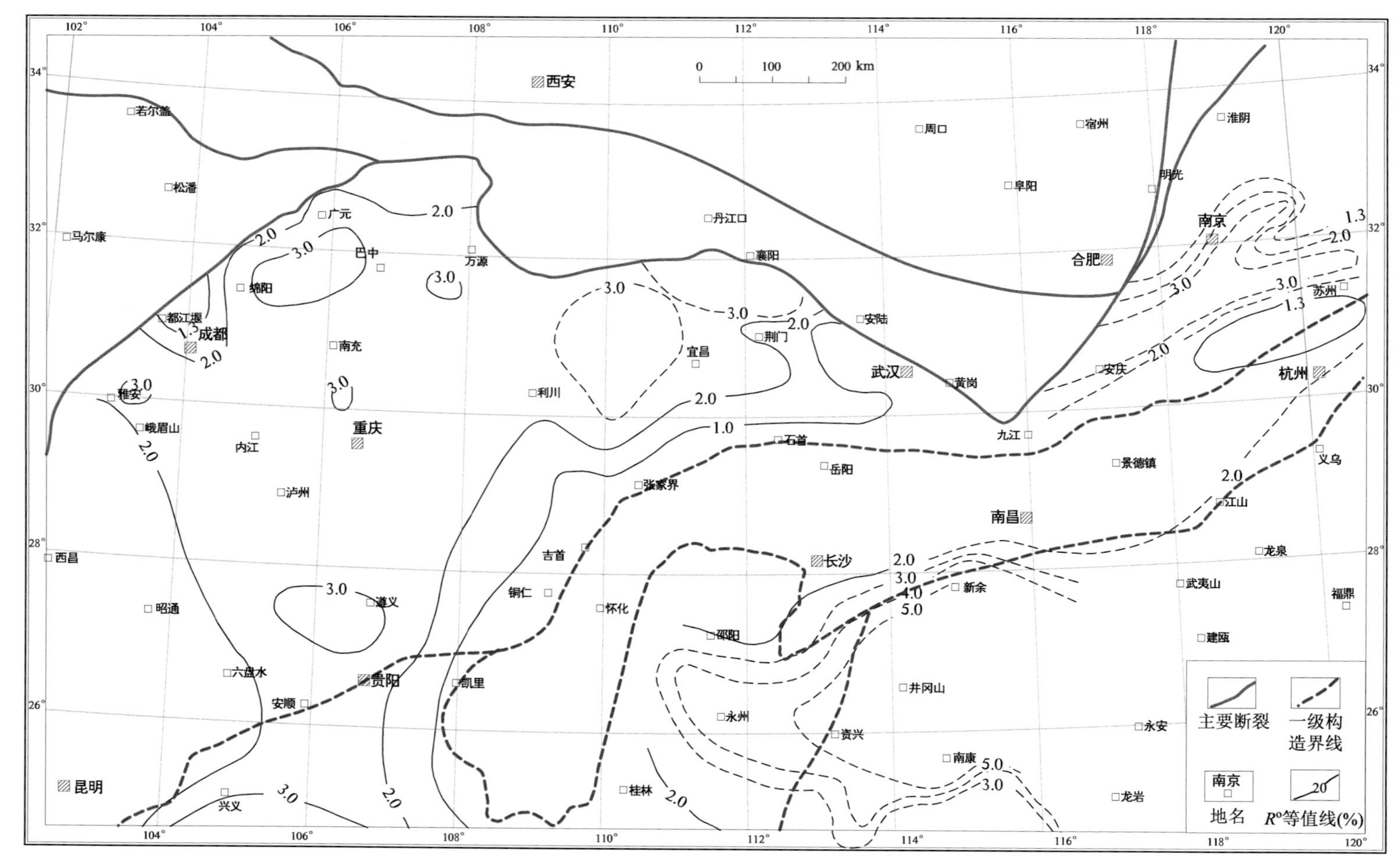

图 2-32　扬子地区二叠纪栖霞期烃源岩有机质热演化等值线图

四川盆地及邻区中二叠统栖霞组—茅口组烃源岩有机质热演化程度差异较大，镜质组反射率最小值为0.7%（绵竹汉旺剖面），最大值达3.6%（万州剖面）。在47个剖面点中，4条剖面中二叠统烃源岩仍处于生油窗内，以生油为主，主要分布于川西前陆冲断带；13条剖面中二叠统烃源岩处于高成熟演化阶段，以生凝析油和湿气为主，分布于大巴山冲断带、湘鄂西断褶带以及马边-隆昌-重庆一线及邻区；16条剖面中二叠统烃源岩处于过成熟早期演化阶段，以生干气为主，分布于四川盆地主体；14条剖面中二叠统烃源岩处于过成熟中晚期，主要分布于川西拗陷和川东及川北区。

四、上二叠统烃源岩

（一）残余有机碳平面分布特征

上扬子地区上二叠统龙潭组烃源岩平均有机碳含量为2.83%，属于好烃源岩。川东-川东南-黔西北地区吴家坪组（龙潭组）灰岩、泥灰岩最高有机碳含量为2.11%，平均有机碳含量为0.40%。四川盆地内部大隆组烃源岩主要分布于广元-旺苍陆棚城口-鄂西陆棚，开江-梁平陆棚内，最大有机碳含量达到21.2%，平均为8.31%。

中扬子地区上二叠统烃源岩主要分布于荆门-京山-仙桃-潜江地区，厚度为20～40 m，其他地区的厚度均小于20 m。在宜昌-潜江一带有机碳含量较高，一般为1.0%～1.5%。

下扬子地区上二叠统龙潭组泥岩有机碳含量变化比较大，最低有机碳含量为0.1%，最高达到16.46%，其中包括碳质泥岩，平均为1.96%。其中有机碳含量主要为0.5%～2.0%。龙潭组泥岩中所夹的少量灰岩的有机碳含量明显低于泥岩，灰岩平均有机碳含量为0.4%。在高淳-句容-常州-靖江-如皋一线地区大隆组有机质丰度高，有机碳含量在3.0%以上，皖南地区略低，有机碳含量为2.0%～3.0%，苏北海安-盐城地区相对较低，通常在2.0%以下。

（二）有机质类型

干酪根碳同位素：上二叠统（样品以龙潭组为主，少量样品为长兴组和大隆组）沉积相变化较大，干酪根碳同位素变化范围较宽，分布于−22.2‰～−29.6‰，其中$\delta^{13}C_{干}$≤−28‰的腐泥型干酪根占17.24%，所占比例较低，但−28‰<$\delta^{13}C_{干}$≤−26‰的腐殖-腐泥型干酪根所占比例较高，为48.28%，较Ⅰ型干酪根所占比例高得多，−26‰<$\delta^{13}C_{干}$≤−24‰的腐泥-腐殖型干酪根占24.14%，腐殖型干酪根所占比例最低，为10.34%（图2-29）。

有机岩石学特征：上二叠统龙潭组/吴家坪组泥质烃源岩有机显微组分组成呈现两种组合面貌。道真剖面龙潭组硅质泥岩腐泥组占21.8%，藻类组占4.2%，次生有机显微组分微粒体+碳沥青占22.4%，源自陆生高等植物的镜质组所占比例最高，达48.5%，还见少量惰性组[图 2-33（a）]；类型指数为 20，有机质类型属腐泥-腐殖型（II_2）；而黄金 1 井、新场 2 井上二叠统泥质岩有机显微组分组成中以腐泥组+藻类组（腐泥组与藻类组呈互为消长关系）占绝对优势，其含量约占 90%，甚或更高，碳沥青含量小于 10%，而源自陆生高等植物有机显微组分不足 1%[图 2-33（b）]，因此，其类型指数大于 80，有机质类型属腐泥型。生源组合的差异反映了其沉积环境存在显著的差异，反映沉积环境不仅控制了烃源岩的厚度、有机质丰度，而且还制约了烃源岩中有机显微组分构成特征及生烃潜力。

芳烃分子指标和干酪根碳同位素及 N、S 元素组成表明，龙潭组烃源岩的有机质生源构成及沉积环境性质呈区域性变化。盆地南东部近海湖沼相含煤地层中，2,6-/2,10-DMP 和 1,7-/1,9-DMP 值分别在 0.65 和 3.0 以上；4-/1-MDBT 值高于 15；干酪根 δ^{13}C 值大多大于–25‰，S/C、N/C 等原子比值较低；指示有机质以陆源输入为主，且沉积环境呈氧化性，属Ⅲ型有机质。而北东部地区海湾潟湖相烃源岩中，2,6-/2,10-DMP 值低于 0.65，1,7-/1,9-DMP 值多数在 3.0 之下，4-/1-MDBT 值大多小于 5；干酪根 δ^{13}C 值在–27‰左右，S/C、N/C 值相对较高；表征有机质生源中水生生物占优势，沉积于还原性（或弱氧化）环境，有机质类型以Ⅱ型（II_1 型）为主。川东渝东地区的这些地球化学参数接近于川东北地区，成烃母质类型主要为 II_2 型（朱扬明等，2012）。上述结论与有机岩石学特征反映的生源组合特征相吻合。

甾、萜烷组成特征：上二叠统烃源岩 ααα-20R-C_{27}、C_{28}、C_{29} 规则甾烷分布同样可分为三类（图 2-34），第一类为 ααα-20R-C_{27} 胆甾烷含量（平均值 39.7%）略高于 ααα-20R-C_{29} 谷甾烷（平均值 37.27%），ααα-20R-C_{28} 麦角甾烷含量（平均值 23.02%）最低的近对称“V”形，其占样品数的 11.11%，较中二叠统烃源岩略低。第二类与中二叠统茅口组烃源岩相近，也可分为近对称“V”形和反“L”形，ααα-20R-C_{29} 谷甾烷含量平均为 46.09%，ααα-20R-C_{27} 胆甾烷平均含量 32.42%，ααα-20R-C_{28} 麦角甾烷平均含量为 21.36%，占样品数的 71.43%，第三类为“/”形，占样品数的 17.46%，较中二叠统烃源岩的高。各类型曲线所占比例总体反映出上二叠统烃源岩母质类型与中二叠统茅口组的相近，而较中二叠统栖霞组烃源岩的略差。

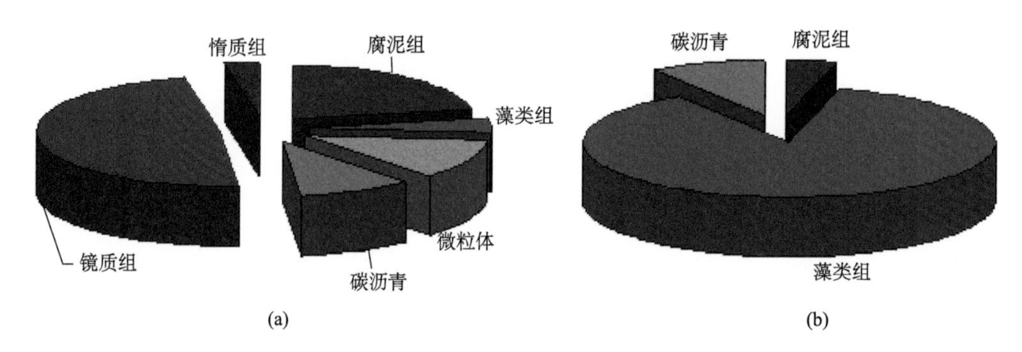

图 2-33　龙潭组烃源岩典型样品有机显微组分组成比例

（a）龙潭组碳质泥岩；（b）吴家坪组黑色页岩

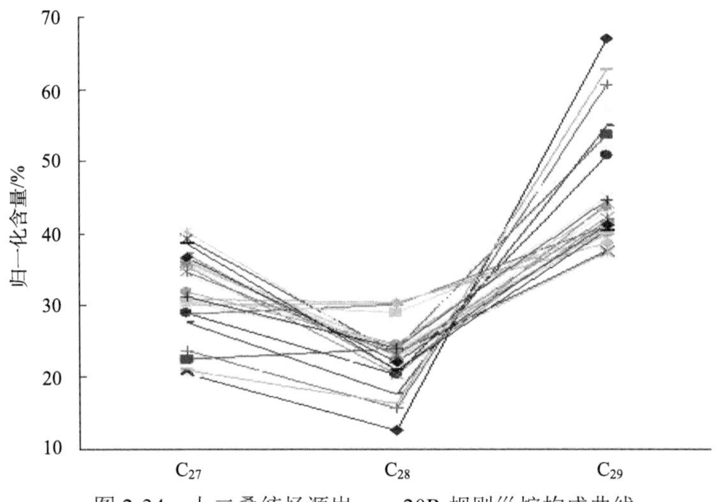

图 2-34 上二叠统烃源岩 ααα-20R 规则甾烷构成曲线

（三）有机质成熟度

上二叠统烃源岩热演化在湘桂地区南盘江拗陷 R^o 为 2.0%～4.0%，黔西北地区 R^o 为 1.0%～3.5%，桂中拗陷、湘中拗陷、十万大山拗陷热演化程度都很低。扬子地区上扬子川中隆起带烃源岩 R^o 为 2.0%～3.0%，川北热演化程度略低，R^o 为 1.3%～2.0%，中扬子地区江汉南部区域 R^o 为 1.5%～2.0%，鄂西渝东地区 R^o 为 1.3%～3.0%。下扬子地区南京句容-海安一线，烃源岩 R^o 为 2.0%～3.0%（图 2-35）。

四川盆地及邻区上二叠统烃源岩热演化程度较中二叠统略低，但其分布面貌大体相似。其（等效）镜质组反射率分布于 0.6%～3.2%，处于生油窗内的比例略高，处于高成熟演化阶段的剖面占优势而呈主峰，过成熟演化早期阶段的剖面占相当比例，处于过成熟中晚期的剖面所占比例与前者大致相当，总体而言，处于过成熟阶段的剖面点占 55%。从平面分布特征看，川西前陆冲断带处于低成熟-成熟演化阶段，米仓山-大巴山逆冲推覆构造带处于成熟-高成熟演化阶段，湘鄂区断褶带处于成熟-高成熟演化阶段，马边-隆昌-重庆一线及邻区高成熟分布区较栖霞组扩大，而镜质组反射率大于 3.0%的分布范围明显比栖霞组的小。

第四节 海相烃源岩形成环境与发育模式

长期以来，烃源岩形成机理研究一直存在“保存条件”与“生产力”间的争论，前者强调缺氧环境对有机质保存的重要性，后者则认为有机质富集的关键是高生产力（Demaison and Moor，1980；Pedersen and Calvert，1990；蔡勋育等，2005）。Calvert（1987）指出海相沉积物中高有机碳含量是原始生产力高的结果；腾格尔等（2006）指出在缺氧条件下，沉积有机质的原始组成经历了强烈的微生物改造，蛋白质、碳水化合物等优先降解，使有机质向富氢、富脂方向转化，形成类型好、生烃潜力高的油气母质。烃源岩

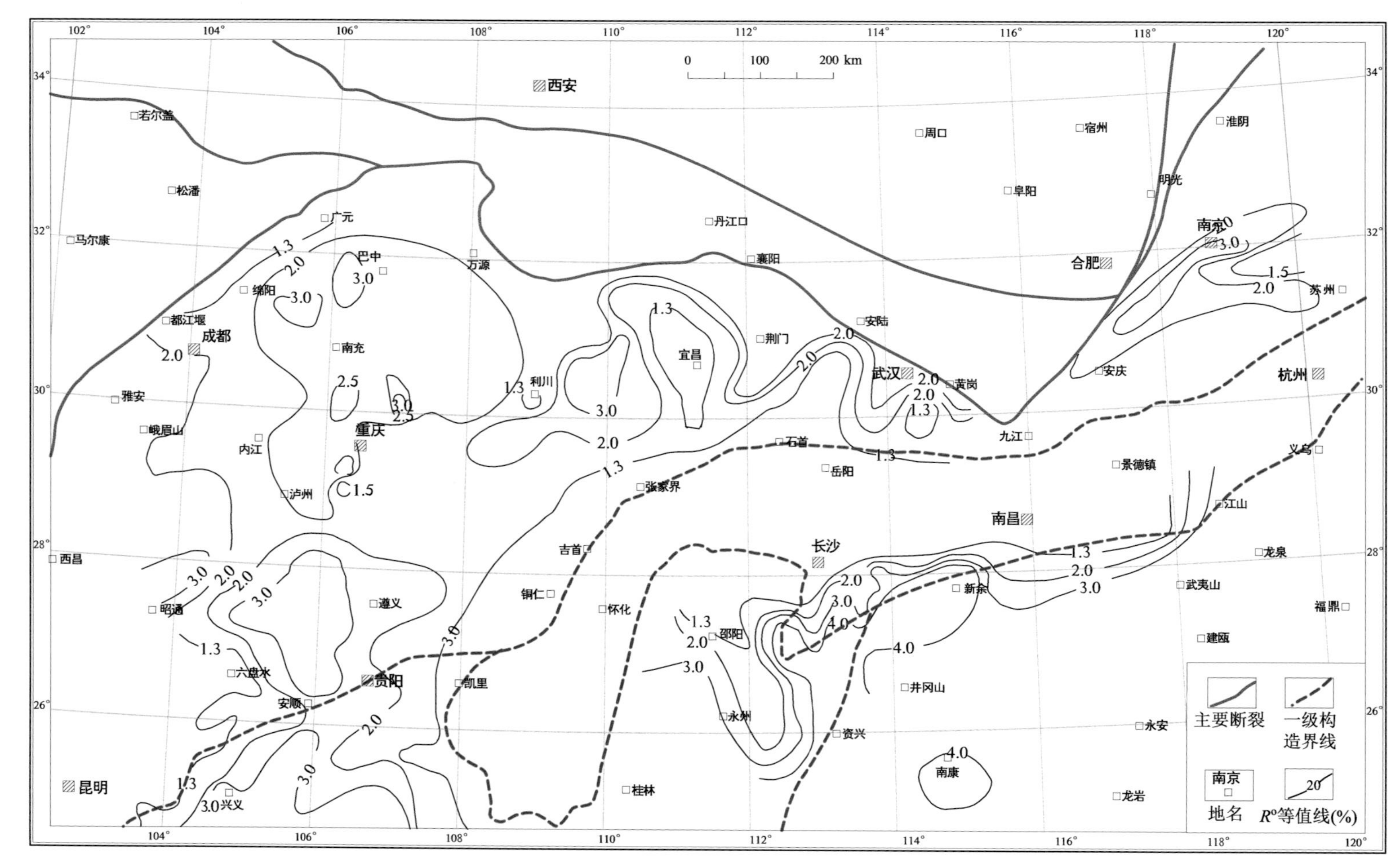

图 2-35　扬子地区二叠纪吴家坪期烃源岩有机质热演化等值线图

形成机制的众说纷纭显示出海相优质烃源岩发育的多样性和非均质性。实际上，烃源岩形成并不是某一孤立环境的产物，而是取决于综合环境因子，应从全球性构造运动、古气候变化到区域性构造单元、古地理、古洋流，最后落实到盆地内具体的环境参数来考虑。目前，我国南方海相烃源岩形成机理研究比较薄弱，制约了从机制上认识该区优质烃源岩的时空分布。因此，本节主要分析了烃源岩的发育控制因素及沉积环境，以期能够进一步明确海相优质烃源岩的时空分布特征，为寻找海相优质烃源岩、确定最有利的勘探靶区提供科学依据。

一、海相烃源岩形成的古构造环境

（一）下寒武统烃源岩

在全球范围内，志留纪、中晚泥盆世、晚石炭世—早二叠世、晚侏罗世、晚白垩世和渐新世—中新世 6 个时代的烃源岩最发育，大约生成了全球油气储量的 91.5%，而寒武纪烃源岩不发育（腾格尔等，2010）。我国扬子地区则不同，发育了下寒武统优质烃源岩，这是扬子陆块特殊的活动史所决定的。从早寒武世到晚二叠世，全球板块经历了多次板块拼合和解体的演化过程，扬子古板块活动性较强，处于多岛洋体系之中，在赤道附近漂移，游离于古大陆之外。扬子陆块具有的独特的古板块构造背景是发育下寒武统海相优质烃源岩的重要原因。

1）古构造背景

构造对烃源岩发育的控制作用是显而易见的。构造作用通过对海-陆分异格局、海底地貌格局的控制而控制了海相烃源岩的时空分布。通过控制地球表面海-陆格局、陆地地势分异、冰川类型等下垫面形式的变化，从而引起了古大气环流、气候带，古洋流形式、类型的形成和演变，从而影响了高有机质丰度沉积物的形成和堆积。扬子陆块早寒武世处于特殊演化时期，其南北部域发育不同的古构造背景。

扬子陆块南部域早寒武世处于陆内构造背景。张国伟等（2013）认为统一的华南大陆自 820 Ma 以后，主要在 800～720 Ma 迅速转入伸展裂谷构造和冰期，形成了以华南浙赣湘桂为中心的华南裂谷盆地和川滇裂谷盆地并伴有相应的裂谷型岩浆活动；更具重要意义的是在周缘分裂出不同板块的同时，华南大陆内部同样处于伸展裂解环境，但却不是洋盆和独立板块的生成，而是广泛发育上述陆内裂谷构造，该构造作用不仅发生在块体内部，形成一系列次级不同地块， 最为明显的是沿华南裂谷带使早先拼合的扬子-华夏大陆再次分离，出现大陆岩石圈内部的新的扬子与华夏两个重要地块。正是这一构造的发展，为华南大陆显生宙早古生代以来的陆内（板内）构造演化奠定了基础。

扬子陆块北部域在早寒武世则处于被动大陆边缘的构造背景（吉让寿等，1990；董云鹏等，1998；张国伟等，1996）。高长林等（2003）运用现代构造地球化学理论和方法研究了沉积岩、岩浆岩（主要是火山岩）的构造环境，认为该被动大陆边缘由古元古代变质岩构成的大陆壳、裂陷火山岩及其上发育的大陆架沉积组成；它主要经历了裂陷及稳定沉降、裂解和充填三大演化阶段，其中后两个阶段又由早期裂开（或断陷）和晚期充填组成；以巨型东西向拉张同生断裂为边界，将被动边缘分割为垒堑结构，自北而南为南部断陷、中部断隆和北部向洋斜坡，近南北向分支断裂把它们分割成次级断陷和断隆。每个构造单元，在每个发展阶段都有其特征的沉积建造和岩浆建造。

2）古气候环境背景

扬子陆块早寒武世具备一系列有利于优质烃源岩发育的古气候和沉积环境。寒武纪全球处于新元古代成冰期和晚奥陶世成冰期之间，此时期是前寒武纪冰期结束，寒武纪生命大爆发时期，温度逐渐升高，冰川消融，罗迪尼亚超大陆加速裂解和海平面快速上升时期，大气圈具有高 CO_2 含量与低 O_2 含量，具全球缺氧环境，即高还原、低氧化的特征，古气候以干热为主。中国古大陆古生代主要块体基本处于赤道附近的低纬度地区；早古生代扬子、华北地块与东冈瓦纳大陆关系密切（图 2-36）。

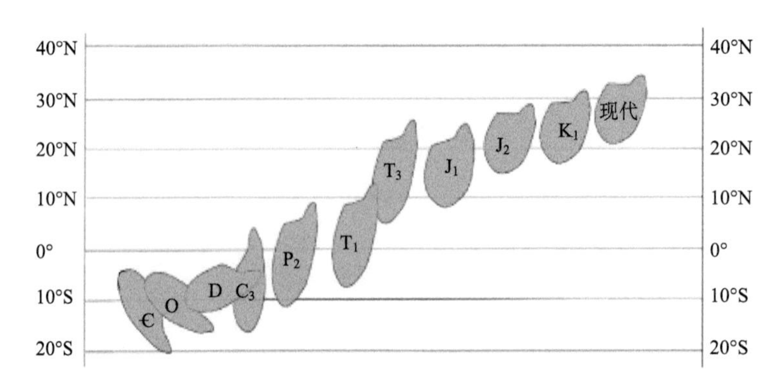

图 2-36　扬子块体古生代以来运动特征示意图（据冯岩等，2011）

早寒武世—晚二叠世，全球板块经历了多次板块拼合和解体的演化过程，扬子古板块活动性较强，处于多岛洋体系之中，在赤道附近漂移，游离于古大陆之外。李江海等（2014）利用古地磁等方法对显生宙全球古板块进行的重建表明扬子陆块寒武纪（520 Ma）位于冈瓦纳古陆东北缘南半球赤道附近，并夹持于东西两侧俯冲带之间，古构造活动平缓，古气候以干热为主，有利于寒武系的沉积（图 2-37）。

早寒武世正处于华南澄江动物群和凯里生物群生命大爆发时期，形成了下寒武统区域富含有机质的黑色页岩、硅质烃源岩沉积的物质基础，可见扬子陆块早寒武世时期生物有机质生产力处于较高水平。

早寒武世大气圈具有高 CO_2 含量和低 O_2 含量特征（图 2-38），海洋存在水体分层，即上层为富氧层，下层为缺氧层。海洋水体的分层可能是由于在震旦纪，大陆冰盖几乎覆盖了冈瓦纳和劳亚古陆，而在震旦纪末—早寒武世初，由于古气候迅速转暖而冰盖迅速消融，表层水因直接受太阳辐射，与大气交流频繁而迅速变暖富氧，底层水因得不到太阳辐射而在长时期内继续保持震旦纪时的古水温，从而有利于生烃母质生物在表层水的繁衍、繁盛与底层水的保存，并由此造就了分布广泛的暗色缺氧沉积。

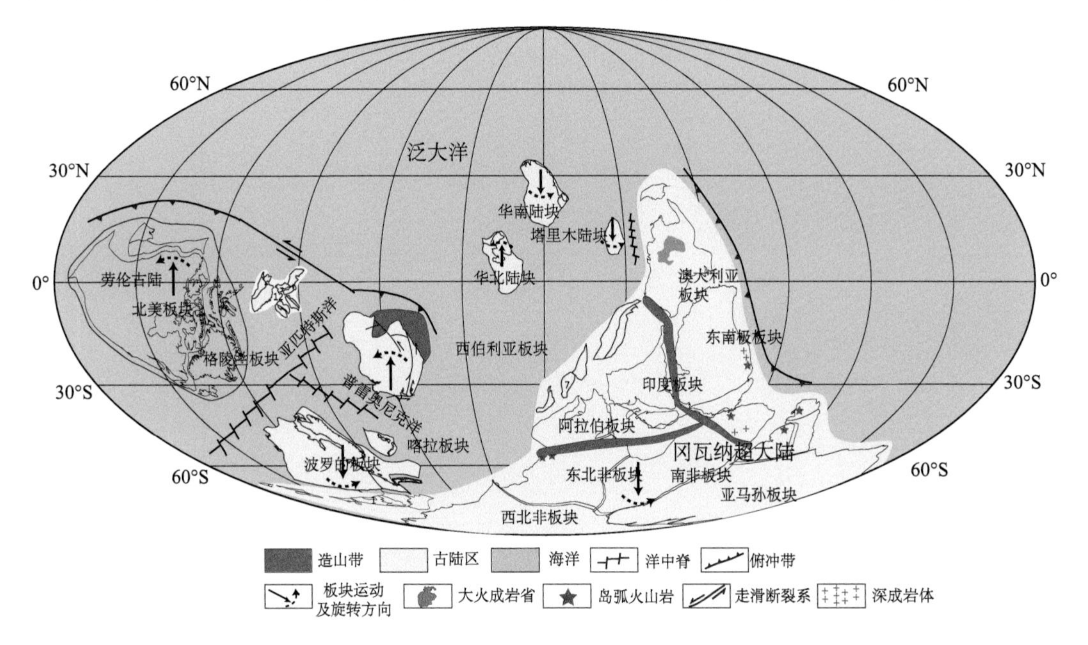

图 2-37　寒武纪全球古板块再造（据李江海和姜洪福，2013）

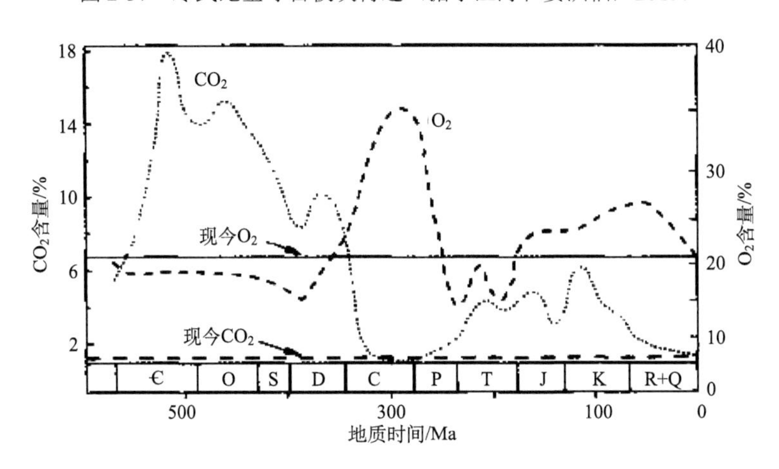

图 2-38　地质历史上 CO_2/O_2 含量变化关系图（据 Boucot and Gray，2001）

早寒武世扬子陆块海平面处于快速上升期，因为当时没有大规模的碰撞造山、造陆运动，整个扬子陆块均处于构造平静期，海平面变化主要受古气候控制，即为典型的“水动型”。而此时正处于震旦纪全球大冰期结束，气温快速转暖、冰川迅速融化，导致海平面快速上升。

扬子陆块早寒武世广泛发育上升流（图 2-39）。上升流带来的丰富的溶解硅和营养盐，在扬子陆块东南缘浅海上升，供硅藻、硅质海绵、放射虫和富磷牙形刺等生物大量繁殖。

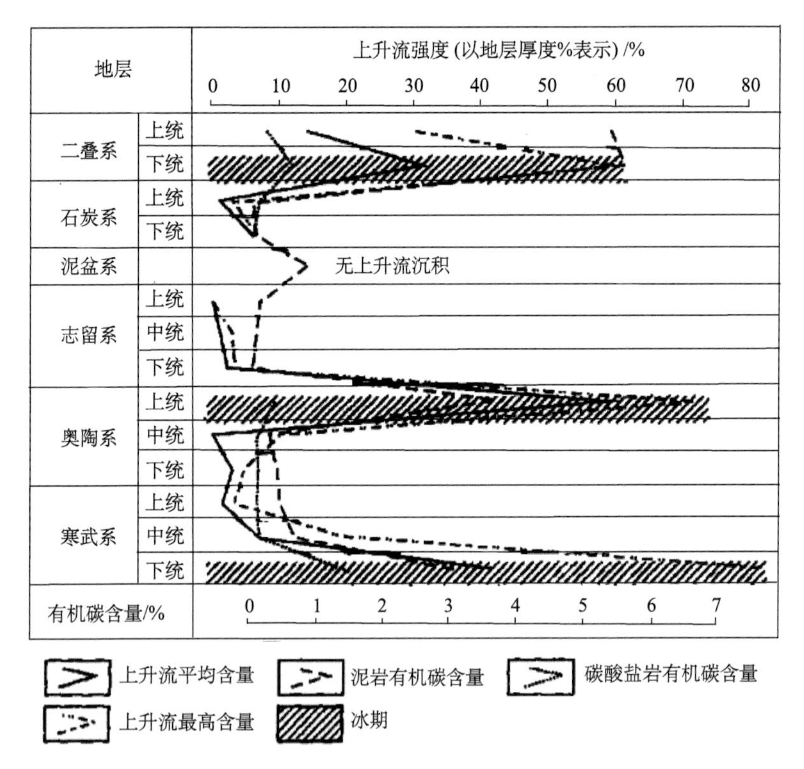

图 2-39　下扬子地区古生界上升流发育强度图（据吕炳全等，2004）

上升流对有机质丰度高的烃源岩形成的控制作用主要通过改变环境的原始生产力和保存条件来实现，一方面，上升流所带来的底部的营养盐和 SiO_2 有利于生物的发育，从而较大幅度地提高原始生产力；另一方面，从底层带来的底层水氧含量低，有利于缺氧环境的形成。上升流影响的沉积物多富含硅质和磷质沉积，扬子地区下寒武统普遍发育硅质页岩、碳质页岩、含磷质结核。

（二）上奥陶统—下志留统烃源岩

与寒武纪相比，扬子克拉通在晚奥陶世—早志留世时的构造古地理和沉积环境均发生了很大的变化，这主要是广西运动引起的（王清晨等，2008）。奥陶纪－志留纪，华南大陆处于赤道附近，由于冈瓦纳大陆早古生代由寒武纪的逆时针旋转转为顺时针旋转，并且持续向南漂移而进入古南极区域，因此形成了晚奥陶世－早志留世和晚石炭世—早二叠世的两次大冰期（图 2-40）。全球海平面在奥陶纪相对稳定，处于较高水平，但冰期的出现导致海平面大幅度下降，到志留纪中期，全球气候回暖，海平面开始上升。雪峰隆起及北缘上奥陶统－下志留统烃源岩正是在此全球古板块构造背景之下发育形成中国南方区域性优质烃源岩。

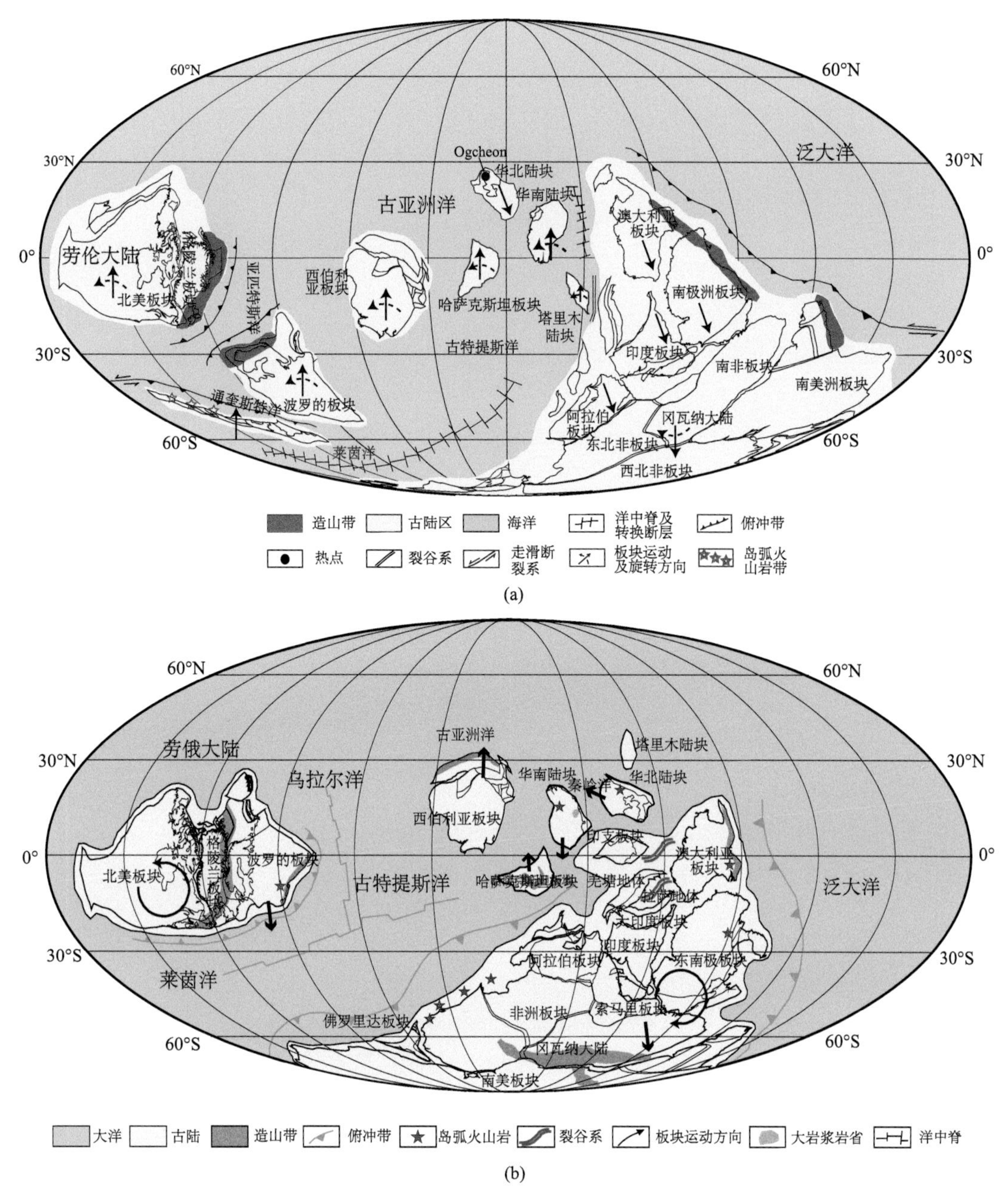

图2-40　奥陶纪（a）和志留纪（b）全球古板块再造（据李江海等，2014）

1）古构造背景

扬子与华夏两陆块原分属两个不同板块，于新元古代晋宁期（850～820 Ma）罗迪尼亚超大陆聚合中碰撞拼合，形成统一的华南大陆板块，此后转入陆内构造演化阶段，因此扬子陆块东南缘自加里东期以来一直处于大陆动力学演化环境。

加里东期，扬子陆块与华夏陆块之间处于陆内构造环境的主要证据包括：①华南大陆内部并未发现早古生代加里东期代表残留洋壳的蛇绿岩和岛弧火山岩。早古生代花岗岩多属 S 型，具元古宙壳源型特征，不具岛弧型特征，无板块俯冲碰撞的带状性质，酸性岩浆岩呈面状分布展布于雪峰山东侧，没有越过安化-溆浦-靖县断裂，甚至在城步-新化-宜丰断裂以西就很少出露。②早古生代扬子与华夏陆块间不是洋盆分隔而是统一陆内海盆，生物学和沉积学等多学科研究未发现扬子和华夏陆块之间早古生代存在典型陆缘及远洋沉积。华南洋只是一个裂谷盆地，从南华纪开始连续演化，早古生代为陆内海盆。

众多证据表明，华南大陆早古生代为统一的大陆，其东部加里东运动强烈活动的中心江绍-萍乡-郴州-钦防一线正属于扬子陆块和华夏陆块交接部位；大陆内部的扬子陆块和华夏陆块之间的相互作用属于陆内构造性质，两者之间不具洋壳，不属于传统板块构造学的碰撞造山性质。

晚奥陶世开始，除扬子陆块北缘仍处在被动大陆边缘外，扬子陆块其他地区均表现出挤压收缩的构造背景（周名魁等，1993）。中晚奥陶世末期伴随着加里东构造运动的发生，扬子陆块与华夏陆块在陆内构造背景下发生挤压碰撞作用，川中隆起、黔中隆起和江南-雪峰隆起等边缘隆起不断抬升扩大，海平面相对上升，中上扬子镶边型台地被淹没并演化为碳酸盐岩缓坡沉积，末期随着边缘隆起面积的扩大，中上扬子地区由克拉通盆地逐渐变为被各隆起所围限的隆后盆地（许效松等，2010；牟传龙等，2011；刘伟等，2012），盆地在各个隆起围限下呈现半封闭的局限深水盆地环境。加里东运动最终形成了中上扬子区“大隆大拗”，即黔中隆起、黔南拗陷、湘鄂渝黔拗陷、川南拗陷和雪峰隆起的构造格架（图 2-41）。

2）古环境背景

上奥陶统五峰组黑色页岩在中上扬子地区分布范围广泛，厚度薄而稳定，数米至 30 m 左右，主要由灰黑色、黑色的硅质、碳泥质页岩组成，含笔石生物层和丰富的放射虫；下志留统龙马溪组由黑色含粉砂质页岩和灰色粉砂岩薄互层所构成，厚度从数十米到几百米，富含微粒黄铁矿和笔石化石（严德天等，2008；张海全等，2013）。

晚奥陶世中晚期是中国南方巨型陆台拗陷盆地持续发展阶段。晚奥陶世末的都匀运动使黔中水下隆起和部分雪峰水下隆起抬升为陆，加之西缘的川中隆起和北部的上扬子隆起，致使中上扬子地区晚奥陶世之前的开阔台地相环境演变为半封闭的滞留海和陆棚相沉积环境，完成了构造-沉积岩相古地理的转变，由碳酸盐岩台地相沉积开始进入碎屑岩陆棚沉积演化阶段。广大的中上扬子地区被古隆起、山地和水下高地所围限，导致海水滞留，发育静海相环境，海水处于缺氧还原环境。李双建等（2008）通过对上奥陶统—下志留统烃源岩微量元素、稀土元素和有机碳同位素等测定，也揭示烃源岩沉积时环境为缺氧环境。

早志留世早期受欧美古陆拼合碰撞壳运动的影响和中国板块西移速度的加快，中国南方陆台区域构造格局发生了明显的倒置。陆台南部除了钦州-赣州一线发育浅海陆架沉积以及黔东北地区发育局限浅海陆棚相沉积以外，大部分地区隆起成为剥蚀区（图 2-42）。沉积中心北迁至扬子地区，主要岩相为碳质页岩、粉砂岩和硅质岩。

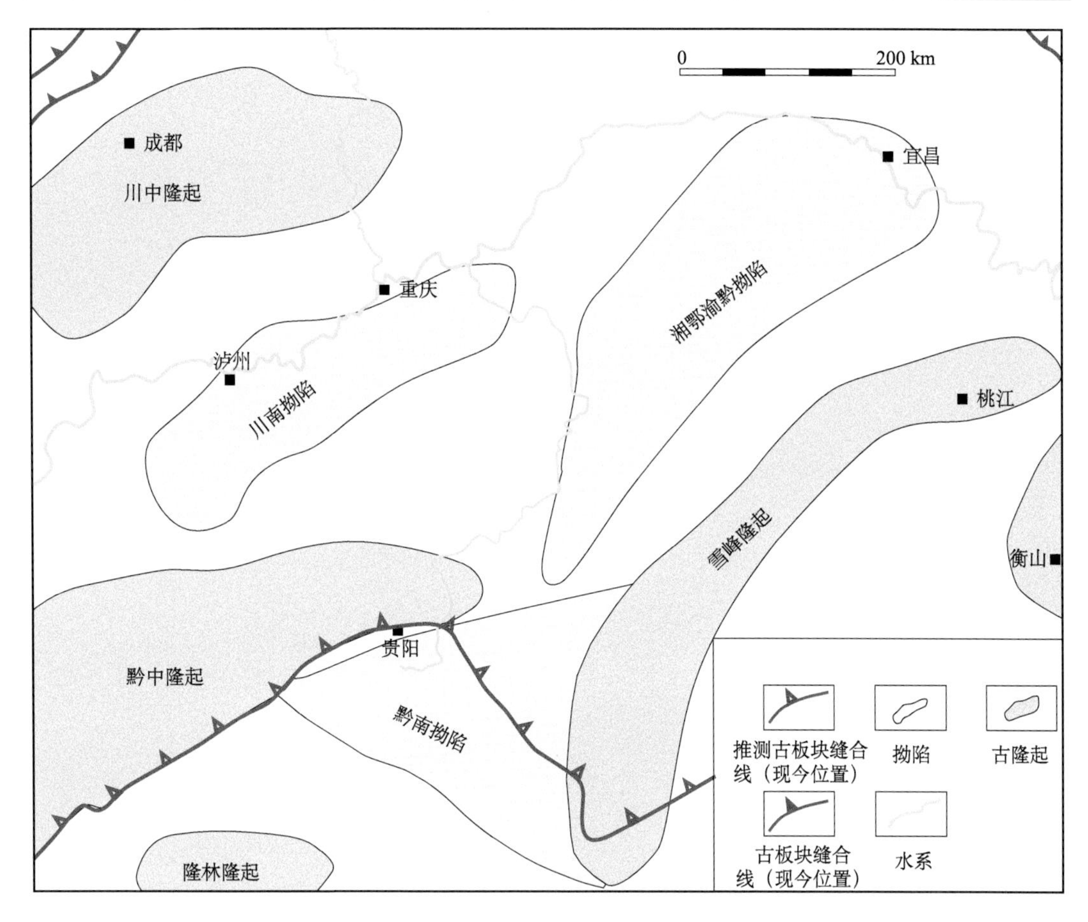

图 2-41　雪峰隆起及周缘加里东期陆内隆拗格局

（三）下二叠统烃源岩

全球海平面在泥盆纪时期逐渐下降，并在密西西比亚纪-宾夕法尼亚亚纪交界达到最低点，之后海平面开始上升。到早二叠世，随着泛大陆聚合，海平面轻微下降，并持续到中生代。二叠纪泛大陆格局的形成及其冈瓦纳南端向南极的旋转，造成全球海陆格局重大变化以及全球气候带大调整，使得全球气温从冰期开始向温室期转变。中国南方二叠纪烃源岩就是在此全球大构造背景下发育的。

1）古构造背景

华南板块在早古生代末期加里东运动之后，以相对稳定的整体进入海西-印支构造阶段。在全球构造背景下，从晚古生代泥盆纪中晚期起，华南大陆处于古特提斯洋域的扩张离散期，周边再次遭遇裂解，形成诸如勉略洋、甘孜-理塘洋和墨江洋等洋盆，分离出新的中小板块（张国伟等，2013）。但从石炭纪以来，扬子陆块上有多次升降运动发生（云南运动、黔桂运动）。云南运动仅见于鄂川地区，为早、晚石炭世间的升降运动，造成川东、湖北地区上石炭统超覆于下石炭统或泥盆系之上；黔桂运动广泛见于整个扬子

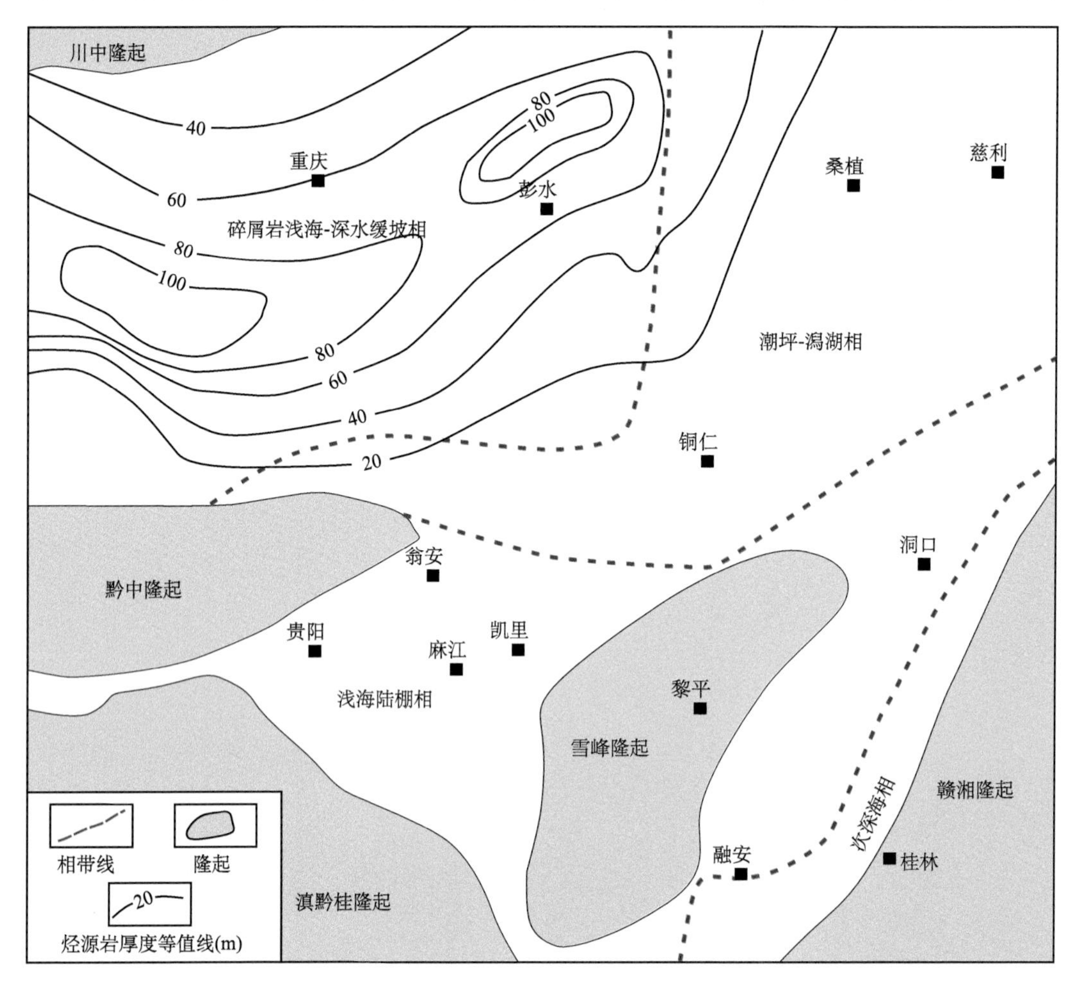

图 2-42　中上扬子地区上奥陶统－下志留统烃源岩分布与沉积岩相古地理图

区，为石炭纪和二叠纪之间的以升降运动为主的构造活动，黔桂运动使得整个南方几乎整体抬升，海水退却，除少数地区残留海盆外，绝大部分地区均上升为陆，并遭受剥蚀，造成晚石炭世地层普遍缺失，直到早中二叠世再次接受沉积。早二叠世，海侵范围达到最大，淹没了整个华南陆块，在相对较高的川中南-黔北区沉积了浅色厚层灰岩，其他地区为较深水深色灰岩、燧石条带灰岩夹硅质岩，形成华南地区重要的下二叠统区域性烃源岩。

整个南方为广阔海域，海域的大部分地区发育浅水碳酸盐岩台地，即华南碳酸盐岩台地。在华南碳酸盐岩台地上，主要是西部发育许多生物集、准生物集、生物滩和准生物滩。海域的中北部和中东部发育两个 EW-NE 向的深水碳酸盐岩台盆，即鄂湘深水碳酸盐台地和湘赣浙深水碳酸盐岩台地。在黔桂碳酸盐盆地中分布三个孤立的碳酸盐岩台地，孤立台地周缘发育斜坡带，斜坡带主要发育深水碳酸盐岩和重力流沉积岩。

总之，南方早二叠世整体发育广阔海域碳酸盐岩台地沉积，水体相对较浅，盐度正常，在剥蚀区相对较低的洼地（或塌陷区），形成了相对深水的台内盆地（或洼地），为富有机质、富泥质碳酸盐沉积创造了有利的古地理条件。

2）古沉积环境背景

在早二叠世栖霞期，中上扬子陆块、下扬子陆块和华夏陆块都处在赤道附近（图 2-43），处于低纬度的热带、亚热带区，属于热带潮湿气候，有利于生物繁殖、生产力水平提高。

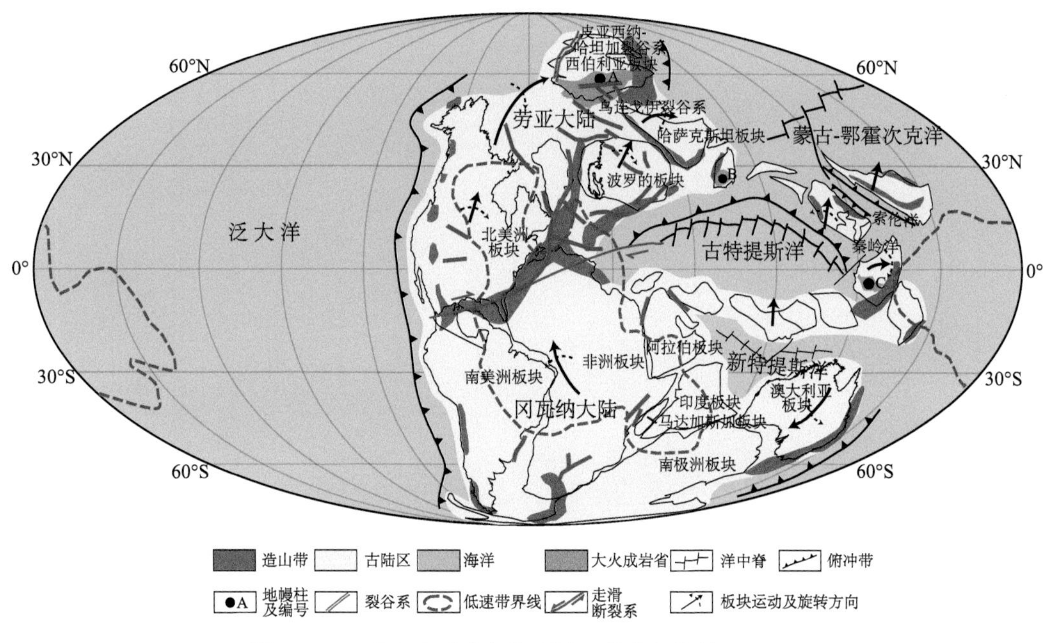

图 2-43　二叠纪全球古板块再造（据李江海等，2014）

刘喜停等（2014）通过测试单位面积内生物碎屑的百分含量、营养元素的含量、有机碳通量及其相关的微量元素的富集程度、过剩钡和过剩铝等指标，表明栖霞组中部生产力水平较高，通过微量元素比值[V/(V+Ni)]和沉积构造揭示下二叠统栖霞组沉积水体时处于贫氧环境（图 2-44）。

中国南方早二叠世栖霞期海平面表现为缓慢上升时期（图 2-45），茅口早期快速上升到最高点，茅口中期开始下降，末期大幅度快速下降到最低点。王成善等（1999）认为扬子区早二叠世栖霞期构造活动相对平静，海平面持续上升可能与冈瓦纳大陆冰川消融有关。

（四）上二叠统烃源岩

1）古构造背景

中二叠世茅口期末，中国南方的构造作用由海西早-中期的伸展裂陷转变为挤压汇聚，出现了晚古生代以来的一次重要的构造运动——东吴运动。这一时期，中国南方大致以康滇古隆起及龙门山断裂带为界，以东以挤压汇聚作用为主，表现为洋盆、裂陷槽

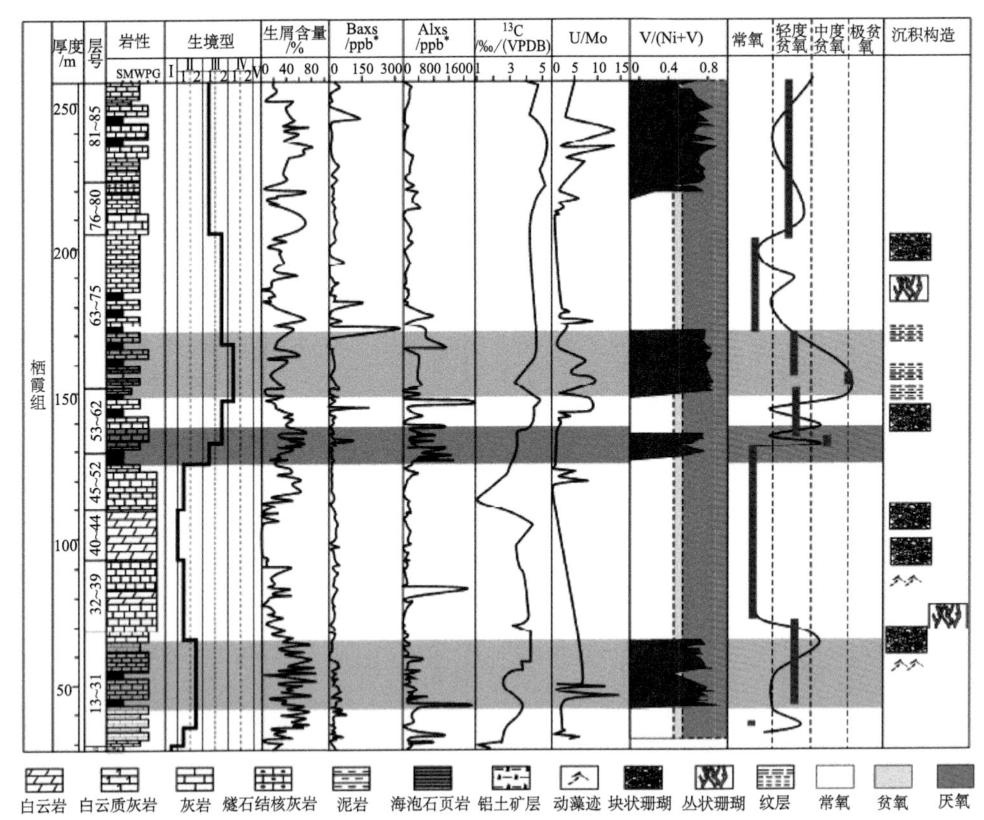

图 2-44　四川广元上寺剖面地球生物相特征（据刘喜停等，2014）

*1 ppb=10^{-9}

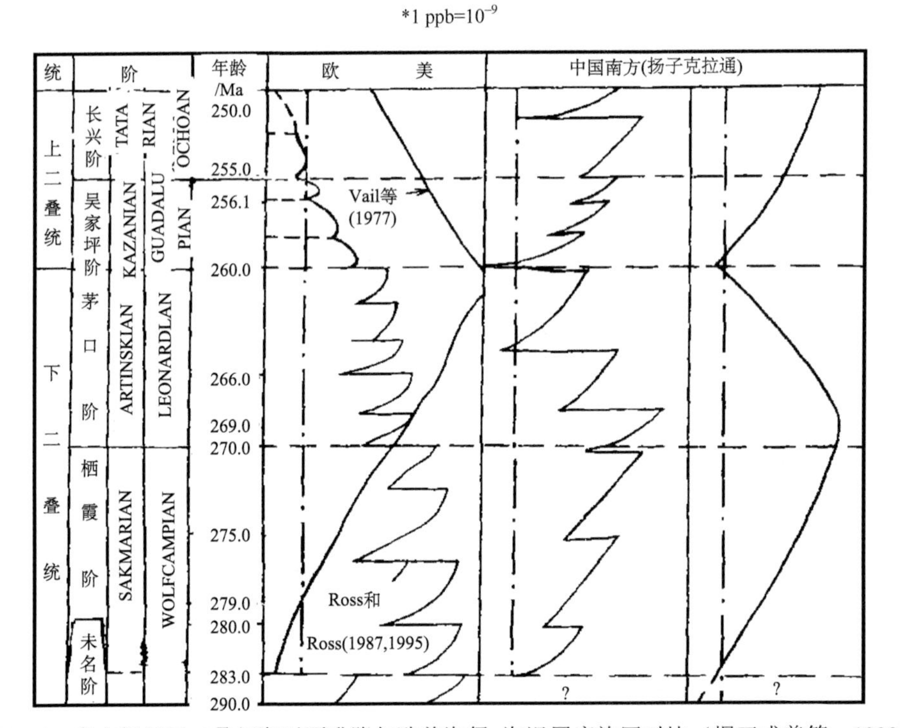

图 2-45　南方扬子区二叠纪海平面升降与欧美海侵-海退层序旋回对比（据王成善等，1999）

的关闭、碰撞造山及大面积的隆起抬升；以西以伸展裂陷作用为主，表现为甘孜-理塘洋的扩张；而在康滇地区则表现为在古隆起背景上的陆内裂谷作用，造成大规模的玄武岩喷发。至中、上三叠世期间，华南大陆在整体相对稳定的浅海盆地演化中，发生了广泛的印支期构造运动，周边洋盆相继关闭，构成碰撞造山带，诸如秦岭-大别、甘孜-理塘、三江古特提斯造山带以及龙门陆内造山带，呈环绕镶边分布，华南大陆与华北的拼合完成了中国大陆主体的构建过程，使其成为欧亚全球性板块的组成部分，也标志着全球 Pangea 超大陆的最终形成。

中二叠世末发生的以升降运动为主的东吴运动，影响了整个华南板块，造成了地层普遍不整合关系。东吴运动之后，晚二叠世扬子陆块内部沉积分异进一步加剧，出现了多个台内次级深水盆地，如黔中台内盆地、川东北-西北地区的开江-梁平海槽以及中二叠世就存在并在晚二叠世得到进一步强化的鄂西台沟，这些台内盆地的出现为烃源岩沉积提供了良好场所，普遍发育了富含有机质的硅泥质沉积。

晚二叠世时期，中国南方与早二叠世时期岩相古地理面貌有较大差别。受东吴运动影响，晚二叠世南方海域四周发育了几个古陆，如康滇古陆、云开古陆、华夏古陆等，古陆的出现改变了早二叠世单一的全区均为海域的古地理格局（冯增昭等，1996），陆地向其外围提供了大量的碎屑物质，使得含煤系碎屑岩潮坪广泛发育，其间还发育富含有机质的页岩硅质岩盆地。

2）古环境背景

晚二叠世华南板块与早二叠世一样，处在赤道附近，属于热带、亚热带区潮湿气候，为有机质高生产率提供了适宜的气候条件。

晚二叠世水体处于缺氧环境。吴胜和等（1994）认为二叠纪中国南方处于低纬度热带地区，表层海水温度高，季节温差小，水体能量低，这一方面导致表层混合水体较薄，另一方面导致水体垂向混合作用弱，即表层含氧水体下沉幅度不大而难以与深层水体混合；同时，台、盆相间的海底地形在一定程度上限制了横向水体的广泛交换，这样，就使较深层水体供氧不足和氧含量急剧降低，从而形成半封闭型停滞缺氧环境。陈代钊等（2011）则发现上二叠统大隆组有机质丰度较大的层段，黄铁矿含量低，且草莓状黄铁矿粒径也非常小，大多小于 5 μm，而研究表明黄铁矿粒径在静流缺氧盆地中，粒径一般比较小（一般小于 6 μm），由此推测晚二叠世扬子台地内部盆地普遍严重缺氧（图 2-46）。

晚二叠世南方扬子海平面普遍处于高水平时期。海平面上升使全区由于前期构造运动隆升出海面的古陆剥蚀下来的陆源物质有了足够的容纳空间接受其堆积，从而使晚二叠世的扬子克拉通以陆源碎屑与碳酸盐混合沉积为主体。

二、海相烃源岩发育模式

20 世纪 70 年代以来，国内外对海相烃源岩的沉积环境及其相关模式进行了广泛的研究，从不同的角度深入剖析了环境对海相有机质富集和油气源岩发育的控制作用，并建立了相关的烃源岩发育模式。谢泰俊（1997）提出海相碎屑烃源岩的四种沉积模式：滞流模式（黑海模式和南海模式两个亚类）、生产率模式、密度分层模式（北海模式）及三角洲模式。梁狄刚等（2000）研究表明塔里木盆地下古生界海相烃源岩中上述两种基本类型均有发育。陈践发等（2001）在系统研究我国海相碳酸盐岩系有机质富集和叠合盆地优质烃源岩发育环境及控制因素的基础上，提出了中–新元古界—下古生界海相优质烃源岩的发育环境和形成模式，主要有四种：缺氧事件（海底热液活动）–上升洋流复合模式、高生产力模式、咸化静海相模式、滞留静海模式。归纳起来，海相烃源岩有表 2-10 的四种发育模式。

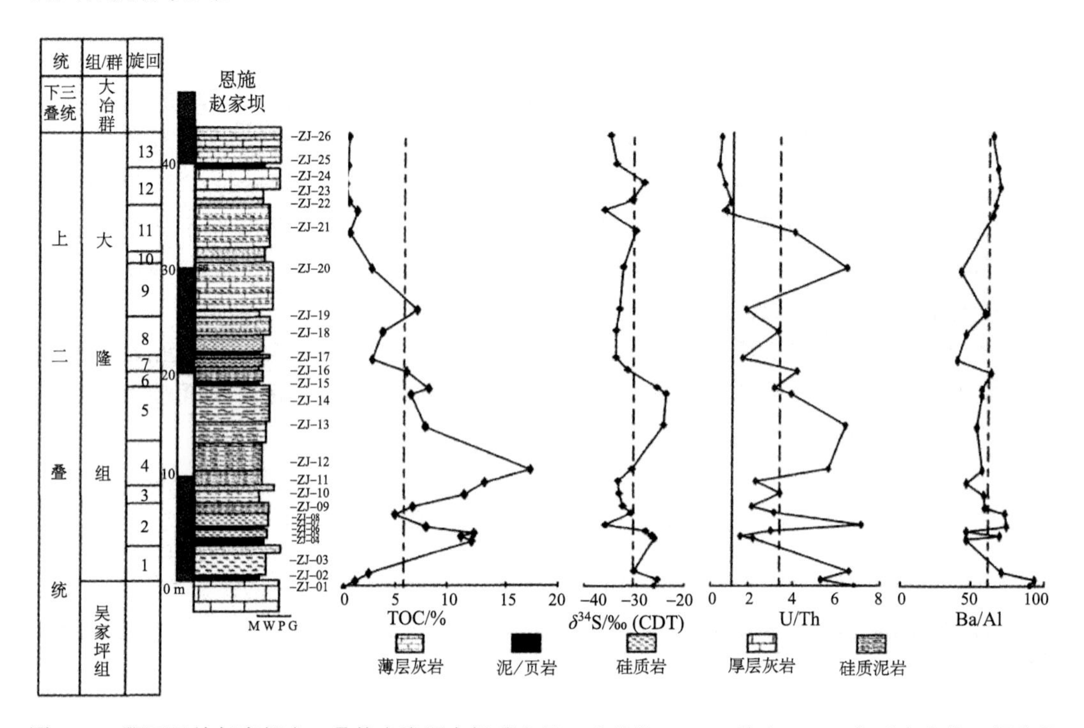

图 2-46　鄂西恩施赵家坝上二叠统大隆组有机碳含量、硫化物、U/Th 值和 Ba/Al 值垂向变化（据陈代钊等，2011）

表 2-10　各种烃源岩形成模式的比较

模式类型	古地理位置	周期	生物面貌	沉积物特征
上升流模式	大陆边缘	不详	近岸浮游	偏氧化
大洋缺氧事件模式	陆坡和大洋	1 Ma（胡修棉，2005）	远洋浮游	强还原和红层交替
黑海模式	潟湖	10 万年	半咸水浮游	强还原
深水陆棚-底栖藻席模式	深水陆棚	4～5 Ma（辛普森模式周期）	底栖生物席	沉积时氧化，埋藏时还原

（一）下寒武统烃源岩

海相高有机质丰度烃源岩主要发育于被动大陆边缘盆地、克拉通内拗陷盆地、前陆盆地和裂谷等盆地中（表 2-11）。生物的生存环境和保存条件制约了烃源岩的形成，而匹配关系良好的古构造、古环境、古气候和古洋流等各要素控制了优质烃源岩的形成。

南方下寒武统烃源岩发育于上述统一的古构造背景和古环境下，但不同构造区烃源岩发育模式存在一定差异性，本书主要探究南方四川盆地、雪峰隆起北缘和下扬子地区下寒武统烃源岩发育模式。

表 2-11　全球寒武系烃源岩分布区统计

盆地/油气区	构造属性	沉积环境	干酪根类型	主要烃源岩
东西伯利亚 Lean-Vilyuy 盆地	被动陆缘	海相	Ⅱ	Kuonam&Inikan 组（中-下寒武统）黑色页岩
中阿拉伯盆地	克拉通内拗陷	海相	Ⅱ	Shuram 组 黑色页岩/泥质叠层石白云岩
Amadeus 盆地	内克拉通裂谷、拗陷	海相	Ⅱ	Tempe 组泥岩/页岩 Chandler 组泥岩/页岩
四川盆地	克拉通内拗陷	浅海相	Ⅰ	下寒武统页岩和碳酸盐岩
塔里木盆地	被动陆缘	深海相	Ⅰ	下寒武统碳质泥岩、沥青质白云岩
Llanos Barinas 盆地	裂谷	海相	Ⅰ-Ⅱ	Quetame 群黑色页岩
Gaspe Peninsula 盆地	裂谷	大陆斜坡	Ⅰ-Ⅱ	上寒武统 Grosses-Roches 组
威林斯顿盆地	克拉通内拗陷	湖相	Ⅰ	Deadwood 组
阿曼盆地	后裂谷内拗陷	浅海相	Ⅱ	Dhahaban 碳酸盐岩
伊朗（Fars Province/Khuzestan Province/Lorestan Province）	边缘拗陷	海相	Ⅰ-Ⅱ	Supra-Hormuz 组 碳酸盐岩/硅质碎屑岩

1）四川盆地下寒武统烃源岩发育的陆内构造环境模式

四川盆地震旦系受区域拉张环境作用，发育近南北向裂陷槽，早寒武世该裂陷槽继承性发育，拉张裂槽位于绵阳-乐至-隆昌-长宁一带，贯穿四川盆地，整体具有以下特征：①裂陷槽整体的展布格局为向南北开口、中间窄的哑铃形。②剖面上，拉张槽东侧边界比西侧边界陡峭，东侧边界同相轴呈现不连续特征，指示可能发育生长正断层，拉张槽具有箕状拗陷构造形态。③裂陷槽最窄处位于资中，宽约 50 km；南部区域最宽处可超过 100 km，并且向南逐渐变宽；北部区域宽度亦可超过 100 km，并且向北变宽。

裂陷槽控制着烃源岩发育，裂陷内部沉积 500～700 m 厚的麦地坪组和筇竹寺组，为地层沉积中心，岩性主要为黑色页岩、碳质页岩和浅灰色泥岩，为典型的深水陆棚相；裂陷东侧为川中水下古隆起，受隆起作用影响，筇竹寺组地层厚度为 50～200 m，相对裂陷内部厚度小很多，主要为黑色泥岩、页岩和泥质粉砂岩沉积，为浅水陆棚相（魏国齐等，2015）。

四川盆地下寒武统烃源岩是在扬子陆块南部域陆内构造大背景制约下，具备早寒武世扬子陆块发育的一系列有利古沉积环境条件（高生产力生烃母质、还原环境、海平面上升和上升洋流），在南北向古裂陷槽和水下古隆起共同控制下发育的深水陆棚相优质烃源岩（图 2-47）。

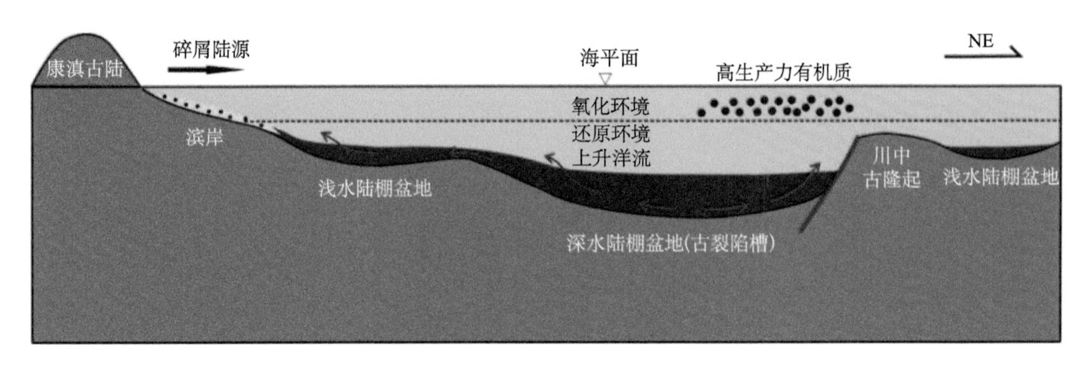

图 2-47　四川盆地下寒武统烃源岩发育的陆内构造环境模式图

2）雪峰隆起北缘下寒武统烃源岩发育的陆内构造环境模式

早寒武世，中上扬子陆台西部的泸定古隆起再次崛起暴露地表成为南北向的隆起区，并与松潘隆起和滇中隆起共同构成南北轴向的不连续剥蚀区，东南部北东轴向的华夏隆起仍然稳定地持续隆起，两者之间陆台（包括中上扬子陆台）属于陆内拗陷型巨型沉积盆地。西部的泸定古隆起-松潘隆起-滇中隆起和东南部的华夏古陆分别自西向东、自东向西向陆内拗陷提供物源，沉积相自西向东、自东向西具有陆内台地-陆内拗陷斜坡-陆内次深海、深海相变化的规律。此时，雪峰隆起及北缘主体具有中上扬子陆台东南缘陆内台地边缘斜坡和陆内拗陷斜坡带的陆内构造背景，下寒武统优质烃源岩正是在此构造背景下发育形成（图 2-48）。

雪峰隆起北缘下寒武统海相优质烃源岩发育于陆内拗陷斜坡构造背景，虽然与被动大陆边缘盆地、克拉通内拗陷盆地、前陆盆地和裂谷等盆地具有或多或少相似的沉积环境，但由于陆内拗陷斜坡在构造背景本质上有着独特的差异性，因此结合其发育的沉积环境，提出其独特的陆内构造环境发育模式：高生产力生烃母质-快速海侵-热液活动-洋流上升-缺氧事件-陆内拗陷斜坡（图 2-49）。寒武纪生命大爆发，具有高生产力的生烃母质是下寒武统海相优质烃源岩发育基础；快速海侵、热液活动、洋流上升是生烃母质埋藏时的古气候、古洋流状态；缺氧事件是高生产力生烃母质形成的必要条件；陆内拗陷斜坡是高丰度烃源岩发育的有利环境。正是由于各要素的良好匹配关系，形成了雪峰隆起北缘优质的下寒武统海相烃源岩。

3）下扬子地区下寒武统烃源岩发育的被动大陆边缘模式和陆内构造环境模式

整个扬子陆块（包括下扬子地区）早寒武世具有生成优质烃源岩的一系列古沉积环境条件：①具有较高有机质生产力水平，这与寒武纪生命大爆发、有机物质基础丰富密切相关；②大气圈具有高 CO_2 和低 O_2 含量特征，海洋存在水体分层，有利于有机质保存、埋藏、沉积成岩；③海平面上升，海侵扩大，导致可容纳空间的增多和海水底部水体缺氧，使沉积界面处于氧化-还原界面之下；④发育上升洋流和热液活动，上升流可将海底营养盐和 SiO_2 携带至表层，有利于表层生物的发育，从而较大幅度地提高原始生产力。

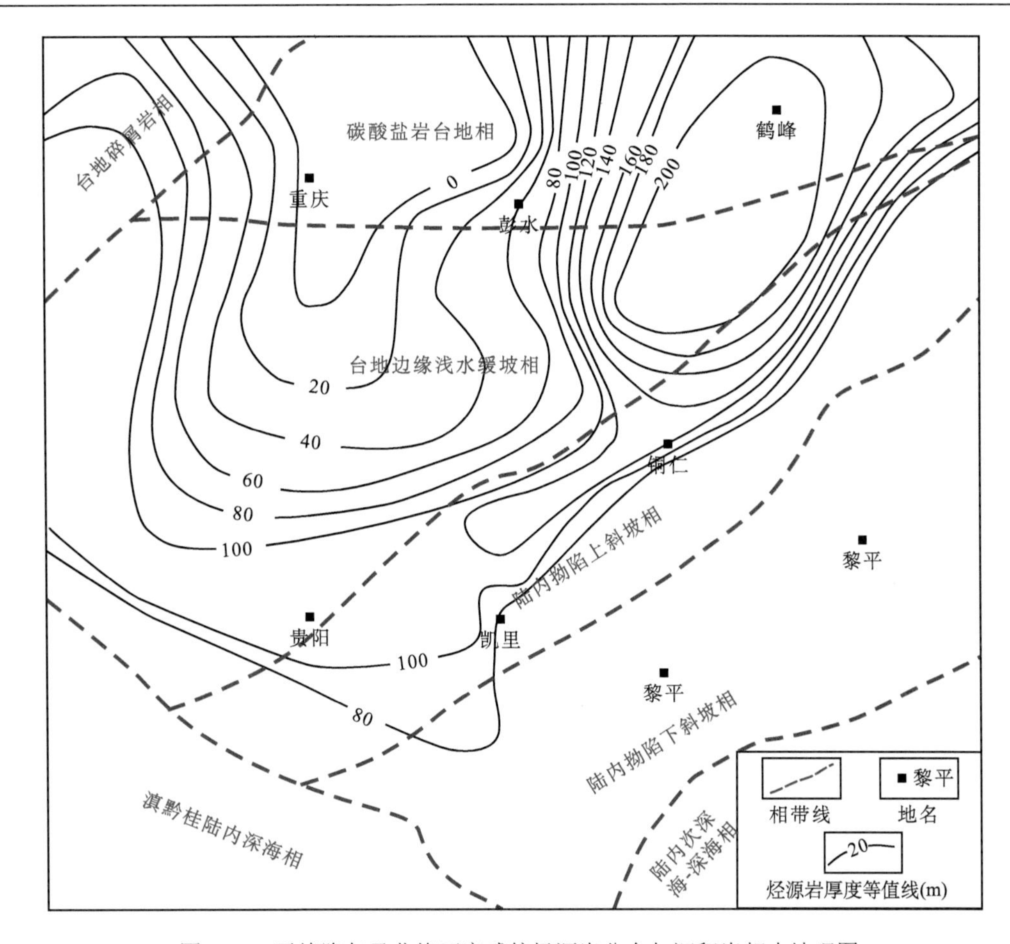

图 2-48 雪峰隆起及北缘下寒武统烃源岩分布与沉积岩相古地理图

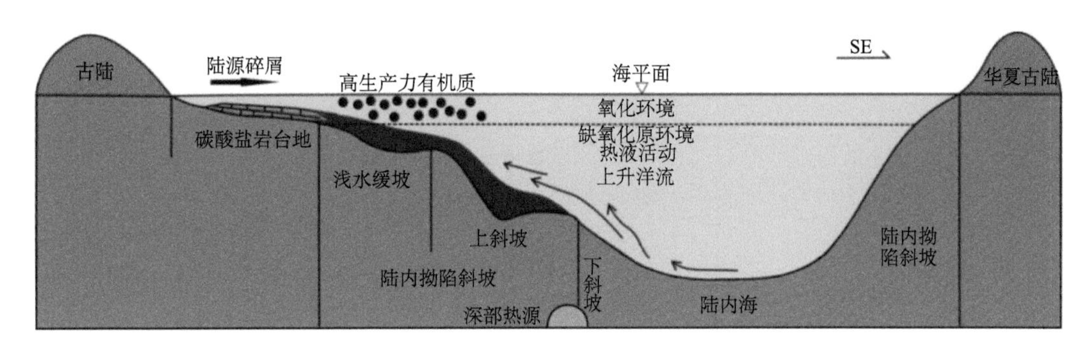

图 2-49 雪峰隆起北缘下寒武统烃源岩发育的陆内构造环境模式图

下扬子陆块下寒武统发育的南、北部域均具备这四个优越古沉积环境背景，但由于南、北部域古构造背景的根本差异：北部域处于被动大陆边缘古构造背景下，南部域则处于陆内构造背景下，因此早寒武世烃源岩在南部域和北部域具有不同的古构造环境发育模式（图 2-50），下寒武统烃源岩现今呈现的属性特征在南部域和北部域具有明显差异性（表 2-12）：①北部域烃源岩为被动大陆边缘斜坡沉积，南部域则为深水陆棚盆地沉积；②陆内作用，使得下扬子中央地区为稳定的水下碳酸盐岩台地沉积，不存在水上古陆，而东南部的华夏陆块存在古隆起；③南部域处在陆内机制作用下，与华夏古陆相互作用密切，物源能够近距离较充足地从华夏古陆运移过来，而北部域处于被动大陆边缘背景，远离陆源物源；④这种古构造背景差异导致了南部域下寒武统相对于北部域下寒武统而言，具有沉积厚度相对大、页岩含量相对高、有机碳含量相对高、成熟度相对高的属性特征；⑤虽然南部域和北部域下寒武统泥岩的生物标志化合物特征比较相似，但仍存在显著差异，南部域下寒武统泥岩高含三芳甾烷和甲基三芳甾烷，北部域下寒武统泥岩却不含三芳甾烷和甲基三芳甾烷。

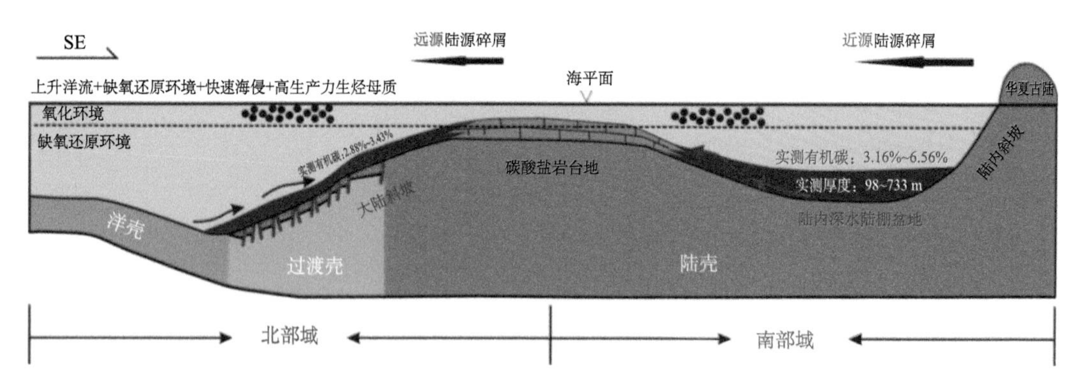

图 2-50　下扬子陆块早寒武世烃源岩古构造环境发育模式

表 2-12　下扬子地区南部域和北部域下寒武统属性特征对比

共性与差异性		南部域	北部域
共性	优质烃源岩形成条件	缺氧还原环境	
		快速海侵	
		高生产力生烃母质	
		上升洋流和热液活动	
差异性	古构造背景	被动大陆边缘	陆内构造
	沉积位置	被动大陆边缘斜坡	陆内深水陆棚盆地
	厚度	厚度大，实测 98～733 m	厚度小，实测 77～148 m
	岩性	页岩含量相对多	页岩含量相对少
	有机碳含量	有机碳含量高，实测 3.16%～6.59%	有机碳含量相对低，实测 2.88%～3.43%
	成熟度	成熟度相对高	成熟度相对低
	物源远近	远源	近源
	有机地球化学特征	高含三芳甾烷和甲基三芳甾烷	不含三芳甾烷和甲基三芳甾烷

（二）上奥陶统—下志留统烃源岩

奥陶纪末冰川活动引起全球性海平面下降，致使水体底部含氧量增加，有机质埋藏率降低，而此后的间冰期气候转暖导致有机质埋藏率升高，有利于主要来源于光合作用、成烃能力强大的繁盛的海洋微生物的埋藏沉积，从而为上奥陶统－下志留统优质烃源岩提供丰富的高生产力有机质（张水昌等，2001；严德天等，2008）。静水滞留环境不利于水体活动，洋流活动缺乏，致使海底缺氧条件的形成。志留纪初气候转暖引起的全球性海平面上升，有利于扬子地区生烃母质生物繁衍、繁盛于接受太阳辐射而迅速变暖的富氧表层水中，保存于缺少太阳辐射而保持低温的缺氧底层水中。此外，奥陶纪末期的冰期事件是显生宙一次重大转折事件，导致了全球海平面的下降，致使五峰期缺氧环境被观音桥期氧化环境所取代，而随后冰期结束后的海平面上升又导致龙马溪期恢复为缺氧环境（严德天等，2009；陈代钊等，2011；陈旭等，2014）。

关于上奥陶统－下志留统优质烃源岩发育的机理和生成模式，严德天等（2008）认为冰期-冰后期之交的气温快速转暖、生烃母质生物的高生产力和高埋藏率、有机质富集保存过程中黏土矿物的赋存驻留作用及海平面快速上升是烃源岩形成的关键因素。

王清晨等（2008）则以“生-聚-保”为切入点提出了下志留统龙马溪组烃源岩形成的构造-环境模式为“光合作用-陆缘洼地-局部缺氧”。该模式中光合作用指其对有机质生产起主要贡献，陆缘洼地指生成的有机质聚集在陆缘洼地型活动大陆边缘的分隔性盆地中，局部缺氧指有利于有机质保存的缺氧条件是区域性的，而非全球性的。

综合分析，结合上奥陶统－下志留统烃源岩发育的陆内构造背景，认为以“生-聚-保”为切入点提出其发育模式是可取的，然而不管是烃源岩的形成与生烃母质生物的高生产力和高埋藏率，还是光合作用，最终指向的都是高生产力有机质；有机质富集保存过程中黏土矿物的赋存驻留作用、冰期-冰后期之交的海平面快速上升及气温快速转暖等保存条件最终导致的是局部缺氧条件的形成；此外，烃源岩发育是处于统一的华南板块内部陆内构造背景，而非处于板块构造学说陆缘洼地型活动大陆边缘的分隔性盆地中，整个扬子地区处于北古隆起、水下高地等围限切割的半封闭陆内拗陷，另外，古隆起对海水的循环形成了很大制约，在隆起背后形成了广泛的滞留环境，有利于有机质的保存。因此，以“生-聚-保”为切入点，结合陆内构造背景，提出上奥陶统－下志留统烃源岩发育的陆内构造环境模式“高生产力有机质-半封闭的陆内拗陷-局部缺氧”（图 2-51）。“高生产力有机质”指生产力条件，“半封闭陆内拗陷”代表烃源岩聚集的陆内构造环境，“局部缺氧”指保存的缺氧条件是区域性的，而非全球性的。

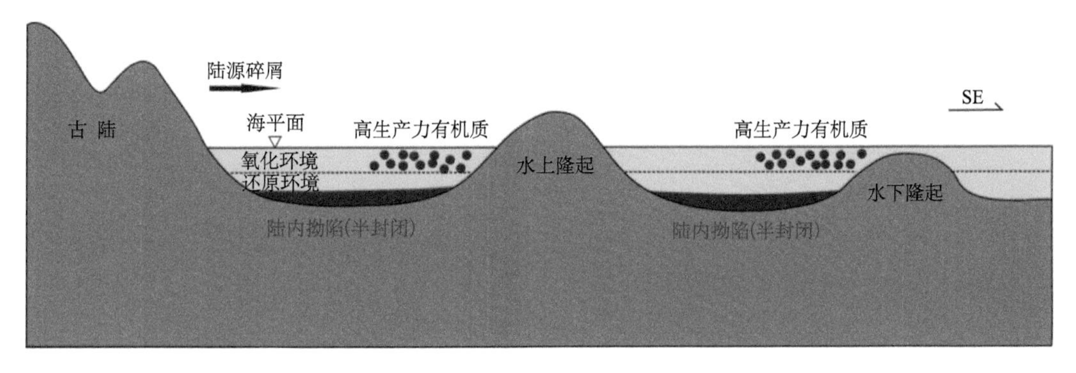

图 2-51　上奥陶统—下志留统烃源岩发育的陆内构造环境模式图

（三）下二叠统烃源岩

早二叠世南方发育一系列有利烃源岩沉积环境：华南板块位于赤道附近，为热带、亚热带潮湿气候，生物繁殖，生产力水平较高，海平面处于上升时期，水体处于贫氧还原环境。早、中二叠世南方处于拉张环境作用下，整体发育广阔海域碳酸盐岩台地沉积，下二叠统烃源岩发育在剥蚀区相对较低的深水的陆棚盆地。南方下二叠统烃源岩发育模式为：高生产力生烃母质-缺氧还原环境-高海平面-深水碳酸盐岩陆棚盆地（图 2-52）。

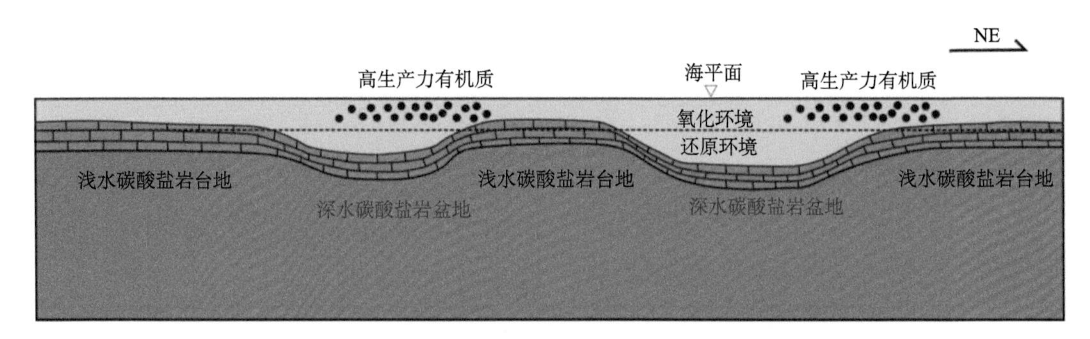

图 2-52　下二叠统烃源岩发育的古构造环境模式图

（四）上二叠统烃源岩

南方晚二叠世时期与早二叠世岩相古地理有较大差异，主要表现为四周发育几个古陆，如康滇古陆、云开古陆、华夏古陆等。晚二叠世，扬子陆块西部发生了大规律的峨眉山玄武岩喷发及整个扬子陆块的隆升（东吴运动），扬子陆块内沉积分异进一步加剧，出现多个台内次级深水盆地，加之古陆的出现，为烃源岩沉积提供了充足物源，在深水盆地以及潮坪-潟湖环境沉积了富含有机质的下二叠统硅泥质烃源岩。南方上二叠统烃源岩发育模式为：高生产力生烃母质-高海平面-缺氧还原环境-深水碎屑岩陆棚盆地（图 2-53）。

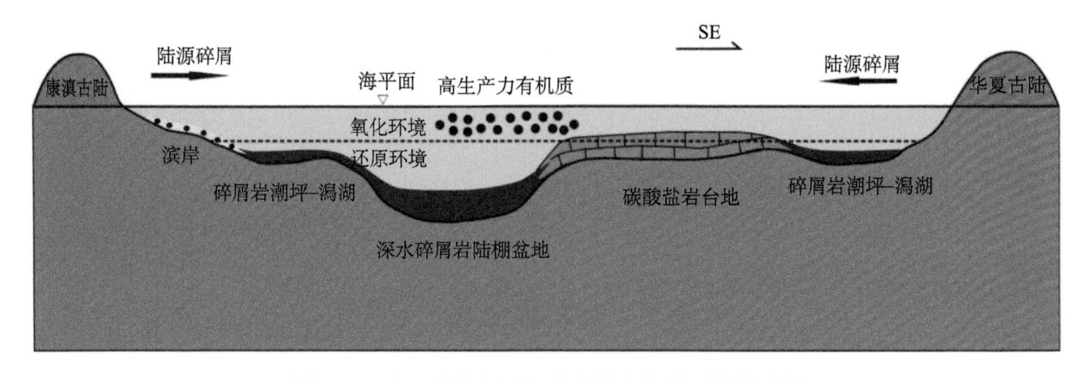

图 2-53　上二叠统烃源岩发育的古构造环境模式图

综上所述，中国南方发育的四套区域性海相烃源岩（下寒武统、上奥陶统—下志留统、下二叠统和上二叠统）具有不同的古构造古环境发育模式，烃源岩本身在厚度、岩性、有机碳含量和热演化上具有差异性（表 2-13）。

早寒武世，中国南方具有高生产力生烃母质、快速海侵、上升洋流、水体缺氧以及热液活动等一系列优越古环境背景，扬子陆块南部域处于陆内构造背景下，发育陆内深水陆棚、陆内拗陷斜坡和古裂陷槽等烃源岩良好沉积场所，扬子陆块北部域处于被动大陆边缘构造背景下，烃源岩在被动大陆边缘斜坡上聚集发育，在上述古构造和古环境良好配置下，下寒武统烃源岩在四川盆地、中扬子和下扬子地区均有较大厚度沉积，岩性主要为黑色泥岩、页岩和含磷结核。下寒武统烃源岩现今热演化程度非常高，基本都处于热裂解干气阶段，以下寒武统烃源岩为导向的天然气常规勘探，应作为重点勘探方向。另外，下寒武统页岩普遍发育，页岩气非常规勘探也具有较大潜力。

到了晚奥陶世末期，中国南方古地理发生了巨大变化，扬子地区被许多水上隆起和水下隆起围限，处于封闭-半封闭的环境，海水滞留，沉积环境普遍缺氧，此时上升洋流和热液活动没有早寒武世那么发育，上奥陶统—下志留统烃源岩在半封闭的陆内拗陷盆地中沉积发育，岩性主要为灰黑色碳质、硅质页岩，其发育厚度相对下寒武统烃源岩要薄些。上奥陶统—下志留统烃源岩现今热演化程度比较高，处于过成熟阶段，以生气为主，该套烃源岩岩性主要为页岩，以其为导向的非常规页岩气勘探具有较大潜力。

早二叠世，南方发育广阔海域，四周基本不发育古隆起，海平面处于相对较高水平，广泛发育碳酸盐岩台地沉积，烃源岩在相对深水的台内盆地（或洼地）沉积发育，岩性主要为灰岩。

晚二叠世，南方海域发育了几个古陆，如康滇古陆、云开古陆、华夏古陆等，古陆的出现改变了早二叠世单一的全区均为海域的古地理格局，且向其外围提供了大量的碎屑物源，陆源沉积大量增加。上二叠统烃源岩主要发育在深水碎屑岩陆棚盆地以及潮坪-潟湖中，岩性主要为泥岩、含煤层，部分为灰岩。

表 2-13　南方海相烃源岩富集模式差异性对比表

烃源岩		古环境背景	古构造地理背景	岩性	厚度/m	TOC/%	R^{o}/%
下寒武统	南部域	高生产力生烃母质、快速海侵、上升洋流、缺氧还原、热液活动	陆内深水陆棚盆地、陆内拗陷斜坡、古裂陷槽	黑色泥岩、页岩，含磷结核	0～600	0.5～8.0	2.0～4.0
	北部域		被动大陆边缘斜坡		0～200	0.5～3.5	2.0～3.0
上奥陶统—下志留统		高生产力生烃母质、海平面相对上升、缺氧还原	半封闭陆内拗陷盆地	硅质泥岩、碳质页岩	0～120	0.5～5.0	1.5～4.0
下二叠统		高生产力生烃母质、高海平面、缺氧还原	广海碳酸盐岩台地	灰岩	0～150	0.5～2.0	1.0～3.0
上二叠统		高生产力生烃母质、高海平面、缺氧还原	深水碎屑岩陆棚盆地、潮坪-潟湖	泥岩、含煤层，灰岩	0～600	0.5～7.0	1.0～3.0

参 考 文 献

蔡希源, 郭旭升, 何治亮, 等. 2016. 四川盆地天然气动态成藏. 北京: 科学出版社
蔡勋育, 韦宝东, 赵培荣. 2005. 南方海相烃源岩特征分析. 天然气工业, 25(3): 20-22
陈代钊, 汪建国, 严德天, 等. 2011. 扬子地区古生代主要烃源岩有机质富集的环境动力学机制与差异. 地质科学, 46(1): 5-26
陈建平, 梁狄刚, 张水昌, 等. 2012. 中国古生界海相烃源岩生烃潜力评价标准与方法. 地质学报, 86(7): 1132-1142
陈践发, 张水昌, 王大锐, 等. 2001. 中国典型叠合盆地油气形成富集与分布预测. 北京: 中国石油勘探开发研究院
陈践发, 张水昌, 孙省利, 等. 2006. 海相碳酸盐岩优质烃源岩发育的主要影响因素. 地质学报, 80(3): 467-472
陈丕济. 1985. 碳酸盐岩生油地化中几个问题的评述. 石油实验地质, 7(1): 3-12
陈旭, Bergström S M, 张元动, 等. 2014. 中国三大块体晚奥陶世凯迪早期区域构造事件. 科学通报, 59(1): 59-65
董云鹏, 周鼎武, 张国伟, 等. 1998. 秦岭造山带南缘早古生代基性火山岩地球化学特征及其大地构造意义. 地球化学, 27(5): 432-440
冯岩, 温珍河, 郑求根, 等. 2011. 古大陆再造与中国主要块体运动特征. 海洋地质前沿, 27(7): 41-49
冯增昭, 杨玉卿, 金振奎, 等. 1996. 中国南方二叠纪岩相古地理. 沉积学报, 14(2): 1-11
傅家谟, 刘德汉. 1982. 碳酸盐岩有机质演化特征及油气评价. 石油学报, 1: 1-9
傅家谟, 史继扬. 1977. 石油演化理论与实践(Ⅱ)——石油演化的实践模型和石油演化的实践意义. 地球化学, 6(2): 77-104
高长林, 刘光祥, 张玉箴, 等. 2003. 东秦岭-大巴山逆冲推覆构造与油气远景. 石油实验地质, 25(z1): 523-531
郭旭升. 2014. 南方海相页岩气"二元富集"规律——四川盆地及周缘龙马溪组页岩气勘探实践认识. 地质学报, 88(7): 1209-1218
郝石生, 贾振远. 1989. 碳酸盐岩油气形成与分布. 北京: 石油工业出版社
胡修棉. 2005. 白垩纪中期异常地质事件与全球变化. 地学前缘, 12(2): 222-230
黄大瑞, 蔡忠贤, 朱扬明. 2007. 川东北龙潭(吴家坪)组沉积相与烃源岩发育. 海洋石油, 27(3): 57-63
黄第藩. 1992. 在华北地台下奥陶统地层中发现低成熟的碳酸盐岩烃源岩. 石油勘探与开发, 19(4): 1
吉让寿, 秦德余, 高长林. 1990. 古东秦岭洋关闭和华北与扬子两地块拼合. 石油实验地质, 12(4): 353-365
李江海, 姜洪福. 2013. 全球古板块再造、岩相石地理及古环境图集. 北京: 地质出版社
李江海, 王洪浩, 李维波, 等. 2014. 显生宙全球古板块再造及构造演化. 石油学报, 35(2): 207-218
李双建, 肖开华, 沃玉进, 等. 2008. 南方海相上奥陶统—下志留统优质烃源岩发育的控制因素. 沉积学报, 26(5): 872-880
梁狄刚, 张水昌, 张宝民, 等. 2000. 从塔里木盆地看中国海相生油问题. 地学前缘, 7(4): 534-547
梁狄刚, 郭彤楼, 陈建平, 等. 2008. 中国南方海相生烃成藏研究的若干新进展(一): 南方四套区域性海相烃源岩的分布. 海相油气地质, 13(2): 1-16
梁狄刚, 郭彤楼, 陈建平, 等. 2009a. 中国南方海相生烃成藏研究的若干新进展(二): 南方四套区域性海相烃源岩的地球化学特征. 海相油气地质, 14(1): 1-15
梁狄刚, 郭彤楼, 边立曾, 等. 2009b. 中国南方海相生烃成藏研究的若干新进展(三): 南方四套区域性海相烃源岩的沉积相及发育的控制因素. 海相油气地质, 14(2): 1-19
刘宝泉, 梁狄刚, 方杰, 等. 1985. 华北地区中上元古界、下古生界碳酸盐岩有机质成熟度与找油远景.

地球化学, 14(2): 150-162
刘伟, 余谦, 闫剑飞, 等. 2012. 上扬子地区志留系龙马溪组富有机质泥岩储层特征. 石油与天然气地质, 33(3): 346-352
刘喜停, 颜佳新, 薛武强, 等. 2014. 华南中二叠统栖霞组海相烃源岩形成的地球生物学过程. 中国科学(D 辑: 地球科学), 44(6): 1185-1192
吕炳全, 王红罡, 胡望水, 等. 2004. 扬子陆块东南古生代上升流沉积相及其与烃源岩的关系. 海洋地质与第四纪地质, 24(4): 29-35
马力, 陈焕疆, 甘克文, 等. 2004. 中国南方大地构造和海相油气地质. 北京: 地质出版社
牟传龙, 周恳恳, 梁薇, 等. 2011. 中上扬子地区早古生代烃源岩沉积环境与油气勘探. 地质学报, 85(4): 526-531
秦建中, 申宝剑, 腾格尔, 等. 2013. 不同类型优质烃源岩生排油气模式. 石油实验地质, 35(2): 179-186
秦建中, 申宝剑, 陶国亮, 等. 2014. 优质烃源岩成烃生物与生烃能力动态评价. 石油实验地质, 36(4): 465-472
秦建中, 腾格尔, 申宝剑, 等. 2015. 海相优质烃源岩的超显微有机岩石学特征与岩石学组分分类. 石油实验地质, 37(6): 671-680
舒良树. 2012. 华南构造演化的基本特征. 地质通报, 31(7): 1045-1053
腾格尔. 2011. 中国海相烃源岩研究进展及面临的挑战. 天然气工业, 31(1): 20-25
腾格尔, 刘文汇, 徐永昌, 等. 2006. 高演化海相碳酸盐烃源岩地球化学综合判识——以鄂尔多斯盆地为例. 中国科学(D 辑: 地球科学), 36(2) : 167-176
腾格尔, 蒋启贵, 陶成, 等. 2010. 中国烃源岩研究进展及面临的挑战. 中外能源, 15(12): 37-52
王成善, 李祥辉, 陈洪德, 等. 1999. 中国南方二叠纪海平面变化及升降事件. 沉积学报, 17(4): 536-541
王清晨, 严德天, 李双建. 2008. 中国南方志留系底部优质烃源岩发育的构造-环境模式. 地质学报, 82(3): 289-297
王云鹏, 赵长毅, 王兆云, 等. 2005. 利用生烃动力学方法确定海相有机质的主生气期及其初步应用. 石油勘探与开发, 32(4): 153-158
魏国齐, 杜金虎, 徐春春, 等. 2015. 四川盆地高石梯-磨溪地区震旦系—寒武系大型气藏特征与聚集模式. 石油学报, 36(1): 1-12
吴胜和, 冯增昭, 何幼斌. 1994. 中下扬子地区二叠纪缺氧环境研究. 沉积学报, 12(2): 29-36
肖开华, 沃玉进, 周雁, 等. 2006. 中国南方海相层系油气成藏特点与勘探方向. 石油与天然气地质, 27(3): 316-325
谢泰俊. 1997. 海相生烃碎屑岩的沉积环境及有机质的分布. 沉积学报, 15(2): 14-18
徐胜林, 陈洪德, 陈安清, 等. 2011. 四川盆地海相地层烃源岩特征. 吉林大学学报(地球科学版), 41(2): 343-350
许效松, 门玉澎, 张海全. 2010. 古陆、古隆与古地理. 沉积与特提斯地质, 30(3): 1-10
严德天, 王清晨, 陈代钊, 等. 2008. 扬子及周缘地区上奥陶统—下志留统烃源岩发育环境及其控制因素. 地质学报, 82(3): 321-327
严德天, 陈代钊, 王清晨, 等. 2009. 扬子地区奥陶系-志留系界线附近地球化学研究. 中国科学(D 辑: 地球科学), 39(3): 285-299
颜佳新. 2004. 华南地区二叠纪栖霞组碳酸盐岩成因研究及其地质意义. 沉积学报, 22(4): 579-587
杨兴莲, 朱茂炎, 赵元龙, 等. 2008. 黔东震旦系—下寒武统黑色岩系稀土元素地球化学特征. 地质论评, 54(1): 3-15
张国伟, 郭安林, 王岳军, 等. 2013. 中国华南大陆构造与问题. 中国科学(D 辑: 地球科学), 43(10): 1553-1582
张国伟, 孟庆任, 于在平, 等. 1996. 秦岭造山带的造山过程及其动力学特征. 中国科学(D 辑: 地球科

学), 26(3): 193-200
张海全, 许效松, 刘伟, 等. 2013. 中上扬子地区晚奥陶世—早志留世岩相古地理演化与黑色页岩的关系. 沉积与特提斯地质, 33(2): 17-24
张水昌, 张保民, 王飞宇, 等. 2001. 塔里木盆地两套海相有效烃源层——有机质性质、发育环境及控制因素. 自然科学进展, 11(3): 261-268
张水昌, 张宝民, 边立增, 等. 2006. 中国海相烃源岩发育控制因素. 地学前缘, 12(3): 39-48
赵文智, 王兆云, 张水昌, 等. 2006. 油裂解生气是海相气源灶高效成气的重要途径. 科学通报, 51(5): 589-595
周名魁, 王汝植, 李志明. 1993. 中国南方奥陶纪—志留纪岩相古地理与成矿作用. 北京: 地质出版社
朱扬明, 李颖, 郝芳, 等. 2012. 四川盆地东北部海、陆相储层沥青组成特征及来源. 岩石学报, 28(3): 870-878
邹才能, 杜金虎, 徐春春, 等. 2014. 四川盆地震旦系—寒武系特大型气田形成分布、资源潜力及勘探发现. 石油勘探与开发, 41(3): 278-293
Boucot A J, Gray J. 2001. Acritique of Phanerozoic climaticmodes involving changes in the CO_2 content of the atmospere. Earth Science Reviews, 56: 1-159
Calvert S E. 1987. Ocean ographic controls on the accumulation of organic matter in the marine sediments//Brooks J, Fleet A J. Marine Petroleum Source Rocks. London: Geological Society Special Publication
Demaison G J, Moor G T. 1980. Anoxic environments and oil source bed genesis. AAPG Bulletin, 64(8): 1179-1209
Horsfield H J，Schenk H J, Mills N, et al. 1992. Investigation of the in-reservoir conversion of oil to gas: Compositional and kinetic findings from closed-system programmef-temperature pyrolysis. Org Geochem, 19(1-3) : 191-204
Hunt J M. 1967. The origin of petroleum in carbonate rocks//Chilingar G V, Bissell H L, Fairbridgc P W. Carbonate Rocks. New York: Elsevier
Palacas J G. 1984. Petroleum Geochemistry arid Source Rock Potential of Carbonate Rocks (AAPG Studies in Geology). Tulsa: AAPG: 7-96, 12-134
Pedersen T F, Calvert S E. 1990. Anoxia vs productivity: What controls the formation of organic-carbon-rich sediments and sedimentary rocks. AAPG Bulletin, 74(4): 454-466
Ross C A, Ross J R P. 1987. Late Paleozoic sea levels and depositional sequences. Cushman Foundation for Foraminiferal Research, Spec. Pub, 24: 137-149
Ross C A, Ross J R P. 1995. Late Paleozoic depositional sequences are synchronous and worldwide. Geology, 13: 194-197
Schenk H J, di Primo R, Horsfield B. 1997. The conversion of oil into gas in petroleum reservoirs. Part 1: Comparative kinetic investigation of gas generation from crude oils of lacustrine, marine and fluviodeltaic origin by programmed temperature closed-system pyrolysis. Org Geochem, 26: 467-481
Tissot B P, Welse D H. 1984. Petroleum Formation and Occurrence (Second Revised and Enlarged Edition). Berlin: Springer Verlag
Vail P R, Mitchmu R M Jr , Thompson S. 1977. Seismic Stratigraphy and global changes of sealevel//Payton C E. Seismic Stratigraphy—Application to Hydrocarbon Exploration. AAPG, 26: 83-97

第三章 海相碳酸盐岩储层发育规律

近几年勘探实践揭示，南方海相碳酸盐岩主要发育礁滩和不整合岩溶两种类型储层。纵向分布层系为震旦系（灯影组）、寒武系（龙王庙组、洗象池组）、奥陶系（红花园组、宝塔组）、志留系（石牛栏组）、石炭系（黄龙组）、二叠系（栖霞组、茅口组、长兴组）、三叠系（飞仙关组、嘉陵江组、雷口坡组）。“十一五”至“十二五”期间，继元坝、普光、龙岗等海相大中型礁滩气田的勘探发现后，又在海相下组合寒武系龙王庙组浅滩白云岩、震旦系灯影组丘滩叠合岩溶储层获得勘探突破，在二叠系围绕开江-梁平陆棚及围绕蓬溪-武胜台洼边缘相带发现高能礁滩相带，大型礁滩岩性气田的勘探促进了关于碳酸盐岩储层发育规律的研究并取得了新的认识。

随着油气勘探领域日益扩大，加强新型储层的基础研究尤为重要。本章以四川盆地及周缘为重点研究区，以“十一五”至“十二五”期间勘探新发现为重点研究对象，通过大量的勘探数据统计分析与研究，总结了礁滩和不整合岩溶两类储层发育规律与成储模式，为后续油气勘探奠定基础。

第一节 碳酸盐岩台地沉积体系与储层发育

碳酸盐岩成因复杂，类型多样，其中礁滩白云岩是碳酸盐岩优质储集岩。碳酸盐岩台地沉积体系控制了储集岩的发育及分布，可以说没有碳酸盐岩台地就没有优质碳酸盐岩储层。碳酸盐岩台地可划分成几种广义上的成因类型，其中常见的类型包括镶嵌陆架型台地、缓坡型台地或无镶嵌陆架型台地、陆表海型台地、孤立型台地以及淹没型台地（图 3-1）。结合四川盆地已取得的勘探成果，海相碳酸盐岩主要发育三种具有经济价值的台地沉积体系：镶嵌陆架型台地（镶边台地）沉积体系、缓坡型台地沉积体系和蒸发台地沉积体系（表 3-1）。镶边台地沉积体系包括开阔台地、局限台地、台地边缘礁滩、台地边缘浅滩、台地边缘斜坡和陆棚组合；缓坡型台地沉积体系包括内缓坡、中缓坡及外缓坡等沉积相组合；蒸发台地沉积体系主要发育蒸发潮坪、含膏潟湖、膏湖、盐湖等沉积环境。三种沉积体系广泛分布于四川盆地海相地层中，储层发育与之密切相关。本节以四川盆地海相碳酸盐岩为例，介绍碳酸盐岩台地沉积体系与储层发育的关系。

一、镶边台地沉积体系与储层发育

镶嵌陆架型台地是一类与陆地相连而且与深水盆地间有一显著坡折的浅水碳酸盐岩台地。镶嵌陆架型台地主要是根据台地与盆地相邻的台地边缘及斜坡特征进行分类。Read（1985）将镶嵌陆架型台地边缘分成三种类型：①沉积或增生型；②超越型；③侵蚀型。这几类台地的边缘沉积相以碳酸盐岩礁或碳酸盐岩颗粒滩为特征。

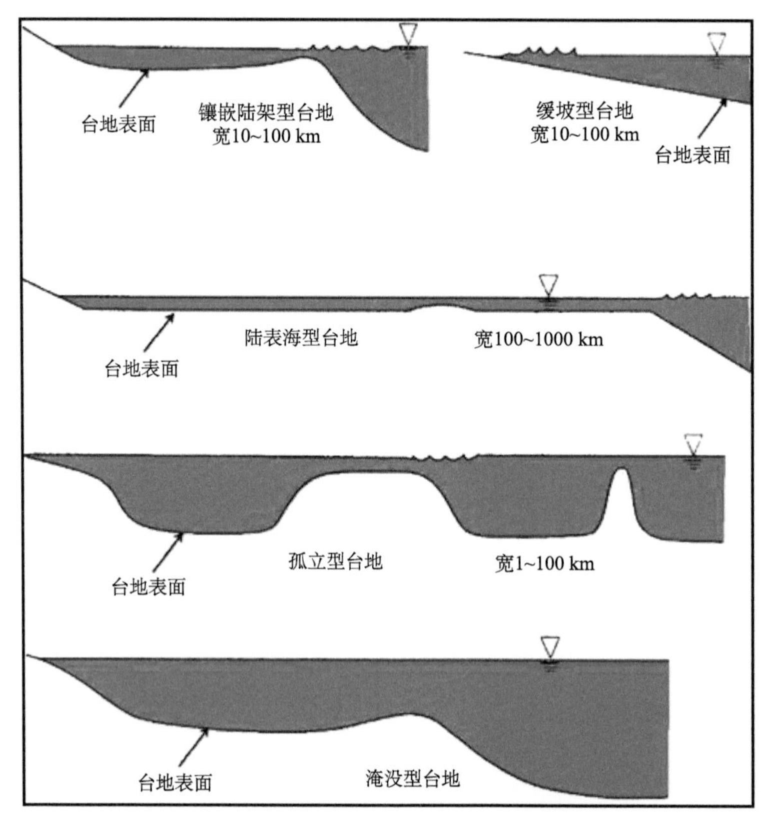

图 3-1　碳酸盐岩台地主要成因类型概略图（Tucker and Wright，1990）

表 3-1　四川盆地碳酸盐岩沉积体系分类表

沉积体系	相	亚相	储层岩性	储集体类型	储层主要发层位
镶边台地沉积体系	开阔台地	生屑滩、砂屑滩、鲕粒滩、滩间	亮晶鲕粒灰岩、亮晶生屑灰岩、生屑泥晶灰岩、泥晶生屑灰岩	台地边缘礁滩、台内滩	飞三段、长兴组、龙王庙组
	局限台地	潟湖、潮坪、蒸发潮坪、蒸发潟湖、鲕粒滩、砂屑滩、生屑滩、潮道	白云质泥晶灰岩、泥晶白云岩		
	台地边缘礁滩	暴露浅滩、生物礁、鲕粒滩、礁滩、砂屑滩	亮晶生屑灰岩、海绵礁灰岩、藻礁白云岩		
	台地边缘浅滩	暴露浅滩、生物礁、鲕粒滩、礁滩、砂屑滩	亮晶鲕粒灰岩、亮晶生屑灰岩、亮晶鲕粒白云岩		
	台地边缘斜坡	颗粒滩、滩间	—		
	陆棚	浅水陆棚、深水陆棚	—		
缓坡型台地沉积体系	内缓坡	台内滩、台洼	亮晶生屑灰岩、泥晶生屑灰岩	缓坡浅滩	栖霞组、茅口组
	中缓坡	生屑滩、滩间	亮晶生屑灰岩、中-粗晶白云岩、粉晶白云岩、亮晶砂屑灰岩、泥晶生屑灰岩		
	外缓坡	生屑滩、滩间	—		
蒸发台地沉积体系	蒸发台地	蒸发潮坪	鲕粒白云岩、砂屑白云岩	浅滩	嘉陵江组、雷口坡组
		含膏潟湖、膏湖、盐湖	—		

镶边台地以发育外部的高能扰动边缘和进入深水盆地的坡度明显增加（几度至 60°或者更大）为显著特征，沿陆棚边缘发育的高能带有半连续的镶边或障壁限制海水循环与波浪作用，在向陆一侧形成低能潟湖。四川盆地礁滩勘探研究认为，镶边台地沉积体系主要发育台地边缘礁滩相、台地边缘浅滩相、局限台地相、开阔台地相、台地边缘斜坡相及陆棚相。

1. 台地边缘礁滩相

台地边缘礁滩相发育在碳酸盐岩台地边缘，位于台地与斜坡之间的转换带，是浅水沉积和深水沉积之间的变换带，水动力较强，是波浪和潮汐作用改造强烈的高能沉积环境。主要分布在震旦系灯影组、寒武系龙王庙组、二叠系栖霞组及长兴组和三叠系飞仙关组中。由（暴露）生屑滩、（暴露）鲕粒滩及生物礁等组成。以沉积生屑灰岩、生物礁灰岩、生物礁白云岩及颗粒白云岩为主。

2. 台地边缘浅滩相

台地边缘浅滩受海流作用强烈，分布在寒武系仙女洞组、三叠系飞仙关组、二叠系长兴组及栖霞组中。以沉积亮晶颗粒岩为主，如亮晶鲕粒灰岩、亮晶鲕粒白云岩、亮晶砂屑灰岩、亮晶砂屑白云岩及核形石灰岩等。沉积构造丰富，发育板状交错层理、槽状交错层理及平行层理，层面上常见大型浪成波痕。由鲕粒滩、砂屑滩及暴露浅滩等亚相组成。

3. 局限台地相

局限台地位于障壁岛后向陆一侧十分平缓的海岸地带和浅水盆地。主要分布于寒武系龙王庙组、三叠系飞仙关组、嘉陵江组中。以沉积灰岩、白云岩及泥质岩为主。各种潮汐层理如透镜状层理、脉状层理及波状层理丰富。可细分为潮坪、潟湖及生屑滩、鲕粒滩和砂屑滩等亚相。

4. 开阔台地相

开阔台地位于台地边缘生物礁、浅滩与局限台地之间的广阔海域。纵向上分布于栖霞组、茅口组、长兴组及飞仙关组中。主要由泥晶灰岩、砂屑灰岩、鲕粒灰岩及生屑灰岩所组成，一般缺乏白云岩。

5. 台地边缘斜坡相

中上扬子区，镶边台地边缘斜坡坡度陡，发育大规模碎屑流沉积。利川见天坝长兴组属于此类斜坡，岩性为砾屑灰岩。

6. 陆棚相

其为斜坡以外的深水沉积区。四川盆地发育两种陆棚类型。一种为深水陆棚，如长兴期的“广旺陆棚”及“鄂西陆棚”，水体较深，以沉积薄层硅质岩及页岩为主，少量薄层灰岩，发育非常丰富形态完整的菊石化石。另一种为浅水陆棚，如元坝地区飞一段—飞二段及达州-宣汉地区长兴组—飞一段—飞二段，水体较浅，以沉积薄层状泥晶灰岩及泥灰岩为主。

中上扬子区的镶边台地沉积体系以晚二叠世至早三叠世早期环梁平-开江陆棚两侧和鄂西陆棚西侧发育的最为典型，研究认为存在两种差异性的镶边台地沉积体系，即“陡窄加积型”“宽缓迁移型”台地沉积体系，发育大规模台地边缘礁、滩和礁滩复合体储层。

（1）“陡窄加积型”镶边台地沉积。该模式主要发育于二叠系、三叠系中，分布于川东北、川东南地区。陡窄加积型台缘带以普光地区二叠系、三叠系台缘带为代表（图 3-2 右侧），普光地区台缘坡度长兴期约为 15°，飞仙关期为 8°～10°，台地边缘斜坡陡窄，斜坡沉积物为滑塌灰岩角砾。台地内沉积生物碎屑灰岩为主夹泥晶灰岩，陆棚主要沉积一套薄层泥晶灰岩。台缘带较稳定，礁、滩迁移不明显，长兴期生物礁发育规模小，沿台缘带窄条状分布，表现为“礁滩单排、滩窄”，飞仙关期滩体发育规模大，表现为“滩厚、云化强”的特点，总体呈纵向加积发育之势，储层连续发育，厚度大，但分布范围窄。储层以礁滩储层为主，岩性多为残余生物礁结晶白云岩、亮晶生物屑灰岩、亮晶鲕粒灰岩，顶部为浅滩相生屑白云岩。

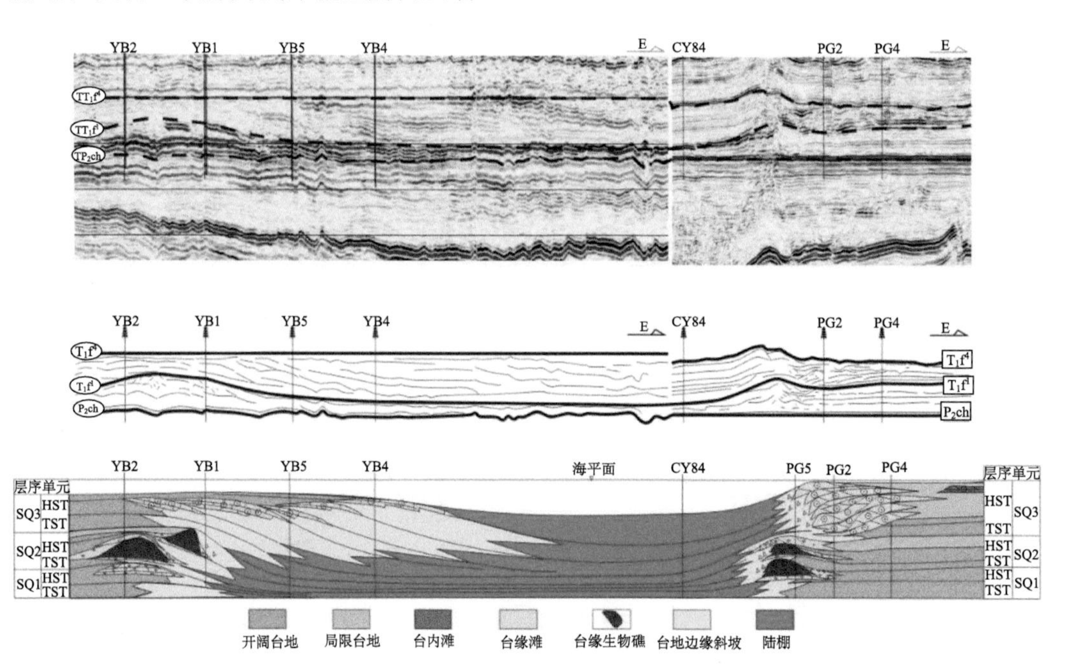

图 3-2　以台地边缘礁滩为储集体的“陡窄加积型”（右侧）和“宽缓迁移型”（左侧）发育模式

（2）“宽缓迁移型”镶边台地沉积。该模式主要发育于二叠系、三叠系中，分布在川东北地区。宽缓迁移型台缘带以元坝及邻区台地边缘带为代表（图 3-2 左侧），主要表现为台地边缘斜坡宽缓，元坝地区长兴期台缘坡度为 7°～8°，飞仙关期为 2°～3°，沉积物岩性为泥晶灰岩、泥质灰岩夹瘤状灰岩。台地内沉积生物碎屑灰岩为主夹泥晶灰岩，陆棚主要沉积一套薄层泥晶灰岩及泥质灰岩。长兴期台缘生物礁发育规模大，呈现“早滩晚礁、前礁后滩”沉积特征，台缘礁、滩由西向东进积迁移特点明显，表现为“礁滩多排、滩宽”，飞仙关期表现为“滩薄、云化弱”，储层发育程度略差，但分布范围广。储层往往以台地边缘发育浅滩为主，岩性为亮晶鲕粒灰岩，局部高地貌区发育暴露浅滩，岩性为残余鲕粒结晶白云岩。

镶边台地沉积体系发育台地边礁滩、台地边浅滩和台内滩三类储层，但无论是台地边缘礁滩、台地边缘浅滩或是台内滩，只有当它们从开阔台地环境演化为局限环境时才能形成储层，这是因为只有局限环境才能导致礁滩和浅滩白云岩化并经早期暴露溶蚀形成储层。未经暴露溶蚀和白云岩化的台地边礁滩、台地边浅滩和台内滩均难以形成有效储层。

二、缓坡型台地沉积体系与储层发育

碳酸盐岩缓坡即从海岸到盆地沉积表面坡度极缓（小于1°）大陆架缓坡浅水环境内形成的一套有成因联系的碳酸盐沉积相的组合。

碳酸盐岩缓坡上的沉积作用随水深、水温和波浪、潮汐作用强度的变化而异，主要的沉积相有内缓坡、中缓坡和外缓坡，内缓坡相与中缓坡相为储层发育的有利相带。

1. 内缓坡相

内缓坡位于中缓坡相带向陆的一侧。沉积环境水体相对深于中缓坡相，水体环境安静，沉积面积大，盐度基本正常、水体循环良好的浅海沉积环境，适合各类生物生长。见于宝塔组、栖霞组、茅口组及吴家坪组中。其岩性主要由一套泥晶灰岩及泥晶生屑灰岩组成。其内除发育大量台内滩亚相沉积之外，局部存在台盆（或滩间海）环境亚相沉积。储层主要发育在台内滩亚相，储层岩性为灰色泥晶生屑灰岩、亮晶生屑灰岩，物性中等，分布较分散，以III类储层为主。

2. 中缓坡相

中缓坡相带位于正常浪基面以上，平均海平面以下的区域，偶尔出露海面。中缓坡内侧发育内缓坡，向外侧渐变为外缓坡，该带受波浪作用影响大，水体较浅且能量相对较高。主要发育在川东北栖霞组、茅口组、吴家坪组中。以发育亮晶生屑灰岩、中-粗晶白云岩、泥晶生屑灰岩为主。可划分为生屑滩沉积与滩间沉积两个亚相。此种沉积类型储层主要发育在中缓坡生屑滩中，储层岩性多为亮晶砂屑灰岩、亮晶生屑灰岩及白云岩，分布呈条带状，范围较广，物性中等，往往以II类、III类储层为主。

3. 外缓坡相

外缓坡位于风暴浪基面至密度、温度突变层，为向上变细的风暴沉积，可发育点礁。能量低，岩性以灰泥石灰岩、生屑灰泥石灰岩为主，含多种海洋生物群化石，生物扰动强烈，发育生物扰动和纹理。

四川盆地以碳酸盐岩缓坡沉积体系发育储层的层系主要分布在中二叠统栖霞组—茅口组，储集体以中缓坡浅滩为主（图 3-3）。内缓坡水体安静，沉积面积大，岩性多为泥晶灰岩及钙质泥岩。中缓坡相沉积物多为亮晶砂屑灰岩、白云岩及生屑灰岩，为储层集中发育区。外缓坡沉积物主要为泥晶灰岩、泥晶生屑灰岩及泥质灰岩夹风暴岩，其典型标志为砾屑（或“竹叶状”）灰岩沉积及滑塌变形构造。盆地位于密度跃层以下，水深大于 300 m，水动力条件极低，主要发育深灰色-灰色泥晶灰岩、碳质泥岩及硅质岩等。

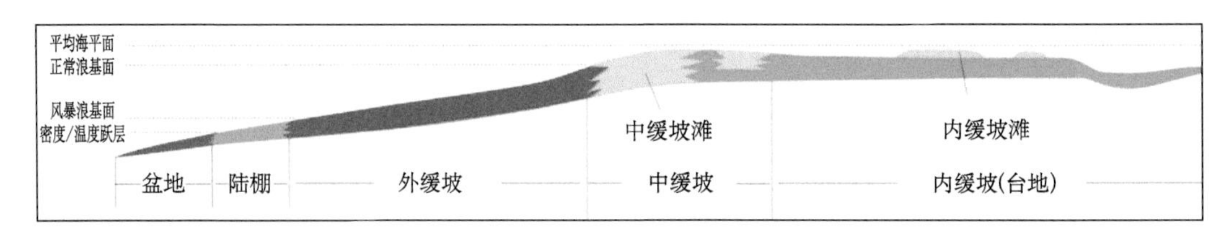

图 3-3　以中缓坡颗粒滩为储集体的发育模式

三、蒸发台地沉积体系与储层发育

中上扬子台地从震旦纪至中三叠世在每一个（除志留纪中晚期外）大的构造运动旋回晚期均发育大规模蒸发碳酸盐岩台地，如震旦纪灯影期、寒武纪陡坡寺期和洗象池期、石炭纪黄龙期、三叠纪嘉陵江期—雷口坡期。构造抬升和海平面下降导致大规模蒸发台地形成，发育巨厚的蒸发白云岩和膏盐岩沉积，储层主要为潮坪相和浅滩相白云岩，经多期暴露溶蚀形成优质储层。

四川盆地下中三叠统嘉陵江组—雷口坡组为蒸发台地沉积体系，蒸发台地是干旱气候下的局限台地环境，以沉积石膏、石盐、白云岩为主，各种潮汐层理、暴露溶蚀构造、膏溶角砾岩常见。主要发育于嘉二段、嘉四段、嘉五段，雷二段、雷四段，按古地势沉积物性质和岩性组合可进一步划分出蒸发潮坪亚相，含膏潟湖、膏湖、盐湖亚相等。

1. 蒸发潮坪亚相

蒸发潮坪处于平均高潮线以上的潮上地区。地势平坦、开阔，气候干旱，蒸发作用强，主要出现干旱化潮上坪，形成大量的石膏、硬石膏及泥晶白云岩等，发育鸟眼构造及干裂等。如寿保 1 井嘉四段为灰色、褐灰色、深灰色的粉晶、微晶白云岩与石膏岩不等厚互层，为蒸发潮坪亚相沉积；寿保 1 井雷四段为石膏岩与白云岩不等厚互层，属蒸发潮坪亚相沉积；龙深 1 井嘉四段上部为中厚层硬石膏岩与白云岩频繁互层，下部为白云岩夹硬石膏岩，属蒸发潮坪亚相沉积。

2. 含膏潟湖、膏湖、盐湖亚相

含膏潟湖、膏湖、盐湖在古地理位置上处于靠陆一侧的低洼地区，水体循环差，由于蒸发作用强，从而形成厚大膏盐沉积。例如，川峰 188 井嘉二段上部为灰白色硬石膏与黑灰色（顶部为黄灰色）微晶白云岩等厚互层夹薄层灰棕-棕灰色泥岩，属含膏潟湖亚相沉积；关基井嘉四段、嘉五段上部为深灰-褐灰色细粉晶云岩与同色灰岩、云质灰岩互层夹薄层灰白色硬石膏、膏质云岩，属含膏潟湖亚相沉积；川科1井雷四段下部为浅灰色、灰白色石膏岩夹灰色白云岩，属膏潟亚相沉积。

在蒸发台地沉积体系中，储集体的发育是多种沉积体系共同参与的结果，以嘉陵江组为例，嘉二段、嘉四段沉积时期，四川盆地中心大部分地区地势高，主要位于潮上带，为蒸发池沼或蒸发盐湖环境，沉积了规模巨大的石膏、石盐及白云岩等蒸发岩；盐湖周边地区为潮坪环境，岸边经常受波浪及潮汐作用冲洗，基底沉积物被打碎形成碎石堆堆积于滨岸地带，以沉积角砾岩及白云岩为主，盆地中部侏罗系覆盖区嘉二段、嘉四段以沉积石膏及白云岩为主，周边露头区以白云岩及角砾岩为主，角砾岩为盐溶角砾岩；再向海一侧为缓坡，沉积瘤状灰岩，同生滑动构造丰富，局部地区发育浅滩储层，岩性多为鲕粒灰岩、鲕粒白云岩及砂屑白云岩等（图3-4）。

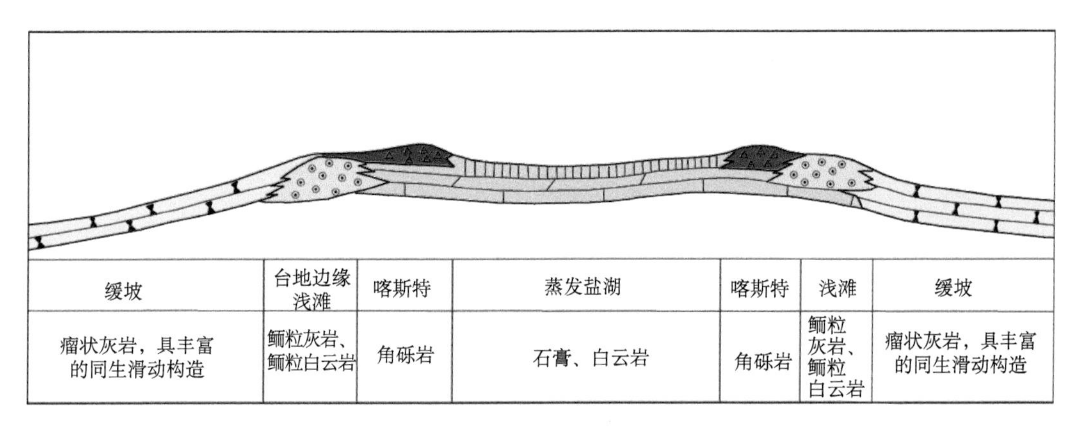

缓坡	台地边缘浅滩	喀斯特	蒸发盐湖	喀斯特	浅滩	缓坡
瘤状灰岩，具丰富的同生滑动构造	鲕粒灰岩、鲕粒白云岩	角砾岩	石膏、白云岩	角砾岩	鲕粒灰岩、鲕粒白云岩	瘤状灰岩，具丰富的同生滑动构造

图3-4　嘉陵江组蒸发台地沉积体系与储集体发育模式图

第二节　碳酸盐岩成岩作用与储层发育

在漫长的地质演化过程中，四川盆地碳酸盐岩经历了复杂的成岩环境，岩石遭受的各类成岩作用，导致碳酸盐岩具有独特的地质特点并形成了各具特色的天然气储层。这些性能不同的储层是各种沉积环境和成岩环境综合作用的产物。在这些地质作用中，成岩作用对碳酸盐岩的改造作用非常巨大，成岩作用直接控制了岩石中有机组分的转化，决定了岩石中孔隙的形成、演化，以及储集类型和规模。碳酸盐岩孔隙的形成和演化与成岩环境的演化密切相关。因此，碳酸盐岩成岩作用的研究极其重要。成岩作用不仅决定了碳酸盐岩的储集类型、储层性质和规模。同时，也控制了生、储、盖组合的形成。

一、主要储层成岩作用类型

四川盆地，海相礁滩碳酸盐岩储层经历了沉积-固结成岩-埋藏-抬升的漫长地质历史演化过程。所经历的成岩环境多次重叠，成岩作用呈多期次、多类型叠加，原岩内部结构发生了不同程度的改造。

四川盆地海相礁滩储层成岩作用对储层的影响具有双重性，既可以破坏早期孔隙，又可以形成次生孔隙，因此成岩作用类型可以划分为破坏性成岩作用及建设性成岩作用。破坏性成岩作用主要包括泥晶化作用、压实-压溶作用、胶结作用等，对储层起破坏性作用，使岩石原生孔隙和次生孔隙降低。建设性成岩作用对形成储层有利，包括重结晶作用、溶蚀作用、白云石化作用及破裂作用等。

1. 破坏性成岩作用

1）泥晶化作用

泥晶化作用是指生物在颗粒上钻孔或者生物将分泌物排泄在颗粒表面，使颗粒边缘或整个颗粒呈现为暗色泥晶，形成泥晶环边或泥晶套的作用。泥晶环边或泥晶套富含有机质，阴极发光下，发暗色光或不发光。各种颗粒，如砂屑、生屑及鲕粒等，都容易发生泥晶化作用，在颗粒边缘形成暗色泥晶环边。泥晶化作用对溶蚀作用及重结晶作用都有一定影响，受泥晶化影响的部分不容易发生溶蚀作用及重结晶作用。这是由于泥晶化部分有机质含量高，岩石致密，液体很难向其内部渗透。

例如，在川东北地区，泥晶化作用主要分布在台地边缘生屑边部及开阔台地内，表现为生物颗粒的暗色泥晶环边特点（图 3-5），泥晶化作用主要见于生屑灰岩中，而白云石化作用及重结晶作用使得白云岩中的记录不明显。例如，在普光气田泥晶化作用主要分布在飞仙关组飞三段、飞二段和飞一段储层，其特征是具有不易溶蚀的泥晶套。

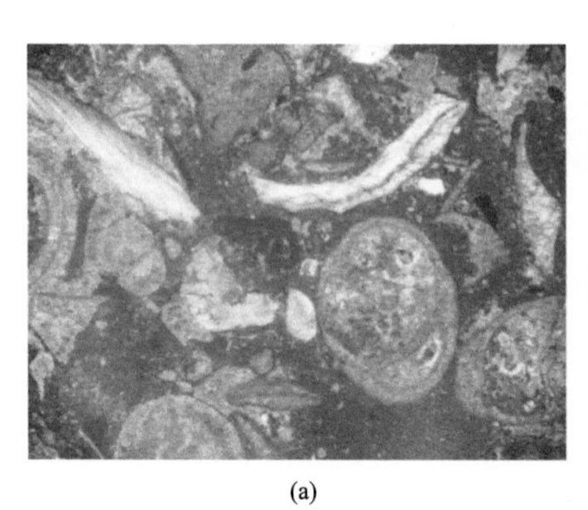
(a)

(b)

图 3-5　川东北地区长兴组泥晶化作用典型镜下照片

（a）泥晶化作用，泥晶海绵结构，生物含量高，主要为海绵类，部分棘皮类及腕足类等生物碎屑，少见有孔虫、蜓科生物，元坝 10 井，7027.5 m，层位 P_2ch，普通薄片；（b）残余生屑砂屑云岩，砂屑颗粒残余泥晶套结构，见晶间孔和粒间孔及微裂缝，兴隆 1，距顶 0.02 m，红色铸体薄片

2）压实-压溶作用

沉积物形成后遭受上覆水体或沉积物的静水压力作用及埋藏后的地应力作用而发生压实，使沉积物固结、变形，孔隙随之减少。进一步作用可发生压溶，形成少量缝合线。压实成岩作用在各个层位的泥晶灰岩，特别是含泥质的泥晶灰岩和具透镜体与瘤状体的

泥晶灰岩中表现最明显，常见泥质物绕过透镜体或瘤状体在其两端被压缩或泥质物被压缩而塑性流动（图 3-6）。压实成岩多与同期的压溶作用和后期的重结晶叠合。压溶成岩段岩石遭受强烈的压溶作用可形成大量缝合线构造，但压溶缝充填物过多时可降低岩石的渗透性。

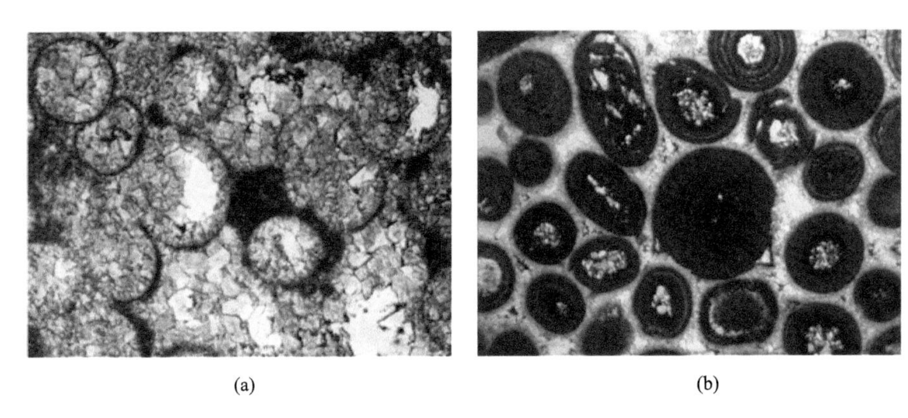

(a)　　(b)

图 3-6　鲕粒灰岩、白云岩压实-压溶作用

（a）压实作用，残鲕云岩，鲕粒颗粒被压实变形，普光 2 井，T_1f，单偏光；（b）压实作用，亮晶鲕粒灰岩，鲕粒颗粒被压实变形、破碎，粒间和粒内见沥青充填，兴隆 1 井

3）胶结作用

胶结作用是准同生-早成岩期孔隙水的化学和生物化学沉淀作用，主要发生在滩相颗粒岩及生物礁相骨架岩中。从孔隙溶液中沉淀的矿物质，将碳酸盐岩颗粒或生物黏结起来使之固结成岩。对于纯泥晶岩及泥晶胶结的颗粒岩而言，胶结作用主要是灰泥之间及灰泥与颗粒之间发生黏结作用。胶结作用固结成岩以后非常致密，储集物性普遍很差。

此外，在礁滩储层经常见到的各类充填也是胶结作用的一种，是岩石在埋藏环境下次生孔隙被方解石、白云石及沥青等充填。多发生于浅埋环境，局部发生于中深埋环境。充填作用也是一种对储层形成不利的破坏性极强的成岩作用，表现为期次多及充填物种类丰富的特征（图 3-7）。

2. 建设性成岩作用

1）重结晶作用

重结晶作用是指岩石由原始泥晶状态经过物质成分重新排列后成为晶体的过程，或者由小晶体向大晶体转变的过程。根据晶体大小，大致将重结晶作用划分为四个等级，即未重结晶、弱重结晶、中等重结晶及强重结晶。具泥微晶结构的岩石几乎没有发生重结晶作用，具粉晶结构的岩石发生了弱重结晶作用，具中-细晶结构的岩石发生了中等重结晶作用，具中-粗晶及巨晶的岩石发生了强重结晶作用。重结晶过程中流体带走了一部分原岩物质，使岩石体积减小，同时加之白云石晶体多杂乱排列，晶体间很少以晶面紧贴方式生长，因此重结晶过程白云岩容易形成孔隙，对储层形成具有建设性作用。例如，川东北地区长兴组重结晶作用主要位于长兴组一段和二段的顶部，以礁盖和生屑滩的白云岩重结晶，以及生屑体腔的重结晶为主。

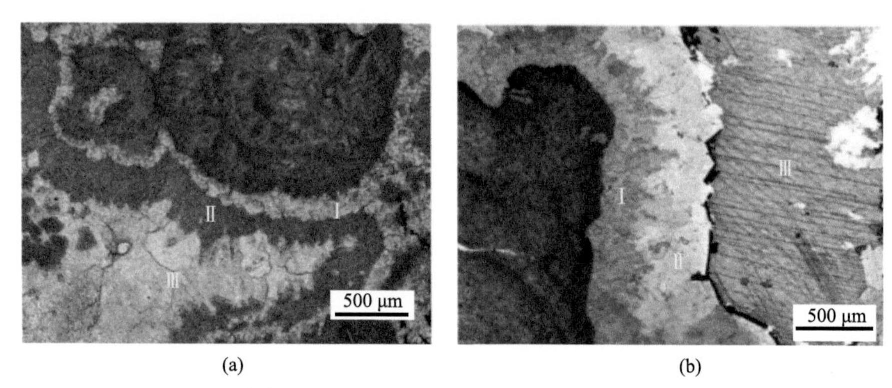

(a)　(b)

图 3-7　四川盆地礁滩储层胶结成岩作用

（a）胶结作用，生物礁内的三期胶结作用，Ⅰ表示纤维状白云石，Ⅱ表示齿状方解石，Ⅲ表示粗晶白云石，元坝 2 井，6581.50 m，单偏光，茜素红染色普通薄片；（b）胶结作用，生物滩内的三期胶结作用，Ⅰ表示纤维状方解石，Ⅱ表示马牙状白云石，Ⅲ表示粗晶方解石，元坝 2 井，6584.40 m，单偏光，茜素红染色普通薄片

2）溶蚀作用

溶蚀作用是指液体对碳酸盐岩进行溶蚀，使之形成孔洞缝的过程。对碳酸盐岩而言，溶蚀作用是最常见的成岩作用之一，是孔隙形成最重要的成岩作用。碳酸盐矿物化学性质相对活泼，可溶蚀性强，溶蚀作用是次生孔洞形成的基础。碳酸盐岩储层在成岩过程中大多遭受过溶蚀作用的改造，溶蚀作用可以形成多种类型的次生孔隙，从而改善碳酸盐岩的储集性能，溶蚀作用的研究对于碳酸盐岩储集性能表现起着十分关键的作用。礁滩储层溶蚀作用强烈，期次多，四川盆地礁滩储层溶蚀作用主要有暴露溶蚀及埋藏溶蚀两种类型（表 3-2）。

表 3-2　碳酸盐岩溶蚀作用类型及特征

溶蚀类型	暴露溶蚀	埋藏溶蚀			
成岩阶段	准同生或抬升	早成岩阶段	中成岩阶段	晚成岩阶段	
成岩环境	暴露	浅埋藏	烃类形成阶段	烃类形成以后	
流体性质	海水、大气淡水	酸性地下水	酸性地下水	酸性地下水	
溶蚀特征	溶孔、溶洞丰富后期全部充填	先形成少量溶孔，后期全部充填	选择性溶蚀，溶孔中充填沥青	选择性溶蚀，溶孔中没有沥青充填	
增加孔隙度	2%～35%	±0%	2%～10%	±0%～35%	
溶蚀规模	小—大	小	小—大	小	小—大
主要充填物质	方解石及白云石	方解石及白云石	沥青	方解石	无充填
孔隙保存情况	差	差	较好	差	好
对储层贡献	小	很小	大	很小	大

3）白云石化作用

白云岩是最重要的富含油气的碳酸盐岩，白云岩储层是礁滩储层中最主要的储层。白云石化是指原来沉积的方解石经富含 Mg^{2+} 的水体影响转化成白云石的过程。由于在自然条件下仍然不能人工直接生成白云石。因此，白云岩的成因仍被普遍认为是白云石化过程的产物。四川盆地白云石化作用主要存在成岩白云石化和同沉积白云石化。同沉积白云石化是指白云石化发生在几乎与碳酸盐沉积物沉积的同时期内，形成的白云岩被称为准同生白云岩，成岩白云石化属于沉积物埋藏后的成岩过程。目前研究认为白云岩的成因主要有五种成因模式：蒸发白云石化作用模式、渗滤-回流白云石化模式、混合白云石化模式、埋藏白云石化模式及海水白云石化模式。

4）破裂作用

破裂作用是指在强烈的挤压应力或拉张应力驱使下，岩石遭受破碎形成裂缝的一种作用。碳酸盐岩储层发育与否及储层好坏与裂缝关系极为密切。裂缝对储层的贡献表现在三个方面：第一方面，裂缝是油气向储层运移的重要通道，提高储层渗透率；第二方面，裂缝也可以直接作为储集空间；第三方面，引导地层液体渗透至岩石内部，导致溶蚀作用的发生，形成储集空间。

二、成岩作用与储层发育

碳酸盐沉积物形成后，受海水、大气淡水以及埋藏过程中孔隙流体的影响，发生压实、胶结、溶解、矿物的相互转化、白云石化、重结晶等多种成岩作用，最终固结成岩。成岩作用决定了不同类型碳酸盐岩最终的岩石结构，其中对礁滩储层孔隙发育起建设性作用的主要是白云石化作用、溶蚀作用、重结晶作用、古岩溶作用和破裂作用等。

1. 白云石化作用

白云石化作用是南方海相碳酸盐岩礁滩储层重要的成岩作用类型，该过程形成了大量储集性能良好的储集岩类型。白云石化作用对改善储集岩孔渗具有重要意义，一方面白云石化作用可能产生新的孔隙，有利于储集空间的增加，另一方面白云石化作用改变了原岩组构，增加了储层的渗透性，更有利于后期酸性流体的进入，并产生溶蚀作用，进一步改善储层储集性能。白云石化形成的岩石类型主要有细晶白云岩、残余生屑白云岩、生屑白云岩及粉晶白云岩等。

川东北地区二叠系—三叠系礁滩储层白云石化成因类型多样，有渗滤-回流巨云石化、混合白云石化、埋藏白云石化及海水白云石化作用等。关于四川盆地礁滩储层白云石化的机理问题一直存在争议。例如，长兴组和飞仙关组台缘高能带白云岩具有蒸发泵、渗透回流、混合水和埋藏等多种白云石形成机理的解释，但目前已逐渐趋于一致，认为主要是渗透回流白云石化模式（杜金虎，2010；黄思静等，2010；郭旭升和郭彤楼，2012）；而普光地区的糖粒状白云岩及川西地区栖霞组的糖粒状白云岩可能与热液有密切关系。

川东北地区长兴组—飞仙关组礁滩储层的渗透回流白云石化发生在浅埋藏成岩环境。溶蚀孔洞边缘的细-中晶白云石晶体中，极少见到原油包裹体，表明作为储层岩石格架的白云岩形成于原油充注之前。现今鲕粒灰岩缝合线极其发育，而鲕粒白云岩缝合线不发育，表明鲕粒在大规模压实、压溶之前就已白云石化了，即埋深为500～800 m，川东北地区鲕粒白云岩中发育大量铸模孔，孔隙结构表明，白云石化发生于粒内孔形成之后而非先白云石化之后再溶蚀。白云石化的时间在大气淡水或混合水溶蚀之后。综上所述，鲕滩白云岩输导体的白云石化过程应该发生在大气淡水作用之后、压溶缝合线形成之前的浅埋藏环境。

元坝地区长兴组礁滩白云岩形成与演化大致可分为两个阶段（图 3-8）：①相对海平面下降——暴露与大气淡水溶蚀阶段，这一阶段在构造部位相对较高的礁盖和礁后滩形成较多孔隙；②相对海平面上升——卤水回流白云岩化阶段，卤水沿着早期溶蚀所形成的孔隙体系渗流，并形成白云岩。

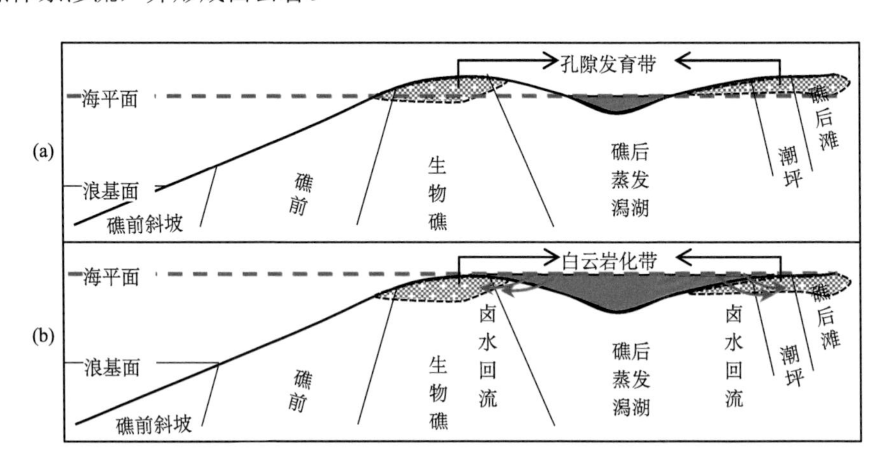

图 3-8 长兴组礁滩白云岩形成模式

（a）暴露与大气淡水溶蚀阶段，在礁盖和礁后滩位置形成孔隙；（b）卤水回流白云石化阶段，卤水沿着早期溶蚀所形成的孔隙体系渗流，形成白云岩

2. 溶蚀作用

溶蚀作用在四川盆地礁滩储层普遍发育，主要有暴露溶蚀及埋藏溶蚀两种类型。

1）暴露溶蚀作用

暴露溶蚀作用是指沉积物暴露于海平面以上而遭受的大气淡水溶蚀作用。淋溶对象为矿物相不稳定的沉积物，尤其是有一定地貌隆起的礁滩体沉积。

长兴组溶蚀作用主要受不饱和大气淡水淋滤的影响，这与生物礁滩相储层主要发育在沉积旋回的高水位体系域具有较好的一致性。溶蚀作用发生的直接表现是形成了较大的溶蚀孔洞和示顶底构造（图 3-9），这些孔洞或是被亮晶方解石和沥青充填，或是残留部分孔洞。

长兴组溶蚀作用较发育，溶蚀孔洞主要分布于礁核、生物礁盖、礁间滩和礁后滩中，即发育在具一定地貌隆起高度的微相中。岩石接受大气淡水溶蚀的时间和强度决定了溶蚀发育的程度。在生物礁中，溶蚀作用多具结构选择性，一般会选择性地对生物体腔进行溶蚀，但溶洞多被亮晶方解石充填，发育示顶底构造[图 3-9（a）]。在元坝 204 井生物礁灰岩中，由于大气淡水溶蚀淋滤，形成了选择性溶蚀和示顶底构造，生物体腔孔未被完全充填，残留一定储集空间[图 3-9（b）]。

礁盖、礁间滩和礁后滩取心段大多为白云岩，白云石化作用破坏了原始孔隙形态，难以辨认孔隙成因。但通过计算认为白云岩化发生的深度为300～400 m（田永净等，2014），而在薄片观察中发现一些较大的孔洞周围白云石晶体边缘平直，自形程度高，并未被溶蚀，说明这些孔洞的形成时间早于白云石化作用，是大气淡水成因。另外，孔洞周围的白云石多被沥青包裹[图3-9（c）]，据前人研究成果，元坝气田长兴组油气充注的时间在早三叠世（张元春等，2010），也可以间接推出，孔隙形成的时间较早。

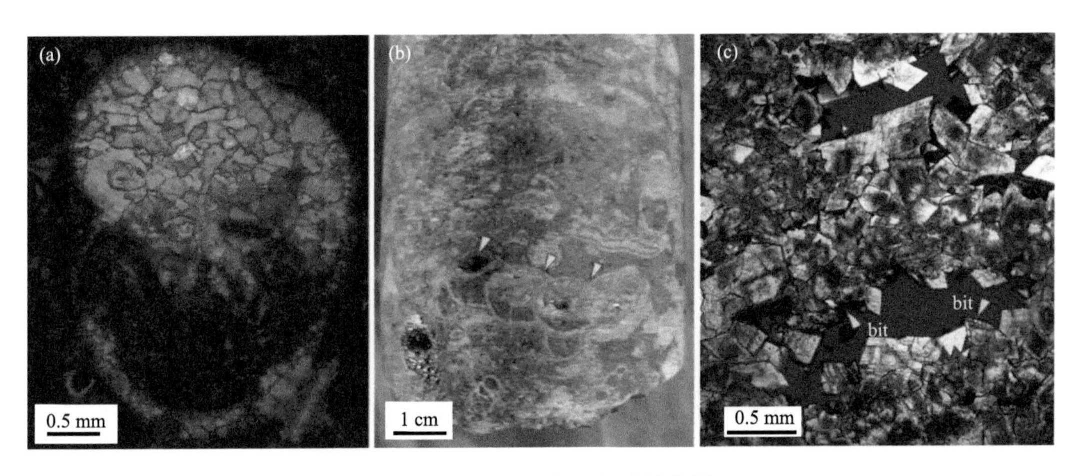

图3-9 元坝气田长兴组溶蚀作用

（a）生屑灰岩，生屑内部被方解石胶结，发育示顶底构造，元坝16-3井，染色单偏光，6959.95 m；（b）生物礁灰岩，见海绵体腔被溶蚀后亮晶方解石充填，发育示顶底构造，元坝204井，手标本，13/（33.65）；（c）细-中晶白云岩，残余大气淡水溶蚀孔隙，靠近孔壁周围白云石晶体边缘平直，被沥青包裹，元坝224-28井，单偏光，6637 m

整体来看，生物礁受大气淡水的影响最为强烈，但孔洞多被方解石胶结，残余的有效孔隙较少。在礁盖白云岩中，在岩心尺度常见较大的溶蚀孔洞，洞内白云石晶体边缘平直且被沥青包裹。在礁间滩和礁后滩白云岩中，大于2 mm的溶蚀孔洞相对较少见，受大气淡水影响较小（元坝27井）。潮汐水道和潟湖基本不受大气淡水的影响。

2）埋藏溶蚀作用

埋藏溶蚀作用发生于埋藏环境，是岩石处于埋藏状态下地下水对碳酸盐岩进行溶蚀而形成孔洞的过程。钻井等揭示，地下水非常丰富，地下水的存在为埋藏溶蚀作用提供了可能。地下水的种类较多，有来自地表的大气淡水，有来自海洋的海水，有来自岩浆的热水，还有各种混合水。对于碳酸盐岩而言，只要有与碳酸盐岩有关的不饱和离子的水来到岩石中，都会发生溶蚀作用，而当溶入水中的离子饱和以后溶蚀作用就会停止。因此，溶蚀作用可以发生在任何时间及任何深度。另外，四川盆地东北部构造活动频繁，一次构造活动就会导致一次流体循环，也会导致一次溶蚀作用的发生，因此，溶蚀作用具有快速性及多期次的特点。

碳酸盐岩是一种碱性岩石，最容易使其发生溶蚀作用的是酸性流体，包括溶有CO_2、H_2S及有机酸的地下水，而CO_2及有机酸多来自烃源岩。因此，早成岩阶段的浅埋藏环境虽可以发生溶蚀作用，但溶蚀规模较小，大规模溶蚀作用主要发生于中晚成岩阶段的生烃期，岩石处于中深埋环境，溶蚀的流体主要为混有液态烃或气态烃的地下水，溶蚀作用与油气储集作用同步发生，为边溶蚀边储集的过程。

例如，川东北台缘带，溶蚀作用发育且具有多期次性。元坝地区长兴组总体上经历了两期埋藏溶蚀作用。第一期溶蚀作用发生于烃类进入之前或同时，由于烃类进入带来了丰富的有机质，产生大量的有机酸、CO_2和H_2S，该期形成的溶孔中有沥青残余[图 3-10（c）]，第二期溶蚀作用主要发生于气烃阶段，此时石油已经转化成天然气，溶孔形成以后，只有天然气不断进入，因此，该类溶孔内部非常干净，没有沥青，或有少量沥青残余[图 3-10（d）]。

图 3-10　川东北长兴组礁滩储层溶蚀作用现象

（a）礁骨架白云岩，粗枝藻体腔优先被溶蚀，见示底构造，上部未充填，下部油填，元坝 2 井，长兴组，岩心第 8 回次，单偏光，红色铸体薄片；（b）鲕粒白云岩，鲕模孔，鲕粒内部被优先溶蚀，后期被白云石部分充填，宣汉盘龙洞，T_1f^{1-2}，单偏光，红色铸体薄片；（c）生屑含灰云岩，方解石胶结后埋藏溶蚀，发育晶间溶孔，沥青充填，元坝 2 井，长兴组，岩心第 11 回次，单偏光，红色铸体薄片；（d）沥青胶结后的深埋藏溶蚀作用，晶间孔和晶间溶孔，细晶云岩，见残余生屑结构，以海百合茎为主，元坝 123 井，6976.10 m，单偏光，红色铸体薄片

普光气田飞仙关组至少发育了 3 期溶蚀作用：第一期是早期成岩阶段溶蚀孔隙，溶蚀作用主要发育在鲕粒内，多呈选择性，Enos（1988）称这种现象为选择性溶蚀。示底构造的发育是一个明显的特征，溶蚀作用以形成鲕模孔、生物模孔等发育为主[图 3-11（a）、（b）]。造成选择性溶蚀的主要原因是海平面的周期升降使得沉积物周期性地暴露于大气淡水渗流带，大气淡水对岩石进行选择性溶蚀，选择性溶蚀主要集中在飞一段下

部、上部和飞二段。第二期和第三期溶蚀作用主要为非选择性溶蚀，即对全岩进行溶蚀，主要发生在埋藏阶段，特别是深埋藏阶段，与构造破裂有关，其中第二期主要表现为溶蚀孔内有沥青衬边现象，在溶孔、溶缝及溶洞等处充填或半充填沥青，储集空间有大量保留，沥青对白云石等胶结物的污染或切割表明溶蚀作用发生于液态烃进入之前[图 3-11（c)]；第三期主要是与构造作用有关的裂缝和前期溶蚀孔的进一步发育，但沥青充填极少或没有。表明此阶段溶蚀作用可能发生于大量充气阶段[图 3-11（d)]。

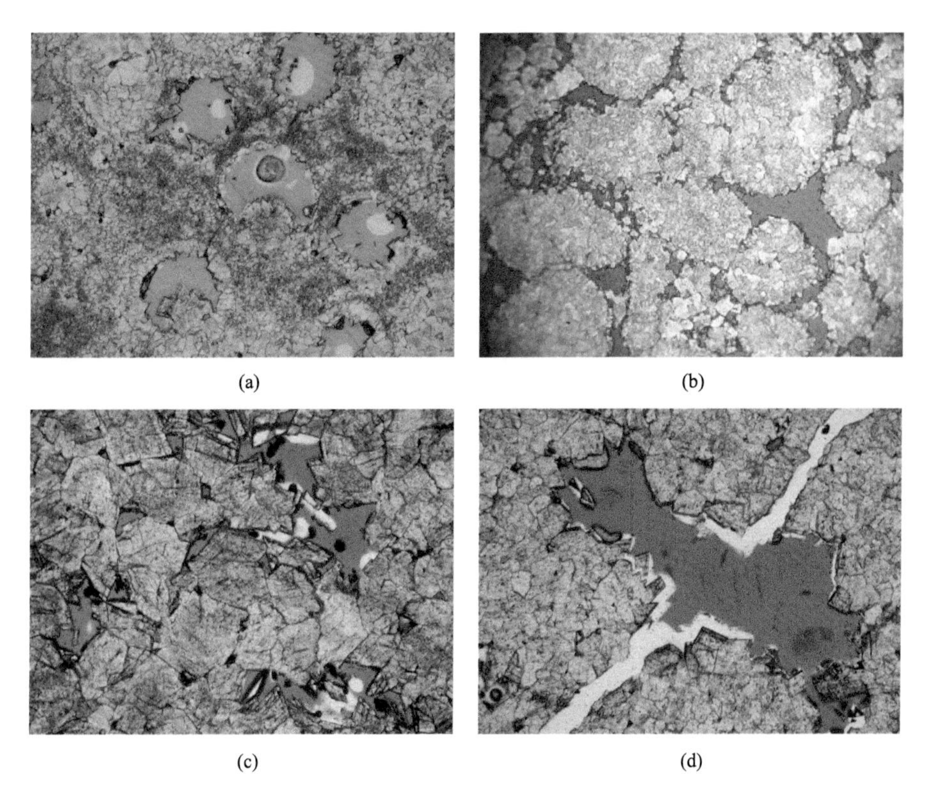

图 3-11　普光气田飞仙关组礁滩储层溶蚀作用现象

（a）溶孔残余鲕粒粉-细晶不等晶白云岩，粒内溶孔非常发育，有选择鲕粒发育的特点，普光 2 井，13（36/82），铸体薄片，井深 4913.87 m；（b）MB4-7-2，T_1f3，3802.4 m，残余鲕粒细晶白云岩；（c）溶孔粗晶白云岩，溶蚀作用发生于深埋藏白云岩化之后，普光 2 井，30（36/55），铸体薄片，井深 5069.40 m；（d）碎裂化溶孔细晶白云岩中的超大溶孔，非组构选择性溶蚀形成于沥青充填和破裂作用之后，普光 2 井，25（16/52），铸体薄片，井深 5026.50 m

3. 重结晶作用

重结晶作用是指碳酸盐沉积物或碳酸盐岩在埋藏成岩环境下，随着环境温度升高矿物晶格重新组合并使晶体增大的过程，在中等重结晶作用下形成的粗粉晶或细晶碳酸盐岩，其孔隙度和渗透率可因晶间孔发育而有所提高。白云岩重结晶过程之所以可以形成孔隙，一是因为重结晶过程中流体带走了一部分原岩物质，使岩石体积减小，二是因为白云石晶体多杂乱排列，晶体间很少以晶面紧贴方式生长。例如，晚期溶解作用相叠加，可形成晶间溶孔，构成优质的储集层。

岩石发生重结晶后具有以下几个特点：第一，晶体变粗；第二，结晶前后矿物成分不会发生太大变化；第三，有些岩石中保留有原岩结构残余；第四，有些晶体中发育环带结构；第五，晶体自形程度与岩石孔隙度成正比；第六，有机质大量流失，岩石颜色变浅；第七，部分晶体中发育雾心亮边现象。

例如，川东北地区长兴组—飞仙关组重结晶作用明显，发生在浅埋藏-深埋藏的各阶段，长兴组以礁盖和生屑滩的白云岩重结晶[图 3-12（a）]及生屑体腔的重结晶为主。飞仙关组主要分布在台缘高能鲕滩带内[图 3-12（b）]，尤其白云岩发育部位，常伴有重结晶作用。

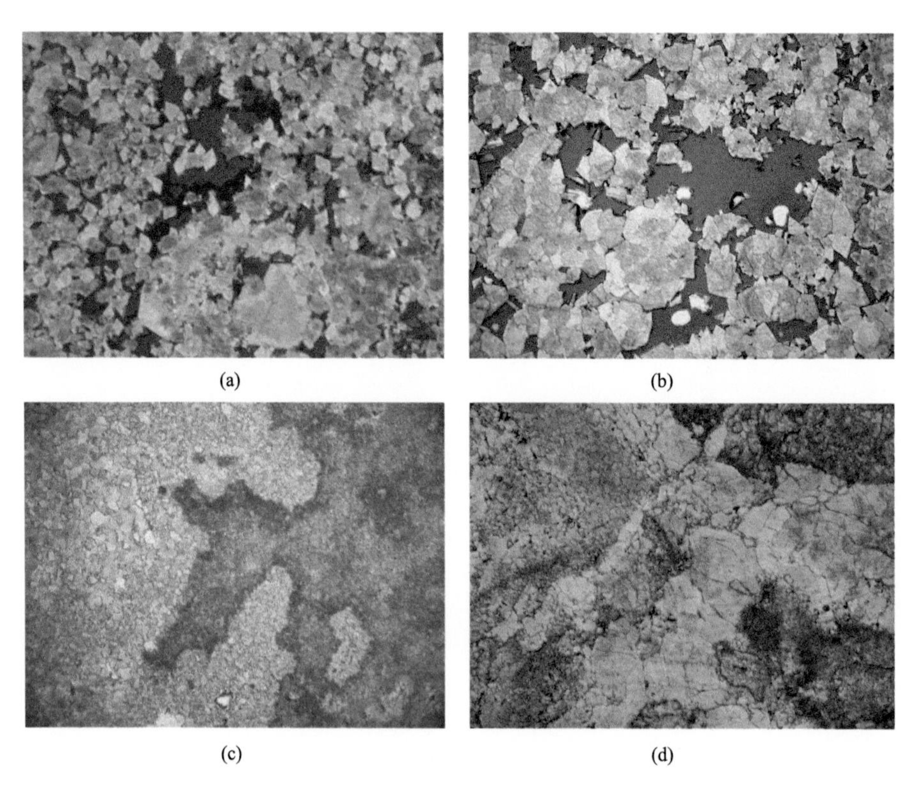

图 3-12　四川盆地礁滩储层重结晶作用

（a）沥青充填后的重结晶作用，沥青抑制重结晶程度，细晶白云岩，晶间孔和晶间溶孔发育，见残余生屑结构，元坝 123 井，长兴组，6980.56 m，单偏光，红色铸体薄片；（b）细晶白云岩，重结晶及溶蚀作用，晶间孔和晶间溶孔发育，见残余鲕粒结构，普光 6 井，飞二段，单偏光，红色铸体片；（c）PG8-5，P_2ch，5507 m，溶孔粉-细晶白云岩，粉晶-极细晶-细晶白云岩，重结晶或过白云岩化；（d）毛坝 3 井，19（35/41），铸体薄片，井深 4406.79 m，碎裂化残余微晶藻团粒白云岩，沿碎裂化部位重结晶强烈，粗晶体白云石晶面呈马鞍状

普光气田飞仙关组重结晶作用也比较常见，其中埋藏重结晶作用是形成糖粒状鲕粒白云岩、鞍状白云岩的重要原因之一，还有一种重结晶作用与构造断裂相关[图 3-12（d）]。重结晶的发育表现有：原岩全为颗粒岩的情况下，残余结构的破坏程度，因重结晶而使其原始结构消失，或仅存幻影，粒内孔的保存较少；原岩为结晶岩的话，则表现为粉晶残留的多少、晶体的大小分布、自形程度；晶间孔发育，也指示岩石经过了较强的溶蚀-

再沉淀过程，重结晶作用促进了晶间孔等的发育和扩大。

4. 破裂作用

四川盆地具有多期构造运动，包括加里东运动、印支运动、燕山运动和喜马拉雅运动，而每次构造运动对于裂缝的形成均具有较好的建设性作用。不同的构造期次会形成不同期次的裂缝，晚期裂缝切割早期形成的裂缝，碳酸盐岩储层发育与否及储层好坏与裂缝关系极为密切。裂缝对储层的贡献体现在四个方面: 第一，大断裂可以将烃源与储层连通，将油气导入储层中；第二，裂缝可以直接成为储集空间；第三，裂缝可以将孔隙相互连通，提高储层渗透率；第四，裂缝有利于液体向岩石内部渗透，促进岩石溶蚀作用的发生，而形成丰富的储集空间。受四川盆地多期构造运动及构造位置的影响，不同研究地区裂缝发育期次及强度也不尽相同。

例如，洗象池组岩层裂缝发育，以张性裂缝为主。根据裂缝、充填物及相互切割关系，裂缝发育分为三期: 第一期裂缝发育较早，可能是加里东构造运动的产物，呈网状或高角度状，被后期多组裂缝切割，被细-粉晶方解石或沥青全充填，无储集意义；第二期裂缝一般多被方解石、石英半充填-全充填，这些早期裂缝主要形成于印支期—燕山期；第三期裂缝常未充填-半充填，切割前两期裂缝和缝合线，是碳酸盐岩储层的主要储集空间和渗滤通道，主要为喜马拉雅期形成。

宣汉-达州地区与元坝地区在破裂强度和期次上具有明显区别。宣汉-达州地区发生了强烈的破裂作用，大致发生了五期破裂作用（表 3-3)。元坝地区破裂作用相对微弱，区域上大型断裂不甚发育，元坝地区长兴组—飞仙关组主要发育三期裂缝（表 3-4)。

表 3-3　宣汉-达州地区长兴组—飞仙关组裂缝期次统计

裂缝期次	第一期	第二、三期	第四期	第五期
破裂阶段	生烃前	液烃期	气烃期	
发育时间	印支期	燕山期	喜马拉雅期	
裂缝特征	充填	充填	充填或半充填	未充填
充填矿物	方解石、白云石	沥青	方解石、白云石	无
包体类型	方解石脉或白云石脉	烃类包体	方解石脉或白云石脉	气态包体等
温度范围	160～180℃	200～220℃	270～300℃	
活动强度	较强	极强烈	较强	强烈

表 3-4　元坝地区长兴组—飞仙关组裂缝期次及统计

裂缝期次	第一期	第二期	第三期
破裂阶段	生烃前	液烃期	气烃期
发育时间	印支期	燕山期	喜马拉雅期
裂缝特征	充填	充填	未充填
充填矿物	方解石、白云石	沥青	无

续表

裂缝期次	第一期	第二期	第三期
包体类型	方解石脉或白云石脉	烃类包体	
温度范围	160～180℃	200～220℃	
活动强度	弱	强烈	较强烈

宣汉-达州地区长兴组—飞仙关组发生了强烈的破裂作用，大致发生了五期破裂作用[图 3-13（a）]。其中，对储层贡献最大的有三期，前两期形成于液态烃阶段，先充填油，后充填沥青，第三期形成于气态烃阶段，没有充填物。

元坝地区长兴组—飞仙关组裂缝发育程度中等，以张性为主，主要发育三期裂缝，第一期裂缝形成于印支期，裂缝形成时间较早，裂缝数量较少，规模较小。第二、三期裂缝数量多，大部分裂缝没有充填物，破裂作用发生的时间与烃类演化配合较好[图 3-13（b）]。

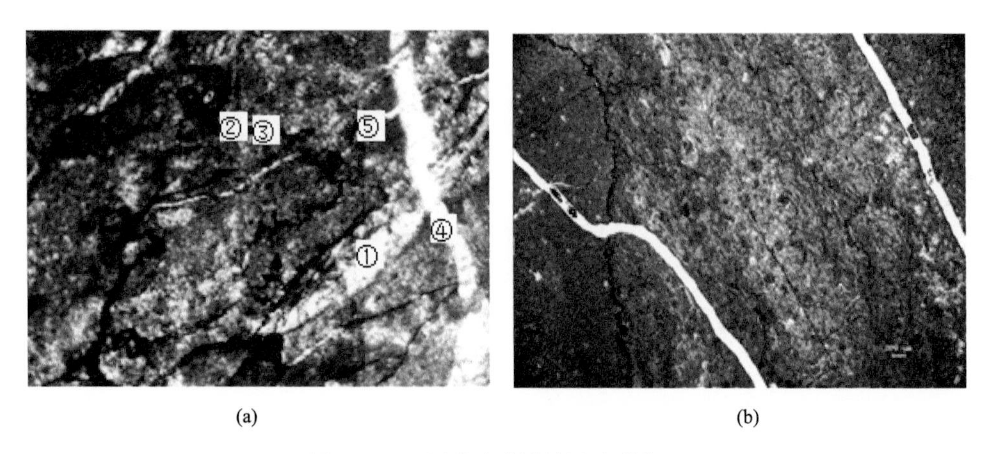

图 3-13 四川盆地礁滩储层破裂作用

（a）川东北地区长兴组裂缝形成五期裂缝：第一期充填方解石，第二、三期充填沥青，第四期充填方解石，第五期无充填物，普光 2 井，$T_1f^{1\sim2}$，单偏光；（b）第三期空裂缝切穿第二期充填沥青的裂缝（元坝 102 井 $T_1f^{1\sim2}$）

5. 古岩溶作用

在我国油气田勘探中，与不整合面有关的碳酸盐岩古岩溶储层普遍发育，并占有十分重要的地位。古岩溶作用是含有 CO_2 的地表水（大气淡水）和酸性地下水对可溶碳酸盐岩淋滤、溶蚀、搬运、沉积及充填等多种作用的综合（陈学时等，2004）。按碳酸盐岩发生岩溶作用的时间与环境，古岩溶作用通常包括三种不同类型的溶蚀作用，即同生期大气淡水溶蚀作用、表生期古风化壳岩溶作用及埋藏有机溶蚀作用。

四川盆地岩溶储层孔隙形成演化总体可划分为三个关键阶段：第一阶段为沉积成岩时期，此时主要为原生孔隙形成阶段，基本不受岩溶作用影响；第二阶段为抬升剥蚀不整合岩溶形成时期，为岩溶储层形成关键时期，优质次生孔洞形成重要阶段；第三阶段为埋藏过程中构造裂缝对次生孔洞的进一步扩大溶蚀。四川盆地岩溶储层成岩作用丰富，破坏性成岩作用主要有压实-压溶作用、胶结作用和机械充填作用等，建设性成岩作用类型主要有白云石化作用、重结晶作用、溶蚀作用、破裂作用等，特别是表生期岩溶作用对次生孔隙的形成具有重要作用，形成了重要的储集空间和渗滤空间。

受多期构造运动影响，四川盆地海相地层纵向上发育多套岩溶储层，自下而上主要包括灯影组、黄龙组、茅口组、雷口坡组岩溶储层等。

综合灯影组、黄龙组、茅口组、雷口坡组四个层系储层特征及发育机制，不整合岩溶储层总体可分为两大类：一类是以灯影组、黄龙组、雷口坡组为代表的中-高孔渗基岩孔隙型散流岩溶储层（文华国等，2009），主要岩性为白云岩、颗粒白云岩，储集空间以粒间、粒内溶孔（洞）、晶间溶孔为主，由于基岩孔渗性好，除沿断裂、裂缝管流方式溶蚀外，还以散流方式对基岩孔隙扩大溶蚀，具有似层状整体岩溶特征，储层分布广；另外一类是以茅口组为代表的低孔渗基岩缝洞型管流岩溶储层（文华国等，2009），主要岩性为灰岩、生屑灰岩，储集空间以岩溶缝洞为主，由于基岩岩性致密，溶蚀方式主要是沿断裂、裂缝管流方式进行，基岩结构很少受到改造，储集空间以缝洞为主，非均质性强（图 3-14）。

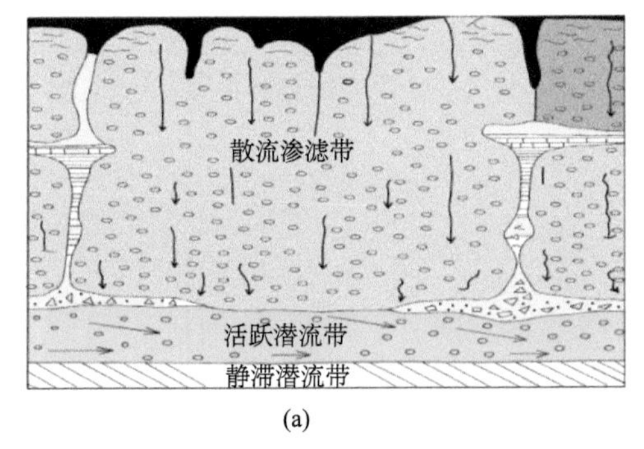

(a)

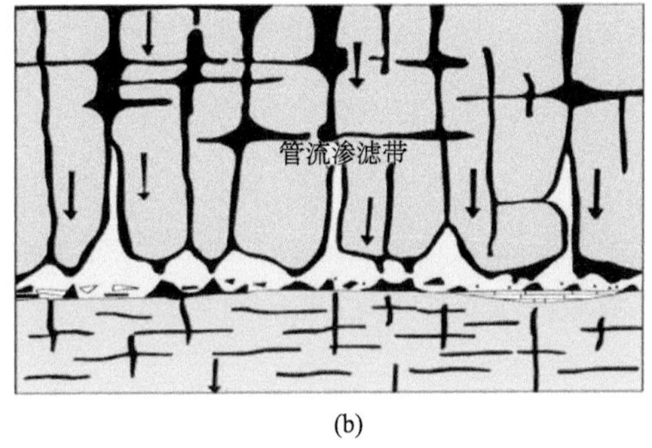

(b)

图 3-14 两种岩溶储层成储机理模式图（文华国等，2009）

（a）中-高孔渗基岩孔隙型散流岩溶储层（灯影组、黄龙组）；（b）低孔渗基岩缝洞型管流岩溶储层（茅口组）

第三节 礁滩储层特征与成储模式

四川盆地上二叠统长兴组与下三叠统飞仙关组的台缘礁滩储层为典型的礁滩类储层。储层主要发育于四川盆地东北部环开江-梁平陆棚两侧、城口-鄂西海槽西侧及蓬溪-武胜台洼边缘高能相带，具有“三缘、两带”分布模式（马永生等，2014）。勘探发现了普光、元坝以及龙岗等大中型台地边缘礁滩岩性气藏和构造岩性复合气藏，储层物性好，分布广泛；下三叠统嘉陵江组发现有麻柳场气田、磨溪气田和河坝场气田等台内滩构造岩性复合气藏，储层主要分布在泸州古隆起、开江古隆起（刘华，2006；张数球等，2008；徐国盛等，2011）。后来，四川盆地及周缘又相继发现了下寒武统龙王庙组台内滩储层、中二叠统栖霞组台缘生屑滩储层（分布于川西北龙门山断裂带以东）及上二叠统长兴组台洼边缘礁滩储层（川东南涪陵南部泰来-义和地区），礁滩储层是四川盆地乃至南方海相油气勘探和增储上产的主要储层类型之一。

一、储层岩石学特征

四川盆地礁滩类储层主要分为台地边缘生物礁、台地边缘生屑滩、台洼边缘礁滩和台内滩四种类型（表 3-5），其中台地边缘生物礁储层主要包括残余生屑结晶白云岩、残余生物礁结晶白云岩、残余鲕粒结晶白云岩、砂糖状白云岩、粉晶-粉细晶白云岩、亮晶鲕粒灰岩以及生物礁灰岩；台地边缘生屑滩储层发育于中二叠统栖霞组，主要为中粗晶白云岩；台洼边缘礁滩储层主要为残余生屑白云岩、晶粒白云岩、残余生物礁灰岩、生屑灰岩；台内滩储层主要发育残余砂屑（鲕粒）白云岩、泥-粉晶白云岩。

表 3-5　四川盆地及周缘礁滩类储层岩性分类表

储层类型	储集岩性	发育层位	分布地区
台地边缘生物礁	残余生屑结晶白云岩	P_3ch	涪陵、元坝、龙岗
	残余生物礁结晶白云岩	P_3ch	元坝、龙岗、普光、涪陵
	残余鲕粒结晶白云岩	T_1f	普光、龙岗
	砂糖状白云岩	$T_1f^{1\sim2}$	普光
	粉晶-粉细晶白云岩	$T_1f^{1\sim2}$、P_3ch	元坝、龙岗、普光
	亮晶鲕粒灰岩	$T_1f^{1\sim3}$	元坝、涪陵
	生物礁灰岩	P_3ch、S_2sh	川东地区广泛分布
台地边缘生屑滩	中粗晶白云岩	P_2q	广元西北乡地区
	白云质灰岩/灰质白云岩	P_3ch	元坝
台洼边缘礁滩	残余生屑白云岩	P_3ch	卧龙河、磨溪
	晶粒白云岩	P_3ch	卧龙河、磨溪
	残余生物礁灰岩	P_3ch	卧龙河、磨溪
	生屑灰岩	P_3ch	泰来、永兴场
台内滩	残余砂屑（鲕粒）白云岩	$T_1j^{1\sim2}$	川东地区
	泥-粉晶白云岩	Z_2l	磨溪
	纹层状白云岩	Z_2dn	四川盆地广泛发育

（一）台地边缘生物礁储层

礁滩储层最重要的储集岩常和具有残余结构的白云岩同时出现，白云石含量通常大于 95%，以细-中晶为主，在礁间滩等部分层段可见粉晶白云岩。白云石晶体多为平直晶面自形晶，残余结构难以识别，细、中晶白云石晶体雾心亮边特征明显。

残余生屑结晶白云岩：主要分布于元坝地区长兴组，为台地边缘颗粒滩亚相沉积，在元坝地区分布广泛。岩石整体为结晶白云岩，白云石在 80%以上。岩石组成以生物碎屑为主，生物种类丰富，以棘皮类和有孔虫为主，少量双壳类和腹足类等软体生物。残余生屑/砂屑结构明显，以残余生屑结晶白云岩为主，残余生屑结晶白云岩又可划分为残余生屑中-粗晶白云岩、残余生屑细晶白云岩和残余生屑粉-细晶白云岩（图 3-15）。

(a)　(b)

图 3-15　台地边缘残余生屑结晶白云岩

（a）残余生屑中晶白云岩，见有孔虫和海百合生屑残余，元坝 205-7 井，单偏光，6455.2 m；（b）残余砂屑细晶白云岩，白云石自形程度高，晶间孔发育，元坝 223.2 井，单偏光，6597 m

残余生物礁结晶白云岩：主要分布于长兴期晚期，为台地边缘礁滩相障积岩及骨架岩亚相，造礁生物主要为海绵，少量苔藓虫及层孔虫，含量为 35%～50%，具中-粗晶结构。主要成岩作用有胶结作用、重结晶作用及溶蚀作用。受胶结作用影响，格架孔几乎全部被白云石或方解石充填，原生孔隙不发育。受重结晶作用影响，生物结构多被破坏。溶蚀作用强烈，晶间孔发育[图 3-16（a）]。

残余鲕粒结晶白云岩：分布于宣汉-达州的飞一段—飞二段，为台地边缘鲕粒滩亚相沉积。白云石含量为 90%～95%。岩石组成以鲕粒为主，含量为 70%～80%，亮晶胶结物占 20%～25%。岩石重结晶作用强烈，多数鲕粒只保留其残余结构，以中晶为主，晶间孔发育。后期溶蚀作用强烈，溶孔部分充填沥青[图 3-16（b）]。

砂糖状白云岩：多分布于普光地区飞一段—飞二段地层中，白云石含量为 93%～95%，以中粗晶为主，受重结晶作用影响，晶体中发育丰富的鲕粒残余。晶间孔丰富，部分充填沥青。岩石比重很轻，孔隙非常发育，多为晶间孔和晶间溶孔，为最好的礁滩储集岩[图 3-16（e）]。

粉晶-粉细晶白云岩：为暴露浅滩亚相沉积，白云石含量大于 90%，具粉晶-粉细晶结构[图 3-16（f）]。生物碎屑主要为有孔虫、棘屑和藻类，白云石化作用强烈，生物化石仅呈现生屑残余结构。后期构造及溶蚀作用强烈，在镜下往往可以见到大量微裂缝及溶孔，局部被沥青充填。

亮晶鲕粒灰岩：分布广泛，飞一段—飞三段均有发育，为开阔台地鲕粒滩亚相与台地边缘鲕粒滩亚相沉积。方解石含量大于 90%，鲕粒含量较高，为 65%～80%，胶结物含量为 20%～35%。主要成岩作用为胶结作用，粒间孔几乎消失殆尽，具微-粉晶结构，岩石多致密，难以形成优质储层。但深部亦可发生溶蚀作用，发育较好储层。

生物礁灰岩：在上二叠统长兴组及下志留统石牛栏组均有发育，为台地边缘礁滩相障积岩及骨架岩沉积。造礁生物以海绵为主，少量苔藓虫及层孔虫，含量为 35%～50%。

成岩作用主要为胶结作用，原生孔隙几乎全部被方解石充填，具微粉晶结构。岩石比较致密，储集条件较差。但在深部发生溶蚀作用后也可以形成储层[图 3-17（a）、（b）]。

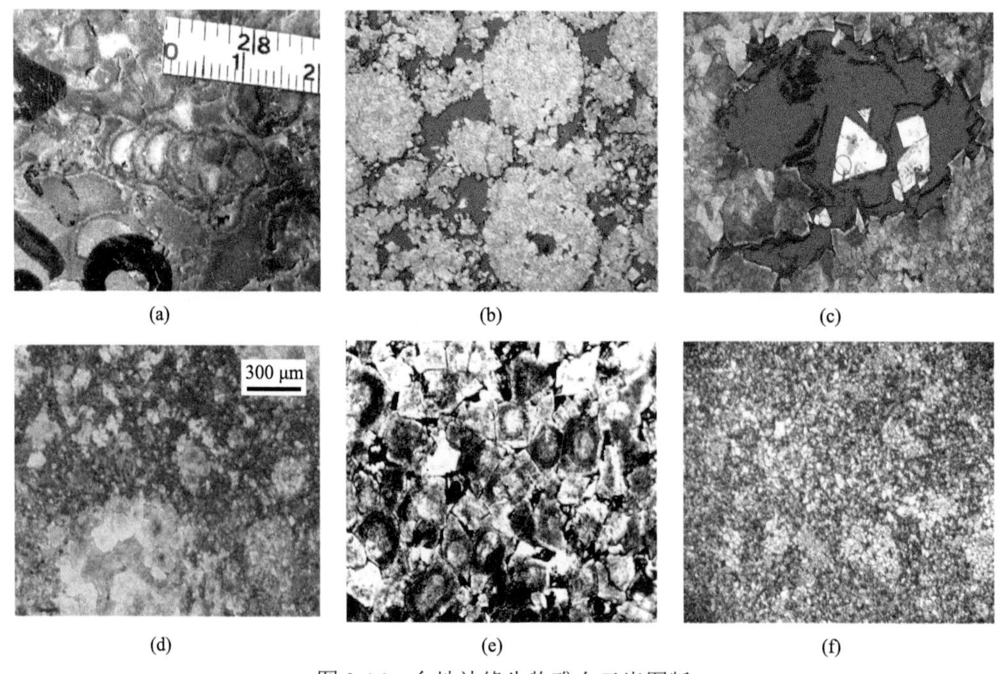

图 3-16　台地边缘生物礁白云岩图版

（a）残余生物礁结晶白云岩，普光 9 井，P_3ch；（b）残余鲕粒结晶白云岩，普光 9 井，$T_1f^{1\sim2}$；（c）残余生屑结晶白云岩，兴隆 1 井，P_3ch；（d）残余生屑结晶白云岩，龙岗 17 井，P_3ch；（e）砂糖状白云岩，普光 2 井，$T_1f^{1\sim2}$；（f）粉晶-粉细晶白云岩，元坝 9 井，$T_1f^{1\sim2}$

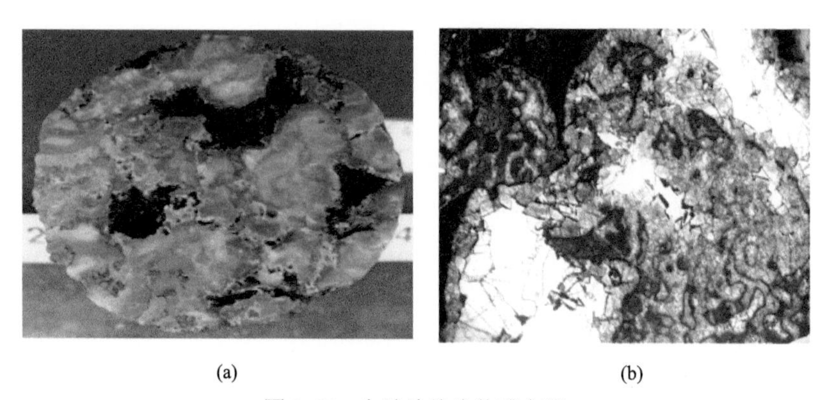

图 3-17　台地边缘生物礁灰岩

（a）生物礁灰岩，龙岗 11 井，P_3ch；（b）生物礁灰岩，元坝 9 井，P_3ch

（二）台地边缘生屑滩储层

白云质灰岩/灰质白云岩：灰质白云岩常出现在生屑滩亚相，方解石晶体粗大，多“衬底式”分布。白云质灰岩为生物礁亚相，白云石干净明亮，多以胶结物的形式出现。少量白云质灰岩为生屑滩亚相，白云石自形程度高，零星分布[图 3-18（a）、（b）]。

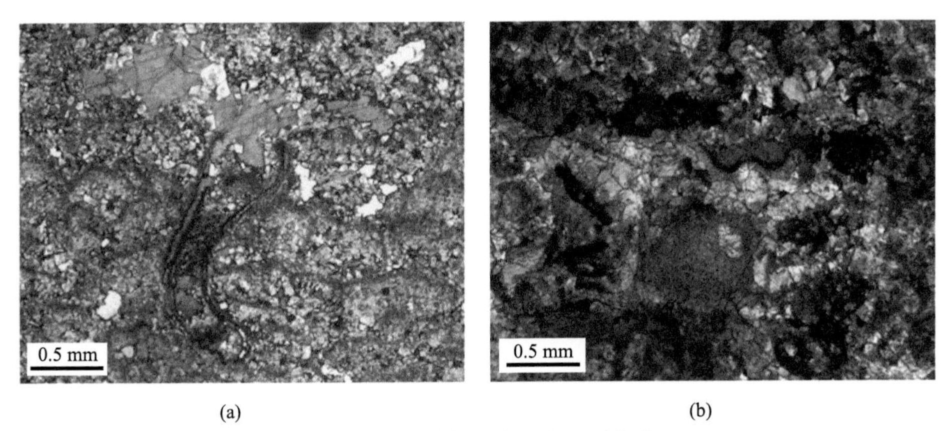

(a)　　(b)

图 3-18　灰质白云岩、白云质灰岩

（a）残余生屑灰质粉-细晶白云岩，元坝 271-39 井，单偏光，6332.95 m；（b）白云质灰岩，孔隙不发育，元坝 223.2 井，单偏光，6597 m

中粗晶白云岩：为台地边缘生屑滩亚相沉积，白云石以半自形-他形结构为主，为镶嵌结构，部分晶体可见雾心亮边。交代较完全，重结晶现象明显，大多具有中-粗晶结构，基本上破坏了原岩的结构特征。岩石溶蚀孔洞较发育，但多充填晶形较好、明亮、粒度较粗且显环带结构的亮晶白云石，仅见少量晶间孔散布于岩石中。

（三）台洼边缘礁滩储层

晶粒白云岩：以生物碎屑为主，生物种类丰富，以䗴及有孔虫为主，少量腕足及瓣鳃等大化石，但因重结晶作用强烈，大量生物结构被破坏，只保留了残余结构。具粉-细晶结构，晶间溶孔及晶间孔发育，储集条件好[图 3-19（a）]。

残余生屑白云岩：造礁生物以海绵为主，少量苔藓虫及层孔虫。生物骨架发生溶蚀作用，形成生物体腔孔、铸模孔等[图 3-19（b）]。

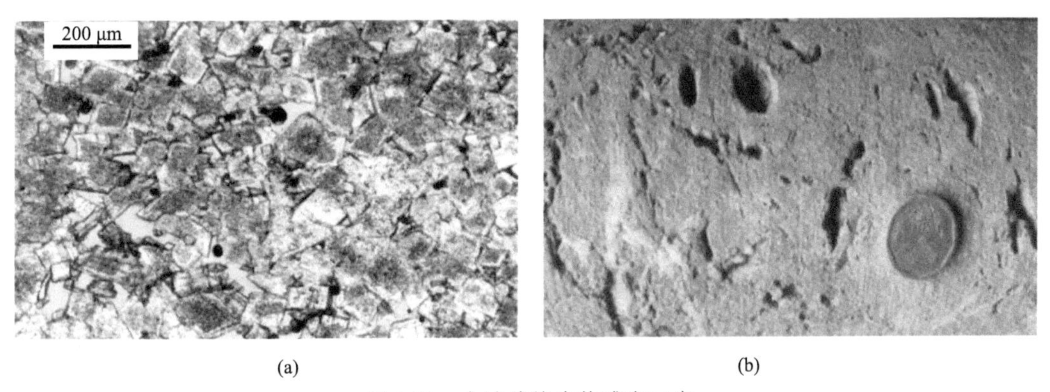

(a)　　(b)

图 3-19　台洼边缘生物礁白云岩

（a）晶粒白云岩，广 3 井，4228.7 m，长兴组，单偏光，染色，铸体（蓝色）；（b）残余生屑白云岩，广 3 井，4219.8 m，长兴组，岩心

生屑灰岩：作为礁滩类储层的一种主要储集岩，分布广泛，整个四川盆地海相层系均可见发育。为生屑滩亚相沉积，生屑类型较为丰富，发育苔藓虫、珊瑚、有孔虫类等。岩石具亮晶结构，局部白云石化作用较强，晶间孔、微裂缝较发育，裂缝多充填方解石（图 3-20）。

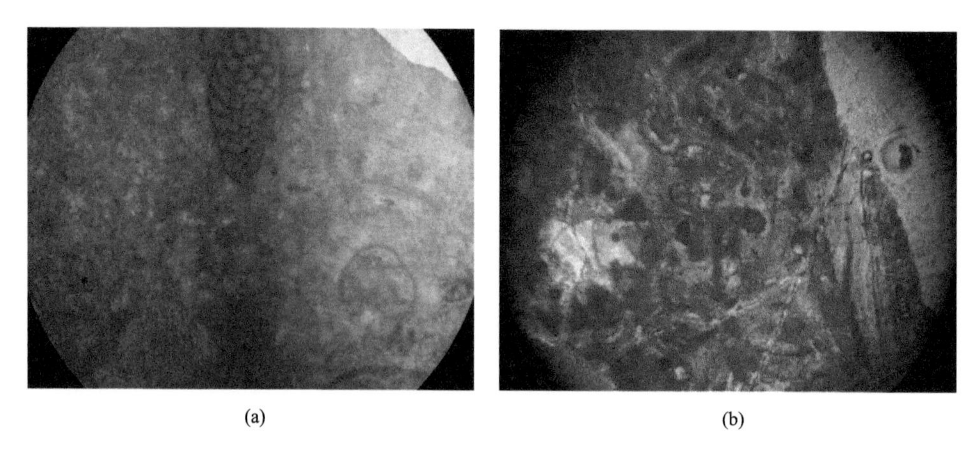

(a)　(b)

图 3-20　台洼边缘生屑灰岩

（a）泰来 2 井，5236.0 m，生屑灰岩，溶蚀孔；（b）泰来 201 井，4710.0 m，生屑灰岩，微裂缝发育

（四）台内滩储层

泥-粉晶白云岩：分布广泛，在长兴组以及龙王庙组均有钻遇，分布在元坝、普光以及羊鼓洞和盘龙洞一带，形成于潟湖-潮坪相沉积环境。矿物成分以白云石为主，含量大于 90%，方解石含量小于 10%。岩石具泥-粉晶结构，白云石为不规则他形-半自形粒状，晶粒较干净，晶形较清楚；方解石为他形粒状，晶粒浑浊，星散状分布于白云石晶体间。

残余砂屑（鲕粒）白云岩：川东北地区主要发育在嘉二段，川南地区发育在嘉二段一亚段—嘉一段，为台内滩亚相沉积。白云石含量大于 95%，颗粒成分以砂屑为主，含量为 65%～95%。岩石溶孔、裂缝、溶缝较为发育，纵横交错，期次明显。早期微裂缝由细晶方解石充填，呈断续不规则状；压溶缝呈不规则缝合线状，局部由沥青充填。晚期裂缝规则、较宽，由粗晶方解石充填（图 3-21）。

纹层状白云岩：藻纹层白云岩主要发育于震旦系灯影组，为局限台地的潮坪和蒸发潟湖环境，浅滩内偶见。纹层黑白相间，黑色为富藻纹层，白色为藻屑，经后期溶蚀改造多发育溶蚀孔洞。

二、储集空间类型

通过岩心描述和薄片观察，四川盆地及周缘海相礁滩储层储集空间以孔隙型为主，裂缝-孔隙型次之。储集空间以晶间溶孔及粒间溶孔为主，鲕模孔、溶洞、晶间孔及微裂缝次之，粒内溶孔、生物体腔溶孔及缝合线较少（表 3-6）。

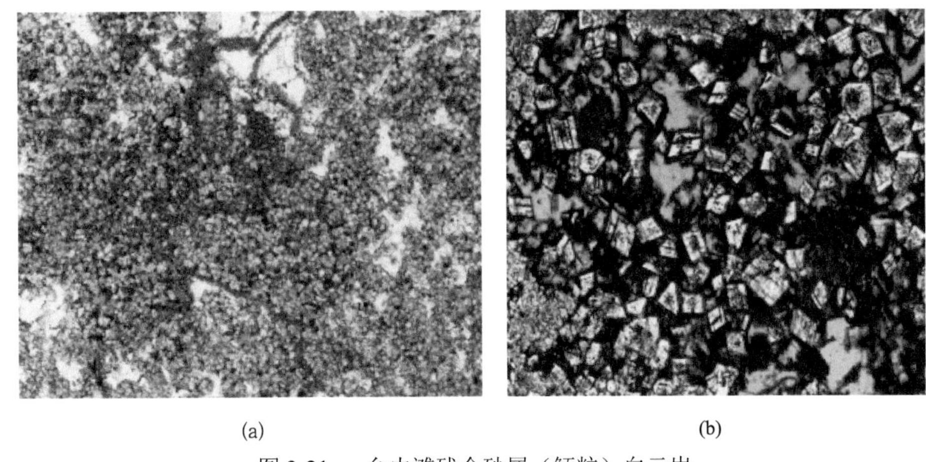

(a)　(b)

图 3-21　台内滩残余砂屑（鲕粒）白云岩

（a）铁 5 井，T_1j 1214.1 m；（b）长 14 井，T_1j 1495.6 m

表 3-6　四川盆地礁滩储层储集空间类型统计表（据郭旭升和郭彤楼，2012 修改）

储集空间类型			特征	频率	主要岩性
孔隙	溶孔	晶间溶孔	晶间孔溶蚀扩大形成的孔隙	高	残余鲕粒、砂屑白云岩及结晶白云岩
		粒间溶孔	颗粒间充填物被溶蚀形成的孔隙	高	残余鲕粒、砂屑白云岩
		粒内溶孔	颗粒内部被溶蚀形成的孔隙	低	残余鲕粒白云岩
		鲕模孔	颗粒全部溶蚀形成的孔隙	中	残余鲕粒白云岩
		生物体腔溶孔	生物体腔被溶蚀而形成的孔隙	低	生物礁灰岩
		溶洞	溶蚀扩大形成或大于 2 mm 的孔隙	中	白云岩
	晶间孔		晶体之间的孔隙	中	残余鲕粒、砂屑白云岩及结晶白云岩
裂缝	缝合线		锯齿状，被沥青全或半充填	低	
	微裂缝		部分被沥青充填	中	

晶间溶孔：普遍发育于各类结晶白云岩中，是晶间孔因溶蚀扩大而形成[图 3-22(a)]。溶蚀作用发生在晶体之间，孔隙形态复杂，直径小于 2 mm。这类孔隙非常普遍，是最主要的储集空间之一。

粒间溶孔：发育于各类颗粒白云岩及颗粒灰岩中，由颗粒间胶结物或部分颗粒被溶蚀而形成。孔隙形态多样，直径小于 2 mm，以 1 mm 为主。这种孔隙比较常见[图 3-22（b）]，是较重要的储集空间之一。

粒内溶孔：发育于各类颗粒白云岩及颗粒灰岩中，由各种颗粒（生屑、砂屑、鲕粒）内部被溶蚀而形成。溶孔形态复杂多样，直径小于 2 mm。多数粒内溶孔未充填，可见残余沥青，是重要储集空间之一[图 3-22（b）]。

晶间孔：发育于粉晶、细晶、中粗晶等各类结晶白云岩中，是由重结晶后白云石晶体杂乱排列而形成。该类孔隙为不规则的多边形，直径以 1～2 mm 居多，多数未被充填[图 3-22（a）]，晶间孔非常发育，是飞仙关组除溶孔以外重要的储集空间。

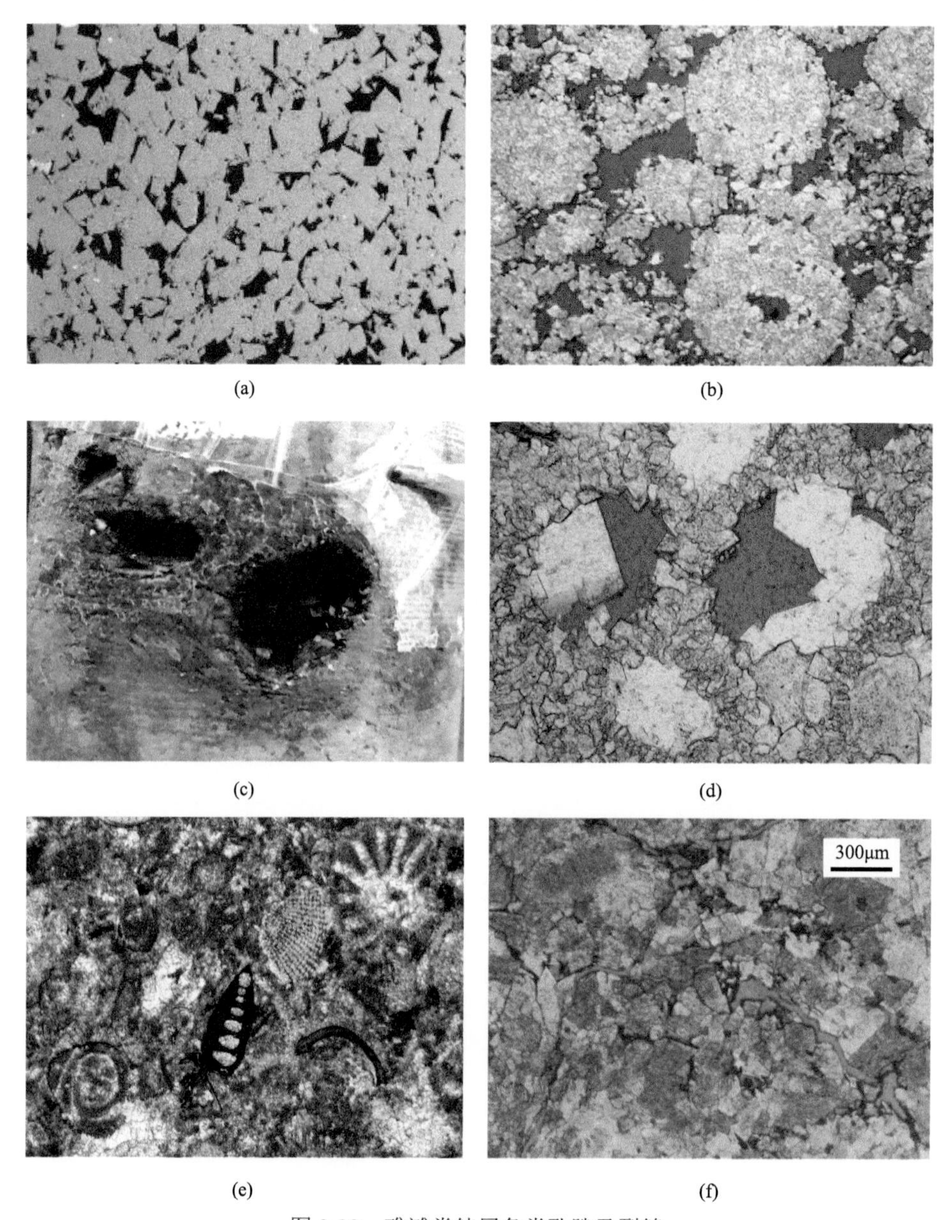

图 3-22　礁滩类储层各类孔隙及裂缝

(a) 晶间溶孔发育，YB39-4，P_3ch；(b) 粒间及粒内溶孔，B4 井，T_1f^1；(c) 溶洞，YB11 井，P_3ch；(d) 鲕模孔，宣汉盘龙洞，T_1f^{1-2}；(e) 生物体腔溶孔，充填沥青，羊鼓洞 P_3ch；(f) 裂缝，没有充填，LG39 井，P_3ch

溶洞：溶蚀作用强烈，各类微粉晶白云岩及生物礁白云岩中形成溶孔/溶洞。直径小于 2 mm 者称溶孔，大于 2 mm 者称溶洞[图 3-22（c）]。这类孔隙也比较发育，是较重要的储集空间之一。溶洞形态不规则，直径以 3～4 cm 为主，大者 10 cm，洞壁除有少量白云石、方解石及石英晶体生长外，大部分未被充填，少数洞壁还可见少量沥青。

鲕模孔：发育于鲕粒白云岩及鲕粒灰岩中，是鲕粒全部被溶蚀、胶结物未被溶蚀而形成的[图 3-22（d）]。溶孔保留了鲕粒的外部形态，直径小于 2 mm，是宣汉-达州地区较为重要的储集空间。

生物体腔溶孔：主要发育于长兴组，由生物体腔被溶蚀而形成。在宣汉羊鼓洞剖面，球旋虫体腔被溶蚀，形成溶孔，充填沥青；有孔虫体腔被溶蚀形成溶孔，充填沥青。B9 井，长兴组层孔虫被溶蚀形成溶孔，充填方解石，䗴被溶蚀形成溶孔，未充填[图 3-22（e）]。

微裂缝：裂缝主要由岩石在构造应力作用下破碎而形成，缝宽窄不一，多数小于 10 mm，部分被沥青充填。发育三期裂缝，第一期裂缝形成于印支期，被方解石全充填，对储层贡献不大；第二期裂缝形成于燕山中期，该期裂缝部分充填沥青[图 3-22（f）]，对储层形成有一定影响；第三期裂缝形成于燕山晚期—喜马拉雅期，该期裂缝大部分没有充填物，对储层形成影响较大。整体来看，裂缝发育程度一般，礁滩储层储集空间以微裂缝为主，对Ⅲ类储层的储渗性能影响较明显。

缝合线：外形多锯齿状，岩心和镜下观察，多充填沥青或者有机质，极少数未充填或半充填，缝合线主要作为油气运移的通道，通常不作为有效的储集空间。

三、储层物性特征

礁滩储层的发育受沉积相、岩性等方面的控制（郭彤楼，2011a），针对四川盆地主要发育的寒武系（龙王庙组、洗象池组）、二叠系（栖霞组、长兴组）、三叠系（飞仙关组、嘉陵江组）礁滩储层，本节以四川盆地东北部长兴组—飞仙关组礁滩储层为重点，从相带及岩性两个方面分析储层的物性特征，为高效勘探提供基础依据。

（一）不同沉积相带储层物性特征

利用测井解释成果与岩心样品实测资料，通过大量数据统计分析，对不同沉积相带的储层物性特征进行了对比研究。

1. 台地边缘礁滩相储层物性特征

通过统计分析，台地边缘礁滩相储层孔隙度最大值为 28.86%，最小值为 0.59%，平均值为 7.15%（表 3-7）。孔隙度＜2%的占 6%，2%≤孔隙度＜5%的占 28%，5%≤孔隙度＜10%的占 43%，孔隙度≥10%的占 23%（图 3-23）。

长兴组—飞仙关组台地边缘礁滩相储层渗透率最大值为 $9664.887\times10^{-3}\,\mu m^2$，最小值为 $0.002\times10^{-3}\,\mu m^2$，平均值为 $74.120\times10^{-3}\,\mu m^2$（表 3-7）。渗透率＜$0.02\times10^{-3}\,\mu m^2$ 的占 2%，$0.02\times10^{-3}\,\mu m^2$≤渗透率＜$0.25\times10^{-3}\,\mu m^2$ 的为 29%，$0.25\times10^{-3}\,\mu m^2$≤渗透率＜$1\times10^{-3}\,\mu m^2$ 的占 17%，渗透率≥$1\times10^{-3}\,\mu m^2$ 的占 52%（图 3-23）。

表 3-7　四川盆地东北部长兴组—飞仙关组台地边缘礁滩相岩石物性数据统计表

岩性	最大值	最小值	平均值	样品数/个
孔隙度/%	28.86	0.59	7.15	2140
渗透率/$10^{-3}\,\mu m^2$	9664.887	0.002	74.120	1992

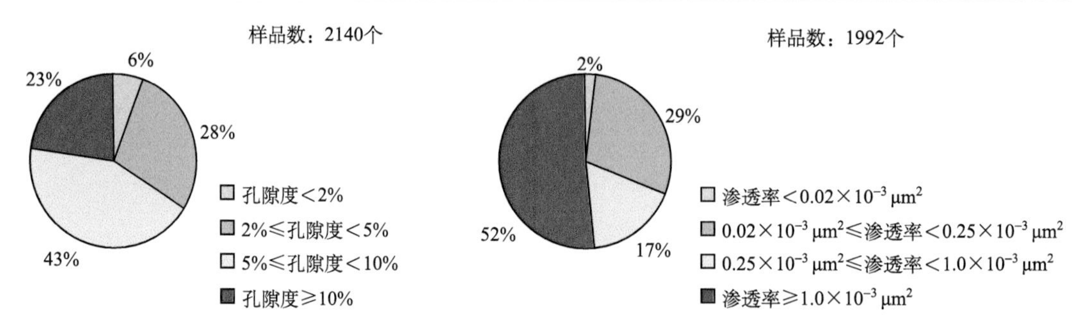

图 3-23　四川盆地东北部长兴组—飞仙关组台地边缘礁滩相孔隙度及渗透率百分比

台地边缘礁滩相储层孔-渗关系较好（图 3-24），两者呈正相关关系，即随着孔隙度的增加，渗透率也随之增大。局部渗透率高于正常值，主要受裂缝影响；局部低于正常值，一方面是孔隙之间的连通性较差，另一方面是孔隙之间连通性本身较好，但由于充填物（如沥青）影响了孔隙之间的连通。

孔-渗关系表明，四川盆地东北部台地边缘礁滩相储层以孔隙型储层为主。

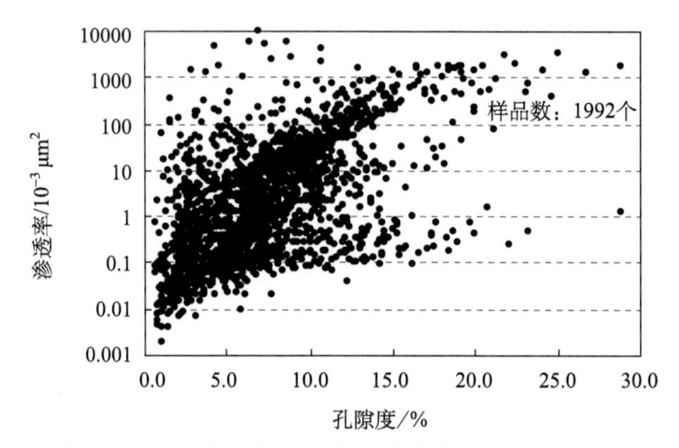

图 3-24　四川盆地东北部台地边缘礁滩相孔-渗关系图

2. 碳酸盐岩台地相储层物性特征

通过统计分析，碳酸盐岩台地相储层孔隙度最大值为 20.94%，最小值为 0.30%，平均值为 3.71%（表 3-8）。孔隙度＜2%的占 25%，2%≤孔隙度＜5%的占 51%，5%≤孔隙度<10%的占 21%，孔隙度≥10%的占 3%（图 3-25）。

储层渗透率最大值为 $450.399\times10^{-3}\ \mu m^2$，最小值为 0.000，平均值为 $5.544\times10^{-3}\ \mu m^2$（表 3-8）。渗透率＜$0.02\times10^{-3}\ \mu m^2$的占26%，$0.02\times10^{-3}\ \mu m^2$≤渗透率＜$0.25\times10^{-3}\ \mu m^2$的占43%，$0.25\times10^{-3}\ \mu m^2$≤渗透率＜$1\times10^{-3}\mu m^2$ 的占 12%，渗透率≥$1\times10^{-3}\ \mu m^2$ 的占 19%（图 3-25）。

表 3-8　四川盆地东北部长兴组—飞仙关组碳酸盐岩台地相岩石物性特征

岩性	最大值	最小值	平均值	样品数/个
孔隙度/%	20.94	0.30	3.71	740
渗透率/$10^{-3}\ \mu m^2$	450.399	0.000	5.544	660

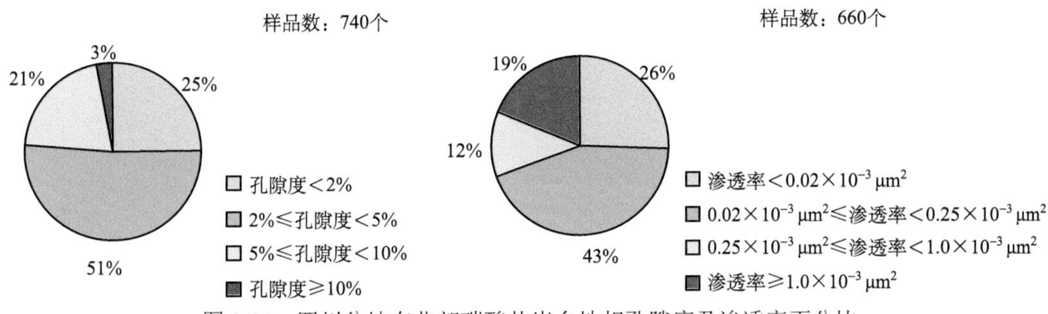

图 3-25　四川盆地东北部碳酸盐岩台地相孔隙度及渗透率百分比

碳酸盐岩台地相储层孔-渗关系总体较好（图 3-26），两者呈正相关关系，即随着孔隙度的增加，渗透率也随之增大。少数渗透率高于正常值，主要受裂缝影响。

孔-渗关系表明，四川盆地东北部碳酸盐岩台地相储层以裂缝-孔隙型为主。

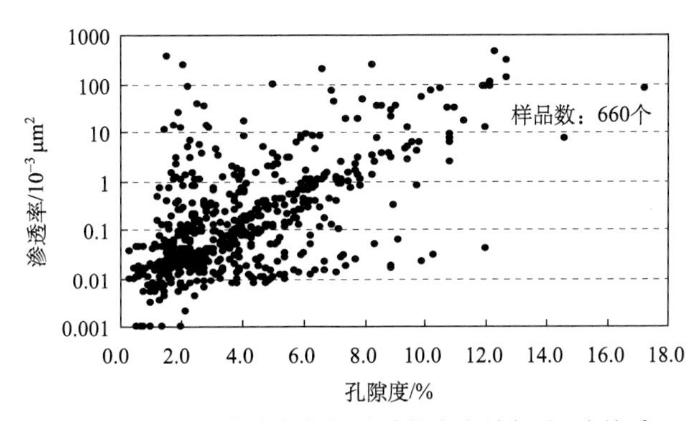

图 3-26　四川盆地东北部碳酸盐岩台地相孔-渗关系

3. 斜坡-陆棚相储层物性特征

统计数据表明，斜坡-陆棚相储层孔隙度最大值为 8.53%，最小值为 0.84%，平均值为 1.74%（表 3-9）。孔隙度<2%的占 77%，2%≤孔隙度<5%的占 22%，5%≤孔隙度<10%的占 1%（图 3-27）。

渗透率最大值为 $355.212\times10^{-3}\ \mu m^2$，最小值为 $0.001\times10^{-3}\ \mu m^2$，平均值为 $5.820\times10^{-3}\ \mu m^2$。渗透率<$0.02\times10^{-3}\ \mu m^2$ 的占 34%，$0.02\times10^{-3}\ \mu m^2$≤渗透率<$0.25\times10^{-3}\ \mu m^2$ 的占 48%，$0.25\times10^{-3}\ \mu m^2$≤渗透率<$1\times10^{-3}\ \mu m^2$ 的占 9%，渗透率≥$1\times10^{-3}\ \mu m^2$ 的占 9%（图 3-27）。

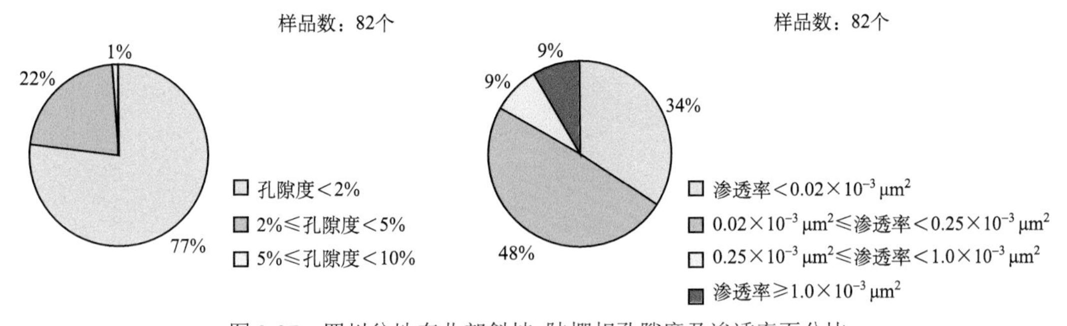

图 3-27　四川盆地东北部斜坡-陆棚相孔隙度及渗透率百分比

表 3-9　四川盆地东北部长兴组—飞仙关组斜坡-陆棚相岩石物性统计

岩性	最大值	最小值	平均值	样品数/个
孔隙度/%	8.53	0.84	1.74	82
渗透率/10^{-3} μm^2	355.212	0.001	5.820	82

斜坡-陆棚相孔-渗关系如图 3-28 所示。

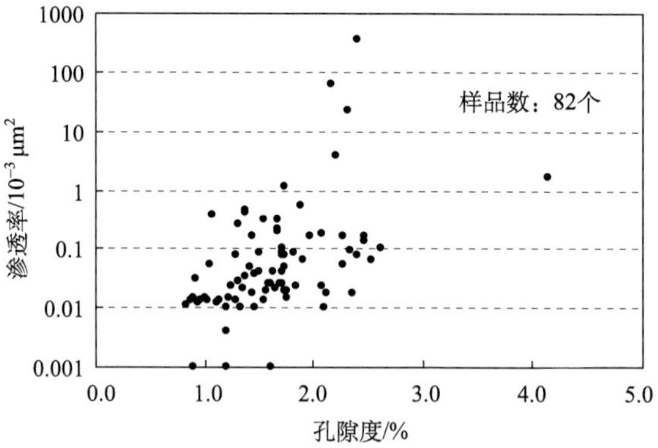

图 3-28　四川盆地东北部长兴组—飞仙关组斜坡-陆棚相孔-渗关系

4. 不同相带储层物性对比

对比不同相带的孔渗关系，储层物性与沉积相带具有明显的关系，相带不同储层物性亦有所差别。储层物性对比研究表明（表 3-10，图 3-29），台地边缘礁滩相岩石储层物性最好，碳酸盐岩台地相次之，斜坡-陆棚相最差。因此，要获得优质储层，寻找有利相带是基础。

表 3-10　四川盆地东北部不同沉积相带礁滩储层岩石物性对比

物性		台地边缘礁滩	碳酸盐岩台地	斜坡-陆棚
孔隙度/%	最大值	28.86	20.94	8.53
	最小值	0.59	0.30	0.84
	平均值	7.15	3.71	1.74
样品数/个		2140	740	82
渗透率/10^{-3} μm^2	最大值	9664.887	450.399	355.212
	最小值	0.002	0.000	0.001
	平均值	74.120	5.544	5.82
样品数/个		1992	660	82
岩石密度/(g/cm^3)	最大值	3.30	2.82	2.82
	最小值	2.03	2.23	2.52
	平均值	2.65	2.68	2.70
样品数/个		2121	696	82

续表

物性		台地边缘礁滩	碳酸盐岩台地	斜坡-陆棚
岩石骨架密度/(g/cm^3)	最大值	3.57	3.01	2.87
	最小值	2.64	2.45	2.67
	平均值	2.85	2.78	2.74
样品数/个		2115	696	82

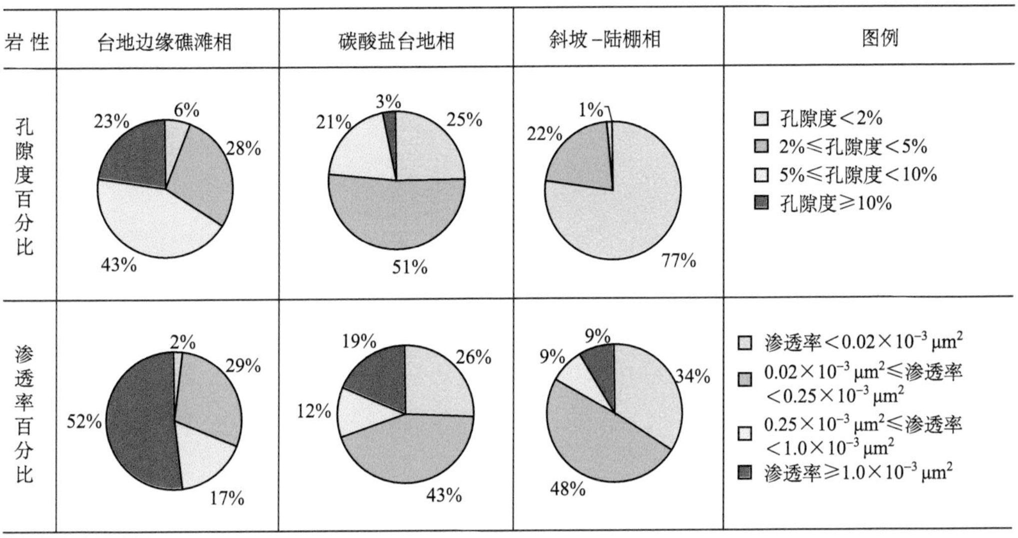

岩性	台地边缘礁滩相	碳酸盐台地相	斜坡–陆棚相	图例
孔隙度百分比	6%　28%　43%　23%	3%　25%　51%　21%	1%　77%　22%	孔隙度＜2% 2%≤孔隙度＜5% 5%≤孔隙度＜10% 孔隙度≥10%
渗透率百分比	2%　29%　17%　52%	19%　26%　43%　12%	9%　34%　48%　9%	渗透率＜0.02×10^{-3} μm^2 0.02×10^{-3} μm^2≤渗透率＜0.25×10^{-3} μm^2 0.25×10^{-3} μm^2≤渗透率＜1.0×10^{-3} μm^2 渗透率≥1.0×10^{-3} μm^2

图 3-29　四川盆地东北部长兴组—飞仙关组不同相带储层物性对比

（二）不同岩石类型储层物性特征

礁滩类储层储集岩类型繁多，纵向变化快，总体上主要由各类礁滩灰岩及礁滩白云岩组成，具体划分为礁滩白云岩、鲕滩白云岩、礁滩灰岩、鲕滩灰岩、泥微晶灰岩及泥微晶白云岩。其中，礁滩白云岩主要包括生物礁白云岩、生屑白云岩及少量砾屑白云岩；鲕滩白云岩主要包括鲕粒白云岩、豆粒白云岩及砂屑白云岩；礁滩灰岩主要包括生物礁灰岩及生屑灰岩；鲕滩灰岩主要包括鲕粒灰岩、豆粒灰岩及砂屑灰岩。泥微晶灰岩整体致密，不是主要的储集岩类，本节不做重点分析描述。

1. 礁滩白云岩储层物性特征

礁滩白云岩储层孔隙度最大值为23.05%，最小值为1.11%，平均值为6.21%（表3-11）。孔隙度＜2%的占 2%，2%≤孔隙度＜5%的占 41%，5%≤孔隙度＜10%的占 42%，孔隙度≥10%的占 15%（图 3-30）。

礁滩白云岩渗透率最大值为 9664.887×10^{-3} μm^2，最小值为 0.021×10^{-3} μm^2，平均值

为 $104.525\times10^{-3}\ \mu m^2$（表 3-11）。$0.02\times10^{-3}\ \mu m^2$≤渗透率＜$0.25\times10^{-3}\ \mu m^2$ 的占 26%，$0.25\times10^{-3}\ \mu m^2$≤渗透率＜$1\times10^{-3}\ \mu m^2$ 的占 18%，渗透率≥$1\times10^{-3}\ \mu m^2$ 的占 56%（图 3-30）。

表 3-11　四川盆地长兴组礁滩白云岩物性统计

岩性	最大值	最小值	平均值	样品数/个
孔隙度/%	23.05	1.11	6.21	527
渗透率/$10^{-3}\ \mu m^2$	9664.887	0.021	104.525	504

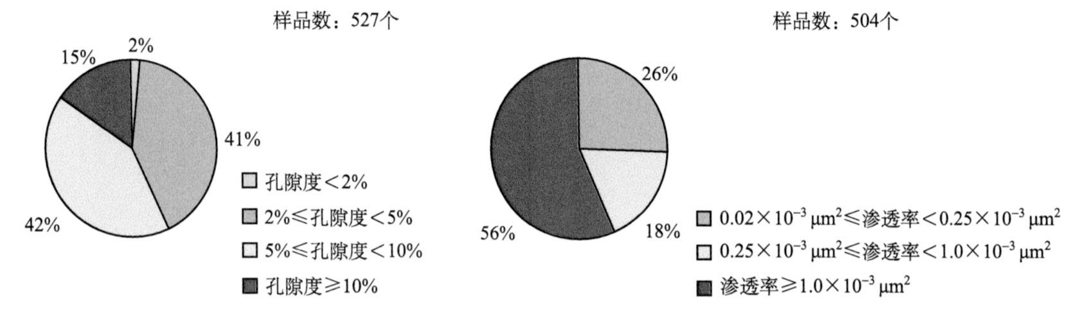

图 3-30　四川盆地长兴组礁滩白云岩孔隙度及渗透率百分比

礁滩白云岩储层孔隙度以 2%～5%及 5%～10%为主，比例分别为 41%、42%（图 3-30）；渗透率以大于 $1\times10^{-3}\ \mu m^2$ 为主，比例为 56%，其次是 0.02×10^{-3}～$0.25\times10^{-3}\ \mu m^2$、$0.25\times10^{-3}$～$1\times10^{-3}\ \mu m^2$，比例分别为 26%、18%。总之，礁滩白云岩储层孔隙度及渗透率都非常好，高孔高渗及中孔高渗Ⅰ类及Ⅱ类储层占有很大比例。

长兴组礁滩白云岩储层孔-渗之间为近似正相关关系（图 3-31），即随着孔隙度的增加，渗透率随之增大，局部渗透率高于正常值，局部低于正常值。前者受裂缝影响所致，后者主要与孔隙充填有关。孔-渗相关性表明，长兴组礁滩白云岩形成孔隙型储层。

2. 鲕滩白云岩储层物性特征

四川盆地鲕滩白云岩主要见于飞仙关组，通过对 1300 多个样品进行统计分析，鲕滩白云岩储层孔隙度最大值为 28.86%，最小值为 0.79%，平均值为 8.24%（表 3-12）。2%≤孔隙度＜5%的占 20%，5%≤孔隙度＜10%的占 52%，孔隙度≥10%的占 28%（图 3-32）。

鲕滩白云岩储层渗透率最大值为 $3354.697\times10^{-3}\ \mu m^2$，最小值为 $0.007\times10^{-3}\ \mu m^2$，平均值为 $68.867\times10^{-3}\ \mu m^2$（表 3-12）。渗透率＜$0.02\times10^{-3}\ \mu m^2$ 的占 1%，$0.02\times10^{-3}\ \mu m^2$≤渗透率＜$0.25\times10^{-3}\mu m^2$ 的占 24%，$0.25\times10^{-3}\ \mu m^2$≤渗透率＜$1\times10^{-3}\ \mu m^2$ 的占 19%，渗透率≥$1\times10^{-3}\ \mu m^2$ 的占 56%（图 3-32）。

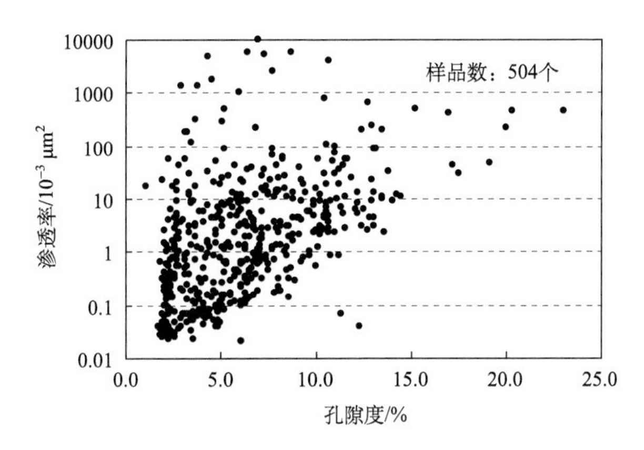

图 3-31　四川盆地长兴组礁滩白云岩孔-渗关系

表 3-12　四川盆地飞仙关组鲕滩白云岩物性统计

岩性	最大值	最小值	平均值	样品数/个
孔隙度/%	28.86	0.79	8.24	1530
渗透率/10^{-3} μm²	3354.697	0.007	68.867	1395

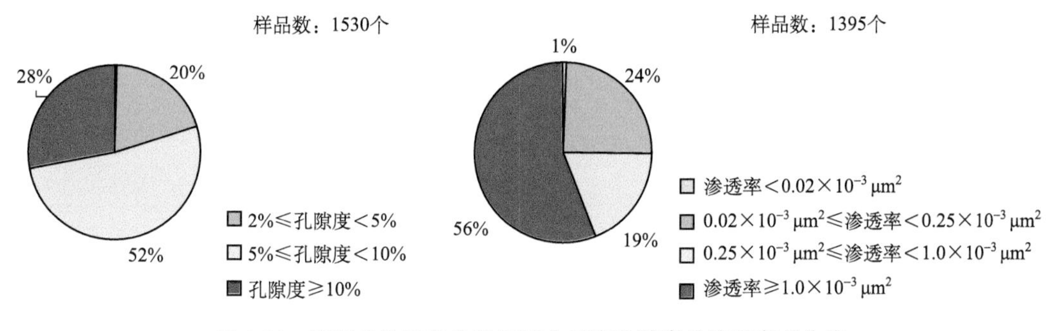

图 3-32　四川盆地飞仙关组鲕滩白云岩孔隙度及渗透率百分比

鲕滩白云岩储层孔隙度以 5%～10%及大于 10%为主，比例分别为 52%、28%；渗透率以大于 1×10^{-3} μm² 及 0.02×10^{-3}～0.25×10^{-3} μm² 为主，比例分别为 56%、24%（图 3-32）。总之，鲕滩白云岩储层孔隙度及渗透率都非常好，为以高孔高渗及中孔高渗Ⅰ类及Ⅱ类储层为主。

鲕滩白云岩孔-渗之间呈现为很好的正相关关系（图 3-33），即随着孔隙度的增加，渗透率随之增大。少数渗透率高于正常值，部分渗透率低于正常值。前者受裂缝影响，后者主要与孔隙充填有关。孔-渗相关性表明，鲕滩白云岩为孔隙型储层。

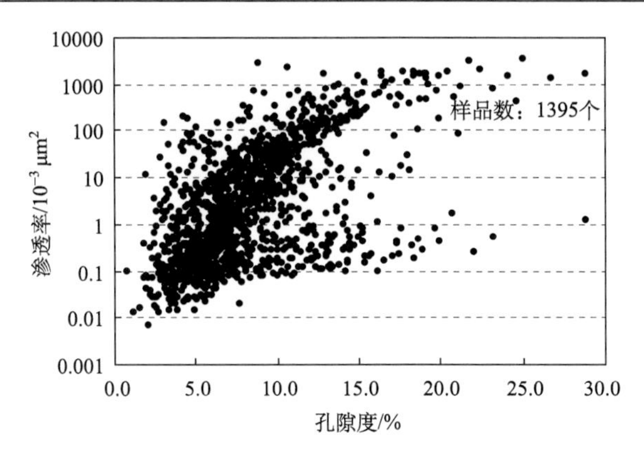

图 3-33　四川盆地飞仙关组鲕滩白云岩孔-渗关系

3. 礁滩灰岩储层物性特征

礁滩灰岩储层孔隙度最大值为 7.70%，最小值为 0.59%，平均值为 2.12%（表 3-13）。孔隙度＜2%的占 58%，2%≤孔隙度＜5%的占 39%，5%≤孔隙度＜10%的占 3%（图 3-34）。

渗透率最大值为 362.100×10^{-3} μm^2，最小值为 0.005×10^{-3} μm^2，平均值为 4.861×10^{-3} μm^2（表 3-13）。渗透率＜0.02×10^{-3} μm^2 的占 17%，0.02×10^{-3} μm^2≤渗透率＜0.25×10^{-3} μm^2 的占 61%，0.25×10^{-3} μm^2≤渗透率＜1×10^{-3} μm^2 的占 9%，渗透率≥1×10^{-3} μm^2 的占 13%（图 3-34）。

表 3-13　四川盆地东北部长兴组礁滩灰岩物性统计

岩性	最大值	最小值	平均值	样品数/个
孔隙度/%	7.70	0.59	2.12	185
渗透率/10^{-3} μm^2	362.100	0.005	4.861	185

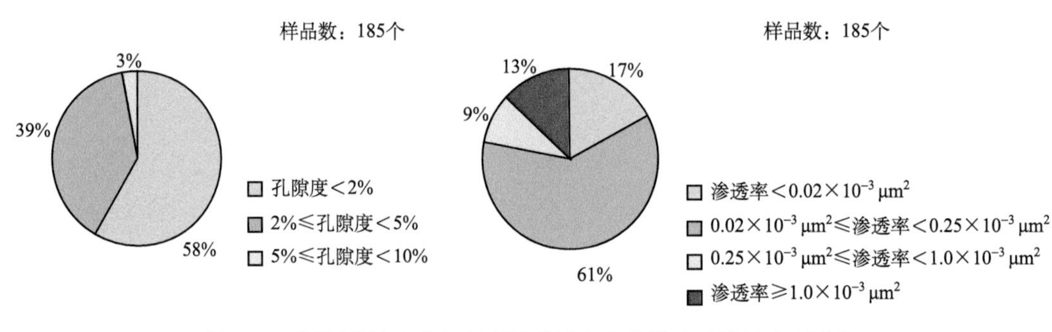

图 3-34　四川盆地东北部长兴组礁滩灰岩孔隙度及渗透率百分比

四川盆地东北部长兴组礁滩灰岩储层孔隙度为 2%～5%的占 39%；渗透率以 0.02×10^{-3}～0.25×10^{-3} μm^2 为主，比例为 61%（图 3-34）。总之，四川盆地长兴组礁滩灰岩储层孔隙度及渗透率都较低，以低孔低渗Ⅲ类储层为主，且发育有少量裂缝型储层。

185 个样品统计结果显示，长兴组礁滩灰岩孔-渗之间为近似正相关关系（图 3-35），即随着孔隙度的增加，渗透率随之增大，部分渗透率高于正常值，孔-渗相关性表明，长兴组礁滩灰岩储层为裂缝-孔隙复合型。

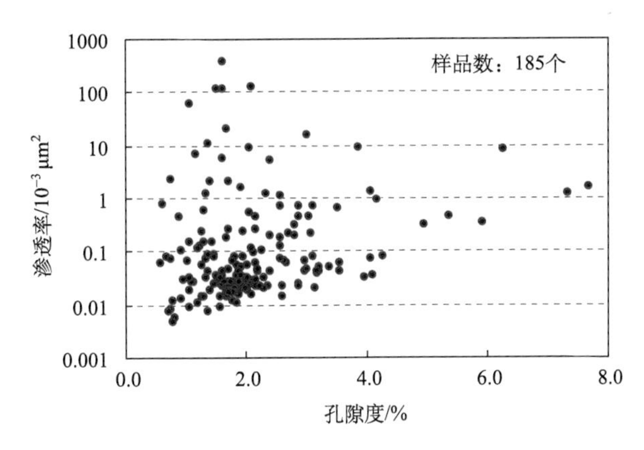

图 3-35　四川盆地东北部长兴组礁滩灰岩孔-渗关系

4. 鲕滩灰岩储层物性特征

鲕滩灰岩储层孔隙度最大值为 11.97%，最小值为 0.77%，平均值为 3.94%（表 3-14）。孔隙度＜2%的占 9%，2%≤孔隙度＜5%的占 65%，5%≤孔隙度＜10%的占 24%，孔隙度≥10%的占 2%（图 3-36）。

渗透率最大值为 249.806×10^{-3} μm^2，最小值为 0.001×10^{-3} μm^2，平均值为 4.953×10^{-3} μm^2（表 3-14）。渗透率＜0.02×10^{-3} μm^2 的占 32%，0.02×10^{-3} μm^2≤渗透率＜0.25×10^{-3} μm^2 的占 40%，0.25×10^{-3} μm^2≤渗透率＜1×10^{-3} μm^2 的占 13%，渗透率≥1×10^{-3} μm^2 的占 15%（图 3-36）。

表 3-14　四川盆地飞仙关组鲕滩灰岩物性统计表

岩性	最大值	最小值	平均值	样品数/个
孔隙度/%	11.97	0.77	3.94	192
渗透率/10^{-3}μm^2	249.806	0.001	4.953	192

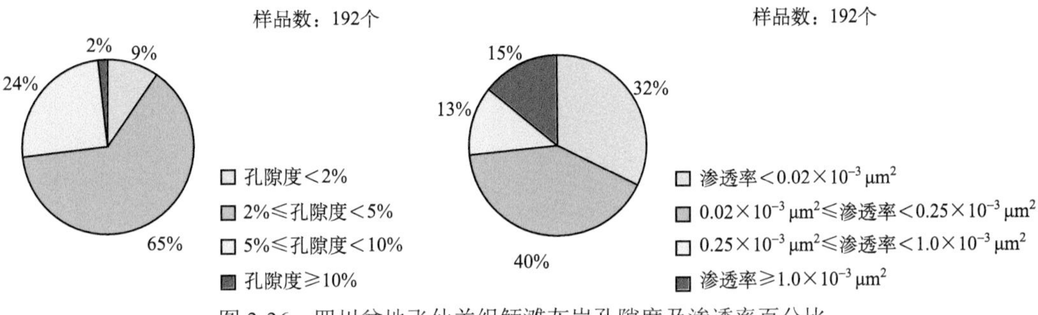

图 3-36　四川盆地飞仙关组鲕滩灰岩孔隙度及渗透率百分比

鲕滩灰岩储层孔隙度以2%～5%及5%～10%为主，比例分别为65%、24%；渗透率以0.02×10^{-3}～$0.25\times10^{-3}\ \mu m^2$及小于$0.02\times10^{-3}\ \mu m$为主，比例分别为40%、32%。储层以低孔-低渗为主，局部为低孔-高渗，储层类型以裂缝-孔隙复合型为主（图3-36）。

通过统计，鲕滩灰岩孔-渗之间为近似正相关关系（图3-37）。随着孔隙度的增加，渗透率随之增大，局部渗透率高于正常值。孔-渗相关性表明，飞仙关组鲕滩灰岩以裂缝-孔隙复合型储层为主。

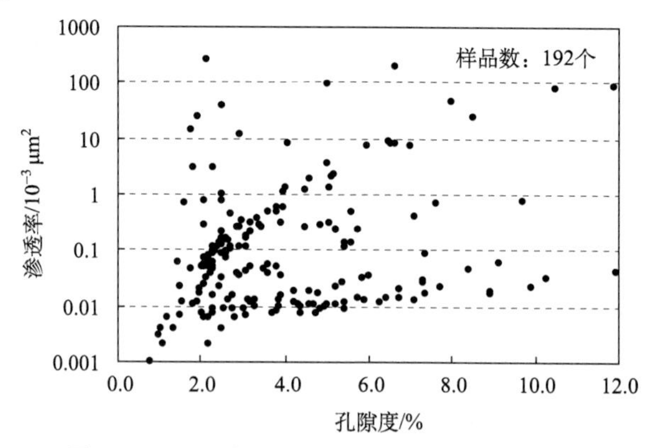

图3-37　四川盆地飞仙关组鲕滩灰岩孔-渗关系

5. 泥微晶白云岩储层物性特征

泥微晶白云岩孔隙度最大值为8.90%，最小值为0.94%，平均值为2.69%（表3-15）。孔隙度<2%的占27%，2%≤孔隙度<5%的占70%，5%≤孔隙度<10%的占3%（图3-38）。

长兴组—飞仙关组泥微晶白云岩渗透率最大值为$83.959\times10^{-3}\ \mu m^2$，最小值为$0.000\times10^{-3}\ \mu m^2$，平均值为$1.449\times10^{-3}\ \mu m^2$（表3-15）。渗透率<$0.02\times10^{-3}\mu m^2$的占19%，$0.02\times10^{-3}\ \mu m^2$≤渗透率<$0.25\times10^{-3}\ \mu m^2$的比例为59%，$0.25\times10^{-3}\ \mu m^2$≤渗透率<$1\times10^{-3}\ \mu m^2$的占8%，渗透率≥$1\times10^{-3}\ \mu m^2$的占14%（图3-38）。

表3-15　四川盆地长兴组—飞仙关组泥微晶白云岩物性统计

岩性	最大值	最小值	平均值	样品数/个
孔隙度/%	8.90	0.94	2.69	229
渗透率/$10^{-3}\ \mu m^2$	83.959	0.000	1.449	224

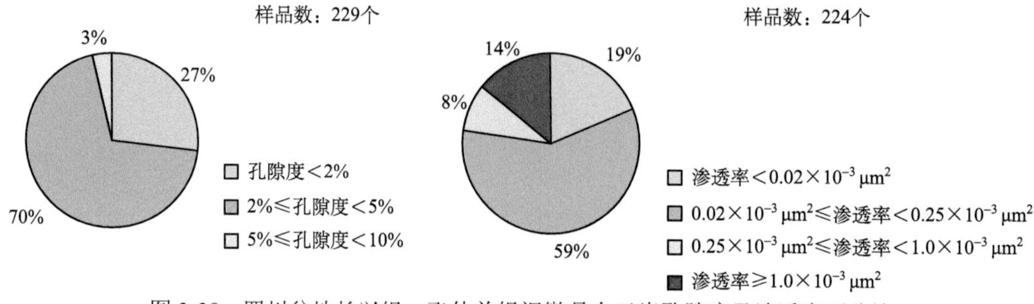

图3-38　四川盆地长兴组—飞仙关组泥微晶白云岩孔隙度及渗透率百分比

泥微晶白云岩孔隙度较差，以小于 2%及 2%～5%为主，比例分别为 27%、70%；渗透率以 0.02×10^{-3}～0.25×10^{-3} μm^2 为主，比例为 59%（图 3-38）。总之，四川盆地东北部长兴组—飞仙关组泥微晶白云岩孔隙度及渗透率都较差，以III类储层为主，非储层也占有较大比例。

泥微晶白云岩孔-渗关系较差（图 3-39），点比较分散零乱。孔、渗相关性表明，四川盆地东北部长兴组—飞仙关组泥微晶白云岩储层类型以裂缝型为主。

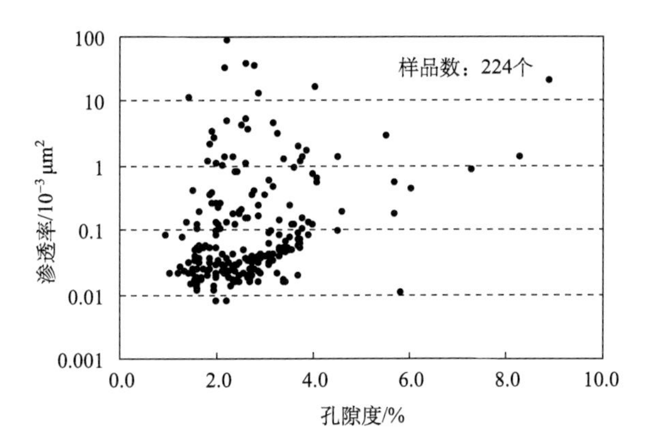

图 3-39　四川盆地东北部长兴组—飞仙关组泥微晶白云岩孔-渗关系

6. 不同岩石类型储层物性对比

以孔隙度为主要指标，渗透率为次要指标，密度为辅助指标，对四川盆地礁滩类储层主要储集岩物性进行对比研究（表 3-16）。

表 3-16　四川盆地礁滩类储层不同岩石类型物性统计表

物性		鲕滩灰岩	礁滩灰岩	鲕滩白云岩	礁滩白云岩	泥微晶白云岩
孔隙度/%	最大值	11.97	7.70	28.86	23.05	8.90
	最小值	0.77	0.59	0.79	1.11	0.94
	平均值	3.94	2.12	8.24	6.21	2.69
样品数/个		192	185	1530	527	229
渗透率/10^{-3} μm^2	最大值	249.806	362.100	3354.697	9664.887	83.959
	最小值	0.001	0.005	0.007	0.021	0.000
	平均值	4.953	4.861	68.867	104.525	1.449
样品数/个		192	185	1395	504	224
岩石密度/（g/cm^3）	最大值	2.77	3.03	3.30	2.79	2.82
	最小值	2.36	2.60	2.03	2.25	2.40
	平均值	2.65	2.71	2.63	2.66	2.75
样品数/个		192	179	1509	520	219

鲕滩白云岩储层物性最好，平均孔隙度为 8.24%，平均渗透率为 $68.867\times10^{-3}\ \mu m^2$，平均密度为 2.63 g/cm^3，孔隙度与渗透率、密度与孔隙度及密度与渗透率相关关系很好，以形成Ⅰ类及Ⅱ类孔隙型储层为主。

礁滩白云岩平均孔隙度为 6.21%，平均渗透率为 $104.525\times10^{-3}\ \mu m^2$，平均密度为 2.66 g/cm^3，孔隙度与渗透率、密度与孔隙度及密度与渗透率相关关系很好，也以形成Ⅰ类及Ⅱ类孔隙型储层为主。

鲕滩灰岩平均孔隙度为 3.94%，平均渗透率为 $4.953\times10^{-3}\ \mu m^2$，平均密度为 2.65 g/cm^3，孔隙度与渗透率、密度与孔隙度及密度与渗透率相关关系一般，以形成Ⅲ类裂缝-孔隙复合型储层为主。

泥微晶白云岩平均孔隙度为 2.69%，平均渗透率为 $1.449\times10^{-3}\ \mu m^2$，平均密度为 2.75 g/cm^3，孔隙度与渗透率、密度与孔隙度及密度与渗透率相关关系较差，以形成Ⅲ类裂缝-孔隙复合型储层为主。

礁滩灰岩平均孔隙度为 2.12%，平均渗透率为 $4.861\times10^{-3}\ \mu m^2$，平均密度为 2.71 g/cm^3，孔隙度与渗透率、密度与孔隙度及密度与渗透率相关关系一般-较差，以形成Ⅲ类裂缝-孔隙复合型储层为主。

按照碳酸盐岩孔隙度及渗透率划分标准，对五类储集岩的物性百分比进行对比分析（图 3-40），各类岩石物性好坏依次为鲕滩白云岩、礁滩白云岩、鲕滩灰岩、泥微晶白云岩及礁滩灰岩。其中，鲕滩白云岩及礁滩白云岩储层物性很好，以Ⅰ类及Ⅱ类孔隙型储层为主。鲕滩白云岩与礁滩白云岩对比，前者好于后者。鲕滩灰岩、礁滩灰岩及泥微晶白云岩三者物性相似，以形成Ⅲ类裂缝-孔隙复合型及裂缝型储层为主。

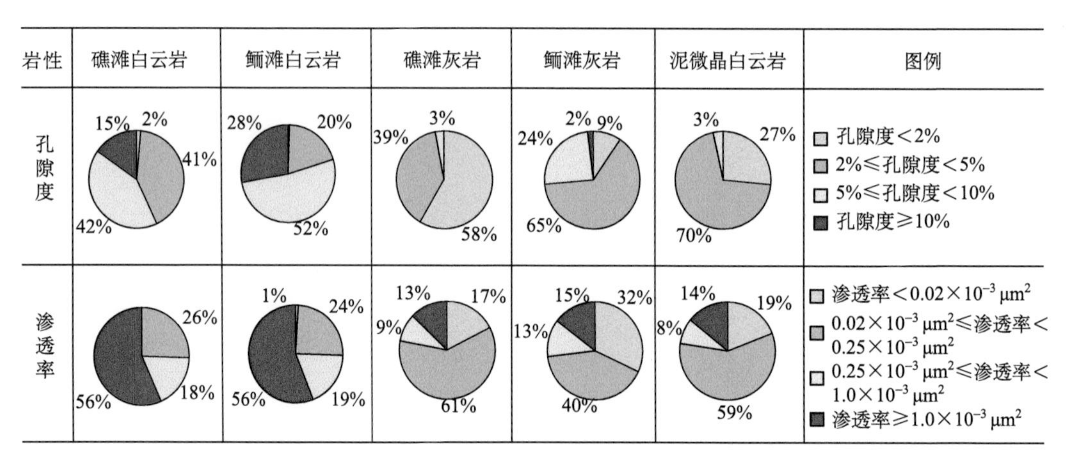

图 3-40　四川盆地长兴组—飞仙关组礁滩类储层岩石物性对比图

通过礁滩储层特征的分析研究不难看出，在礁滩油气勘探中，有利相带是发现储层的基础，寻找优质储集岩则是获得勘探突破的关键。

四、成储模式

1. 礁滩复合体成储模式

以四川盆地已获得重大勘探突破的元坝、普光、涪陵、龙岗等气田为重点研究对象，总结了礁滩复合体储层的发育模式，即“三元控储”模式（马永生等，2010a）。有利的沉积-成岩环境、断-裂体系和流体-岩石相互作用，即“三元控储”机理实质上是一个分级耦合作用过程（图 3-41）。礁滩复合体优质储层尤其是超深层的礁滩储层的发育，沉积-成岩环境是基础，构造应力-地层流体压力耦合断-裂体系是前提，有机-无机反应与烃类-岩石-流体相互作用是关键。

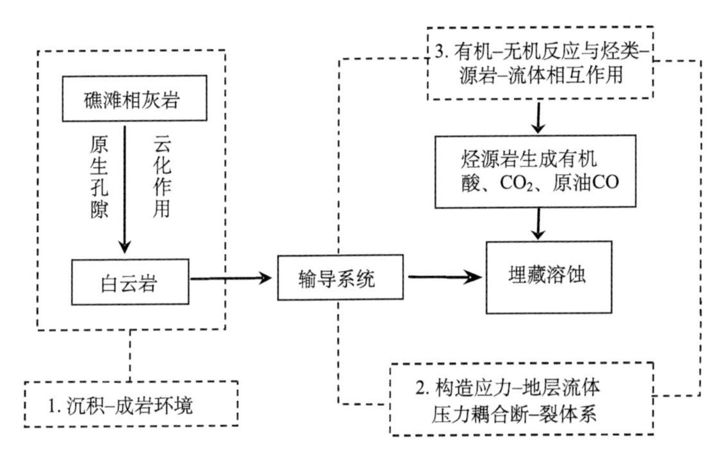

图 3-41　“三元控储”机理的分级耦合过程示意图

礁滩相沉积的灰岩具有一定的原生孔隙，此原生孔隙是白云石化流体渗滤的前提；而下伏层系烃源岩生成的油气、有机酸和 CO_2 流体则通过断裂系统通道运移至储层。

普光地区和元坝地区礁滩储层发育既有共性，也存在一定差异。有利沉积-成岩环境是优质储层形成的基础，普光地区主要通过烃类相关流体，通过断裂系统的沟通，储层发生溶蚀作用，进而改善储层物性；而元坝地区则主要通过孔隙内的液态烃深埋裂解形成的超压缝来优化储层。

普光地区长兴组沉积以生物礁相为主，飞仙关组以台地边缘滩相沉积为主，礁滩复合体的沉积结构有利于发生白云石化作用；下伏二叠系与志留系烃源岩生成大量的有机酸和 CO_2，与此同时，构造运动与储层超压所形成的断裂体系为油气及其他液态流体提供运移通道，使得油气及其相伴生的有机酸和 CO_2 进入储层，发生埋藏溶蚀作用，改善储层物性。

元坝地区长兴组—飞仙关组亦发育台地边缘礁滩相，是储层形成的基础，暴露溶蚀、浅埋白云石化是基质孔隙发育的关键，孔隙液态烃深埋裂解导致的超压缝是改善储层物性的保障，“孔缝耦合”是优质储层发育的关键。

受海平面升降、古地貌的控制、水体循环局限程度、气候、淡水注入及淋滤等多因素的影响，台地边缘礁滩体发生暴露溶蚀，生物礁礁盖位置白云石化作用强烈，溶孔白云岩、生屑白云岩发育。随着上覆沉积物的增加，早期沉积物进入浅埋藏环境，发生浅埋白云石化作用，形成了大量基质孔隙。基质孔隙能否在深埋过程中得以延续与保存，是优质储层发育的关键。元坝地区礁滩储层孔隙中发现大量残余沥青充填，表明长兴组生物礁白云岩优质储层的发育，烃类的及时充注是超深层优质储层的孔隙得以保存的重要保障。元坝地区在上三叠统须家河组沉积末期，上二叠统烃源岩埋藏深度达到 3000 m 左右，烃源岩进入生油高峰期，此时有机酸伴随烃类大量充注。一方面，有机酸使原有孔隙进一步溶蚀扩大，同时使孔隙流体呈弱酸性，抑制成岩胶结作用，从而有效地保存了孔隙，保护了储层。另一方面，原油裂解形成沥青，充填于孔壁，有利于抑制后期孔隙内部白云石的自形生长及重结晶作用，同时抑制了后期方解石及石英等颗粒的胶结，对储层具有较好的保护作用。

长兴组生物礁储层中密集发育的微细裂缝主要为与原油深埋裂解相关的超压压裂缝。利用元坝气田长兴组储层中残余沥青计算古油藏规模，再通过 PVT 软件模拟计算，原油裂解发生在岩性圈闭封闭体系，压力系数高达 2.53，具有使地层发生破裂、超压裂破裂形成压裂的条件。同时，利用流体包裹体恢复古压力方法（刘斌，2005），对元坝地区长兴组礁滩储层的 39 个样品进行详细观察和测温，测得与烃类包裹体伴生的盐水包裹体均一温度范围为 103～191.5℃。通过丹麦 Calsep 公司开发的相态模拟软件 PVTsim16.2 对古压力进行模拟恢复（图 3-42）。恢复的古压力值变化以包裹体均一温度 160℃为界，在均一温度低于 160℃时，随着均一温度的升高，埋藏深度的增加，古压力呈小幅度的增大；在均一温度高于 160℃时，古压力呈增幅较大。分析认为：这是油藏深埋裂解为气藏时，体积膨胀所产生的超压，压力系数最高可达 1.77，具有在区域应力背景下使岩石破裂、形成超压缝的基本条件。油藏深埋裂解所形成的大量超压压裂缝，不仅使原本为中-低孔储层的渗透率大幅提高，同时也连通了一些孤立的溶蚀孔洞，储层非均质性得到改善，储集性能大幅提高。

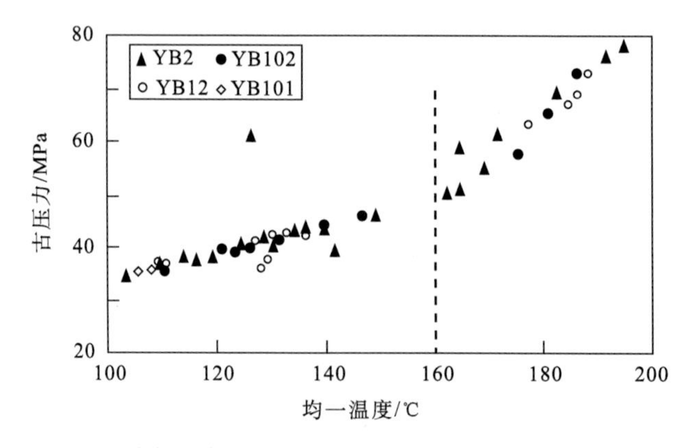

图 3-42 流体包裹体恢复的古压力和同期盐水均一温度关系

根据对四川盆地元坝地区长兴组生物礁储层孔-渗关系的分析可知，储层孔渗具有较好的正相关性，大部分储层孔隙度与渗透率呈线性关系，即随着孔隙度的增加，渗透率增大。但是当孔隙度小于 8%时，部分样品的孔-渗线性关系变差，储层物性特征表现为中低孔、中高渗。元坝气田长兴组储层平均孔隙度为 6.29%，孔隙度小于 8%的储层占到 70%，但是储层的储集性能良好，表明储层的物性条件受基质孔隙与裂缝双重控制。正是因为超压缝的发育，整体改善了超深层生物礁储层的储渗能力，从而提升了储层品质，可见，“孔缝耦合”对元坝地区优质储层发育的重要性。

2. 台内滩成储模式

四川盆地台内滩型储层发育受沉积相带-古地貌、成岩环境及流体溶蚀三方面因素控制（邹才能等，2014），目前发现具有勘探意义的台内滩储层主要分布在下寒武统龙王庙组和下三叠统嘉陵江组。结合安岳、磨溪、河坝场等一系列大中型气田的勘探成果，龙王庙组储层发育经历了多期表生岩溶优化，而嘉陵江组储层主要受埋藏期流体改造及后期溶蚀作用改善储集性能。

龙王庙组沉积时期，四川盆地总体呈向东倾斜的“凹隆相间”的古地理格局，这种古地理背景对滩体的发育和展布具有重要控制作用（姚根顺等，2013）。龙王庙组沉积时期，四川盆地大部分地区均发育颗粒滩，这是发育优质储层的基础。

对于礁滩储层而言，暴露溶蚀对于白云石化及原生、次生孔隙的形成与改造起着重要作用，是优质储层形成的关键。龙王庙组颗粒滩储层的形成经历了三期溶蚀作用：①同生-准同生期成岩阶段，为颗粒滩间歇性地快速增长期，常伴随大气淡水渗透溶蚀；②龙王庙组沉积末期，地貌隆升，发生暴露溶蚀；③中加里东期—中海西期，由于加里东晚幕的广西事件，四川盆地自中志留世开始抬升剥蚀，直到二叠纪才开始再次沉降，重新接受沉积。由于暴露时间长达 120 Ma，古隆起的西段已经抬升露出海平面，古陆剥蚀区的大气淡水向东、南、北呈放射状径流，沿早期形成的粒间（溶）孔、铸模（溶）孔等发生强烈的顺层溶蚀。后期的埋藏溶蚀和构造破裂对储集空间的改善、储渗体的基本特征和时空分布的贡献不大。

嘉陵江期为三叠纪一次较大的海泛期，该时期，海岸上超至陆相沉积区域并成为统一的上扬子海盆（胡明毅等，2010）。盆地西部为海陆过渡相沉积，川中及川东地区均为碳酸盐岩台地沉积，受古地貌控制影响，发育浅滩相沉积，为储层形成提供基础。

嘉陵江组时期，成岩作用阶段多且类型复杂（林雄等，2009）。成岩后生的白云石化与溶蚀作用、成岩环境变化以及构造破裂作用对于改善储层的物性具有重要作用。浅滩储层在同生期受到蒸发泵白云化及回流渗透白云石化作用，形成大量的晶间孔和晶间隙。伴随海平面暂时性下降，滩体逐渐暴露，接受大气淡水与 CO_2 溶蚀，形成大量大小不一，形态各异的孔隙。至埋藏期，储层岩石受到地层水、富含有机酸溶液、地下上升热液及地表下渗淡水等多种因素的叠加溶蚀作用，形成大量的晶间溶孔。嘉陵江组沉积晚期，由于受到早期印支运动的影响，构造破裂溶蚀作用形成了溶孔及溶洞，极大地提高了储层的储集性能。

沉积相带分异性，与储层发育有关的白云石化作用的不均一性以及盆地内部构造形变样式的差异性，都是影响礁滩储层发育的重要因素。

第四节　不整合岩溶储层特征与成储模式

四川盆地自震旦纪以来，总的趋势是以下陷接受沉积为主，但在地史上构造活动较频繁，从基底算起经历了三次主要构造变革时期：扬子-加里东旋回、海西-早印支旋回、晚印支-喜马拉雅旋回。

多期构造旋回作用下，除了在盆地内形成了大面积分布的不整合岩溶风化壳，还在盆地内部及其周缘地带形成了多期持续活动的古隆起构造。其中：震旦纪末期的桐湾运动，控制了震旦系灯影组岩溶储层的发育；志留纪末期的加里东运动，使乐山-龙女寺古隆起进一步隆升剥蚀，并影响了寒武系洗象池群岩溶储层的发育；石炭纪末期的云南运动，导致盆地中西部石炭系剥蚀殆尽，并形成了盆地东部残余石炭系黄龙组的古岩溶储层；中二叠世末期的东吴运动，形成泸州-川中-开江古隆起雏形，并控制了茅口组古岩溶储层的分布；中三叠世末期的印支运动，导致泸州-川中-开江古隆起的进一步抬升剥蚀，并形成了中三叠统雷口坡组古岩溶储层。

一、储层岩石学特征

（一）石炭系黄龙组

四川盆地东部石炭系孔隙度大于2%的储集岩主要是白云岩类，主要发育在黄二段，区域上白云岩厚度以0～50 m为主，厚区主要分布在垫江以北和万州西北部，其中最常见的是颗粒白云岩、（岩溶）角砾白云岩及晶粒白云岩三类。颗粒白云岩及晶粒白云岩灯影组亦有钻遇，此处不再详述。

颗粒白云岩：颗粒白云岩中常见的颗粒组分是砂屑（含藻砂屑）鲕粒和生屑。生屑包括有孔虫、䗴、腕足、棘屑、珊瑚属及瓣鳃、腹足碎片等。胶结物发育程度有高有低，孔隙主要是各种溶孔。白云石化后原岩结构基本上保存较好。有岩溶改造过的痕迹。岩石孔隙度一般大于 2%。颗粒白云岩储层在黄龙组气井中所占比例最高可超过单井储层厚度的三分之一。

角砾白云岩：角砾白云岩是各种细砾级的砾石支撑、基质充填的孔隙性白云岩。砾石成分为含颗粒泥晶云岩、泥晶云岩及少量颗粒云岩，单成分、复成分的砾岩均有。砾石多为棱角状、次棱角状，以未经过搬运或有短距离位移的砾石为主。砾间充填物以细小碎屑为主，为渗流充填物。储集空间为次生溶孔及溶洞，孔隙度可以达到 2%以上。个别钻井中，角砾白云岩占黄龙组储集岩的比例超过 50%。

晶粒白云岩：晶粒白云岩以粉晶白云岩为主，少数为细晶白云岩。晶粒以半自形晶为主，许多情况下可见原岩颗粒结构的幻影，表明这些晶粒白云岩主要是由颗粒灰岩交代而成。作为储集岩的晶粒白云岩的孔隙主要是晶间溶孔、晶粒溶孔及超大溶孔等次孔隙，孔隙度单井平均最高可达 6%。晶粒白云岩储层在黄龙组气井中所占比例较低，一般不超过 15%。

（二）二叠系茅口组

川东南地区茅口组主要为一套内缓坡台地相沉积的灰岩。根据野外露头岩样、钻井岩心及其薄片观察研究，具体分为颗粒灰岩、粉-微晶灰岩、条带状（结核、团块）硅质岩及少量的灰质白云岩或云质灰岩等。

颗粒灰岩：为一套块状亮晶生屑灰岩，单层厚度大，可达数米；生物碎屑含量大于 50%，主要为红藻、绿藻、腔足、䗴、有孔虫、珊瑚、介形虫、棘皮类、苔藓等，一般为亮晶方解石胶结，亦有具泥晶泥质，为碳酸盐高速沉积期产物，一般发育于三级层序的高水位期。野外剖面中的颗粒灰岩为生屑灰岩中的“眼球状灰岩”或“花斑状灰岩”。

粉-微晶灰岩：深灰色中-厚层状微晶灰岩、粉晶灰岩、含颗粒粉-微晶灰岩及泥质灰岩等。微晶灰岩中含有数量不等的红绿藻、腕足、介形虫、棘皮类、䗴、有孔虫、苔藓、单体珊瑚及海绵骨针等生物碎屑，一般小于 10%。

这类岩石主要形成于潮下低能或潟湖微相中，弱的水动力环境不利于颗粒的堆积和灰泥的带出，因而岩石中粒间孔和生物体腔孔较少，在后期压实作用下，其孔隙消失殆尽，储集性能极差。

（三）三叠系雷口坡组

中三叠世末的印支早期运动，四川盆地整体隆升，遭受剥蚀，形成“雷顶”古风化壳，发育不整合面溶蚀缝洞型储层。

川西地区新场构造带的川科 1 井、孝深 1 井、新深 1 井三口钻井揭示：雷口坡组顶部及雷四段上部岩溶型储层岩性主要为粉-细晶白云岩、微晶藻砂屑灰岩、砂屑白云质灰岩、亮晶砂屑白云岩、藻团块泥晶白云岩、灰质白云岩。

砂屑灰岩：以亮晶砂屑灰岩为主，微晶砂屑灰岩次之。颜色为灰色，矿物成分中方解石含量为 75%～96%，白云石含量为 2%～25%。具粒屑结构，砂屑含量为 45%～75%，鲕粒含量小于 5%，生屑含量小于 8%。粒屑以砂屑为主，砂屑形状多不规则，粒径变化较大，0.1～2 mm 大小不等，分选、磨圆中等-差，砂屑成分以泥晶方解石为主，颗粒间多为亮晶方解石胶结，重结晶作用较强，部分砂屑仅见残余结构。岩石较致密，仅有少量的残余溶孔和晶模孔，裂缝和缝合线发育，多被充填。

白云质灰岩：矿物成分以方解石为主，含量为 55%～73%，白云石含量为 25%～45%，见少量石膏及陆源碎屑矿物。具晶粒结构，方解石以微晶为主，不规则他形，晶粒较浑浊；白云石以粉晶为主，呈不规则他形，个别呈半自形，晶粒干净，晶形清楚，胶结物与颗粒为镶嵌接触；见少量自形干净明亮的石膏晶体及粉砂级石英，呈星散状分布。晶间孔和残余溶孔发育，裂缝及缝合线多被充填-半充填。

二、储集空间类型

经历漫长的地质历史时期，同时由于地层的抬升剥蚀影响，不整合岩溶储层基本很难保存原生孔隙，储层的储集空间以次生孔隙、溶孔（洞）以及裂缝为主。

（一）次 生 孔 隙

晶间孔：分布广泛，是白云岩储层普遍发育的一类储集空间，主要发育于重结晶作用较强的细-中晶白云岩中，位于自形-半自形的白云石晶体之间，在部分溶蚀孔、洞中充填的亮晶白云石间也可见到，是常见的孔隙类型之一，可单独构成储集空间，但常和不同类型的溶蚀孔洞一起共同组成储层的孔渗系统。孔隙分布较均匀，连通性较好。

铸模孔：为同生期形成，主要见于震旦系灯影组以及石炭系黄龙组，茅口组和雷口坡组基本不发育。由石膏颗粒全被溶蚀形成的一种孔隙，对储层贡献相对弱。

（二）溶孔（洞）

在各类白云岩中均可见到，有非组构性溶孔（洞）、溶洞、粒内溶孔、粒间溶孔，以及晶间微孔、晶间溶孔等。

非组构性溶孔（洞）：在晶间孔基础上溶蚀扩大形成的。野外通常呈椭圆形或长状形，孔隙长轴略顺层排列，同时由于颗粒内部白云石重结晶强烈，部分孔隙边界呈棱角状。

溶洞：溶洞形状不规则，洞穴大小为 0.1 cm×0.2 cm～5 cm×6 cm 不等，一般为 8 cm×20 mm 左右，多为方解石全充填孤立洞，部分为方解石半充填洞，主要沿裂缝分布，为较好的储集空间。东吴期岩溶作用所产生的溶洞，在龙潭期受热液作用影响，常被自形晶的马鞍状白云石充填或半充填[图 3-43（a）、（b）]。

粒间溶孔：比较发育，面孔率一般为 3%～8%，该类孔隙的形状通常依颗粒的形状而变化。早期溶蚀作用形成粒间孔，部分被充填；晚期溶蚀作用形成粒间溶孔，为颗粒白云岩胶结物被溶解而形成的孔隙。通常与粒内溶孔伴生，粒间溶孔是岩溶储层另一种重要的储集空间。

粒内溶孔：各类粒屑白云岩普遍发育的一类溶孔，由于颗粒内部发生溶蚀形成，可能与有机质的腐烂或分解有关，其形态取决于颗粒的形状。粒内溶孔连通性差，易发生交代作用，充填-半充填方解石、白云石以及石膏，储集性能较差。

晶间溶孔：由晶间孔发生再溶蚀形成，也是白云岩储层中分布广泛的一类储集空间。孔隙形态复杂多样，孔缘可见溶蚀痕迹，连通性较好，以半充填为主[图 3-43（c）、（d）]。

图 3-43　川南地区野外露头与钻井茅口组热液白云岩储集空间类型

(a）磨溪 39 井，4410.5 m，灰色白云岩，沿裂缝扩溶形成的孔洞，白云石半充填；（b）二崖剖面，茅三段，灰色细晶白云岩，溶洞发育；（c）二崖剖面，茅三段，中-细晶白云岩，晶间孔、晶间溶孔发育；（d）二崖剖面，茅三段，中晶白云岩，扫描电镜下可见大量晶间孔

（三）裂　　缝

多期构造运动导致岩石破裂并发育裂缝，这些裂缝早期可能被完全充填，较晚期的则未被完全充填，并成为改善储层孔渗结构的主要途径。受构造运动影响，裂缝多为高角度网状缝。例如，灯影组发育有 5 期裂缝，以灯影组上部及中部最常见，前 4 期分别为白云石、硅质、沥青及黄铁矿等充填。第 5 期裂缝未充填，为储层现今的有效裂缝。裂缝以构造成因为主，其中以缝宽 0.1～1 mm 的裂缝最为常见，产状以高角度（＞70°）为主，未充填或被少量粒状亮晶白云石微充填；裂缝相互切割，组成网格状系统，其中裂缝最发育区的密度可达 40 条/m。

裂缝在纵横向上分布不均，在构造转折端和曲率大的部位相对发育，裂缝既可以增加孔隙度，又可以改善渗透性，提高储集性能。尤其是燕山期—喜马拉雅期形成的构造裂缝多为未充填的裂缝，沟通早期的缝洞系统，大大提升了储层的渗流能力。

三、储层物性特征

（一）灯影组储层物性特征

灯影组储层厚度大、物性好。高石梯-磨溪处于灯影组发育藻凝块云岩、（藻）砂屑云岩、藻叠层白云岩。据威远、资阳、高石梯等地区 20 口井 7000 余个小岩样分析统计，平均孔隙度为1.65%；高石1井小样孔隙度为2.34%，全直径孔隙度为4.71%。叠加不整合面表生岩溶作用，发育储集性较好的岩溶缝洞型白云岩储层。资阳-威远一带是古岩溶作用最强烈的地区，其中资阳地区7口井岩心平均溶洞密度为25个/m，累计层数为103层，厚度为89.7 m，全直径岩心孔隙度为5.76%；威远地区11口井岩心平均溶洞密度为1.3个/m，累计层厚度为26.13 m，全直径岩心孔隙度为3.92%，储层类型为溶孔、溶洞型和裂缝-孔洞型。

川西南地区金石1井灯影组储层岩性为微-细晶藻白云岩、藻（球粒）砂屑、残余藻砂屑白云岩，测井孔隙度为2%～13.5%，加权平均孔隙度为3.87%，储集空间为晶间溶孔、裂（溶）缝及溶洞，成像测井见裂缝、孔洞发育，储层类型为裂缝-孔洞型。

（二）石炭系储层物性特征

石炭系主要储集岩为颗粒云岩、晶粒云岩及角砾云岩，储层主要发育在黄二段，通过对川东地区数百块样品分析统计，纵向上黄二段白云岩物性最好（图3-44），平均孔隙度为5.13%，最大孔隙度可达21.11%，而灰岩段平均孔隙度为1.34%，一般小于1.6%；白云岩平均渗透率为0.95×10^{-3} μm^2，最大渗透率10.10×10^{-3} μm^2，灰岩平均渗透率为0.50×10^{-3} μm^2，最大渗透率为3.30×10^{-3} μm^2；白云岩中以针孔状白云岩储层物性最好（表3-17）。

表3-17　川东石炭系黄龙组储层物性特征表

岩石类型	孔隙度/%			渗透率/10^{-3} μm^2		
	最大值	最小值	平均值/样品数	最大值	最小值	平均值/样品数
针孔状白云岩	21.11	1.30	7.68/63	10.10	0.004	1.41/36
结晶白云岩	18.50	0.19	4.88/258	9.03	0.004	0.798/67
角砾状白云岩	6.30	1.16	2.83/75	7.08	0.002	0.642/52
角砾状灰岩	3.34	0.67	1.34/25	3.30	0.007	0.313/22
晶粒灰岩	6.33	0.60	1.80/73	0.84	0.006	0.146/24
颗粒灰岩	1.60	0.30	0.90/49	2.50	0.002	0.109/50
总体	21.11	0.19	3.99/543	10.10	0.002	0.611/251

（三）茅口组储层物性特征

茅口组不整合岩溶储层主要分布在四川盆地东南部，对茅口组53个样品进行统计，茅口组孔隙度分布范围为0.1%～3.99%，平均为1.37%，孔隙度分布峰值出现在1%～2%，约占样品总数的39.6%，孔隙度大于3%的样品约占5.7%；渗透率分布范围为0.001×10^{-3}～2.139×10^{-3} μm^2，平均为0.06×10^{-3} μm^2（含裂缝样品为0.122×10^{-3} μm^2），渗透率分布峰值在0.01×10^{-3}～0.1×10^{-3} μm^2，约占样品总数的60.4%（图3-45）。

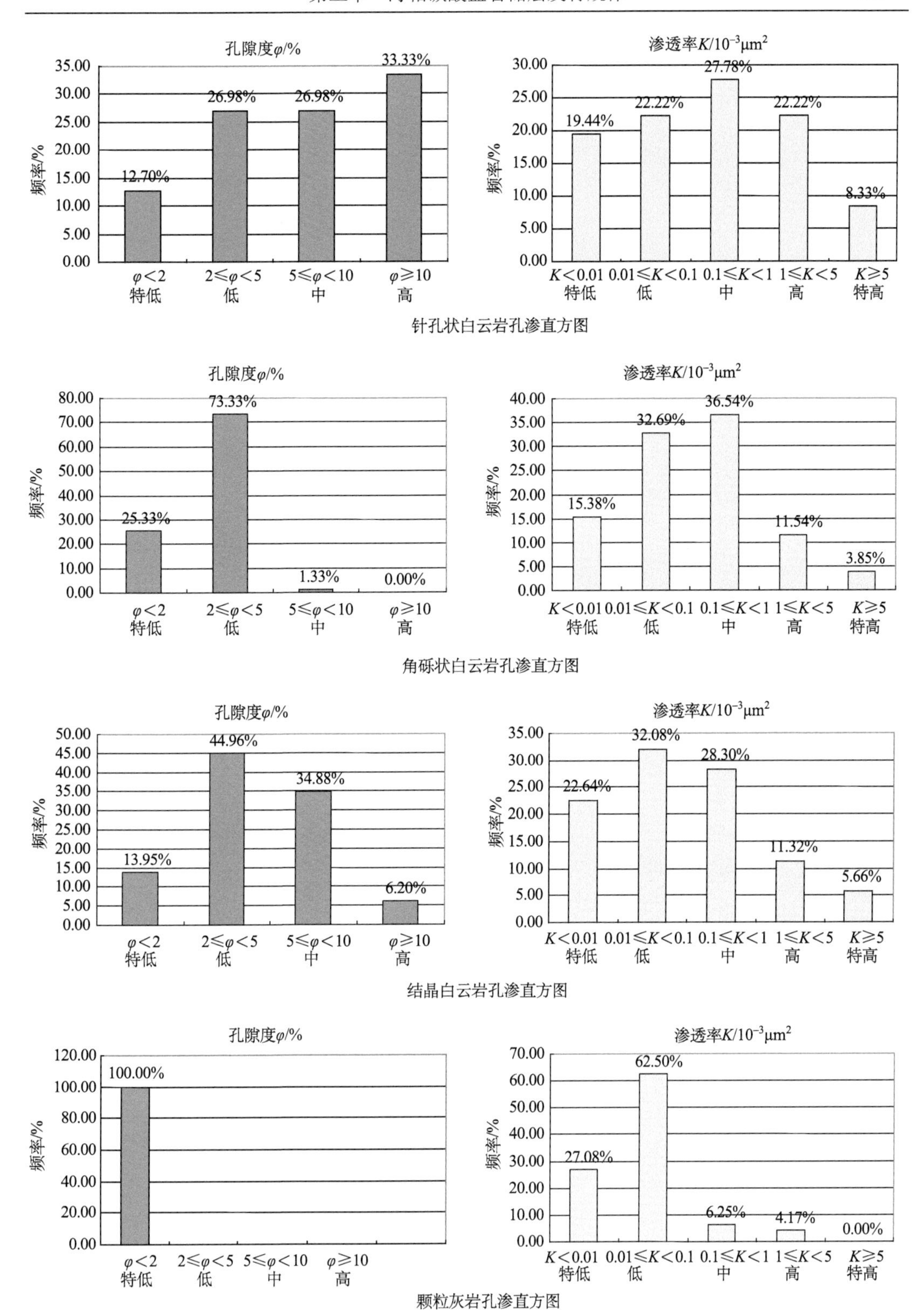

图 3-44　川东石炭系不同岩性物性分析图

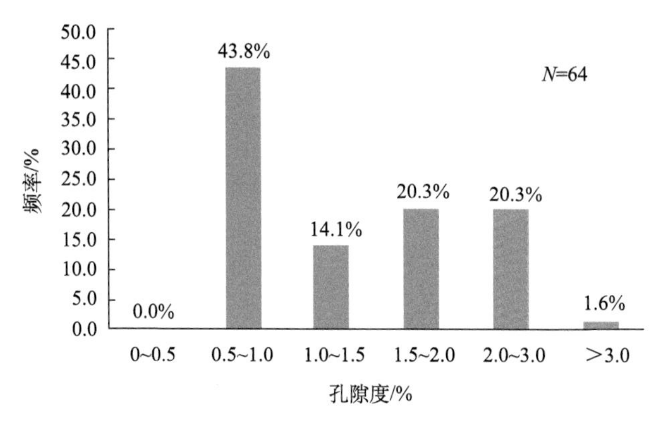

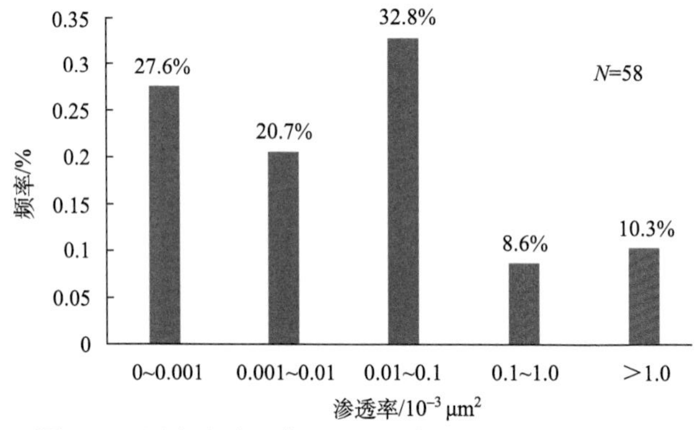

图 3-45　川东南地区茅口组孔隙度、渗透率分布直方图

从单井及剖面情况来看，位于太和构造的太 13 井物性条件最好，平均孔隙度为 2.05%，渗透率为 $0.094\times10^{-3}\ \mu m^2$；位于宝元构造的宝 6 井的物性条件也较好，平均孔隙度为 1.16%，渗透率达 $0.74\times10^{-3}\ \mu m^2$，渗透性较好，可能由于构造微裂缝较发育。6 条剖面中白泥的物性条件较好，平均孔隙度为 1.43%，渗透率达 $0.26\times10^{-3}\ \mu m^2$，其他剖面的孔隙度均小于 1%，但坡渡、藻渡剖面的渗透率较好，达到 $0.219\times10^{-3}\ \mu m^2$（表 3-18）。

表 3-18　川东南地区茅口组不同区域物性统计表

井/剖面名	平均孔隙度/%	平均渗透率/$10^{-3}\ \mu m^2$	样品数/个
隆盛 1 井	0.80	0.0962	26
隆盛 3 井	1.95	0.00204	22
福石 1 井	1.79	0.3032	16
太 13 井	2.05	0.094	19
旺 5 井	1.65	0.05	9
宝 6 井	1.16	0.74	3
白泥	1.43	0.26	5
二郎	0.64	0.0059	3
坡渡、藻渡	0.71	0.219	3
南川大面铺	0.41	0.0038	4
古蔺华阳	0.28	0.002	3
习水图书	0.47	0.0025	4

綦江地区隆盛1井茅口组储层岩性主要为灰色生屑灰岩，26个岩心样品分析，孔隙度最大值为1.1%，最小值为0.61%，平均值为0.80%，渗透率最大值为$2.031\times10^{-3}\ \mu m^2$，最小值为$0.0043\times10^{-3}\ \mu m^2$，平均值为$0.0962\times10^{-3}\ \mu m^2$。

涪陵地区福石1井茅口组储层主要为灰色生屑灰岩、灰岩夹薄层灰色白云岩、含灰白云岩，16个岩心样品分析孔隙度最大值为2.34%，最小值为0.67%，平均值为1.79%，渗透率为0.004×10^{-3}～$157.9283\times10^{-3}\ \mu m^2$，渗透率几何平均值为$22.54\times10^{-3}\ \mu m^2$，属超低孔高渗储层。

（四）雷口坡组储层物性特征

中三叠世末的印支早期运动，四川盆地整体隆升，遭受剥蚀，形成“雷顶”古风化壳，发育不整合面溶蚀缝洞型储层，此套储层已在川西新场构造带、川东北元坝-龙岗一带获得油气突破。

川西地区川科1井雷四段中上亚段储层段测井解释孔隙度为2.6%～10.5%，渗透率为0.01×10^{-3}～$0.95\times10^{-3}\ \mu m^2$。新深1井雷四段中上亚段岩心平均孔隙度为3%（23个样），平均渗透率为$2.54\times10^{-3}\ \mu m^2$，测井孔隙度为2.2%～7.7%，渗透率为$0.03\times10^{-3}$～$7.44\times10^{-3}\ \mu m^2$，储集性能较好。

孝深1井雷四段上亚段测井孔隙度为4.0%～18.0%，渗透率为0.04×10^{-3}～$19.84\times10^{-3}\ \mu m^2$，储集性能较好。纵向上，雷四段上亚段储层物性好于雷四段中亚段，如新深1井雷四段上亚段测井孔隙度为3.4%～7.7%，雷四段中亚段测井孔隙度为2.2%～2.9%。川科1井雷四段中上亚段经测试，获天然气86.8万m^3/d；新深1井雷四段中上亚段经测试，获天然气68.0万m^3/d。

川北（元坝）地区雷四段中上亚段储层岩石基质孔隙度>2%的占38.1%，基质渗透率>$0.0025\times10^{-3}\ \mu m^2$的占57.1%，以裂缝-孔洞型储层为主。

（五）不同层系不整合岩溶储层物性特征对比

四川盆地岩溶储层孔隙度以小于2.0%为主。雷口坡组孔隙度为0.08%～13.14%，平均为5.45%；石炭系孔隙度为0.05%～26.39%，平均为5.16%；灯影组孔隙度为0～29.2%，平均为3.496%；茅口组孔隙度为0.1%～3.99%，平均为1.37%。

对四川盆地19511个样品进行统计（图3-46），川西雷口坡组渗透率为0～$228\times10^{-3}\ \mu m^2$，最大可达$228\times10^{-3}\ \mu m^2$。茅口组与灯影组样品渗透率以0～$0.1\times10^{-3}\ \mu m^2$为主，表明储层基质渗透率较低。石炭系及磨溪雷口坡组储层样品的渗透率为0.01×10^{-3}～$1.0\times10^{-3}\ \mu m^2$，储层基质渗透率相对较好。

综上所述，四个层系孔隙度以雷口坡组最好，石炭系与灯影组次之，茅口组最差；雷口坡组储层渗透率比其他岩溶储层发育更好。四川盆地岩溶储层整体以低孔低渗为主，极少发育高孔隙度，储层非均质性强。

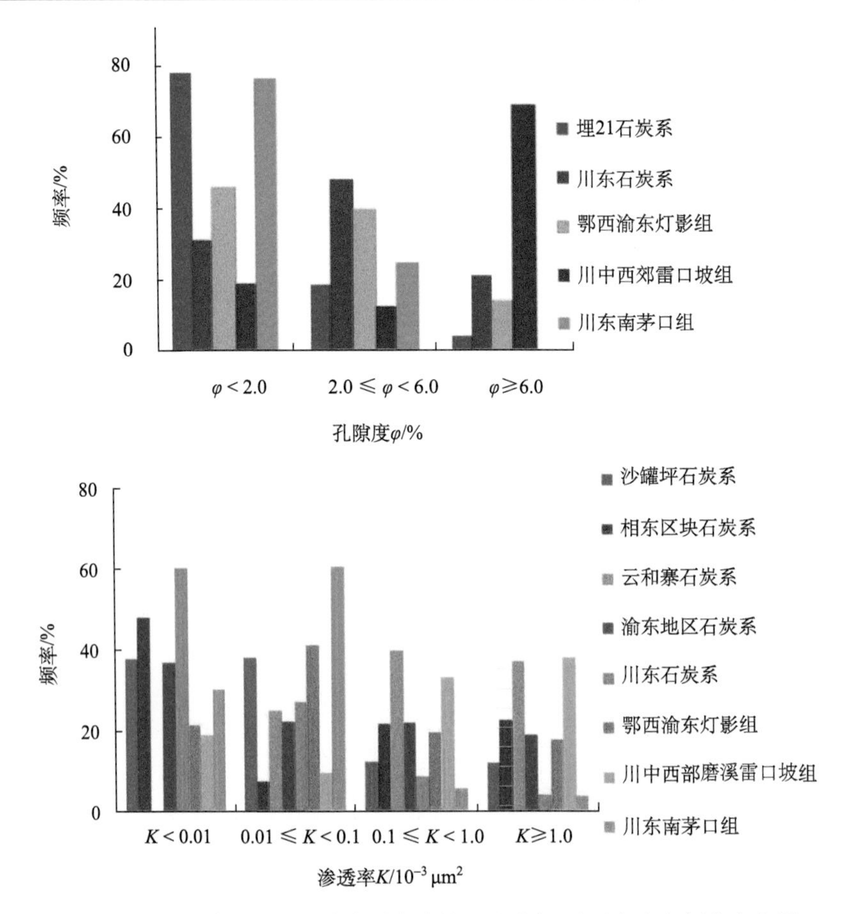

图 3-46　四川盆地不同层系典型岩溶储层孔隙度-渗透率分布频率直方图

四、成 储 模 式

通过前述对成岩作用的分析，四川盆地不整合岩溶储层的发育主要经历了三个阶段：早期成岩作用阶段、抬升剥蚀作用阶段及构造作用阶段，不整合岩溶储层存在整体岩溶成储模式与岩溶缝洞体成储模式两种储层发育模式。整体岩溶成储模式分布于石炭系及三叠系雷口坡组（以中-高孔渗基岩孔隙型散流岩溶储层为主），岩溶缝洞体成储模式主要分布于茅口组（以低孔渗基岩缝洞型管流岩溶储层为主）。

1. 整体岩溶成储模式

早期成岩作用阶段：为潮坪相沉积，岩石类型为颗粒云岩和藻云岩等，以浅埋藏为特征。该时期，伴随着大气淡水的注入，形成了大面积的受组构选择性的溶蚀孔洞。沉积物主要发生的成岩作用有准同生白云石化、压实-压溶、胶结及充填等，基质孔隙发育。

抬升剥蚀作用阶段：早期固结的云岩经历几次大的构造运动（云南运动、印支运动），抬升至地表或者近地表的成岩环境，白云岩结构较疏松，大气淡水沿着断裂、裂缝及层面以管流的方式不断发生溶蚀作用。基质孔隙在大气淡水的淋滤溶蚀作用下，进一步扩大。同时，基岩中发生大规模的散流溶蚀，因此，除了发育有大孔、大洞以及大缝外，基质岩中更发育有密集成带的各类溶孔、溶洞和溶缝，也导致了基岩的抗压和抗垮塌性大幅度下降，难以形成巨大洞穴的支撑体。因此，在石炭系及三叠系雷口坡组白云岩为主的岩溶区很难见到大型溶洞，多以层状的“整体岩溶”为主。

构造作用阶段：早期的构造运动表现为强烈的水平挤压，产生大量裂缝，部分裂缝被连晶方解石充填，并可见异形白云石交代方解石。裂缝主要呈半充填或未充填，且有效，少部分裂缝发生溶蚀。晚期构造运动进一步加强，形成褶皱、断裂及裂缝，裂缝多呈未充填或被石英半充填形成张开裂缝。构造运动除了形成大量的裂缝，也有利于溶蚀孔洞的发育，尤其裂缝附近，溶蚀孔洞发育程度相对较高。裂缝不仅是流体渗滤的主要通道，也对溶蚀孔洞起到良好的沟通作用[图 3-47（a）]。

2. 岩溶缝洞体成储模式

早期成岩作用阶段：茅口组沉积初期，为开阔台地沉积环境，水动力较弱，沉积物以灰岩为主，在局部古地貌相对高部位发育生屑滩，基质孔隙较差。

抬升剥蚀作用阶段：溶蚀作用沿断裂、裂缝、节理面和层面以管流的方式进行，溶蚀过程中水-岩比低，主要形成大孔、大洞、大缝。基质岩结构受溶蚀作用影响较小，抗压和抗垮塌性强，易于形成巨大洞穴或暗河的支撑体。茅口组岩溶储层以“迷宫状岩溶”为主，储层非均质性极强，单独的缝洞系统可形成独立的气藏。

构造作用阶段：茅口组灰岩地层自抬升剥蚀-深埋藏期沉积后，经历了多次构造运动，形成大量的裂缝，构造变形及变形期间产生的地层水与地层相互作用，产生大量溶蚀孔洞。尤其是喜马拉雅运动期，在构造力作用下，茅口组形成的褶皱和断裂为岩溶水提供了运移通道和空间，沿断层面发育溶蚀孔洞及溶蚀缝[图 3-47（b）]。

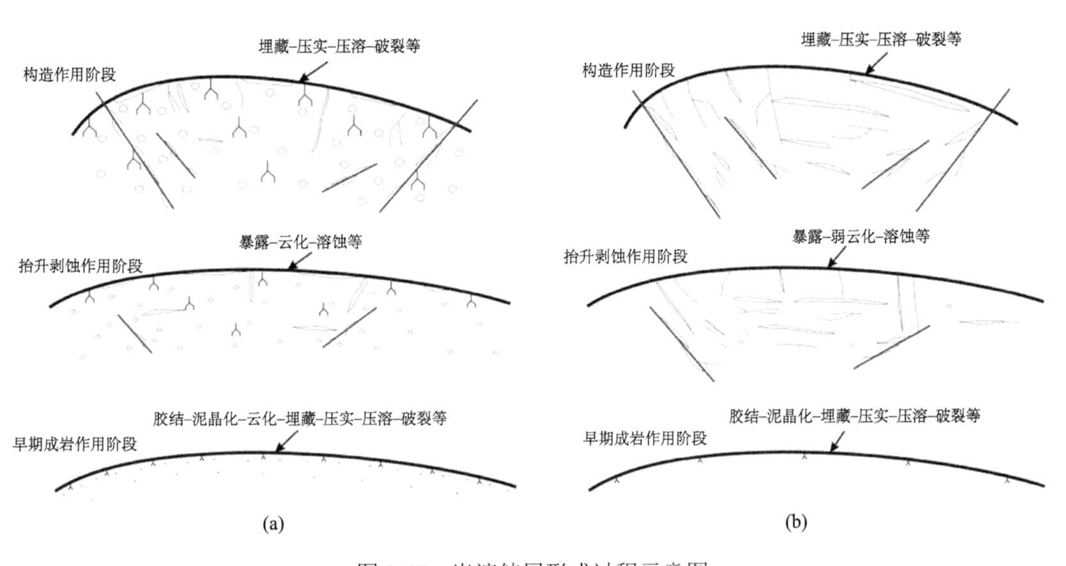

图 3-47　岩溶储层形成过程示意图

（a）整体岩溶成储模式；（b）岩溶缝洞成储模式

四川盆地岩溶储层孔洞、裂缝的发育是多种因素综合叠加的结果。石炭系岩溶储层的孔隙发育程度与沉积、成岩期沉积相带以及暴露期岩溶作用息息相关；茅口组岩溶储层缝洞发育程度则主要受到后期构造抬升岩溶、深埋沿断层、裂缝岩溶的控制。

参考文献

曹俊峰. 2009. 川东地区相东区块石炭系储层特征及有利区预测. 成都: 成都理工大学

陈学时, 易万霞, 卢文忠. 2004. 中国油气田古岩溶与油气储层. 沉积学报, 22(2): 244-253

程鹏, 肖贤明. 2013. 高成熟度富有机质页岩的含气性问题. 煤炭学报, 38(5): 737-741

杜金虎. 2010. 四川盆地二叠—三叠系礁滩天然气勘探. 北京: 石油工业出版社

杜金虎, 徐春春. 2011. 四川盆地须家河组岩性大气区勘探. 北京: 石油工业出版社

范小军. 2014. 超深层礁滩岩性气藏中高产井成因分析——以川东北元坝地区长兴组礁滩相储层为例. 石油实验地质, 36(1): 70-82

丰国秀, 陈盛吉. 1988. 岩石中沥青反射率与镜质体反射率之间的关系. 天然气工业, 8(3): 20-24

郭彤楼. 2011a. 川东北地区台地边缘礁、滩气藏沉积与储层特征. 地学前缘, 18(4): 201-211

郭彤楼. 2011b. 元坝气田长兴组储层特征与形成主控因素研究. 岩石学报, 27(8): 2381-2391

郭旭升, 郭彤楼. 2012. 普光、元坝碳酸盐岩台地边缘大气田勘探理论与实践. 北京: 科学出版社

郭旭升, 李宇平, 刘若冰, 等. 2014. 四川盆地焦石坝地区龙马溪组页岩微观孔隙结构特征及其控制因素. 天然气工业, 34(6): 9-16

洪海涛, 杨雨, 刘鑫, 等. 2012. 四川盆地海相碳酸盐岩储层特征及控制因素. 石油学报, 33(2): 64-73

胡东风. 2011. 普光气田与元坝气田礁滩储层特征的差异性及其成因. 天然气工业, 31(10): 17-21

胡东风, 张汉荣, 倪楷, 等. 2104. 四川盆地东南缘海相页岩气保存条件及其主控因素. 天然气工业, 34(6): 17-23

胡明毅, 魏国齐, 李思田, 等. 2010. 四川盆地嘉陵江组层序-岩相古地理特征和储层预测. 沉积学报, 28(6): 1145-1152

胡忠贵, 郑荣才, 文华国, 等. 2008. 川东邻水—渝北地区石炭系黄龙组白云岩成因. 岩石学报, 24(6): 1369-1378

黄第藩, 李晋超, 张大江. 1984. 干酪根的类型及其分类参数的有效性、局限性和相关性. 沉积学报, 2(3): 18-34

黄尚瑜, 宋焕荣. 1997. 川东石炭系岩溶形成演化环境. 成都理工学院学报, 16(6): 13-17

黄思静, 张雪花, 刘丽红, 等. 2009. 碳酸盐成岩作用研究现状与前瞻. 地学前缘, 16(5): 219-230

黄思静, 王春梅, 佟宏鹏, 等. 2010. 四川盆地东北部二叠系长兴组礁岩中的放射轴状纤维状胶结物. 岩性油气藏, 22(3): 9-15

姜在兴. 2003. 沉积学. 北京: 石油工业出版社

兰光志, 江同文, 张廷山, 等. 1996. 碳酸盐岩古岩溶储层模式及其特征. 天然气工业, 16(6): 13-17

李德敏, 张哨楠, 罗安娜, 等. 1994. 川东大池干井构造带石炭系储层岩石学特征及沉积环境. 成都理工学院学报, 21(4): 67-73

林雄, 侯中健, 田景春. 2009. 四川盆地下三叠统嘉陵江组储层成岩作用研究. 西南石油大学学报, 31(2): 8-12

刘斌. 2005. 烃类包裹体热动力学参数计算软件. 矿物岩石地球化学通报, 28(增刊): 172

刘华. 2006. 四川盆地麻柳场气田嘉陵江组气藏描述. 成都: 西南石油大学

刘树根, 马永生, 黄文明, 等. 2007. 四川盆地上震旦统灯影组储集层致密化过程研究. 天然气地球科学, 18(4): 485-495

刘伟新, 王延斌, 秦建中. 2007. 川北阿坝地区三叠系粘土矿物特征及地质意义. 地质科学, 42(3):

469-482
马永生, 牟传龙, 谭钦银, 等. 2007. 达县-宣汉地区长兴组—飞仙关组礁滩相特征及其对储层的制约. 地学前缘, 14(1): 182-192
马永生, 蔡勋育, 赵培荣, 等. 2010a. 深层超深层碳酸盐岩优质储层发育机理和“三元控储”模式. 地质学报, 84(8): 1087-1094
马永生, 蔡勋育, 赵培荣, 等. 2010b. 四川盆地大中型天然气田分布特征与勘探方向. 石油学报, 31(3): 347-354
马永生, 蔡勋育, 赵培荣, 等. 2014. 深层超深层碳酸盐岩优质储层发育机理和三元控储模式——以四川普光气田为例. 地质学报, 84(8): 1087-1094
田永净, 马永生, 刘波, 等. 2014. 川东北元坝气田长兴组白云岩成因研究. 岩石学报, 30(9): 2766-2776
王兴志, 侯方浩, 刘仲宣, 等. 1997. 资阳地区灯影组层状白云岩储集层研究. 石油勘探与开发, 24(2): 37-40
魏祥峰, 刘若冰, 张廷山, 等. 2013. 页岩气储层微观孔隙结构特征及发育控制因素——以川南-黔北X X地区龙马溪组为例. 天然气地球科学, 24(5): 1048-1059
魏志红, 魏祥峰. 2014. 页岩不同类型孔隙的含气性差异——以四川盆地焦石坝地区五峰组—龙马溪组为例. 天然气工业, 34(6): 37-41
文华国, 郑荣才, 沈忠民, 等. 2009. 四川盆地东部黄龙组古岩溶地貌研究. 地质评论, 55(6): 816-826
夏日元, 唐健生, 关碧珠, 等. 1999. 鄂尔多斯盆地奥陶系古岩溶地貌及天然气富集特征. 石油与天然气地质, 20(2): 133-136
肖丽华, 孟元林, 牛嘉玉, 等. 2005. 歧口凹陷沙河街组成岩史分析和成岩阶段预测. 地质科学, 40(3): 346-362
徐国盛, 何玉, 袁海峰, 等. 2011. 四川盆地嘉陵江组天然气藏的形成与演化研究. 西南石油大学学报(自然科学版), 33(2): 171-178
徐国盛, 刘树根, 袁海峰, 等. 2005. 川东地区石炭系天然气成藏动力学研究. 石油学报, 26(4): 12-22
杨建, 康毅力, 桑宇, 等. 2009. 致密砂岩天然气扩散能力研究. 西南石油大学学报(自然科学版), 31(6): 76-79
姚根顺, 周进高, 邹伟宏, 等. 2013. 四川盆地下寒武统龙王庙组颗粒滩特征及分布规律. 海相油气地质, 18(4): 1-8
张宝民, 刘静江, 边立曾, 等. 2009. 礁滩体与建设性成岩作用. 地学前缘, 16(1): 270-289
张洪, 宋辉. 2011. 川东石炭系气藏天然气富集的三元控制理论. 内蒙古石油化工, 8: 198-201
张数球, 刘传喜, 刘正中. 2008. 异常高压气藏产能特征分析——以四川盆地河坝场构造飞三气藏河坝1井为例. 石油与天然气地质, 29(3): 376-382
张元春, 邹华耀, 李平平, 等. 2010. 川东北元坝地区长兴组流体包裹体特征及油气充注史. 新疆石油地质, 31(3): 250-251
赵孟为. 1995. 划分成岩作用与埋藏变质作用的指标及其界线. 地质论评, 41(3): 238-244
赵正望, 陈洪斌, 黄平. 2007. 渝东地区石炭系储层特征及分布规律研究. 天然气勘探与开发, 30(4): 6-9
郑荣才, 陈洪德. 1997. 川东黄龙组古岩溶储层微量和稀土元素地球化学特征. 成都理工学院学报, 24(1): 127
朱筱敏. 2008. 沉积岩石学(第4版). 北京: 石油工业出版社
邹才能, 杜金虎, 徐春春, 等. 2014. 四川盆地震旦系—寒武系特大型气田形成分布、资源潜力及勘探发现. 石油勘探与开发, 41(3): 278-293
Berger G, Lacharpagne J C, Velde B, et al. 1997. Kinetic constraints on digitization reactions and the effects of organic digenesis in sandstone/shale sequences. Applied Geochemistry, 12: 23-35
Budd D A, Saller A H, Harris P M. 1995. Unconformities and porosity in carbonate strata. AAPG, Memoir, 36: 313

Curtis J B. 2002. Fractured shale-gas systems. AAPG Bulletin, 86(11): 1921-1938

Enos P. 1988. Evolution of pore space in poza Rica trend (Mid-Cretaceous), Mexico. Sedimentology, 35: 287-325

Hoffman J, Hower J. 1979. Clay mineral assemblages as low grade metamorphic geothermometers Application to the thrust faulted disturbed belt of Montana//Scholle P A, Schluger P S. Aspects of Digenesis. Society of Economic Paleontologists and Mineralogists Special Publication, 26: 55-80

Jacob H. 1985. Disperse solid bitumens as an indicator for migration and maturity in prospecting for oil and gas. Erdol and Kohgle, 38(3): 365

Ji J F, Browne P R L. 2000. Relationship between illite crystallinity and temperature in active geothermal system of New Zealand. Clays and Clay Minerals, 48(1): 139-144

Nadeau P H, Reynolds Jr R C. 1981. Burial and contact metamorphism in the Mancos shale. Clays and Clay Minerals, 29: 249-259

Read J F. 1985. Carbonare platform facies models. AAPG Bulletin, 69: 1-21

Tucker M E, Wright V P. 1990. Carbonare Sedimentology. Oxford: Blackwell Science Ltd.

第四章　海相层系油气盖层与保存条件评价

中国南方海相地层在历史时期经历了多期构造活动，遭受了多次抬升剥蚀及下降深埋，不同地区地层的地质要素有较大差异。多套烃源岩及输导体系的发育，使得大量的油气生成、运移、聚集、成藏过程发生于各地质历史时期，但由于后期构造活动强烈，对油气的破坏作用严重，因此，油气保存条件是决定中国南方海相地层油气勘探成败的关键（邱蕴玉，1996；郭彤楼等，2003；马永生等，2006；陈洪德等，2008；王津义等，2008）。

油气保存条件涉及油气生成、排出、运移、聚散的全过程，只有当运移量大于散失量时才可能有油气聚集（李明诚，2000）。因此，对含油气系统保存条件的综合评价可以从以下几个方面进行：盖层条件、构造运动、构造样式、断层发育、岩浆活动、成岩与变质作用、地层流体与流体压力等。

然而，经历多期盆地叠加改造、地质条件复杂地区的油气保存条件研究在石油地质学综合研究中仍是一个相对薄弱的环节（李明诚等，1997）。采用改造较弱盆地的油气地质理论和勘探经验，很难指导改造较强盆地的油气勘探（李明诚等，1997；刘池洋和孙海山，1999；马永生等，2007）。对多旋回叠加改造（或残留）盆地或地区来说，油气保存条件研究除了关注盖层和构造之外，多期构造活动中的地质流体作用及其演变过程也是重要的研究内容之一（李明诚等，2001；楼章华等，2006；马永生等，2007）。因此，深刻揭示盆地演化过程中油气保存条件的演变规律，探索多旋回叠加改造、地质条件复杂地区油气保存条件的实质，建立适合南方海相碳酸盐岩石油地质特征的油气保存条件综合评价理论、方法和综合评价指标体系已成为一项十分重要和迫切的任务，并且具有十分重要的理论意义和应用价值。

本章从南方海相层系油气地质的整体特征入手，在“十一五”至“十三五”时期开发国家科技重大专项05项目“海相碳酸盐岩层系油气分布规律与资源评价”下属03课题“南方海相碳酸盐岩大中型油气田形成规律及勘探评价”研究的基础上，全面掌握油气保存条件的基本特征和基本类型，以构造演化过程的流体化学-动力学响应为主线，通过深入解剖川东北-川东南（尤其是山前带），中下扬子及滇黔桂等复杂构造地区油气保存条件的演变规律，以及油气保存条件演变的地质-地球物理-地球化学的耦合响应特征；创建南方海相层系油气保存条件综合评价理论、方法和综合评价指标体系，为南方海相层系目标评价优选提供油气保存条件方面的科学依据和技术支撑。

第一节　海相区域油气盖层的发育分布及封盖性能评价

中国南方海相地层发育多套盖层，岩性以泥质岩为主，其次为膏盐岩，局部地区的致密碳酸盐岩也能起直接封盖层的作用。不同层位盖层分布状况、封闭性能存在较大差异，其中，下寒武统及下志留统是南方震旦系—志留系组合重要的区域性盖层，但下寒武统泥质岩的封闭性能有待深入研究；中下三叠统膏盐岩盖层的展布与南方已发现油气区分布的重叠关系，说明了中下三叠统盖层对南方海相油气形成具有重要的控制作用。

一、海相区域油气盖层发育分布

（一）膏盐岩盖层发育分布特征

南方海相层系膏盐岩盖层平面上分布范围很广，四川盆地、江汉盆地、下扬子句容-海安地区以及滇黔桂的思茅拗陷、楚雄盆地、十万山盆地等均有膏盐岩盖层分布，不同地区分布差异性很大。纵向上主要发育于寒武系、中下三叠统，寒武系膏岩层有两个主要含膏层段：下寒武统清虚洞组（石冷水组）和中上寒武统娄山关群（高台组），主要分布于四川盆地、江汉盆地、鄂西渝东、黔北、滇东地区；中下三叠统膏盐岩盖层在四川盆地和鄂西渝东全区发育，在江汉盆地南部、下扬子的南陵-无为盆地沿长江两侧分布，在滇黔桂的绥阳-赤水、平坝-六枝等地区局部发育。

1. 寒武系膏岩盖层

在中上扬子地区，寒武系有两个主要含膏层段，即下寒武统清虚洞组（石冷水组）和中上寒武统娄山关群（高台组）。膏盐岩厚 5.0～110 m。岩性主要是膏岩和白云质膏岩，其次是膏质或含膏质白云岩，主要分布于蒸发台地与局限台地两个相带，但清虚洞组石膏层的蒸发台地分布范围小，石膏层厚度小，难以与娄山关群膏盐盖层相提并论，只能起辅助封盖作用。四川盆地威远气田和安岳气田震旦系、寒武系产气层表明了寒武系膏岩层对于寒武系—震旦系天然气封盖作用的重要性。

在鄂西渝东地区，中下寒武统膏盐岩是其重要的区域盖层，分布范围广。建深 1 井中寒武统钻遇的含云膏盐岩已达 308 m，通过重新标定膏岩地震层位，解释中寒武统膏岩厚度大于 300 m。同时，据建南地区覃家庙组膏岩顶反射特征对中扬子簰洲地区覃家庙组膏岩顶进行了标定，厚度预测值为 100～180 m。

中下寒武统膏盐岩在湘鄂西地区和江汉盆地也都有分布，最厚超过 50 m。江汉油田通过对大量井下录井剖面和野外剖面中寒武统膏岩的重新复查和综合分析认为，在中寒武世时中扬子区膏岩沉积可能是连片分布的（刘莉，2011），湘鄂西地区由于抬升地表遭剥蚀或呈角砾状、石盐假晶，而现今膏岩主要分布在鄂西渝东区和江汉平原的局部地区，在此盐下层具备较好的保存条件。

在黔东北、黔北以及滇东北地区，有寒武系膏盐盖层分布，属浅水蒸发台地相沉积，纵向上主要分布在清虚洞组上部、石冷水组以及娄山关群下部，以石冷水组更为丰富。根据 15 口钻井资料统计（杨惠民等，1999），以绥阳-务川一带膏盐层累计厚度最大，清虚洞组在绥阳二井有 8.84 m，石冷水组和娄山关群在绥阳一井有 59.66 m。膏盐层主要是石膏和白云质石膏，其次是膏质或含膏质白云岩。地表的相应层位中由于淡水淋滤溶蚀膏盐地层产生膏化作用常呈膏溶角砾岩（贵州省地质矿产局，1987）。寒武系的膏盐盖层可作为清虚洞组储层的局部盖层或直接盖层，但其上的娄山关群中、上部为大套白云岩，上覆盖层质量很差，而且膏盐层本身分布范围不大，单层厚度小，多呈条带状或透镜状，难以成为好的盖层。

“十二五”期间，我们对南方中下寒武统膏岩盖层进行了较全面的资料复查统计，编制了中国南方中下寒武统膏盐岩盖层分布图（图 4-1），从中可看出该套膏盐岩盖层在上扬子台地东南部及江汉盆地基本上连片发育，且有一定厚度规模。

2. 中下三叠统膏岩盖层

在四川盆地，中下三叠统膏盐岩盖层厚度为 70～250 m，在川中南充一带最厚，厚度超过 200 m；在川东和渝东断褶带北部分布较稳定，厚度一般为 70～90 m，向南厚度增大，达 130～170 m；川南断褶带厚度一般为 110～130 m；川西及川西南断褶带一般为 70～90 m；米仓山前缘断褶带一般为 90～110 m；川东北地区一般为 110～130 m。

川东北地区三叠系发育三套膏岩层，分别为雷口坡组膏岩层、嘉四段膏岩层和嘉二段膏岩层，其中嘉四段膏岩层具有单层厚度及总厚度最大、膏盐岩厚度稳定及有较好的连续性和对比性等特点；嘉二段膏岩层总厚度及单层厚度不如嘉四段，但同样具有较好的稳定性及连续性；雷口坡组膏岩层总厚度较大，但层数多、单层厚度小，横向连续性较差（吴世祥等，2006）。下三叠统嘉陵江组嘉五段亦是膏盐岩发育层段之一，在通南巴地区单层厚度较大，连续性较好，在达州-宣汉地区则发育较差。总体上，三叠系膏盐岩单层层数多，累计 34～84 层，最多达 108 层（川涪 82 井）；单层厚度也比较大，一般单层厚度为 18～40 m，最大单层厚度为 61.5 m（雷西 1 井）。

鄂西渝东地区下三叠统膏盐岩盖层有效覆盖区主要分布在石柱复向斜以及万县复向斜，而利川复向斜、方斗山复背斜、齐岳山复背斜区则大部分或者全部暴露。膏盐岩主要发育在嘉陵江组嘉四段、嘉五段以及嘉二段。其中嘉四段膏盐岩主要分布于上部，厚度为 48～96 m，占该地层厚度的 54%～86.5%，一般单层厚度为 24～50 m，最大可达 67 m，分布层位稳定，厚度变化不大，是本区膏盐岩最发育的层位。嘉五段膏盐岩主要发育于中部的嘉五段二亚段，厚度为 31.5～48 m，占地层厚度的 16%～25.8%，单层厚度为 7.5～19 m，最大可达 43 m（盐 1 井），膏岩厚度变化不大，横向连续性好，有自南向北减薄的趋势，是本区膏盐岩盖层发育的重要层位。嘉二段膏盐岩于嘉二段上、中、下部均有发育，与白云岩组成三个沉积韵律，厚度为 11.5～51 m，占该地层厚度的 6.6%～30.2%，最厚可达 70 m（建 34 井），单层最大厚度为 22 m，横向分布稳定，是本区膏盐岩盖层发育的重要层位。此外，在嘉三段部分钻井中见有少量薄层石膏层夹于灰岩中，一般厚仅 1～3 m。中三叠统巴东组也有少量膏盐岩发育，分布零星，纵向上连续性差、横向变化大，基本不具封闭性能。下三叠统膏盐岩盖层的分布以石柱复向斜南部较厚，一般为 175 m，北部一般为 150 m，由于其层位稳定，厚度变化稳定，因而构成了石柱复向斜地区最重要的区域盖层。

江汉盆地下三叠统嘉四段—嘉五段盖层岩性为石膏、云膏岩、石膏质白云岩及含膏白云岩，主要为组内直接盖层，即嘉五段、嘉四段膏盐层封盖嘉一段、嘉三段的白云岩储层。平面上以江汉南部断块区的簰洲、红丰、天门地区分布较厚，最厚处位于复向斜

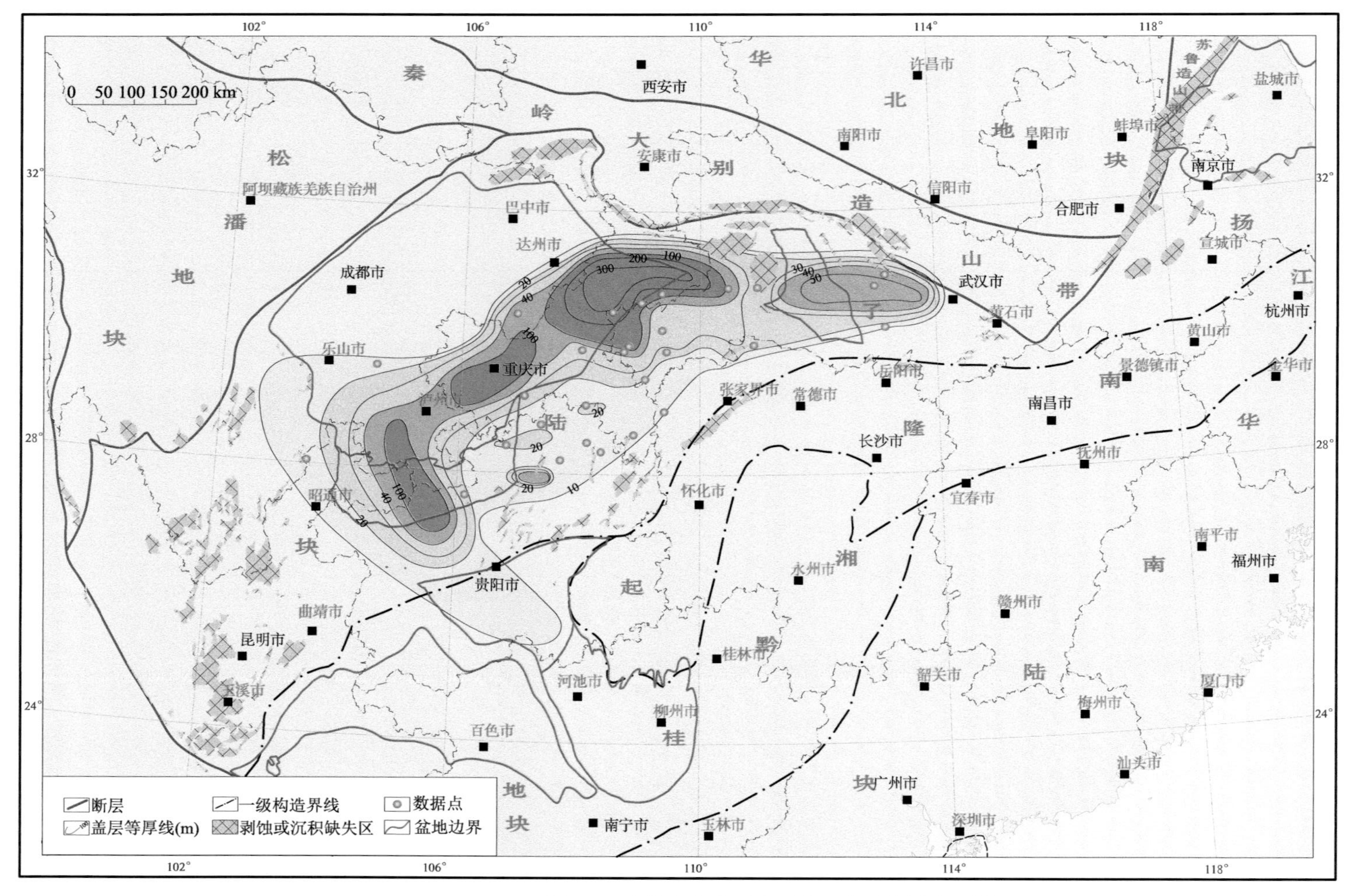

图 4-1 中国南方中下寒武统膏盐岩盖层分布图

中心的簰参 1 井和丰 1 井，达 135 m 和 339.5 m，向西北厚度减薄，到天门地区的岳参 1 井，厚度仅 12.5 m。嘉四段—嘉五段的突破压力仅 0.12 MPa，但膏岩的可塑性高，塑性系数为 2.003～2.17，高于泥岩 1.53 倍，属特殊盖层岩类，国内外许多勘探实例已经证明了膏岩具备极强的封闭性能，是很好的盖层。

句容-海安地区中三叠统膏盐岩盖层主要发育于周冲村组（安徽省称为东马鞍山组），无为地区的 N 参 4 井在中三叠统黄马青组（T_2h）和扁担山组（T_2b）也见白色的石膏层。三叠系膏盐岩主要分布在南京-镇江、南陵-无为盆地以及黄桥地区等几个残留中心，岩性为含膏白云岩及膏岩层，为潮坪-潟湖相沉积，膏盐岩层经溶解消失后常崩塌呈角砾状灰岩。在芜湖-南京-镇江一带，石膏-硬石膏可以富集成工业矿床（胡光明等，2008），从该线向东南侧白云岩增多，膏盐层减薄。南京市周冲村组除了顶部一段白云岩和泥质岩不含膏盐岩外，中下部均有膏盐岩发育。

黄桥地区周冲村组仅有 N7 井及长 1 井有所揭示，长 1 井周冲村组膏盐岩盖层岩性主要为膏质云岩、云质膏岩、含膏泥质云岩、云质石膏岩、含膏云岩，厚达 223.5 m；N7 井周冲村组岩性主要为硬石膏层及膏质云岩，厚达 272.25 m。周冲村组中部巨厚质纯的膏盐层可作为中生界、上古生界油气藏良好的局部直接盖层。

在滇黔桂地区，三叠系膏盐层分布在两个地区，一是赤水、绥江地区，二是平坝、六枝、水城地区。赤水、绥江地区的膏盐层集中分布在下三叠统嘉陵江组，属局限台地蒸发相沉积。膏盐层厚度一般为 45～100 m，单层最大厚度可以达到 53.3 m，是赤水盆地三叠系气藏的直接盖层，其上又有 1500～2000 m 的侏罗系、白垩系泥岩作为上覆盖层，封盖条件很好。平坝、六枝、水城地区的膏盐层多分布于下三叠统永宁镇组和中三叠统关岭组，属于早、中三叠世堤礁带之背海一侧半封闭咸化环境下的沉积，累计厚度小，且不稳定，盖层条件差。图 4-2 为中国南方中下三叠统膏盐岩盖层分布图。

（二）泥质岩盖层分布

从层位上看，下古生界的下寒武统下部和下志留统下部，皆以泥质岩为主，分布较广，是扬子区的区域盖层（图 4-3、图 4-4）。中-新生界的泥质岩盖层分布也很广，但多不连片，具明显的地区性。

1. 下寒武统泥质岩盖层

早寒武世梅树村期和筇竹寺期，南方大陆拉张活动达高峰，海底扩张，海平面快速上升，成为第一个一级巨旋回层序周期的最大海侵期（尹福光等，2001）。下寒武统底部的磷矿层（磷块岩复合体）及含海绿石岩代表一个低速凝缩沉积界面，形成早寒武世区域烃源岩和区域盖层。在扬子地区，下寒武统区域盖层，除滇中古陆外，广大地区均有沉积。在大陆边缘盆地及斜坡区，以泥质岩为主，本身又是烃源岩，盖层条件好。

下寒武统泥质岩盖层包含了下部具生油能力的暗色泥岩和与其相邻的不具生油能力的灰质泥岩、钙质泥岩和少许硅质泥岩，分布于扬子全区，厚度为 50～700 m，一般在 400 m 左右，是最下部的也是目前大部分尚埋在地下的第一套良好区域盖层。根据泥质岩厚度，可划分为以下有利盖层区：

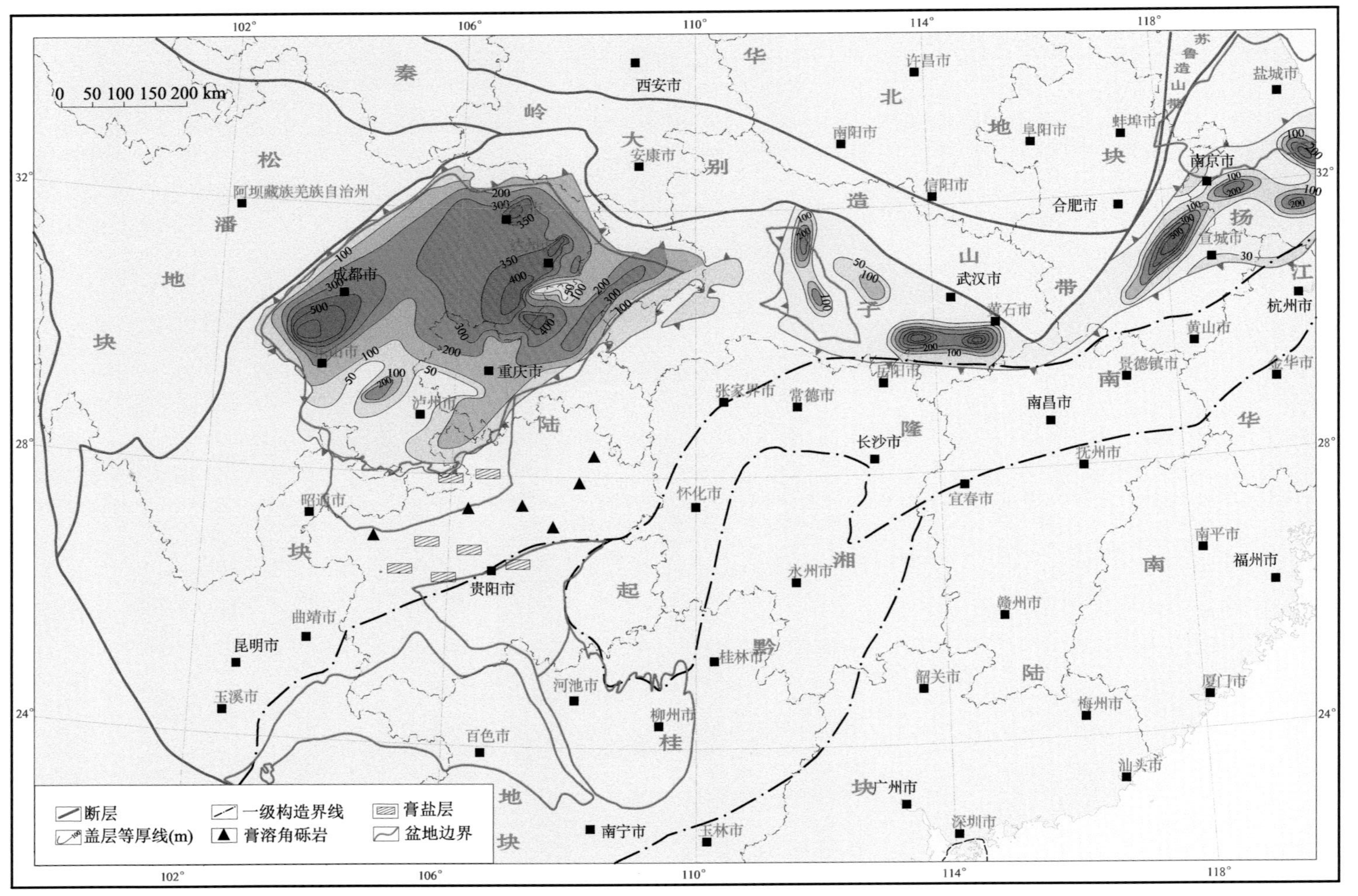

图 4-2　中国南方中、下三叠统膏盐岩盖层分布图

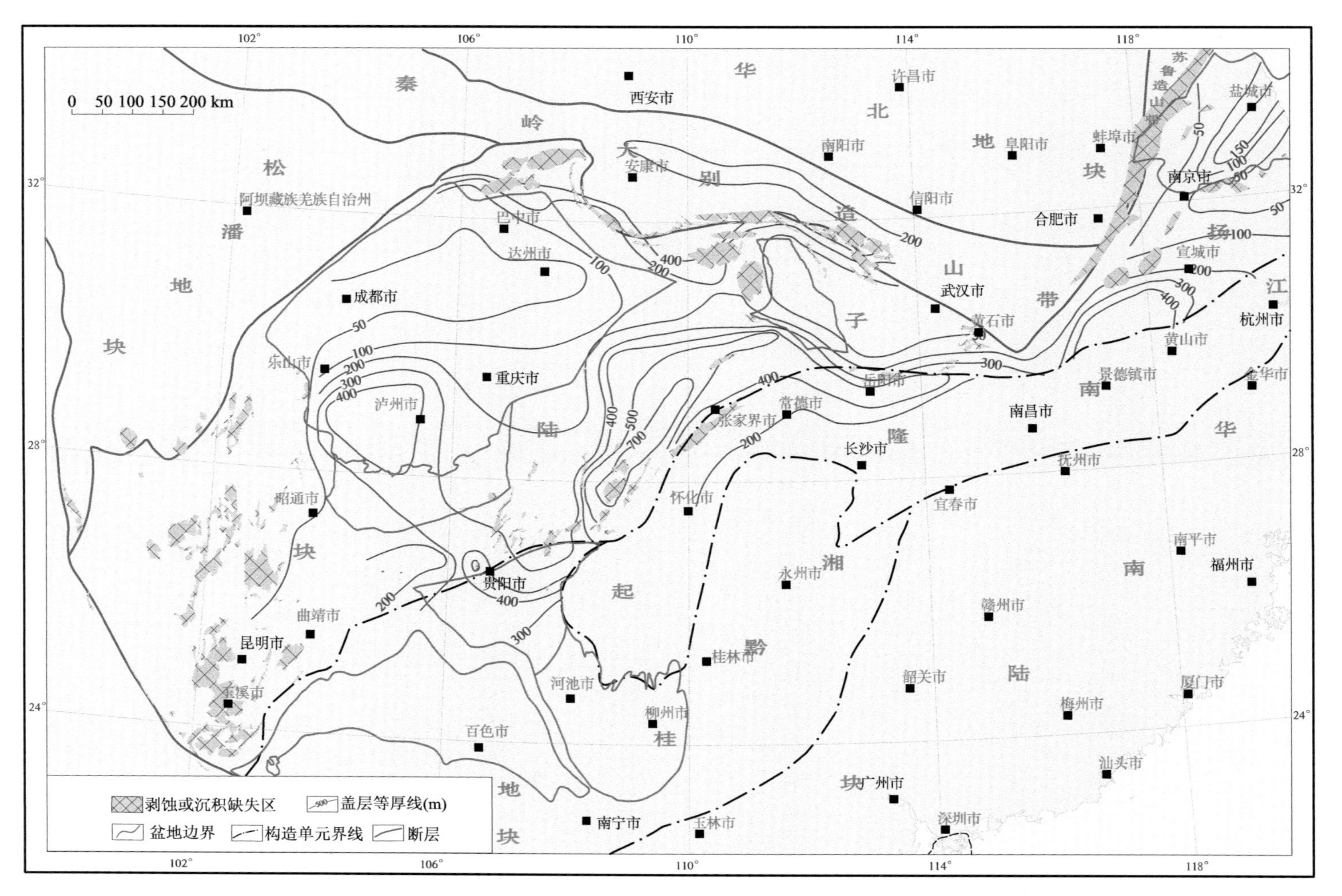

图 4-3　中国南方下寒武统泥质岩区域盖层分布图

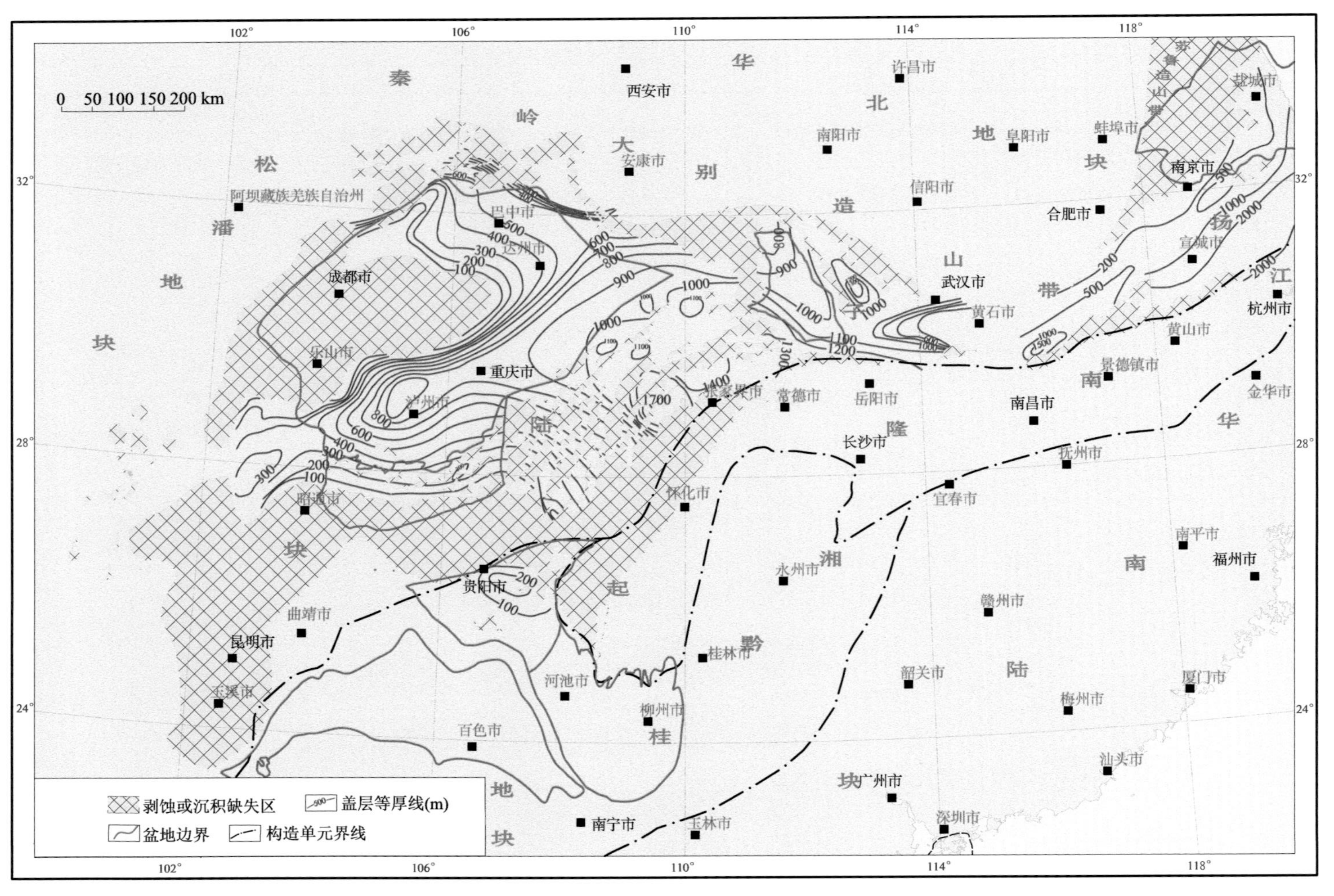

图 4-4　中国南方志留系泥质岩盖层平面分布图

（1）宜宾-泸州地区，泥质盖层厚度为 200～400 m；
（2）大庸-吉首、酉阳地区，泥质盖层厚度为 300～700 m；
（3）大巴山地区，泥质盖层厚度为 300～1000 m；
（4）江汉盆地，南部通山-咸宁-岳阳地区，泥质盖层厚度为 150～250 m；
（5）皖南-宁国地区，泥质盖层厚度为 200～400 m；
（6）苏北地区，泥质盖层厚度为 100～150 m。

2. 志留系泥质岩盖层

上奥陶统五峰组—下志留统龙马溪组沉积时，位于全球海平面总体下降的海退阶段的准二级旋回的海侵体系域，下志留统泥岩中含海绿石，证明在本阶段发育区域性烃源岩也非偶然。志留系泥质岩盖层主要是指其底部的龙马溪组泥岩。下志留统在南方除滇中古陆、华夏古陆、粤中古陆、闽浙古陆外，均接受了碎屑岩沉积，其泥质岩可作为盖层。

下志留统虽经加里东期、海西期、印支期、燕山期和喜马拉雅期等多期构造运动的破坏和改造，但现今在扬子区主体仍基本连片分布，能起区域封盖作用的志留系主要分布在上扬子的滇东北-四川盆地川东、川北、川南地区和中下扬子区的中-新生界覆盖区以及尚有志留系残存的构造复向斜（如湘鄂西南部地区）。

在四川盆地内，以乐山-龙女寺隆起为中心，志留系剥蚀殆尽，向外厚度逐渐增大，在泸州-宜宾地区厚 800～900 m，川北地区厚 300～700 m，湘鄂西渝东地区达 1000 m。在中扬子区除乐乡关隆起上遭受剥蚀外，区内志留系基本连片分布，当阳地区厚 800 m，江汉盆地南部达 1000 m，通山附近增至 1800 m。在下扬子区，除南京-海安一带有一条由前志留纪古潜山组成的隆起带外，志留系大体保存完整，厚度为 800～2000 m，北部厚度较小，南部江南隆起北侧厚，浙西安吉达 2502 m。在黔南的贵阳、黄平、都匀一带，缺失上志留统，中、下志留统厚度一般小于 500 m，其中泥质岩厚 200 m 左右。

二、海相区域油气盖层封盖性能评价

本节主要通过盖层孔渗性、成岩作用及突破压力等微观特征结合厚度分布等宏观特征，对南方地区几套主要泥质岩盖层封盖能力进行评价。

1. 下寒武统泥质岩盖层

1）盖层微观特征

区域上、下寒武统泥质岩盖层分析参数较少（表 4-1、表 4-2），给盖层封闭性能评价带来一定的不确定因素。黔东地区庄 1 井牛蹄塘组 4 个泥质岩样品测定平均孔隙度为 1.22%，渗透率为 $10^{-6}\times10^{-3}\ \mu m^2$，突破压力为 20.5 MPa，密度为 2.76 g/cm^3；黔山 1 井、庄 1 井明心寺组—金顶山组泥质岩样品测定孔隙度为 0.37%～0.73%，渗透率为 $10^{-6}\times10^{-3}\ \mu m^2$，突破压力为 8.1～13.4 MPa；湘鄂西地区果 1 井、茶 1 井、李 1 井、咸1井和宜 4 井下寒武统泥质岩孔隙分析表明，0.8～3.2 mm 的微孔大于 90%，突破压力为 13～14 MPa。野外剖面泥岩样品孔隙度为 0.73%～3.39%，渗透率为 0.000001×10^{-3}～$0.041600\times10^{-3}\ \mu m^2$，突破压力为0.42～22.70 MPa，可能受风化原因表现出封闭性能不如钻井样品。

2）成岩演化阶段

泥质岩的封闭性能与其成岩阶段有着明显的对应关系。一般在达到中成岩阶段至晚成岩阶段的A亚期时，泥岩的塑性最强。

黔北地区下寒武统泥质岩伊利石含量为70%～80%，绿泥石含量为20%～30%，伊利石结晶度为0.22～0.30（表4-3），处于晚成岩阶段C亚期；扫描电镜下岩石呈致密块状结构均匀分布，见少量微孔隙分布，伊利石呈叠片状分布，颗粒间发育较多粒间微孔隙，孔隙间连通性差；孔隙度（0.26%～1.12%）和渗透率（0.00313×10^{-3}～$0.00560\times10^{-3}\ \mu m^2$）显示岩性致密。因此黔北地区泥岩盖层具有的封闭能力较好。

表4-1　下寒武统泥质岩盖层部分野外剖面孔渗测试数据

地区	层位	岩性	岩石密度/(g/cm^3)	孔隙度/%	渗透率/$10^{-3}\mu m^2$
黔北地区	下寒武统	碳质泥页岩		1.12	0.00313
		泥岩		0.26	0.00525
		泥岩		0.88	0.00560
米仓山-大巴山山前带	郭家坝组	碳质泥岩		1.89	
当阳地区	下寒武统	泥岩		2.02	0.00449
		泥岩		2.90	
黔南桂中拗陷	下寒武统	泥岩	2.68	0.73	0.000001
		泥岩	2.58	1.22	0.000001
		泥岩	2.25	3.39	0.041600

表4-2　下寒武统泥质岩盖层部分野外剖面突破压力数据

地区	层位	岩性	突破压力/MPa	突破半径/nm	遮盖系数/%
米仓山-大巴山山前带	郭家坝组	碳质泥岩	11.99	14.55	1866.00
当阳地区	覃家庙组	泥岩	0.46	304.35	89.24
	覃家庙组	泥岩	7.17	19.54	1390.01
	覃家庙组	泥岩	22.70	6.17	4404.51
	覃家庙组	泥晶云岩/泥岩	18.79	7.25	3744.06
	石牌组	含粉砂质、泥岩	17.32	8.08	3359.74
	牛蹄塘组	泥岩	5.71	24.53	1107.07
	牛蹄塘组	泥岩	0.42	330.10	82.28
黔南桂中拗陷	下寒武统	泥岩	13.2		
		泥岩	20.00		
		泥岩	9.55		

表 4-3　下寒武统泥质岩盖层部分野外剖面泥质岩黏土矿物成分

地区	层位	岩性	伊利石/%	绿泥石/%	伊利石结晶度（CIS）
黔北地区	下寒武统	碳质泥页岩	78	22	0.30
		泥岩	70	30	0.27
		泥岩	80	20	0.22
米仓山-大巴山山前带	郭家坝组	泥岩	99	1	0.39
当阳地区	下寒武统	泥岩	97	3	0.27
		泥岩	75	25	0.29
黔南桂中坳陷	下寒武统	泥岩	99	1	0.27
		泥岩	83	17	0.34
		泥岩	70		0.30
		泥岩	99	1	0.37

米仓山-大巴山山前带下寒武统伊利石含量为99%，绿泥石含量为1%，伊利石结晶度为0.39（表4-3），现今下寒武统 R^o 为4.20%，处于晚成岩C期或更晚成岩阶段，泥质岩盖层较脆，封闭能力一般。

当阳地区下寒武统泥岩伊利石含量为75%～97%，绿泥石含量为3%～25%，伊利石结晶度为0.27～0.29（表4-3），混层比接近于0，处于晚成岩阶段C期；扫描电镜下岩石为致密块状泥岩，少量微孔隙分布。黏土矿物呈弯曲片状，有少量层间微孔隙，连通性差；据中低孔渗特征，孔隙度为2.02%～2.90%，渗透率为 $0.00449\times10^{-3}\mu m^2$，因此认为当阳地区下寒武统盖层具有一定的封盖能力。

黔南桂中坳陷下寒武统泥质岩伊利石含量为70%～99%，绿泥石含量为1%～17%，伊利石结晶度为0.27～0.37（表4-3），属中晚成岩阶段，泥岩结构致密，突破压力高达25.09 MPa，封闭性能较好。

下寒武统盖层本身为烃源岩，具烃浓度封闭特征，但由于下寒武统区域盖层热演化程度高，R^o 普遍大于2%，最高达5%以上，岩石密度高、性脆，易产生微裂隙，封闭性能有待进一步深入研究，定性评价为Ⅴ级盖层。总体来说，下寒武统泥质岩可能并非良好的天然气封盖层。

2. 志留系泥质岩盖层

1）盖层微观特征

盖层参数分析表明(表4-4),下志留统泥质岩渗透率为 $0.00195\times10^{-3}\sim0.02960\times10^{-3}\mu m^2$。突破压力为11.40～33.17 MPa，具有较好的封闭性能。黔北地区泥岩孔隙度明显偏高是地表取样所致。

2）成岩演化阶段

黔北地区志留系泥岩伊利石含量为59%～68%，绿泥石含量为5%～25%，混层比为15%～20%，伊利石结晶度为0.37～0.38（表4-5），处于晚成岩阶段B亚段；扫描电镜下为致密块状砂质泥岩，伊利石、高岭石、绿泥石等黏土矿物胶结作用明显；伊利石呈片状分布，具有次生片理孔。综合认为，黔北地区志留系泥岩盖层总体封闭性能相对较好。

表 4-4　志留系泥质岩盖层部分野外剖面孔渗等微观特征测试数据

地区	层位	岩性	岩石密度/(g/cm³)	孔隙度/%	渗透率/10^{-3} μm²	突破压力/MPa
黔北地区	志留系	灰黑色泥岩		5.95	0.00771	
		薄层状砂质泥岩		5.87	0.02960	
当阳地区		泥岩		0.36	0.01050	14.76
		泥岩		1.35	0.00396	16.26
黔南桂中坳陷		泥岩	2.61	2.32		11.40
		泥岩	2.18			21.81
		泥岩	1.96			33.17
		泥岩	2.54			17.32
		泥岩		3.58	0.00195	75.02（排驱）

米仓山-大巴山山前带志留系伊利石含量为31%～52%，绿泥石含量为11%～24%，混层比为10%～14%，现今志留系 R^{o} 为3.90%，处于晚成岩C期或更晚成岩阶段，泥质岩盖层较脆，封闭能力一般。

当阳地区志留系泥岩伊利石含量为45%～55%，绿泥石含量为25%～33%，混层比为10%～14%，伊利石结晶度为0.36～0.40（表4-5），处于晚成岩阶段；扫描电镜下为致密块状泥岩，结构均匀，孔隙不发育。伊利石呈叠片状分布，孔隙以粒内孔隙为主；具低孔渗特征，孔隙度为0.36%～1.35%，渗透率为 0.00396×10^{-3}～0.01050×10^{-3} μm²，因此当阳地区志留系泥岩盖层具有一定的封盖能力。

表 4-5　志留系泥质岩盖层部分野外剖面泥质岩黏土矿物成分

地区	层位	岩性	伊利石/%	绿泥石/%	混层比/%	伊利石结晶度（CIS）
黔北地区	志留系	灰黑色泥岩	68	25	15	0.38
		薄层状砂质泥岩	59	5	20	0.37
米仓山-大巴山山前带		泥岩	31～52	11～24	10～14	
当阳地区		泥岩	45	33	10	0.36
		泥岩	55	25	14	0.40
黔南桂中坳陷		泥岩	74	26		0.48
		泥岩	75	25		0.53
		泥岩	100			0.55
		泥岩	95	5		0.53
		泥岩	92		8	0.52

黔南桂中拗陷志留系泥岩伊利石含量为 74%～100%，绿泥石含量为 5%～26%，伊利石结晶度为 0.48～0.55（表 4-5），处于晚成岩阶段；扫描电镜下泥岩结构致密，突破压力高达 33.17 MPa，封闭性能好。

志留系本身（主要是底部）为烃源岩，具浓度封闭特征，地层热演化程度较高，R^{o} 一般为 1.3%～3%，大部分地区已具备产生微裂的条件。定性评价为III-IV级盖层。

3. 南方二叠系泥质岩区域盖层

南方二叠系泥质岩本身为良好的烃源岩，具有浓度封闭特征，孔隙度、渗透率较小，突破压力较大（表 4-6），具备良好的封盖条件；地层热演化程度较高（米仓山-大巴山山前带二叠系 R^{o} 为 2.83%，黔南桂中拗陷安顺地区 R^{o}>2.0%），成岩阶段处于晚成岩阶段，厚度一般不大，对油气的封盖能力一般。

表 4-6　南方二叠系泥质岩盖层部分野外剖面孔渗等微观特征测试数据

地区	层位	岩性	岩石密度/(g/cm³)	孔隙度/%	渗透率/$10^{-3}\mu m^{2}$	突破压力/MPa
米仓山-大巴山山前带	二叠系	泥岩	—	3.10	—	13.95
当阳地区		含泥灰岩	—	—	—	4.85
黔南桂中拗陷		泥岩	2.68	0.74	0.0296	19.83

第二节　复杂构造区带油气保存条件评价思路与方法

一、天然气保存机理

根据目前的研究成果，盖层封闭天然气的机理主要可分为物性封闭、烃浓度封闭和超压封闭等（付广等，1997；张长江等，2008）。对复杂构造区而言，物性封闭和超压封闭是主要的天然气封盖机制。一种盖层可以具有一种封闭机理，也可以同时具有两种及以上的封闭机理。盖层具有何种封闭机理主要取决于其形成的地质条件及其所处的环境。在某些地质条件下，又可以几种封闭机理组合形成复合封闭。

1. 物性封闭机理

通常情况下，地下岩石中的孔隙是被水所饱和的，呈游离相的油气要通过岩石，就必须排替其中的孔隙水，否则就无法通过岩石运移。由于岩石一般为亲水的，所产生的毛细管压力指向气相。因此，油气要通过盖层运移，必须克服毛细管阻力的阻挡（付广等，2000）。

由于盖层岩石比储层岩石具有更小的孔喉半径，盖层岩石表现出比储层岩石更小的物性特征，进而能封闭住储层中的油气。根据驱替压力的定义，岩石中润湿相流体被非润湿相流体排替所需要的最小压力，它在数值大小近似等于岩石中最大连通喉道的毛细管压力，从而造成了盖层对储层中油气的封闭作用，称为盖层的物性封闭作用或盖层的毛细管封闭作用。

盖层的物性封闭机理是盖层封闭油气最常见的机理，是由于盖层与储层之间的物性差异而引起的毛细管压力的差异，造成盖层对油气的封闭作用。油气欲通过盖层孔隙喉道运移，必然受到盖层与储层之间驱替压力的阻挡，只有当油气能量大于其盖层与储层之间的驱替压力差时，才能驱替盖层孔隙中的水而通过盖层孔隙喉道运移散失，否则将被封盖在盖层之下聚集起来。因此，盖层驱替压力是评价其物性封闭能力最直接的参数。即盖层的驱替压力越大，其盖层物性封闭能力越强；反之则越弱。

对于南方海相地层而言，起良好物性封闭的岩性盖层主要有 3 类：膏盐岩、煤层和泥质岩。特殊情况下致密灰岩或致密白云岩也可起一定的封闭作用。

2. 烃浓度封闭机理

地层流体中的含气浓度主要受温度、压力条件的影响，正常情况下具有向上递减的浓度梯度，天然气在此浓度梯度的作用下，自下而上向地表扩散并最终散失。当上覆泥岩盖层为烃源岩且处于生气阶段时，泥岩生成的大量天然气溶解在地层水中，导致地层水中气体浓度增加，使得上述浓度梯度减小，甚至倒转，从而减弱了盖层之下天然气向上的扩散作用而起到封闭作用（付广等，1997）。由于这种封闭作用是烃浓度造成的，故称其为烃浓度封闭。盖层的生气强度越大阻滞下伏天然气向上散失的能力越强。

烃浓度封闭作用只能存在于具有生烃能力的盖层中。当盖层为生烃岩，并进入生烃门限时，其生成的天然气足以使其内的孔隙水（油）处于饱和，甚至孔隙充满游离气，则其含气浓度增大（与非烃源岩对比），从而降低了地层剖面中的天然气浓度梯度，这就减弱了天然气向上的扩散作用。尤其是当盖层本身又具有异常高的孔隙流体压力时，会造成盖层含气浓度的进一步增大，而出现天然气浓度向下伏储层递减的现象，则可完全阻挡下伏天然气向上扩散作用的发生，尤其是盖层欠压实段的流体压力异常值高于其饱和压力值时。

南方中生界、古生界的泥岩盖层，大多在作为盖层的同时还可以是烃源岩，起到烃浓度封盖的作用。另外，上覆气藏也可成为浓度盖层，对下伏天然气能起到好的保护作用。总体上，南方海相油气的烃浓度封闭研究尚不多。

3. 超压封闭机理

在沉积盆地中，沉降作用和沉积物沉积速率的不均衡性造成沉积盆地内某些地层中或多或少地存在着不同程度的泥岩欠压实现象。欠压实泥岩包括上、下压实段和中间欠压实段。上、下压实段因正常压实其孔隙度和渗透率明显低于中间欠压实段的孔隙度和渗透率，即有上、下压实段泥岩的孔喉半径小于中间欠压实段泥岩的孔喉半径。由毛细管压力定义可得，上下压实段泥岩的毛细管阻力应大于中间欠压实泥岩段的毛细管阻力。当下伏储层中油气的剩余压力小于其下压实段泥岩的毛细管阻力时，则其不能突破下压实段泥岩向上运移散失，此时泥岩仍然是靠毛细管阻力起封闭作用，但是当下伏储集层中油气的剩余压力大于下压实段的泥岩毛细管阻力时，依靠下压实段泥岩的毛细管阻力则不能封闭油气。虽然欠压实泥岩中间的欠压实段毛细管阻力比上、下压实段低，但其内存在异常高的孔隙流体压力，两者之和大于下压实段泥岩的毛细管阻力，故其仍然能封闭住穿过下压实段向上继续运移的油气，此时泥岩是依靠孔隙流体压力封闭的。

由此可见，超压封闭机理与物性封闭机理明显不同，且超压封闭明显要优于物性封闭。因为欠压实泥岩内部存在着比正常泥岩异常高的孔隙流体压力，这种较高的孔隙流体压力不仅对下伏呈游离相运移的油气构成封闭，而且可以对呈水溶相运移的油气构成封闭（石波等，1998）。刘方槐和颜婉莎（1991）的理论计算结果表明，欠压实泥岩的压力系数为 1.3 时，依靠异常孔隙流体压力封闭气柱高度是靠毛细管阻力封闭气柱高度的 11 倍。

二、复杂构造区带油气保存条件的主要破坏因素和评价方法

分散有机质经过埋藏、热演化而生烃、运移、聚集成藏。在我国以陆相为主的油气勘探过程中，成藏以后的保存条件研究一直不是十分突出的问题，以盖层的岩性、厚度、物性等为主的评价方法成为油气保存条件研究的主要方面（马永生等，2006）。但是，对于南方海相地层来说，尤其是复杂构造区带，构造活动强烈，油气成藏复杂，油气保存条件的研究显得十分必要。

对于造成油气藏破坏的主要因素，付广等（2000）认为抬升剥蚀作用和断裂作用是造成油气藏破坏的根本原因，地下水活动在抬升剥蚀和断裂活动的前提下对油气藏进行破坏，分子扩散作用同样可导致油藏的破坏。吕延防和王振平（2001）将油气藏破坏机理划分为物理破坏、化学破坏、生物化学破坏和物理化学破坏，其中物理破坏是油气藏破坏的根本原因。罗群和白新华（2002）认为主要是构造变动、水动力冲刷和微渗漏造成了油气藏的破坏。楼章华等（2006）认为油气藏的破坏机理主要包括：①断裂、破碎作用对油气藏的破坏；②剥蚀作用对油气藏的破坏；③大气水下渗作用对油气藏的破坏；④深埋热变质作用对油气藏的破坏；⑤盖层有效性及天然气漏失作用对油气藏的破坏；⑥岩浆侵入热变质作用。

（一）构造作用与油气保存

1. 剥蚀作用与油气保存

抬升剥蚀作用是构造活动的重要方式之一，轻微的剥蚀作用对油气藏的破坏作用较小。强烈的抬升剥蚀作用可造成两方面的保存条件破坏：一方面可能导致盖层出露地表遭受剥蚀，油气圈闭被开了天窗，造成油气泄露，油气藏不复存在；另一方面，油气藏抬升导致大气淡水下渗进入油气藏对油气进行冲刷、氧化，天然气逸散，原油沥青质化。

剥蚀厚度的计算对研究盆地的构造演化史、沉积-埋藏史、有机质热演化史、油气生成与运移史和地下流体动力场的形成与演化史都具有重要的意义。计算剥蚀厚度的常用方法大致有以下几种：①泥岩的压实曲线，深度-孔隙度、声波时差法；②成熟度剖面法，R^{o}-深度法；③利用流体包裹体均一温度计算地层剥蚀厚度；④利用方解石脉碳氧同位素组成计算剥蚀厚度；⑤地震剖面上的地层厚度外推法；⑥平均剥蚀速率法；⑦外推先前的沉积速率法等。

通过对四川盆地及其周边地区的研究与分析，剥蚀厚度、出露地层与保存条件之间有比较密切的关系。出露的层位越新，目的层也越新；反之也成立（表 4-7）。

表 4-7　地表出露地层与交替停滞带之间可能存在的一般关系

埋藏	出露							
	J–K	T_2–T_3	T_1	P	C	D	S	O
T								
P						1		
C								
D								
S		2						
O					3			
Є								
Z								

注：1. 自由交替带；2. 勘探证实的交替停滞带；3. 有待证实的交替停滞带

2. 断裂活动与油气保存

断裂活动同样是构造活动的重要方式之一，断层是油气成藏过程中的重要要素，烃源岩大量排烃时，连通烃源岩与储层的断层是非常好的输导通道，且早期形成的封闭性断层可作为良好的封闭条件，构成断块油气藏，在世界各地的油气勘探中也均有许多相关实例。然而，在油气成藏后的断裂活动，断层的高渗低压特征，会严重破坏原来的古油气藏，会导致油气沿断层发生逸散，同时地下水下渗也将导致油气藏的破坏。

罗群和孙宏智（2000）指出，后生断裂及先存断裂均可以对油气藏造成破坏，但本质上均是两种断裂在油气藏形成以后的活动或封闭性能发生改变造成对油气保存条件的破坏。从对油气藏的破坏效果来讲，后生断裂中的断至地表的通天断层对油气藏的破坏作用最大，先存断裂的再活动或封闭性改变对油气藏的破坏作用不及后生断裂，但破坏作用的分析更为复杂。

以南盘江西部烂泥沟地区为例，通过测定该地区石英包裹体与方解石脉的 Rb、Sr 同位素组成求得其年龄值为 105.6 Ma（苏文超等，1998）；利用 K-Ar 法测定含有伊利石矿物包体的石英脉年龄，其主要形成时间为 77.18～88.92 Ma（马永生等，2006），相当于晚燕山期。断裂带中包裹体及方解石脉形成时间表明，断层在晚燕山期仍然处于开启状态。南盘江盆地中西部主力烃源岩为中泥盆统烃源岩和下二叠统烃源岩，中泥盆统烃源岩分别在早二叠世和晚二叠世—三叠纪进入生油和生气高峰，下二叠统烃源岩分别在中二叠世和晚三叠世进入生油和生气高峰，在三叠纪末原油已基本彻底裂解（赵孟军等，2006）。因此，在较晚时期仍然开启的断层对油气成藏聚集非常不利，断层对保存条件是明显的破坏作用。

3. 岩浆活动与油气保存

岩浆活动对保存条件的影响主要决定于岩浆活动的时期与产状（李明诚等，1997）。在油气大量生成以前的活动，不但对保存无影响，这些热事件反而有促进油气生成的作用；如果是发生在油气大量生成之后，则要看其产状、规模以及与油气藏的空间关系。层状和远离油气藏的岩浆活动，对油气藏的保存条件没有明显的影响，除非火山岩直接穿过已聚集的油气藏，但这种情况的概率是很小的。从中国南方岩浆岩的分布可知，受岩浆活动影响的南方海相油气勘探区块主要是下扬子句容-海安地区及滇黔桂各区块。

（二）水文地质条件与油气保存

抬升剥蚀作用及断裂活动导致了大气水下渗，地下水体流动，一方面大气水下渗造成强烈的地下水流动，将油气藏底部的油气进行冲刷，不断的冲刷作用最终会导致油气藏的完全破坏；另一方面，大气水下渗会携带富氧和富微生物流体进入油气藏，造成油气藏的破坏，原油被沥青质化。历史时期的大气水下渗进入地层流体后，由于两者化学性质不同，将在现今地层水化学特征中留下痕迹；现今温泉的分布也是大气水下渗的标志。大气水下渗越深对油气保存的影响越大。本课题在“十一五”至“十二五”期间做了一些探索性研究，获了一些初步成果。

1. 温泉特征与水文地质开启程度

1）温泉分布与地层开启程度

一般来说，地表分布的温泉是地表水下渗入地下后，由地底深部的高温加热后由渗透循环作用流出地表的热水，温泉水特征一定程度上可以反映大气水下渗深度及水文地质开启程度。温泉温度越高，反映大气水下渗后受到的加热作用越强。因此，中、高温温泉反映出深部地层与地表的沟通，大气水下渗深度较大，地层开启、封闭性差。例如，金沙-遵义北东向温泉带主要分布在北东向活动断裂带上或附近，具中高温特点，大气水下渗深度较大，地层开启（魏洪刚，2015）。

2）温泉水循环温度估算

估算温泉水循环深度可以粗略视作现今大气水下渗深度，循环深度越大，该区油气保存条件越差。估算温泉水循环深度的公式为

$$H=\{t_1+\beta(t_1-t_2-t_2)\}/r+h$$

式中，t_1 为地下水水温；t_2 为恒温层温度；β 为混入冷水百分比；h 为恒温层深度；r 为地温梯度（℃/100 m）；H 为温泉水循环深度（m）。

3）温泉水化学特征与水文地质封闭性

大气水在地下渗透循环过程中必然与深部地层流体产生化学交换，在出露地表成温泉后，温泉的化学特征将一定程度反映深部地层的水文地质开启程度。一般来说，温泉水矿化度越大，变质系数越小，则反映温泉分布地层的水文开启程度相对较低。例如，黔南及其周缘地区分布于泥盆系、二叠系地层中的温泉水矿化度小于 1 g/L，变质系数为 0.2～0.76，分布在奥陶系—震旦系中的温泉水矿化度大于 1 g/L，变质系数为 0.3～0.19，表明黔南地区下古生界地层封闭性相对上古生界要好（李梅，2011）。

2. 水文地质旋回及古水动力场恢复

对于水文地质旋回的划分，一般可从构造活动和区域水文发展阶段两个方面来划分，一个水文地质旋回从构造下沉和海侵开始，直到其后的地壳隆起和海退。对一个区域进行水文地质旋回划分，应充分结合该区域构造演化历史，综合生烃过程和油气运聚过程划分。中扬子区震旦系、寒武系储层地下径流可划分出四个水文地质旋回（王威，2009），分别为加里东期水文地质旋回、海西期—早印支期水文地质旋回、晚印支期—早燕山期水文地质旋回、晚燕山期—喜马拉雅期水文地质旋回（图 4-5），每个水文地质旋回又可分为沉积压释水作用阶段和渗入水淋滤作用阶段。

地质时代	地层代号	年龄/Ma	构造运动	沉积作用阶段	渗入作用阶段	水文地质旋回
第四纪	Q	65	晚燕山期—喜马拉雅期			第Ⅳ旋回
古近纪—新近纪	E–N					
白垩纪	K	140				
侏罗纪	J	208	晚印支期—早燕山期			第Ⅲ旋回
三叠纪	T	250				
二叠纪	P	290	海西期—早印支期			第Ⅱ旋回
石炭纪	C	362				
泥盆纪	D	409				
志留纪	S	439	加里东期			第Ⅰ旋回
奥陶纪	O	510				
寒武纪	Є	570				
震旦纪	Z	850				

图 4-5　中扬子区海相储层水文地质旋回划分示意图（王威，2009）

地下水动力场是盆地演化过程的产物，通过恢复压实流盆地在不同地质历史时期的流体势，可恢复盆地内部不同时期古水动力场，对油气运移及保存有重要意义。简化后的流体势公式可表示为

$$\Phi=g \cdot Z+\rho/p$$

式中，Φ 为流体势；Z 为研究点至基准面的距离，当基准面选择某一时期沉积表面时，

则 Z 为古埋深；g 为重力加速度；ρ 为流体密度；p 为研究点地层压力。

综合古构造研究，可计算出不同水文地质旋回期的古水动力场，分析不同时期地下水流动情况，评价盆地内油气保存条件。

3. 古大气水下渗深度计算

我们可以利用方解石脉的稳定同位素组成，计算其形成温度等地球化学参数。并且在分析方解石脉成因的基础上，计算古大气水的下渗深度。因此，要想获得古大气水的下渗深度，步骤如下：①需要测定方解石脉的碳、氧稳定同位素组成，判别方解石脉形成时是否有大气水的参与；②测定方解石脉中包裹体的均一温度；③结合古地温梯度计算方解石形成深度，这个深度就是古大气水的下渗深度（马永生等，2006）。

中上扬子川渝鄂湘边区，方解石脉碳、氧同位素组成的差别较大。我们可以认为 $\delta^{13}C_{PDB}$ 小于背景值的样品，在方解石的形成过程中明显受到大气水下渗的影响。依据这个原则，可以选取不同的地层明显受大气水影响的 $\delta^{13}C_{PDB}$ 的最小值，奥陶系方解石脉的 $\delta^{13}C_{PDB}<-0.2‰$，二叠系 $\delta^{13}C_{PDB}<-2.6‰$，三叠系 $\delta^{13}C_{PDB}<-1.6‰$。小于这些界限值的样品所计算的形成深度就是古大气水的下渗深度。其中不同层位合在一起的图（图 4-6），反映了燕山期—喜马拉雅期抬升剥蚀和断裂作用过程，川南古大气水下渗深度最小，小于 800 m，川东在 1000～1500 m，川东北和鄂西渝东在 1500～2200 m，湘鄂西地区古大气水的下渗深度明显增加，为 2200～4600 m。总体上由西向东古大气水下渗深度增加，石柱-利川-巫山一线以东呈现网格状分布，大气水下渗深度存在明显差异。

从计算方法中可以看出，这个古大气水下渗深度是剥蚀过程中方解石脉形成时的大气水下渗深度，不代表最大剥蚀厚度时期的古大气水下渗深度。因此，我们计算获得的古大气水下渗深度是剥蚀过程中某个时期的大气水下渗深度。

地质历史时期的大气水下渗进入储层后，与储层中流体发生物质交换，通过储层水化学特征，可评价油气成藏过程中油气保存条件。大气水下渗活动越强烈，则历史时期的油气藏被破坏得越彻底，根据这一原理，可在纵向上将地层水划分为三个区带：自由交替带、交替阻滞带（或交替过渡带）和交替停止带（刘方槐和颜婉莎，1991）。其中，自由交替带大气水下渗活动强烈，油气藏中油气被氧化冲刷，保存条件极差；交替停止带内，大气水下渗不能达到，油气保存条件好，油气藏得以保存而最终成藏；交替阻滞带介于自由交替带和交替停止带之间，大气水下渗作用介于两者之间，具有一定的保存条件。

（三）古流体地球化学特征与油气保存

利用古流体化学特征评价油气保存条件，关键是明确在地质历史时期，尤其是油气成藏时期及油气藏形成之后，盖层以上的层位中是否有来自古油藏或古气藏中的流体，或者储层中是否有大气淡水的注入，可利用流体包裹体技术及同位素分析技术揭示地质历史时期古流体地球化学特征，综合评价油气保存条件。

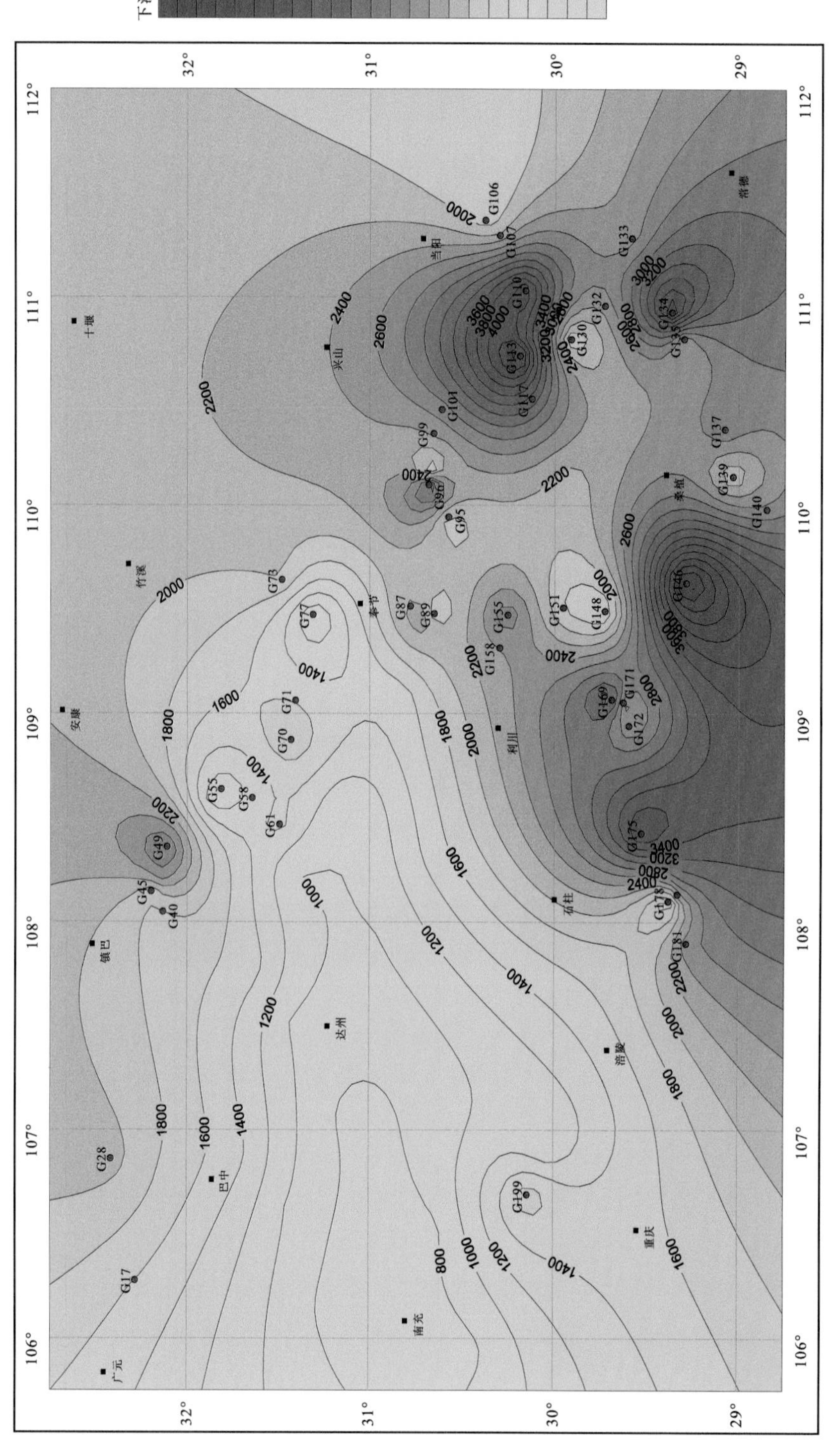

图 4-6　川渝鄂湘边区古大气水下渗深度平面分布图

1. 地球化学异常与油气保存

在地质历史时期，古流体沿断层流动时，会将地层深部的化学元素带到地表形成地球化学异常，通常表现为伽马异常或形成重金属矿产。这类地球化学异常实质上是反映的断至地表的通天断层活动，对油气藏的破坏作用巨大。

1）伽马异常

在断裂带活动过程中，幔源放射性元素和沉积盖层中有机质、黏土等吸附的放射性元素随流体迁移，断裂破碎带成了流体最活跃的地区，并且流体在沿断裂带向上流动过程中放射性元素沉淀。如果断裂带一直切穿到地表，且有一定的开启性，地表就可以形成伽马异常区，局部可以富集成矿，如安然背斜已经发现铀矿点。这些异常区都是盆地古流体活跃的地区，是地下热液释放到浅部、地表的出气孔，表明地表与深部流体沟通，断层本身未能封堵深部流体上窜，断层封闭性差。

2）重金属矿产

地球化学异常和重砂异常区与深部流体的强烈交换有关，在相对开启与连通的地区，流体活动强烈，使得分散的微量元素富集，形成异常区，宏观上表现为金矿、汞矿等相关重金属矿产，反映其保存条件差，表 4-8 是南盘江地区地表伽马异常、元素地球化学异常、非烃气体异常反映出的保存条件及保存条件破坏方式。

表 4-8　南盘江地区深部热液穿越地表地层的证据与保存条件破坏方式

地区	证据	热液温度/℃	保存条件的破坏方式	保存条件的破坏程度
板其、丫他、赖子山、戈塘、兴义、雄武、百地、高龙、隆林、田林、金牙、大厂	①金矿床；②金异常	160～250	断裂作用	彻底
南盘江断裂带	①金；②元素地球化学异常；③伽马异常；④方解石脉流体包裹体成分测定，含有 CO_2	160～250	断裂作用	彻底
右江断裂带西段	①金矿；②方解石脉流体包裹体成分测定，含有以 CO_2 为主的深层流体	110～250	断裂作用	彻底

2. 方解石脉同位素组成与断裂带流体化学-动力学行为

1）方解石脉同位素组成与断裂带流体成因

在断裂带的形成与演化过程中，断裂带中的流体十分活跃，在破碎岩石的裂缝中形成方解石脉、石英脉。不同成因的地下流体具有不同的地球化学性质和同位素组成。断裂带中的流体来源有以下几个方面：①下渗的地表大气水；②断裂带两侧的地层流体；

③断裂带下方的深部壳源流体；④幔源流体。因此，断裂带中的流体成因决定了方解石脉的碳、氧同位素组成。总体上看，有机成因的 $\delta^{13}C$ 轻，无机成因的 $\delta^{13}C$ 重，是受各自原始碳同位素组成制约并继承的结果，各种含碳物质的 $\delta^{13}C$ 也有较大的差别（表 4-9）。依据灰岩背景值和方解石脉的碳、氧同位素组成，可以研究断裂带的流体化学与动力学行为。

表 4-9　各种含碳物质的 $\delta^{13}C$ 值

碳类型	含碳物质	$\delta^{13}C$/‰	碳类型	含碳物质	$\delta^{13}C$/‰
有机碳	中国原油	−23.50～−34.57	无机碳	金刚石	−9～−2
	中国煤	−21.54～−30.80		海洋无机碳	−1.0～+2.0
	中国泥岩干酪根	−19.38～−30.86		淡水溶解的无机碳	−11.0～−5.0
	中国碳酸盐岩干酪根	−24.34～−35.04		白云岩	−2.29～2.66
	陆地和淡水植物及动物	平均−25.5		海相灰岩	−9.0～6.0
	海生有机物（包括浮游动植物）	−9.0～−22.0		非海相碳酸盐岩	−8.0～−3.0

通过对比方解石脉和灰岩背景的 $\delta^{13}C$、$\delta^{18}O$，结合同期次流体包裹体均一温度的测定，可追踪断裂带流体的碳同位素特征与流体来源。中上扬子川渝鄂湘边区，下古生界灰岩；$\delta^{13}C_{PDB}$ 为−4.4‰～4.6‰、$\delta^{18}O_{PDB}$ 为−12.5‰～−4.5‰。方解石脉碳、氧同位素组成的差别较大，$\delta^{13}C_{PDB}$ 为−11.3‰～4.6‰、$\delta^{18}O_{PDB}$ 为−21.7‰～−5.1‰。在平面上，$\delta^{13}C_{PDB}$ 负值区呈局部分布（图 4-7），主要分布在宜昌、恩施、万源、张家界、彭水、华蓥山等地区附近。这些地区，在断裂带的活动过程中，大气水沿断裂带下渗，影响方解石的形成。

2）方解石脉碳、氧同位素与古盐度、古水温的关系

（1）方解石脉形成时的流体古盐度。

在碳酸盐矿物相为方解石的条件下，其稳定同位素组成取决于水体的盐度和温度。因此，可以通过稳定同位素在碳酸盐矿物中的分布，来分析沉积碳酸盐水介质的性质。根据相关层位中方解石脉的碳、氧同位素组成，以 Keith 和 Weber（1964）推导出的 $Z=2.048\times(\delta^{13}C+50)+0.498\times(\delta^{18}O+50)$ 计算古盐度指数值的公式，可以计算出相关层位中方解石脉形成时流体（水介质）的古盐度指数的 Z 值。一般 $Z>120$ 为海相碳酸盐岩，$Z<120$ 为淡水碳酸盐岩。

中上扬子川渝鄂湘边区，从下古生界 Z 值平面等值线分布图上看（图 4-8），Z 值总体呈上呈西高、东低；南北高、中间低的特点。在武隆、咸丰、利川、巴东、竹山以东，Z 值大于 120，形成方解石脉的流体可能没有受到下渗大气水的影响；川东北地区总体上 Z 值大于 120，只有南江和万源东北侧的局部地质点出现异常，Z 值小于 120，说明局部地区的方解石脉在形成过程中受下渗大气水的影响。平利-利川-黔江一线以东 Z 值形成高值-低值网格状分布的特点，也呈现与构造走向一致的北东向条带状。

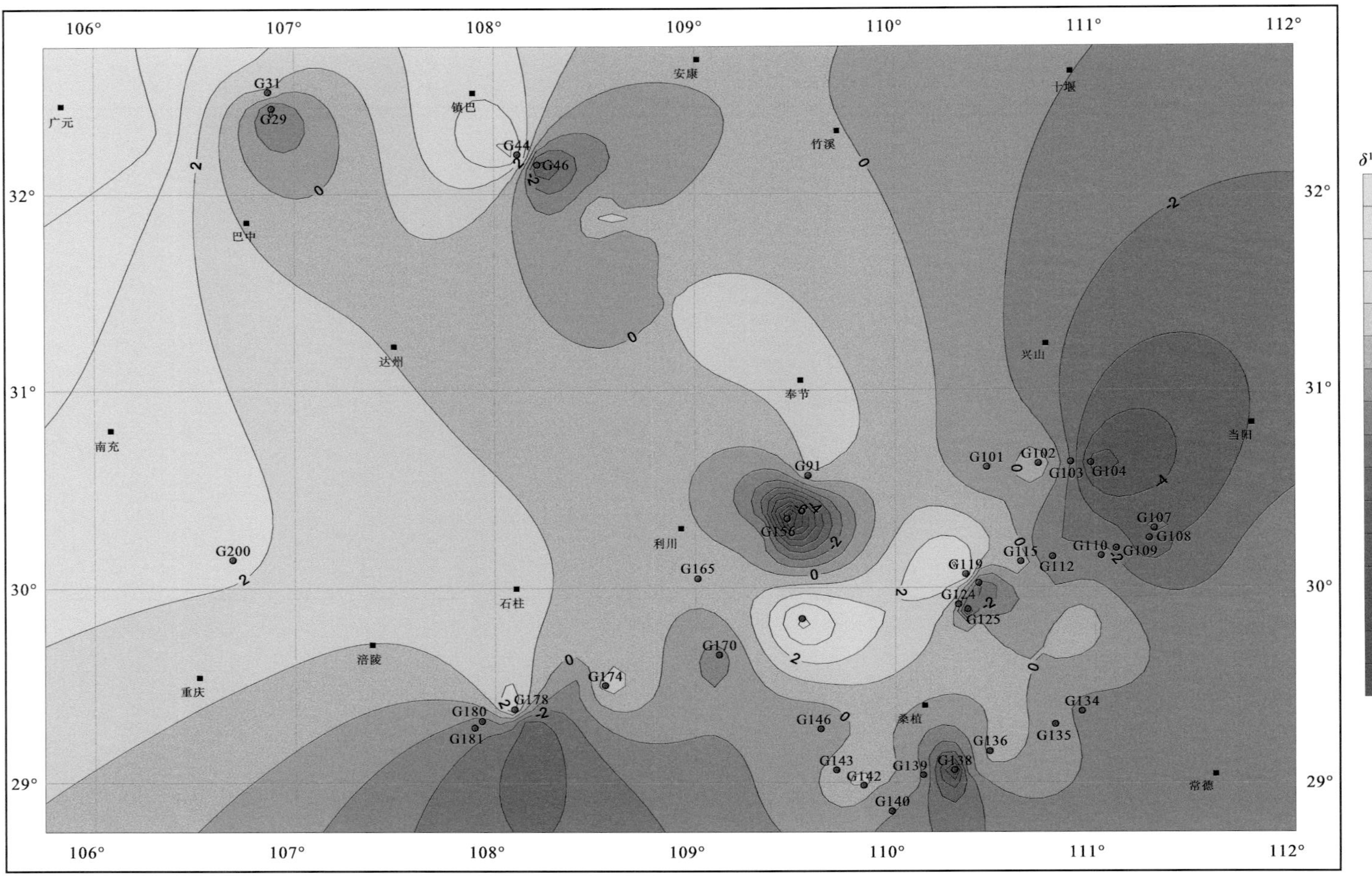

图 4-7 川渝鄂湘边区下古生界方解石脉 $\delta^{13}C_{PDB}$ 值平面分布图

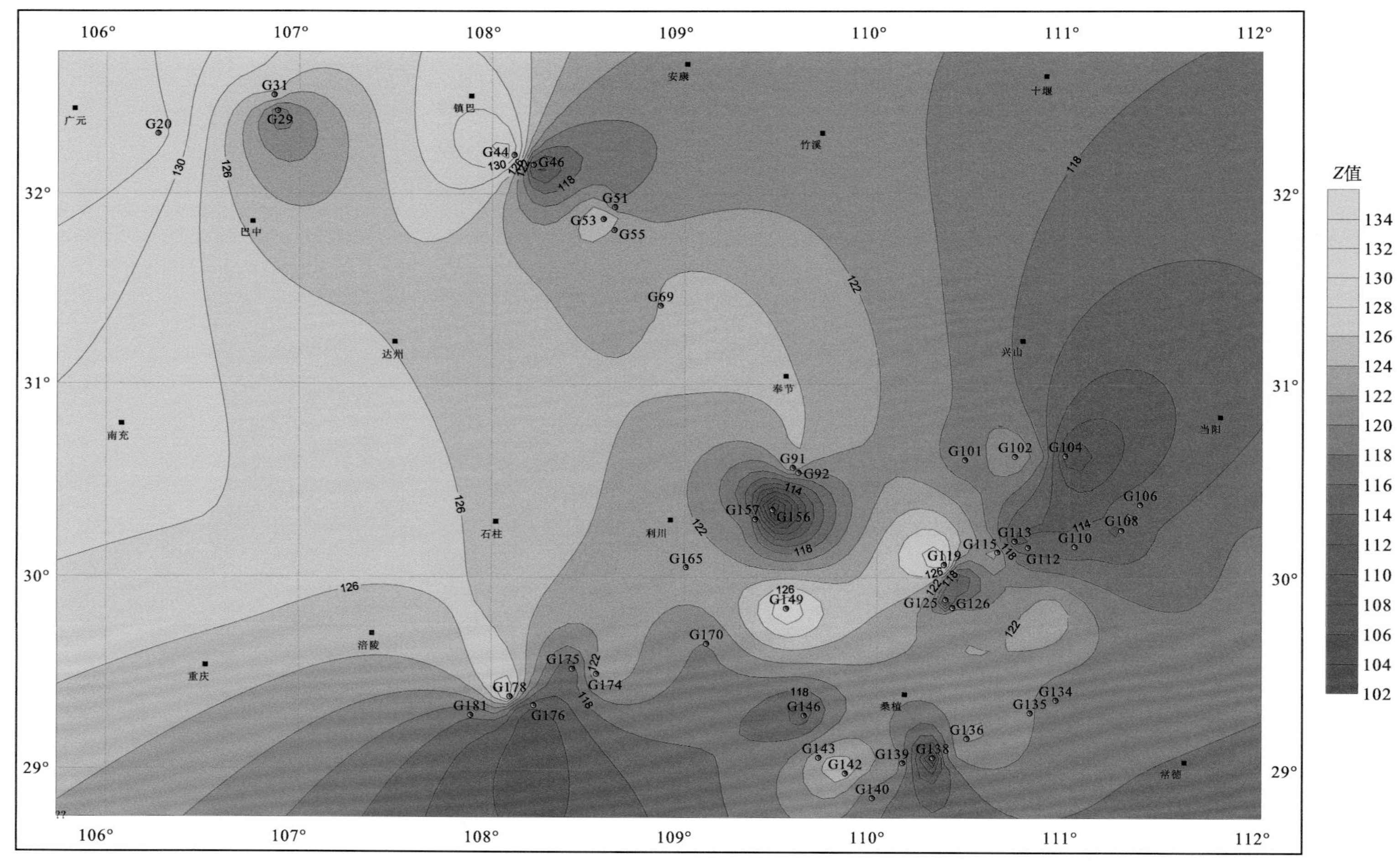

图 4-8 川渝鄂湘边区下古生界方解石脉形成时期 Z 值平面分布图

（2）方解石脉形成时的古水温。

碳酸盐成岩时水体介质的温度也是控制碳酸盐稳定同位素组成的重要因素之一。水介质温度对 $\delta^{18}O$ 值的影响远远超过盐度对它的影响，而 $\delta^{13}C$ 值随温度变化很小。因此，在盐度不变时，$\delta^{18}O$ 值可用来作为测定古温度的可靠标志。

当碳酸盐与水介质处于平衡状态时，$\delta^{18}O$ 值随温度的升高而下降。用 $\delta^{18}O$ 测定古大洋水温度的方法是由美国学者、诺贝尔奖获得者 Urey（1948）提出的，并且由 Epstein 和 Ofhers（1951）加以具体化。Emiliani 和 Shackleton（1974）又进一步修改得出最终经验公式：

$$T=16.9-4.38(\delta C-\delta W)+0.10(\delta C-\delta W)^2$$

该公式包括两个方面的数据，即在 25℃条件下，所测 $CaCO_3$ 样品与其所形成的水体平衡的 CO_2 的 $\delta^{18}O$（SMOW）值（δW），以及岩石样品在 25℃真空条件下与 100%的磷酸反应所生成的 CO_2 的 $\delta^{18}O$（PDB）值（δC）。

$\delta^{18}O$ 与成岩强度之间的定性关系：成岩强度越大，$\delta^{18}O$ 值越低。

通过测定方解石脉的 $\delta^{13}C$、$\delta^{18}O$ 组成，利用上述公式可以求得方解石充填物质形成时期的流体介质温度。

松潘-阿坝地区（图 4-9）：三叠系覆盖的松潘-阿坝地区构造裂隙方解石充填物的形成温度高，为 100～160℃；东部、北部、西部，构造裂隙方解石充填物的形成温度相对要低。从 R^o 测试数据看，三叠系覆盖的松潘-阿坝腹地区 R^o 小，剥蚀厚度相对小，研究区的东部、北部、西部地区，R^o 剥蚀厚度相对大。由此可见，方解石充填物的形成温度和碳、氧同位素变化特征，说明在抬升剥蚀过程中松潘-阿坝三叠纪盆地的构造断裂带中的流体活跃，持续时间长，形成深度和形成温度有相对较大的变化区间，对油气保存条件不利。

3）成岩流体的碳、氧同位素特征及流体来源的分析

根据方解石-水的氧同位素分馏方程：$\delta^{18}O_{(方)}-\delta^{18}O_{H_2O}=2.78\cdot10^6\cdot T^{-2}-2.89$（O'Neil et al.，1969）和方解石-二氧化碳（流体）同位素分馏方程：$\delta^{13}C_{CO_2}-\delta^{13}C_{(方)}=-2.988\cdot10^6\cdot T^{-2}+7.663\cdot10^3\cdot T^{-1}-2.4612$（Bottinga，1968），可以计算出方解石脉沉淀胶结时与碳酸盐平衡的流体相碳、氧同位素的组成。式中，T 为方解石脉流体包裹体测定的均一温度，计算时应换算成开氏温度。方解石脉的碳、氧同位素组成为测定值。

（1）碳酸盐平衡的水相流体氧同位素组成。

如图 4-10 所示，松潘-阿坝地区方解石脉形成期水相流体 $\delta^{18}O$ 值变化范围为 −12.0‰～10.7‰，其中 $\delta^{18}O_{H_2O}$ 值样品频数由−6‰～−1‰组间的低频数变化区逐渐转向−1‰～4‰组间频数升高区，从 4‰～9‰组间又较缓地转为频数下降区。这种水相流体氧同位素起伏变化，是由于地表大气降水沿断裂破碎带开放式循环系统，不断地下渗与富含 $\delta^{18}O$ 矿物的硅酸盐和碳酸盐围岩进行同位素交换。由于区域构造动力在成岩中作用，大规模反复推覆、挤压、摩擦过程中一方面产生大量的构造热能，使构造活动地段热流值升高，加热地下水形成对流循环系统，促使水岩同位素的交换作用。另一方面构造动力使岩石变形、破碎，形成减压带，在构造活动地段形成相对高压或低压地带。这样水相流体氧同位素在时间、温度、压力等诸多因素影响下，流体氧同位素由轻趋重。

又如，地表大气降水下渗补给的速度加快，也会影响水岩反应的程度，水相流体的氧同位素同样有可能会出现波动起伏的变化。

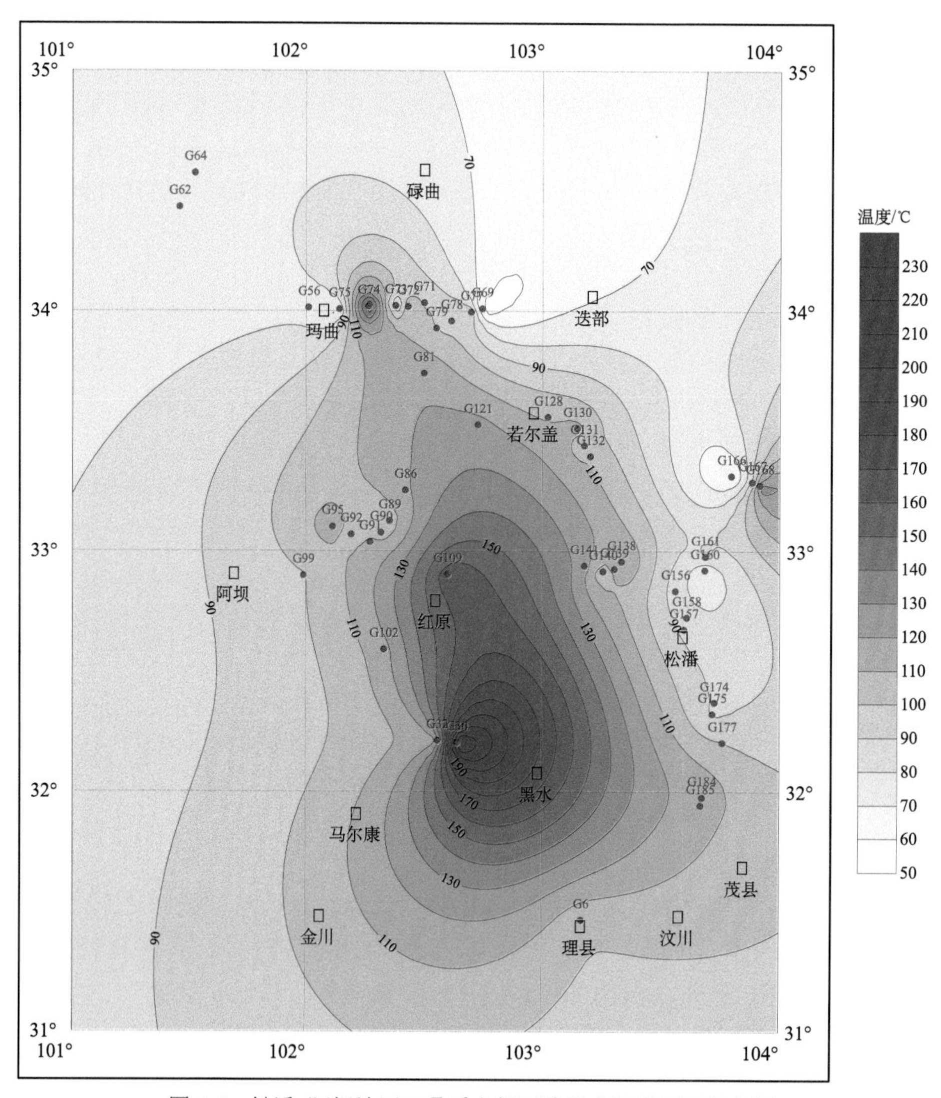

图 4-9　松潘-阿坝地区三叠系方解石脉形成温度平面分布图

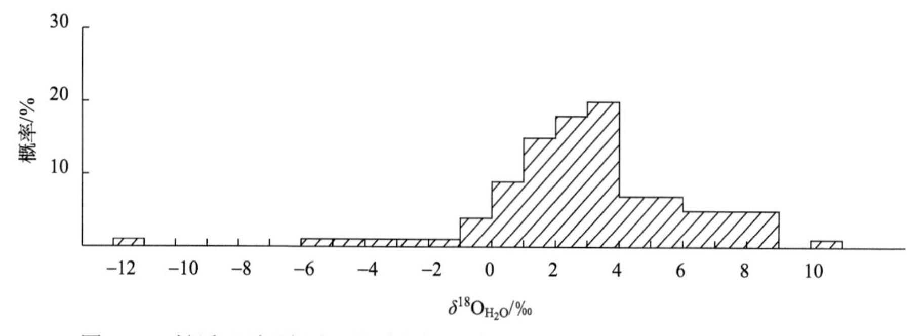

图 4-10　松潘-阿坝地区三叠系方解石脉形成期流体氧同位素组成分布统计

（2）与碳酸盐平衡的二氧化碳流体同位素组成。

由于碳酸盐体系是有机二氧化碳和无机二氧化碳的储存体，碳同位素的贫乏或富集是通过有机物的氧化反应或发酵反应或者深部热流体的作用所引起的，因此碳酸盐矿物方解石中的 $\delta^{13}C_{CO_2}$ 值特征可指示碳的来源。

松潘-阿坝地区计算得到的方解石脉形成期二氧化碳流体同位素组成如图 4-11 所示。$\delta^{13}C_{CO_2}$ 值变化范围为–13.5‰～3.3‰，主要集中在–8‰～–5‰和–4‰～3.3‰两个区间，$\delta^{13}C_{CO_2}$ 平均值为–2.89‰，这说明碳酸盐方解石脉胶结物形成时水相流体二氧化碳中有机来源所占比例比较少。即碳酸盐方解石脉胶结形成时很少或甚至没有有机碳的参与，相反主要来自深部热流体的无机碳。流体包裹体测试技术也显示，碳酸盐方解石脉中流体包裹体一般以水溶液相为主，而有机质包裹体比较少见，也就是说碳酸盐方解石脉胶结形成时主要受深部热流体场影响比较大，而受油气影响因素要小。

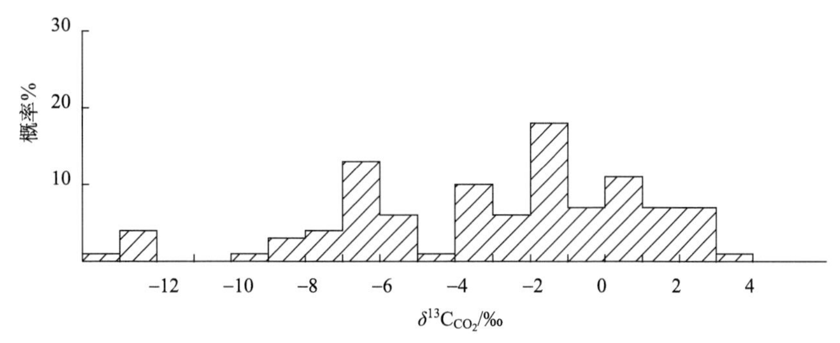

图 4-11　松潘-阿坝地区三叠系方解石脉形成期 CO_2 碳同位素组成分布统计

4）断裂带水、岩同位素交换地球化学特性与地下流体的成因

根据石英-水的氧同位素分馏方程：$\delta^{18}O_{石英}-\delta^{18}O_{H_2O}=3.38\cdot10^6\cdot T^{-2}-3.4$（Clayton et al.，1972），可以计算出石英脉流体包裹体形成时与硅酸矿物平衡的水相流体的氧同位素值。

中上扬子川渝鄂湘边区，共有 31 个测点的方解石脉和石英脉流体包裹体的测样，根据方解石-水的氧同位素分馏方程：$\delta^{18}O_{(方)}-\delta^{18}O_{H_2O}=2.78\times10^6\times T^{-2}-2.89$（O’Neil et al.，1969）计算出 17 个样品的包裹体水相流体的 $\delta^{18}O_{H_2O}$ 值（表 4-10）。

表 4-10　流体包裹体的 δD 和 δ^{18}O 值

地区	样品数	δD/‰			$\delta^{18}O_{H_2O}$/‰		
		最高	最低	平均	最高	最低	平均
川东区块	10	–61	–87	–75.9	13.59	2.65	7.29
渝东区块	4	–66	–83	–76.5	10.70	5.18	7.94
湘鄂西区块	17	–56	–94	–78.7	12.32	–3.34	5.75

将断裂带内的氢同位素氘（δD）和方解石脉形成时水相流体的 $\delta^{18}O_{H_2O}$ 值，在 δD 与 $\delta^{18}O_{H_2O}$ 关系图上投影（图 4-12）：该区的 δD 与 $\delta^{18}O_{H_2O}$ 值点均远离标准平均海洋水值点，位于典型岩浆水、变质水区域左下角边缘与全球大气降水线的右方之间，其中湘

鄂西区块部分值点落在岩浆水区域。这表明古流体来源较为复杂，受大气降水、岩浆作用和变质作用共同影响。其中湘鄂西区块古流体受大气降水和岩浆作用影响较大，油气保存条件最为不利。

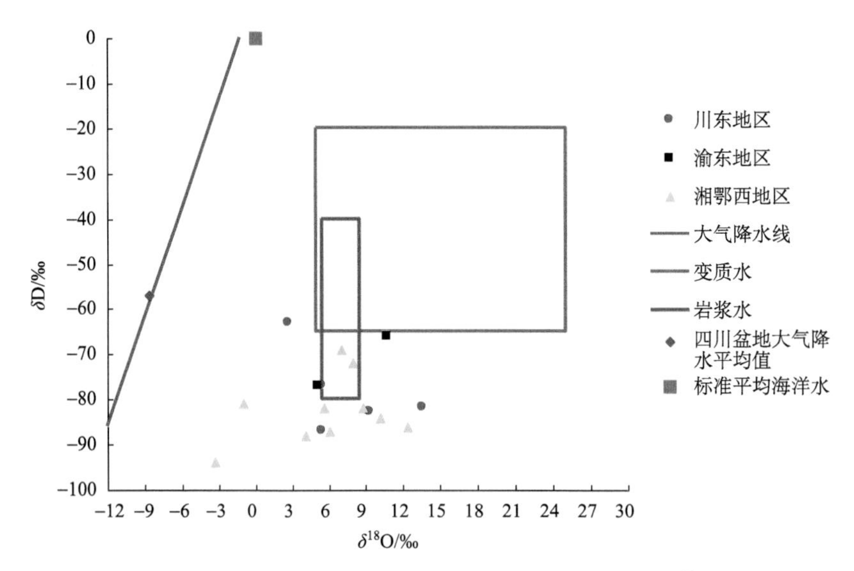

图 4-12　川东、渝东-湘鄂西区块方解石脉流体包裹体 δD-$\delta^{18}O$ 关系图

硅酸盐矿物-石英中氢一般较少，即使岩石与水接触，δD 值几乎不受影响，由于 δD 没有这种变化特性，能比较正确地反映出地壳中的大气降水、岩浆水、变质水等的特性。而下渗到断裂破碎带循环的大气降水或地表水的同位素变化，主要是 $\delta^{18}O$ 值的变化。

扬子北缘的川东、渝东-湘鄂西区块地下古水相流体的 $\delta^{18}O_{H_2O}$ 值，川东区块为 2.65‰～13.59‰；渝东区块为 5.18‰～10.7‰；湘鄂西区块为–3.34‰～12.32‰，远大于四川盆地大气降水的 $\delta^{18}O_{H_2O}$ 值（–8.7‰）和各区根据 δD 平均值计算出的大气降水的 $\delta^{18}O_{H_2O}$ 值。这就是地下埋藏的古流体在循环中发生水岩同位素交换，使水相流体的氧同位素增高，称为“氧漂移”。因此图中投影点偏离大气降水线趋远方向。

3. 流体包裹体中古流体特征

在盆地演化过程中，储集岩成岩矿物的结晶作用是从沉积作用开始而贯穿盆地整个埋藏与隆升史的。沉积盆地中由于流体的流动对成岩矿物的结晶有很强的控制作用，因此矿物将优先在流体流动带结晶，而将其周围的地层水、油、气等流体以包裹体的形式被捕获，这些流体包裹体记录了盆地油气生成、运移和演化的信息（Eadington et al.，1991；覃建雄和曾允孚，1993），是重要的研究对象。

储层包裹体盐度可以反映其形成时地层流体的盐度特征，从而揭示成藏时期油气藏的保存情况。古流体的盐度低，反映了大气水的参与对卤水的稀释，是保存条件不好的一种表现；古流体的盐度高，则反映古大气水下渗作用弱或没有受到影响，保存条件较好至好。一般来说，低盐度区（<6%）烃类保存条件不好，中等盐度区（6%～8%）烃

类保存条件一般，高盐度区（>8%）保存条件较好。

（四）地层流体地球化学及地层压力特征与油气保存

1. 储层水化学特征与油气保存

地下水水文地质地球化学性质与油气的运移、聚集和油气藏的破坏存在密切的关系。塔河奥陶系油田、四川盆地海相油气田、鄂尔多斯盆地下古生界气田是我国典型的海相油气田，并且勘探程度较高，积累了丰富的地质、地层测试、地层水化学分析等资料和石油天然气综合研究成果。通过对四川盆地、塔里木盆地、鄂尔多斯盆地海相油田水文地球化学特征的研究，结合南方海相地层水文地球化学的基本特征，对比分析河流、湖泊、海洋、泉水的地球化学性质的特点，我们可以总结出一套比较系统的油气保存条件的水文地球化学综合判别指标体系（表 4-11）。

表 4-11 海相油气保存条件的水文地质地球化学综合判别指标体系

参数		保存条件			
		很好（Ⅰ类）	好（Ⅱ类）	中等（Ⅲ类）	差（Ⅳ-Ⅴ类）
地层水成因		沉积埋藏水	短暂受大气水下渗影响	较长期受大气水下渗影响	长期受大气水下渗影响
矿化度/（g/L）		>40	30～40	20～30	<20
变质系数		<0.87	0.87～0.95	0.95～1.0	>1.0
脱硫系数		<8.5	8.5～15	15～30	>30
盐化系数		>20	1～20	0.2～1	<0.2
水型	苏林	$CaCl_2$为主，$MgCl_2$次之，偶见$NaHCO_3$、Na_2SO_4		以$CaCl_2$为主，常见Na_2SO_4	$NaHCO_3$ Na_2SO_4
	苏哈列夫	Cl-Na		Cl-Na 为主，Cl-Na·Ca 次之	C1-Na，C1·HCO_3-Na，C1·SO_4-Na 等
水文地质分带		交替停滞带		交替阻滞带	自由交替带

2. 非烃类气体与油气保存条件

1）氮气

陈安定（1998）认为 N_2 含量大于 20%的气体称为富氮气体，富氮气体中绝大部分 N_2 来自大气，通过地面水下潜携带到地下，然后以过饱和方式脱出从而达到一定程度富集。富氮天然气通常见于沉积盆地边缘地带、盆地内部的浅层及断裂发育带等，通常与淡化地层水相伴，反映曾经或至今与地面水发生过缓慢交替。

长庆油田曾结合水化学指标提出 N_2 含量划分油藏保存条件标准：N_2 含量小于 5%时保存条件好；N_2 含量为 5.0%～20%时保存条件较好；N_2 含量大于 20%时保存条件差。而对气藏而言，当 N_2 达到一定浓度时，可能会使天然气藏丧失原有的高产富集特征，因

而 N_2 可能更能敏感地指示其保存条件。

2）二氧化碳气体

二氧化碳气体显示分布于三个构造区：南盘江拗陷、三水盆地、苏皖北断块区和泰兴常熟断块区，从下古生界、上古生界到三叠系各个层位均有显示，均为幔源岩浆成因。

对于幔源成因气体必须有深大断裂作用，沟通地幔与地壳，使地幔物质上涌，即断裂是形成二氧化碳气藏最重要的地质因素。罗开平等（1998）通过对中国东部幔源成因二氧化碳气藏的分析，认为幔源岩浆成因 CO_2 气体主要分布在张性构造区的伸展盆地中。因而 CO_2 气体从地幔上涌时，其张性断裂应较为发育，如果与此同时或之前有油气聚集，那么在此阶段则会遭到改造破坏，同时 CO_2 气体使早期烃类物质被驱替。根据以上分析可知，幔源无机成因的二氧化碳气体显示在成藏历史时期可能有张性断裂的发育，加上 CO_2 气体对早期烃类物质的驱替作用，其早期的油气藏可能被改造破坏。

3. 地层压力特征与油气保存条件

一般认为，油气藏的保存条件破坏会导致地层泄压，压力系数变为负压，而良好的保存条件使得储层压力得到保护，压力系数一般大于 1。但值得注意的是，并不是压力系数越大，油气保存条件就越好，储层中发育过高的异常压力，会突破上覆岩层或断层及其他遮挡条件的封堵，导致油气的逸散（刘金水，2015）。另外，虽然油气藏的破坏会导致地层泄压，但这仅代表历史时期的地层压力变化，现今地层压力可能并不低。

三、复杂构造区带油气保存条件综合评价指标体系

本书认为，与构造运动相关的各种地质作用是导致油气成藏与破坏的主要因素，由构造运动导致的地层的褶皱变形、抬升剥蚀作用、断裂作用、盖层的有效性破坏、大气水下渗（水文地质条件），以及岩浆变质作用是油气藏破坏的具体地质因素，而古流体异常、现今储层流体地球化学异常和压力体系异常是判断油气保存条件的直接指标。

在对中国南方复杂构造区带油气保存条件多轮研究的基础上，我们尝试性提出了一个包括沉积埋藏、盖层条件、构造作用、古流体活动、水文地质、储层流体化学、压力体系七大类 29 小项的复杂构造区带油气保存条件评价的具体的参数指标体系（表 4-12），经过近年来勘探实际的综合应用，认为尽管还需完善，但也基本符合南方勘探的需要和实际情况。

表 4-12 南方海相层系油气保存条件的综合评价指标体系

因素	评价参数	评分等级			
		好	较好	一般	差
沉积埋藏	目的层埋深/m	>3000	2000～3000	1000～2000	0～1000
盖层条件	微观封闭性	$K\leqslant10^{-8}$； $\varphi\leqslant1$； $P_c\geqslant30$	$10^{-8}<K\leqslant10^{-7}$； $1<\varphi\leqslant3$； $15\leqslant P_c<30$	$10^{-7}<K<10^{-6}$； $3<\varphi<5$； $5<P_c<15$	$K\geqslant10^{-6}$； $\varphi\geqslant5$； $P_c\leqslant5$

续表

因素	评价参数	评分等级			
		好	较好	一般	差
盖层条件	岩石类型	膏盐、泥岩	泥岩、粉砂质泥岩	粉砂质泥岩、泥质粉砂岩	泥质粉砂岩、致密碳酸盐岩
	成岩阶段	中成岩B期	中成岩B期	晚成岩	晚成岩
	单层厚度/m	>15	15～10	>6	<3
	累计厚度/m	>100	50～100	20～50	<20
	分布情况	大面积连片	较大面积连片	较小面积连片	小面积零星分布
构造作用	构造样式	平缓构造区	隔挡式	隔槽式	推覆根带或造山带
	断裂发育	无或少有	有少量发育	有一些但非通天	大量发育通天断层
	剥蚀厚度/m	<1000	1000～2000	2000～3000	>3000
	岩浆变质作用	无	无	无	有
古流体活动	Z（方解石脉计算）	>120		<120	
	古盐度（包裹体）/%	>8	6～8	6～8	<6
	金属矿产含量异常	无	无和低异常	零星和中异常	较多和高异常
	伽马等异常	无	无	零星	较多
水文地质	泉/℃	季节性低温泉		25～35	>35
	下渗深度/m	<1000	1000～2000	2000～3000	>3000
	水文地质分带	交替停滞带		交替阻滞带	自由交替带
储层流体化学	成因	沉积埋藏水	短暂受大气水下渗影响	较长期受大气水下渗影响	长期受大气水下渗影响
	矿化度/(g/L)	>40	30～40	20～30	<20
	变质系数	<0.87	0.87～0.95	0.95～1.0	>1.0
	脱硫系数	<8.5	8.5～15	15～30	>30
	盐化系数	>20	1～20	0.2～1	<0.2
	苏林水型	$CaCl_2$为主，$MgCl_2$次之，偶见$NaHCO_3$、Na_2SO_4		以$CaCl_2$为主，常见Na_2SO_4	$NaHCO_3$，Na_2SO_4
	苏哈列夫分类	Cl-Na		Cl-Na为主，Cl-Na·Ca次之	Cl-Na、C·HCO_3-Na、Cl·SO_4-Na等
	N_2/%	<5		5～20	>20
	CO_2	无		有	
压力体系	压力体系	静水压力		静水压力	
	压力系数	≥1		<1	

注：K为渗透率；φ为孔隙度；P_c为突破压力

第三节　南方复杂构造区带的油气保存条件

米仓山-大巴山山前带、黔中黔北地区、黔南桂中地区是南方地区具有代表性的复杂构造区带，构造作用强烈，油气保存条件复杂，差异变化大。“十一五”至“十二五”期间，我们综合应用上述复杂构造区带油气保存条件综合分析方法，对各区带保存条件进行了初步的综合分析评价，揭示了一些基本规律，指出了有利保存区带和存在的主要问题，以期为后续研究和油气勘探提供参考。

一、米仓山-大巴山山前带油气保存条件

米仓山-大巴山山前带是指位于米仓山-大巴山与四川盆地之间的盆山过渡带，海相地层实体为由山向盆逆冲推覆构造。米仓山构造带为被侏罗系—白垩系掩覆的叠瓦冲断构造；而大巴山构造带则为夹于城口断裂和巫溪之间的中古生界冲断褶皱构造或逆冲滑脱构造，大部分地区中古生界裸露，仅北段有侏罗系掩盖。该山前带由于海相中古生界良好的生储盖条件以及紧邻该区带的四川盆地北部的油气发现而受到勘探家的重视。“十一五”至“十二五”期间，中国石化在该区带部署大量地球物理勘探工作量并钻探了天星 1、金溪 1、金溪 2 和春生 1 四口探井，除金溪 1 井于二叠系揭示工业气流外，其余各井均钻遇储层，但因构造保存条件复杂而失利。

（一）构造作用与油气保存

山前带因构造复杂而保存条件差异变化大，金溪 1 井 4000 多米钻遇二叠系高压气层，保存条件较好，金溪 2 井 5000 多米钻遇下三叠统倒转地层，地层水矿化度低，保存条件差。

米仓山-大巴山山前带及周缘自震旦系沉积以来，经历了加里东、海西、印支、燕山、喜马拉雅等多次构造运动。早中燕山运动是山前带主要圈闭形成期及油气成藏期，构造活动为油气运移及成藏保存提供了有利条件；但在靠近造山带的冲断皱褶带及北大巴山地区，强烈的剥蚀作用导致盖层失去连续性，保存条件受到一定影响。晚燕山-喜马拉雅运动对研究区的破坏影响最大，累积 5000～7000 m 的强烈剥蚀作用使得山前带直接出露上二叠统—下三叠统礁滩白云岩地层，下古生界地层残留分布，油气保存条件较差或差；相对而言，盆地内地层平缓，地表以侏罗系—新近系分布为主，数千米厚的陆相地层成为一套重要的屏障，其下的每套含油气组合均发育泥质岩和膏盐岩封盖层，阻挡油气的向上逸散，使得油气藏得以有效保存。

断层开启性研究表明，从盆内到山前带，断层开启深度为 500～3000 m。盆地内由于盖层发育、断层少、构造变形弱，断层开启深度在 1000 m 以内，油气保存条件好；山前带各种地质要素的差异性则比较大，断层从较多到多，构造变形从较强到强，地层水开始出现大气水下渗为主的淡水，断层开启深度为 1000～2000 m，油气保存条件变差；

往外围，强烈构造运动使得古生界地层直接裸露于地表，断层密集，构造变形破碎非常强烈，地层水基本属于大气水下渗为主的淡水，断层开启深度普遍超过 2000 m，保存条件不容乐观。

（二）古流体地球化学特征与油气保存

米仓山-大巴山山前带及周缘地区存在不同程度的大气水下渗作用。盆地内各层系方解石脉碳同位素普遍为–2‰～2‰，Z 值相对较高，多为 Z>120，反映了盆内具有较好的保存条件。山前带及盆地外，各层系方解石脉碳同位素分布比较复杂，普遍小于–2‰；从山前带到盆外古盐度逐渐减小，山前带外围，多为 Z<120 的淡水碳酸盐分布区，表明燕山期后的强烈褶皱、断裂破碎、抬升剥蚀作用使得海相地层直接裸露于地表，大气水下渗作用很普遍，油气保存条件被破坏。部分深大断裂发育地区存在方解石脉碳同位素明显偏重的现象，大于 2‰，表明局部地区存在深部流体上涌。

在构造演化作用过程中，古流体主要沿断裂带及构造裂缝活动，并形成相关的脉体和团块而保存。古流体的盐度低，反映了大气水的参与对卤水的稀释，是保存条件不好的一种表现；古流体的盐度高，则反映古大气水下渗作用弱或没有受到影响，保存条件较好至好。一般来说，低盐度区（<6%）烃类保存条件不好，中等盐度区（6%～8%）烃类保存条件一般，高盐度区（>8%）保存条件较好。包裹体无机成分特征也反映了同样的地质现象。

米仓山-大巴山山前带经历了六次古流体活动（图 4-13、图 4-14）。米仓山-大巴山山前带古流体盐度特征反映：①古盐度分布在 12.65%～23.33%，其中盐度>8.0%的样品占 75.0%～86.7%，反映了二叠系—下三叠统飞仙关组盖层条件在晚燕山运动期间没有被完全破坏，总体上封闭性较好，大气水下渗较弱，有利于烃类的保存；②由盆地内往山前带流体包裹体古盐度逐渐减小，反映了古大气水下渗作用由盆地内向盆缘逐渐增强；

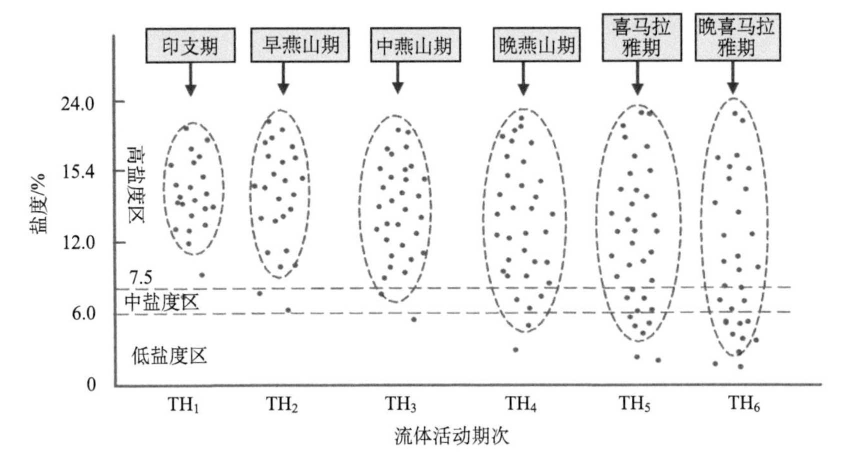

图 4-13　南大巴山地区二叠系、三叠系储层中 Th_1–Th_6 期流体包裹体盐度变化分布图

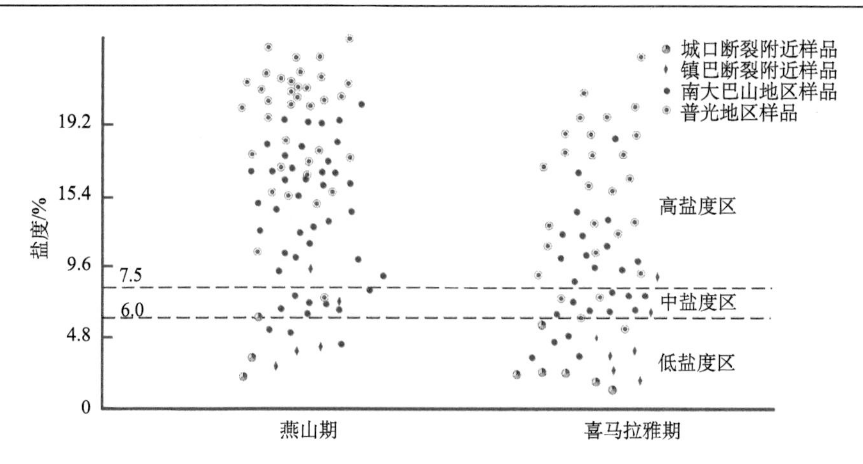

图 4-14　南大巴山与普光地区二叠系、三叠系储层中燕山期—喜马拉雅期流体包裹体盐度变化对比图

③在镇巴、城口深大断裂附近，流体盐度多位于中低盐度区，表明深大断裂活动带大气水下渗作用强烈；④大断层附近样品检测的流体包裹体盐度参数在上下盘之间差异较大，上盘比下盘保存条件为差；⑤燕山期断裂流体盐度要略高，说明随着盆地冲断褶皱和抬升剥蚀，大气水下渗作用逐渐加强，下渗深度也逐渐加深。

（三）水文地质条件及地层流体特征与油气保存

米仓山-大巴山山前带及周缘温泉分布很少，主要分布于米仓山-大巴山山前带内地形较高、存在通天大断裂的地区，如华景坝地区地表上升泉水矿化度为 9.71 g/L，水型为 Na_2SO_4 水型机质饱和烃组成呈现明显的异构优势，反映其为开启环境。往盆地内、有中下三叠统覆盖地区温泉基本不发育，油气保存条件相对较好。

从方解石脉的碳氧同位素测试结果来看，米仓山-大巴山山前带及周缘地区各层系裂隙方解石充填物的 $\delta^{13}C$ 值为低值，计算大气水下渗深度为 600～4000 m，其中盆内古大气水下渗深度较小，为 350～1000 m，向山前带及盆地外侧逐渐增大，普遍为 1000～4000 m（图 4-15）。

从米仓山-大巴山山前带及周缘地区构造与水动力分布特征来看，由于地形高差条件，米仓山、大巴山构造带断裂破碎作用强烈，三叠系和侏罗系盖层被整体剥蚀殆尽，因此有利于大气水从构造破碎带沿断裂和地层露头往盆地内渗入，发育重力导致的大气水下渗向心流，且其下渗作用往盆地方向由强变弱。古生界裸露区由于缺少良好的盖层封隔作用和地层破碎严重，大气水下渗作用强烈，油气保存条件整体较差或差；在中下三叠统膏盐岩和侏罗系泥质岩盖层分布区，大气水下渗被阻挡，其下渗深度明显减小，油气保存条件变好；局部构造高部位，张性断裂开启使得大气水下渗深部较深（图 4-16）。

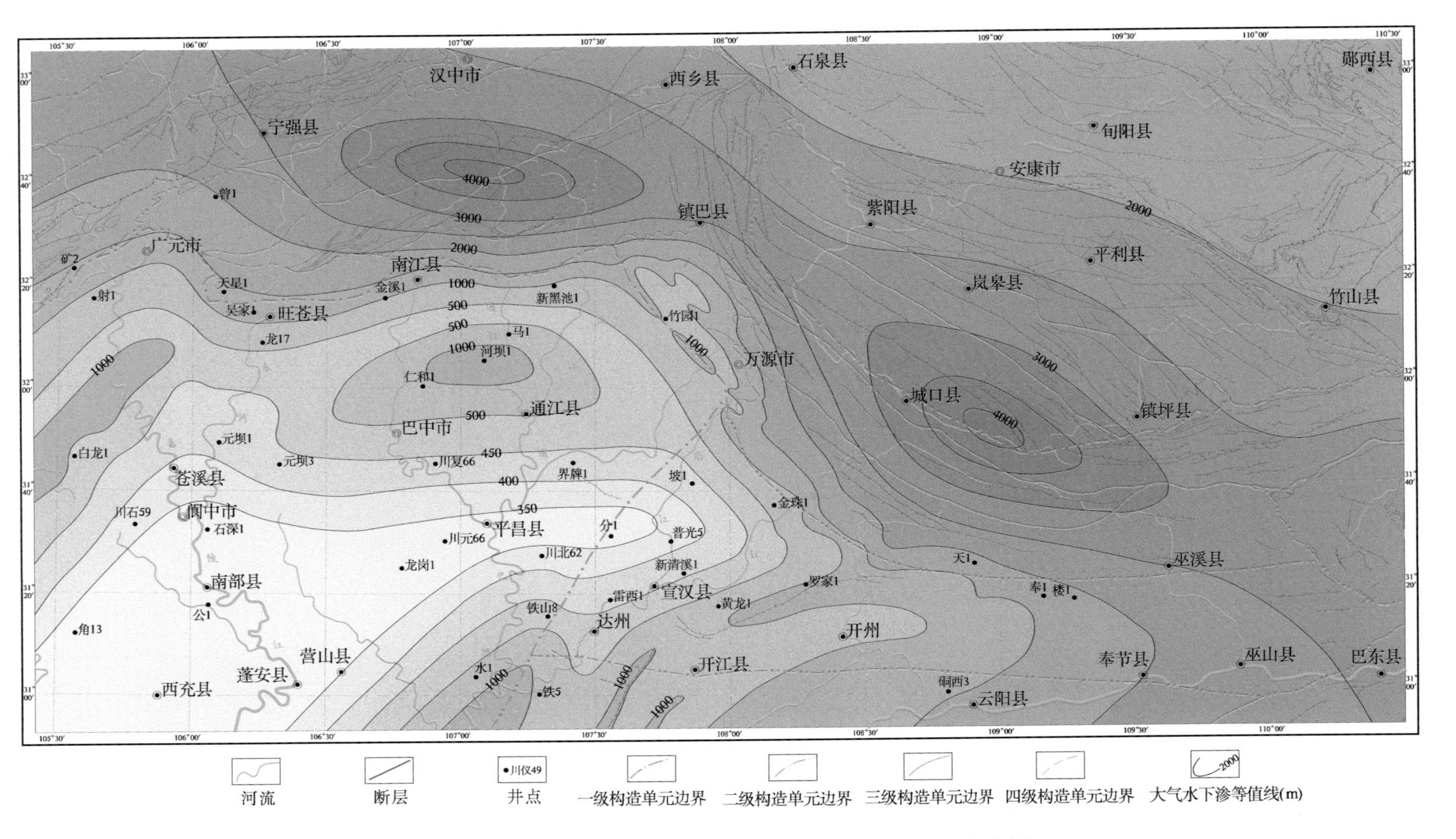

图 4-15　米仓山-大巴山山前带及周缘现今大气水下渗深度平面分布图

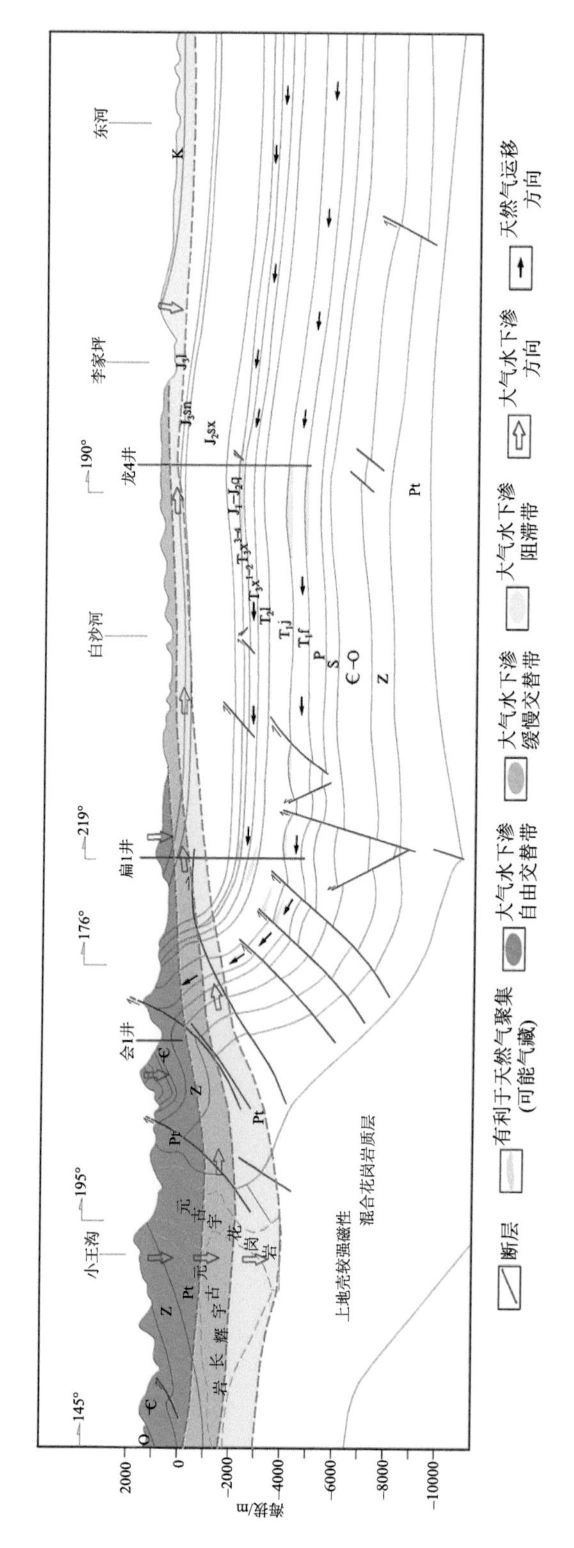

图 4-16　米仓山前缘流体动力特征与天然气运移、聚集、保存综合解释剖面图

元坝、通南巴地区现今处于水文地质相对封闭状态，元坝地区下三叠统以下地层水矿化度为65.84～338.51 g/L，水型为$CaCl_2$。宣汉-达州地区北东部地层水反映了原始沉积变质水的基本特征，地层水矿化度为22.53～364.18 g/L，水型以$CaCl_2$为主。米仓山-大巴山山前带中下三叠统覆盖区且断裂褶皱不太发育地区，中古生界仍保持良好的油气保存条件，往米仓山、大巴山构造带核心部位方向，油气保存条件快速变差，甚至完全破坏。

（四）典型井油气保存条件分析

1. 金溪1井气藏

金溪1井气藏位于米仓山前缘构造带-南江构造带西段安家营背斜高点（图4-17），具地表单斜、地下反冲三角构造带双重特征，以嘉五段为界，上变形层为南倾单斜，中下变形层为断层控制的鼻状构造，走向近东西。F_2、F_3断层向上都消失于嘉陵江组中上部至雷口坡组底部滑脱层中，构造顶部保留有近400 m厚的嘉四段、嘉五段膏岩或含膏岩地层，加上顶部滑脱层的封盖作用，具良好的封盖保存条件。

南江区块与通南巴背斜具有相似的构造发展演化史，现今的中部断褶构造带即为印支古构造的主体，位于油气运移的指向区。广泛发育的断层，向上均消失于膏盐岩滑脱层中，既起输导层的作用，有利于下部地层形成的油气向上运移，又与嘉陵江组中上部发育的膏岩层、滑脱层一起，形成良好的封堵条件，对下三叠统－上二叠统油气成藏较为有利。

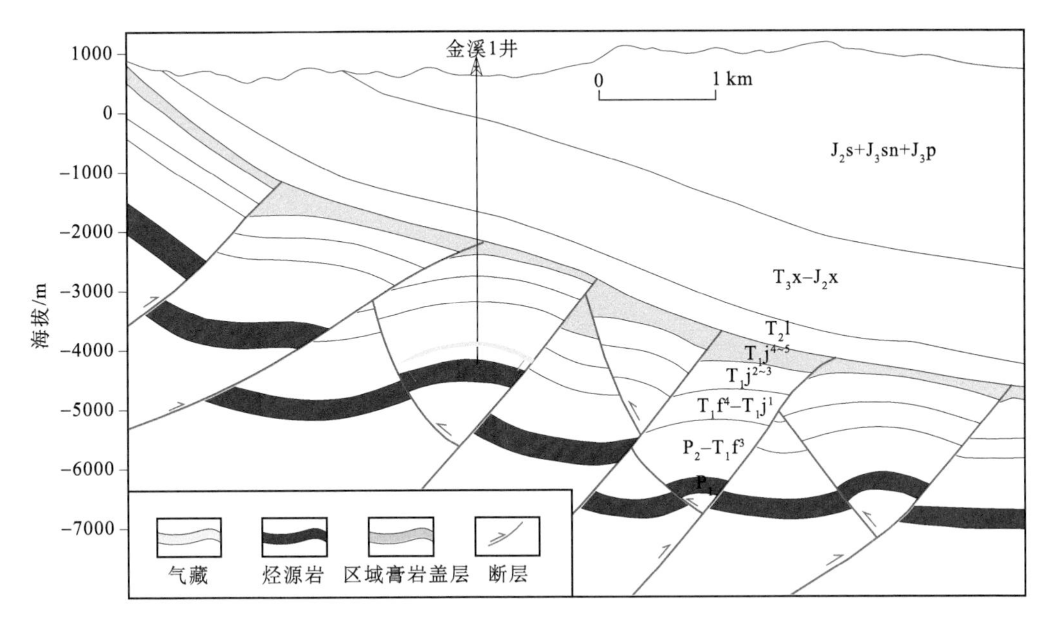

图4-17　南江构造带西段过金溪1井南北向构造剖面示意图

2. 金溪2井

金溪2井位于米仓山前缘构造带-南江构造带东段（图4-18），以上二叠统长兴组、下三叠统飞仙关组岩性圈闭为目标，完钻井深 7200 m，完钻层位栖霞组。本井在井深 4712 m 钻遇断层，断层下盘飞仙关组发生倒转，地层倾角大。实钻过程中海相地层共发生井漏 46 次，漏失钻井液 3655.59 m^3。

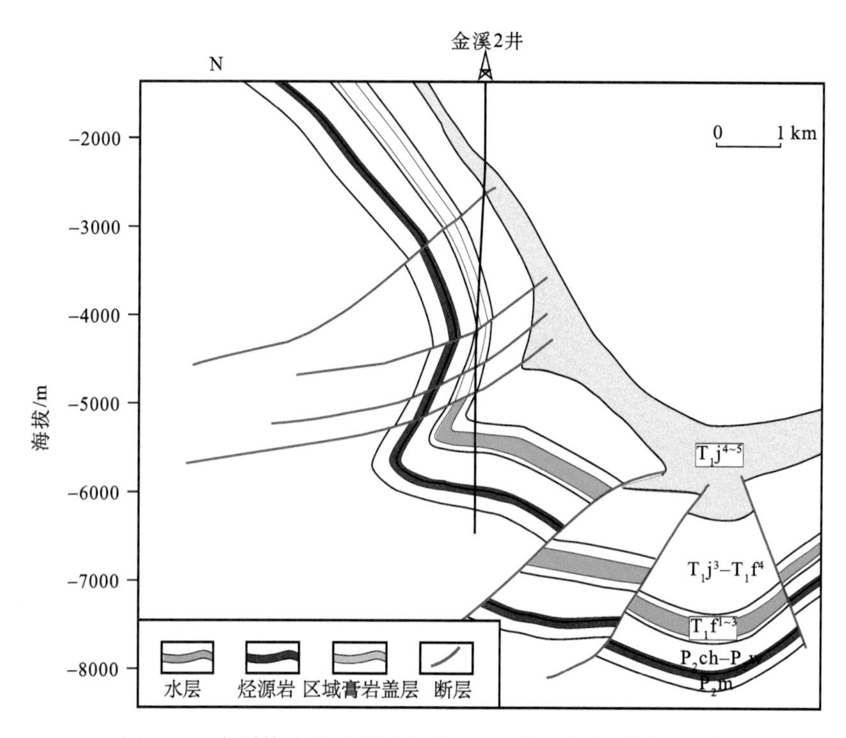

图 4-18 金溪构造带西段过金溪 2 井南北向构造剖面示意图

金溪 2 井飞仙关组钻遇良好的储层，储层中含沥青，测试产水，地层水矿化度为 29780 mg/L。综合分析认为早期形成了古油藏，但后期构造作用强，断层发育，保存条件被破坏。

（五）油气保存条件综合评价

在综合研究区内构造沉积特征、地层分布、盖层封闭性、岩浆活动、古流体活动、低温热液成矿作用、现今地层流体化学-动力行为特征分析的基础上，可认为米仓山-大巴山山前带油气保存条件差异显著，由冲断带往盆地方向油气保存条件变好。川东北前陆盆地内构造弱变形带是米仓山-大巴山山前带保存条件最有利的地区，变形主要为上构造层，主滑脱层为下三叠统膏盐岩，构造样式为平缓褶皱和紧邻的滑脱层的小型冲起构造和地表的小型褶曲，油气保存条件完整，但气水分异度和天然气富集度可能差异较大。

二、黔中黔北地区油气保存条件

黔中黔北地区位于上扬子台缘褶皱带，北邻四川盆地，南邻黔南拗陷，西为滇东北隆起和滇东拗陷，东为武陵拗陷，区内出露三叠系—寒武系，包括黔中隆起和黔北拗陷两个次级地质构造单元。在漫长的地质历史中，区内发生了多次重大的构造运动，对沉积、构造有控制作用的有云贵运动、都匀运动（发生在中晚奥陶世）、广西运动（发生在志留纪末期）、东吴运动（发生于中、晚二叠世之间）、印支运动、燕山运动、喜马拉雅运动。

（一）构造作用与油气保存

黔中黔北地区受多期构造影响，尤其是印支期后构造的叠加改造，构造变形强烈，断裂褶皱发育，大部分地区保存条件较差，不利于油气的保存。靠近四川盆地的盆缘区改造相对较弱，保存条件较好，是下一步油气勘探的有利地区。

根据U-Pb法、K-Ar法、顺磁共振（ESR）法、Rb-Sr法、Pb模式年龄、Re-Os法、Ar-Ar法等测年方法，以及研究区地质构造综合研究，区内断裂带流体活动期次有加里东期、海西晚期、印支期和燕山期，但燕山期最活跃，说明黔北地区最强烈的一次构造热事件应是燕山期。地层岩性组合特征、盖层岩性及封闭性、区域构造变形特征、断层性质分析、断层带压力模拟、涂抹系数分析、现今流体地球化学性质、古流体同位素地球化学、现今地层流体压力系数等相关分析表明，黔中黔北及周缘的断层开启深度为500～4500 m（图4-19）。其中黔北斜坡（四川盆地南斜坡）断层开启深度为500～1000 m，保存条件较好，黔北拗陷和黔中隆起断层开启深度达3000～5000 m，保存条件较差。

（二）古流体地球化学特征与油气保存

黔中隆起黔北拗陷是大气水强烈下渗的主要区域，方解石脉的碳、氧同位素值普遍偏轻；古盐度逐渐减小，$Z<120$为淡水碳酸盐分布区（图4-20），保存条件被破坏。局部地区$Z>120$，保存条件相对较好。

断裂对上下地层的沟通作用，导致本区断裂带油气保存条件变差。本区断裂带内流体包裹体的氢同位素氘（δD）为–130‰～–33‰（SMOW），平均为–71.70‰；氧同位素为–6.75‰～11.58‰（水相），平均为3‰；主要分布在全球大气降水线和岩浆岩区之间，说明断裂带流体的形成受大气水下渗影响。黔北凹陷及周缘地区构造裂隙方解石充填物的形成温度变化较大，为50～130℃，说明在多期构造抬升剥蚀过程中，构造断裂带中的流体活跃，持续时间长，推测与方解石脉的形成深度较浅并受到大气水下渗交替强度较大有关。

由黔北拗陷及周缘古大气水下渗深度平面分布图可以看出，川南古大气水下渗深度最小，在1000 m以内，油气保存条件相对较好；而黔中及周缘地区，普遍较大，盐津南、古蔺南局部古大气水下渗深度超过2000 m，保存条件较差（图4-21）。

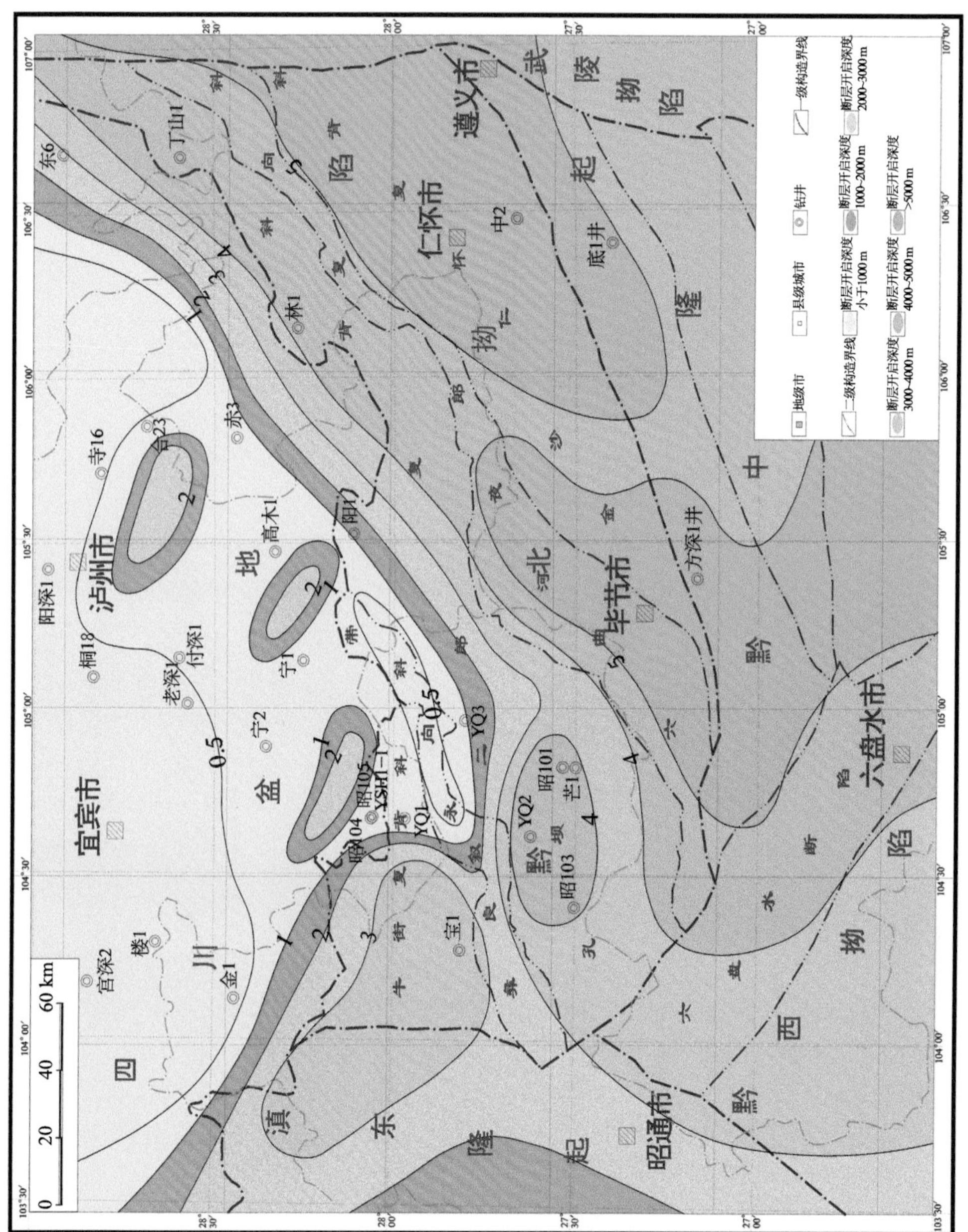

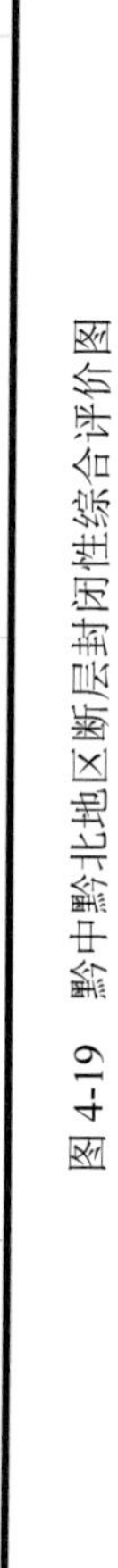
图 4-19　黔中黔北地区断层封闭性综合评价图

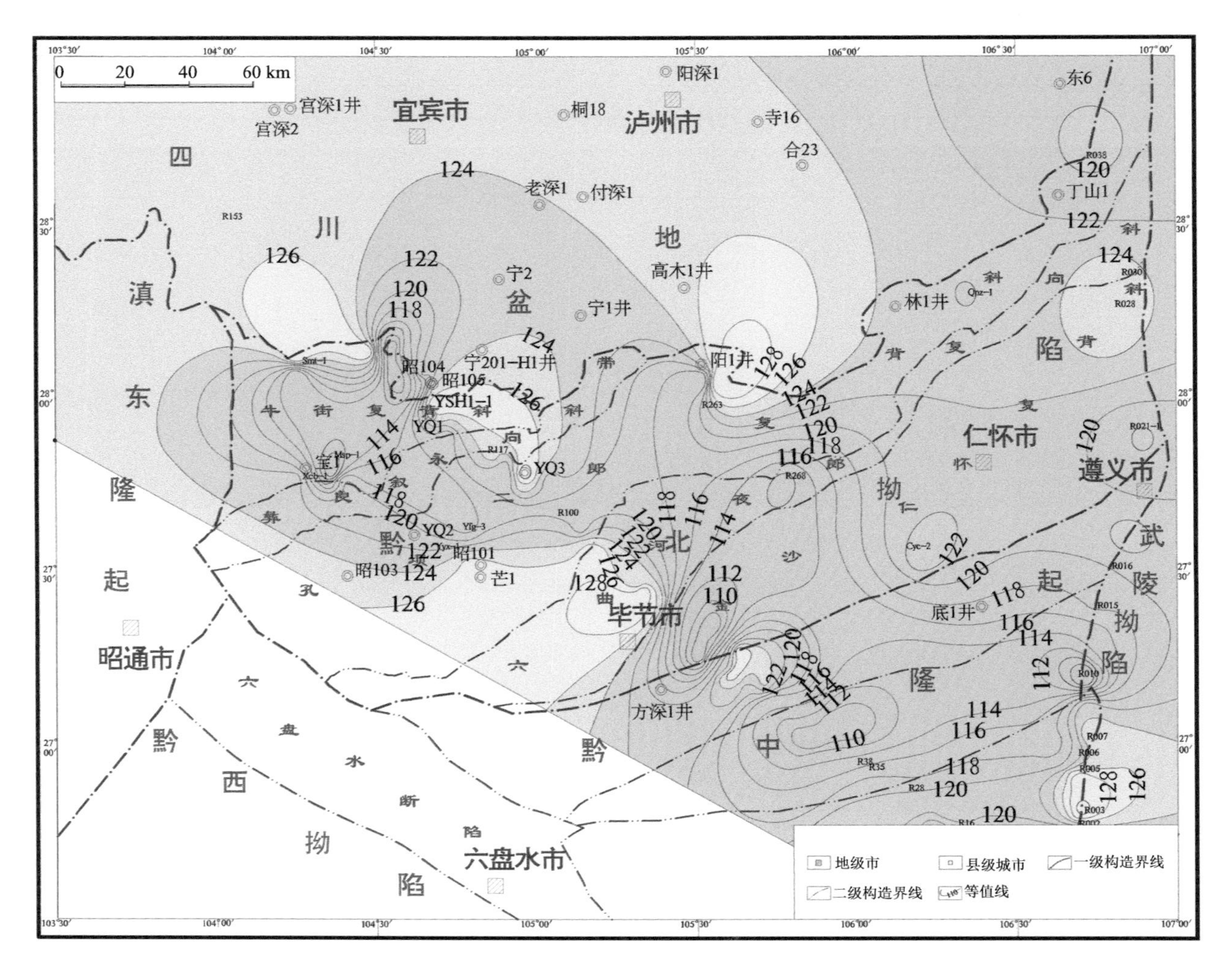

图 4-20　黔中黔北地区方解石脉 Z 值平面分布图

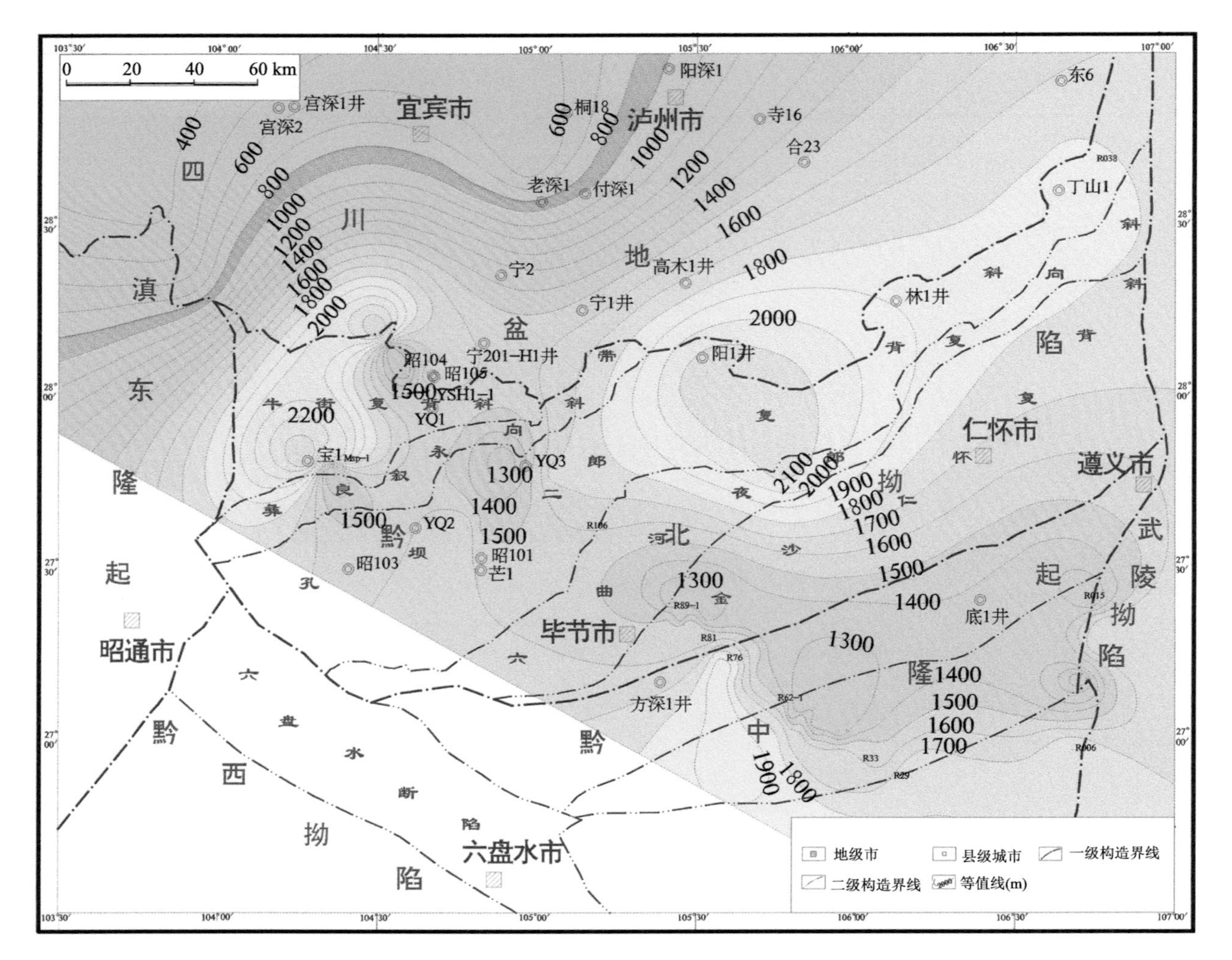

图 4-21　黔中黔北地区古大气水下渗深度平面分布图

（三）水文地质条件及地层流体特征与油气保存

区内温泉属中低温温泉，主要分布在滇东的绥江、筠连、彝良地区。温泉多出露于背斜构造的纵张断裂带、北东东向扭性断裂带、北北东向与北东东向断裂的交汇部位，以及多组断裂的复杂汇合地带中。从温泉的分布和循环深度看，黔北西部及滇东温泉水循环深度超过 2000 m（图 4-22），保存条件被破坏。

由黔北拗陷及周缘震旦系—志留系地层水矿化度平面分布图可以看出，总体上，黔北及周缘代表油气保存条件良好的高浓缩地下水并不多，说明各地层水文地质开启程度普遍较大（图 4-23）。

黔西北地区钻井揭示，其寒武系—三叠系天然气中普遍含有氮气，氮气含量为 51.69%～98.82%；纵向上氮气的变化趋势是由下往上含量总体减少，反映了水的自由交替作用较强，对深部地层影响较大。一般而言，地层中含氮气量越高，表现为封闭差或开放环境，本区油气保存条件差。

中国石化石油勘探开发研究院无锡所于 2006 年对本区部分温泉水同位素进行了分析，震旦纪、寒武纪及二叠纪地层水的同位素具有明显的相同组成，属典型的非海相成因、非浓缩成因的溶滤成因水。黄页 1 井和方深 1 井等的氢、氧同位素交点值靠近全球大气降水线，反映了研究区地层水大部分是经淡水混合的产物（图 4-24）。这种大气降水强烈渗入水文地质特点表明，本区油气保存条件被严重破坏。

从本区压力分布特征看（图 4-25），黔北区块内代表油气保存条件良好的高压资料不多，普遍低压或常压，往北进入四川盆地的川南地区压力逐渐升高。说明黔北拗陷及周缘地区处于普遍开放、局部半封闭环境。

在分析地形高差、地表水系、地层分布、构造变形特征、断裂破碎程度和钻井（漏失、产气）、地层流体压力、地层水化学等特征的基础上，建立了黔北及周缘的浅层水动力场（图 4-26）。巨大的地形高差条件、强烈的断裂破碎作用、三叠系和侏罗系盖层被不同程度剥蚀，有利于大气水从构造破碎带沿断裂和地层露头往盆地内渗入，发育重力导致的大气水下渗向心流，且往盆地方向由强变弱，川南由于厚层中生界的覆盖，发育压实离心流，并在绥江、筠连、威信、古蔺和习水一带形成越流浓缩区。

方深 1 井、底 1 井、昭 101 井和宝 1 井所在的古生界裸露区，由于缺少良好的盖层封隔作用，地层破碎严重，深大通天断裂发育使得大气水下渗作用强烈，下渗深度普遍超过 3000 m，局部地区超过 5000 m，油气保存条件整体较差或差。

（四）油气保存条件综合评价

在详细研究黔北及周缘各区块成藏保存地质条件的基础上，结合探井钻探结果，认为黔北拗陷处于构造变形相对较弱地区，对油气保存相对有利，但区内各区块油气保存条件仍不理想，且不同区块油气保存条件差异明显，向斜区残留保存，往川南保存条件逐渐变好。中等至弱变形带保存条件明显改善，区内地层水矿化度大于 20 g/L，往盆地

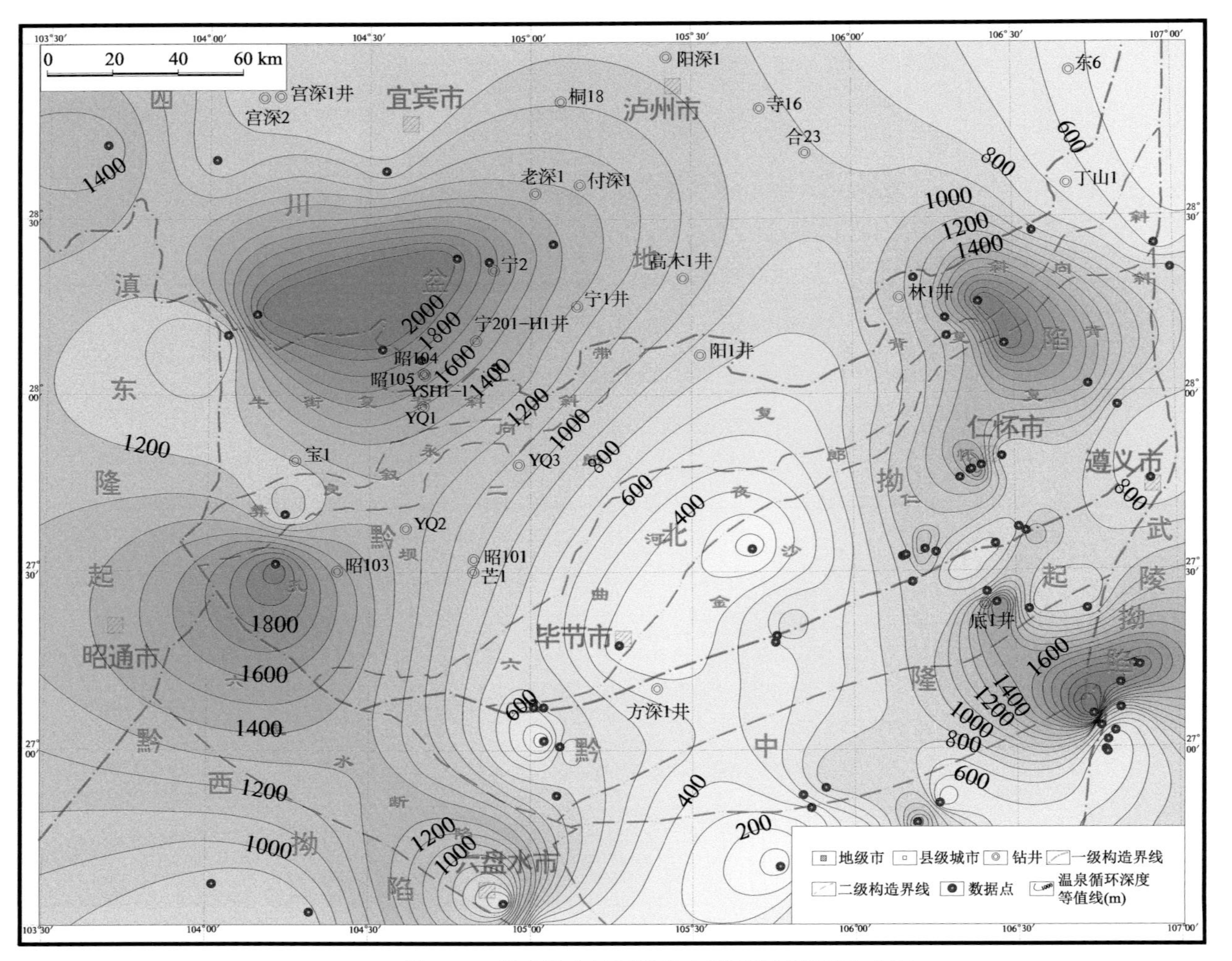

图 4-22　黔中黔北地区温泉水循环深度平面分布图

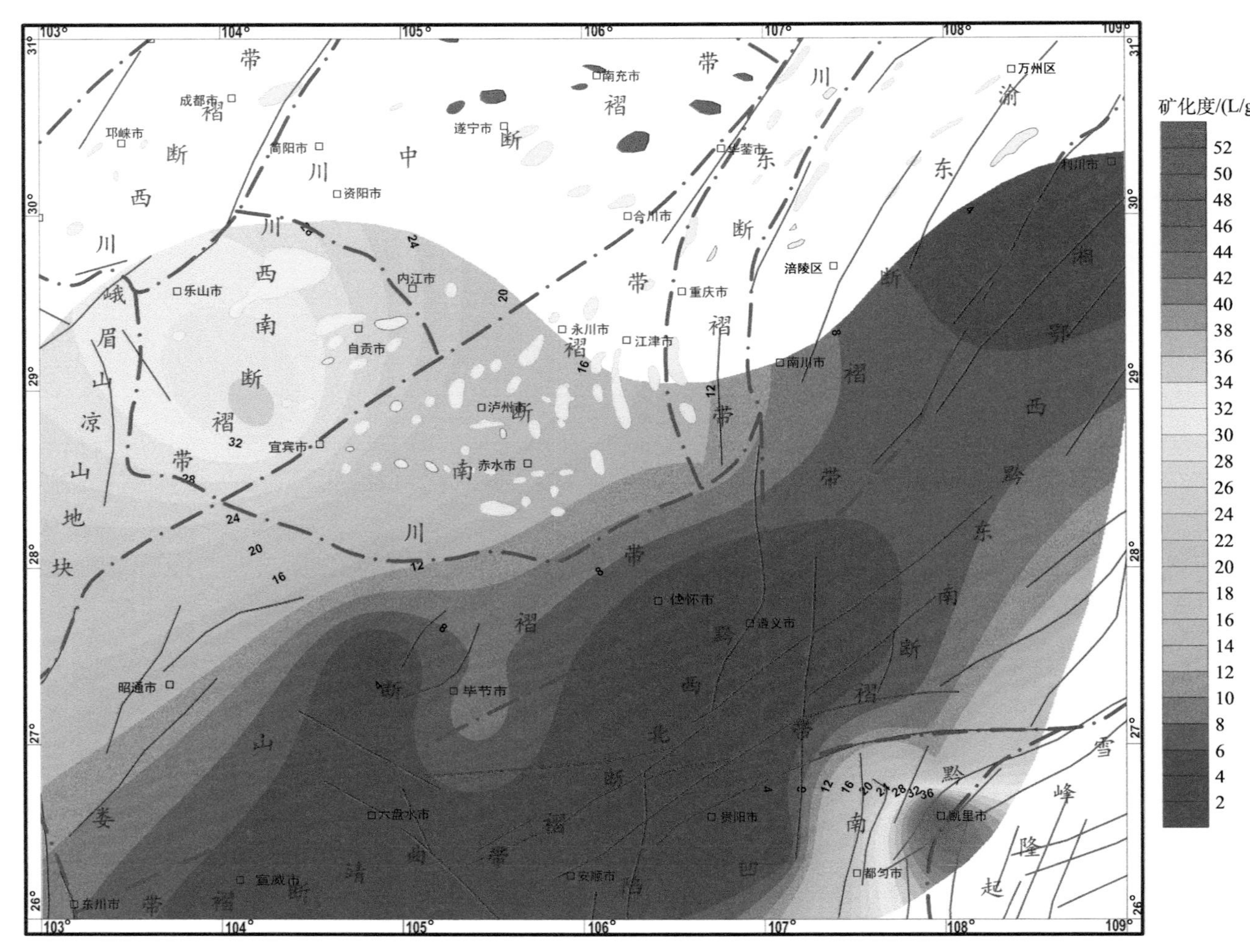

图 4-23　黔中黔北地区震旦系一志留系地层水矿化度平面分布图

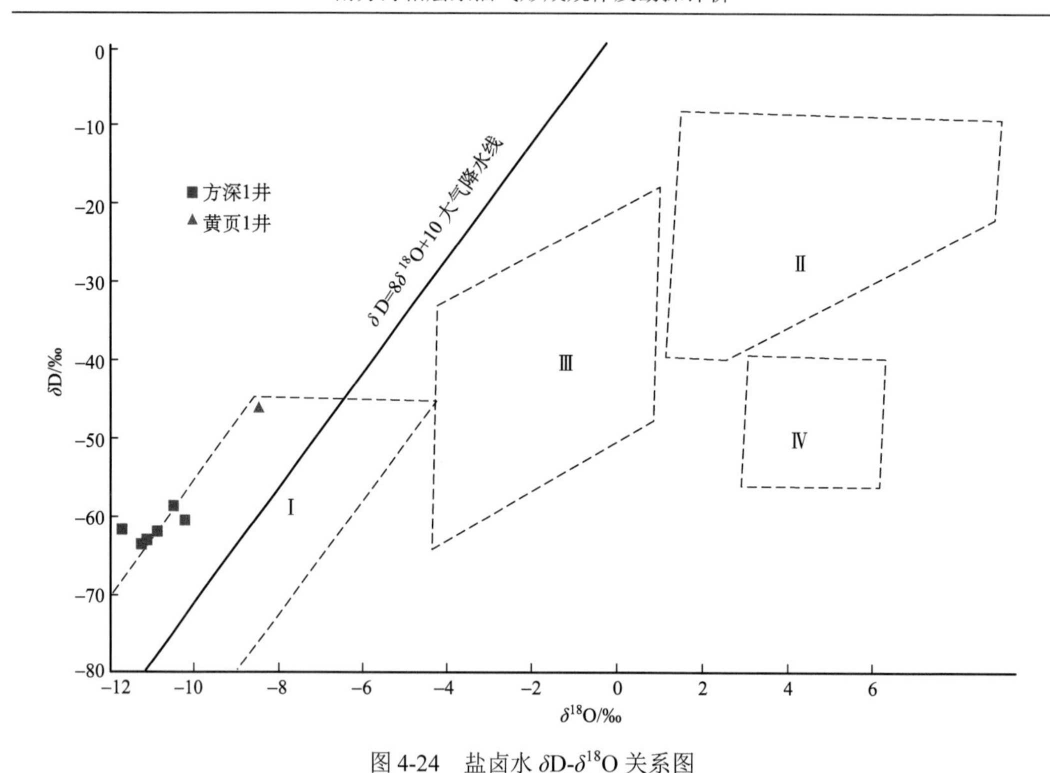

图 4-24　盐卤水 δD-δ^{18}O 关系图

Ⅰ-渗入大气水淋滤型盐卤水；Ⅱ-海相沉积型盐卤水；Ⅲ-海相沉积-大气降水叠加型盐卤水；Ⅳ-海相沉积-岩浆水叠加型盐卤水

方向逐渐增加，普遍在 50 g/L 以上，以 $CaCl_2$、$MgCl_2$ 水型为主，地层压力靠近齐岳山断裂或盆缘局部常压，往盆地内逐渐发育高压。上覆陆相地层，膏岩、盐岩发育，断裂破碎作用和抬升剥蚀作用促进天然气运聚调整，有利于天然气的富集成藏。在盆缘的一些高陡背斜带高部位或齐岳山断裂带附近保存条件有破坏，大气水下渗深度小于 1000 m。

黔北油气勘探有利区或领域如下：①往盆地内方向；②背斜翼部、低潜构造或向斜较深地层；③下古生界是常规天然气的主要勘探层系；④页岩气、煤层气等非常规油气资源的勘探最现实。

三、黔南-桂中坳陷油气保存条件

黔南-桂中坳陷作为滇黔桂含油气区内的两个次级构造单元，位处扬子陆块、江南-雪峰隆起和湘桂地块的结合部位，面积约 $8.4\times10^4\,km^2$，北邻黔中古隆起和江南-雪峰隆起，西南邻接黔西南拗陷、罗甸断拗及南盘江拗陷，东接桂林拗陷，南面大瑶山及西大明山隆起，是典型意义上的滇黔桂含油气区范围，也是多年来南方海相碳酸盐岩油气勘探攻关的地区。“十一五”至“十二五”期间，中国石化以台缘礁滩为目标钻探安顺 1 井和德胜 1 井，未获油气突破，显示其油气保存条件的复杂性。

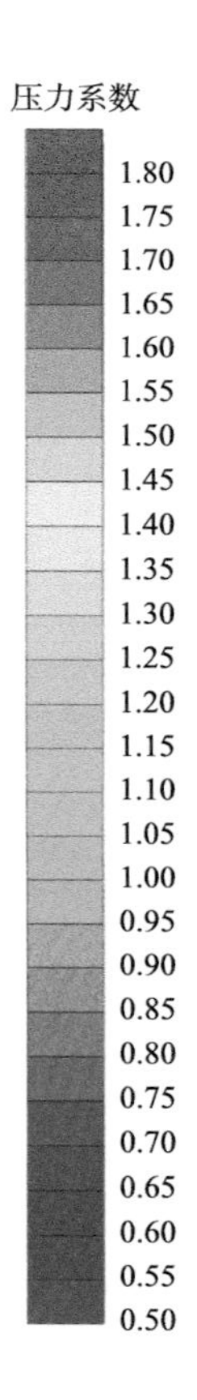

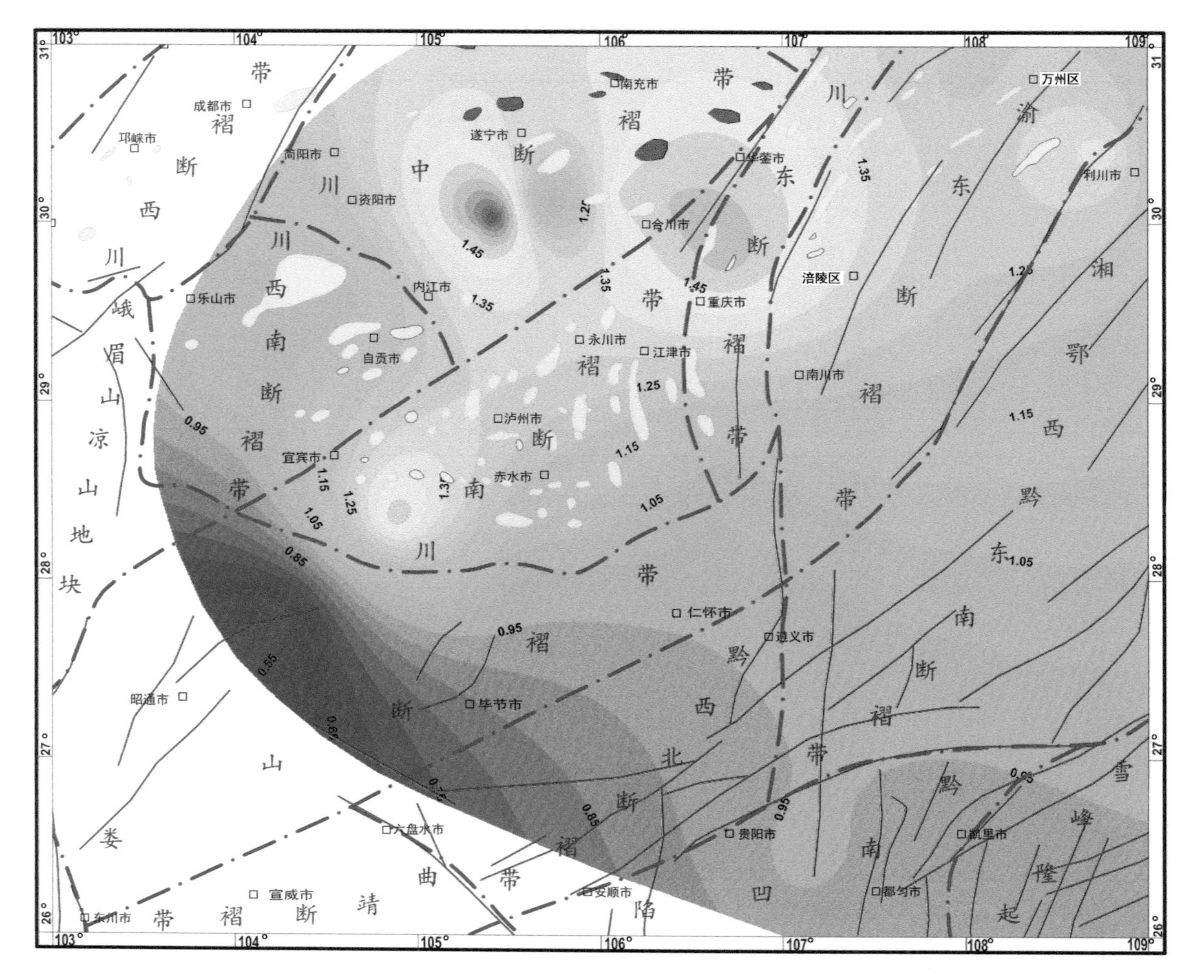

图 4-25　黔中黔北地区寒武系压力系数平面分布图

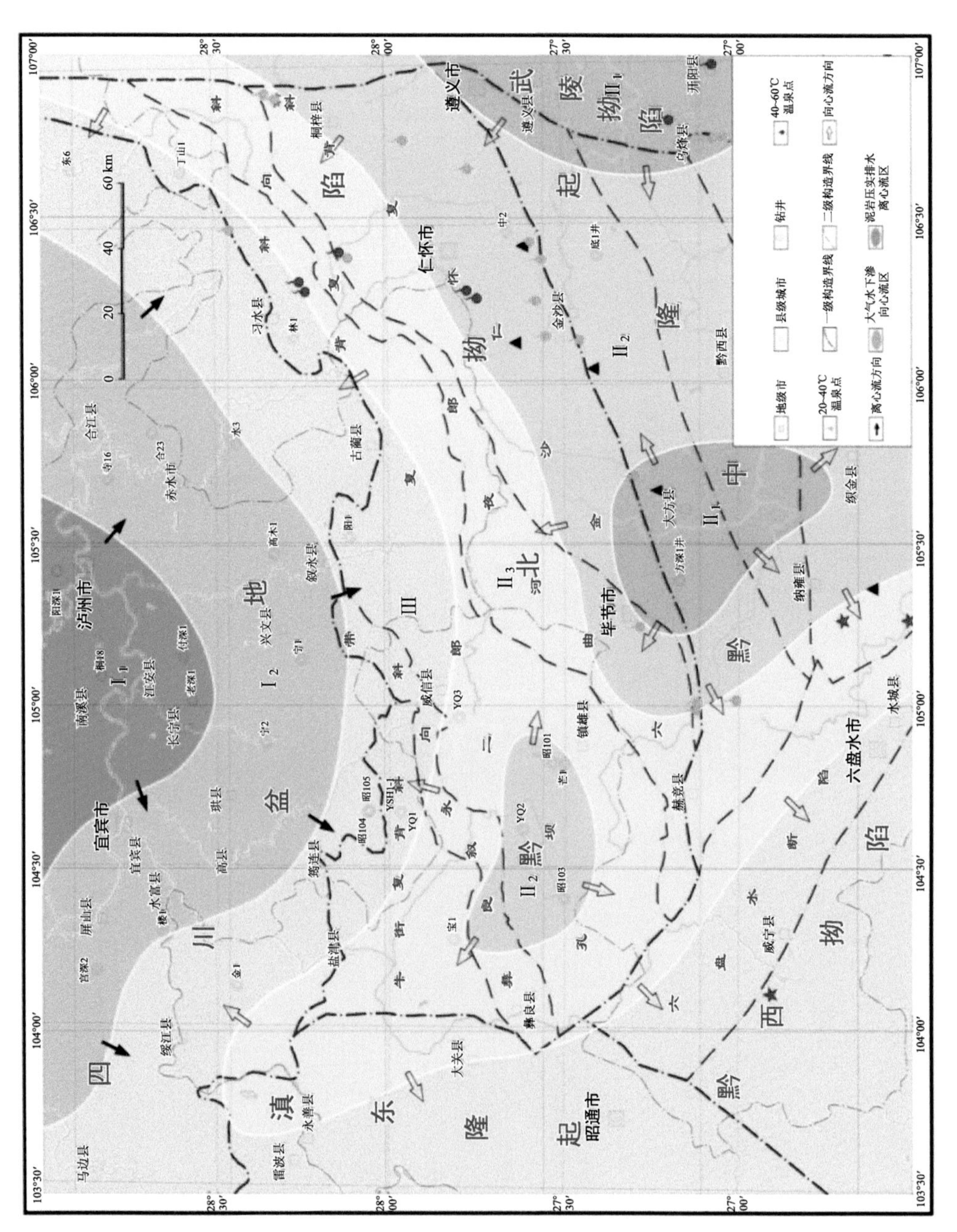

图 4-26　黔中黔北地区海相地层现今地下水动力场平面分布图

（一）构造作用与油气保存

黔南-桂中坳陷断裂发育、抬升剥蚀作用强烈，但褶皱变形相对较弱，早期断裂作用控制了黔南-桂中地区的构造演化、沉积相带的展布。后期断裂活动则可破坏盖层的连续性和完整性，导致盖层封盖能力降低甚至丧失。区内构造样式、变形强度、断裂发育等资料表明黔南坳陷南部及桂中坳陷西部处于构造相对稳定区，盖层封闭性破坏较弱，油气保存条件相对较好。

黔南桂中地区在燕山期—喜马拉雅期经历了强烈构造抬升与剥蚀作用，上泥盆统及其以上地层遭受了不同程度的剥蚀，剥蚀厚度在 2500 m 以上。强烈的剥蚀作用导致黔南坳陷东北部、东部和桂中坳陷东北部、东部中泥盆统普遍出露地表，坳陷中部部分背斜轴部也有出露，这些地区中泥盆统泥岩盖层的整体封盖性和油气保存条件遭受了较为严重的破坏。

黔南桂中坳陷区重金属元素地球化学高异常较少，金属矿（点或床）不多，特别是黔南南部的长顺凹陷和桂中坳陷的西部基本没有。成矿热液活动主要发生在坳陷区的边缘，对坳陷区内的油气保存条件影响较小。

（二）古流体地球化学特征与油气保存

黔南-桂中坳陷方解石脉的碳、氧同位素组成整体表明，坳陷内方解石脉碳和氧同位素值基本落在灰岩背景值区间内，古盐度相对较高，Z 值普遍在 120 以上，受古大气水下渗影响较弱，整体保存条件较好；坳陷外围及坳陷内的局部高构造部位 $\delta^{13}C$ 普遍在 $-2‰$以下，$Z<120$，甚至小于淡水碳酸盐岩分布区，表明其地层流体形成过程中有大气水的下渗参与，曾经历明显的古大气水强烈下渗交替-破坏作用，古油气保存条件较差。

通过对比方解石脉和灰岩背景 $\delta^{13}C$、$\delta^{18}O$ 同位素值，追踪断裂带流体的碳同位素特征与流体来源，结合同期次流体包裹体均一温度的测定，推测了黔南-桂中坳陷古大气水的下渗深度（图 4-27）。总体上，黔西-平坝-南丹-河池-象州一带古大气水下渗深度较小，约为 1200 m，向周缘地区，逐渐增大，都匀-三都-罗城连线以东地区及象州-都安南部地区古大气水下渗深度较大，为 2200～3600 m，与深大断裂发育有关。

方解石脉流体包裹体液相成分测试结果表明（表 4-13）：①区内不同区块不同程度受到古大气水下渗的影响，断裂带的流体主要来源于大气水，表现为包裹体形成时原始地层水化学已被淡化，变质系数大（大于 1.2）；②地层由新到老，古地层水变质系数逐渐变小，说明燕山运动前老地层中受（古）大气水下渗影响程度逐渐减弱；③下古生界古地层水变质系数普遍在 0.85 以下，说明下古生界在燕山-喜马拉雅运动剥蚀前没有受到古大气水下渗作用的影响。

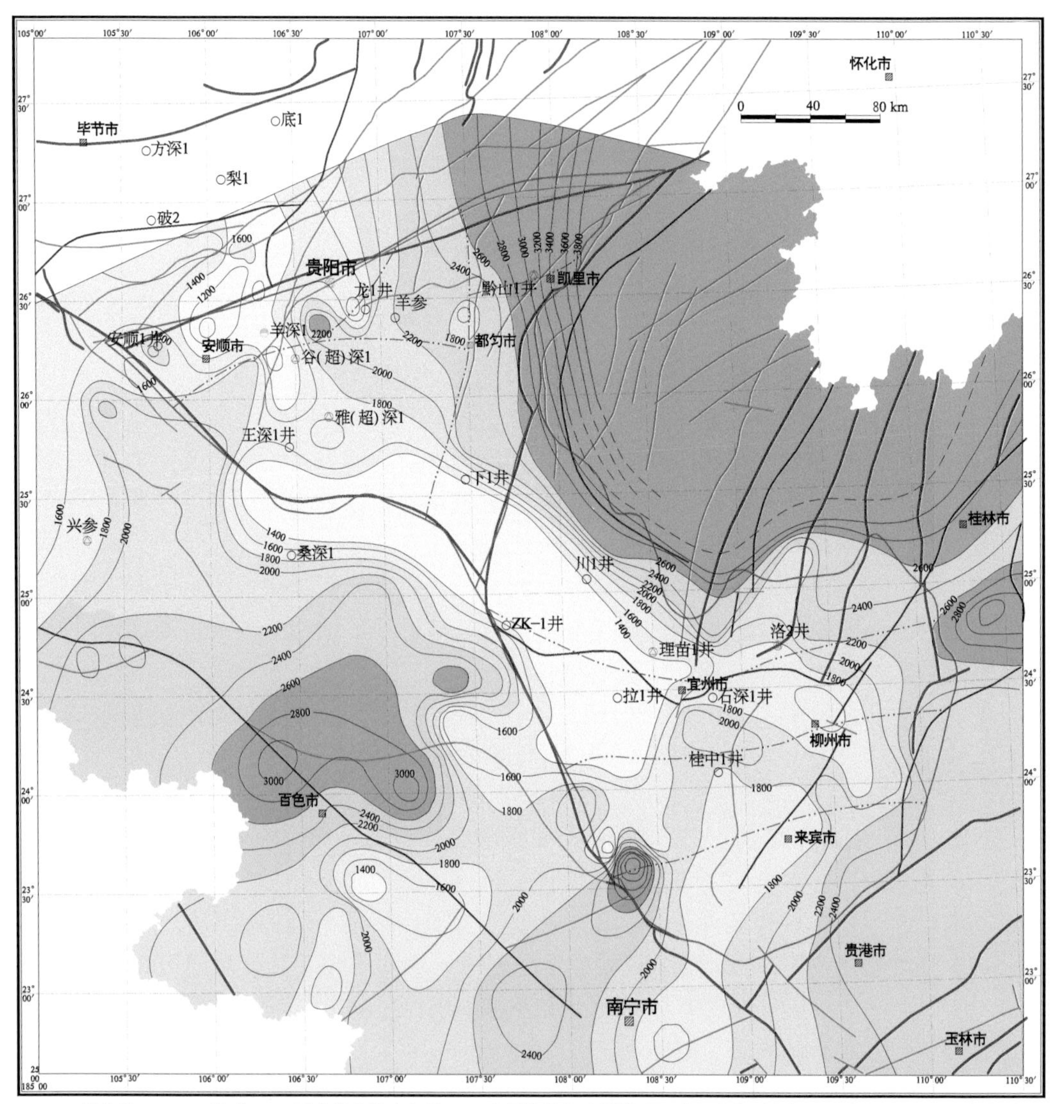

图 4-27　黔南桂中拗陷及周缘古大气水下渗深度等值线图

表 4-13　黔南拗陷及周缘方解石脉流体包裹体液相无机成分分析表

序号	采样地点	层位	岩性	流体包裹体水溶液变质系数	序号	采样地点	层位	岩性	流体包裹体水溶液变质系数
1	贵州平坝	T_2g	灰岩	1.89	6	贵州安顺	T_2	灰岩	0.98
2	贵州平坝	T_1y	灰岩	0.96	7	贵州安顺	P_2c	灰岩	1.17
3	贵州平坝	T_1	灰岩	1.30	8	贵州清镇	T_1a	灰岩	1.81
4	贵州平坝	P_1m	灰岩	1.06	9	贵州清镇	T_1mc	灰岩	0.90
5	贵州平坝	P_1q	灰岩	1.37	10	贵州贵定	P_2w	灰岩	0.70

续表

序号	采样地点	层位	岩性	流体包裹体水溶液变质系数	序号	采样地点	层位	岩性	流体包裹体水溶液变质系数
11	贵州贵定	P_1	灰岩	0.84	17	贵州麻江	O_1h	灰岩	0.63
12	贵州贵定	D_3l	灰岩	1.91	18	贵州麻江	$Є_{2+3}l$	灰岩	0.76
13	贵州贵定	D_3	灰岩	0.73	19	贵州麻江	$Є_1q$	灰岩	0.75
14	贵州龙里	C_2m	灰岩	0.66	20	贵州麻江	$Є_1$	灰岩	0.80
15	贵州龙里	C_1s	灰岩	1.33	21	贵州凯里	S_1	灰岩	0.81
16	贵州麻江	O_3	灰岩	0.70	22	贵州雷山	Pthn	灰岩	0.95

（三）水文地质条件及地层流体特征与油气保存

黔南-桂中拗陷及周缘的温泉属中低温温泉，主要分布在黔南拗陷外侧的黔东北、黔北、黔西南和滇东地区及桂东北和桂东南地区。从图 4-28 可以看出，拗陷外，如黔中隆起和黔东北地区、桂东北、桂东南和桂西南地区水文地质开启程度较高，大气水下渗深度在 1000 m 以上，而黔南-桂中拗陷内现今大气水下渗深度基本在 800 m 以内。

黔南拗陷东北部的震旦系—志留系地层水矿化度基本在 0.026～3.211 g/L，最高达 52.1 g/L，水型以 $NaHCO_3$ 及 Na_2SO_4 型为主，部分为 $CaCl_2$ 型；南部泥盆系—三叠系地层水中，矿化度大部分很小。黔南拗陷安顺地区各井的气主要来自中泥盆统独山组，虽然均含有一定数量的烃类气体，但多为高氮天然气，N_2 含量大于 60%，这类与烃类气体共存的高氮天然气，往往预示着地下水文地质开启程度高。

从收集到的桂中地区 11 口井、15 个井段的水型资料看（表 4-14），在 9 个深度小于 800 m 的水样中，7 个水样水型为 $NaHCO_3$ 型。桂参 1 井 820 m 深处中泥盆统所采集的水样矿化度为 11.253 g/L，水型为 $NaHCO_3$；在 1920 m 深中泥盆统测得水样矿化度为 5.756 g/L，水型为 $NaHCO_3$，高于已知地表水的矿化度水平（169.6～321.847 mg/L）。由此可以推断，桂中拗陷区深部可能存在相对封闭环境，中下泥盆统泥岩可以起到（一定的）隔层作用，阻止大气水下渗。推测该区 800 m 以上为自由交替带，大气水下渗强烈，油气保存条件差；800～2000 m 为交替阻滞带，油气保存条件相对较好；2000 m 以下有大套的泥岩盖层，属交替停滞带，油气保存条件好。

综上，黔南-桂中拗陷及周缘地区现今水动力场可以划分出大气水下渗区、地下水径流区（或越流泄水区）和压实离心流区。大气水下渗区不利于油气的保存，地下水径流区的油气保存条件也较差。黔南拗陷内下古生界深埋腹地，现今大气水下渗对其没有影响，油气保存条件好。黔南-桂中拗陷上古生界地层由于上石炭统及以上地层剥蚀严重，上泥盆统现今遭受大气水下渗破坏较强，其泥质岩盖层的封盖作用受到严重破坏。

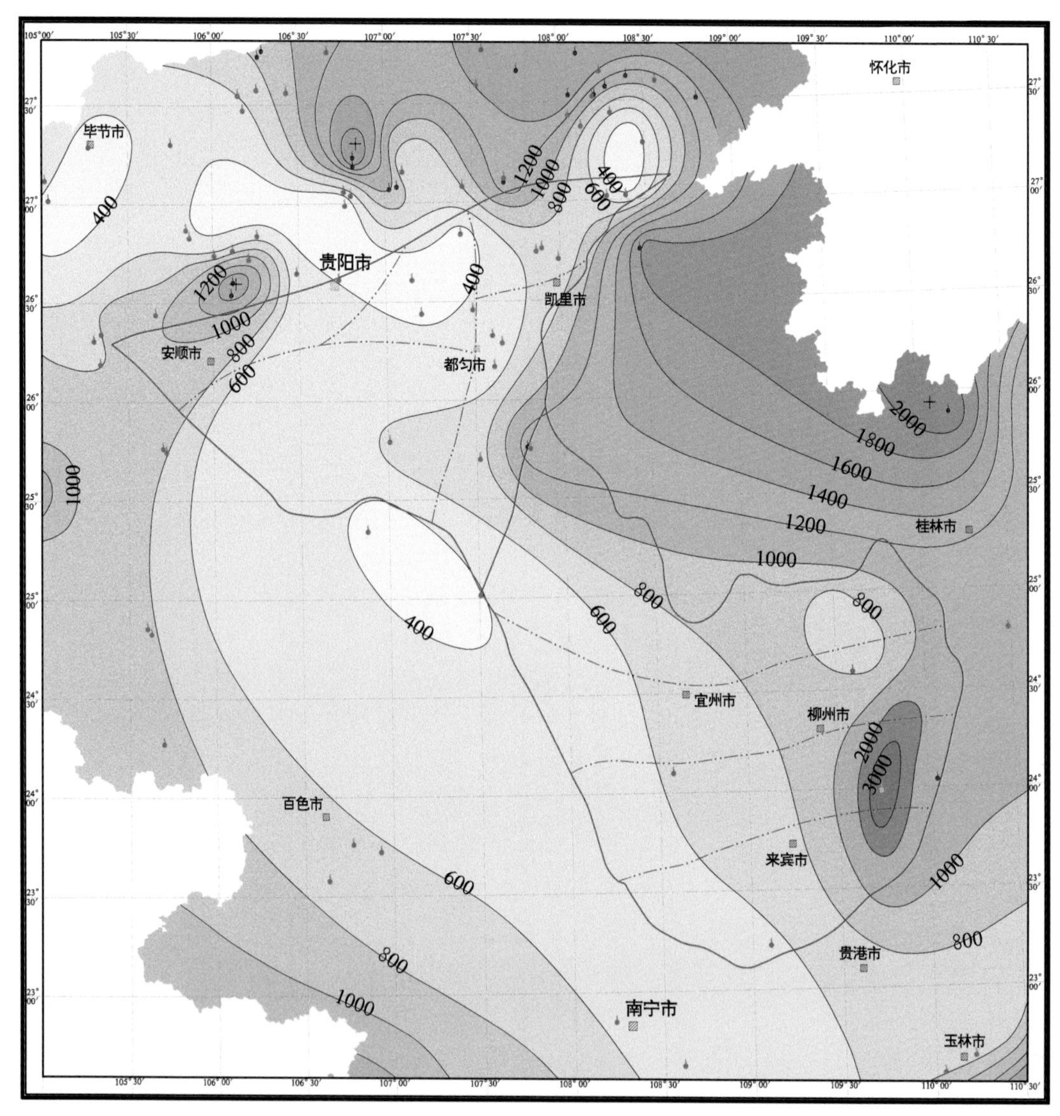

图 4-28　黔南桂中坳陷及周缘温泉水循环深度等值线图

表 4-14　桂中地区钻井水型数据表

井号	井深/m	层位	水型	矿化度/(g/L)
桂参 1 井	820	D_3	$NaHCO_3$	11.253
	1920	D_2	$NaHCO_3$	5.756
石深 1 井	454.2～455	D_2	Na_2SO_4	
	467.2～468.2	D_2	$NaHCO_3$	
北 1 井	478.14	C	Na_2SO_4	

续表

井号	井深/m	层位	水型	矿化度/(g/L)
里1井	900	D_3	$MgCl_2$	
	1316～1460	D_3	$MgCl_2$	
里2井	745～753	D_3	$NaHCO_3$	
	1400	D_3	$MgCl_2$	
柳深1井	200～649	D_3	$NaHCO_3$	
伏5井	80.2	C	$NaHCO_3$	
水1井	208.3	C	$NaHCO_3$	
黄3井	25.3	D_3	$NaHCO_3$	
黄5井	300	D_3	$NaHCO_3$	

（四）典型井油气保存条件分析

1. 安顺1井

安顺1井位于贵州省普定县城关镇后寨村三组，是部署在黔南拗陷西北部安顺凹陷普定复向斜带安顺岩性圈闭的一口风险探井，主探中泥盆统台地边缘礁滩相储层，兼探石炭系台地相白云岩储层及上二叠统含煤层系，完钻层位中泥盆统。

安顺1井钻遇的盖层层系有三叠系、二叠系、石炭系及中泥盆统，其中泥质岩类包括泥岩、页岩、砂质泥岩、灰质泥岩、云质泥岩及碳质页岩，累计厚度为381.5 m，占盖层岩类厚度的64.5%；碳酸盐岩盖层岩类主要为泥质灰岩、泥质云岩和膏云岩，累计厚度为210 m，占盖层岩类厚度的35.5%。

安顺北侧织金地区发育众多的中、高温温泉，温泉水下渗循环深度超过1500 m；中、高温温泉是断裂活跃、大气水下渗强烈、地层封闭性差、地下较深部流体热能在地表出露的象征。黔中隆起区域性的大气水下渗，加上距安顺1井6～7 km存在深大断裂（贵阳-镇远断裂）使得现今中泥盆统地层水已被大气水下渗淡化，矿化度低于5 g/L，现今泥盆系油气保存条件已被破坏。

安顺岩性圈闭位于普定复向斜的斜坡处，地势平缓，本体及周边有三条断层，经过对比分析认为，断层封堵性差，破坏性巨大，导致了岩性圈闭的失效和保存条件的丧失。

2. 德胜1井

德胜1井位于广西壮族自治区河池市德胜镇，是部署于德胜礁滩岩性圈闭的一口预探井，预探桂中拗陷中泥盆统孤立台地边缘礁滩相储层发育情况和含油气性，完钻层位下泥盆统郁江组。

德胜1井钻探揭示，其下石炭统岩关组地层缺失，而大塘组也仅厚88 m。德胜构造泥盆系生物礁储层上覆致密灰岩物性分析以低孔低渗为主，孔隙度为0.91%～3.55%，平均为1.91%，渗透率平均为$0.0063\times10^{-3}\ \mu m^2$，排驱压力最高达到87.9927 MPa，平均值为 50.95 MPa，与生物礁储层相比，其孔渗更小，排驱压力更大，具有一定的封盖性。

实钻表明，德胜 1 井井区无断裂发育，裂缝发育较少。德胜 1 井在应塘组测试出液较少，在测试过程中见气，出气口点火可燃，折算产水 0.8 m^3/d，所测水样分析水型以 $NaHCO_3$ 型为主，总矿化度为 1176～11388 mg/L。东岗岭组测试结果气举后大量出水，测试水样分析水型以 $CaCl_2$ 型为主，总矿化度为 25973～26190 mg/L，平均值为 26456 mg/L，变质系数为 0.0366～0.0462。通过区域上安顺 1 井、双 1 井、秧 1 井、桂参 1 井水分析资料对比，德胜 1 井水分析矿化度相对较高，具备一定保存条件。

（五）油气保存条件综合评价

黔南-桂中拗陷在燕山运动以前，构造和地层一直都比较稳定，大气水下渗也较弱，盖层的整体封盖性良好。但燕山-喜马拉雅运动造成黔南-桂中拗陷及周缘发生强烈构造变形、断裂、褶皱和抬升剥蚀，抬升剥蚀时间长、范围广，剥蚀厚度在 2500 m 以上，造成麻江古油藏和南丹车河古气藏等古油气藏遭到毁灭性破坏。

综合沉积、盖层、构造运动、岩浆作用、成矿、元素地球化学异常、现今水文地质地球化学、古流体地球化学和古流体动力场演化等研究，对黔南-桂中拗陷及周缘进行了油气保存条件综合评价，其中黔南拗陷中南部和桂中拗陷中西部油气保存条件总体尚属较好，区域泥岩盖层厚度为 50～650 m，断裂发育较少，地层水为沉积埋藏水，矿化度<30 g/L，变质系数>1.2，脱硫系数>30，盐化系数<10，水型以 $NaHCO_3$ 和 Na_2SO_4 型为主。拗陷外围，油气保存条件逐渐变差，拗陷内局部高构造部位由于断裂带发育而使得油气保存条件变差。另外，拗陷区浅于 800 m 地层的油气保存条件已受大气水下渗作用破坏，油气保存条件差，800 m 以下地层的油气保存条件逐渐变好，但好的油气保存条件可能要到 3000 m 以下。

参 考 文 献

蔡立国, 周雁, 李双建, 等. 2011. 中国南方海相油气地质基本特征与有效性研究. 地质科学, 46(1): 120-133
陈安定. 1998. 地下富氮气体中氮主要来自地面大气水下渗. 天然气地球科学, 9(6): 30-33
陈洪德, 倪新锋, 刘文均, 等. 2008. 中国南方盆地覆盖类型及油气成藏. 石油学报, 29(3): 317-323
戴金星. 1986. 试论不同成因混合气藏及其控制因素. 石油实验地质, 8(4): 325-334
戴金星. 1988. 云南省腾冲硫磺塘天然气的碳同位素组成特征与成因. 科学通报, 33(15): 1168-1170
戴金星. 1992a. 各类天然气的成因鉴别. 中国海上油气, 1(1): 1168-1170
戴金星. 1992b. 各类烷烃气的鉴别. 中国科学(B 辑), 22(2): 187-193
戴金星, 宋岩, 张厚福. 1997. 中国天然气的聚集区带. 北京: 科学出版社
付广, 张建英, 赵荣, 等. 1997. 泥质岩盖层微观封闭能力的综合评价方法及其应用. 海相油气地质, 2(1): 36-41
付广, 付晓飞, 薛永超, 等. 2000. 引起油气藏破坏与再分配的地质因素分析. 天然气地球科学, 11(6): 1-6
贵州省地质矿产局. 1987. 贵州省区域地质志. 北京: 地质出版社
郭彤楼, 楼章华, 马永生. 2003. 南方海相油气保存条件评价和勘探决策中应注意的几个问题. 石油实

验地质, 25(1): 3-9
何登发, 马永生, 杨明虎. 2004. 油气保存单元的概念与评价原理. 石油与天然气地质, 25(1): 1-8
何光玉, 张卫华. 1997. 盖层研究现状及发展趋势. 世界地质, 16(2): 28-33
胡光明, 纪友亮, 蔡进功, 等. 2008. 中下扬子区 T_{1-2} 膏盐层位差异的构造意义. 天然气工业, 28(5): 32-34
金之钧, 龙胜祥, 周雁, 等. 2006. 中国南方膏盐岩分布特征. 石油与天然气地质, 27(5): 571-583
李梅. 2011. 黔南桂中坳陷水文地质地球化学与油气保存条件研究. 杭州: 浙江大学
李明诚. 2000. 石油与天然气运移研究综述. 石油勘探与开发, 27(4): 3-10
李明诚, 李伟, 蔡峰, 等. 1997. 油气成藏保存条件的综合研究. 石油学报, 18(2): 41-48
李明诚, 李剑, 万玉金, 等. 2001. 沉积盆地中的流体. 石油学报, 22(4): 13-17
李忠, 刘铁兵. 1995. 贵州烂泥沟金矿成矿条件——岩石地球化学研究. 矿床地质, 14(1): 51-58
梁兴. 2006. 中国南方海相改造型盆地含油气保存单元综合评价. 成都: 西南石油大学
刘池洋, 孙海山. 1999. 改造型盆地类型划分. 新疆石油地质, 20(2): 79-83
刘崇禧, 孙世雄. 1988. 水文地球化学找油理论与方法. 北京: 地质出版社
刘方槐, 颜婉莎. 1991. 油气田水文地质学原理. 北京: 石油工业出版社
刘金水. 2015. 西湖凹陷平湖构造带地层压力特征及与油气分布的关系. 成都理工大学学报(自然科学版), 42(1): 60-69
刘磊. 2010. 南盘江坳陷油气保存条件研究. 青岛: 中国石油大学(华东)
刘莉. 2011. 江汉盆地海相探区中寒武统盐下层勘探潜力浅析. 海相油气地质, 16(1): 26-32
刘树根, 徐国盛, 梁卫, 等. 1996. 川东石炭系气藏的封盖条件研究. 成都理工学院学报, 23(3): 69-78
楼章华, 马永生, 郭彤楼, 等. 2006. 中国南方海相地层油气保存条件评价. 天然气工业, 26(8): 8-11
罗开平, 夏遵义, 徐言岗, 等. 1998. 二氧化碳——中国东部中、新生代盆地的重要资源. 石油与天然气地质, 19 (2): 79-82
罗群, 白新华. 2002. 天然气藏的破坏机理与保存条件评价——以莺山断陷为例. 新疆石油地质, 23(2): 98-101
罗群, 孙宏智. 2000. 断裂活动与油气藏保存关系研究. 石油实验地质, 22(3): 225-231
罗璋, 吴土清, 徐克定, 等. 1996. 下扬子海相地层典型古油藏剖析. 海相油气地质, 1(1): 34-39
吕延防, 王振平. 2001. 油气藏破坏机理分析. 大庆石油学院学报, 25(3): 5-9
马永生, 楼章华, 郭彤楼, 等. 2006. 中国南方海相地层油气保存条件综合评价技术体系探讨. 地质学报, 80(3): 406-417
马永生, 蔡勋育, 郭彤楼. 2007. 四川盆地普光大型气田油气充注与富集成藏的主控因素. 科学通报, 52(增刊): 149-155
潘国恩, 杨传忠. 1992. 中国南部海相碳酸盐岩油气保存条件. 石油与天然气地质, 13(3): 332-343
潘文蕾, 刘光祥, 吕俊祥. 2003. 鄂西渝东区建南气田地层水水化学特征及其意义. 石油试验地质, 25(3): 295-299
覃建雄, 曾允孚. 1993. 流体包裹体在碳酸盐岩储层孔隙成因及演化研究中的应用. 中国海上油气, (5): 17-26
邱蕴玉. 1996. 扬子区海相地层油气保存单元的划分与评价. 海相油气地质, 1(3): 39-44
邵龙义, 窦建伟, 张鹏飞. 1996. 西南地区晚二叠世碳氧稳定同位素的古地理意义. 地球化学, 25(6): 575-581
邵荣, 叶加仁, 陈章玉. 2000. 流体包裹体在断陷盆地含油气系统研究中的应用概述. 天然气地球科学, 11(6): 11-14
石波, 张云峰, 付广. 1998. 泥岩盖层压力封闭期及其研究意义. 天然气地球科学, 9(2): 12-17
苏文超, 杨科佑, 胡瑞忠, 等. 1998. 中国西南部卡林型金矿床流体包裹体年代学研究. 矿物学报, 18(3): 359-362

孙樯, 谢鸿森, 郭捷, 等. 2000. 地球深部流体油气生成及运移浅析. 地球科学进展, 15(3): 283-288
汪蕴璞, 赵宝忠, 张金来. 1987. 油田古水文地质与水文地球化学. 北京: 科学出版社
王津义, 涂伟, 曾华盛, 等. 2008. 黔西北地区天然气成藏地质特征. 石油实验地质, 30(5): 445-449
王威. 2009. 中扬子区海相地层流体特征及其与油气保存关系研究. 成都: 成都理工大学
王伟锋, 陆诗阔, 谢向阳, 等. 1999. 断陷盆地油气藏保存条件综合评价. 石油大学学报(自然科学版), 23(1): 9-16
魏洪刚. 2015. 金沙—仁怀及邻区海相油气保存条件分析. 成都: 成都理工大学
吴世祥, 汤良杰, 马永生, 等. 2006. 四川盆地米仓山前陆冲断带成藏条件分析. 地质学报, 80(3): 337-343
熊建华, 施豫琴, 过敏. 2010. 构造挤压在川东北地区飞仙关组异常高压中的作用. 矿物岩石, 30(3): 83-88
徐长虹, 徐云亮, 刘宏娟, 等. 2012. 黏土岩的成岩作用对毛细管封闭能力的评价——轮南地区石炭系泥岩为例. 科学技术与工程, 12(18): 4348-4351
徐言岗. 2010. 中国南方古生界典型古油气藏解剖及勘探启示. 成都: 成都理工大学
杨惠民, 刘炳温, 邓宗淮. 1999. 滇黔桂海相碳酸盐岩地区最佳油气保存单元的评价与选择. 贵阳: 贵州科技出版社
杨绪充. 1989. 论含油气盆地地下水动力环境. 石油学报, 10(4): 27-34
杨远聪, 李绍基, 朱江. 1993. 水溶气——四川盆地新的天然气资源. 西南石油学院学报, 15(1): 16-22
尹福光, 许效松, 万方, 等. 2001. 华南地区加里东期前陆盆地演化过程中的沉积响应. 地球学报, 22(5): 422-428
应维华. 1985. 保存条件对湘鄂西地区天然气藏形成的作用. 天然气工业, 5(1): 27-34
张长江, 潘文蕾, 刘光祥, 等. 2008. 中国南方志留系泥质岩盖层动态评价研究. 天然气地球科学, 19(3): 302-310
张义纲. 1991. 天然气的生成、聚集和保存. 南京: 河海大学出版社
张志坚, 张文淮. 1998. 贵州省烂泥沟金(汞、锑)矿床有机成矿流体研究. 矿床地质, 17(4): 343-354
赵孟军, 张永昌, 赵陵, 等. 2006. 南盘江盆地主要烃源岩热演化史及油气生成史. 石油实验地质, 28(3): 271-275
钟端, 陈跃昆, 周明辉, 等. 1999. 滇黔桂地区海相地层油气成藏地质特征及最佳油气保存单元. 石油化工动态, 7(4): 40-44
周雁, 彭勇民, 李双建, 等. 2011. 中上扬子区层序样式对盖层封闭性的控制作用. 石油实验地质, 33(1): 28-33
朱赖民, 金景福, 何明有, 等. 1997. 论深源流体参与黔西南金矿床成矿的可能性. 地质论评, 43(6): 586-592
Bottinga Y. 1968. Hydrogen isotope equilibria in the system hydrogen-water. Journal of Physical Chemistry, 72(12): 4338-4340
Clayton R N , O'Neil J R , Mayeda T K . 1972. Oxygen isotope exchange between quartz and water. Journal of Geophysical Research, 77(17): 3057-3067
Eadington P J, Hamilton P J, Bai G P. 1991. Fluid fistory analysis—a prospect evaluation. The APPEA Journal, 31(1): 282-294
Emiliani C, Shackleton N J. 1974. The brunhes epoch: isotopic paleotemperatures and geochronology. Science, 183(4124): 511-514
Epstein L F, Ofhers G M. 1951. Low temperature second virial coefficients for a 6–12 potential. Journal of Chemical Physics, 19(10): 1320-1321
Epstein S, Mayeda T. 1953. Variation of ^{18}O content of waters from natural sources. Geochimica et Cosmochimica Acta, 4(5): 213-224

Hubbert M K, Rubey W W. 1959. Role of pore fluid pressures in the mechanics of overthrust faulting. Geological Society of America Bulletin, 70(3): 115-205

Keith M, Weber J. 1964. Isotopic composition and environmental classification of selected limestones and fossils. Geochimica et Cosmochimica Acta, 28(10-11): 1787-1816

O'Neil J R, Clayton R N, Mayeda T K. 1969. Oxygen isotope fractionation in Divalent Metal Carbonates. Journal of Chemical Physics, 51(12): 5547-5558

Urey H C. 1948. Oxygen isotopes in nature and the laboratory. Science, 108: 489-497

第五章　四川盆地礁滩大气田形成规律与勘探关键技术

四川盆地油气勘探始于20世纪50年代（冉隆辉等，2006；贾承造等，2007；马永生等，2010），早期以构造或岩性-构造为勘探对象，仅发现一些小规模气田。2000年以后转变思路，以岩性、构造-岩性复合圈闭为勘探目标，发现了普光大气田，由此掀起了四川盆地大型礁滩气藏勘探的高潮，随后陆续发现了元坝、龙岗、安岳等一批大气田（马永生，2006；郭旭升等，2014a；杜金虎等，2014；邹才能等，2014），天然气探明储量规模呈现大幅度稳步增长趋势。截至2015年底，四川盆地海相累计探明储量2.15万亿m^3，其中发现探明储量大于300亿m^3的礁滩大气田7个（普光、元坝、龙岗、安岳、高石梯、罗家寨、铁山坡），储量共计1.48万亿m^3，占海相累计探明储量的69%，因而礁滩大气田在四川盆地油气勘探具有重要作用。随着海相礁滩领域油气勘探大规模的展开，礁滩大气田的地质特征、富集规律与圈闭精细描述技术就显得尤为重要。本书在前人研究成果的基础上，结合近年的新资料和勘探新成果，从礁滩大气田形成的地质特征分析入手，开展礁滩大气田成藏过程解剖，总结富集规律，以期对四川盆地下一步礁滩领域油气勘探起到重要的指导、借鉴意义。

第一节　礁滩大气田的地质特征

针对礁滩大气田的地质特征，前人做了大量的研究工作，认为礁滩大气田具有“一礁、一滩、一圈闭、一气藏”特征（杜金虎等，2011a；郭旭升等，2014a）。从近年来发现的礁滩大气田地质特征来看，圈闭类型都属于岩性或构造-岩性圈闭，气藏分布主要受高能相带展布控制，天然气表现为高演化程度的干气特征，并受热化学硫酸盐还原（TSR）作用影响，H_2S含量较高。

一、圈 闭 特 征

从四川盆地发现的普光、元坝与安岳礁滩大气田来看，圈闭类型主要为岩性及构造-岩性复合圈闭，如普光与安岳为构造-岩性复合圈闭（马永生等，2007；杜金虎等，2014；汪泽成等，2016），元坝属于岩性圈闭（郭旭升等，2014a），圈闭具有面积大、幅度高的特点。

（一）普光大气田

普光大气田由普光、毛坝、大湾三个大型构造-岩性复合圈闭组成，属于受断裂与飞仙关组—长兴组相变线控制的构造-岩性复合型圈闭（图5-1）。

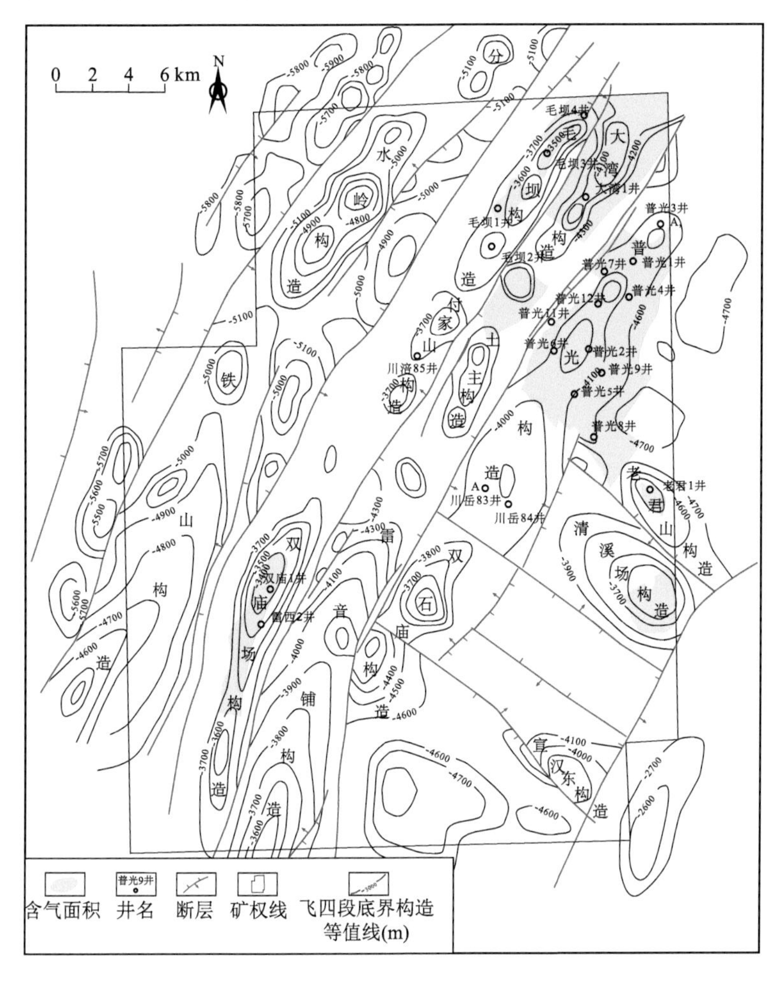

图 5-1　普光气田长兴组—飞仙关组圈闭分布图（郭旭升和郭彤楼，2012）

1. 普光构造-岩性圈闭

普光地区三维资料解释显示该区整体表现为西南高北东低、西翼陡东翼缓的构造特征，受逆冲断层控制发育 NNE 走向的大型长轴断背斜型构造，普光构造处于该构造带的北段。而老君-普光构造作为一个完整的构造-岩性复合圈闭，构造西翼被东岳寨-普光断层所控制，受断层影响，倾角较陡；构造东翼以浅、缓断凹与七里峡构造相接。同时在老君场附近由于受到清溪北断层喜马拉雅期向北北东方向冲断作用的影响，原有的北东向构造轴向向北北西方向发生了扭转。

地震资料显示普光和东岳庙之间存在一条北西西向延伸的相变化带，代表着沉积相带由普光寺地区的台地边缘相向东岳寨地区陆棚相的变化趋势，通过该相变带可以将普光-东岳寨构造划分为普光和东岳寨两个圈闭，因此普光构造为受构造与岩相共同控制的构造-岩性复合型圈闭。该圈闭受两条断层所切割，可划分为三个次一级的圈闭，即普光 2 井区圈闭、普光 7-侧 1 井区圈闭和普光 7 井区圈闭。

2. 毛坝构造-岩性圈闭

毛坝场构造位于双庙场-毛坝场构造带的北端，受毛坝场东、西断层以及多条次级断层控制的北北东走向长轴背斜，受后期毛坝场东断裂影响，早期构造发生反转，形成了西翼陡东翼相对较缓的格局，南翼与北翼倾没端通过鞍部分别与付家山构造和铁山坡构造相连接，平面上表现为轴向 NE 向的长轴背斜形态。该圈闭也是受构造和岩性双重控制的构造-岩性复合圈闭。圈闭的东边以毛坝东断层为界，南以沉积相变线为界，西以构造圈闭线为界，北以黄草梁断层为界。

3. 大湾构造-岩性圈闭

大湾构造为铁山坡构造向区内延伸的南翼，整体构造格局由南向北逐渐抬升，东西通过大湾东、西两条断层分别与毛坝构造和普光西构造相连接，构造位置相对毛坝场构造低。为轴向为北北东向的背型构造，长短轴比大于 8。大湾构造飞仙关组沉积环境与普光构造相似，圈闭类型为构造-岩性复合圈闭。由毛坝东断层与大湾东断层作为东西边界，南部边界线与北部的大湾 2 井北断层共同形成的构造-岩性圈闭。

（二）元坝大气田

元坝地区发现长兴组与飞仙关组礁滩气藏，其中飞仙关组二段岩性圈闭表现为近南北走向的大型岩性圈闭群。长兴组气藏平面上呈北西-南东向分布，它是在一定的古构造高背景上，主要由台地边缘展布的长兴组生物礁滩及礁后生屑滩叠置连片而成的似层状岩性气藏，少数见水圈闭为构造-岩性气藏或岩性-构造气藏，气层主要受台地边缘礁滩相储层及礁后生屑滩储层分布的控制（图 5-2）。

平面上，台地边缘礁滩主体区气层厚度的变化呈三排沿北西-南东向条带状分布。第一排位于元坝 9 井礁体至元坝 10-1H 井礁体，为北西向长条状，长宽比大于 10，其中元坝 9 井区位于第一排的东南角，虽然元坝 9 井与元坝 10-1H 井均见水层，但是气水界面不一致，储层上与元坝 10 井不连通，元坝 9 井为独立的气藏，元坝 10-1H 和元坝 107 井气水界面一致，为同一个气藏；第二排位于元坝 101 井礁体至元坝 103H 井礁体，近南北向，长宽比约为 2.0，南宽北窄，呈指状延伸，元坝 103H 井礁体见水层，为一独立的气藏；第三排位于元坝 27 井礁体至元坝 28 井礁体，为北西-南东向长条状，总体上第二、第三排礁体气藏比第一排礁体气藏更高产富集。台地边缘浅滩区主要分布于元坝 I 区块（东部）元坝 12 井区、元坝 123 井区与元坝Ⅱ区块（西部）元坝 224 井区、元坝 211 井区及元坝 225H 井区，叠置连片分布于礁滩主体后侧及礁体之间。

纵向上，台地边缘礁滩主体长兴组储层可以分成长二段储层和长一段储层。长二段储层位于长兴组中上部，部分井长兴组顶面即为储层顶面，如元坝 1-侧 1 井、元坝 101 井；也有部分井长二段储层距长兴组顶面仅 10 m 左右，如元坝 102 井，总体上长二段储层位于长二段中上部及顶部，从而控制了长二段气藏主要位于长二段的中上部及顶部。台地边缘浅滩气藏主要发育于长一段中上部，与台地边缘礁滩长二段气层呈叠置连片分布，其中元坝 9、元坝 11、元坝 10、元坝 29、元坝 205、元坝 2、元坝 103H 井区发育底滩储层。平面上受潮沟等微相控制，纵向上气层发育于长二段中下部和长一段上部，气层分布连续。

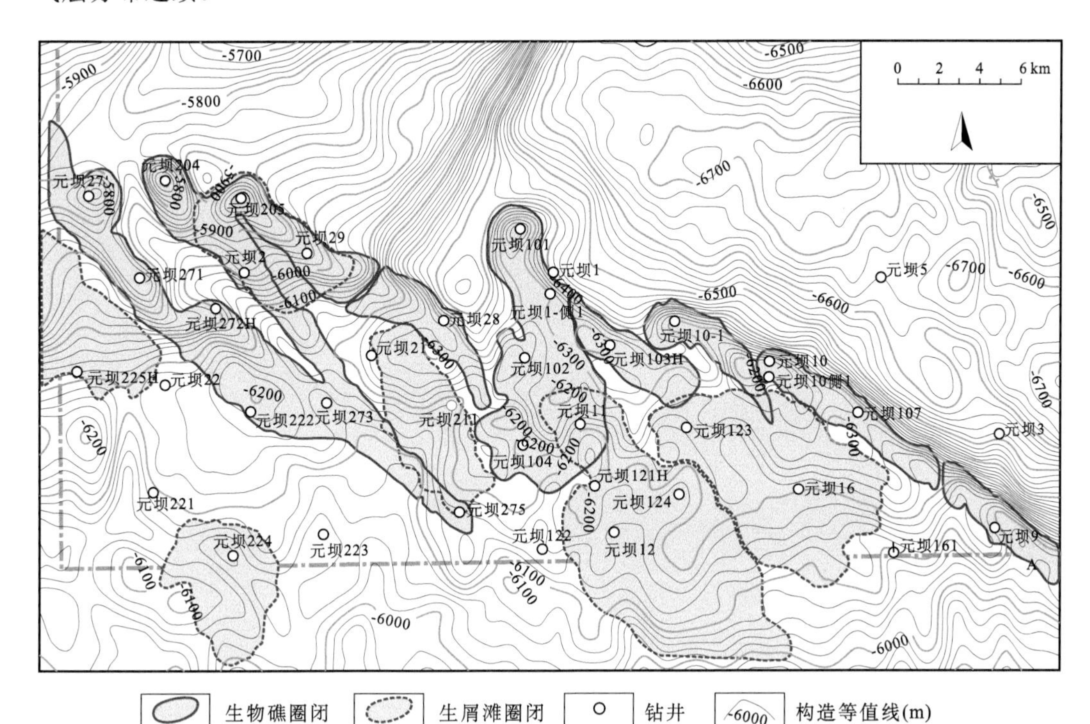

图 5-2　元坝气田长兴组岩性圈闭与长兴组顶界构造叠合图

近期中国石油在川中地区发现的安岳气田也表现为构造-岩性气藏，该气田纵向发育龙王庙组与灯影组两套产层。其中龙王庙组受岩性与构造双重控制，平面上表现为磨溪、高石梯、龙女寺 3 个独立气藏。灯影组气藏分布受台缘带藻丘滩体与构造控制，平面分布面积广（汪泽成等，2016）。

二、储层特征

礁滩相储层的分布与规模明显受到了环境与沉积相的控制，通过沉积相图与发现的礁滩气藏叠合图可知，目前发现的礁滩大气田主要是环绕“开江-梁平”陆棚（图 5-3）与绵阳-长宁拉张槽台地边缘分布。例如，元坝气田位于“开江-梁平”陆棚西岸，区内发育有利的台地边缘高能相带。气田储层均为长兴组—飞仙关组礁滩白云岩储层，均具有较高的孔渗特征。对于长兴组而言，缓坡型台地边缘的礁滩复合体有利于储层的发育和古油藏的聚集。元坝地区礁滩复合体的面积可达 600 km^2，储层厚度为 15～75 m。普光气田位于“开江-梁平”陆棚东岸，长兴组—飞仙关组沉积是位于台地边缘暴露浅滩相，有利于储层的形成与发育，并具备了淡水溶蚀、混合水白云石化等孔隙形成的优越条件。

成岩过程中的多期溶蚀是普光构造储层储集性能进一步优化的关键因素。普光地区长兴组储层孔隙度为 1.1%～23.1%，平均值为 7.33%，以Ⅱ类、Ⅲ类储层为主；飞一段中部储层物性最好，孔隙度为 3.17%～28.86%，平均值为 11.43%，以Ⅰ类储层为主。勘探实践证明，只要有好的储层，一般就有高的产量。普光气田飞仙关组鲕滩储层厚度大，达 156.10～275 m，长兴组优质储层厚 123.50～246.45 m。巨厚的长兴组-飞仙关组礁滩储层形成了高丰度大型普光气田。

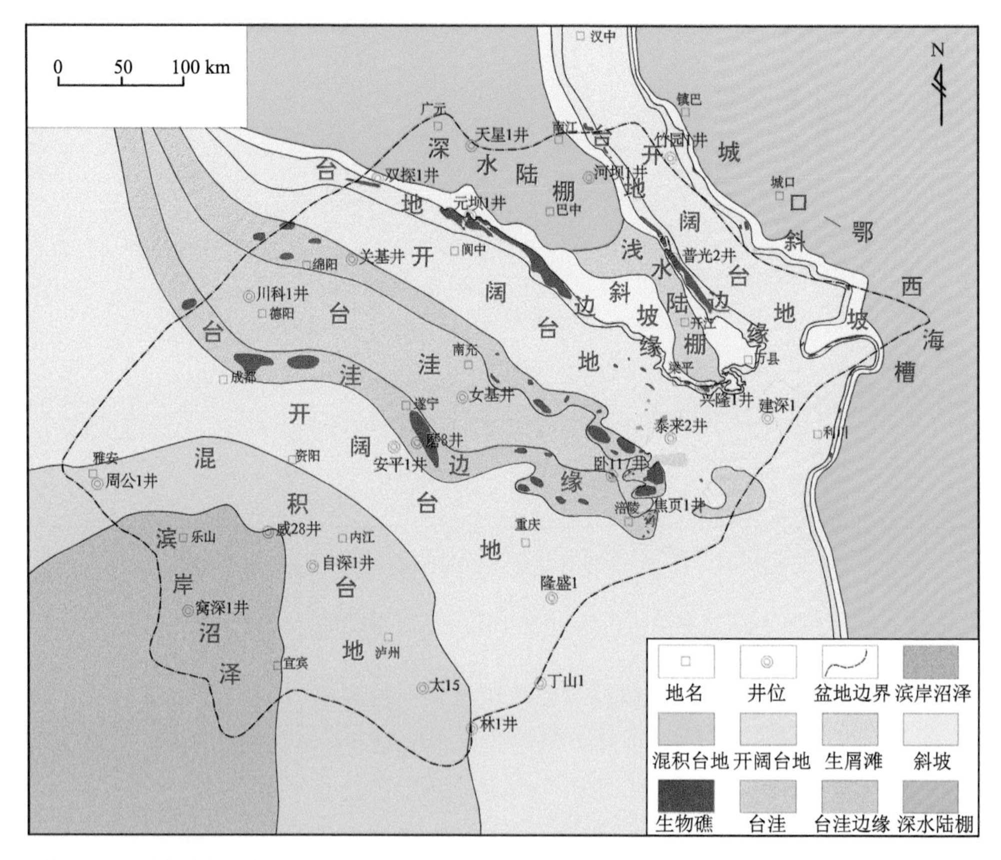

图 5-3　四川盆地长兴组二段沉积相与长兴组气藏（圈闭）叠合图（据蔡希源等，2015 修改）

安岳气田位于川中古隆平缓构造区的威远至龙女寺构造群，纵向上发育两类 3 套优质储层，一类是灯影组丘滩体白云岩优质储层（灯二段、灯四段），另一类是龙王庙组颗粒滩白云岩优质储层。这两类优质储层的形成主要受沉积相及岩溶作用双因素共同控制。灯影组有利沉积相带为裂陷两侧的台地边缘相，由底栖微生物群落及其生化作用建造，形成巨厚的台地边缘丘滩复合体，后经多期溶蚀作用叠加改造而形成沿台缘带大面积分布的优质储层，储层孔隙度为 2.0%～10.3%，平均值为 3.3%，具准层状、大面积分布特点，沿德阳-安岳克拉通内裂陷两侧分布，特别是高石梯-磨溪及资阳地区优质储层厚度大、连续性强、物性好，面积可达 2500 km^2。龙王庙组有利沉积相带为环古隆起分布的颗粒滩，是在准同生岩溶基础上叠加表生岩溶的多期岩溶作用改造而形成的优质储层，储层孔隙度为2.01%～18.48%，平均值为4.24%。其中，处于古隆起高部位的磨溪地区龙王庙组储层厚度大、横向连续性好，而处于古隆起上斜坡部位的高石梯地区储层厚度小、横向连续性差（汪泽成等，2016）。

三、油气特征

四川盆地海相礁滩大气田天然气为干气，甲烷含量在烃类中占99%以上，C_2以上烃类含量少于1%，非烃气体主要为CO_2、H_2S和N_2，天然气$\delta^{13}C_1$为–29‰～–35‰，$\delta^{13}C_2$值变化范围很大，为–21‰～–35‰，其中元坝地区礁滩气藏同位素较普光重，主要是热演化程度更高所造成（马永生等，2007；郭旭升等，2014b；杜金虎等，2014）。

（一）化学组成

在四川盆地二叠系、三叠系礁滩大气田天然气的化学成分类似。普光与元坝地区长兴组—飞仙关组天然气中均以甲烷为主，干燥系数都在0.98以上。它们的非烃气组成存在相应变化，H_2S含量普遍较高，大部分气样高于5%，各别样品可达60%左右；相应的CO_2含量也普遍较高，大多变化在5%～15%。这些天然气化学组成的变化除与热演化程度不同有关外，主要受TSR作用的强度控制，致使H_2S含量高的天然气中甲烷富集，干燥系数增高；而H_2S含量低的天然气中C_{2+}重烃相对多一些。

安岳气田灯四段天然气以甲烷为主，含量为91.22%～93.77%，硫化氢含量为1.00%～1.62%，二氧化碳含量为4.83%～7.39%，气藏属于中-低含硫，中含二氧化碳，微含丙烷、氦和氮的干气气藏。灯二段气藏属于中-高含硫，中含二氧化碳，微含丙烷、氦和氮的干气气藏，甲烷平均含量为91.03%，硫化氢含量为0.58%～3.19%，二氧化碳含量为4.04%～7.65%。龙王庙组天然气以甲烷为主，含量为95.10%～97.19%，乙烷含量为0.12%～0.21%，H_2S与CO_2含量较普光、元坝礁滩大气田低，其中H_2S含量为0.26%～0.78%，平均为0.54%，CO_2含量为1.83%～3.16%，平均为2.41%。

（二）碳同位素组成

在四川盆地二叠系、三叠系礁滩大气田天然气的甲烷、乙烷碳同位素组成存在一定的差异。普光地区飞仙关组—长兴组天然气中，$\delta^{13}C_1$值主要变化在–29‰～–33‰范围；$\delta^{13}C_2$值变化范围很大，为–21‰～–32‰，主要是气藏中发生过TSR作用所致。经与H_2S含量比较可发现，$\delta^{13}C_2$值在–21‰～–26‰的天然气中H_2S含量均在10%以上，表明TSR作用导致乙烷碳同位素显著变重，而对甲烷碳同位素组成的影响相对较小。

元坝气田飞仙关组、长兴组天然气甲烷碳同位素较重，$\delta^{13}C_1$值变化在–25.28‰～–30.5‰；$\delta^{13}C_2$值为–25.0‰～–33‰。元坝地区长兴组天然气中甲烷、乙烷碳同位素总体上要比普光地区重，主要原因是元坝气田长兴组埋深达7000余米，古地温可能达200℃以上，天然气的热演化程度很高，导致烷烃气碳同位素很重。这点可通过与其他地区天然气的对比来说明。如图 5-4 所示，在排除 TSR 因素影响外，天然气的甲烷、乙烷碳同位素随热演化程度的增加而逐渐变重。从图中可以看出，元坝地区的天然气 $\delta^{13}C_1$ 和 $\delta^{13}C_2$ 值相对高于川东北其他地区，意味着热演化程度更高。另一个可能原因是与气源岩有机质类型变化有关。TSR 作用对天然气烷烃气的碳同位素比值也有重要影响，一般随 TSR 作用的增强，乙烷及甲烷碳同位素逐渐变重。但元坝地区 H_2S 含量不同的飞仙关组、长兴组气层中 $\delta^{13}C_1$ 及 $\delta^{13}C_2$ 均呈高值，可见与 TSR 没有明显联系。该地区飞仙关组天然气中 H_2S 很低，只有 0.02%～0.09%，而其 $\delta^{13}C_1$ 也只有–27.5‰左右，与含较高 H_2S 的长兴组气层相近，表明 $\delta^{13}C_1$ 高并非 TSR 作用所致。我们在研究普光地区天然气碳同位素变化与 H_2S 含量关系时注意到，TSR 作用对甲烷碳同位素的影响不是很明显。而乙烷碳同位素受 TSR 效应较明显，当 H_2S 含量高于 10%时，$\delta^{13}C_2$ 才显著变重。元坝地区 H_2S 含量相对较低，因而 TSR 作用对天然气碳同位素组成影响较小。

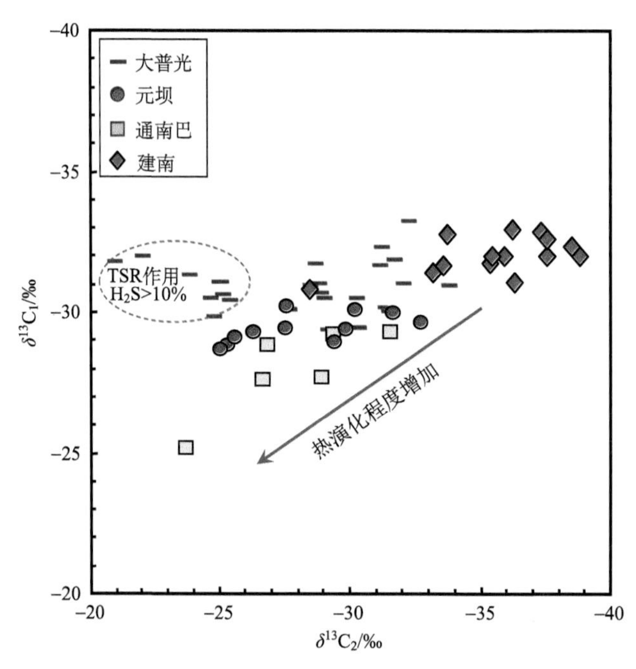

图 5-4　川东北地区及邻区飞仙关组—长兴组天然气 $\delta^{13}C_1$、$\delta^{13}C_2$ 值分布图

第二节　礁滩大气田的成藏机理

在绝大多数盆地中，储层油气直接来源于干酪根的热演化，但四川盆地海相礁滩大气田表现为多元供烃、多期演化的特征（马永生等，2007；郭旭升等，2014b；邹才能等，2014）。本节从四川盆地礁滩大气田油气成因与来源分析入手，结合成藏期次与输导体系，恢复油气成藏演化过程，建立礁滩大气田从岩性古油藏、古油藏裂解和气藏调整再聚集的富集模式。

一、礁滩大气田油气成因与来源

四川盆地礁滩大气田主要发育于古生代与中生代地层，礁滩储层中沥青分布广泛，油气成藏过程经历了早期油藏到晚期气藏的转化。通过对普光、元坝与安岳等礁滩大气田天然气化学组成、同位素等分析资料，结合烃源岩同位素资料，落实不同大气田油气成因与来源。

（一）原油裂解气为礁滩大气田主要气源

四川盆地天然气主要为热成因气，在形成途径上分为干酪根的初次裂解气和原油（或烃源岩中可溶沥青）的二次裂解气两种类型。前者只可能是烃源岩在生油窗演化阶段所生的原油伴生气，后者多为古油藏原地的原油裂解气。前人通过干酪根热模拟实验数据，发现用 $\ln(C_1/C_2)$、$\ln(C_2/C_3)$值可区分这两类天然气（Prinzhofer and Huc，1995）。在国内外的一些实际气藏中确实存在这两种类型的天然气。实际上，天然的干酪根初次裂解气和原油二次裂解气的气藏需在特定条件下才可能形成，对于四川盆地这样的高热演化地区而言，几乎不可能存在单纯的干酪根初次裂解气的气藏。在这些烃源岩中残余的可溶沥青已不同程度地裂解成气，与干酪根的裂解气相混合，经运移后一并成藏。因而，在研究区只有烃源岩裂解气（干酪根的裂解气+可溶沥青的裂解气）与原油裂解气之分。

通常区分原油裂解气与烃源岩裂解气主要是通过组分差异可进行区分，随热演化程度增高，干酪根裂解气中 $\ln(C_1/C_2)$逐渐增加，但 $\ln(C_2/C_3)$差不多不变；而原油裂解气中 $\ln(C_1/C_2)$基本不变，而 $\ln(C_2/C_3)$则快速升高（Prinzhofer and Huc，1995）。利用四川盆地不同类型气田天然气组分资料，分析油气成因。普光、元坝与安岳气田天然气组分中 $\ln(C_1/C_2)$值较高，大都在 6～8；而其 $\ln(C_2/C_3)$较低，大多在 3.0 之下，表现为典型的原油裂解气的特征。相反元坝与通南巴陆相天然气组分中 $\ln(C_1/C_2)$相对较低，多在 3.5～7.0；而 $\ln(C_2/C_3)$较高，大多在 3.0 以上，表现为典型的烃源岩裂解气特征（图 5-5）。

经大量相关研究注意到，普光、元坝飞仙关组—长兴组与安岳灯影组—龙王庙组储集岩孔洞内普遍见有大量的固体沥青充填物（属焦沥青类）。这表明这类气藏在地史上曾是古油藏，现今气藏的天然气是原油在高温条件下的裂解产物。

四川盆地二叠系—三叠系已经发现的礁滩大气田，如普光、元坝等，在飞仙关组—长兴组储层孔洞内普遍见有大量沥青充填物[图 5-6（a）、（b）]，以及在储层的胶结物中可见黑色的沥青包裹体[图 5-6（c）、（d）]，可见这类气藏在地史上曾是古油藏，现今气藏的天然气是原油在高温条件下的裂解产物。普光 2 井钻井岩心揭示的含沥青层段厚度超过 200 m，这些固体沥青的存在是原油裂解作用的有力证据（郭旭升等，2014b）。

针对古油藏分布的特征，长兴组—飞仙关组以元坝气田为例。元坝气田生物礁圈闭储层均发育古油藏，表现为纵向上优质白云岩储层均见沥青充填；而礁后滩圈闭古油藏规模相对较小，元坝 224 井、元坝 123 井、元坝 16 井部分优质白云岩储层均未见沥青充填。这一现象说明礁滩圈闭中古原油的充注存在差异，这种差异可能与烃源岩的发育分

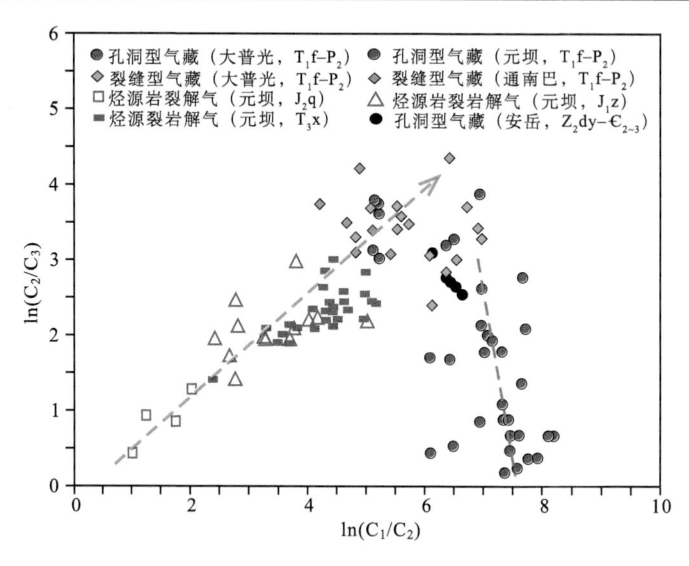

图 5-5　四川盆地原油裂解气和烃源岩裂解气的 C_1-C_3 组成变化（郭旭升等，2014b）

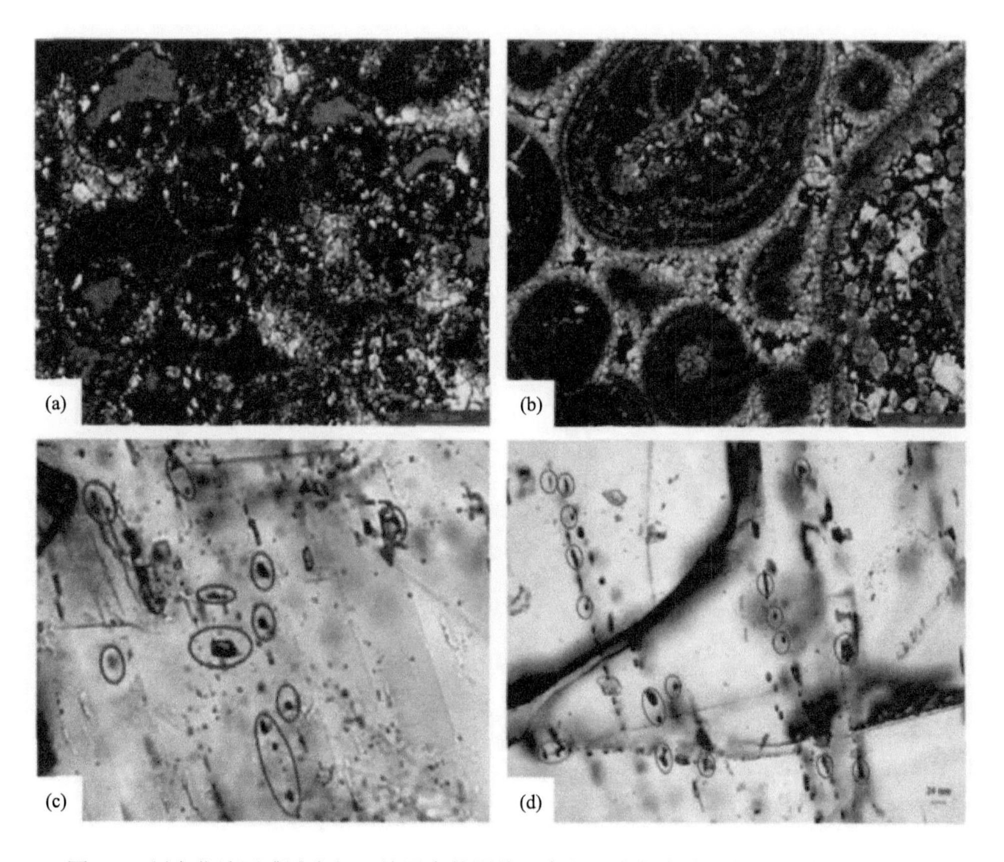

图 5-6　川东北地区礁滩大气田储层中的固体沥青和沥青包裹体（郭旭升等，2014b）

（a）普光 2 井，飞二段，残余鲕粒白云岩粒间和粒内见黑色沥青充填；（b）元坝 204 井，飞二段，鲕粒灰岩的粒内和粒间见黑色沥青充填；（c）普光 2 井，亮晶方解石胶结物中可见黑色沥青包裹体；（d）元坝 2 井，亮晶方解石胶结物中可见黑色沥青包裹体

布有关。古油藏的分布主要受储层物性的控制，即受优质白云岩储层的分布控制，长兴组白云岩平面分布与古油藏的平面分布有着非常好的叠合关系；无论现今的构造相对高部位，还是相对低部位，均有古油藏发育，表明古油藏的发育分布与构造无关，进一步说明了古油藏为岩性油气藏。

各礁滩圈闭古油藏厚度差别较大，主要受优质白云岩储层厚度的控制，从 10～50 m 不等，多数分布在 30 m 左右。古油藏的面积由礁滩圈闭的面积来确定，元坝 27、元坝 204、元坝 273 井区生物礁古油藏分布面积最大（99.06 km^2），分布面积最小的为元坝 10-1 井区（10.66 km^2）；礁古油藏的面积共计 209.88 km^2，滩古油藏的面积共计 179.91 km^2（图 5-7）。

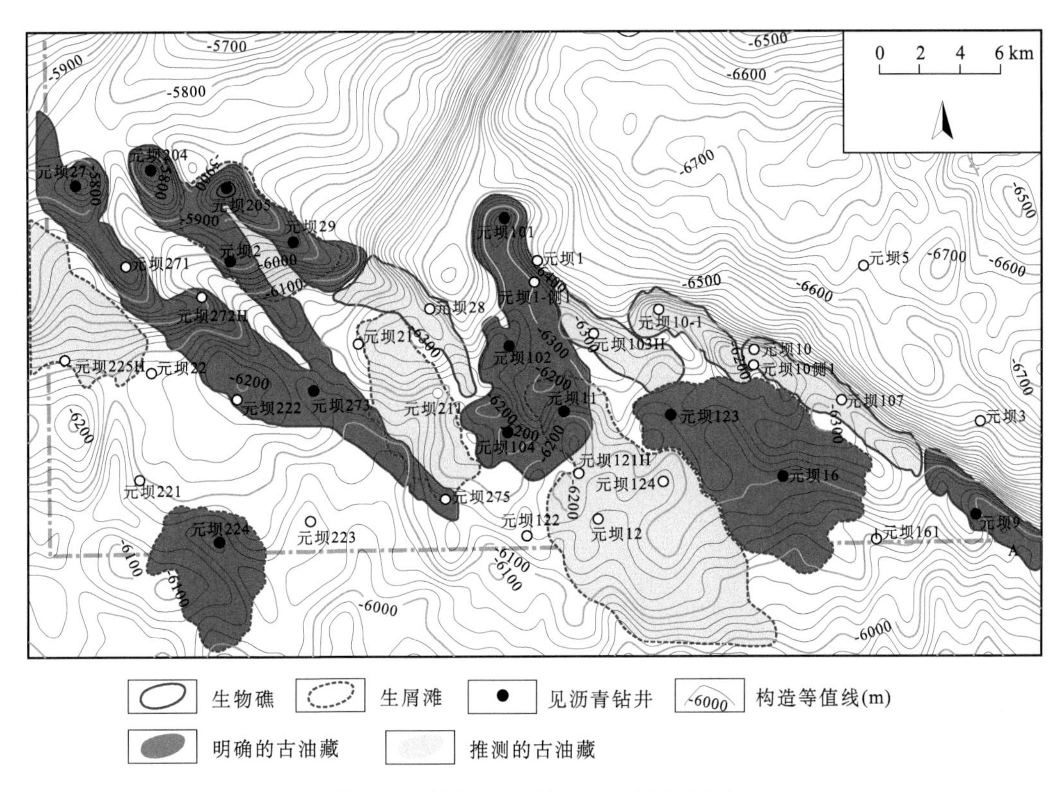

图 5-7　元坝气田长兴组古油藏平面分布

通过古油藏规模估算，计算原油裂解能产生的天然气的量，根据计算的结果（表 5-1），元坝气田长兴组古油藏原油裂解气的量共计 3374.97×10^8 m^3，其中礁圈闭中原油裂解气的量总计 2114.62×10^8 m^3，滩圈闭中原油裂解气的量总计 1260.35×10^8 m^3（包括部分工区之外的原油裂解气量）。礁与滩古油藏的面积相当，但礁圈闭原油裂解气的量比滩圈闭原油裂解气的量多 854.27×10^8 m^3，这进一步说明了靠近烃源岩的礁圈闭更容易聚集古油藏。

表 5-1　元坝气田古原油规模及原油裂解气量估算

井区	油藏面积/km²	厚度/m	孔隙度/%	原油量/10^8 t	天然气量/10^8 m³
YB9 井区	10.72	36.57	4.80	0.11	65.70
YB123-16 井区	60.56	10	9.36	0.32	197.92
YB101 井区	48.95	25.46	9.10	0.64	395.98
YB10 井区	15.04	20	4.8	0.08	50.41
YB10-1 井区	10.66	50	4.96	0.15	92.31
YB103H 井区	12.24	30	4.96	0.10	63.59
YB12 井区	81.27	30	7.7	1.06	655.48
YB27、204、273 井区	99.06	38.93	10.01	2.17	1347.83
YB28 井区	13.21	30	7.14	0.16	98.80
YB224 井区	24.87	39.25	11.94	0.66	406.95
总计				5.45	3374.97

针对安岳礁滩大气田，邹才能等（2014）根据沥青分布，初步推测古油藏分布面积超过 5000 km²，古油藏资源量为 $48\times10^8\sim63\times10^8$ t，其中磨溪-高石梯-龙女寺地区灯四段古油藏规模为 $18\times10^8\sim25\times10^8$ t，资阳地区为 $25\times10^8\sim32\times10^8$ t，威远地区为 $5\times10^8\sim6\times10^8$ t。震旦系—寒武系天然气主要为古原油裂解气，其证据如下：①模拟实验表明腐泥型有机质演化过程中，原油裂解气约占其生气总量的 80%；②天然气组分参数 $\ln(C_1/C_2)$为 6.35～7.85，$\ln(C_2/C_3)$为 3.12～4.69；③天然气组分中异构烷烃和环烷烃含量较高（干酪根裂解气该值较低）；④天然气中检测出 C_8–C_{11} 化合物；⑤气藏中发育大量沥青，沥青丰度受古隆起控制，核部沥青含量为 7.5%，斜坡部位沥青含量逐渐减少（图 5-8）。此外源岩内分散油裂解气可能也是重要的气源供给。

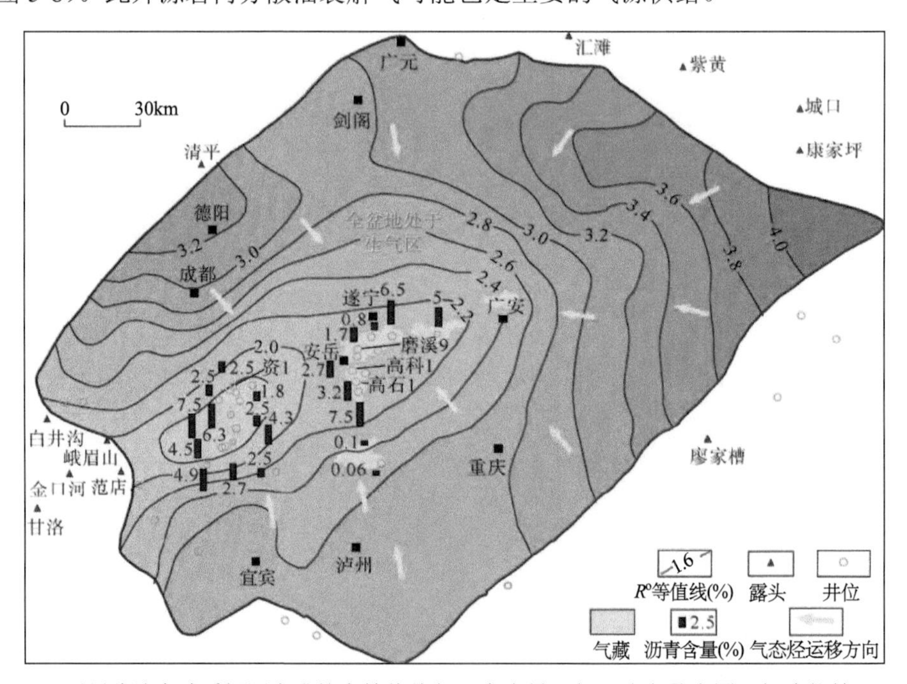

图 5-8　四川盆地寒武系烃源岩成熟度等值线与沥青含量、气田分布叠合图（邹才能等，2014）

（二）吴家坪组（龙潭组）和大隆组海相烃源岩是元坝、普光主要源岩

1. 储层沥青来源

1）碳同位素组成

对于高热演化四川盆地天然气的气源确定最现实的方法是通过碳同位素的对比。甲烷的可能来源较复杂，一般用 C_2 以上的重烃进行对比。普光、元坝大气田长兴组—飞仙关组天然气的 $\delta^{13}C_2$ 值主要分布在–32‰～–28‰。飞仙关组—长兴组储层沥青的 $\delta^{13}C$ 值主要变化在–29‰～–25‰（马永生，2008；郭旭升等，2014b）。四川盆地各层位海相烃源岩干酪根碳同位素值有不同的分布范围。龙潭组（吴家坪组）烃源岩干酪根的 $\delta^{13}C$ 值主要在–28‰～–25‰，下二叠统主要在–28.0‰～–26.5‰，下志留统和下寒武统分别为–32.1‰～–28.8‰和–35.0‰～–31.6‰（图 5-9）。对于高成熟天然气来说，它们应来自碳同位素重于乙烷 1‰～2‰的源岩有机质（沥青）。从烃源岩碳同位素分布情况看，上、下二叠统及志留系烃源层都有可能为飞仙关组—长兴组天然气的气源层。大量分析资料表明，飞仙关组—长兴组天然气与石炭系气层在乙烷碳同位素组成上有明显区别，因而基本可排除志留系为其主力气源层的可能性，主要的气源应来自上二叠统吴家坪组（龙潭组）和大隆组海相烃源岩。

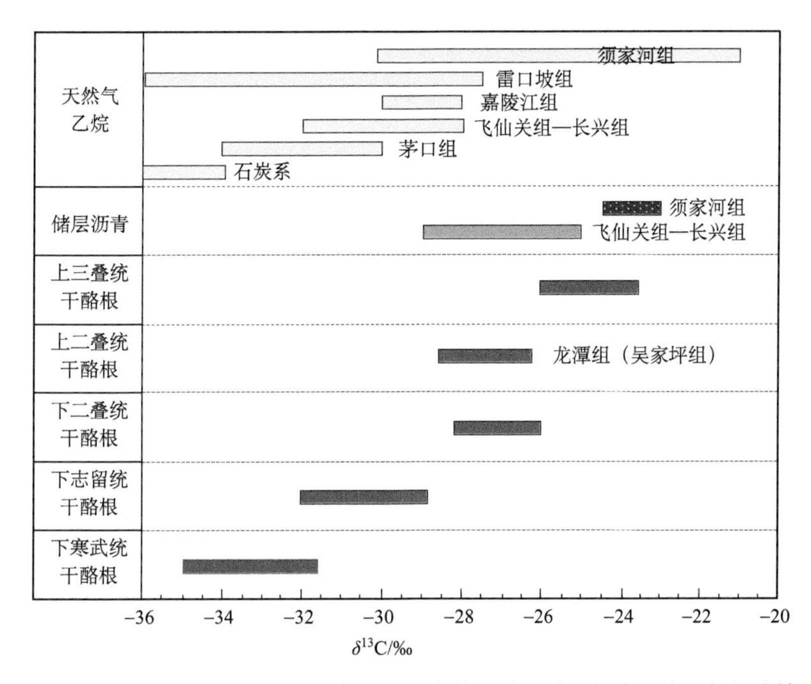

图 5-9 川东北地区天然气乙烷、储层沥青与烃源岩的干酪根碳同位素对比（郭旭升等，2014b）

2）二苯并噻吩系列组成

元坝地区飞仙关组—长兴组储层沥青的二苯并噻吩系列中 DMDBT 相对含量较高，

基本上都在 33%以上（图 5-10），与其海相烃源岩的形成环境相一致。取自川东北大普光和元坝地区的二叠系烃源岩，在二苯并噻吩系列化合物的相对组成上，总体上与同地区的飞仙关组—长兴组沥青有相近的分布范围，意味着两者具有烃源关系，与上述碳同位素的对比结果一致。

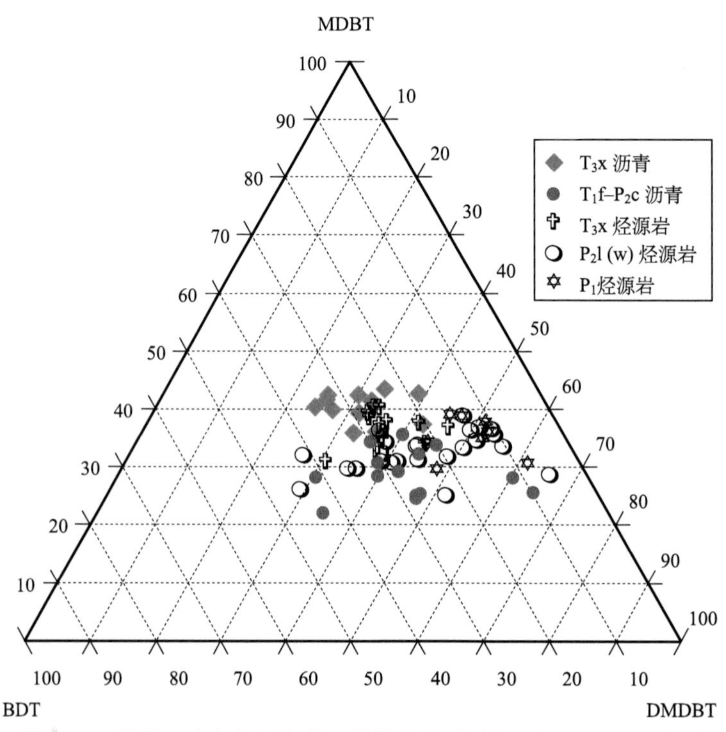

图 5-10　固体沥青与烃源岩的二苯并噻吩系列相对组成对比三角图

2. 原油组成特征与油源探讨

1）原油组成特征

四川盆地由于烃源岩热演化程度普遍很高，以产天然气为主，为数不多的小型油藏主要分布于川中中部侏罗纪地层。此外，在川西、川南和川东地区陆相及海相气藏中也见有凝析油。川东北大普光地区在川岳 84 井二叠系海相地层获得轻质原油。另外，在江油二郎庙剖面飞仙关组和长兴组中见有油浸岩。

川岳 84 井完钻于 1992 年 3 月，凝析油层位于上二叠统龙潭组至下二叠统茅口组层段（4883.7～5128.8 m），曾开采过一段时间。该井原油呈浅褐色，以饱和烃为主（86.72%），芳烃较少（9.06%），非烃、沥青质总量低（4.21%）。江油二郎庙剖面地处龙门山前北段地区，油苗充填于上二叠统长兴组及下三叠统飞仙关组鲕粒灰岩、白云岩的溶孔、裂缝及缝合线中，局部侵染于岩石内部，成为油浸岩。

川岳 84 井原油的正构烷烃主要分布在 C_{12}–C_{25} 范围，高碳数（>C_{25}）化合物极少，可能与其成熟度较高有关，或指示某种有机质生源特点。该原油呈植烷优势，Pr/Ph 为 0.82，指示油源层沉积于还原性环境。江油二郎庙油苗由于出露地表，遭受过轻至中度的生物降解作用。其中，长兴组油苗的大部分正构烷烃化合物已被细菌消耗；飞仙关组油苗的降解程度较轻，正构烷烃残留较多，在 m/z85 质量色谱图上其碳数可达 C_{38}，且 C_{20} 以上化合物轮廓线呈下凹状，表征海相油特点。它们均呈植烷优势，Pr/Ph 为 0.63～0.74，表征其成油母质沉积环境的还原性较强。

川岳 84 井原油可能是热演化程度较高的缘故，其高碳数藿烷化合物很少。它含有较高 17α(H)-重排藿烷和早洗脱重排藿烷[图 5-11（a）]，可能指示源于泥质烃源岩。江油二郎庙油苗的藿烷系列化合物的分布完全不同。其 C_{35} 藿烷高于 C_{34} 和 C_{33} 同系物[图 5-11（b）]，三个样品的 C_{35}/C_{34} 藿烷比值在 1.12～1.45。高 C_{35} 藿烷常见于碳酸盐岩和蒸发岩及其所生原油中，反映强还原沉积环境性质。川岳 84 井原油藿烷分布的另一特征是 C_{29} 化合物高，C_{29}/C_{30} 藿烷比值大于 1.0。高热演化可能也会导致 C_{29} 藿烷优势，但这些油苗由甲基菲指数换算原油成熟度在 0.8%上下，不可能造成高碳数藿烷的断裂，因而这是原生烃的分布特征。这种高丰度 C_{29} 藿烷常出现于厌氧碳酸盐岩或泥灰岩所生原油中。

川岳 84 井原油甾烷呈 $C_{27}>C_{28}>C_{29}$ 分布模式[图 5-11（a）]，除反映原始有机质生源以水生生物为主外，热演化水平较高可能是主要因素，导致低碳数甾烷的相对富集。江油二郎庙油苗的甾烷分布很特殊。它们的孕甾烷很丰富，高于 C_{27}–C_{29} 甾烷。这并非是热演化程度高所致，可能反映某种有机质生源特征。更令人感兴趣的是，其 C_{27}–C_{29} 甾烷中 C_{29} 化合物占显著优势[图 5-11（b）]，相对含量达 48.1%～57.3%。这种海相成因的 C_{29} 甾烷优势分布常出现于下古生界及更老地层中，可能来源于蓝绿藻（氰菌）或褐藻。这些油苗的另一特征是重排甾烷较少，可能与其原始有机质沉积环境的较强还原性有关。

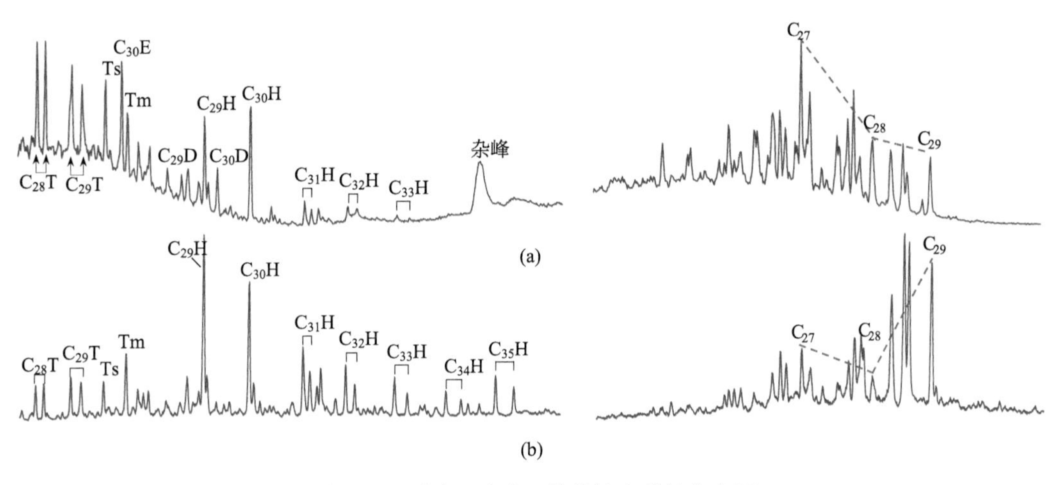

图 5-11　原油（油苗）的萜烷和甾烷分布图

（a）川岳 84 井，原油，P；（b）江油二郎庙油苗，P_2C。T. 三环萜烷；H. 藿烷；D. 17α(H)-重排藿烷；E. 早洗脱重排藿烷

2）油源探讨

川岳 84 井原油虽产自二叠系海相地层，但其本身海相成因的分子标志并不明显，其油源还需通过相关烃源岩的分析资料加以确认。该原油所在的大普光地区可能的海相烃源层中，有上二叠统龙潭组泥质岩和下二叠统碳酸盐岩，没有钻揭有效的下古生界烃源

层。因该原油的重排类藿烷较丰富，因而其油源层应为泥质岩。龙潭组泥岩及泥灰岩干酪根 δ^{13}C 值主要变化在–28.5‰～–26.5‰[图 5-12（a）]，平均值为–27.3‰，与原油（δ^{13}C 值为–28.99‰）在碳同位素组成上证实有成因关系。而且，在芳烃三芴系列组成上，该地层样品与原油有相似的特征，均有相对较高含量的二苯并呋喃系列[图 5-12（b）]，支持了上述认识。至于这个原油是否可能来源于上覆的须家河组等陆相泥质岩，其碳同位素值及芳烃参数排除了这种可能性。

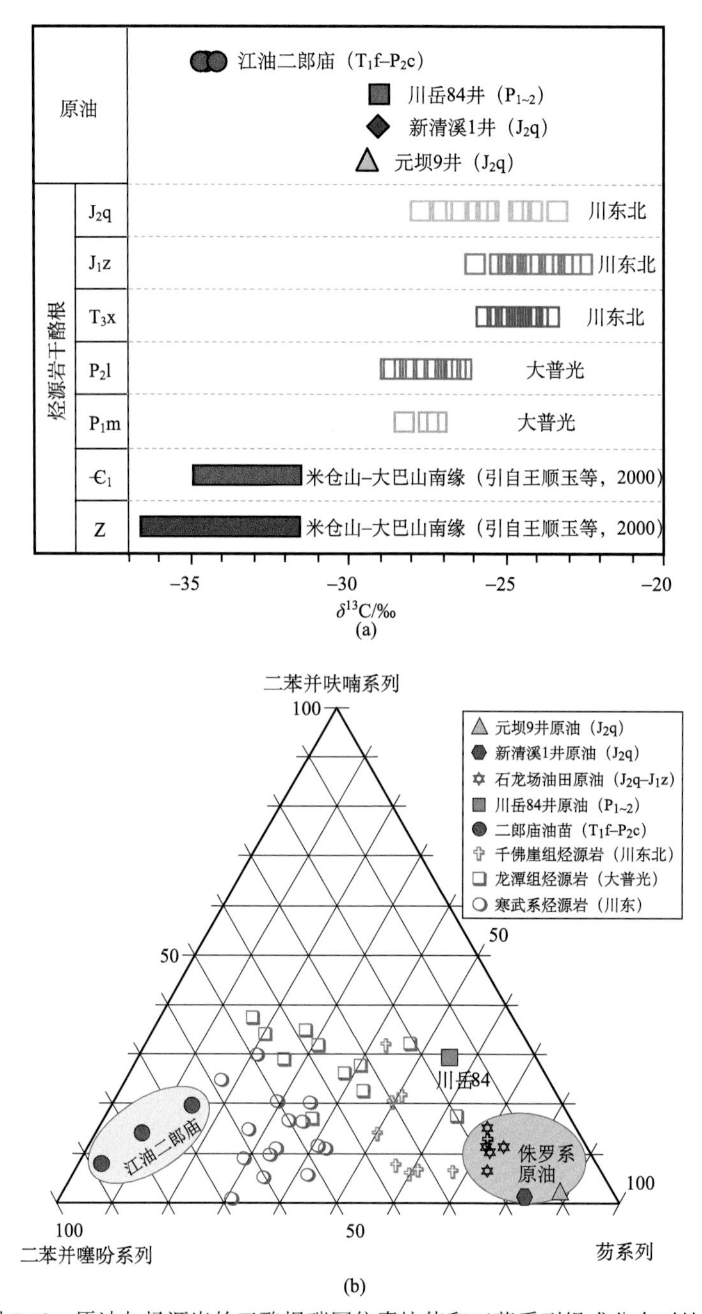

图 5-12　原油与烃源岩的干酪根碳同位素比值和三芴系列组成分布对比图

江油二郎庙油苗具有独特的甾、萜烷分布特征和很轻的碳同位素组成（–34.6‰～–34.1‰），与川西北龙门山北段地区及大巴山前断褶带各地层中的其他油苗及沥青很相似，表明这类油源呈区域性分布。根据碳同位素和 C_{29} 甾烷优势等生标特征及烃源岩的分布，许多研究者都认为其油源来自寒武系—震旦系。王顺玉等（2000）在米仓山-大巴山南缘分析的寒武系、震旦系烃源岩干酪根碳同位素数据[分别为–35.0‰～–31.6‰、–36.7‰～–31.5‰，图 5-12（a）]，加之油苗中检出的 C_{30}、C_{26} 甾烷和 C_{30} 甲基甾烷等断代生物标志物的组成和分布特征，验证了这种观点。此外，本书所分析的川东地区寒武系烃源岩样品也具有高二苯并噻吩系列的组成特征[图 5-12（b）]，一定程度上反映了这些油/岩在沉积环境意义上的一致性。

（三）麦地坪组和筇竹寺组烃源岩是安岳气田主要源岩

针对安岳气田天然气来源，魏国齐等（2015）通过天然气与烃源岩碳同位素资料分析认为，气藏中天然气 $\delta^{13}C_2$ 普遍较轻，分布在–37.9‰～–28.2‰。由于腐殖型来源的天然气的 $\delta^{13}C_2$>–25.1‰，而腐泥型来源的天然气的 $\delta^{13}C_2$<–28.8‰（图 5-13），因此认为安岳气田天然气属于腐泥型母质来源的天然气。从天然气碳同位素特征来看，下寒武统筇竹寺组干酪根的 $\delta^{13}C$ 值总体上最轻，按油气生成的碳同位素分馏效应来看，同位素明显较轻的威远筇竹寺组页岩气、龙王庙组天然气以及威远震旦系—奥陶系天然气来源与筇竹寺组烃源岩是符合同位素分馏规律的，从地质角度也可以很好解释这些天然气主要来源于筇竹寺组源岩。从沥青生物标志物含量来看，就同一地区而言，热演化程度总体上有随深度增大而呈升高的趋势。下寒武统筇竹寺组与高石 6 井、磨溪 11 井龙王庙组含沥青晶粒白云岩的 4-甲基二苯并噻吩（4-MDBT）/1-甲基二苯并噻吩（1-MDBT）值分别为 3.29 和 2.97，比磨溪 9 井寒武系筇竹寺组泥岩的比值（3.87）略低，而远低于灯四段

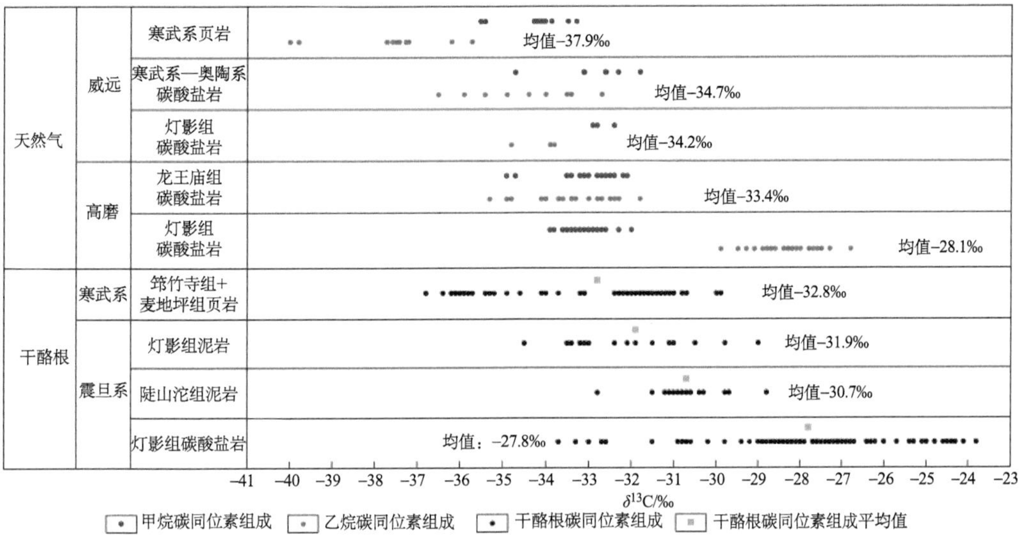

图 5-13　四川盆地寒武系天然气与源岩干酪根碳同位素分布图（魏国齐等，2015）

储层沥青的比值（4.16）和灯三段泥岩的比值（4.7）。这些特征是符合该地区热演化特征的，也反映了龙王庙组储层沥青的来源更可能是其下部筇竹寺组烃源岩，而不是距离更远的震旦系烃源岩。

在上述分析基础上，认为磨溪-高石梯地区龙王庙组天然气主要来源于寒武系筇竹寺组烃源岩，主要为原油裂解气。筇竹寺组优质烃源岩是龙王庙组下伏的距离最近（150～200 m）、烃源条件最好的一套烃源岩，是龙王庙组天然气主要来源。龙王庙组天然气与筇竹寺组页岩干酪根碳同位素对比、龙王庙组储层沥青与筇竹寺组烃源岩的地球化学特征对比均表明龙王庙组天然气来源于寒武系烃源岩。

二、礁滩大气田形成过程与机理

（一）生烃史模拟与油气充注史

普光、元坝大气田主要发育于长兴组—飞仙关组，礁滩储层中发现大量沥青，通过储层沥青与烃源岩同位素分析认为主要来源于二叠系烃源岩，结合单井生埋烃史与储层包裹体资料分析，认为晚三叠世—早侏罗世早期古油藏形成，中侏罗世—早白垩世古油藏发生裂解，形成气藏（马永生，2006；郭旭升和郭彤楼，2012；蔡希源等，2015）。以元坝地区为例，通过对烃源岩演化史模拟，结合流体包裹体特征与油气充注历史分析，落实油气成藏期次与时间。元坝大气田以元坝 2 井为例，其古油藏发生了两期油充注（图 5-14）：第一期时间为 195～190 Ma（晚三叠世—早侏罗世）；第二期时间为 190～184 Ma（早侏罗世），与上二叠统源岩的生油高峰是基本匹配的。

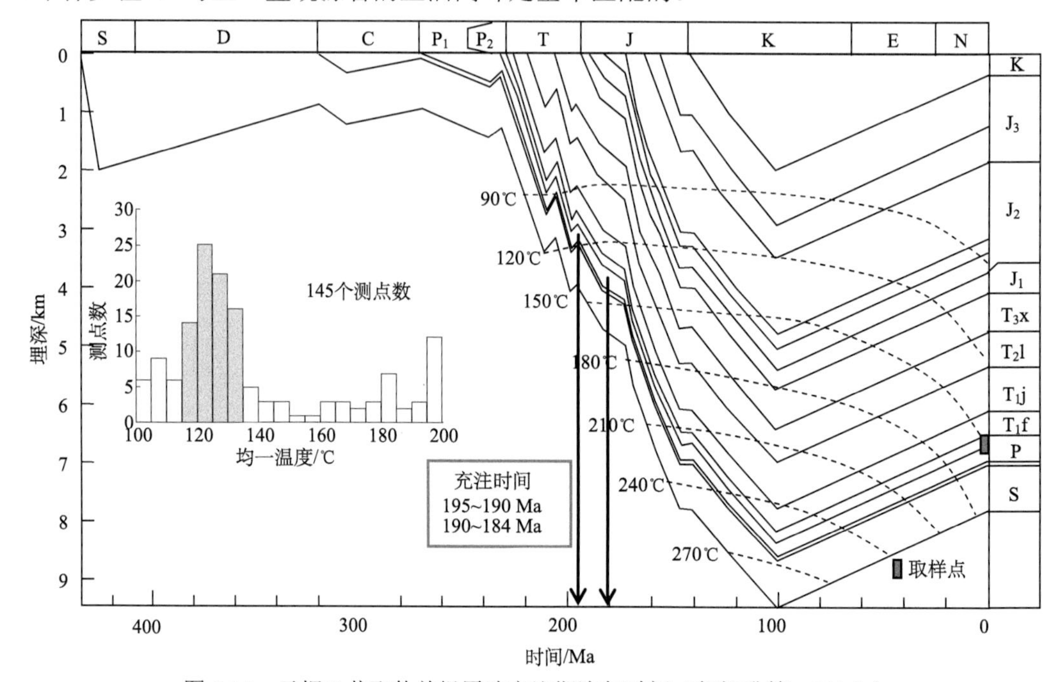

图 5-14　元坝 2 井飞仙关组原油充注期次与时间（郭旭升等，2014b）

1）烃源岩演化史模拟

本书采用 Easy%R^o 模型法，在烃源岩埋藏史和热史的基础上模拟镜质组反射率随时间的变化，然后通过 R^o 值确定有机质成熟的时间与深度或温度，并划分烃源岩生烃门限和演化阶段。以元坝 2 井为例，利用 IES 软件进行一维烃源岩演化史模拟。本区的烃源岩有志留系，下二叠统，上二叠统龙潭组、长兴组，上三叠统须家河组以及侏罗系，其中主力烃源岩为二叠系烃源岩，尤其是龙潭组优质泥岩烃源岩有机质类型好，生烃潜力巨大。

在单井埋藏史、热史研究的基础上，从有机质热演化成熟史（图 5-14）可以看出：印支末期（200 Ma），龙潭组烃源岩、下二叠统烃源岩、志留系烃源岩 R^o 值超过了 0.5%，进入生油门限；中侏罗世早期（175 Ma）进入生油高峰；晚侏罗世早期（155 Ma）龙潭组烃源岩、下二叠统烃源岩已进入高成熟演化阶段，R^o 值大于 1.25%，处于凝析油-湿气-干气生烃阶段，志留系烃源岩此时已进入高-过成熟演化阶段，R^o 值大于 1.5%。之后随着埋深增加，烃源岩 R_0 值不断增加，直到中燕山运动研究区抬升遭受剥蚀，烃源岩生烃作用逐渐停止，各层段烃源岩基本与中燕山运动期的成熟度相当。

2）流体包裹体特征与油气充注历史

元坝地区通常发育孔隙型气藏，孔隙型气藏的储集层中有较多沥青分布。确定这类气藏的充注时间需要测定流体包裹体的类型。对于含大量沥青的孔隙型气藏，现今基本认为是由古油藏裂解形成。因此，确定古油藏充注时间主要是测定与油包裹体或沥青包裹体同期的盐水包裹体。

元坝区块储集层含有大量的固体沥青，现今气藏的天然气主要是古油藏原油裂解气。据岩心观察，元坝 2 井长兴组含沥青白云岩的累计厚度为 22.3 m，元坝 102 井长兴组和飞仙关组含沥青地层的累计厚度分别为 5.5 m 和 2.3 m。

流体包裹体观察显示，储集层可见大量的固体沥青包裹体（图 5-15），气态烃包裹体、含烃盐水包裹体和盐水包裹体。通过测定与含烃盐水包裹体或/和沥青包裹体共生的盐水包裹体均一温度代表原油充注期的温度，在储层埋藏史和热史曲线图上确定原油的充注时间。结果表明，元坝 2 井长兴组原油发生了两期油充注（图 5-14）：第一期时间为 200～185 Ma（晚三叠—早侏罗世）；第二期时间为 181～175 Ma（早侏罗世）。

总体来看，元坝构造为原油裂解气藏，元坝构造于晚三叠世—早侏罗世（相当于晚印支运动到早燕山运动）发生过两期油充注，与上二叠统源岩的生油高峰是基本匹配的。

普光地区其古油藏的充注大致有两期（图 5-16）：第一期发生于 185～180 Ma（晚三叠世—早侏罗世）；第二期发生于 172～167 Ma（早侏罗世）。第二期油成藏期因温度较高，可能主要为凝析油成藏期。综合普光气田其他钻井的长兴组和飞仙关组的成藏期分析，其古油藏的充注集中在 200～175 Ma（晚三叠世—早侏罗世），并可能有多期油的充注。

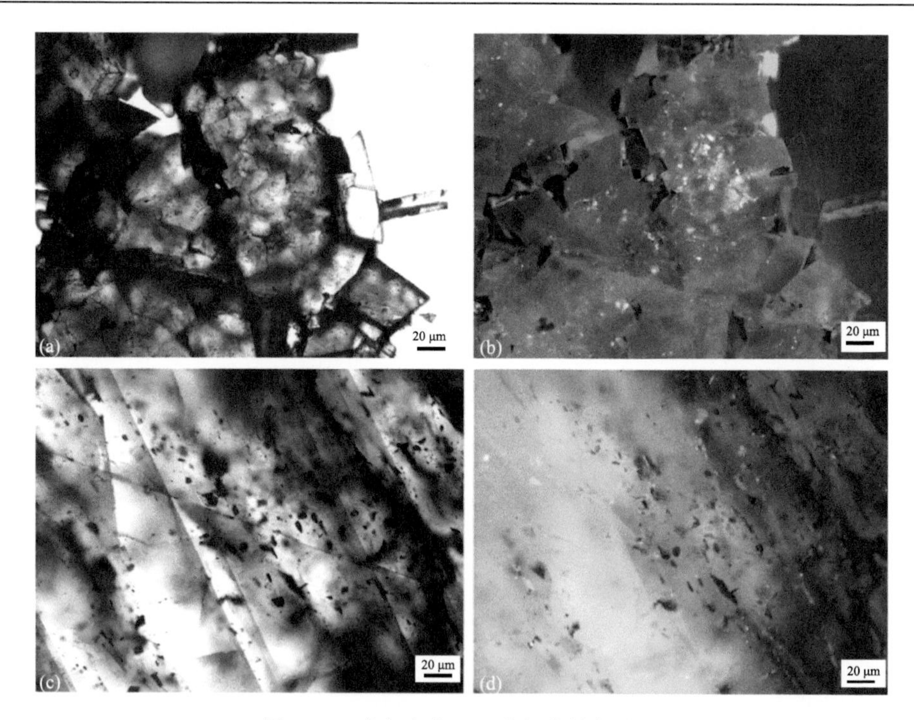

图 5-15　油包裹体、沥青包裹体的特征

（a）元坝 2 井长兴组黄色、蓝白色荧光油包裹体，6558 m，浅灰色溶孔白云岩白云石晶粒中油包裹体，透射光；（b）图（a）相对应的荧光；（c）元坝 2 井长兴组，6583 m，浅灰色细晶白云岩溶孔充填方解石中沥青包裹体，透射光；（d）图（c）相对应的荧光

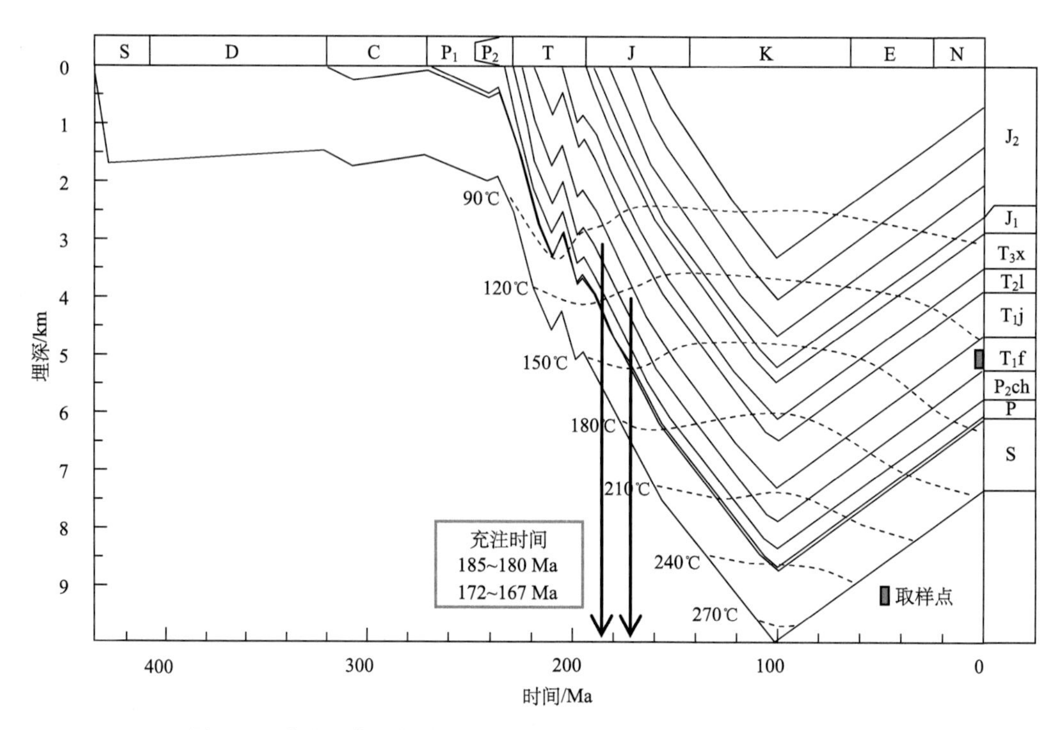

图 5-16　普光 2 井飞仙关组原油充注期次与时间（马永生等，2007）

安岳大气田主要发育于灯影组—龙王庙组，通过灯影组、龙王庙组沥青及震旦系、寒武系烃源岩萜甾烷等生物标志化合物分析可知，筇竹寺组烃源岩与灯影组烃源岩对灯影组气藏均有贡献，龙王庙组储层沥青主要来源于其下部的筇竹寺组烃源岩（杜金虎等，2015）。结合烃源岩热演化史分析，认为二叠纪－中三叠世古油藏形成，晚三叠世－白垩纪受深埋作用影响，古油藏裂解为气藏（杨跃明等，2016）。

（二）输导体系

四川盆地不同礁滩大气田输导体系存在差异，如普光-大湾-毛坝构造主要由断层-裂缝-孔隙型储集体构成，该区发育了多期北东向断裂，在 SE 剖面上表现为“Y”形组合样式控制北东向背斜的断层为晚印支期—晚燕山期多期继承性活动的产物，断距为 300～500 m；基本沟通了上二叠统源岩与长兴组和飞仙关组储集层，且与原油充注（晚印支期—早燕山期）基本同期，充当了早期原油的运移通道。安岳气田输导体系主要由不整合面与断层系统组成，其中灯影组不整合面有利于烃源侧向供烃，发育的断裂系统有利于烃源纵向排烃，形成网状油气输导体系为古隆起区大面积油气运移成藏提供了良好通道。元坝气田的输导体系主要由层间缝、节理缝和孔隙型储层（主要是白云岩层段）构成，吴家坪组、大隆组烃源岩生成的油气，主要沿层间缝和节理缝垂向运移至储集层，并侧向汇聚形成古油藏。

本节以元坝礁滩大气田为例，从储集体输导层的岩石类型与分布、断裂发育与分布等方面分析输导体系，并建立元坝礁滩大气田输导体系模型。

1）储集体输导层的岩石类型与分布

元坝气田长兴组储集体输导的岩性为台地边缘礁-滩相白云岩，岩性以结晶白云岩、（含）生屑白云岩、砂屑白云岩为主，少量砂屑灰岩和生屑灰岩。飞仙关组储集体输导层以鲕粒灰岩为主，局部发育薄层的白云岩。长兴组储层主要分布于台地边缘礁、礁后浅滩和礁滩复合体中，总体上具有“前礁后滩、叠置连片”的特点（图 5-17），分布面积较广，为 350～450 km^2。20 口钻井揭示的储层厚度为 30～150 m，平均为 70 m。受礁-滩相变等控制，储层的非均质性很强，侧向变化大，储集层厚度从小于 40 m 到超过 100 m。元坝 12 井和元坝 102 井钻井揭示长兴组储集层厚度超过 100 m。厚层储集层主要分布于台缘礁滩，礁后浅滩和台内滩储集层厚度相对较薄。

飞仙关组储集层主要分布于飞二段浅滩中，分布面积大，在整个元坝气田均可见该套颗粒灰岩的分布，厚度为 30～60 m。

从储集空间类型来说，长兴组白云岩孔隙类型以生物体腔孔、晶间孔和溶洞为主，部分裂缝发育（图 5-18），飞二段鲕粒灰岩以鲕模孔为主。

元坝探区长兴组储层总体表现为长兴组储层以Ⅱ类、Ⅲ类储层为主，Ⅰ类储层次之。储层总体为中低孔-低渗和中低孔-高渗特征（图 5-19），孔隙度平均值为 4.37%，渗透率平均值为 $29.13\times10^{-3}\ \mu m^2$。其中孔隙度<2.5%的占 39.65%，孔隙度为 2.5%～5%的占 35.63%，孔隙度为 5%～10%的占 15.24%，孔隙度>10%的占 9.47%；渗透率基本>$0.001\times10^{-3}\ \mu m^2$，其中 0.001×10^{-3}～$0.011\times10^{-3}\ \mu m^2$ 的占 9.99%，0.01×10^{-3}～$0.1\times10^{-3}\ \mu m^2$

的占 35.32%，$0.1\times10^{-3}\sim1.0\times10^{-3}\ \mu m^2$ 的占 21.01%，$>1.0\times10^{-3}\ \mu m^2$ 的占 33.68%。储层孔喉以中孔细喉为主，占样品数的 32.76%，其次为大孔粗喉型、微孔微喉型和大孔细喉，各占 17.24%、15.52%和 12.07%。普光气田的含气面积为 27.5 km^2，储层厚度为 100～400 m，平均孔隙度为 8.11%（马永生等，2005），与之相比，元坝气田的储层厚度和孔隙度要小，但储层（含气）面积是普光气田的近 20 倍，表明元坝气田具有大面积汇聚油气的能力。

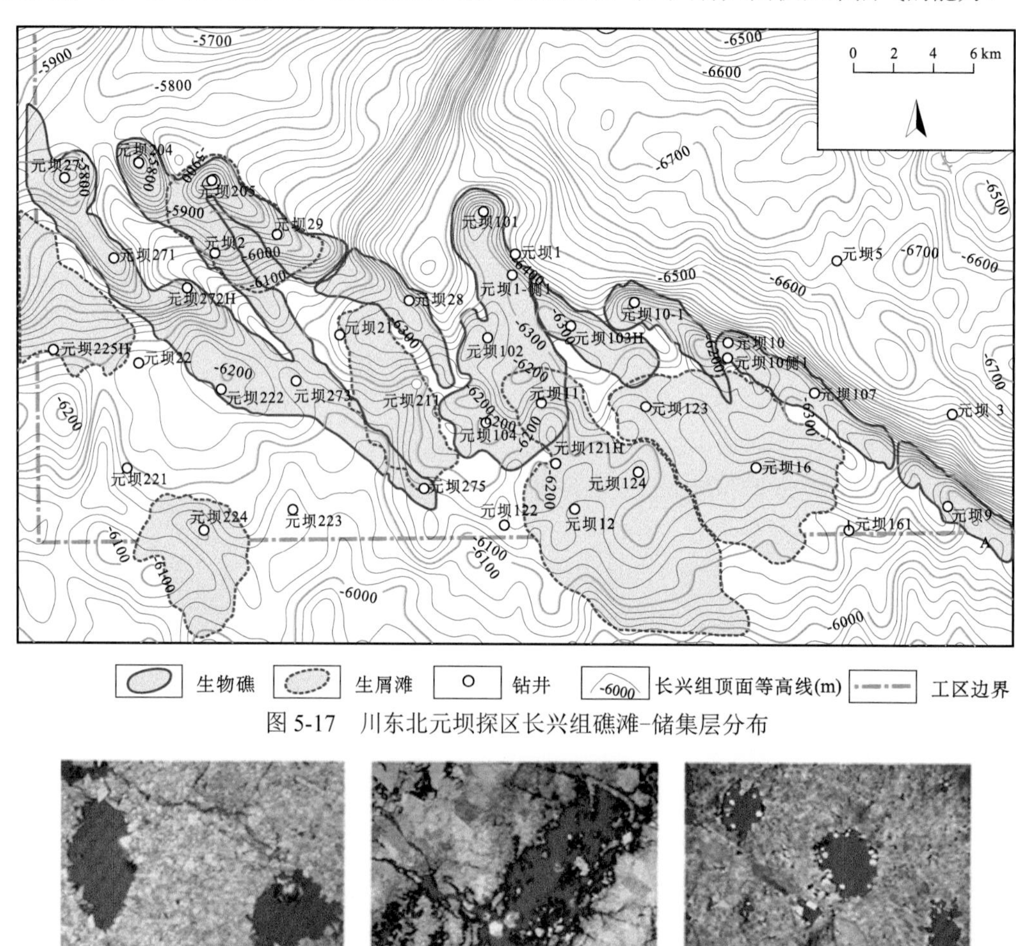

图 5-17　川东北元坝探区长兴组礁滩-储集层分布

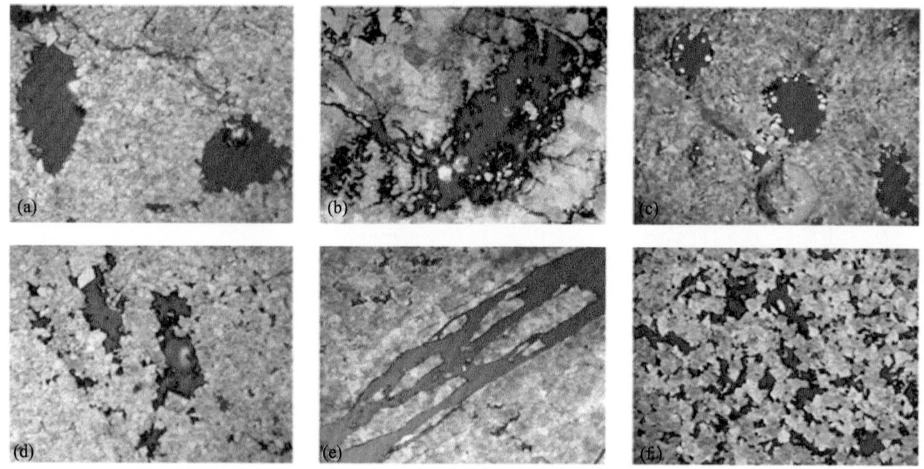

图 5-18　元坝地区长兴组储集层主要储集空间类型

(a) 元坝 2 井，6558 m，细晶白云岩，非选择性溶孔、洞(×5, –)；(b) 元坝 2 井，6580 m，亮晶生屑含灰白云岩，以粒内、粒间孔为主(×5, –)；(c) 元坝 102 井，6725.3 m，溶孔生屑细晶白云岩，以粒内溶孔为主；(d) 元坝 2 井，6557.7 m，细晶白云岩，以晶间孔，晶间溶孔为主(×5, –)；(e) 元坝 2 井，6579.6 m，含生屑溶孔细晶白云岩，裂缝较发育(×5, –)；(f) 元坝 102 井，6772.4 m，溶孔细-中晶白云岩，以晶间溶蚀扩大孔为主

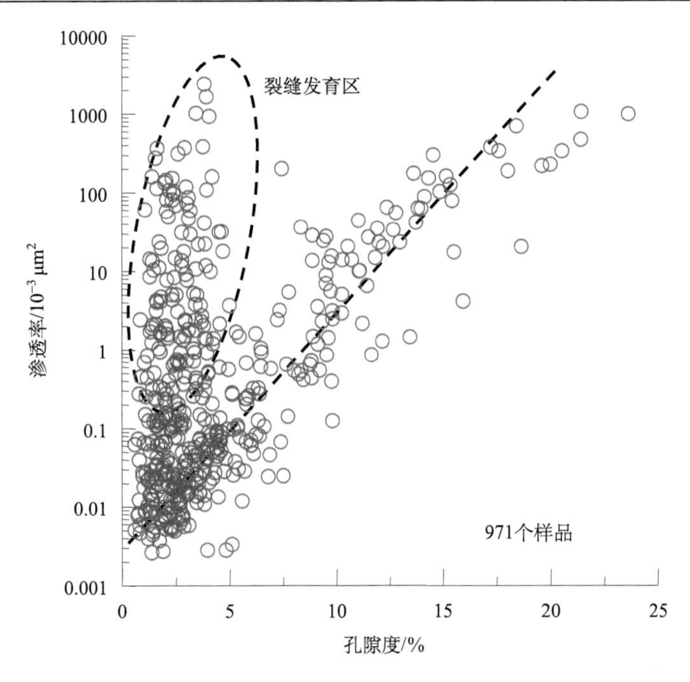

图 5-19　川东北元坝探区长兴组储层孔隙度-渗透率分布

2）断裂发育与分布

地震资料揭示，整个元坝探区构造变形较弱，且上二叠统龙潭组烃源岩和长兴组储层之间未见明显断层发育。在孔隙度和渗透率的分布图上，有较多样品落在“低孔高渗”的“三角区”（图 5-19），表明有较多裂缝的发育。成像测井资料显示，长兴组储层发育中-高角度裂缝，且岩心上可观察到充填沥青的高角度裂缝（图 5-20），表明这些高角度裂缝是油气垂向运移的通道。

(a)　(b)

图 5-20　川东北元坝探区长兴组充填沥青的典型高角度裂缝

（a）元坝 2 井，长兴组；（b）元坝 224 井，长兴组

岩心资料显示，储层段被沥青充填裂缝和未充填裂缝均有发育，表明可能发育多期裂缝，且现今高导裂缝的走向为北西-南东向，成像测井揭示的最大主应力方向也为北西-南东向，与盆山耦合背景下的区域应力场分布（沈传波等，2007）基本一致，进一步表

明元坝探区的裂缝是在区域应力场作用下继承性发育而成。另外，无明显构造变形、在区域应力场作用下形成的层间裂缝和节理缝也有实例报道（Stearns，1972）。元坝长兴组储层段与上二叠统龙潭组烃源岩之间的夹层厚度为150～200 m。烃源岩层段生成油气运移至储集层必须由裂缝构成垂向的输导通道，充填沥青裂缝的发育以及储层段大规模的天然气聚集也间接证明由裂缝构成的输导体系是有效的。

3）输导体系模型

元坝气田的输导体系主要由层间缝、节理缝和连通性的白云岩储集层构成。白云岩储集层面积大，侧向叠合、连片分布，且储集层的物性条件好，具有大面积汇聚和运移油气的能力。节理缝主要是垂直层面的中-高角度的裂缝，在元坝地区的岩心上可常见此类裂缝，且裂缝面有擦痕，多充填沥青，无疑是古原油垂向运移的有效通道。层间缝是指不同岩性段之间的层面缝，在侧向挤压的背景下，这些层面往往是应变的薄弱面，发生岩层张开或剪切，在岩心上多为低角度层面缝，发育擦痕，也可见沥青充填。这种由层间缝、节理缝和输导层构成的输导体系是有效的，导致古原油的聚集，江油二郎庙的渔洞子剖面飞仙关组古原油的聚集就是很好的实例。飞仙关组鲕粒白云岩多充填沥青，古油层之间的层面缝、裂缝带和节理缝可见沥青充填（图 5-21），下伏长兴组可见被沥青充填的裂缝，表明下伏烃源岩生成的原油发生了有效的输导和聚集。

图 5-21　四川江油渔洞子剖面的古油层与输导体系剖面

因此，龙潭组和大隆组烃源岩生成的油气，主要沿层间缝和节理缝垂向运移至储集层，并大规模侧向汇聚形成大型油气田（图 5-22、图 5-23）。

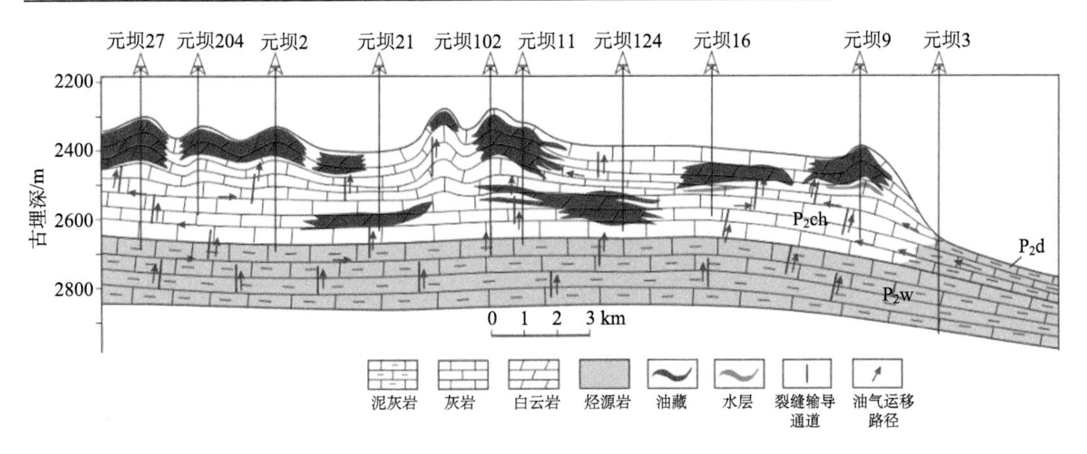

图 5-22　川东北元坝探区油气输导体系剖面模型

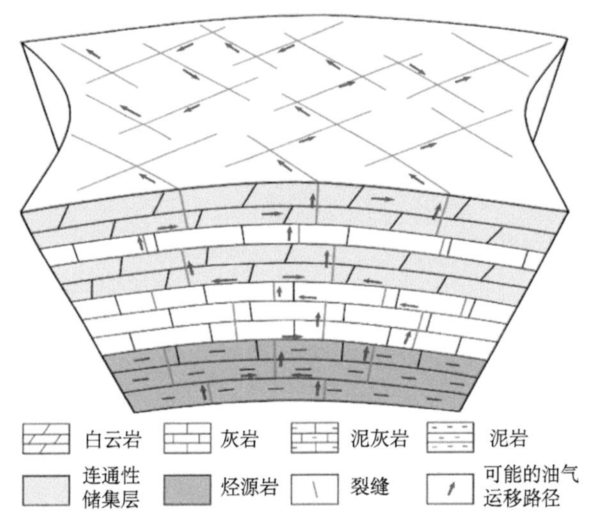

图 5-23　川东北元坝探区油气输导体系立体模型

（三）成藏过程恢复

四川盆地礁滩大气田油气成藏过程各有差异，如安岳气田比普光、元坝气田古油气藏形成时间早，普光与元坝气田在后期调整改造强度方面也存在差异，但上述气田成藏过程都经历了早期古油藏聚集、古油藏裂解形成古气藏和气藏晚期调整再聚集三个阶段（马永生等，2007；郭旭升等，2014b；杨跃明等，2016），因此选取元坝礁滩大气田为代表，系统阐述礁滩大气田油气成藏过程。

以元坝 27 井-元坝 204 井-元坝 2 井-元坝 21 井-元坝 102 井-元坝 11 井-元坝 124 井-元坝 16 井-元坝 9 井剖面为例，元坝气田的古油气藏的形成与调整改造过程可归纳为如下三个阶段：早期岩性古油藏聚集、古原油裂解和天然气调整再聚集（图 5-24）。

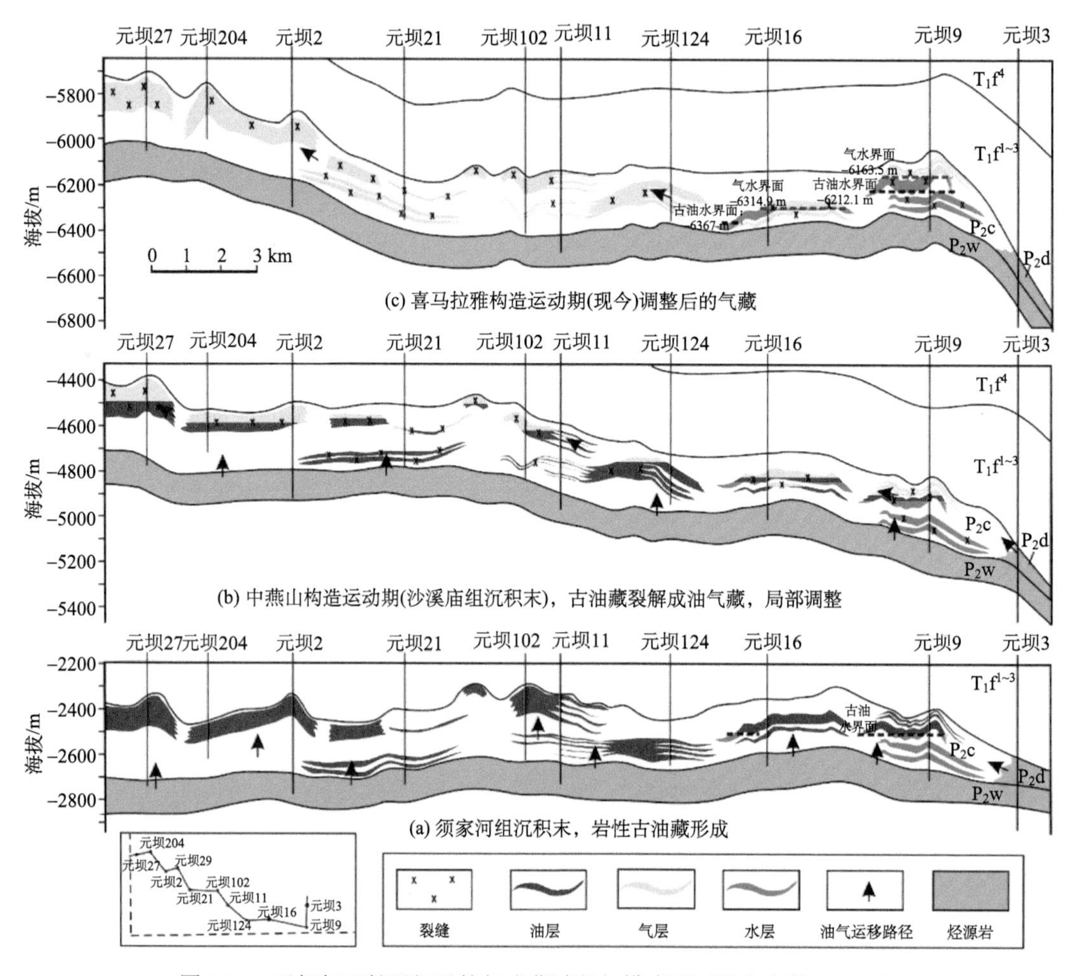

图 5-24　元坝气田长兴组天然气成藏过程与模式图（段金宝等，2013）

（1）晚三叠世—早侏罗世，古岩性油藏形成。此期上二叠统吴家坪组烃源岩和大隆组烃源岩已经进入生油窗，原油主要沿裂缝垂向和侧向运移至礁滩岩性圈闭聚集，各岩性圈闭之间为独立的油藏，且具有不同的油-水界面。根据岩心和薄片观察，在元坝 9 井区和元坝 123 井区发现了独立的古油-水界面。

（2）中侏罗世—早白垩世，古原油发生裂解，古岩性气藏形成。随着地层的持续埋深，储层的温度逐渐超过 150℃，在地层埋深最大期（早白垩世），储层温度超过 200℃。根据前人研究，150℃是地层条件下原油稳定存在的上限。因此，古原油必然发生裂解，完成了油到气的相态转化。在原油裂解过程中会产生超压，部分天然气可能沿裂缝发生再运移。

（3）早白垩世以来，天然气调整再聚集。受北部九龙山背斜隆起的影响，元坝 27 井区地层持续整体抬升，天然气向北再次运移与聚集，岩性气藏最终定位。受天然气调整再聚集的影响，位于现今相对高部位的圈闭不发育边底水，最终在元坝 9 井区、元坝 16 井区和元坝 123 井区发育底水，此阶段的各礁滩岩性圈闭仍然具有独立的气-水界面，如元坝 16 井区和元坝 9 井区圈闭的气-水界面不同，并且高部位圈闭的天然气的 H_2S 含量要低于构造低部位且含水的圈闭的 H_2S 含量。

第三节　礁滩大气田形成富集主控因素

针对礁滩大气田形成富集主控因素，“十一五”期间相关学者通过解剖普光气田认为，临近主力生烃凹陷、优质储层发育、适时的古隆起控制了普光大型气田形成（马永生等，2005，2007）。“十二五”期间通过元坝与安岳礁滩大气田的勘探，相关学者建立“多元供烃、近源聚集、岩性控藏、气油转化、晚期调整”的元坝成藏富集模式（郭旭升等，2014b）与“古裂陷、古丘滩体、古圈闭、古隆起的时空有效配置”的安岳四古控藏理论（杜金虎等，2014，2015；邹才能等，2014；汪泽成等，2016）。本书在上述礁滩大气田形成基本地质特征与成藏过程分析的基础上，从烃源岩（烃灶）、储层、疏导体系和保存条件四个方面总结礁滩大气田形成富集主控因素。

一、烃源岩及烃灶控制了大中型气田发育与分布

烃源岩是生成油气的物质基础，其分布对于四川盆地油气藏的分布具有宏观的控制作用。碳酸盐岩储层较致密、非均质性强，致使烃源岩生成的原油与天然气难以发生大规模长距离的运移，尤其是横向上的长距离运移更加困难。因此，四川盆地海相领域碳酸盐岩天然气藏分布具有明显的源控性。由于礁滩大气田烃源岩分布受区域拉张应力背景控制，如德阳-安岳克拉通内裂陷区控制了下寒武统优质烃源岩中心，目前发现的川中威远震旦系灯影组、安岳寒武系龙王庙组气藏均邻近寒武系筇竹寺组烃源岩发育区。其中，筇竹寺组烃源岩厚度达 300～450 m，是其他地区烃源岩厚度的 3 倍，而且有机碳含量多在 1.0%以上，属于优质烃源岩；麦地坪组泥质烃源岩厚度为 5～100 m，其他地区分布较薄或者缺失。这两套烃源岩累计生气强度高达 $100\times10^8\sim180\times10^8$ m^3/km^2，是其他地区的 4 倍以上。此外，德阳-安岳克拉通内裂陷区发育的灯影组台缘带丘滩体紧邻生烃中心，近源成藏。受克拉通内裂陷分割的控制，川中古隆起区震旦系—下寒武统成藏组合平面上可分 3 个单元（图 5-25），即德阳-安岳裂陷区、磨溪-高石梯古高地、资阳-威远古高地。

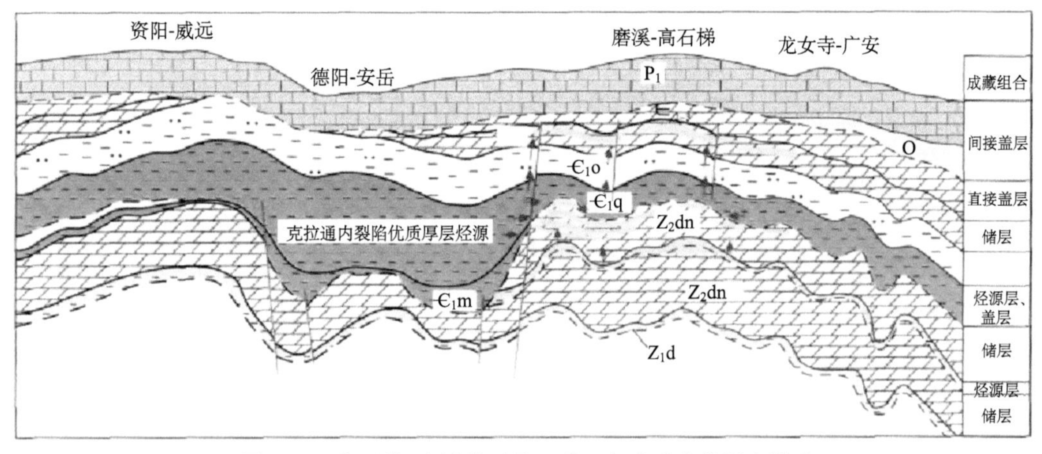

图 5-25　高石梯-磨溪地区震旦系—寒武系成藏组合模式

二叠系烃源岩的烃源灶分布在巴中-平常-达州一带，总体呈北西向展布。目前所发现的礁滩大型气田均位于川东北二叠系烃源岩的生烃中心及邻区（图 5-26）。二叠系烃源灶的形成应该主要与晚二叠世的拉张动力学背景有关。茅口组沉积期，整个川东北和川东地区为一个大台地，岩性为泥晶灰岩和泥晶生屑灰岩，相对稳定，水体深度的平面分异不明显，至茅口组沉积发育随着东吴运动的影响，局部发生隆升剥蚀，成为一个重要的不整合界面，之后发生裂陷运动（主要与峨眉地裂运动引起的拉张动力学背景有关），在川东北地区产生明显的台地-陆棚沉积格局，沿陆棚区发育海相的吴家坪组烃源岩。主要有两个方面的证据：一是在陆棚区有多口钻井在茅口组顶部钻遇火山岩，是裂陷运动的直接证据；二是烃源岩灶的分布大致与长兴期梁平-开江陆棚的沉积格局相似（但不完全相同）。二叠系龙潭组（吴家坪组）主力烃源岩的厚度在川东北地区最大，单井最大厚度可达 171 m，烃源岩有机质丰度高、有机质类型以Ⅱ型为主，生烃能力最好。此外，川东北长兴组（大隆组）深水陆棚区也存在一定厚度的烃源岩。在已发现礁滩大气田的元坝地区的二叠系烃源岩的生烃强度达 $20\times10^8\sim40\times10^8\ m^3/km^2$；普光气田的二叠系烃源岩的生烃强度更是高达 $80\times10^8\sim100\times10^8\ m^3/km^2$。

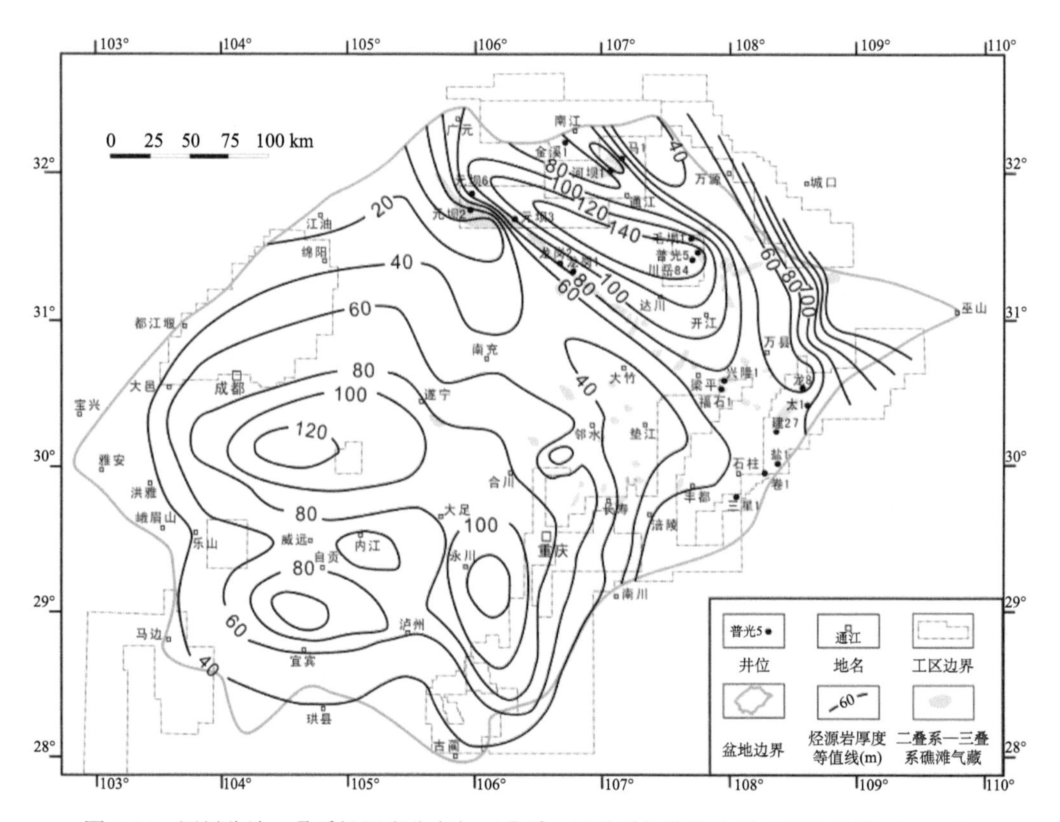

图 5-26　四川盆地二叠系烃源岩分布与二叠系—三叠系气藏叠合图（郭旭升等，2014b）

二、礁滩优质储层是大型气田富集的关键因素

大气田的形成需要有良好的储层，优质储层的发育规模决定了气藏发育规模，礁滩储层主要受沉积相带与后期建设性成岩作用控制。

（一）高能相带控制了孔隙性储集层的展布

四川盆地主要发育两类礁滩储层：①发育在碳酸盐岩台地内、台缘高能滩相及在此基础上的白云化形成局部连片的孔隙性储层，如晚震旦世灯影期、早寒武世龙王庙期浅滩白云岩储层。②台内及台缘的高能环境控制了台内点礁和台缘环礁的分布，如四川盆地上二叠统长兴组礁滩相储层的发育受控于长兴期沉积相，已发现的生物礁多集中在环开江-梁平陆棚边缘相。近年来，在环开江-梁平陆棚的两侧勘探发现了普光、元坝、龙岗等一大批长兴组、飞仙关组礁滩大型气田。其中普光气田在长兴组、飞仙关组礁滩已获探明储量 $4121.73\times10^8\,m^3$；元坝气田在长兴组生物礁提交探明储量 $2195.82\times10^8\,m^3$，均为特大型气田。在德阳-安岳克拉通内裂陷区周缘发现安岳礁滩大气田，截至 2015 年底，安岳气田高石梯-磨溪构造共发现磨溪、龙女寺、高石 6 井区 3 个富集区块，提交探明地质储量 $6574\times10^8\ m^3$，可采储量 $4130\times10^8\ m^3$。由此可见沉积环境和沉积相控制着储层的分布，同时也控制了大中型气田的分布。

（二）白云石化、溶蚀和破裂作用是海相储层的主要建设性成岩作用

白云石化作用是形成优质碳酸盐岩储层的基础：一是灰岩的白云石化引起岩石的体积缩小、孔隙度增加；二是在深埋条件下白云石比方解石更易溶解，有利于白云岩孔洞的形成；三是白云岩比石灰岩更有利于形成裂缝，不仅改善了储层渗流特征，也为流体的运移、溶蚀作用的产生提供了重要通道。因此，在海相储层中连片的孔隙型储层往往与白云石化作用有关，如川东石炭系黄龙组，就是潮坪沉积环境下由蒸发泵作用形成的白云岩储层。

溶蚀（或与岩溶作用有关）作用是形成优质储层的必要条件之一：海相碳酸盐岩储层中见到的孔隙类型 80%以上与溶蚀作用有关。可见溶蚀作用是形成优质储层的重要条件。在已有研究成果中，见到的溶蚀作用类型有：准同生期的暴露溶蚀作用，溶蚀规模相对较小；由于四川盆地存在多期的构造抬升剥蚀作用，产生表生阶段的大规模溶蚀作用，形成大面积溶蚀孔洞，是岩溶储层形成的基本地质条件；埋藏阶段的压实水溶蚀、有机酸的溶蚀、H_2S 的溶蚀（TSR 机理）、深层热液（或 H_2S、CO_2）的溶蚀等。

破裂作用是海相储层常见的特征，是重要的储渗空间类型，四川盆地构造活动期次多，特别是晚期构造活动相对强烈，造成岩石的破裂期次多、类型多、成因复杂，破裂作用相对强烈。破裂作用不仅改善了储层的渗流性质，而且为溶蚀流体运移溶蚀、油气运移等提供了重要的通道。

三、良好的输导体系有利于油气规模聚集成藏

输导体系是指油气从烃源岩运移到圈闭过程中所经历的所有路径网及其相关围岩，根据油气运移的主通道以及影响油气运移通道的主要因素，可以将输导体系划分为储集层、断裂、不整合及复合四大类输导体系。

普光-大湾-毛坝构造输导体系主要由断层-裂缝-孔隙型储集体构成。在主生烃期（T_3-J_1）并没有大规模的挤压推覆，北东向背斜和断裂没有大规模发育，普光构造主要由厚层的孔隙型白云岩储集体组成，并发育北东向的断裂，断距较小但沟通了上二叠统源岩。该区大量的北东向断裂和北西向断裂基本都在中-晚燕山期以来发育，对古油藏的充注来说不是有效的输导通道，但对后期天然气的聚集和调整可能起到有效的输导作用。

元坝气田位于超深层负向构造弱变形区，不发育类似普光气田的断层-储集体复合优质输导体，研究发现元坝吴家坪组—长兴组发育大量沥青充填的微小断层、微裂缝及层间缝，构成“三微”输导体系，实现了陆棚相烃源岩生成的油气通过斜坡向台缘礁带汇聚成藏。古油藏恢复研究表明，靠近台缘外侧生物礁带古油藏充满度高于内侧，具有近源富集的特点。数值模拟也表明“三微输导”可以实现近源岩性圈闭的有效汇聚（图 5-23）。

安岳气田内部发育多个不整合面及大量断层系统，有效沟通了烃源岩和储集层，形成网状油气输导体系，为古隆起区大面积油气运移成藏提供了良好通道。灯二段顶面、灯四段顶面区域性不整合面与龙王庙组优质储层为烃源侧向运移提供了通道，储集层段大量发育的高角度张性断裂系统多数下切至烃源岩层，是油气垂向运移的有效通道。

四、持续的有效保存条件是大型气田富集的保障

四川盆地经历多期构造叠加改造，特别是晚期调整改造再聚集过程中油气保持条件是气藏最终定型的关键。由于天然气的活动性及其物理特性，对封闭条件的要求较高，尤其是形成含气高度较大的大中型油气田，对封闭条件的要求更为苛刻，持续的有效保存条件是大型气田富集的保障。

四川盆地虽经历多期构造运动，但除喜马拉雅运动外，其余以整体升降运动为主，对早期油气藏的破坏不大。即使是构造运动最为强烈的喜马拉雅晚期，总体除了在盆地边缘的隆起成山外，盆地内部形成大量的褶皱和断层，但断裂大多向上消失在上三叠统与侏罗系砂泥岩地层中，盆内总体的油气保存条件良好，是四川盆地天然气富集的重要因素。四川盆地及周缘海相地层主要发育两类五套区域性盖层，主要可分为区域膏盐岩盖层与区域泥岩盖层，其中区域泥岩盖层有三套，主要发育在下寒武统、志留系、上二叠统吴家坪组/龙潭组；膏盐岩盖层有两套，主要发育于中下寒武统、中下三叠统，对海相各成藏组合油气的封堵具有重要作用。此外，在陆相中很少发现海相气源的气藏，反映了中下三叠统优质盖层对海相天然气分布的控制。

现今四川盆地嘉陵江组和雷口坡组膏盐岩层的厚度差异，盖层是否遭受剥蚀和剥蚀程度，以及断层对盖层的破坏程度，这三方面决定了天然气藏的保存条件。川东北地区

膏盐岩盖层累积厚度为200～800 m，向南过渡到鄂西-渝东地区，膏盐岩盖层厚度有所减薄，累积厚度在150 m左右。川东北地区嘉陵江组和雷口坡组膏盐岩层均未出露地表，盖层未遭受剥蚀；川东北元坝地区断层不发育，通南巴和普光地区断层发育，但是断层主要是未断穿膏盐岩盖层的逆断层，断层自封闭能力强。而鄂西-渝东地区的石柱复向斜两侧齐岳山、方斗山、龙驹坝等高陡背斜轴部，膏盐岩盖层不仅遭受剥蚀，并且大气淡水的垂向渗入膏盐岩层，将会使膏盐岩盖层受到破坏，圈闭的保存条件变差；并且高陡构造发育断层，断层与大气淡水渗入形成的渗透层的沟通，共同组成了油气逸散系统。因此，膏盐岩盖层的缺失以及断层直接沟通海相地层，是晚期天然气聚集保存的最大风险。

第四节　超深层碳酸盐岩储层精细预测

超深层碳酸盐岩储层具有埋藏深、非均质性强、地震识别难度大、气水关系复杂等特点，针对碳酸盐岩储层精细描述的技术难点，通过“十一五”时期的技术攻关，形成了以沉积相带为指导的“相控三步法”碳酸盐岩储层精细描述技术，并在普光气田的勘探发现中起到了良好的技术支撑作用；随着勘探的不断深入，研究区地质条件更加复杂、储层更加致密，在“十二五”期间着重对三类储层的精细描述及气水检测进行了技术攻关，在礁滩储层地震模拟、地震相精细刻画、孔隙度预测及流体检测等技术方面取得了较大的进展，完善并拓展了“相控三步法”碳酸盐岩储层精细描述技术，为元坝气田的整体勘探评价奠定了良好的基础。

一、超深层碳酸盐岩储层预测思路与方法

根据近几年在普光气田及元坝地区储层预测方面的实践，逐步形成了一套以沉积相研究为指导，以储层响应特征研究、储层宏观展布分析、储层精细预测为研究思路，以储层地震数值模拟、地震沉积学分析、地震多属性分析、基于孔缝双元结构的孔构参数储层反演及叠前流体检测等技术为核心的超深层礁滩储层综合预测方法（图 5-27），形成并完善了“相控三步法”礁滩储层精细描述技术，并在四川盆地海相碳酸盐岩储层预测的应用中取得了良好的效果。

二、超深层碳酸盐岩储层精细预测关键技术——以元坝气田为例

随着普光气田以及元坝气田的发现，礁滩相储层预测及流体识别的方法技术取得了一系列的进展，并且随着勘探的不断深入，礁滩储层精细预测技术得到了进一步的深化及拓展。元坝气田与普光气田相比，埋藏更深、储层厚度更薄、储层物性更致密，这也意味着勘探开发的难度更大；本节以元坝气田的储层精细预测作为实例，对深层碳酸盐岩储层精细预测的关键技术进行介绍和说明。

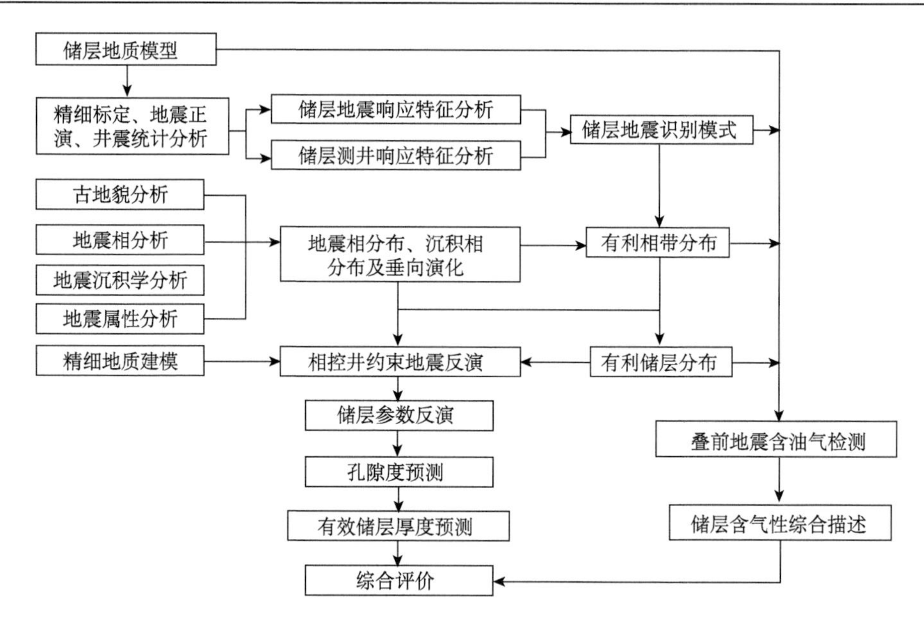

图 5-27　超深层碳酸盐岩礁滩储层地震预测技术流程

（一）礁滩储层地球物理响应特征分析

1. 礁滩储层岩石物理特征

元坝地区长兴组储集层岩性主要为亮晶生屑白云岩、生物礁灰岩、亮晶生屑灰岩，除亮晶生屑白云岩以外，其他岩性储集性相对较差，储层类型以Ⅱ类、Ⅲ类为主（郭旭升和胡东风，2011）。Ⅰ类、Ⅱ类储层的速度较低，而Ⅲ类储层速度较高，储层速度跨度较大，在 5600～6400 m/s 均有分布，密度则在 2.65～2.75 g/cm^3，部分灰岩储层密度低至 2.5 g/cm^3，围岩的速度稳定在 6200～6400 m/s。

长兴组不同岩性的自然伽马关系为 $GR_{含硅灰岩}>GR_{泥灰岩}>GR_{白云岩}$、$GR_{云质灰岩}$、$GR_{灰质云岩}$、$GR_{灰岩}$。储层的伽马值＜20API，电阻率较高，除泥质灰岩外围岩的伽马值也较低，电阻值为高值，泥质含量越高电阻率值越高。

分析结果表明，无论是生物礁还是浅滩，其储层的物性特征都差别不大，速度和密度的变化主要取决于储层的岩石类型和其所处的构造位置、沉积环境。长兴组储层的特征为低速（储层含气速度最低）、低自然伽马、中-高电阻率，同时各岩性及各井间储层速度差异较大，储层与非储层间速度有明显重叠，单一地采用速度并不能区分储层和围岩，利用不同岩性的速度和伽马特征，可以将低速的优质储层与泥灰岩进行区分。

2. 生物礁滩地震数值模拟

礁滩储层与非储层间速度有明显重叠，从常规剖面上进行礁滩体的识别存在很多陷阱，在层序地层格架建立的基础上，建立精细的二维及三维地质模型，进行正演模拟分析，通过对振幅分布、反射结构等地震相特征的描述，总结不同类型储层的地震响应特征，可以提高礁滩体的地震识别精度。

1）基于单程波分步傅里叶偏移方法的数值模拟技术

（1）分步傅里叶偏移方法的基本原理。

恒密度介质中的压缩波的传播特征可用如下方程描述：

$$\nabla^2 u - \frac{1}{v^2}\frac{\partial^2 u}{\partial t^2} = 0 \tag{5-1}$$

式中，$u = u(x,y,z,t)$ 为压力值；$v = v(x,y,z)$ 为介质速度。将式（5-1）变换到频率域，得

$$\nabla^2 \overline{u} + \frac{\omega^2}{v^2}\overline{u} = 0 \tag{5-2}$$

式中，ω 为圆频率；$\overline{u} = \overline{u}(x,y,z,\omega)$ 为波场的频率域形式：

$$\overline{u}(x,y,z,\omega) = \int_{-\infty}^{\infty} u(x,y,z,t)\mathrm{e}^{-\mathrm{i}\omega t}\mathrm{d}t \tag{5-3}$$

设 $s(x,y,z) = 1.0 / v(x,y,z)$ 为介质慢度，若将慢度场分解为两部分：

$$s(x,y,z) = s_0(z) + \Delta s(x,y,z) \tag{5-4}$$

式中，$s_0(z)$ 为背景慢度场分量，它在层内是一个常数。

$\Delta s(x,y,z)$ 为层内扰动慢度分量。$s_0(z)$ 定义为参考慢度。将式（5-4）代入式（5-2）得

$$\nabla^2 \overline{u} + \omega^2 s_0^2 u = -S(x,y,z,\omega) \tag{5-5}$$

其中

$$S(x,y,z,\omega) = 2\omega^2 s_0 \Delta s(1 + \frac{\Delta s}{2s_0})\overline{u}(x,y,z,\omega) \tag{5-6}$$

通过引进一个源项 $S(x,y,z,\omega)$，式（5-2）的齐次方程就转换成了式（5-5）的非齐次方程。依据地震波场的叠加原理，式（5-5）的解可以表示成

$$\overline{u}(x,y,z,\omega) = \overline{u}_0(x,y,z,\omega) + \overline{u}_s(x,y,z,\omega) \tag{5-7}$$

其中前者为背景慢度引起的波场，它为整个波场的主值部分，后者为波场的扰动项。由于 $\overline{u}_0$ 为式（5-5）所对应的齐次方程的解，故满足：

$$\nabla^2 \overline{u} + \omega^2 s_0^2 \overline{u} = 0 \tag{5-8}$$

由相移法可知，式（5-8）的解可写成

$$\overline{u}_0(x,y,z+\Delta z,\omega) = \overline{u}(x,y,z,w)\mathrm{e}^{\pm \mathrm{i}k_{z_0}\Delta z} \tag{5-9}$$

而 u_s 是式（5-5）的解，它是由层内扰动源引起的。基于波动方程的格林函数解法，有频率波数域非均匀介质中的 Kichhoff 积分表达式（Berkhout，1985）为

$$\overline{u}_s(k_x,k_y,z+\Delta z,\omega) = \int_z^{z+\Delta z} \mathrm{d}z' \frac{\mathrm{e}^{\pm \mathrm{i}k_{z_0}\Delta z}}{2\mathrm{i}k_{z_0}} \times S(k_x,k_y,z',\omega) \tag{5-10}$$

式中，式（5-9）及式（5-10）中“±”分别对应下行波正向延拓方程和上行波反向延拓

方程。

假设无多次波等干涉影响，对下行波波场沿时间传播正向延拓（深度向下延拓）的方程可以表示为

$$\overline{u}(k_x,k_y,z+\Delta z,\omega)=\overline{u}(k_x,k_y,z,\omega)\mathrm{e}^{\mathrm{i}k_{z0}\Delta z}+\int_z^{z+\Delta z}\mathrm{d}z'\frac{\mathrm{e}^{\mathrm{i}k_{z0}\Delta z}}{2\mathrm{i}k_{z_0}}\times S(k_x,k_y,z',\omega) \tag{5-11}$$

式中，第一项代表在常慢度背景介质中的上行波波场深度延拓式子。第二项代表当前延拓步内二次源 S 引起的附加波场分量。它实际上是关于二次源的体积分形式，其格林函数为第一类 Hankel 函数。以上是在原介质条件下的准确推导。

为便于求解，我们开始对慢度场做一些限定。由于大多数情况下，慢度扰动相对于2倍背景慢度要小得多，即介质慢度场满足如下的界定条件：

$$\left|\frac{\Delta s}{2s_0}\right|\ll 1 \tag{5-12}$$

在界定条件下，进行推算获得下行波深度外推公式：

$$\begin{cases}\overline{u}_0(x,y,z+\Delta z,\omega)=\overline{u}(x,y,z,w)\mathrm{e}^{\mathrm{i}k_{z0}\Delta z}\\ \overline{u}(x,y,z+\Delta z,\omega)=\overline{u}_0(x,y,z+\Delta z,\omega)\mathrm{e}^{\mathrm{i}w\Delta s(x,y,z)\Delta z}\end{cases} \tag{5-13}$$

我们称式（5-13）中前者为对应背景慢度的相移处理，它在频率波数域实现，后者为针对慢度扰动的时移处理（也叫作第二次相移），它在频率空间域实现。

同理可得到上行波深度外推公式：

$$\begin{cases}\overline{u}_0(x,y,z+\Delta z,\omega)=\overline{u}(x,y,z,w)\mathrm{e}^{-\mathrm{i}k_{z0}\Delta z}\\ \overline{u}(x,y,z+\Delta z,\omega)=\overline{u}_0(x,y,z+\Delta z,\omega)\mathrm{e}^{-\mathrm{i}w\Delta s(x,y,z)\Delta z}\end{cases} \tag{5-14}$$

与下行波外推项结合，依据成像条件，即可进行波动方程叠前深度偏移。

成像公式采用频率空间域有限差分法叠前深度偏移的成像公式，这里不再赘述。

（2）算子的相对误差分析。

频率空间域下行波正向传播方程可以表示为

$$\frac{\partial}{\partial z}\overline{u}(x,y,z;\omega)=\mathrm{i}Q\overline{u}(x,y,z;\omega) \tag{5-15}$$

其中平方根算子定义为

$$Q=\sqrt{\omega^2 s^2(x,y,z)+\left(\frac{\partial^2}{\partial x^2}+\frac{\partial^2}{\partial y^2}\right)} \tag{5-16}$$

式中，ω 为圆频率；$s(x,y,z)$ 为介质慢度。

由式（5-15）可得到如下波场延拓式子：

$$\overline{u}(x,y,z+\Delta z;\omega)=\mathrm{e}^{\mathrm{i}\Delta zQ}\overline{u}(x,y,z;\omega) \tag{5-17}$$

在分步傅里叶传播算子中，平方根算子 Q 由下式近似表示：

$$Q \approx Q' = \sqrt{k_0^2(z) + \left(\frac{\partial^2}{\partial x^2} + \frac{\partial^2}{\partial y^2}\right)} + \omega\left[s(x,y,z) - s_0(x,y,z)\right] \tag{5-18}$$

式中，$s_0(x,y,z)$ 为参考慢度；$k_0(z) \equiv \omega / v_0(z) = \omega s_0(z)$ 为背景介质的波数。

为了评价上面平方根算子近似处理的误差，特假设介质为均匀常速度介质。若将式（5-18）转入波数域，并令

$$p(x,y,z) \equiv v_0 / v = s / s_0 \tag{5-19}$$

则有

$$\tilde{Q}' = k\left[\sqrt{\frac{1}{p^2} - \left(\frac{k_T}{k}\right)^2} + \frac{1}{p}(p-1)\right] \tag{5-20}$$

式中，波数 $k = \omega / v = \omega s$，且 $k_T = \sqrt{k_x^2 + k_y^2}$ 为其横向分量。式（5-16）同样可表示为

$$\tilde{Q} = k\sqrt{1 - \left(\frac{k_T}{k}\right)^2} \tag{5-21}$$

对以 z 轴呈 θ 角的平面波，有

$$\sin\theta = \frac{k_T}{k} \tag{5-22}$$

则式（5-22）成为

$$\tilde{Q} = k\cos\theta \tag{5-23}$$

且式（5-21）成为

$$\tilde{Q}' = k\left[\sqrt{\frac{1}{p^2} - \sin^2\theta} + \frac{1}{p}(p-1)\right] \tag{5-24}$$

对于单程波的传播和偏移问题，角度 θ 满足：

$$0° \leqslant \theta \leqslant 90°$$

因此，若 $\omega \neq 0$，总有 $\tilde{Q}' > 0$。则相对误差可定义为

$$E_r = \left|\frac{\tilde{Q}' - \tilde{Q}}{\tilde{Q}}\right| \tag{5-25}$$

则有

$$E_r(\theta, p) = \frac{1}{\cos\theta}\left[\sqrt{\frac{1}{p^2} - \sin^2\theta} + \frac{1}{p}(p-1) - \cos\theta\right] \tag{5-26}$$

式（5-26）表明，当 θ=0 或 p=1 时，E_r=0。这意味着传播角度较小或横向速度变化非常小时，所导出的分步傅里叶算子是较精确的。

该算子关于传播角度 θ 和相对误差曲线如图 5-28 所示。从图中我们可以看出，随着传播角度的增大，相对误差也随之增大。p 值越接近于 1，即横向速度变化越小，算子的相对误差也就越小。若以 10%为允许的相对误差限，分步傅里叶算子的最大偏移倾角平均为 30°～40°。另外，高波数成分（对应陡倾地层）除相位上误差较大外，振幅也会存

在严重的失真。综上可见，分步傅里叶偏移方法虽然具备一定的处理速度横向变化的能力，但在复杂地质体成像问题上仍然有局限。

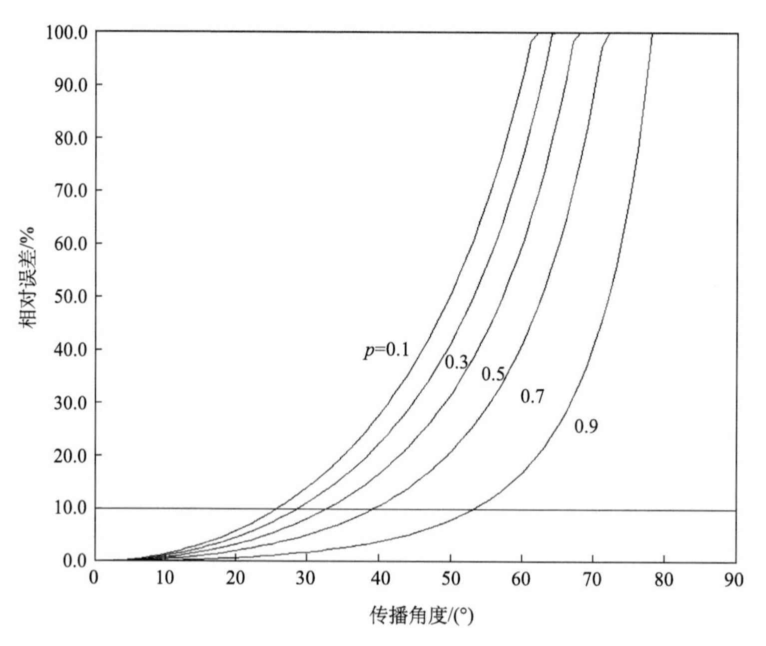

图 5-28　分步傅里叶算子传播角度与相对误差关系曲线图

2）储层精细地质建模及地震数值模拟

构建储层二维地质模型时，首先根据钻井及地震解释层位建立初始的速度框架模型，并对不同相带赋速度、密度初值。以此为基础，结合 90°相位旋转剖面，建立各个同相轴与生物礁、礁滩前后、礁滩间、边缘浅滩等不同尺度地质异常体之间的关系，应用单井和岩石物理参数，细化储层初始地质模型，建立地震地层格架下的复杂储层精细地质模型[图 5-29（b）]，实现地层宏观和局部较细致的划分。

在建立精细的储层地质模型的基础上，采用基于单程波分步傅里叶偏移算法的数值模拟技术进行地震正演模拟分析，总结不同类型储层的地震响应特征。图 5-29（c）是地震正演模拟结果，通过与原始剖面[图 5-29（a）]对比，正演剖面很好地反映了礁滩体的反射特征，并且生物礁的“丘状”外形也得到了很好的刻画。

3）礁滩复合体三维建模及地震模拟

三维地震数值模拟比二维地震数值模拟更能反映礁滩储层的空间变化特征。三维数值模拟是在频率-波数域将二维波场延拓算子推广到三维空间，采用三维波动方程延拓方法实现三维地质模型的快速叠后正演模拟。该方法采用傅里叶变换进行计算，不仅计算效率高，算法稳定，可以采用相位移加插值方法处理一定的横向变速的情况，得到高信噪比的零偏移距正演记录。

利用波动方程进行地震波场数值模拟的核心是波场延拓（熊晓军等，2009），对于垂向变速介质，利用二维标量波动方程，在频率-波数域可以得到各个深度间隔内的相位移延拓的正演和偏移公式：

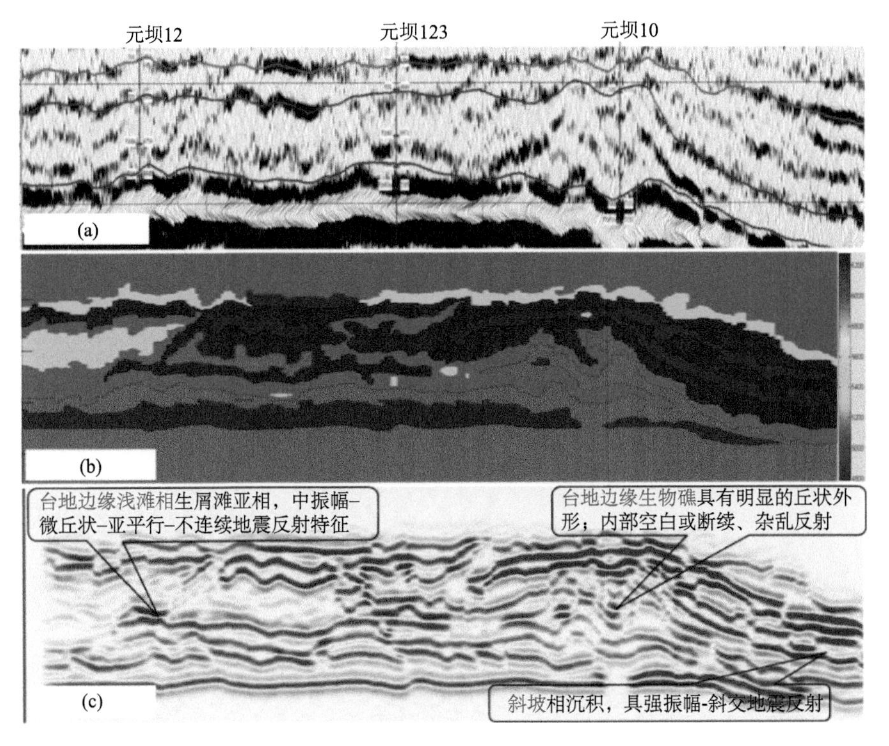

图 5-29　生物礁滩储层的二维地震数值模拟

（a）原始地震剖面；（b）原始地震剖面速度模型；（c）二维地震数值模拟剖面

$$\overline{P}(k_x, z_i, \omega) = \overline{P}(k_x, z_{i+1}, \omega)\mathrm{e}^{\mathrm{i}k_{zi}\Delta z_i} \tag{5-27}$$

$$\overline{P}(k_x, z_{i+1}, \omega) = \overline{P}(k_x, z_i, \omega)\mathrm{e}^{-\mathrm{i}k_{zi}\Delta z_i} \tag{5-28}$$

$$k_{zi} = \sqrt{\frac{\omega^2}{v^2}(1 - k_x^2 \frac{v^2}{\omega^2})} \tag{5-29}$$

其中式（5-27）为二维正演延拓公式，其延拓方向为由下至上，式（5-28）为二维偏移延拓公式，其延拓方向为由地面向下延拓。式中，k_x 为 x 方向的波数；k_{zi} 为深度间隔 i 内在 z 方向的波数；ω 为频率；Δz 为当前深度延拓的深度间隔。

我们在二维波场延拓公式的基础上，采用三维波动方程进行计算，将二维波场延拓算子推广到三维空间，得到了以下的垂向变速的三维地质体的正演和偏移成像的波场延拓公式：

$$\overline{P}(k_x, k_y, z_i, \omega) = \overline{P}(k_x, k_y, z_{i+1}, \omega)\mathrm{e}^{\mathrm{i}k'_{zi}\Delta z_i} \tag{5-30}$$

$$\overline{P}(k_x, k_y, z_{i+1}, \omega) = \overline{P}(k_x, k_y, z_i, \omega)\mathrm{e}^{-\mathrm{i}k'_{zi}\Delta z_i} \tag{5-31}$$

$$k'_{zi} = \sqrt{\frac{\omega^2}{v^2}(1 - (k_x^2 + k_y^2)\frac{v^2}{\omega^2})} \tag{5-32}$$

其中式（5-30）为三维正演延拓公式，式（5-31）为三维偏移延拓公式。式中，k_y 为 y 方向的波数；k'_{zi} 为深度间隔 i 内在 z 方向的波数。

当速度横向变化较大时，我们采用相移加插值的波场延拓算子进行计算。

礁滩复合体三维地质模型的构建主要采用三维层状结构模型建模方法，对地层结构用层的概念来进行定义和描述，三维模型的各速度参数根据元坝地区碳酸盐岩的速度来进行取值，如图 5-30 为元坝地区长兴组三维层状结构模型，共四个地层界面，称为四层层状结构模型，从下往上地层由老到新，地层界面可以是水平也可以是起伏界面，但层与层之间不相交，该模型描述了元坝地区礁滩储层沉积发育的过程。采用规则网格对其进行离散化，即可得到用于波动方程数值的三维模型，从模拟结果可以较清晰地看到生物礁的丘状外形和内部振幅较弱的反射特征。

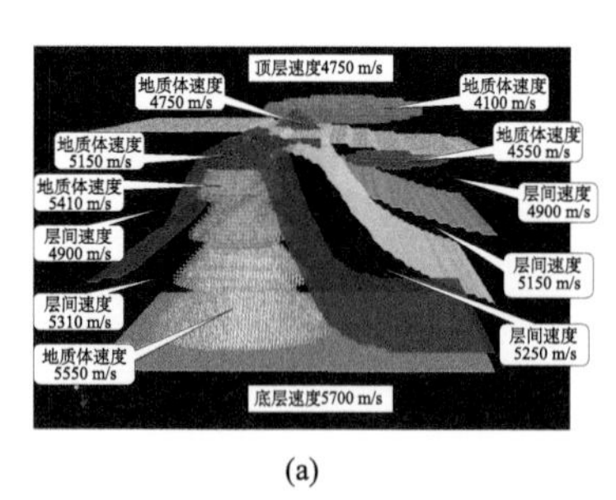

(a)

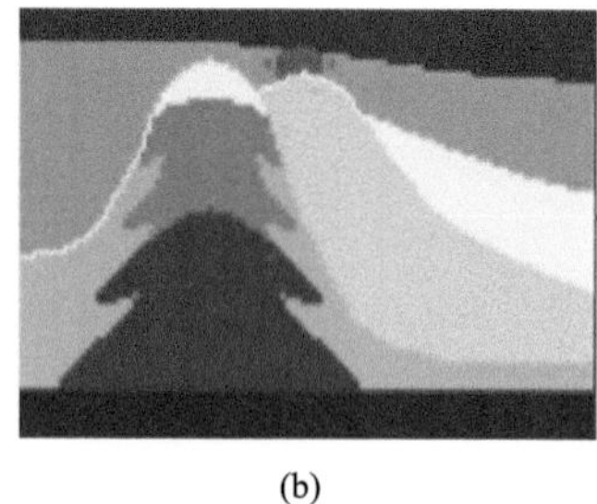

(b)

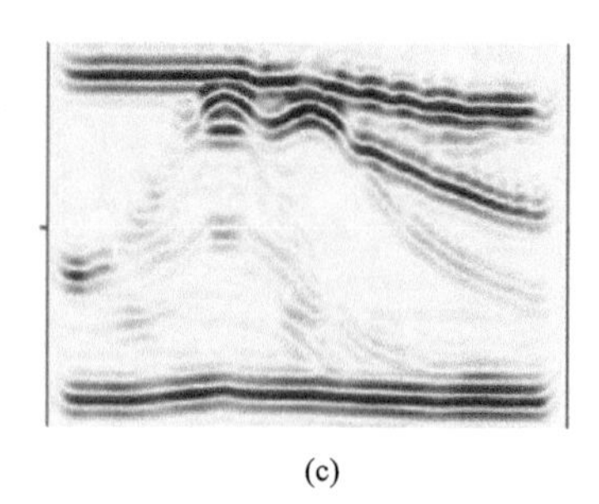

(c)

图 5-30　生物礁滩储层的三维模拟

（a）三维生物礁模型；（b）速度模型；（c）偏移剖面

3. 典型亚相地震剖面特征

通过二维及三维礁滩储层的地震数值模拟，结合单井沉积相划分成果及地震剖面反射特征，对 8 个亚相的地震剖面反射特征进行归纳总结（表 5-2），为后续礁滩储层宏观预测的属性优选奠定良好的基础。

表 5-2　元坝地区长兴组典型地震相特征

沉积相	开阔台地		台地边缘				斜坡	陆棚	
亚相	生屑滩	滩间	生物礁	浅滩	潮道	潟湖		深水陆棚	浅水陆棚
地震响应特征	中低频、中强振幅、亮点反射	中高频、中强振幅、平行、连续性好地震反射	具有明显的“底平顶凸”丘状外形、内部空白或杂乱、两翼同相轴中断、上超	低频、中强变振幅、复波反射	低频、单轴强振幅、连续性好	底部短轴强振幅、上部空白弱反射	低频、单轴强振幅、连续性好，向台地上超	中高频、中强振幅、连续性好、平行反射	

其中生物礁在时间剖面主要表现为以下几个特点：①外形上呈丘状或杏仁状隆起外形，两翼对称或非对称；②礁顶强反射，生物礁内部多杂乱反射，隐约成层或空白反射；③生物礁岩隆顶部及翼部见披覆、上超现象。

生物滩在时间剖面上的特征归纳为：①浅滩储层由于与围岩的物性差异较大，在地震剖面上多呈“亮点”反射特征；②随着储层物性变好，地震反射振幅逐渐增强；③由于滩体内部浅滩储层的厚度差异大，在滩体内部可能会因为调谐而造成杂乱或呈短段中弱反射。

（二）生物礁滩地震相及沉积演化特征分析

1. 地震相分析明确沉积相展布

由于生物礁滩的发育不仅受古地貌的控制，而且其具有与围岩不同的特殊结构，因此，可以综合利用古地貌图以及地震波的频率、相位、速度、能量等各种信息进行地震相划分，从而准确地圈定生物礁、滩的平面展布特征。

采用地震相分析软件进行地震相分析，目的层的时窗大小、波形分类数和迭代次数是获得最佳结果的关键。元坝气田波形分类属性，选取长兴组 TT_1f^1 向下 10 ms 至 TP_2ch 向下 10 ms 为时窗，波形数选取 8，迭代次数为 20～40 次，获得的结果能较好地反映长兴组反射的变化特征（肖秋红等，2012）。

图 5-31 为元坝地区长兴组地震相平面图，全区基本分为深蓝色、黄色夹红色、蓝色、绿色夹橙色四大类，结合生物礁以及潮汐水道、滩间潟湖等沉积微相的地震反射识别模式以及长兴组沉积时期的古地貌，由北东向南西可依次将四大类地震相划分为陆棚相、斜坡相、台地边缘相及开阔台地相四个沉积相单元。

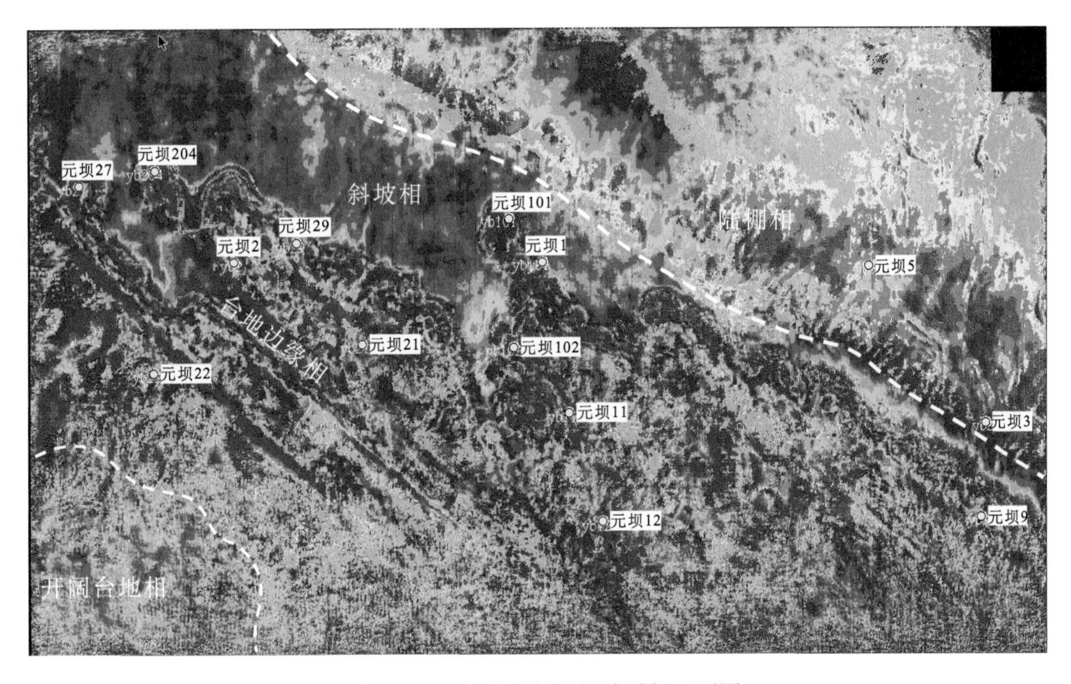

图 5-31　元坝地区长兴组地震相平面图

开阔台地沉积环境具有中高频、中强振幅、亚平行地震相，主要分布于工区西南角，物性不好，储层较差。台地边缘礁滩沉积环境具有中低频、中弱变振幅、断续反射地震相，分布于台地边缘，主要发育垂向加积型生物礁礁盖白云岩储层和侧向迁移型生物礁礁盖白云岩储层，是元坝地区长兴组优质储层发育的主要相带，以元坝 204 井为代表。斜坡相和较深水的陆棚相具有中低频、中强振幅、好连续斜交反射地震特征，主要分布在台地边缘以北，发育泥灰岩和含泥灰岩，以元坝 5 井为代表。

2. 多期次礁滩沉积演化分析

1）基于小波分析的高频层序划分

具有成因联系的地层测井序列是一定时间序列内各种沉积事件的物质记录，它能够敏感、连续地反映所测地层的旋回性、周期性等沉积特征。测井曲线经过一维连续小波变换后，可以得到一系列与尺度和深度相对应的小波变换系数值，这些小波系数曲线所表现出的明显的周期性振荡特征，可与各级层序界面建立一定的对应关系，进而获得有关沉积层序的旋回性等地质特征，为礁滩体的沉积演化分析奠定基础。

识别不同尺度层序界面的具体方法是：先参照时频色谱图所反映的概貌信息，即同一尺度上相同的颜色代表同一时期形成的沉积地层；再依据小波变换系数曲线中同一尺度旋回内小波系数振荡趋势相似的原则，从大到小进行划分，先识别出层序界面，再在层序内部划分出准层序组界面，依次从准层序组内部识别出准层序界面；最后根据岩心资料对划分出的界面位置加以适当校正，达到准确划分不同级别层序界面的目的。

图 5-32 是元坝 27 井进行了小波变换分析的结果。通过分析结果可见：长兴组可划分出 2 个三级层序，每个三级层序均可划分出海侵体系域和高位体系域，其中长兴组下部层序 SQP_2ch^1 的海侵体系域可划分出 1 个准层序组，2 个准层序，其高位体系域可划分出 2 个准层序组，4 个准层序；长兴组上部层序 SQP_2ch^2 的海侵体系域可划分出 2 个准层序组，4 个准层序，高位体系域同样可识别出 2 个准层序组，4 个准层序。

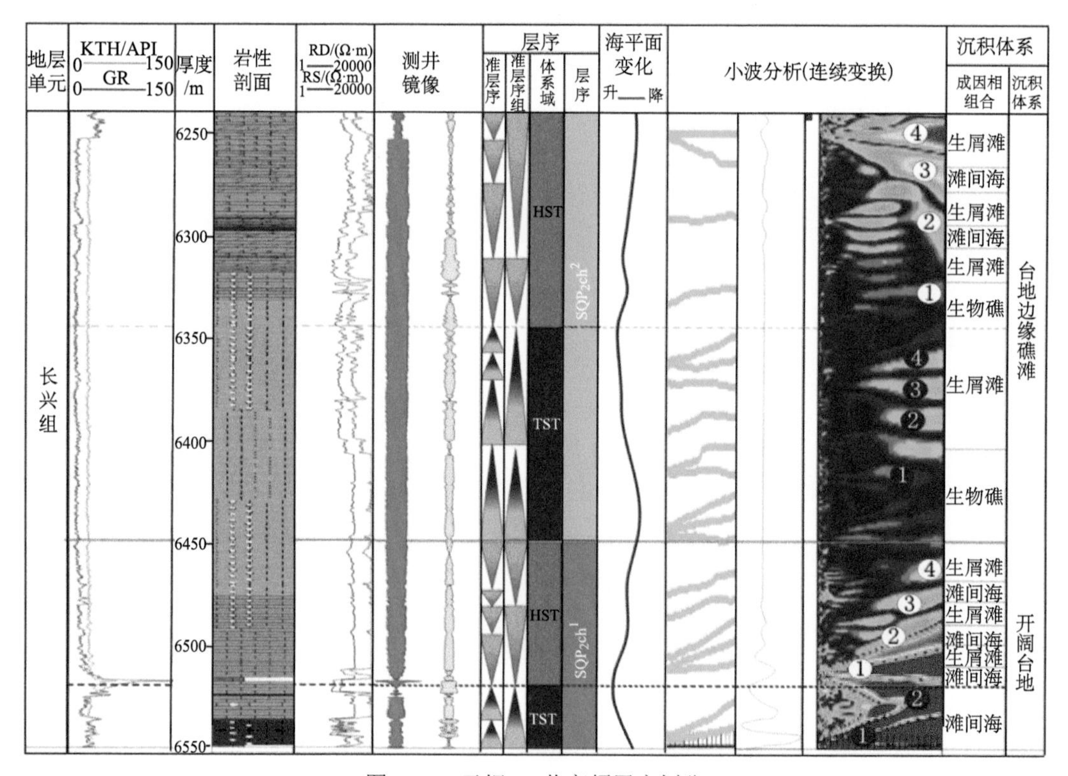

图 5-32　元坝 27 井高频层序划分

2）碳酸盐岩台缘礁滩体系内部结构特征

生物礁纵向上由礁基、礁核及礁盖三部分组成，横向上礁前、礁核及礁后相明显可辨。元坝地区的生物礁除了具有明显的相带分异之外，内部结构具有明显的期次性，以高频等时地层格架为基础，通过准确的井震标定，赋予地震剖面以明确的地质含义，从而通过对地震剖面的解析来分析生物礁滩体的具体特征及其发育演化过程。

图 5-33 是元坝 27 井的地震精细解释剖面，追踪出了层序界面和体系域界面，划分了体系域构成，生物礁垂向上礁基、礁核和礁盖三层结构明显，反映了生物礁的一个完整演化过程；从地震剖面上可以看出，该礁体发育呈不对称性。北东一侧倾角较大，而西南一侧礁体坡度明显较缓，由于长兴组时期元坝地区东北部主要为向海的陆棚沉积环境，因此可以看出该礁体在发育的过程中，其北东向海一侧受到了风浪、潮流等的影响，才导致了礁体的不对称形态。

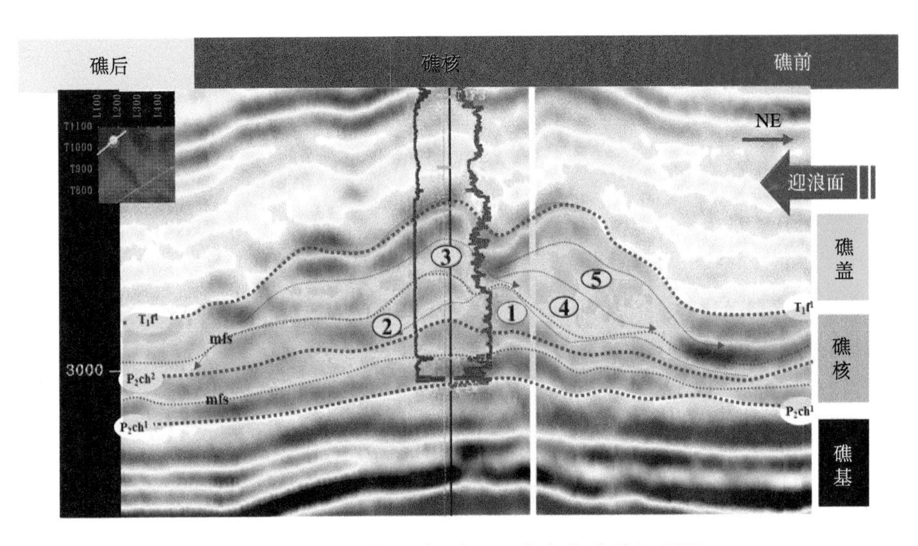

图 5-33　元坝地区过元坝 27 井生物礁精细解释

从层序角度来看，生物礁主要发育于长兴组上层序的高位体系域内；而在长兴组下段层序生物礁不发育，主要为开阔台地相和生屑滩沉积，其为长兴组上段层序的生物礁发育提供了基础。

在地震剖面可以清晰地识别出长兴组礁滩体的生长时代。过元坝 27 井长兴组的生物礁滩体内部可以识别出 5 个高频单元，其中①②高频单元主要发育于长兴组上部层序的海侵体系域内，由于海水的不断上涨，该两个高频单元呈退积叠置，反映此时由于海水的上涨，生物礁不断向岸方向退积生长；而③④⑤高频单元主要发育于长兴组上部层序的高位体系域内，其呈现出向海不断进积叠置的特征，反映了该时期随着海退的发生，生物礁不断向海方向进积生长（图 5-34）。

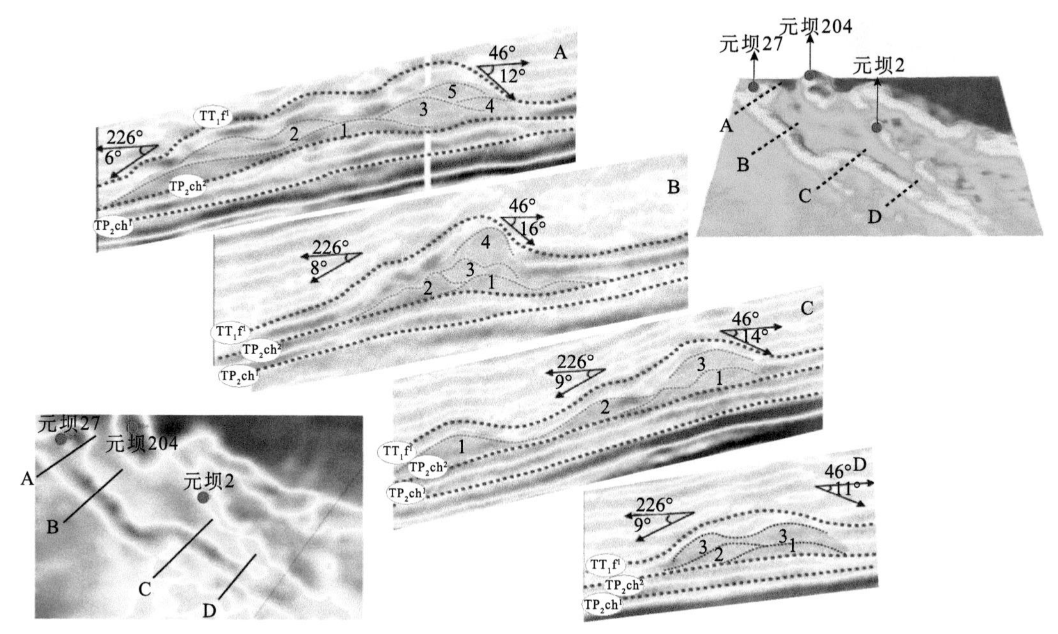

图 5-34　过元坝 27 井礁体的横向变化特征

垂直于礁体方向的地震剖面上不同部位礁体的形态及内部构成既有相同之处又具有差异性。图 5-35 是过元坝 27 井的礁体上所切的 4 个地震剖面，从外部形态来看，礁体在西北部发育范围较大，向东南方向不断减小，在中间还分出一个小支，从对称性来看，在西北部礁体的不对称性较强，往东南不对称性越来越小，这种不对称性说明礁体在生长时受到了潮汐和海流等的影响；同时可以看出，在向海一侧，礁体的坡度较大，从西北至东南坡度不断减小，说明往东南礁体生长时受潮汐和海流等的影响不断减小。

3）地层切片刻画台缘生物礁滩体沉积演化规律

单井层序剖面与地震剖面对比表明，生物礁滩体具有多期生长、纵向加积、横向迁移、叠合连片分布的特点，在正演分析的基础上，选取合适的地震属性进行沿层等时切片分析，一方面可以准确地刻画礁滩异常体的边界，另一方面可以描述不同期次礁滩体发育演化的基本规律和特征。

图 5-35 是长兴组不同时期的振幅能量属性切片，振幅能量不同反映了沉积环境的变化，从而可以很清晰地看出长兴组不同时期礁滩体系的展布特征。SQP_2ch^1 层序海侵体系域时，该地区开阔台地、台地边缘、斜坡相明显可辨，台缘内主要发育少量零星分布的生屑滩以及滩间，开阔台地内发育有成片的台内生屑滩以及滩间。SQP_2ch^1 层序高位时期，开阔台地、台地边缘、斜坡三个相带分布明显，台缘内生屑滩有所增加，开始连片分布，同时发育有台缘沟槽，台地内依然是成片的台内生屑滩和滩间。SQP_2ch^2 层序海进体系域时期，开阔台地、台地边缘、斜坡三个相带分布明显，台缘内不再是生屑滩，生物礁开始发育，形成台缘礁滩体系，同时过元坝 27 井的礁滩体可以分出礁前滩、礁核以及礁后滩。开阔台地内主要发育生屑滩和滩间。SQP_2ch^2 层序高位时期为生物礁的主要发育时期，此时生物礁连片分布，形成“之”字形的带状展布，礁前滩、礁核、礁后滩清晰可辨。台地内主要发育生屑滩。

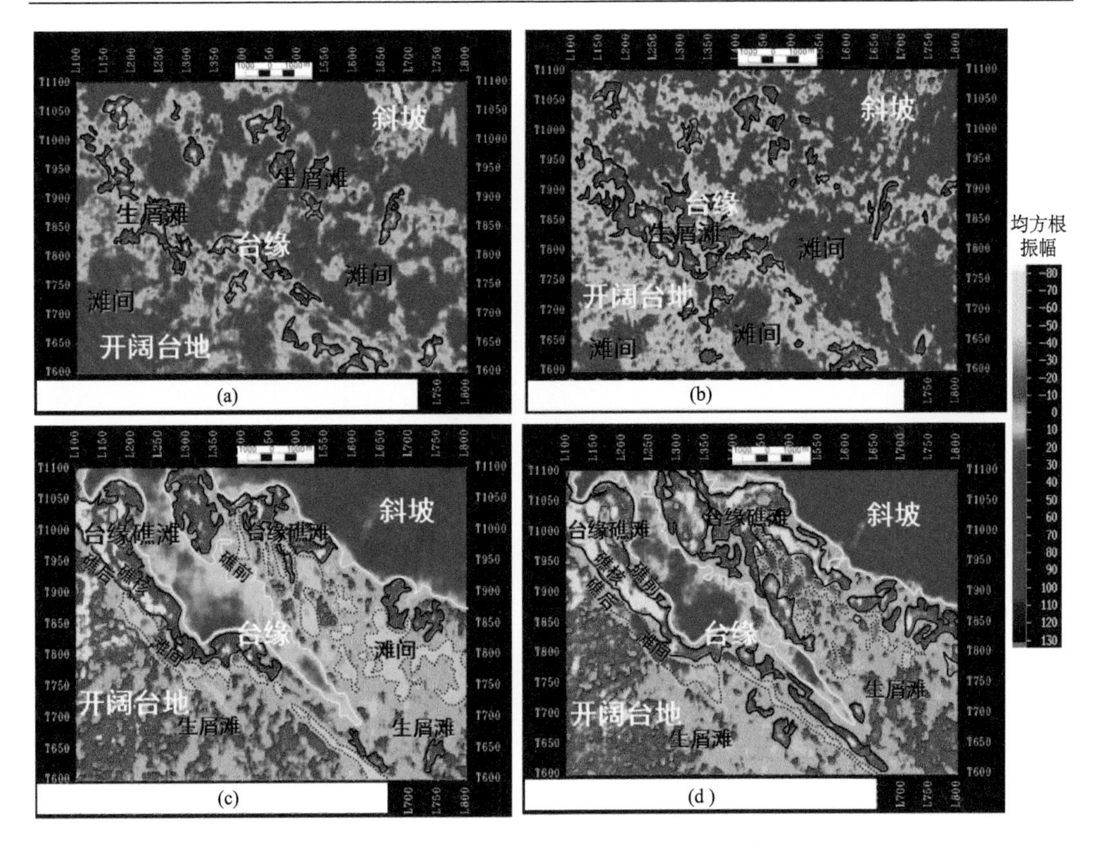

图 5-35　元坝长兴组均方根振幅能量切片

（a）SQP_2ch^1层序海侵体系域均方根振幅；（b）SQP_2ch^1层序高体位系域均方根振幅；（c）SQP_2ch^2层序海侵体系域平均振幅；（d）SQP_2ch^2层序高位体系域平均振幅

总体来看，长兴组 SQP_2ch^1 层序和 SQP_2ch^2 层序都可分出开阔台地、台地边缘以及斜坡相。微相主要有生屑滩、台缘礁滩、滩间以及潮道。从演化的角度来看，SQP_2ch^1 层序主要发育生屑滩，SQP_2ch^2 层序主要发育生物礁。

（三）相控储层精细预测

礁滩储层的地震响应特征源于储集层孔隙度发育及含流体引起的速度及密度的变化，因此波阻抗反演是进行礁滩储层预测的有效方法。但是元坝地区相带变化大，尤其长兴组横跨了开阔台地、台地边缘、斜坡及陆棚等相带，研究区已完钻井揭示长兴组储层速度差异较大，声波阻抗并不能很好地区分储层与非储层，这样就给储层精细预测及描述带来了困难。

为了进一步提高储层预测的精度，在相控波阻抗反演的基础上，针对优质储层与泥灰岩波阻抗值均较低的特点，发展出了自然伽马反演技术，同时为了进一步突显储层的边界，提高Ⅲ类储层预测的准确率，相继研发了孔隙度拟声波反演及基于孔缝双元结构的孔构参数储层反演方法。

1. 自然伽马反演

浅滩储层中的Ⅲ类储层与含泥灰岩、泥灰岩、灰泥岩速度接近，在波阻抗界面上很难区分开。特别是在滩相储层中，Ⅲ类储层与含泥灰岩形成的薄互层，造成波阻抗反演结果中储层厚度整体偏大，必须剔除泥质影响，得到的储层预测结果才会更准确。

元坝长兴组储层岩石物理特征分析表明，长兴组自然伽马大小变化不大，基本低于20API，只在局部地区，由于泥灰岩相对发育或有机质含量较高，自然伽马高于20API，伽马曲线可以有效地识别含泥质或泥灰岩。利用多元回归算法的多属性分析（文晓涛等，2005），开展自然伽马反演，得到伽马数据体，可以很好地为储层预测服务。

图5-36给出了多属性线性回归算法的示意图，左侧为测井数据的曲线，右侧三条为三个不同地震属性的曲线，假设它们的时间坐标已经对准，并且有相同的时间采样率。这样每一个测井数据就同时有三个不同地震属性的数值与之对应。采用传统的多变量回归技术的计算由下式给出：

$$L(t)=w_0+w_1A_1(t)+w_2A_2(t)+\cdots+w_iA_i(t)+\cdots+w_nA_n(t) \tag{5-33}$$

式中，$L(t)$为t时刻该测井数据的数值；$A_i(t)$为t时刻第i个地震属性数据的数值；w_i为对应第i个地震属性的权重系数；n为所选取的地震属性总个数，多变量回归技术的计算就是在最小平均方差的条件下求出权重系数的数值，即

$$E^2=\frac{1}{N}\sum_{i=1}^{N}\left(L_i-w_0-w_1A_{1i}-w_2A_{2i}-\cdots-w_nA_{ni}\right)^2 \tag{5-34}$$

式中，$i=1,2,\cdots,N$为数据时间序列；N为数据时间序列的总数；A_{ni}为第n个地震属性的第i个时间序数的地震属性数值。权重系数可由下式解得

$$W=\left[A^{\mathrm{T}}A\right]^{-1}A^{\mathrm{T}}L \tag{5-35}$$

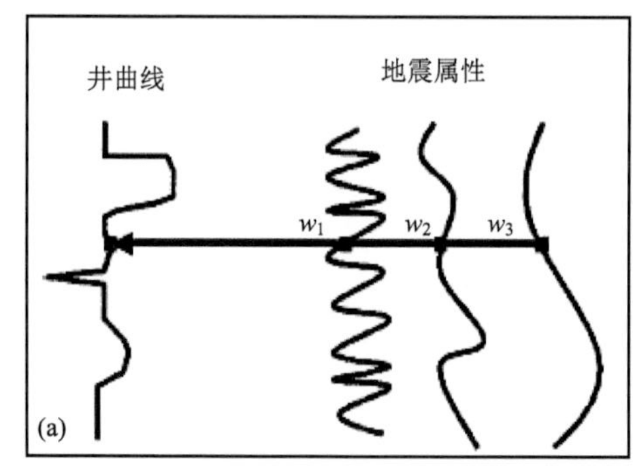

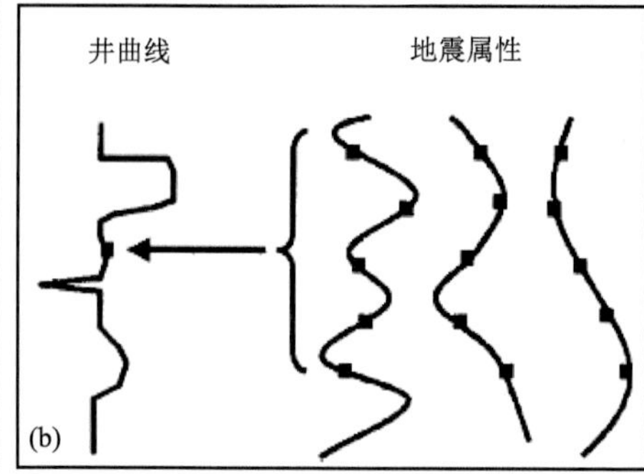

图5-36　算法示意图

图中左侧为测井数据的曲线，右侧三条为三个不同地震属性的曲线。

（a）每一点测井数据是相同时间深度的地震属性的线性组合；（b）用5个点的褶积算子把地震属性联系到测井数据

用求得的权重系数和地震属性的数值可获得区域拟测井参数的预测结果。从式（5-35）可以看出预测值是地震属性数值的线性组合。由这种计算方法所获得的拟测井参数

的预测结果与地震属性具有相同的频带宽度，且分辨率不会因测井数据的引入而获得提高。

为了改善预测结果的分辨率，Daniel P. Hampson 等提出了褶积算子技术。这种方法是将式（5-35）中的权重系数改为具有一定长度的褶积算子，算式可以写成

$$L(t)=w_0+w_1^*A_1(t)+w_2^*A_2(t)+\cdots+w_i^*A_i(t)+\cdots+w_n^*A_n(t) \tag{5-36}$$

式中，*为褶积运算；w 不再是一个数，而是具有一定时间长度的褶积算子，其平均误差为

$$E^2=\frac{1}{N}\sum_{i=1}^{N}\left(L_i-w_0-w_1^*A_{1i}-w_2^*A_{2i}-\cdots-w_n^*A_{ni}\right)^2 \tag{5-37}$$

以 n=2，N=4，褶积算子时间长度等于 3 时为例，由最小平均方差的条件求得褶积算子 w_i 为

$$\begin{bmatrix} w_1(-1) \\ w_1(0) \\ w_1(+1) \end{bmatrix}=\begin{bmatrix} \sum\limits_{i=2}^{4}A_{1i}^2 & \sum\limits_{i=2}^{4}A_{1i}A_{1i-1} & \sum\limits_{i=2}^{3}A_{1i}A_{1i-2} \\ \sum\limits_{i=2}^{3}A_{1i}A_{1i+1} & \sum\limits_{i=1}^{4}A_{1i}^2 & \sum\limits_{i=2}^{4}A_{1i}A_{1i-1} \\ \sum\limits_{i=1}^{2}A_{1i}A_{1i+2} & \sum\limits_{i=1}^{3}A_{1i}A_{1i+1} & \sum\limits_{i=1}^{4}A_{1i}^2 \end{bmatrix}^{-1}\times\begin{bmatrix} \sum\limits_{i=2}^{4}A_{1i}L_{i-1} \\ \sum\limits_{i=2}^{4}A_{1i}L_i \\ \sum\limits_{i=2}^{4}A_{1i}L_{i+1} \end{bmatrix} \tag{5-38}$$

伽马曲线可以有效地识别含泥质灰岩或泥灰岩，利用多属性线性回归算法，开展自然伽马反演，得到伽马数据体。储层预测中，分析已钻井的伽马特征，确定围岩的伽马门槛值，用伽马反演数据体去除低阻抗的泥质围岩，则可有效地预测储层的分布。元坝地区长兴组横跨了开阔台地、台地边缘、斜坡及陆棚等沉积相单元，不同相带的泥质含量不一，如果全区采用相同门槛值则可能去掉了好的储层或不能完全去除泥质影响，同时从反演剖面上很难直观地分辨出储层，这样就给储层精细预测及描述带来了困难。因而就有必要结合实钻井，分相带统计伽马值的分布范围，确定不同相带伽马值的门槛值，编制整个相区长兴组的伽马值趋势面分布图（图 5-37），以便更加精确地剔除泥质影响。

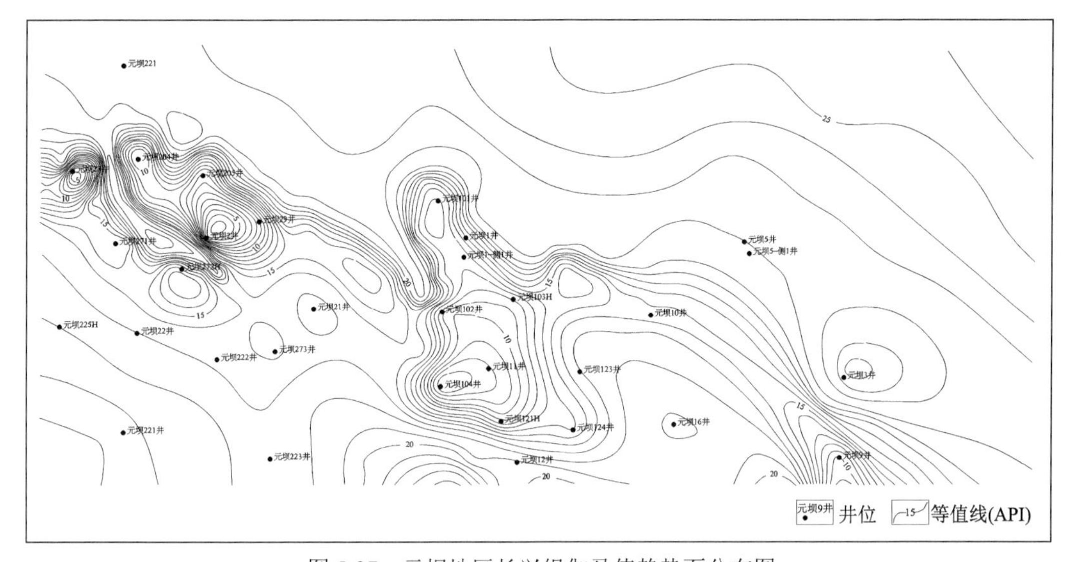

图 5-37　元坝地区长兴组伽马值趋势面分布图

在实际的储层预测中，以波阻抗数据体作为软约束开展伽马随机反演，根据井统计结果设置伽马门槛值对波阻抗数据体进行处理，去除高伽马泥灰岩，从而得到能够更为准确地反映储层的波阻抗和速度数据体。图 5-38 为元坝 122 井-元坝 12 井-元坝 124 井-元坝 16 井连井伽马反演剖面，剖面上元坝 12 井、元坝 124 井浅滩储层段的最低伽马值基本在 20API 以下，低于礁间、潮道、水道及斜坡伽马值。元坝 122 井实钻为泥岩，应用伽马作为门槛值可以很好地进行剔除。

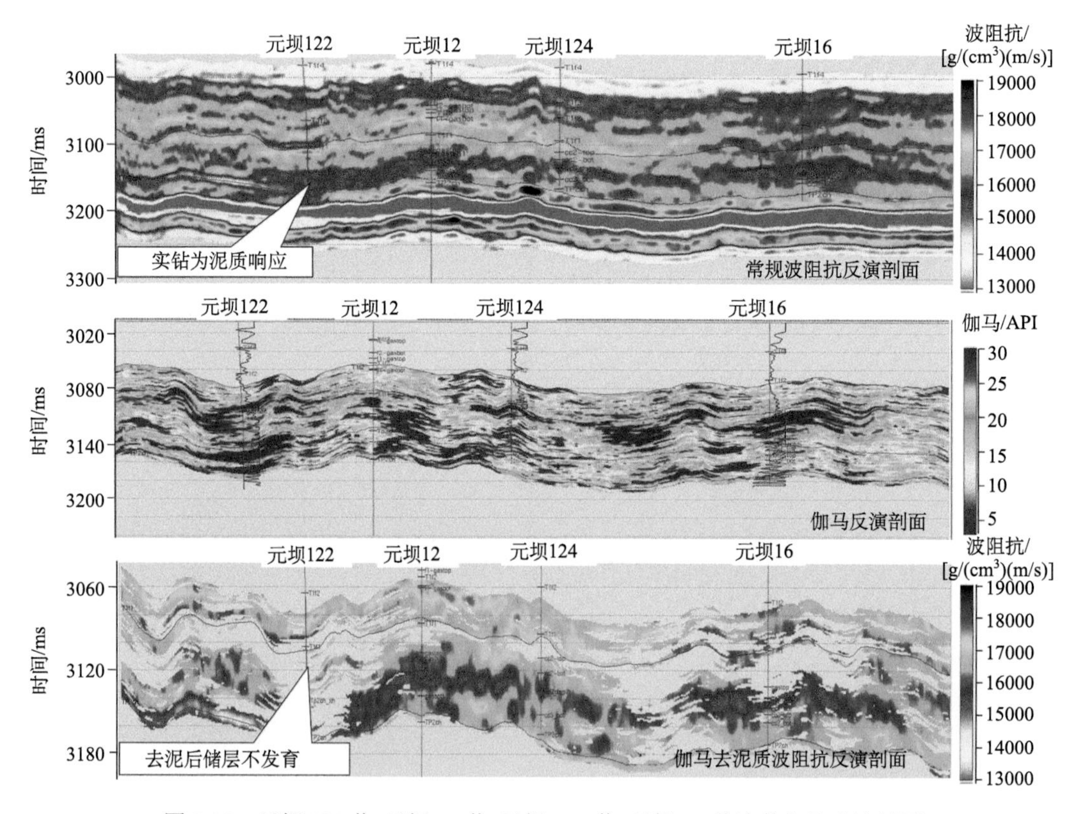

图 5-38　元坝 122 井-元坝 12 井-元坝 124 井-元坝 16 井连井伽马反演剖面

2. 拟声波反演技术

常规波阻抗反演剖面虽然有着较高的分辨率，然而由于各井间速度差异大且非均质性强，储层、非储层难以直观分辨，而拟声波反演剖面利用储层的孔隙度信息放大了储层的异常特征，从剖面上可以更直观地反映出储层的纵横向变化情况。

拟声波曲线波阻抗反演的关键是储层特征曲线重构。储层特征曲线重构是以地质、测井、地震综合研究为基础，针对具体地质问题和反演目标，以岩石物理学为基础，从多种测井曲线中优选并重构出能够反映储层特征的曲线。理论上，常规测井系列中的自然电位、自然伽马、补偿中子、密度、电阻率等测井曲线都可用于识别储层，将它们与声波时差建立较好的相关性，通过数理统计方法转换成拟声波时差曲线，可以实现储层特征曲线重构。

储层特征曲线重构的基础是不同地质体的属性在不同物理场中都有不同反映，同一地质体的属性在不同物理场中的显示都有相关性，同一地质体的不同属性在不同物理场中都有所侧重。储层特征曲线重构就是根据储层预测目标，综合有利于储层预测的相关信息，得到一条能够突出储层分辨率的特征曲线，这样合成的拟声波曲线，既能反映速度和波阻抗的变化，又能反映地层岩性、物性和含油性的差别。储层特征曲线重构的前提是原始声波时差测井资料不能很好地反映地层岩性的变化规律，而其他系列测井曲线能更好地指示岩性变化规律，且与声波时差测井曲线有很好的相关性。储层特征曲线重构方法同时也具有一定的局限性，必须根据区域地质背景、测井响应特征、对岩性变化规律的指示程度等优选重构方法。

为了突出储层特征，在井资料分析的基础上，在元坝气田主要采用对储层反映最为敏感的孔隙度曲线重构声波曲线进行拟声波曲线波阻抗反演，并在此基础上进行储层空间展布特征描述。该方法能突出高速非储层背景下的储层低速特征，从而能够有效地表现出储层纵横向展布特征。

图 5-39 展示了元坝 12 井-元坝 102 井-元坝 1 井-元坝 101 井连井拟声波反演剖面与常规波阻抗反演剖面图，拟声波反演剖面上绿-黄-红色均为储层，红色代表储层物性非常好，黄色次之，绿色相当于Ⅲ类储层。从拟声波剖面上可以直观地看出礁体储层厚度及物性的变化，其变化与实钻情况完全吻合，而常规反演剖面上很难反映出这几口井间的变化特征。

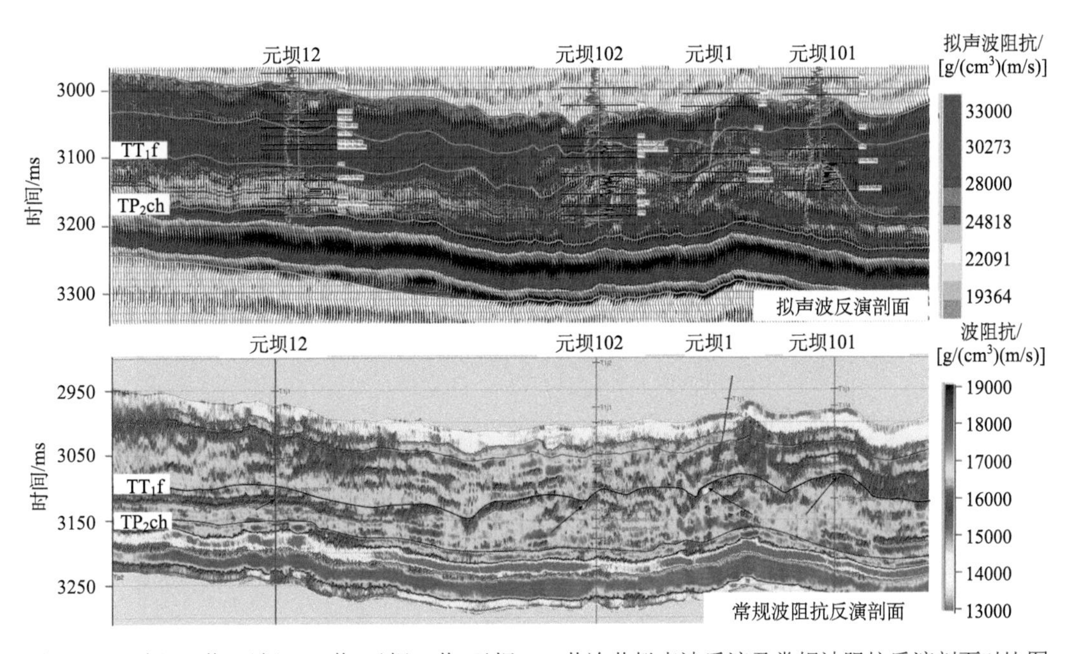

图 5-39　元坝 12 井-元坝 102 井-元坝 1 井-元坝 101 井连井拟声波反演及常规波阻抗反演剖面对比图

3. 基于孔缝双元结构的孔构参数储层反演

自然伽马反演及孔隙度拟声波反演可以很好地区分Ⅰ类、Ⅱ类储层，在Ⅲ类储层预测方面也取得了一定的效果，但对低孔高渗储层的预测精度还有待提高。

基于孔隙介质弹性力学，Sun（2004a）推导了一个新的岩石物理模型来表征碳酸盐岩储层的孔隙结构特征，被称为孙氏模型（Sun Model）。在这个模型中，孙跃峰引入了孔构参数（γ），这个参数主要是用来指示储层内部的孔隙结构关系及矿物粒径大小的影响。孔隙结构参数是描述孔隙结构对地震波速度产生影响的新的岩石物理参数，可以用于刻画不同的孔隙空间类型，可以将速度-孔隙度一元关系改善为速度-孔隙度-孔隙结构参数的二元关系。并以此为基础，形成了基于非均质孔缝双元结构模型的孔构参数反演技术，提高低孔高渗储层的预测精度。

$$\gamma = \frac{\ln\left(\rho V_{\mathrm{p}}^{2} - \frac{4}{3}\rho V_{\mathrm{s}}^{2}\right) - \ln\left(\rho_0 V_{\mathrm{p\text{-}0}}^{2} - \frac{4}{3}\rho_0 V_{\mathrm{s\text{-}0}}^{2}\right)}{\ln\left(1 - \frac{\rho - \rho_0}{\rho_{\mathrm{fl}} - \rho_0}\right)} \tag{5-39}$$

式中，γ、V_{p}、V_{s}、ρ、$V_{\mathrm{p\text{-}0}}$、$V_{\mathrm{s\text{-}0}}$、ρ_0、ρ_{fl}分别为孔构参数、饱含流体的纵波速度、饱含流体的横波速度、密度、岩石骨架的纵波速度、岩石骨架的横波速度、岩石骨架的密度和流体密度。

通过纵波速度与孔隙度交会可知，纵波速度总体上随着孔隙度的增大而减小（图 5-40），但分布范围非常发散，发散的主要原因是孔隙结构的差异，以孔构参数为约束，非常明显地将不同孔隙类型的储层进行了区分：红色区域的孔构参数小于 2.2，反映孔隙类型多样，孔隙空间大小不一，分布不均匀；黄色区域的孔构参数为 2.2～6，反映孔隙类型较单一，孔隙空间大小相近，分布较均匀；蓝色区域的孔构参数大于 6，反映孔隙类型以裂缝为主。

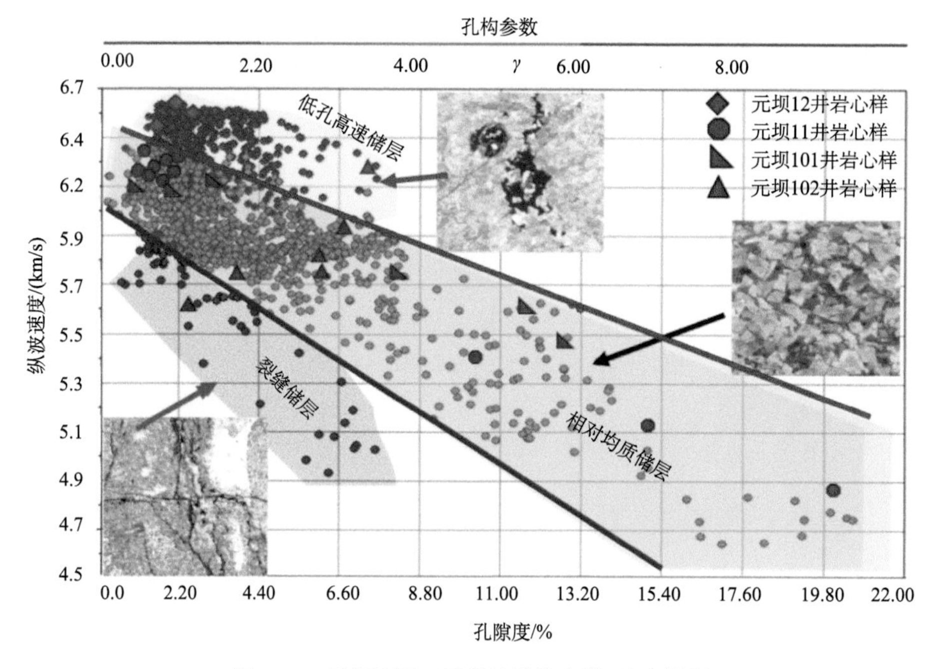

图 5-40　元坝地区双元结构孔构参数-速度模型

图 5-41 是一元和二元渗透率-孔隙度交会关系的对比图，可以看出二元渗透率-孔隙度模型[图 5-41（b）]在孔构参数 γ 的约束下，渗透率-孔隙度交会图上的数据点被归为两类，其中每一类数据点的渗透率和孔隙度之间都有很好的拟合关系，与一元的孔隙度-渗透率拟合公式相比，渗透率的计算精度明显提高。

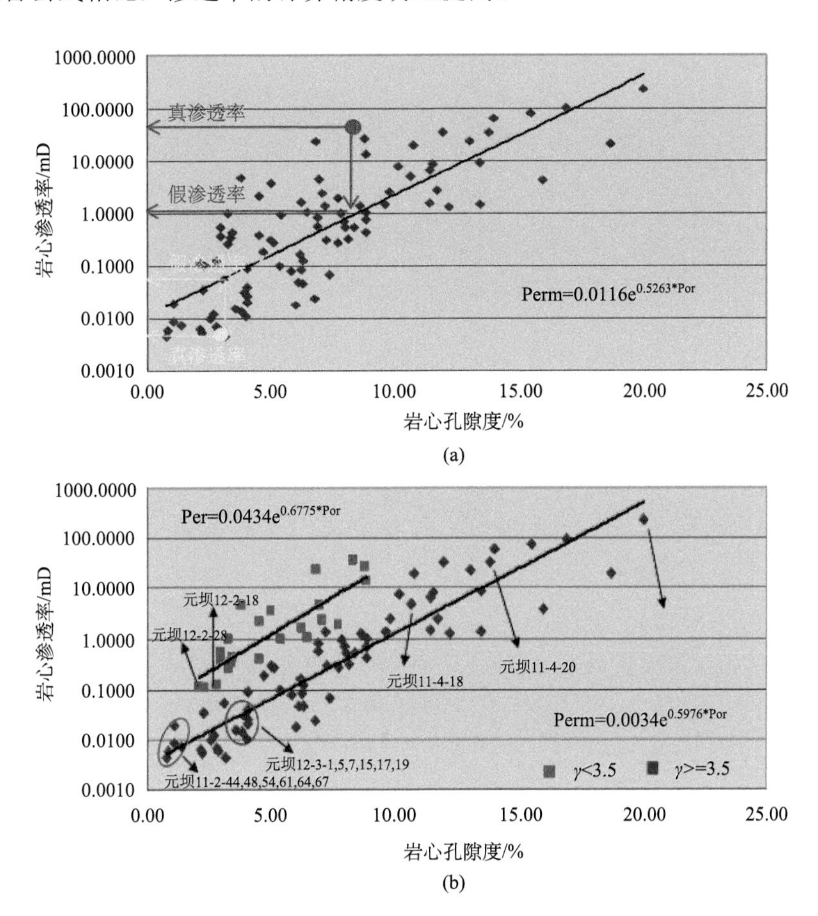

图 5-41　一元（a）和二元（b）渗透率与孔隙度关系

在地震尺度上，通过叠前地震资料反演可以计算获得孔隙结构参数，在孔构参数 γ 的约束下，再应用孔隙结构参数约束的孔隙度-渗透率二元模型，就可以在孔隙度预测的基础上，进一步预测渗透率，从而对低孔高渗储层进行预测。

图 5-42 是元坝地区长兴组基于孔缝双元结构的孔构参数储层反演剖面，与常规预测方法相比，被漏失的低孔高渗、高阻抗的白云岩储层被重新识别出来，III类储层的预测精度得到了很大的提高。

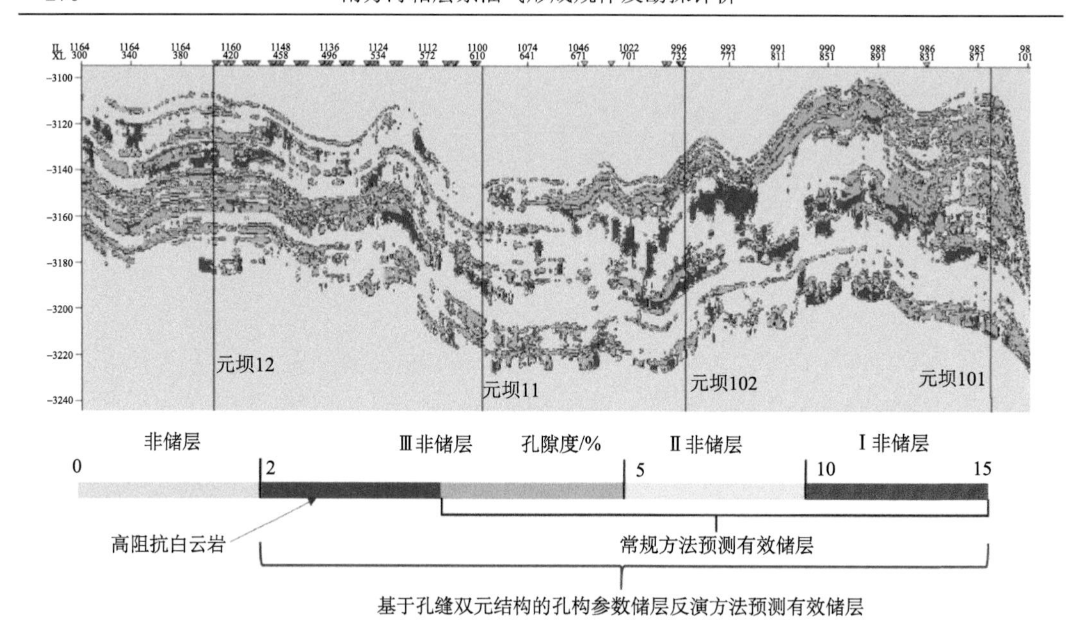

图 5-42　元坝地区长兴组基于孔缝双元结构的孔构参数储层反演剖面

（四）气水检测技术

生物礁滩储层含流体性质复杂，为了降低钻遇干层和水层的风险，开展礁滩储层气水检测，显得非常重要。叠前 AVO 反演技术是提取隐藏在叠前地震资料中流体信息的重要途径之一，它以波动方程为理论指导，利用叠前地震反射振幅随入射角的变化与地层弹性参数间的关系，从叠前地震数据中估算岩石的弹性参数，进而进行油气的预测。根据元坝地区目的层埋藏深、叠前角道集大角度缺失等特点，在实际应用过程中，主要采用叠前弹性波阻抗反演二项式开展油气的预测，并取得了较好的效果（杨鸿飞等，2013）。

1. 气水识别敏感性分析

不同地区不同储层的流体敏感因子不尽相同，对元坝地区礁滩相碳酸盐岩 50 个岩样在饱气饱水情况下进行实验室弹性参数测试分析（表 5-3），可以看出拉梅常数是对气水最为敏感的弹性参数。白云岩和灰岩饱气岩样的拉梅常数明显比饱水岩样要小，平均值分别为 7.54 GPa 和 7.26 GPa，相对变化率达到 31.87%和 17.42%。

同时，通过典型井元坝 103 井（该井测井解释存在气层、水层及气水过渡层）的测井曲线进行分析可知，拉梅常数乘以密度（$\lambda\rho$）对含气层最为敏感，含气时 $\lambda\rho$ 下降为 31.59%，与实验室测试数据存在较高的一致性。

表 5-3　饱气和饱水礁滩相碳酸盐岩岩样弹性参数对照表

弹性参数	白云岩（11 个岩样）			灰岩（39 个岩样）			全部岩样（50 个）		
	饱气平均	饱水平均	相对变化率/%	饱气平均	饱水平均	相对变化率/%	饱气平均	饱水平均	相对变化率/%
拉梅常数/GPa	23.69	31.23	31.87	41.71	48.97	17.42	37.74	45.07	19.41
体积模量/GPa	36.3	43.95	21.08	60.11	68.83	14.51	54.87	63.35	15.46
泊松比	0.30	0.28	7.79	0.29	0.32	11.35	0.29	0.31	10.58
纵波速度/(m/s)	4865	5177	6.42	5977	6261	4.74	5732	6022	5.06
横波速度/(m/s)	2688	2722	1.29	3195	3219	0.74	3083	3109	0.84
剪切模量/GPa	48.92	49.08	0.85	27.6	27.71	0.41	25.69	25.81	0.48

2. 叠前道集优化技术

高质量的叠前道集组合，是地震叠前气水识别的基础。叠前道集数据优化的目的：①净化道集背景；②拉平道集；③挖掘 AVO 特征。其要点包括：恢复和保持 CRP 道集中各道之间相对振幅关系，提高叠前道集的信噪比，从而提高道集数据的分辨率，尤其是要正确地确定反射界面的位置、剩余时差校正等，最大限度地消除非油气或岩性因素引起的振幅随炮检距的变化，以获得高信噪比、高分辨率和高保真度的叠前道集数据。元坝气田海相礁滩储层含气 AVO 异常响应特征为第三类，但是入射角小，同时还受噪声等干扰，其特征不是很明显[图 5-43（a）]。经过对动校正后的道集进行优化处理后，凸现了 AVO 响应特征、提升了信噪比[图 5-43（b）]，为叠前精细反演提供了相对高质量的道集数据。

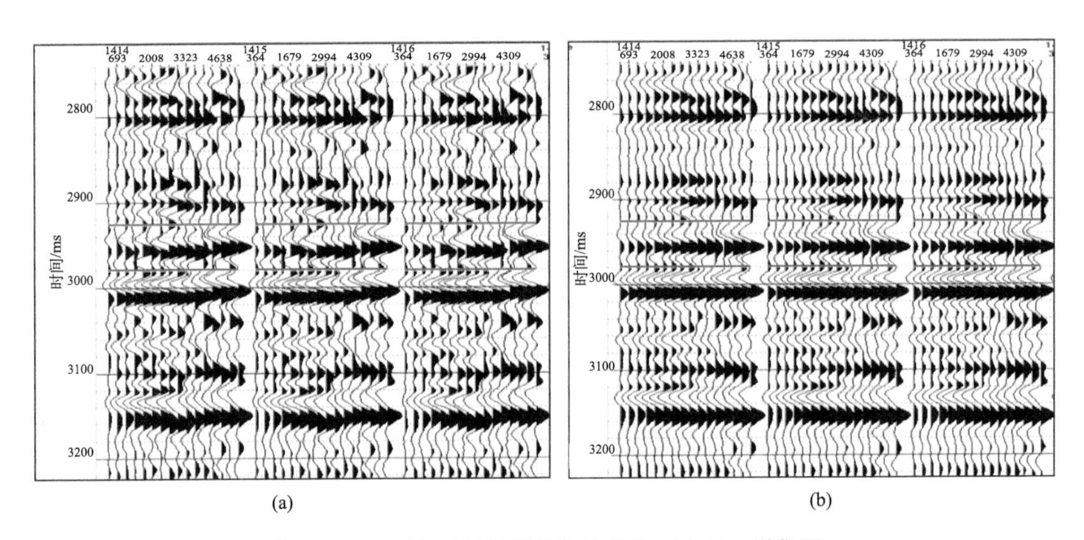

图 5-43　元坝气田长兴组优化处理前、后 CRP 道集图

（a）处理前；（b）处理后

3. 叠前气水识别技术

1）叠前弹性波阻抗反演二项式

假设地下有一反射界面，界面上层介质和下层介质的密度和纵横波速度分别为 ρ_1, V_{p_1}, V_{s_1}，和 ρ_2, V_{p_2}, V_{s_2}，则 Aki-Richards 近似式为

$$R_{PP}(\theta) = \frac{1}{\cos^2\theta} R_P - 8\gamma_{sat}^2 \sin^2\theta R_S + 1 - 4\gamma_{sat}^2 \sin^2\theta R_D \tag{5-40}$$

式中，θ_1 为入射角；$R_{PP}(\theta)$ 为纵波激发纵波接收时的反射界面的反射系数；θ 为入射角和透射角的平均值，$\theta = [\theta_1 + \sin^{-1}(\frac{V_{p_2}}{V_{p_1}} \sin\theta_1)]/2$；$R_P$ 为纵波速度变化率，$R_P = \frac{V_{p_2} - V_{p_1}}{V_{p_2} + V_{p_1}}$；$R_S$ 为横波速度变化率，$R_S = \frac{V_{s_2} - V_{s_1}}{V_{s_2} + V_{s_1}}$；$R_D$ 为反射界面两侧密度变化率，$R_D = \frac{\rho_2 - \rho_1}{\rho_2 + \rho_1}$；$\gamma_{sat}$ 为饱含流体状态下横波与纵波速度比，$\gamma_{sat} = \frac{V_{s_1} + V_{s_2}}{V_{p_1} + V_{p_2}}$。

在实际研究过程中发现，减少参数的维数可使反演结果更加稳健，因此国外学者都在一定的假设前提下进行了 AVO 两项式的研究。

Shuey（1985）利用曲线拟合法，拟合反射波振幅随入射角度变化的曲线，获得截距（A）和梯度（G）的信息，表达式如下：

$$R_{PP}(\theta) = A + G\sin^2\theta \tag{5-41}$$

式（5-41）适用于入射角度在 0°～30°进行 AVO 分析，即仅仅适用于小入射角度的 AVO 分析。

Smith 和 Gidlow（1987）利用速度与密度的关系（Gardner 关系式），使用 R_P 替代 R_D 估算 R_P、R_S 和获得式（5-41）。

$$R_{PP}(\theta) = \left(\frac{1}{\cos^2\theta} + \frac{1}{4} - \gamma_{sat}^2 \sin^2\theta\right) R_P - 8\gamma_{sat}^2 \sin^2\theta R_S \tag{5-42}$$

式（5-42）虽然对角度的范围没有限制，但是速度与密度必须满足经典 Gardner 关系的条件，否则估算的结果误差较大。

Fatti 等（1994）根据与估计的参数纵波阻抗变化率 R_I 和横波阻抗变化率 R_J 相比，反射界面两侧密度变化率 R_D 的影响可以忽略不计的假设，获得式（5-43）：

$$R_{PP}(\theta) = \frac{1}{\cos^2\theta} R_I - 8\gamma_{sat}^2 \sin^2\theta R_J \tag{5-43}$$

式中，$R_I = \frac{V_{p_2}\rho_2 - V_{p_1}\rho_1}{V_{p_2}\rho_2 + V_{p_1}\rho_1}$；$R_J = \frac{V_{s_2}\rho_2 - V_{s_1}\rho_1}{V_{s_2}\rho_2 + V_{s_1}\rho_1}$。由于式（5-43）的推导假设了密度变化率的影响可以忽略，密度的信息主要蕴含在大角度的道集中，因此式（5-42）与式（5-43）一样，不宜用于大角度的 AVO 分析。

基于 Mallick 等的研究，Lu 和 Mcmechan（2004）给出了一个经验关系式，并应用于小角度：

$$\ln(\mathrm{EI}) \approx \left(1+\sin^2\theta\right)\ln\left(\rho V_{\mathrm{P}}\right) - 8\gamma_{\mathrm{sat}}\sin^2\theta\ln\left(\rho V_{\mathrm{S}}\right) + C(\theta) \tag{5-44}$$

近似的弹性阻抗方程表达式为

$$C(\theta) \approx -6\gamma_{\mathrm{sat}}\left(\frac{1}{4}-\gamma_{\mathrm{sat}}\right)\left(\frac{1}{a\gamma_{\mathrm{sat}}}-\frac{\gamma_{\mathrm{sat}}}{b}\right)\sin^2\theta \tag{5-45}$$

当γ_{sat}小于 0.25 时，系数 a=8.0，b=0.5；当γ_{sat}大于 0.25 时，系数 a=3.0，b=3.0。

2）应用效果分析

在超深层地震资料采集、处理技术攻关的基础上，综合叠前反演二项式，可以提高深层-超深层流体预测的精度。元坝礁滩储层埋藏深度大，目的层埋深在 6000 m 左右，叠前角度道集最大角度为 27°，而且由于地震资料的分辨率和信噪比低等问题，叠前振幅的 AVO 特征不明显，在进行元坝地区叠前反演时有针对性地采取了部分角度叠加技术，这样既提高了信噪比又保证了叠前 AVO 振幅特征，并且利用叠前弹性波阻抗反演二项式进行叠前反演来克服得不到大角度资料的问题。

图 5-44 是元坝气田过元坝 1-c 井、元坝 11 井、元坝 12 井、元坝 9 井 $\lambda\rho$ 联井剖面图，红黄色含气段 $\lambda\rho$ 的值偏低，为 53～100 GPa·g/cm^3；蓝色含水段 $\lambda\rho$ 的值偏高，为 106～118 GPa·g/cm^3，与岩石物理分析含气范围基本一致。元坝 1-c 井、元坝 11 井、元坝 12 井等产气井与黄色对应较好，从产气的元坝 1-c 井、元坝 11 井、元坝 12 井到处于气水过渡带的元坝 16 井，一直到产水的元坝 9 井，气水关系非常清晰。

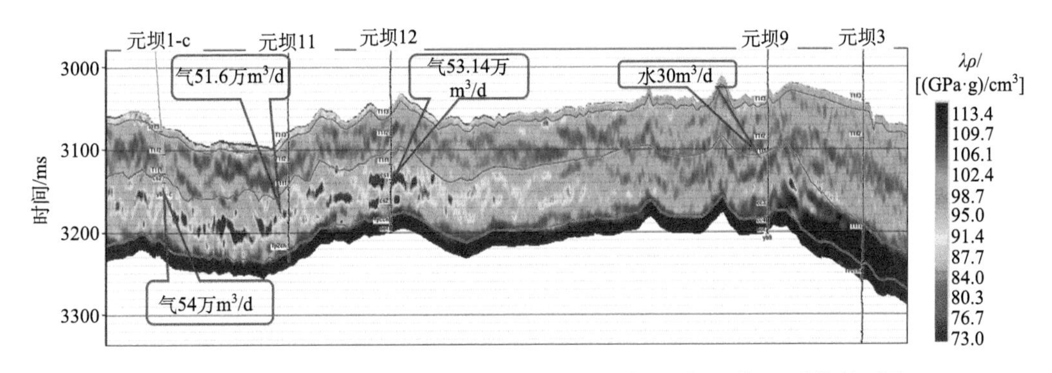

图 5-44　过元坝 1-c 井、元坝 11 井、元坝 12 井、元坝 9 井 $\lambda\rho$ 联井剖面图

在单一属性分析的基础上，将波形分类属性、地震属性切片、储层预测成果以及 $\lambda\rho$ 属性等多属性进行融合，可以在一定程度上提高储层预测的精度。图 5-45 为长兴组礁滩储层的有利区带综合预测平面图，预测结果与实测井具有很好的对应关系。处于黄-红色富集区域的元坝 27 井、元坝 204 井、元坝 205 井等，对应的产气井比较好，均获得了工业气流，滩相的元坝 12 井、元坝 11 井经过酸化后也分别获得了日产过 50 万 m^3 的产能。处于蓝色区域的元坝 9 井，代表含水比较敏感，该井在长兴组中下部均钻遇水层。从元坝 11 井到元坝 16 井，气与水之间的过渡带也很明显（浅绿色）。截至 2014 年，以此技术的预测成果为指导所实施的探井，钻遇礁滩储层的综合成功率达 92.3%，为元坝地区的整体勘探评价起到了极大的推动作用。

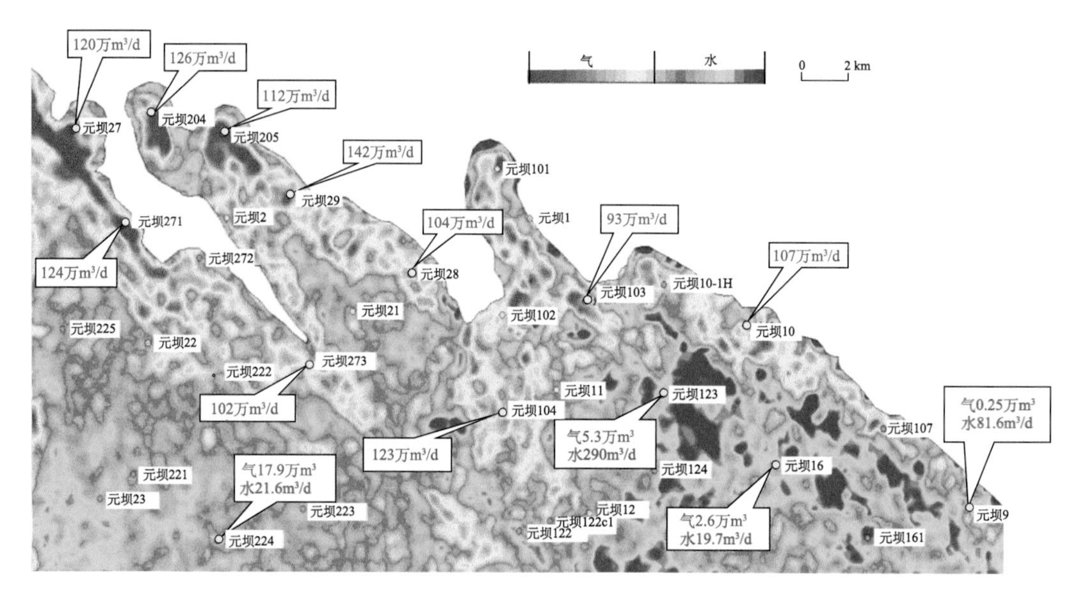

图 5-45　元坝长兴组储层综合预测平面图

参 考 文 献

蔡希源, 郭旭升, 何治亮, 等. 2015. 四川盆地天然气动态成藏. 北京: 科学出版社

杜金虎, 徐春春, 魏国齐, 等. 2011a. 四川盆地须家河组岩性大气区勘探. 北京: 石油工业出版社

杜金虎, 何海清, 皮学军, 等. 2011b. 中国石油风险勘探的战略发现与成功做法. 中国石油勘探, 16(1): 1-8

杜金虎, 邹才能, 徐春春, 等. 2014. 川中古隆起龙王庙组特大型气田战略发现与理论技术创新. 石油勘探与开发, 41(3): 268-277

杜金虎, 汪泽成, 邹才能, 等. 2015. 古老碳酸盐岩大气田地质理论与勘探实践. 北京: 石油工业出版社

段金宝, 李平平, 陈丹, 等. 2013. 元坝气田长兴组礁滩相岩性气藏形成与演化. 岩性油气藏, 25(3): 43-47

郭彤楼. 2013. 四川盆地北部陆相大气田形成与高产主控因素. 石油勘探与开发, 40(2): 139-149

郭旭升, 郭彤楼. 2012. 普光、元坝碳酸盐岩台地边缘大气田勘探理论与实践. 北京: 科学出版社

郭旭升, 胡东风. 2011. 川东北礁滩天然气勘探新进展及关键技术. 天然气工业, 31(10): 6-11

郭旭升, 郭彤楼, 黄仁春, 等. 2010. 普光-元坝大型气田储层发育特征与预测技术. 中国工程科学, 12(10): 82-90

郭旭升, 郭彤楼, 黄仁春, 等. 2014a. 中国海相油气田勘探实例之十六——四川盆地元坝大气田的发现与勘探. 海相油气地质, 19(4): 57-64

郭旭升, 黄仁春, 付孝悦, 等. 2014b. 四川盆地二叠系和三叠系礁滩天然气富集规律与勘探方向. 石油与天然气地质, 35(3): 295-302

胡伟光, 范春华, 秦绪乾, 等. 2011. AVO 技术在元坝地区礁滩储层预测中的应用. 天然气勘探与开发, 34(1): 26-28

贾承造, 李本亮, 张兴阳, 等. 2007. 中国海相盆地的形成与演化. 科学通报, 52(S1): 1-8

李伟, 秦胜飞, 胡国艺, 等. 2011. 水溶气脱溶成藏: 四川盆地须家河组天然气大面积成藏的重要机理之一. 石油勘探与开发, 38(6): 662-670

罗冰, 罗文军, 王文之, 等. 2015. 四川盆地乐山—龙女寺古隆起震旦系气藏形成机制. 天然气地球科

学, 26(3): 444-455
马永生. 2006. 中国海相油气田勘探实例之六——四川盆地普光大气田的发现与勘探. 海相油气地质, 11(2): 35-40
马永生. 2008. 普光气田天然气地球化学特征及气源探讨. 天然气地球科学, 19(1) : 1-7
马永生, 蔡勋育, 李国雄, 等. 2005. 四川盆地普光大型气藏基本特征及成藏富集规律. 地质学报, 79(6): 858-865
马永生, 蔡勋育, 郭彤楼. 2007. 四川盆地普光大型气田油气充注与富集成藏的主控因素. 科学通报, 52(1): 149-155
马永生, 蔡勋育, 赵培荣, 等. 2010. 四川盆地大中型天然气田分布特征与勘探方向. 石油学报, 31(3): 347-354
蒲勇. 2011. 元坝地区深层礁滩储层多尺度地震识别技术. 天然气工业, 31(10): 27-31
冉隆辉, 谢姚祥, 王兰生. 2006. 从四川盆地解读中国南方海相碳酸盐岩油气勘探. 石油与天然气地质, 27(3): 289-294
沈传波, 梅廉夫, 徐振平, 等. 2007. 四川盆地复合盆山体系的结构构造和演化. 大地构造与成矿学, 31(3): 288-299
汪泽成, 赵文智, 胡素云, 等. 2013. 我国海相碳酸盐岩大油气田油气藏类型及分布特征. 石油与天然气地质, 34(2): 153-160
汪泽成, 王铜山, 文龙, 等. 2016. 四川盆地乐山—龙女寺古隆起震旦系天然气成藏特征. 中国海上油气, 28(2): 45-52
王红军, 卞从胜, 施振生. 2011. 四川盆地须家河组有效源储组合对天然气藏形成的控制作用. 天然气地球科学, 22(1): 38-46
王良军, 邹华耀, 段金宝, 等. 2014. 元坝气田油气输导体系及其对成藏的控制作用. 油气地质与采收率, 21(5): 40-44
王顺玉, 戴鸿鸣, 王海清, 等. 2000. 四川盆地海相碳酸盐岩大型气田天然气地球化学特征与气源. 天然气地球科学, 11(2): 10-17
王伟, 胡明毅, 胡忠贵, 等. 2013. 建南地区长兴组碳酸盐岩礁滩储层波阻抗反演预测. 科学技术与工程, 13(34): 10272-10278
魏国齐, 杜金虎, 徐春春, 等. 2015. 四川盆地高石梯—磨溪地区震旦系—寒武系大型气藏特征与聚集模式. 石油学报, 36(1): 1-12
文晓涛, 贺振华, 黄德济. 2005. 遗传算法与神经网络法在碳酸盐岩储层评价中的应用. 石油物探, 44(3): 225-228
肖秋红, 李雷涛, 屈大鹏, 等. 2012. 元坝地区长兴组礁滩地震相精细刻画. 石油物探, 51(1): 98-103
熊晓军, 贺振华, 黄德济. 2009. 生物礁地震响应特征的数值模拟. 石油学报, 30(1): 75-79
杨鸿飞, 胡伟光, 林琳, 等. 2013. 叠前 AVO 反演技术在川东北元坝地区中的应用. 海洋地质前沿, 29(4): 55-60
杨跃明, 文龙, 罗冰, 等. 2016. 四川盆地安岳特大型气田基本地质特征与形成条件. 石油勘探与开发, 43(2): 179-188
张汉荣, 孙跃峰, 窦齐丰, 等. 2012. 孔隙结构参数在普光气田的初步应用. 石油与天然气地质, 33(6): 877-882
赵雪凤, 朱光有, 张水昌, 等. 2009. 川东北普光地区与塔中地区深部礁滩体优质储层的对比研究. 沉积学报, 27(3): 390-403
赵政璋, 杜金虎, 邹才能, 等. 2011. 大油气区地质勘探理论及意义. 石油勘探与开发, 38(5): 513-522
邹才能, 杜金虎, 徐春春, 等. 2014. 四川盆地震旦系—寒武系特大型气田形成分布、资源潜力及勘探发现. 石油勘探与开发, 41(3): 278-293

Berkhout A J. 1985. Pre-stack seismic migration in three dimensions. Telematics and Informatics, 2(4): 331-339

Fatti J L, Smith G C, Vail P J, et al. 1994. Detection of gas in sandstone reservoirs using AVO analysis: a 3-D seismic case history using the geostack technique. Geophysics, 59(9): 362-1376

Lu S, Mcmechan G A. 2004. Elastic impedance inversion of multichannel seismic data from unconsolidated sediments containing gas hydrate and free gas. Geophysics, 69(1): 164-179

Prinzhofer A A, Huc A Y. 1995. Genetic and post-genetic molecular and isotopic fractionations in natural gases. Chemical Geology, 126(3-4): 281-290

Shuey R T. 1985. A simplification of the Zoeppritz equations. Geophysics, 50(4): 609-614

Smith G C, Gidlow P M. 1987. Weighted stacking for rock property estimation and detection of gas. Geophysical Prospecting, 35: 993-1014

Stearns D W, Friedman M. 1972. Reservoirs in fractured rock. American Association of Petroleum Geologists, (1972): 82-106

Sun Y F. 2004a. Effects of pore structure on elastic wave propagation in rocks, AVO modeling. Journal of Geophysics and Engineering, (1)268-276

Sun Y F. 2004b. Seismic signatures of rock pore structure. Applied Geophysics, 7: 42-48

第六章　南方复杂构造区带油气地质研究与评价

南方复杂构造区带中古生界海相层系是我国油气勘探攻关研究重点地区，自20世纪50年代以来，对该区域的勘探就从未停止，投入了大量勘探工作量，但未获得重要突破，究其原因，主要是这些复杂构造区带成藏条件复杂，油气保存条件差异性大（赵宗举等，2000，2002a，2002b，2002c，2003a，2003b，2003c，2004；郭彤楼等，2003；梁兴等，2004；郭旭升等，2006；楼章华等，2006；马立桥等，2007）。“十一五”以来，中国石化依托国家专项，以四川盆地米仓山-大巴山山前带、黔南-桂中盆地、中下扬子地区为攻关研究重点，先后实施了大量的二维地震、MT工作量，钻探了黑池1井、新黑池1井、金溪1井、金溪2井、天星1井、春生1井、簰深1井、安顺1井以及德胜1井等，同时开展了盆地、区带、圈闭评价等综合研究及专题研究，为开展本区的深入研究积累了丰富的资料。本章是在05项目“大型油气田及煤层气开发”03课题“南方海相碳酸盐岩大中型油气田形成规律及勘探评价（二期）”004专题“中扬子地区海相层系油气成藏条件与勘探评价（二期）”、005专题“下扬子地区海相层系成藏条件及勘探评价”、006专题“滇黔桂地区海相油气成藏条件及选区评价”三个专题研究成果基础上，结合近年的油气勘探新资料和新成果，从盆地或区带构造演化、沉积储层特征、成藏条件分析入手，开展区带评价，分析了其勘探潜力与勘探方向，以期对今后的勘探起到指导和借鉴意义。

第一节　滇黔桂地区油气地质研究与评价

滇黔桂地区地理位置主要跨越云南、贵州、广西，处于太平洋构造域和特提斯构造域共同作用的转换地带，早古生代受前特提斯洋扩张影响，发育“滇黔桂”边缘海沉积盆地，之后于晚古生代形成“黔桂”裂陷盆地，三叠纪演变为“南盘江”盆地（残留海盆地），从泥盆纪至二叠纪发育多层系优质烃源岩和储盖层组合，形成良好的原始成油条件。但印支期后的复杂构造演化，导致本区海相层系的差异性变形和抬升剥蚀，大量古油气藏遭受破坏，形成复杂油气地质条件，展示了不明的油气勘探前景。

“十一五”至“十二五”期间，滇黔桂地区的油气勘探及重大专项研究重点主要为黔中隆起及周缘、黔南-桂中拗陷、南盘江盆地。该区域横跨扬子陆块和湘桂地块两大地质构造单元，是南方中古生界海相层系出露分布最广泛、油气显示和古油气藏分布最多的地区之一。

一、从“滇黔桂海”到“南盘江盆地”

滇黔桂地区总体为加里东期—海西期海相沉积盆地，基底为稳定的前寒武系褶皱基底。震旦纪始，该区接受海相稳定型沉积，“滇黔桂海”的发育、发展，主要表现在两大沉积旋回：晚震旦世－志留纪和泥盆纪－中三叠世。两大旋回沉积了巨厚的海相地层，并形成纵向上多旋回性和横向上相带变化。中三叠世以后，这一地区的古生代盆地被卷入中-新生代“构造变格”（朱夏和陈焕疆，1982），经历了至少 3 期的“构造变格”运动阶段和改造，形成了现今的南盘江拗陷、桂中拗陷、十万山盆地等为代表的残留盆地。

滇黔桂海相原型盆地的发展经历了如下两个演化阶段：新元古代末—早古生代陆内裂陷-边缘海盆地阶段（Z-S）、泥盆纪—三叠纪陆内裂陷海-残留海盆地阶段（D-T）。

（一）震旦纪—志留纪陆内裂陷-边缘海盆地（Z-S）

该阶段是一个以扬子陆块周缘的秦岭洋与华南海槽的新生、扩张及消亡的开合过程，为前特提斯洋扩张-克拉通内拗陷与被动大陆边缘并列发展阶段，具有大陆斜坡向洋盆过渡沉积特点。扬子与华夏陆块形成了克拉通内拗陷盆地，发育浅海碳酸盐岩台地沉积，含潮坪、边缘浅滩和藻礁，周缘形成被动大陆边缘，由上斜坡、下斜坡、半深海盆地构成；华南海槽位于扬子和华夏陆块之间，主要为碎屑浊流沉积，向北至怀玉山、九岭地区为深水碳酸盐岩；湘桂地块为扬子陆块东南缘的边缘海盆地，震旦纪—早寒武世具有大陆斜坡向洋盆过渡沉积特点，中寒武世—早奥陶世岩相变化具多源性。寒武纪－志留纪阶段的构造-沉积格局，控制了滇黔桂地区早寒武世外陆棚-盆地相主力泥页岩的发育分布，其中滇黔桂地区早古生代早期被动大陆边缘盆地是下寒武统泥页岩层系的优势分布区，形成第一套主力勘探层系，如图 6-1 所示。

（二）泥盆纪—三叠纪陆内裂陷海-残留海盆地阶段（D-T）

该阶段为古特提斯洋盆扩张-周缘裂陷与台内拗陷并列发展阶段，受澜沧江洋、金沙江等洋盆的扩张影响，扬子陆块西南缘形成包括右江裂谷、川西龙门山裂谷、湘桂裂谷在内的周缘裂陷盆地。在滇黔桂地区，在广西运动褶皱基底上，泥盆纪－早二叠世的裂陷槽盆地的形成与甘孜-理塘-哀牢山-红河缝合线所代表的古特提斯洋的扩张相联系。在凭祥-那哮（钦防海槽南端）、派安-蒲苗等地，橄榄岩顺层侵入在下二叠统四大寨组和上二叠统之中。由单辉橄榄岩、辉长岩、辉绿岩组成。同时在崇左市古坡及宁明县夏石乡那哮村南有枕状熔岩、细碧岩、火山喷发岩等构成蛇绿岩套，代表了与红河-哀牢山古特提斯洋扩张相联系的陆壳撕裂的裂陷槽中扩张外泄的初始洋壳的部分。该时期裂陷槽的扩张和形成是在凭祥-崇门-邕宁断裂以南，右江断裂以北，南丹-河池-合山断裂以西，桂林-全州断裂以东和防城-灵山断裂以北之间区域扩张的。沉积了泥盆系－下二叠统深水型的硅质岩、泥质岩的沉积地层序列。在凭祥-崇门断裂与右江断裂之间的西大明山地区和防城-灵山断裂与博白-岑溪-廉江断裂带之间的大容山-六万大山地区，以及南丹-河池-合山断裂与桂林-全州断裂之间的桂中地区，则是“Y”形的裂陷槽盆地的缓坡区，沉积了浅水型碳酸盐岩、碎屑岩沉积地层序列，如图 6-2 所示。

二叠纪中晚期，扬子西南缘的孟连洋盆俯冲消减，在墨江及凭祥与宁明一带均出现弧火山岩。滇黔桂地区进入弧后强烈拉张断陷期，虽然台盆相间格局未变，但“滇黔桂海”水体明显加深，台地缩小。晚二叠世长兴期—早三叠世，在台向斜拗陷盆地沉降凹陷中沉积以深水火山碎屑岩-硅泥质岩，在研究区内大部分地区发育了这套深水相沉积，反映了这种由“断陷”向“拗陷”转换的构造热体制的变化。受局部断裂及其差异沉降的影响，在拗陷中心形成大大小小的孤立台地，在孤立台地上发育着浅水碳酸盐岩沉积。在台向斜拗陷的北缘发育范围广阔的碳酸盐岩缓坡台地。在盆地东南缘，河口湾-碎屑潮坪沉积超覆于周边的隆起之上。中晚三叠世，滇黔桂地区火山活动加强，台盆内主体沉积物为陆源碎屑浊积岩，钙屑浊积岩夹玄武岩，表现为残留海浊积复理石沉积特点。我们将中晚三叠世以发育陆源碎屑浊积岩为主的残留海盆地称为“南盘江”盆地，如图6-3所示。

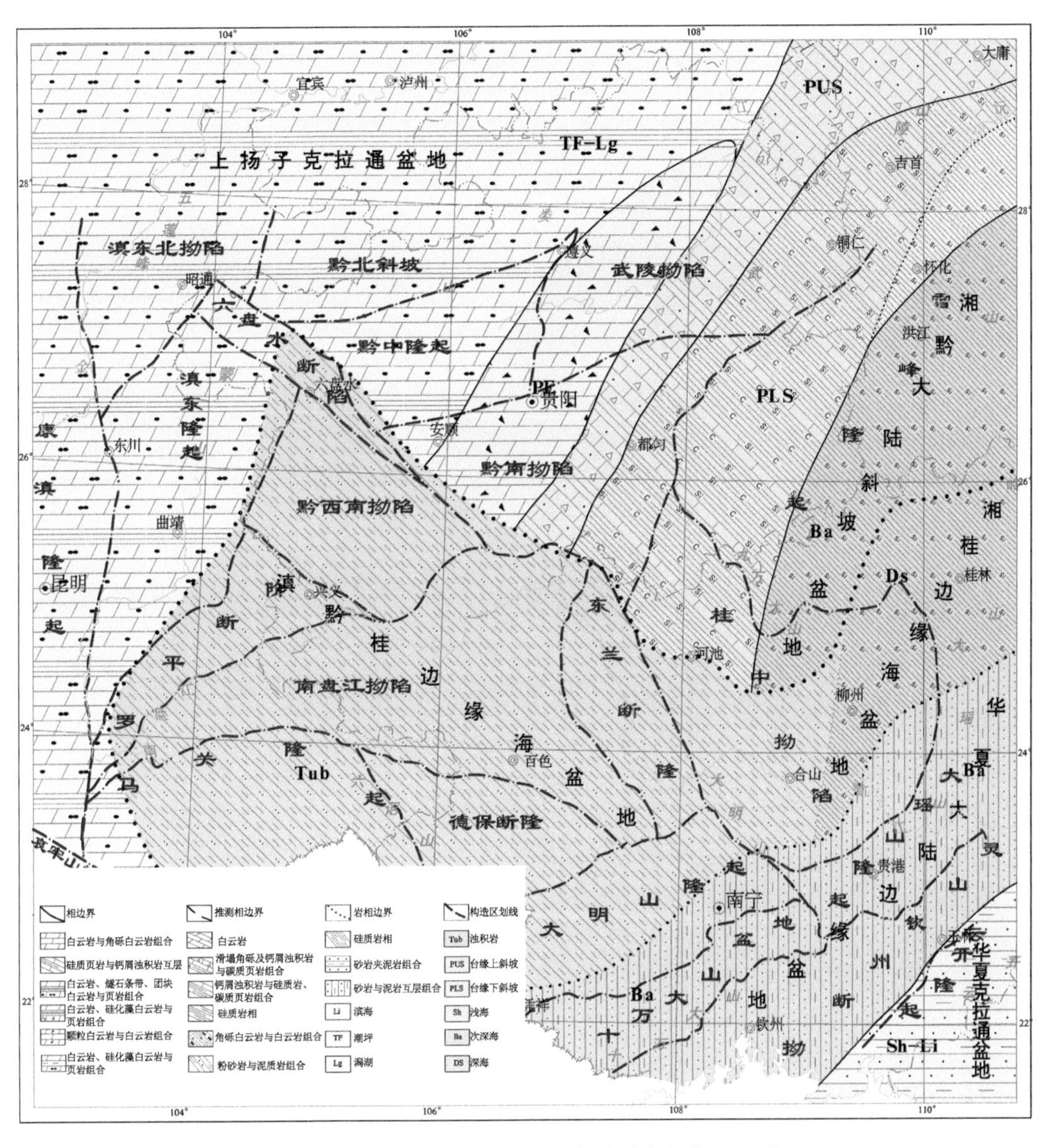

图6-1　滇黔桂地区震旦系—寒武系岩相古地理图

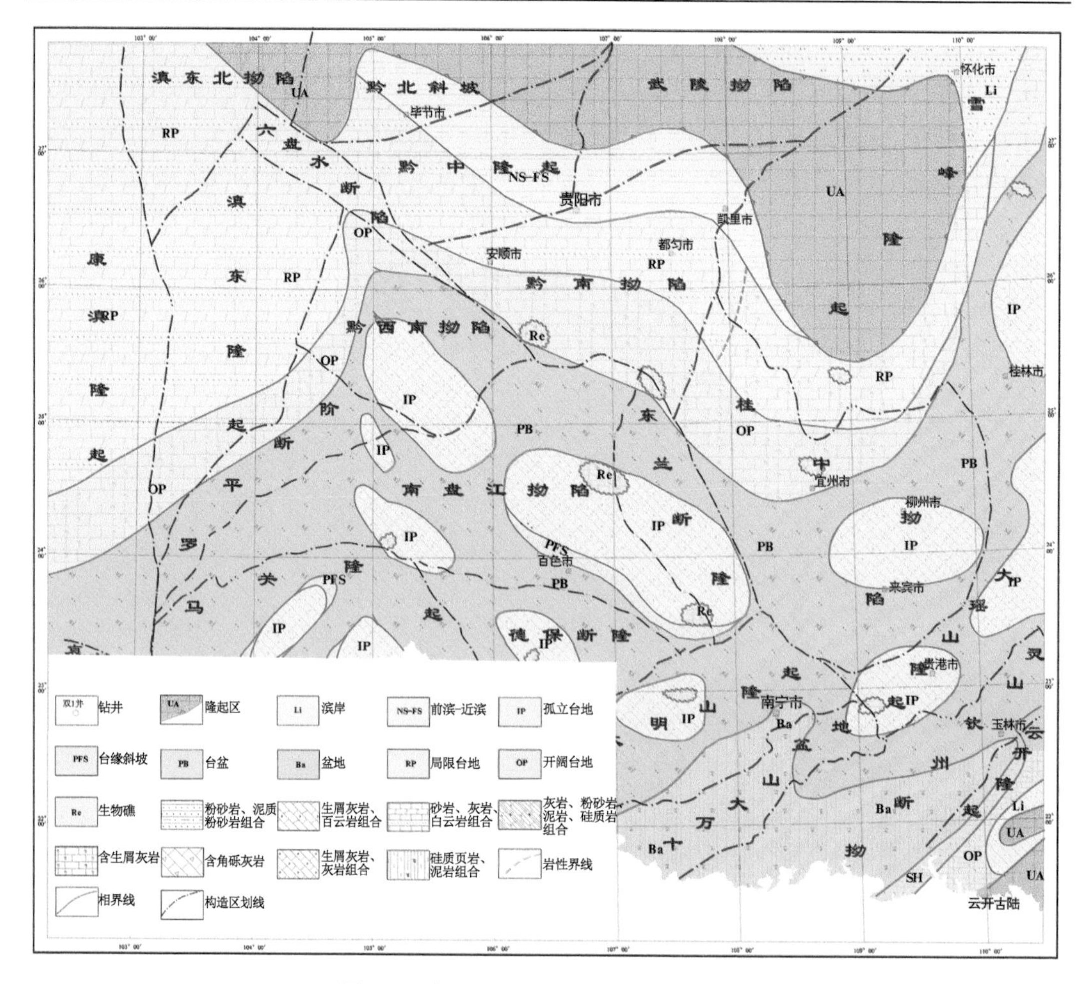

图 6-2　滇黔桂地区泥盆系岩相古地理图

二、丘-台-盆（槽）格局与生储盖发育

加里东末期（广西运动），滇黔桂地区表现地壳上升为陆而遭受剥蚀。进入泥盆纪，华南板块南部边缘受挤压的强度得以缓解，使板内应力得以松弛、释放。研究区内发生基底张裂，在加里东褶皱基底的基础上，形成独特的台盆相间的沉积格局，地貌高的地区发育孤立台地，其两侧发育台地边缘斜坡、浅滩或局部的生物礁，而低洼地带形成台盆相和深水陆棚相，为硅质岩、泥页岩或泥灰岩沉积。

中上泥盆统台盆相暗色泥岩发育于纳标组、罗富组和榴江组。其中，纳标组和罗富组主要为灰黑色泥岩、碳质泥岩、硅质岩沉积，分布在安龙-罗甸-河池一带；上泥盆统暗色泥岩主要发育于榴江组，其下部为碳质泥岩、硅质泥页岩，上部为扁豆状灰岩。通过从双 1 井-南丹莫德-环江中润-鹿寨龙江连井对比分析，随着水体加深，在安龙-罗甸-河池一带上泥盆统沉积范围进一步扩大。

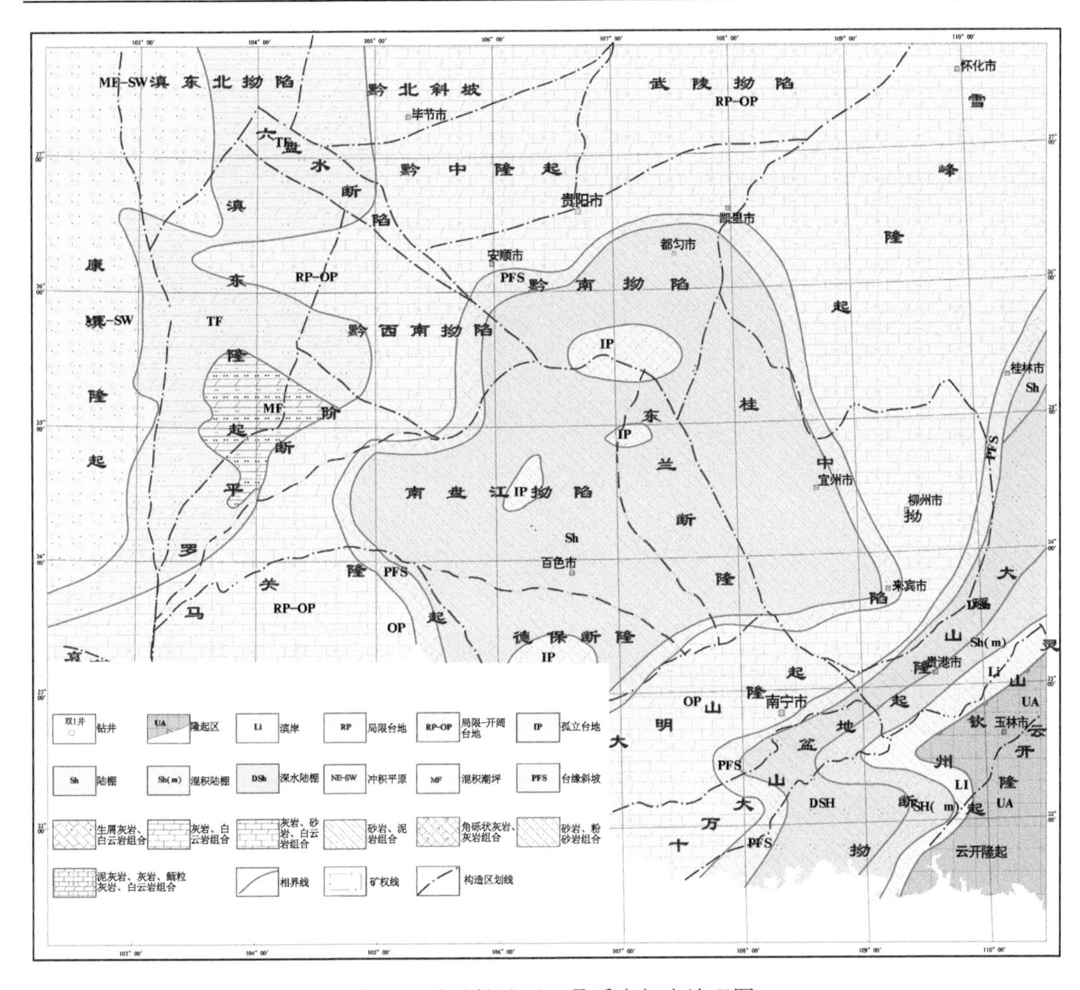

图 6-3　滇黔桂地区三叠系岩相古地理图

受区域拉张应力的影响，海水大规模侵入，自黔中、雪峰隆起往南，海水逐渐加深，下石炭统暗色泥岩主要发育于下石炭统岩关组，为深水陆棚相沉积，从晴页 2 井-边外河-芒场-岩 2 井连井剖面可以看到，深水陆棚相在桂中及邻区广泛发育，厚度大、分布稳定。

双 1 井钻井揭示发育盆地相区优质烃源岩。上二叠统领薅组灰黑色泥岩、下石炭统—上泥盆统响水洞组黑色硅质碳质泥岩等极好烃源岩。龙潭组灰黑色泥岩、凝灰质泥岩总厚度为 243m，有机碳含量为 1.07%～6.16%，平均为 2.45%，有机质类型以 I 型为主，部分为 II_1 型；下石炭统灰黑色碳质泥岩厚度为 93m，有机碳含量为 2.22%～6.40%，平均为 4.55%，有机质类型为 II 型；上泥盆统灰黑色碳质泥岩厚度为 106.55m（未穿），有机碳含量为 2.30%～5.94%，平均为 3.56%，有机质类型为 II_1 型。井区具有较好的封盖条件，双 1 井钻遇中下三叠统砂泥岩盖层厚度为 2281m，据统计泥质岩累计厚度达 1655m，具有较好的区域封盖作用。下三叠统、上二叠统龙潭组、下石炭统—上泥盆统等几套泥质烃源岩兼具直接盖层的作用，如图 6-4 所示。

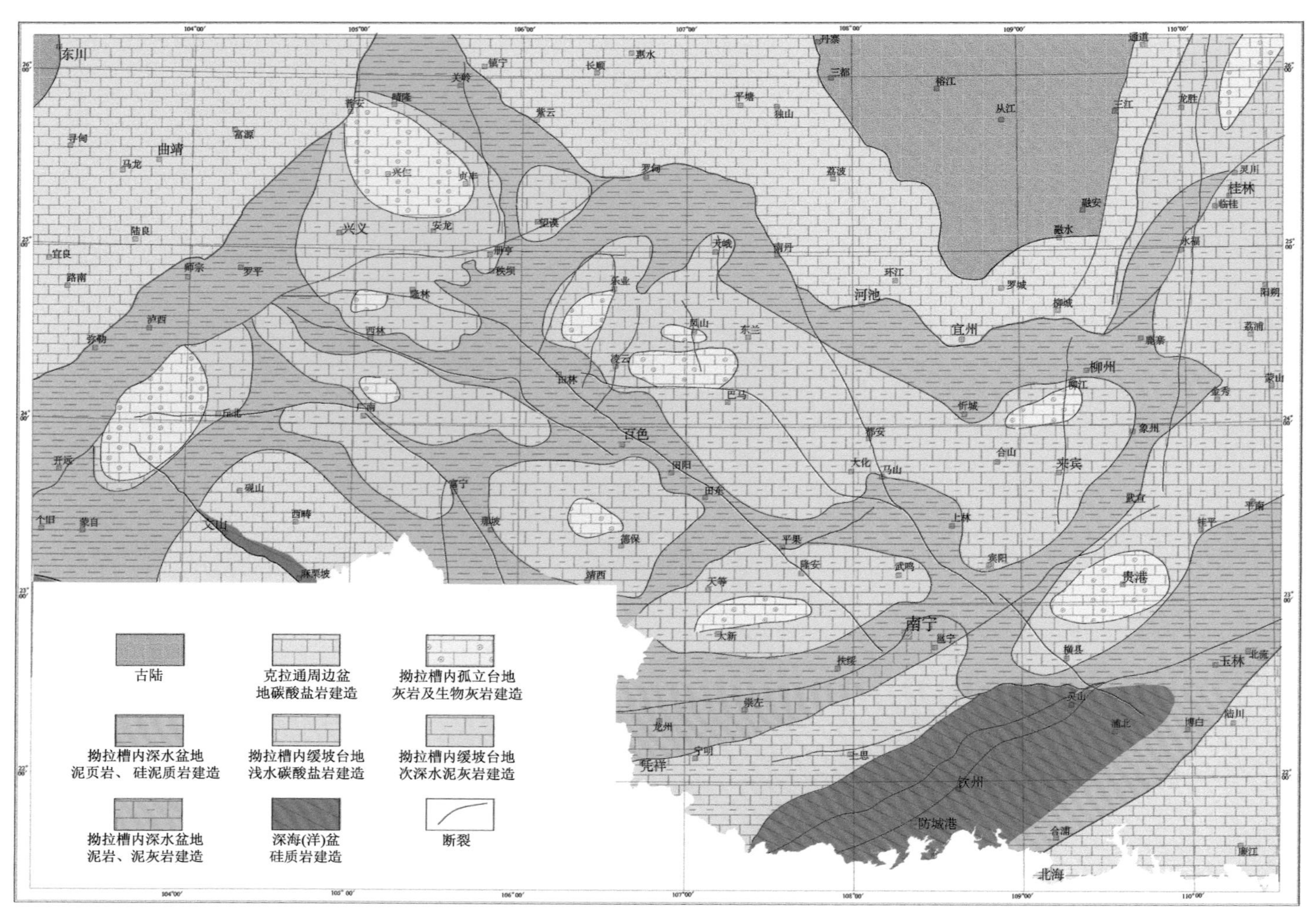

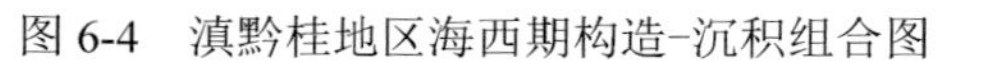
图 6-4　滇黔桂地区海西期构造-沉积组合图

自泥盆纪起直到二叠纪结束，北西-南东向的垭都-紫云-罗甸断裂带明显地起着控制本区岩性、岩相的分布以及演化的主导作用，使岩性岩相总体显示出北东-南西向的排布特点。一般在该断裂带中心部位，在每个构造运动的早期，都出现较深水的台盆（或台沟）沉积物及生物组合——以硅泥质为主的欠补偿的饥饿层。泥盆系—石炭系盆地形状已较清楚地显示出受该断裂带所制约，从川西南的美姑附近，往东南经黔西北的威宁、六盘水、紫云、桂西北的乐业至桂中的都安，出现了一个北西向的海槽，此海槽的部位与走向同垭都-紫云-罗甸断裂所处的位置与走向基本吻合，由此说明此海槽的产生是该断裂带活动的结果，在此海槽的沉积中心地带，堆积了一套黑色泥、页岩为主的烃源岩。越靠近垭都-紫云-罗甸断裂，烃源岩厚度与TOC含量越高，热演化程度也更适中。

围绕丘台边缘发育生物礁储层和滩相储层，其中泥盆纪和二叠纪生物礁在区内广泛发育，是区内两个重要的成礁期，而石炭纪生物礁主要在黔南局部发育。

滇黔桂地区横向发育三种礁滩类型，即丘台礁滩型生物礁、台内礁滩型生物礁和台缘礁滩型生物礁（图6-5）。其中丘台礁滩型生物礁礁体多表现为受继承性隆起的控制，生物礁的规模与丘台的大小息息相关，因此丘台生物礁的厚度变化很大，为12～500 m不等，呈马蹄形环状延伸几百米至几十千米，主要分布于南盘江拗陷和桂中拗陷，在南丹大厂、隆林德峨、丘北温浏、广南罕懂、广南董暮等野外露头均可见，造礁生物主要为层孔虫，珊瑚，伴有腕足类、单体珊瑚、苔藓虫、棘皮和藻类。主要岩类为层孔虫礁灰岩、层孔虫珊瑚礁灰岩和各种生物灰岩、生物碎屑灰岩等。台内礁滩型生物礁分布于台地内部的水下高地，平面上呈盘状，纵向上呈丘状或柱状，这类礁体以规模小、发育差、侧向与其他沉积相呈指状穿插为其特征，主要分布于黔南拗陷；台缘礁滩型生物礁受北西向垭都-紫云-罗甸大断裂和与之交叉的北东向师宗-贵阳大断裂控制，台缘礁厚度一般较大，为117～261 m，分布范围长3～5 km、宽1 km左右，主要分布于黔南拗陷，在南丹六寨、独山布寨、环江北山等地发育台地边缘生物礁，造礁生物主要为层孔虫，珊瑚，伴有腕足类、单体珊瑚、苔藓虫、棘皮和藻类。主要岩类为层孔虫礁灰岩、层孔虫珊瑚礁灰岩和各种生物灰岩、生物碎屑灰岩等，如图6-5所示。

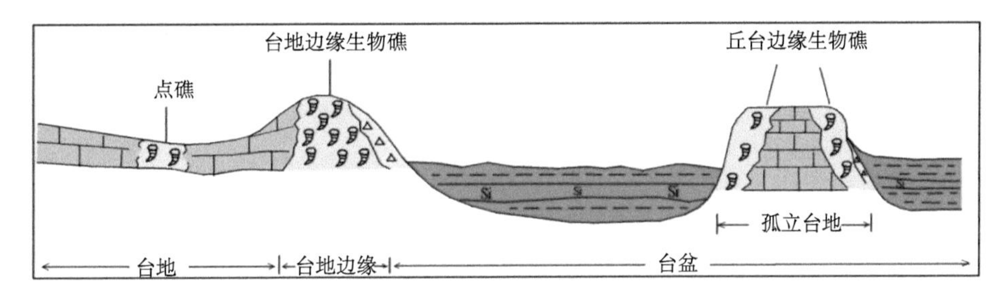

图6-5　滇黔桂地区生物礁发育模式

针对滇黔桂地区泥盆系礁滩储层，于黔南和桂中地区分别钻探了安顺1井和德胜1井，均钻遇优质礁滩储层。

其中，安顺1井是部署在黔南拗陷安顺凹陷的一口风险探井，以中泥盆统台地边缘礁滩相储层为主要目的层，兼探石炭系台地相白云岩储层及上二叠统含煤层系地层。该井于2011年10月29日开钻，2012年11月30日完钻，完钻井深5478.91 m，完钻层位为中泥盆统独山组。安顺地区地震资料品质较好，以Ⅰ－Ⅱ类为主，实钻层位及厚度与钻前预测基本吻合。钻探证实中泥盆统独山期台地边缘相带的存在，独山组钻遇生物礁、滩相储层，储层白云石化作用强烈。该套储层纵向厚度大，钻井岩心资料分析，孔隙度为1.69%～8.83%，平均为2.6%，渗透率为0.0058×10^{-3}～$26.569\times10^{-3}\,\mu m^2$，平均为$2.65\times10^{-3}\,\mu m^2$，其中溶孔、溶洞及裂缝较为发育。

德胜1井是部署在桂中拗陷宜山凹陷德胜生物礁滩岩性圈闭东部的一口预探井，以泥盆系生物礁滩为主要目的层，兼顾下石炭统页岩气资料评价。该井于2014年12月31日开钻，于2015年8月2日完钻，完钻层位为下泥盆统郁江组，完钻井深5170 m。德胜1井泥盆系钻遇厚层生物礁滩储层。通过德胜1井测录井资料分析，储层主要发育在东岗岭组海退旋回礁盖白云岩内，孔、缝、洞集中发育，物性较好。储层发育段测井具有明显的低伽马、低速度、高电阻背景下的“相对低阻”的响应特征。FMI测井显示储层发育段具有明显的低阻特征。储集空间主要为白云石晶间溶孔、溶洞和微裂缝，孔隙度为1.6%～9.9%，平均值为3.5%，渗透率为0.0048×10^{-3}～$360\times10^{-3}\,\mu m^2$，储层具有中低孔中低渗特征，以Ⅲ类储层为主，局部发育Ⅱ类储层。

三、资源潜力与勘探方向

滇黔桂地区发育多套优质烃源岩层，多套生储盖组合，地表和井下油、气和沥青显示众多，其层位和地域分布广泛，潜在资源量达4.65亿t（据2003～2007年新一轮全国油气资源评价），表明滇黔桂地区具有较好的成油气基本条件和较大的油气资源潜力。

滇黔桂地区主要发育五套优质烃源岩层，包括下寒武统、上奥陶统—下志留统、下石炭统、泥盆系及二叠系泥质岩烃源岩。其中，下寒武统烃源岩广泛分布于黔中隆起及周缘等地区。岩性主要为黑色泥岩、碳质页岩、碳硅质页岩、黑色粉砂质页岩，烃源岩厚度为50～500 m，其中厚度大于50 m的分布面积达58万km^2。烃源岩有机碳含量为0.5%～5%，属腐泥型为主的有机质类型，处于高成熟-过成熟阶段，以生气为主，生烃强度较高，部分地区达到100亿～200亿m^3/km^2。上奥陶统—下志留统烃源岩主要分布在黔中隆起及周缘等地区。岩性为灰黑色、黑色碳泥质页岩、硅质页岩，厚40～100 m。有机碳含量高，为0.53%～3%，平均为1.74%。泥盆系—石炭系烃源岩主要分布于南盘江拗陷、桂中拗陷等地区。双1井下石炭统泥岩有机碳含量为2.22%～6.40%，平均4.55%，烃源岩厚度为93 m，上泥盆统泥岩有机碳含量为2.06%～5.94%，平均为3.56%，烃源岩厚度大于102 m。

滇黔桂地区主要发育三种类型储层，主要包括碳酸盐岩礁滩相储层、碳酸盐岩岩溶缝洞型储层、致密砂岩储层。该区多口探井的钻探证实滇黔桂地区发育多期次多类型的优质储层。

然而，该区经历多期构造运动的叠加改造，构造、成烃成藏历史复杂，尤其是印支期后的多次构造改造，导致了各地区保存条件差异明显，原生油气藏大部分已遭受改造，油气勘探至今仍未取得大的突破，保存条件是该区下一步油气勘探评价研究的关键。

勘探方向：常规领域应以生物礁滩储层和碎屑岩储层为主要对象，以构造保存与成藏条件研究为重点，强化基础研究工作，开展区带进一步优选与部署研究。非常规勘探领域应以下石炭统和下寒武统页岩气为重点，以古隆起周缘与桂中-南盘江地区北缘为重点区带，评价与优选有利勘探目标。

第二节　中下扬子地区油气地质研究与评价

中扬子地区包括湖北及邻区，中扬子地区大地构造位置位于扬子陆块中段，南北分别以江南断裂、襄广深大断裂为界，东以郯庐断裂与下扬子分界，西以齐岳山断裂与上扬子分界。而下扬子地区跨苏、浙、皖、赣和沪四省一市，主要位于郯庐断裂、连黄断裂和江南隆起带所夹的三角地区。“十一五”至“十二五”期间，中下扬子地区的油气勘探及重大专项研究重点主要为相对有利的江汉盆地、苏北盆地。

一、中下扬子地区地质结构及构造改造特征

中下扬子地区经震旦纪开始展开了盖层发育与演化的历史，至新近纪，先后经历了加里东期、海西期—早印支期、晚印支期—早燕山期、中燕山期、晚燕山期—早喜马拉雅期和晚喜马拉雅期 6 期构造旋回，晚印支期前的沉积构造特征相对稳定，以地台沉积为主，基本没有多少剧烈的构造运动与变形。晚印支期以来多旋回构造活动比较强烈，在 T_{2+3}-J_{1+2}、J_3-K_1、K_2-E、N-Q 四个重要构造变形期，陆内形变机制控制中下扬子区大型叠合含油气盆地的发育，纵向上依次叠置前缘-走滑-断陷-拗陷多种复合盆地。

加里东旋回（Z_2-S）代表海相被动大陆边缘和克拉通盆地阶段。震旦纪早期为裂谷拉张，震旦纪晚期—奥陶纪早期为热沉降，发育克拉通被动大陆边缘海盆地，中奥陶世—志留纪为挠曲沉降，下扬子区志留纪转为前陆盆地，而中扬子区没有晚志留世磨拉石沉积。

海西—早印支旋回（D-T_1）时期下扬子区为海相克拉通盆地，发育陆表海，石炭-二叠纪以滨海沼泽含煤碎屑沉积和浅海石灰岩沉积为主，早三叠世以白云质、泥质灰岩沉积为主；中扬子区为海相被动大陆边缘和克拉通盆地，泥盆纪—石炭纪为差异沉降，二叠纪—早三叠世为热沉降。

晚印支—早燕山旋回（T_{2+3}-J_{1+2}），同造山期前陆盆地发育阶段。中三叠世后，海盆沉积宣告结束，下扬子区表现为类前陆盆地（双边磨拉石楔）；中扬子区为桐柏山南缘滞后陆弧碰撞造山前陆盆地。

中燕山旋回（J_3-K_1），强烈挤压褶皱变形、抬升剥蚀、走滑、支解残留及热力改造为主要形式，形成明显对冲、挤压格局。下扬子地区广泛发育火山岩盆地。

晚燕山—早喜马拉雅旋回（K_2-E），拉张断陷盆地演化阶段，中下扬子区为板内伸展构造，发育较大规模的拉张断陷。

晚喜马拉雅旋回（N-Q），陆内拗陷盆地演化阶段，以差异升降为特征，主要表现为叠合深埋和抬升剥蚀两种改造形式。

基底拆离和盖层滑脱是中下扬子区普遍的构造现象，但发育强度、卷入地层层位新老关系明显由南、北两侧周缘向中部递减。本区存在三套主滑脱层，即浅变质基底（Pt）、志留系（S）和中、上三叠统—下白垩统（T_{2+3}-K_1），将盖层划分为上（K_2-Q）、中（D-T_1）、下（Z_2-O）三套构造变形层（表 6-1）。

盖层在各层次产生不同程度的滑脱，其中特别是志留系及其以上地层滑脱现象相当普遍，局部地区形成了近乎“侏罗山式”的逆冲滑脱变形，如宁镇地区、武汉-咸宁部分区段上古生界—中三叠统的褶皱和冲断就是实例，被有的学者认为“薄皮构造”发育区。但从总体来看，志留系主滑脱层以下的晚震旦世—奥陶纪地层组成的下变形层，虽属于叠加变形层，却显得较为简单，不仅褶曲宽缓，与中变形层明显不协调，而且中变形层中的许多规模不大的断层，下延多消失在志留系滑脱层，使下变形层中消失在浅变质基底滑脱层的断层显著减少。

表 6-1　中下扬子区滑脱层与构造层的对应关系表

地层时代	构造变形层	构造层	构造运动特点	主要构造样式
K_2-Q	上变形层		拉张、掀斜	断块、逆牵引
T_{2+3}-K_1	主滑脱层	阿尔卑斯构造层	挤压、逆冲	断褶、冲断
T_1	中变形层	海西构造层	振荡运动为主	断褶、叠瓦冲断
D-P				
S	主滑脱层	加里东构造层	振荡运动为主	
Z_2-O	下变形层			宽缓褶曲、冲断
Pt	主滑脱层	晋宁构造层	振荡运动为主	宽缓褶曲、冲断

由于中下扬子区处于相似的动力学背景下，即中下扬子区都受华北板块、太平洋-库拉板块及印度板块等的共同作用，所以大的构造演化背景相同，在印支期、燕山期及喜马拉雅期阶段表现出很多的相似性。例如，形成了比较强烈的对冲构造格局，对中生代乃至古生代的地层改造明显。中下扬子区在晚印支期—早燕山期主要为板块焊接及前陆盆地的形成阶段；燕山中期总体上都表现为走滑挤压的构造背景，为中下扬子区构造破坏的最严重时期；燕山晚期—早喜马拉雅期又都表现为拉张的构造背景，早期对冲褶皱剥蚀强烈的地区，一般也是晚期伸展断-拗强烈的地区（图 6-6）。

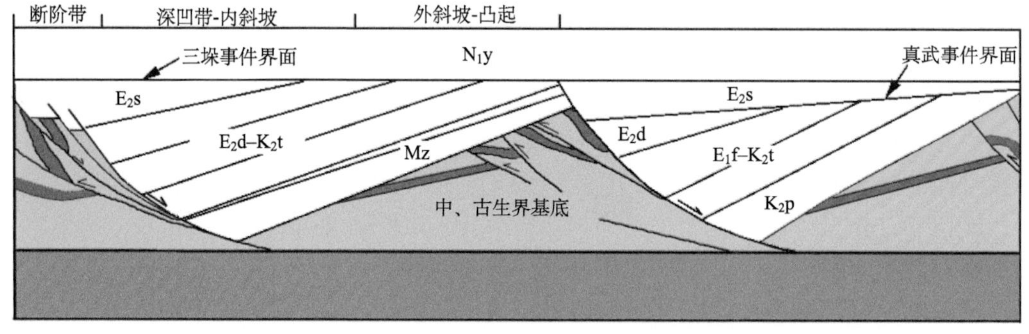

图 6-6　苏北盆地区中生界、新生界箕状断陷与中生界、古生界基岩叠置关系图

虽然中下扬子区在区域构造演化背景上有许多的相似之处，但两者由于古地理格局的差异，即使在同一动力学背景下，也表现出一些构造上的差异。例如，燕山期构造改造的时限及期次呈现出由东向西渐晚、渐少的趋势，中上侏罗统—白垩系与下伏地层的接触关系表现出十分明显的分带性。在下扬子地区表现为上侏罗统、下白垩统与上下地层间的不整合关系，而中扬子区则表现为下白垩统与下伏地层的不整合。这种现象主要与中下扬子区的受力背景有关。由于中下扬子区在整个印支期、燕山期及喜马拉雅期的构造演化过程中，太平洋板块的俯冲作用是非常重要的，太平洋板块对扬子陆块的影响总体上表现出由东向西逐渐减弱的趋势，这对中下扬子区在燕山中期的挤压走滑及燕山晚期—喜马拉雅早期的拉张环境中的构造演化产生了重要的影响，也是中下扬子区在构造变动上存在差异的主要原因。

另外，下扬子区受到郯庐断裂燕山中期左旋走滑改造的影响最大，挤压走滑运动对下扬子区的改造作用强于中扬子区。

燕山晚期—喜马拉雅早期的拉张作用在中下扬子乃至整个扬子陆块都表现出由东向西逐渐减弱的趋势。强烈的挤压背景、拉张环境对下扬子地区的作用也要远远强于中扬子地区。郯庐断裂喜马拉雅期的平移走滑使得下扬子区构造更加复杂化。

以区域构造剖面研究为基础，结合钻井、地震、非震（重、磁、MT）剖面解释以及野外露头，综合参考前人大量研究成果，揭示中下扬子区主要断裂展布、地层结构、盆山体系关系。对于中下扬子地区不同演化阶段、不同类型原型盆地垂向叠加、横向并列、多期改造构成的复合盆地，以中古生界构造形变为依据，按照构造形变强度、卷入地层层位新老关系、后期构造反转以及陆相地层覆盖程度等进行中下扬子区现今构造分区，指导油气勘探有利区带优选。

大致分别以大洪山-桐柏山-响水口-嘉山断裂带、大磨山-荆沔-潜望-泰海断裂带、沿江断裂带、江南断裂带为界，划分中下扬子地区构造单元，反映出中下扬子区“南北褶皱造山、中部对冲干涉、纵向多期叠置”的盆地结构特征，从南、北两侧周缘向中部分别由厚皮构造带-薄皮构造带-对冲干涉变形带逐渐过渡。总体呈南、北两大弧形构造体系联合的盆山体系，内部次级构造带又各具特色。后期伸展构造不是杂乱无序，而是严格受控于先期构造样式。苏北、江汉断陷盆地的边界断裂以及基干断裂绝大部分由先期形成的逆冲断裂和压扭性断裂负反转而成。

北部构造体系：由秦岭-大别-胶南造山带向盆内呈前展式递进变形，由北向南，从基底卷入、冲断-反转——志留系滑脱、冲断-反转——对冲干涉变形，变形逐渐减弱。北部弧形构造带受力较强的叠瓦冲断带，形成一系列断弯褶皱、叠瓦单冲构造。早燕山期区域应力场表现为北强南弱，在 NE-SW 向挤压应力作用下，大规模向南推覆。包括巴洪前缘叠瓦冲断带、当阳-荆门前缘叠瓦冲断-反转带、张八岭隆起厚皮变形区、苏北盆地基底滑脱、冲断-反转区等。区内依次发育与逆冲断层相关的断弯和断展褶皱，如双重逆冲构造、叠瓦扇构造、台阶状构造等。

中部对冲干涉断褶构造-反转区：为南、北弧形构造系所共有的变形消减稳定带（对冲干涉带），东部表现为形式上的强烈对冲，时间上有早晚差异，西部多向 NW 逆冲。该构造带相对稳定，总体变形比南、北弧形构造带弱，发育对冲或背冲断层，以低缓背斜或断背斜为主。包括秭归稳定带-宜昌稳定带-荆州干涉断褶带-沔阳-大冶-安庆-南京-泰州对冲干涉断褶构造区等。

南部构造体系：江南-雪峰造山带以北的多层（基底、志留纪）滑脱、冲断-反转区，构造形态总体呈前展逆冲推覆构造样式。南部弧形构造带受力较强的叠瓦冲断带，也形成一系列断弯褶皱、叠瓦单冲构造。包括洪湖-通山前陆基底卷入叠瓦冲断-反转区、苏南志留系滑脱推覆-反转区、皖南-浙西基底冲断隆起厚皮变形区等。

南部弧形构造发生叠加、改造，弧形不完整，前陆冲断带以基底卷入叠瓦单冲及逆冲推覆构造为特征，变形强烈，多具“双层结构”特征。

二、中扬子地区海相沉积、储层特征

（一）上二叠统长兴组—下三叠统飞仙关组

1. 岩相古地理格局演化特征

中扬子区长兴组整体为台盆相间的古地理格局，具有盆地深陷、台地镶边的特征。其中，川东台地东缘、江南台地北缘为长兴期台地边缘礁滩发育区。中扬子区古地理格局的形成主要受扬子陆块北部被动大陆边缘裂陷拉张作用影响。

中扬子区长一期由东向西依次发育大洪山盆地-鄂西盆地陆棚。由于长兴期大洪山盆地和鄂西盆地裂陷较早，因此水体较深，为盆地相。陆棚及盆地周缘生物礁发育，平面上与台地边缘走向一致，呈条带状展布。生物礁发育规模受台地边缘斜坡坡度影响，在长一段中上部发育陡坡型台缘生物礁，礁体纵向及横向展布范围较广。北侧台缘发育陡坡型生物礁为主，如箭竹溪生物礁，南侧台缘则主要发育生物礁滩复合体。宜昌台地由于受盆地拉张作用早，裂陷深，因此生物礁规模较小。长二期，中扬子区东部及南部地区基本继承了早期沉积格局，台地边缘生物礁发育逐渐停止生长，转化为生屑滩沉积，随着进一步海退，沉积物主要为暴露浅滩白云岩。而在开江-梁平陆棚南缘，坡度相对较缓，台缘礁滩不发育。

飞仙关期对晚二叠世古地理格局既有明显的继承性又有进一步的发展，与长兴组基本上是连续沉积的。长兴期欠补偿盆地：鄂西盆地和大洪山盆地为飞仙关组沉积厚带，反映了在持续海退作用下，飞仙关期的沉积具有明显的“填平补齐”特征，这种“填平补齐”的充填模式控制了整个飞仙关期的岩相古地理展布以及颗粒滩的展布和迁移特征。

2. 储层发育特征及主控因素

长兴组—飞仙关组主要发育滩型储层，储集岩类为白云岩、白云质灰岩、礁灰岩、颗粒灰岩和生屑灰岩，各岩类储层岩石学特征如下：

生物礁白云岩矿物成分以白云石为主，含量为 80%～95%。岩石组成以生物碎屑为主，生物种类丰富，以蜓及有孔虫为主，少量腕足及瓣鳃等大化石，但因重结晶作用强烈，大量生物结构被破坏，只保留了残余结构。具粉-细晶结构，晶间溶孔及晶间孔发育，储集条件好[图 6-7（a）]。生物礁灰岩造礁生物以海绵为主，少量苔藓虫及层孔虫，含量为30%～70%，少数达到90%。生物礁灰岩普遍发生胶结作用，造成礁灰岩储层原生孔隙几乎全部被方解石充填。而重结晶作用比较微弱，具微粉晶结构。岩石比较致密，储集条件较差，当在深部发生溶蚀作用后也可以形成较好储层。

生屑灰岩矿物成分以方解石为主，含量大于 90%。岩石组成以生屑为主，含量为40%～80%，生屑含量为腕足、䗴、有孔虫和腹足类等，多为亮晶胶结，胶结物含量为25%～40%。重结晶作用微弱，具微粉晶结构。因此，难以形成优质储层，储集条件一般[图 6-7（b）]。

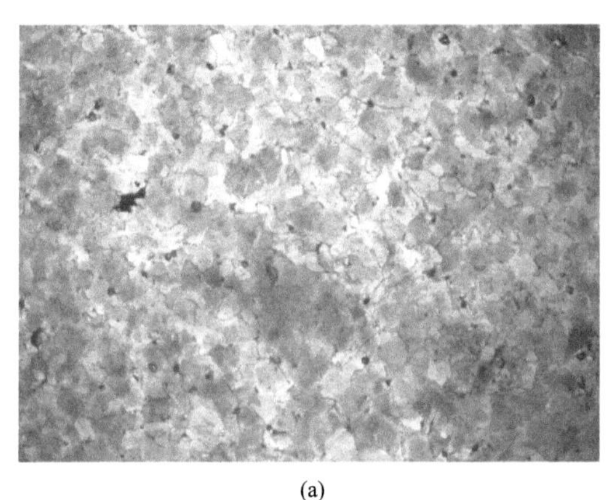

(a)

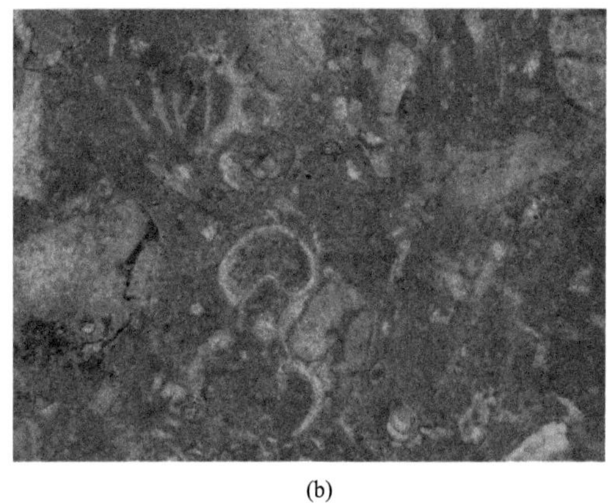

(b)

图 6-7　建南地区储层岩石学特征图版

（a）箭竹 1 井，长一段，4402.48 m，细晶云岩；（b）箭竹 1 井，长一段，4439.48 m，生屑灰岩

飞仙关组滩相储层中白云岩储层物性相对最好。孔隙度分布范围为 1.33%～14.8%，平均为 6.89%；渗透率分布范围为 0.02×10^{-3}～17.4×10^{-3} μm²，平均为 0.25×10^{-3}μm²（剔除裂缝样品影响）。其中孔隙度大于 5%和渗透率大于 0.25×10^{-3} μm² 的样品分别占样品总数的 75.4%和 59.8%，说明半数以上的白云岩储层为中孔中渗或更好的储层。

灰质云岩和云质灰岩储层物性相当，仅次于白云岩储层。孔隙度分布范围为 0.29%～12.9%，平均为 2.48%；渗透率分布范围为 0.02×10^{-3}～44.2×10^{-3} μm²，平均为 0.11×10^{-3} μm²（剔除裂缝样品影响）。其中孔隙度为 1.5%～5%和渗透率小于 0.25×10^{-3} μm² 的样品分别占样品总数的 73.2%和 65.4%，说明灰质云岩和云质灰岩储层以低孔低渗储层为主。

鲕粒灰岩储层物性与白云岩、灰质云岩和云质灰岩相比较差。孔隙度分布范围为0.23%～6.11%，平均为 1.4%；渗透率分布范围为 0.01×10^{-3}～1.82×10^{-3} μm²。整体来看，储层物性较差，但分区域统计发现，物性特征仍然存在差异。

（二）上震旦统—下寒武统

1. 岩相古地理格局演化特征

晚震旦世灯影期，表现为南北两盆夹一台的构造面貌，奉节-恩施一带的鄂西盆地继续发育，但规模有逐渐缩小的趋势，此时碳酸盐岩台地已初具规模，局部地区台地出现了镶边，如神农架及张家界等地。江汉平原区属局限海台地环境，发育了以白云岩、藻白云岩为主，夹少量硅质岩的沉积，海 9 井、朱 4 井、台 2 井、武 4 井等钻探揭示，岩性以泥粉晶白云岩、藻白云岩及砂屑白云岩为主，厚度大于 800 m，属于局限海台地潮坪-潟湖环境；南部崇阳-通山等台缘拗陷区则发育了以薄层状硅质岩为主的盆地相沉积。

灯影期末，中扬子地区发生了一次重要的构造运动——桐湾运动（惠亭运动），使得全区整体抬升，灯影组地层遭受不同程度的暴露和剥蚀，在江汉平原区北部钟祥-京山地区是对早期肩部隆起的继承和发展，此时研究区仍表现为北高南低的古地理格局。惠亭运动不仅造成了寒武系与上震旦统之间明显的平行不整合接触，同时古风化壳岩溶的发育也改善了灯影组上部白云岩储层的储集性能，使其成为中扬子地区下古生界最主要的一套勘探目的层系。

早寒武世早期可进一步分为早期和晚期，分别大致相当于下寒武统水井沱组（或相当地层）和石牌组（或相当地层）沉积时期。

水井沱组（或相当地层）沉积时期，中扬子东北部（即“鄂中古陆”）为相对古地理高，围绕相对古地理高为相对深水相区。大洪山-武汉一带（包括簰深 1 井井区）为古陆区（剥蚀区），缺乏该期沉积，向西至南漳一带以及向南至海 9 井一带为碳酸盐缓坡沉积，岩性为灰岩及细晶云岩；缓坡沉积的外围，包括宜昌-恩施-咸丰-巴东-神农架以及鄂东南一带（通山珍珠口）为陆棚相沉积，岩性为灰黑色或黑色泥岩、碳质泥岩；该相带以南（如通山留嘴桥一带）为盆地相沉积，岩性为含磷结核、硅质岩、碳质页岩沉积，襄广断裂以北为盆地相区。从南至北依次为盆地→陆棚→碳酸盐深缓坡→碳酸盐浅（内）缓坡（含古陆）→盆地，因此反映出中扬子地区两低一高的古地理格局，即以鄂中古陆为中心，为中扬子地区的高地，自南向北地势逐渐降低，水体逐渐加深。

石牌组沉积时期，古地理格局与水井沱组沉积时期相似。鄂中古陆仍然存在，大洪山-武汉一带仍为古剥蚀区，推测是这一时期的物源。利川-恩施-宜昌-长阳-蒲圻-黄石一带属相对近物源区，主体以碎屑岩（近滨-陆棚）和碳酸盐岩（碳酸盐缓坡）混积为特征，沉积建造相对复杂，宜昌石牌村为中砂岩、砂质页岩与鲕状灰岩、泥晶灰岩等，特点是出现了粒度相对粗的中粒砂岩，显然离物源相对较近；神农架小当阳一带，本期沉积上部为砂质灰岩、细砂岩及泥质粉砂岩等，下部以砂岩为主，粒度较粗；长阳本溪为薄层粉砂岩、细砂岩、粉砂质泥岩、页岩以及生屑灰岩、鲕状灰岩等，粒度也较粗；黄陵背斜西翼底部为细砂岩，下部为薄层泥质条带白云质灰岩，上部为薄层粉砂岩、粉砂质泥岩夹灰岩，粒度亦较粗；利 1 井本期沉积为粉砂岩、细砂岩、粉砂质泥岩以及灰岩等；通山珍珠口一带本期沉积为粉砂岩、粉砂质泥岩、泥岩以及少量的泥质灰岩。桑植-石门-崇阳-通山一线为碳酸盐深缓坡相区及陆棚相区，其中石门杨家坪泥质灰岩、泥灰岩、泥岩为主，主体属碳酸盐深缓坡-陆棚沉积；桑植一带本期沉积为薄层泥灰岩与泥质灰岩互层，夹白云质泥灰岩，缺乏碎屑岩沉积，主体亦属深缓坡沉积，湖北崇阳-通山一带，岩性为碳质页岩、碳质硅质页岩夹白云质灰岩，主体属陆棚沉积区。湖南岳阳-张家界一线至以常德-吉首之间，岩性主要为硅质碳质粉砂质板岩，主体属陆棚沉积区。湖南常德-吉首一线以南黑色碳质、硅质板岩，属盆地相沉积区。襄广断裂以北的竹山-竹溪一带（箭竹坝组下部）为灰、深灰色泥晶灰岩、泥质条带灰岩；随州-安陆一带（双尖山组下部）亦为深缓坡纹带状碳质灰岩或碳质泥质灰岩。

早寒武世晚期可进一步分为早期和晚期，分别大致相当于下寒武统天河板组（或相当地层）和石龙洞组（或相当地层）沉积时期。

早期即天河板组（或相当地层）沉积时期，相带展布大体呈北西-南东向。在早寒武世早期存在的"鄂中古陆"（包括荆门、京山、武汉以及嘉鱼簰洲一带），这一时期亦成为水下隆起，簰深1井区主体为内缓坡含泥云岩，含数量不等的（一般小于20%）陆源碎屑；大洪山一带以内缓坡-浅缓坡相灰色、深灰色泥质条带白云岩、白云质页岩以及鲕状白云岩为主。恩施-宜昌-巴东-石门-赤壁-黄石一带主体属深缓坡相沉积，岩性以灰色泥晶灰岩、泥质条带灰岩为主，相对海平面下降时期出现浅缓坡相鲕状灰岩、古杯礁灰岩等沉积；咸丰-桑植一带受来自西部物源的影响，以碳酸盐岩（碳酸盐缓坡）和碎屑岩（近滨-陆棚）混积为特点，以后者为主，岩性包括粉砂岩、细砂岩、粉砂质泥岩以及泥质条带灰岩、鲕状灰岩、生屑灰岩等。张家界-岳阳-崇阳-通山一线至吉首-常德一线以北，主体属陆棚相区，岩性以灰色、灰绿色板状页岩为主。吉首-常德一线以南，主体属陆棚-盆地相区，岩性为黑色碳质板状页岩、灰-灰绿色含砂质、钙质板状页岩。襄广断裂以北主体属深缓坡相沉积，竹山一带（箭竹坝组中部）为灰色、深灰色泥晶灰岩、泥质条带灰岩夹碳质板岩；随州一带（双尖山组中部）为深灰色、灰黑色碳质灰岩及碳质泥质灰岩。

晚期即石龙洞组（或相当地层）沉积时期，古地理格局与早期相似。荆门、京山、武汉以及嘉鱼簰洲一带（即早寒武世早期的剥蚀区"鄂中古陆"），仍以碳酸盐内缓坡-浅缓坡沉积为主，岩性较为复杂；大洪山一带下部以含硅质的泥、粉晶白云岩、藻云岩为主，夹鲕状白云岩、角砾状白云岩，上部为厚层白云岩、藻云岩和含三叶虫的页岩；簰深1井一带以内缓坡相泥粉晶云岩、泥质云岩和膏质云岩为主，见少量颗粒云岩。宜昌-秭归-恩施-赤壁-黄石一带，主体属浅缓坡相区：宜昌覃家庙一带，岩性以浅灰-灰色厚层状残余砂屑白云岩为主；秭归庙河一带，岩性为灰色厚层-块状白云岩夹角砾状白云岩；长阳木溪一带，岩性为灰色厚层微-细晶白云岩，中部夹灰色厚层角砾状白云岩；通山珍珠口一带，岩性主要为深灰-灰黑色厚层-巨厚层状细晶白云岩夹瘤状白云岩。咸丰-龙山桑植-石门一带，主体属浅缓坡-深缓坡沉积相区：龙山茨岩塘下部以条带状灰岩、泥晶灰岩为主，主体属深缓坡沉积，上部以厚层状白云岩、鲕状白云岩为主，夹角砾状白云岩、灰岩、粉砂岩等，主体属浅缓坡沉积；石门一带为浅灰色、深灰色厚层状灰岩夹白云岩，灰岩具鲕粒或条带状构造，属深缓坡-浅缓坡沉积。吉首-常德一线以及崇阳-通山一带，为陆棚-盆地相区，崇阳-通山一带（观音堂组上部）岩性为灰色页岩。襄广断裂以北主体属于深缓坡相区：竹山-竹溪一带（箭竹坝组上部）岩性以灰-深灰色泥晶灰岩、泥质灰岩为主，随州-安陆一带（双尖山组上部）岩性主体为深灰色纹带状碳质灰岩及碳质泥质灰岩等。

2. 储层发育特征

上震旦统灯影组储层的岩石类型包括颗粒云岩、结晶云岩、藻云岩、角砾状云岩等。颗粒云岩在灯影组普遍发育，常见类型为亮晶鲕粒云岩和亮晶颗粒云岩，部分颗粒云岩因较强烈的白云石化和重结晶作用，原始沉积结构遭受了破坏，多为残余颗粒结构，大部分已成为细-中晶云岩。在张家界三岔、宜昌三峡等剖面主要发育细-中晶残余颗粒白云岩，总体表现为厚度大、针孔发育。结晶云岩以粉晶-中晶云岩为主，晶间孔、晶内溶孔、非组构溶孔、溶洞等发育，是本区比较重要的储集岩类。藻云岩在区内比较普遍，如区内宜昌莲沱、神农架武山、海 9 井、簰深 1 井等，厚度较大，通常由蓝绿藻迹组成“格架”，呈线纹状、泡沫状或环状，局部重结晶强烈，原岩结构仅剩残余，窗格状孔隙发育，其间大多数孔隙为亮晶白云石或方解石全或半充填。簰深 1 井藻云岩发育，钻厚 225.0 m，白云石含量为 99%～100%，主要为蓝绿藻，呈团块状、条带状、纹层状分布，岩石呈叠层状、葡萄状构造，具粘连组构，由富藻灰泥粘连藻砂屑、藻斑点、藻内碎屑、藻线纹等而形成。角砾云岩主要分布于灯影组顶部或近顶部，横向厚度不稳定，目前区内主要发现于神农架武山、慈利南山坪等地，砾石大小混杂，以棱角状为主，多为与古岩溶有关的风化残积层。对神农架地区 41 块样品进行分析测试，表明灯一段的储集性能最好、灯三段次之、灯二段较差。神农架地区，灯一段储集岩主要是一套细晶粉晶白云岩、亮晶砂砾屑白云岩、溶孔亮晶砂砾屑白云岩和藻白云岩，粒内溶孔、粒间溶孔发育，孔隙度为 1.6%～12.8%，平均值为 6.1%（23 块），渗透率平均值为 $0.072\times10^{-3}\ \mu m^2$（23 块），属低孔特低渗储层。灯二段主要是一套硅化白云岩，硅化作用强烈，局部成为硅质岩，储集性能相对较差，孔隙度为 1.1%～4.5%，平均值为 2.8%（8 块），渗透率平均值为 $0.036\times10^{-3}\ \mu m^2$（7 块），属特低孔、特低渗储层；灯影组三段储集岩以泥粉晶白云岩、藻白云岩、溶孔白云岩为主，主要发育表生溶蚀孔隙及微裂缝，另见藻格架孔，孔隙度为 1.1%～9.2%，平均值为 4.1%（10 块），渗透率平均值为 $0.062\times10^{-3}\ \mu m^2$（10 块），属低孔特低渗储层。灯三段主体属古岩溶储层，渗流带孔隙度为 1.1%～1.7%，平均值为 1.4%，储集性能很差；潜流带孔隙度为 1.9%～9.2%，平均值为 5.38%，物性相对较好。神农架地区灯影组储集岩主要发育在一段、三段，以低孔-特低渗储层为主。大洪山地区京山绿林-随州一带，由于水体较深，物性较差，孔隙度为 0.54%（8 块）、5.3%（8 块），仅有 4 块样品＞1.5%，平均值为 1.98%，渗透率为 $0.01\times10^{-3}\sim0.03\times10^{-3}\ \mu m^2$，为特低孔-特低渗储层。簰深 1 井，灯影组取心段岩性为藻云岩，孔隙度为 1.0%～2.0%，平均为 1.39%（28 块）；渗透率为 $0.005\times10^{-3}\sim385\times10^{-3}\ \mu m^2$，平均为 $25.3\times10^{-3}\ \mu m^2$，其中特低渗透率占 30.4%，低渗透率占 39.1%，中、高渗透率分别占 26.1%和 4.3%（受裂缝影响）。综合分析认为，灯影组取心段储层以特低孔、中-低渗为特征，孔隙结构为微孔微喉。簰深 1 井灯影组钻厚 331.0 m，测井共解释储层 289.4 m（9 层），其中干层 228.8 m（4 层），水层 60.6 m（5 层）。区域上，局限台地白云岩的物性较好，如宜昌莲沱组孔隙度为 1.7%～9.7%，平均值为 4.4%；海 9 井灯影组孔隙度为 4.04%～8.73%，平均值为 6.4%（8 块），具有较好的储集性能。

下寒武统石龙洞组储层以白云岩为主，主要包括粉晶-细晶云岩、亮晶颗粒云岩（残余颗粒云岩）以及泥晶云岩。粉晶-细晶云岩是石龙洞组主要的储集岩，主要分布于石龙洞组中下部，这类云岩可见砂屑等颗粒，晶间孔及溶孔一般较为发育，较发育时可称为溶孔粉（细）晶云岩；亮晶颗粒云岩也是石龙洞组重要储集岩，因含颗粒类型不同可分为亮晶鲕粒云岩、亮晶砂屑云岩、亮晶藻团块云岩以及复颗粒成分的粒屑云岩等，由于白云石化或重结晶作用，部分颗粒云岩中见颗粒呈残余结构，溶孔一般较发育，见于石龙洞组中上部。石龙洞组泥晶云岩相对较少，不含颗粒或含极少的砂屑等，一般见于石龙洞组上部，可见石膏假晶（湖北兴山建阳坪），孔隙发育时称为溶孔泥晶云岩。京山惠亭山，石龙洞组储层孔隙度为1.10%～8.30%，大于2%的样品占71.4%，平均值为3.71%，渗透率为0.042×10^{-3}～$0.625\times10^{-3}\ \mu m^2$，平均值为$0.406\times10^{-3}\ \mu m^2$，属特低孔、特低渗储层。古岩溶潜流带角砾状云岩储层孔隙度为5.2%～8.3%，平均为6.3%，渗透率为0.09×10^{-3}～$5.58\times10^{-3}\ \mu m^2$，平均为$1.923\times10^{-3}\ \mu m^2$，属低孔、特低渗储层。兴山建阳坪，石龙洞组物性较好，孔隙度为1.30%～7.50%，平均值为2.90%（10块），大于2%的样品占总样品数的70%，渗透率为0.022×10^{-3}～$0.149\times10^{-3}\ \mu m^2$，平均值为$0.050\times10^{-3}\ \mu m^2$，属特低孔、特低渗储层。神农架白垭剖面，石龙洞组顶部2块样品，孔隙度分别为2.6%、6.7%，相应渗透率为$0.034\times10^{-3}\ \mu m^2$、$0.433\times10^{-3}\ \mu m^2$，具有较好的储渗能力。总体上看，在中扬子地区北部下寒武统石龙洞组储层以特低孔-低孔、特低渗为特征，湘鄂西地区石龙洞组储层孔隙度最大值为14.5%，平均值为2.73%，集中分布区间为0.21%～4.89%，大于2%的样品数多于50%；渗透率最大值为$4.4\times10^{-3}\ \mu m^2$，平均值为$0.38\times10^{-3}\ \mu m^2$，集中区间在$0.034\times10^{-3}\ \mu m^2$左右，属特低孔-低孔、特低渗储层。江汉平原地区台2井钻井过程中于井深1101.56～1101.76 m、1343.65～1343.85 m见到2次放空，累计放空0.4 m，显示了较好的储集性能；簰深1井下寒武统石龙洞组测井解释储层30.8 m（2层），均为水层。

三、成藏分析与有利区带评价

（一）簰洲古油藏的形成与破坏

簰洲古油藏位于簰洲地区，构造属于沔阳干涉断褶带中的南北对冲挤压过渡带上，古油藏的面积大约157 km^2；古油藏上已钻簰深1井、簰参1井两口井。古油藏南部发育洪湖-湘阴断裂，东北部发育乌龙泉断裂。簰洲地区地层保存完整，震旦纪—古近纪，各时代地层均有发育。簰洲古油藏位于下寒武统石龙洞组—石牌组白云岩中，现今古油藏为一断背斜。簰深1井岩心取心观察表明，固体碳质沥青主要呈浸染型分布于储层中，无荧光显示，沥青反射光为白色，即沥青已经达到高过成熟阶段。

1. 油气成藏条件

下寒武统牛蹄塘组是主要烃源层段，类型好，丰度高，厚度大。簰深1井下寒武统钻厚261 m，岩性为灰色云岩、泥质云岩，平均有机碳含量为0.3%，属非烃源岩。据区域资料研究，簰深1井东南崇阳-通山地区下寒武统为下古生界烃源岩发育区。通山流嘴桥下寒武统剖面，牛蹄塘组有机碳含量最高，一般为0.5%～3%，烃源岩厚45～95 m。其次为下寒武统石牌组，有机碳含量为0.75%～1.13%，烃源岩总厚达118 m。通山珍珠口-桂花树一带烃源条件较好，珍珠口地区烃源岩厚达213 m。

纵向上发育下寒武统以及中上寒武统两大套储层，以石龙洞组上部-中寒武统储集性能最好，储集岩均为白云岩，包括细-中晶云岩、鲕状白云岩、生屑白云岩、砂屑白云岩及藻白云岩等。簰深 1 井区石牌组岩心实测孔隙度为 4.85%，渗透率为 2.5×10^{-3} μm^2，测井解释二类水层 27.3 m（3 层），三类水层 8.5 m（1 层），为孔隙-裂缝型储层，储集性能差，为Ⅳ类储层；石龙洞组储层不发育，储层厚度为 21.2 m，测井解释储层 2 层，平均孔隙度为 3.87%，为Ⅲ类储层；测井解释中上寒武统 5 层厚 289.2 m，覃家庙组岩心实测孔隙度为 4.7%，渗透率为 0.53×10^{-3} μm^2，测井解释可疑层 17.3 m（4 层），孔隙度为 2.6%～4.6%，渗透率为 0.04×10^{-3}～1.77×10^{-3} μm^2，为孔隙-裂缝型储层，储集性能一般，为Ⅱ类储层；三游洞组岩心实测孔隙度为 4.27%，渗透率平均为 2.04×10^{-3} μm^2，为孔隙-裂缝型储层，储集性能差，为Ⅱ类储层。

盖层为中寒武统覃家庙组大套膏质云岩，厚度大于 100 m，簰深 1 井区膏质云岩厚达 224.5 m，含云质硬石膏岩突破压力 14.55 MPa，中值半径 2.42 nm，具有非常强的封闭能力。但膏质分布极不均匀，呈斑块状产出；而云岩的封闭压力仅 0.2 MPa。因此，这一套成藏体系极易发生变化。

2. 油气成藏过程演变

1）加里东期—印支期

中志留世，下寒武统烃源岩进入生油门限；早泥盆世—晚三叠世，下寒武统烃源岩先后进入生油高峰期。虽然研究区地层较为平缓，但簰洲地区处于中扬子中部斜坡带，有利于形成地层岩性圈闭，成为油气运移指向区，该时期古水动力场的分析结果指示簰洲地区为流体低势区，示踪流体汇聚。该时期封存箱两者封油、气指数分别为 8.29 cm^{-3}、0.02 cm^{-3}，2.30 cm^{-3}、0.0096 cm^{-3}；下寒武统封存箱构筑，开始形成原生油气藏（图 6-8）。

2）早燕山期

晚三叠世时期，随着烃类的大量供给，簰洲下寒武统储层中的原油也开始裂解，但是裂解量微弱，至早侏罗世，下寒武统储层中原油大量裂解，油裂解气强度达到 23×10^8 m^3/km^2，至早侏罗世末期，簰洲下寒武统古油藏基本转变为纯气藏。同时，燕山期断裂（洪湖-湘阴断裂）的发育，下寒武统封存箱被改造，封存箱顶、底板封存性削弱，两者封油、气指数分别为 6.87 cm^{-3}、0.02 cm^{-3}，2.31 cm^{-3}、0.009 cm^{-3}；下寒武统古气藏烃类开始散失。此阶段中，储层主要捕获含气态烃包裹体和沥青包裹体，含烃包裹体和共生的盐水包裹体均一温度相对较高，一般分布在 185～200℃，包裹体无荧光显示。

3）晚燕山期—喜马拉雅期

由于逆冲挤压和抬升作用持续发展，同时断层活动加剧，大量的天然气开始散失。簰洲地区处于逆冲构造带前缘，下寒武统封存箱被再改造，该时期下寒武统封存箱顶板封存性再次被削弱，封油、气指数分别为 6.84 cm^{-3}、0.02 cm^{-3}。大部分天然气随着断层活动而大量散失，极少部分天然气残留在簰洲断背斜中，簰洲下寒武统古油藏基本定型。早喜马拉雅期，江汉平原区沉积了白垩系—古近系巨厚的膏、泥、盐，为该区封存箱的重建起到一定作用；晚喜马拉雅期，簰洲地区由于持续的挤压、抬升，背斜周缘断层增多，后期构造活动导致大量的天然气散失，天然气散失后期储层中仅残留固体沥青。

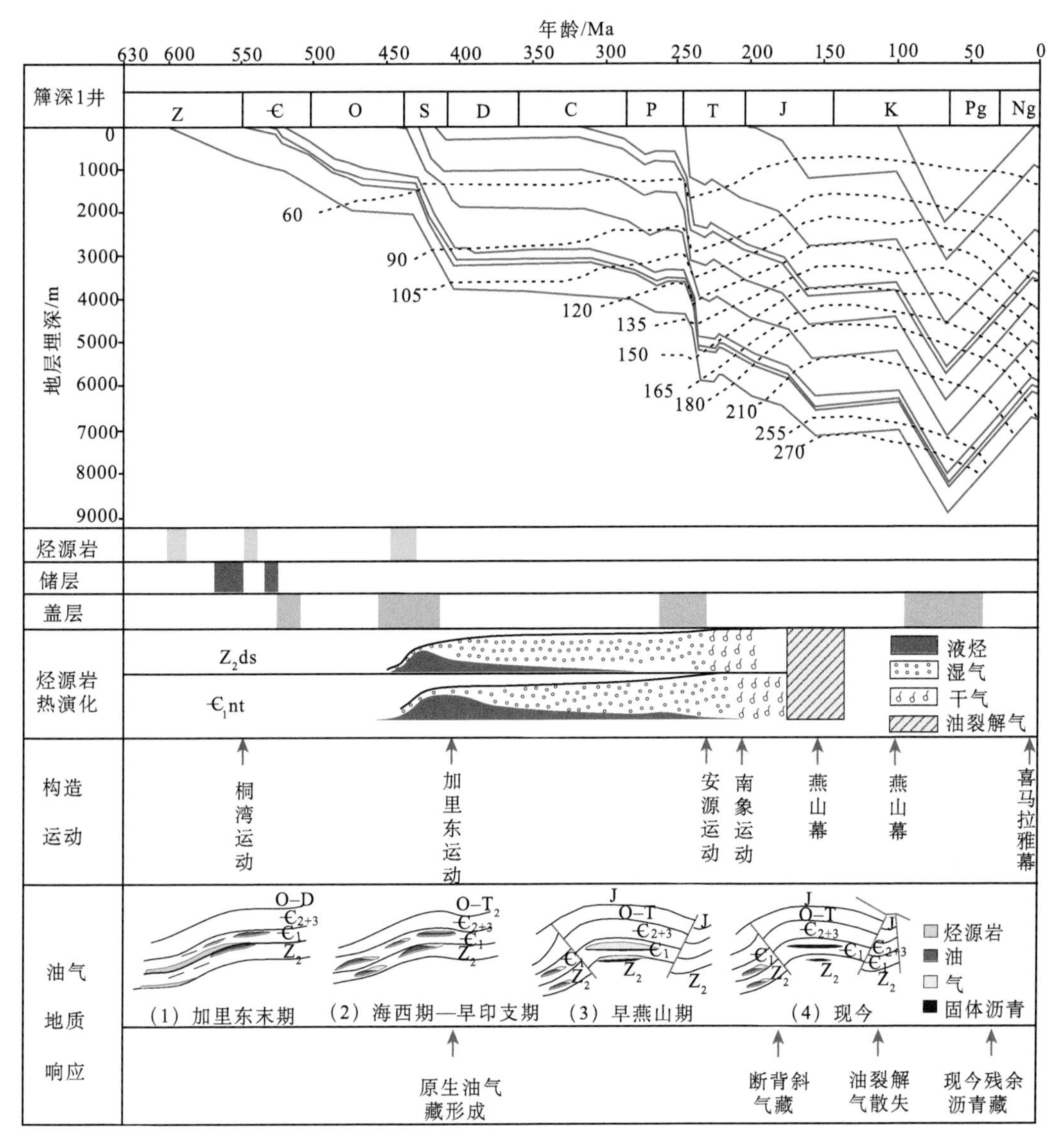

图 6-8　箳深 1 井下组合油气成藏演化模式图

（二）晚期生烃与成藏探讨

中下扬子地区海相层系的白垩纪—古近纪时期深埋区具有早燕山期构造变形、变位、隆升作用总体较强的特点，对已经形成的油气藏影响较大，大部分古油气藏可能全部破坏。而晚燕山期变形、隆升作用较弱，形成区域规模的断陷-拗陷盆地，由于再次深埋，海相层系可能发生再次生烃以及晚期成藏。

京山惠亭山-吴岭水库剖面各层系有机质演化程度随层系（或埋深）的变化在二叠系呈现出“倒置”现象，即有机质演化程度随埋藏深度的增加而降低，呈“C”形分布特点（图 6-9）。这与正常情况下有机质演化程度随埋深的增加而增加的变化规律相悖，鄂西渝东区的新场 2 井（图 6-10）、黄金 1 井也发现相似的变化特征，反映出这一垂向变化特征并非偶然，我们认为其是超压作用的结果。

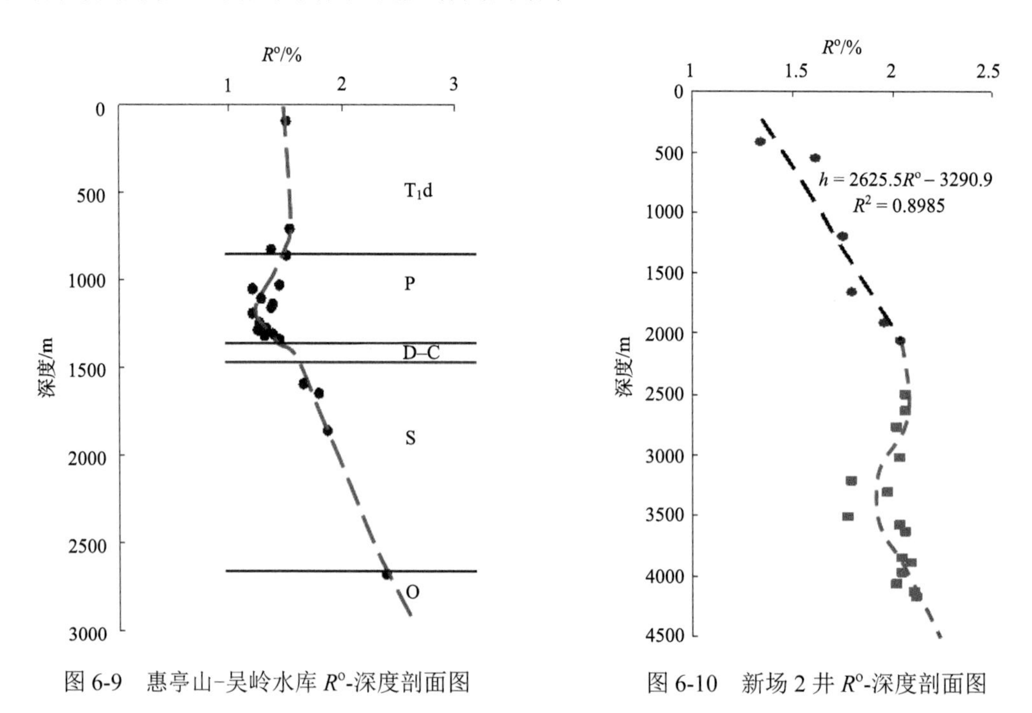

图 6-9　惠亭山–吴岭水库 R^o-深度剖面图　　图 6-10　新场 2 井 R^o-深度剖面图

一般认为，镜质组反射率的抑制主要归因于镜质体的富氢程度。镜质体的富氢程度可由多种因素造成，如富氢类脂物和沥青质向同生镜质体浸染、细菌对不同成因有机质选择性改造形成富氢镜质体等。一方面，从本次研究测试的对象而言，其一是正常镜质体，其二是固体沥青，而且沥青等镜质组反射率与镜质组反射率基本相当，表明用沥青反射率换算的等效镜质组反射率具较高的可信度；另一方面，二叠系、三叠系有机质演化程度普遍较高，因此，镜质体的富氢程度所引起的镜质组反射率测值偏低可能不是导致上述研究剖面“倒置”的主要缘由。断裂构造造成地层重复也可导致 R^o 随埋深的增加而降低的可能，无论是我们的野外地质工作，还是钻探成果均可排除这种可能性。穿越流的冷却作用能否导致这种“倒置”现象呢？研究认为穿越流的冷却作用不可能产生图示“C”形变化特征，因为冷却作用会导致整个上覆层系镜质组反射率的降低。

关于超压对有机质熟化进程的抑制作用，不同的研究者有不同的认识，综合前人研究成果认为，超压对有机质的成熟作用和生烃作用起抑制作用，提出了超压对有机质成熟作用抑制的模式：在静水压力条件下，镜质体生成的流体进入岩石孔隙网络中，镜质体芳构化程度增加，因此反射率值增高；但在超压条件下，镜质体生成的易挥发物质不易释放，支链官能团难以进一步脱落，芳构化程度难以增加（镜质组反射率基本不会增加），有机质的成熟作用受到抑制。这一阐述较好地解释了研究区 R^o-深度剖面的倒置现象。

晚三叠世—早白垩世，受大别造山带的形成并向南的推挤以及江南-雪峰自南东向北西的基底拆离式推覆挤压，在其前缘，岩石圈因构造负载及水平挤压应力作用而强烈挠曲沉降，提供了可容纳空间，沉积了巨厚的上三叠统—侏罗系陆相含煤层系，在巨厚沉积物的覆盖叠加作用下，二叠系中等-很好的碳酸盐岩和泥质岩烃源岩很快进入成熟至高成熟演化阶段，并由于上覆中生界陆相泥质岩区域盖层，中下三叠统膏盐岩盖层的垂向封盖，中下三叠统、二叠系碳酸盐岩储集性横向变化极大，致密灰岩往往构成侧向封闭条件，下覆志留系为一套泥岩、粉砂质泥岩夹薄层砂岩，孔渗性较差，构成底部封隔条件，生成的烃类受这些三维封闭层的封隔（流体排泄不畅），形成超压体。在超压体内，由于压力的增高，有机质芳构化作用受抑制，镜质体（沥青体）反射率基本保持不变（增加速率较小）；超压体对热能并不起屏蔽作用，在超压体之外的层系中有机质的熟化进程趋于正常（随埋深的增加呈有规律的增加），反射率变化速率的反差，导致了R^o-深度剖面的“倒置”现象。

有机质的演化进程受超压体的抑制，导致烃源岩的生烃作用滞后，有利于晚期生烃-成藏。江汉北缘露头区二叠系有机质演化程度相对较低，现处于生油晚期至高成熟早期演化阶段（R^o 为 0.99%～1.4%），生烃潜力得以保持，晚白垩世以来，由于受地幔物质的向东蠕散，上地壳拉张形成一系列断裂盆地，沉积了数千米的湖相沉积，古生界烃源岩在这些巨厚沉积盖层的叠加作用下，成熟度进一步增加，可导致区内“二次”生烃。

现今发现的海相油气藏及油气显示，包括朱家墩气藏等均揭示了二次生烃的再充注过程。朱家墩气藏表现为混源特征，上古生界与下古生界烃源岩都有贡献，均达生气阶段。而根带的涟水-滨海冲断带主要是下古生界晚期生烃供气，推测印支期由于挤压抬升使得烃源岩保持生烃潜力，得以晚期深埋、晚期生烃。前人通过对朱家墩的盐参 1 井和新朱 1 井的包裹体均一温度研究，结合两井沉降史分析，认为油气充注时间主要有两期，分别为 E_2s 沉积时期和 Ny 沉积时期。并且从包裹体的含烃普遍程度及油气比分析，认为盐城组沉积时期是主要的烃类充注时期。相对较晚的成藏时间更加有利于油气藏保存下来。由于晚印支期—中燕山期强烈挤压构造活动的大规模破坏作用，中下扬子地区海相中、古生界构造变形程度整体较大，地质结构整体复杂，中燕山期之前形成的海相油气藏可能大都遭受了破坏，因此见到了众多的沥青显示，二次生烃（晚白垩世以来海相烃源岩的增熟成烃）对油气成藏意义重大。

（三）有利勘探区带与评价

1. 宜昌斜坡与当阳复向斜

宜昌斜坡与当阳复向斜地区构造位置介于大巴山冲断褶皱带、中上扬子对冲过渡带、神龙-黄陵隆起及斜坡带、湘鄂西黔东断褶带与当阳复向斜的交汇处。在大巴山冲断褶皱带，在秦岭主力源多期挤压下，形成了以近东西、北西向为主的构造，该区受神农架-黄陵隆起砥柱作用的影响，发育稳定的宽缓构造。该区发育上震旦统灯影组、下寒武统石龙洞组及二叠系长兴组等多期有利储层，储层孔隙较为发育，邻区宜都构造带内，钻井过程中，钻遇上震旦统和寒武系储层时，发生严重漏失和放空，证实了该区储层的可靠性。尤其值得注意的是，该区紧邻湘鄂西生烃中心，发育下寒武统牛蹄塘组、上奥陶统五峰组—下志留统龙马溪组2套深水陆棚相优质泥页岩，宜昌区供烃强度为20×10^8～$100\times10^8\ m^3/km^2$（据03课题05专题“中扬子地区海相层系油气成藏条件与勘探评价”），可作为储层的优质烃源岩或页岩气有利的勘探层系。通过阳页1井、秭地2井钻探揭示下寒武统牛蹄塘组暗色泥岩厚度为20～150 m，TOC约2%；泥页岩以II_1-II_2型有机质为主；总体演化程度较高，R^o为2.5%～3.5%，大部分地区R^o在3%以上，但宜昌斜坡地区靠近黄陵古隆起演化程度明显降低，小于3%。宜昌斜坡地区五峰组—龙马溪组深灰色、灰黑色泥岩、碳质泥页岩发育，其TOC分布在2%～3%，有机质类型主要为II_1型，演化程度R^o为2.0%～3.0%；暗色泥页岩厚度为10～50 m。宜昌斜坡地区多口钻井油气显示活跃，显示了该区较大的勘探潜力。其中，阳页1井在寒武系—陡山沱组油气显示活跃，全烃可达14%；秭地2井牛蹄塘组（2.55%）含气量最高为4.09 m^3/t；而宜页1井水井沱组下部页岩水浸实验见气泡呈串珠状冒出，近期测获工业气流。

当阳复向斜中南部荆门-当阳一线以南区为较有利勘探区，上组合烃源条件优越，上奥陶统五峰组—下志留统龙马溪组烃源岩累积生烃强度为$21.067\times10^8\ m^3/km^2$（据03课题05专题“中扬子地区海相层系油气成藏条件与勘探评价”），二叠系烃源岩早燕山期的生烃强度达20×10^8～$40\times10^8\ m^3/km^2$，上三叠统—下侏罗统烃源岩生烃中心也位于该区。在印支期以来构造改造中，志留系储层得到改善，可成为良好的储集层。二叠系储层在印支运动、燕山运动改造中形成大量裂缝，形成大量储集空间。区内具有连片分布的三套区域盖层（中三叠统巴东组、上三叠统—侏罗系、白垩系—古近系），总厚度达3000 m，在纪山寺断层以南大片区域白垩系—古近系覆盖较厚，而中三叠统巴东组—侏罗系区域盖层剥蚀严重；区内断裂以压扭性为主，部分断层经历了晚燕山期—早喜马拉雅期拉张活动，转为开启性断层，使保存条件变差；建阳1井下二叠统茅口组地层水总矿化度为66.63 g/L，当深3井下三叠统大冶组地层水总矿化度为30.00 g/L，水型为NaCl型，说明该区处于沉积水封存高矿化区，保存条件较好。

2. 沉湖-土地堂对冲干涉带

沉湖-土地堂对冲干涉带位于江汉平原区中部地区，该区紧邻崇阳-通山生烃中心，下寒武统烃源岩干酪根供烃在加里东期—海西期阶段排烃强度为$30\times10^8\ m^3/km^2$；区内发育灯影组（Z_2dy）、石龙洞组（$€_1sl$）以及中上寒武统（$€_{2+3}$）三套储层，尤其是灯影组（Z_2dy）上部古岩溶和石龙洞组（$€_1sl$）储层孔洞发育。该区从加里东期—海西期都处在斜坡上，为下寒武统烃源岩供烃的最佳指向区。印支期，平原区形成大隆大凹的格局，形成一些大型宽缓背斜，原来的油气藏经调整至上部其他层位中聚集成藏。早燕山期，平原区东南部下组合油藏大量裂解，油裂解气型烃源灶排烃强度为15×10^8～$20\times10^8\ m^3/km^2$（据03课题05专题“中扬子地区海相层系油气成藏条件与勘探评价”），仙桃-天门一带中上寒武统为30×10^8～$40\times10^8\ m^3/km^2$（据03课题05专题“中扬子地区海相层系油气成藏条件与勘探评价”），洪湖一带灯影组为25×10^8～$45\times10^8\ m^3/km^2$（据03课题05专题“中扬子地区海相层系油气成藏条件与勘探评价”）；中燕山期强烈改造，油气随断层运移、散失，部分天然气残留于原来的圈闭中，晚燕山期—喜马拉雅期，由于先期裂陷作用和后期挤压作用，一些挤压性断层开启，天然气再次散失。复向斜区内地层保存较为完整，存在白垩系—古近系、中三叠统—侏罗系（400～1400 m）、志留系（1500～2000 m）、下寒武统四套区域盖层，盖层厚度大，封闭性能好；水动力条件属沉积封闭中-高矿化区，其中簰参 1 井下三叠统—下二叠统地层水矿化度高达 57673 mg/L，夏 3 井下二叠统栖霞组地层水为 $CaCl_2$ 型，总矿化度为 61583.7 mg/L。通过对本区最大有效供烃量的计算，区内总最大有效供烃量为 287624.26×10^8 m^3（据 03 课题 05 专题“中扬子地区海相层系油气成藏条件与勘探评价”），资源量较为丰富。该区簰深 1 井完钻于上震旦统，在灯影组储层发现大量的沥青，未见气显示，钻进失利。从簰洲湾下寒武统油藏演化来看，簰洲湾古油藏为残余油藏，古油藏范围远比现今大，油藏主要是在中燕山期断层切割形成，只有少部分裂解气残留在圈闭，后期断层开合，天然气再次散失，另外天然气本身扩散散失，所以在断背斜中至今无天然气，只有残留沥青。所以，平原区下组合油气藏需要考虑燕山期断层对油气藏切割程度以及晚燕山期以来断层开合造成的油气损失。

3. 黄桥-南通对冲向斜带

整体上，本区海相中、古生界层序正常，构造变形简单稳定，上古生界保存较全，层序基本正常，不仅有较厚的上古生界及 T_1q，而且 $T_{2\sim3}$ 及 J、K_1 也有较厚的分布。新生界构造反转幅度比其他地区弱，印支面埋深总体大于 3000 m，构造相对比较稳定，本区以简单断块和宽缓褶皱为主要构造样式，常见滑脱褶皱、对冲三角带等样式，局部可能较为复杂，但是整体上具有简单稳定性。

本区存在 T_1q、P、S_1g、O_3w、$€_1m$ 五套海相烃源岩，并处于相对有利的晚期生烃区。其中，T_1q 烃源岩总厚约 200 m，灰岩厚 150～200 m，TOC 含量为 0.1%～0.55%。泥岩厚约 50 m，TOC 含量为 0.26%～0.38%；有机质类型较好，为偏腐泥型；黄桥地区 R^o 为 0.66%～1.02%，处于低熟-成熟生烃阶段，具有较好的生烃能力。二叠系烃源岩厚度变化较大，局部地区不发育，最大厚度近 300 m；有机质丰度普遍较高，P_2l、P_1g 烃源岩 TOC 含量平均值多在 2.0%以上；有机质类型总体偏向腐殖型；R^o 为 0.66%～1.12%（黄桥地区），正处于低熟-成熟生烃阶段。S_1g 黑色泥岩厚 664 m，TOC 含量为 0.65%～2.67%（平均为 1.29%）。烃源岩的热演化程度相对较低（黄桥地区），显示本区下古生界也有很好的生烃物质基础。$€_1m$ 暗色泥岩近百米，TOC 含量分别为 2.34%～4.98%和 2.38%～3.19%，R^o 仅 1.7%左右。

该地区发育印支（或燕山）面古风化岩溶储层和 T_1q、$€_3g$、$€_2p$、Z_2dn 等 5 套碳酸盐岩储集层及 P_2l 砂岩储层，多口钻井证实了储集层的发育。其中 P_2l 发育有障壁海岸相砂体，孔隙度为 6.30%～11.03%，渗透率为 $0.97\sim3.69\times10^{-3}$ μm^2，为区内较好的储集层。

本区发育 E_1f 泥岩、K_2p 膏泥岩、P_2l 泥岩、S_1g 泥岩和$€_1m$ 泥岩等多套盖层。其中钻井揭示的区域性盖层主要是 E_1f、K_2p 两套。综合地质结构及典型油气藏解剖，认为本区存在古生界内幕原生储盖组合（包括页岩气）及印支-燕山面（储）-K_2p（盖）组合。

4. 盐城凹陷二次生烃成藏有利区带

该地区海相中、古生界为强变形带，主要表现为断弯褶皱，由于早期逆冲推覆和剥蚀作用，上古生界部分残留；而在其北部的后缘地区，表现为中等程度变形带，以叠瓦扇和宽缓褶皱样式为主，上古生界残留厚度大。该区后期反转幅度大，陆相中、新生界沉积厚度较大，印支面整体埋深大于 3000 m，在盐城凹陷的深凹带可达 5500 m。本区发育印支面古风化岩溶储层、D_3w、C 砂岩裂缝储层、K_2t 和 E_1f^1 砂岩储层等多套海、陆相储层。本区海相中、古生界存在 E_1f^1 上部和 E_1f^2 泥岩、K_2p^3 和 K_2p^4 泥岩、S_1g 泥岩三套盖层。从地层水化学条件来看，本区为地层水矿化度高值区，如盘 X_1 井地层水矿化度最高值为 25.673 g/L，综合研究认为属于交替阻滞区，保存条件好。本区为二次生烃的有利区带，以古生界“晚期生烃”为源，以深大断裂为疏导条件，以 K_2t、E_1f 砂岩为储层，E_1f^1 上部和 E_1f^2 泥岩为盖层的成藏组合，朱家墩气藏即为实例，也是本区最为现实的成藏类型。是否有深大断裂沟通深部烃源、是否有好的砂岩储层及新生界盖层是该类油气藏形成与否的关键。区内控凹或次凹的断层（如盐①断层）不仅活动时间长，紧邻新生界沉积凹陷（即晚期生烃有利区），而且大都切入古生界内部，能够成为油气运移的通道，是该类油气藏的主要发育带。

第三节　米仓山-大巴山地区油气地质研究与评价

米仓山-大巴山地区自震旦系沉积以来，经历了多期构造叠加，纵向上形成多个构造层，平面构造格局非常复杂。从造山带到盆地方向，大巴山前缘和米仓山前缘均可以划分为强变形带、较强变形带、中变形带和弱变形带，各带大致与其对应的造山带平行，且在通南巴地区各变形带相继叠加改造；另外，大致可以广元-旺苍-南江-万源一线为界，北部主要出露古生代—早中生代被动大陆边缘海相碳酸盐岩和碎屑岩地层及前震旦系基底，构造变形以大型逆冲断裂及断层相关褶皱为主；该线以南为晚三叠世—早白垩世前陆盆地沉积，岩性以陆相砂泥岩互层为主，地表以前缘单斜或北东—北北东向大型隆拗格局为主。

米仓山-大巴山山前带油气勘探始于 20 世纪 50～60 年代，大体可划分为两个油气勘探阶段：早期地面地质普查阶段（2000 年以前），以野外地质勘查为主，完成基本石油地质调查和构造断裂调查等工作，在地表构造上实施了少量的探井，如会 1 井、扁 1 井、天 1 井等，未获油气发现，油气勘探和研究成果揭示山前带具有一定的油气勘探前景，但油气成藏条件复杂。山前带勘探攻关阶段（2000 年以来），开展了地面地质填图、石油地质详查、沉积储层为重点的地面地质调查，先后开展了二维地震、三维地震采集处理攻关，截至 2010 年底，共实施二维地震 4855.42 km；三维地震 3489.7 km^2；MT（EMAP）剖面 20 条 1435.37 km^2；三维重磁电 876.74 km^2；地表化探 867.35 km^2；微生物勘探 296 km^2；实施了新黑池 1 井、金溪 1 井、九龙 1 井、天星 1 井、金溪 2 井和春生 1 井 6 口井的钻探。2008 年金溪 1 井于飞一段常规测试获日产 2.019 万 m^3 的工业气流，新黑池 1 井、金溪 2 井、九龙 1 井等钻遇礁滩相储层，勘探取得了积极进展，具有较好的油气成藏条件，但油气成藏复杂，地震资料成像差，制约了山前带油气勘探突破。

一、构造演化与差异变形特征

（一）区域构造演化

太古宙—古元古代结晶基底为崆岭群、后河群杂岩、扬坡群杂岩、星子山杂岩等。它们构成了扬子地台及秦岭地台的统一基底。据最新研究，元古宙中晚期，可能存在一个华北、扬子统一的大陆，它们都是罗迪尼亚超大陆的一部分。地块的加积与固结是东西向的，因此磁性基底的分区可是近东西向的，与古生代、中生代主体构造走向呈现出较大的角度，这可由磁异常图得到反映。镇巴区块航磁异常可分为两个区域：一个是巫溪及万源以南重磁场区，其 ΔT 值强度约为＋80 nT 和 70 nT。反映了该地区元古宙基底隆起，其四周为结晶基底的断陷区；另一个是万县-城口弱磁异常区，ΔT 强度为＋50 nT 左右，反映了结晶基底呈马鞍状。根据巫溪中磁带特征，分析岩性应属变质程度较深的石英闪长岩、片岩、石英岩类，与川渝地区万县弱磁地块基底（变质程度较低的板岩、千枚岩类）结构不尽相同。

新元古代的沉积构成了本区的过渡型基底，因此本区基底具有双层结构。扬子北缘的南华系、震旦系不整合于下伏太古宙—古元古代结晶岩系和中-新元古代过渡性基底之上，发育完整，从华南系下统莲沱组的山间拗型河流相沉积或山前滨岸相沉积到下统南沱组的冰碛或间冰期沉积，以及从震旦系下统的陡山沱组含磷碳酸盐岩组建造到上统灯影组的碳酸盐岩都在区域上稳定分布。

有学者认为，至少在震旦纪中早期，南秦岭地块范围内尚存在数个较小的由窄大洋分隔的地块，这可以解释为什么即使是扬子地台区的南沱组，也大量发育火山凝灰岩沉积；也有的学者认为，此时的古秦岭洋南缘，有一个活动陆缘的阶段，北部发育优地槽沉积，南部则为冒地槽沉积，其间有台缘隆起相分隔（这一隆起在后期得到了继承），统一完整的被动陆缘无法解释台缘隆起及火山活动。

扬子地台北缘的下古生界寒武系到中志留统以陆表海台地相为沉积特征，明显属克拉通盆地内的沉积，因为此时的被动陆缘在其北较远的地区。

扬子陆块与华北板块之间的聚合开始于中奥陶世，到志留纪末期，华北板块与扬子陆块最终拼合，形成统一的中国陆台，上志留统—下泥盆统广泛缺失，反映本区在加里东末期的广泛抬升。

米仓山-大巴山地区晚古生代至中生代的构造发展则主要与古特提斯构造域关系密切。晚古生代随着古特提斯洋的开启，于华南板块南、西、北缘形成被动大陆边缘，使得上扬子及周缘地区在整个海西期处于张性构造环境。拉张裂陷作用初期应为泥盆纪，主要发生在盆地边缘；到二叠纪拉张活动加剧，即“峨眉地裂活动”，拉张活动已延伸到盆地内部；到晚二叠世早期为高峰期，以大规模峨眉山玄武岩喷发为标志。早三叠世早期，拉张活动仍存在，但明显减弱，总体上以拗陷下沉作用为主。裂陷作用控制了川东石炭纪、川东北晚二叠世生物礁和早三叠世飞仙关组鲕滩储层的分布。

中三叠世末的印支运动结束了本区海相沉积史，进入山前盆地沉积阶段，形成了本区一套陆相含煤及红色砂泥岩沉积，使本区发生大的构造转折。自此，本区进入中、新生代构造作用时期，奠定了川东北-大巴山地区中、古生界构造的基本格架。

（二）构造样式与差异变形特征

根据构造变形强度、构造样式特征等将南江区块及其周边划分出若干个三级构造单元（图 6-11）。其中南江断褶带根据变形可以分为西段、中段、东段。南江断褶带西段位于大两会背斜南侧，为简单单斜构造。南江断褶带中段受米仓山隆升单一应力挤压控制，呈南北向逆冲叠瓦状构造。断层呈东西向，一般向上消失在嘉四段—嘉五段膏岩盐层中，向下消失在基底。地层整体向西抬升，发育金溪、乐坝、高塔等隐伏构造。南江断褶带东段受米仓山-大巴山联合挤压，形成北东向强压扭变形构造三角带。区内断层发育，主干断层断距大，北部断层呈东西向向北东向转变；南部断层呈北西西-南东东向，连接西段东西向断层和东段北西-南东向断层。区内地层高陡甚至倒转，向北东抬升，海相地层出露地表。南江断褶带内由南江断裂、乐坝断裂划分为李子坪断褶亚带、乐坝断褶亚带和洛坪低缓断褶亚带，变形强度由北向南依次减弱。

以断层相关褶皱理论为指导，以多元联合标定与层位识别为基础，充分运用区域构造分析与物理模拟，明确构造样式和构造变形特点，利用重磁电震多属性联合解释确定复杂断裂与隆凹格局，应用平衡剖面与正演模拟，分析构造模型的合理性。构造建模与地震解释过程中强化多项技术的联合运用，明确了三大构造体系、三种挤压变形方式形成米仓山-大巴山地区现今构造格局，建立了米仓山基底垂直隆升+侧向挤压断褶型和大巴山水平推覆逆冲滑脱断褶型两种构造模型。

1. 米仓山基底垂直隆升+侧向挤压断褶型构造

上扬子陆块北缘向华北板块俯冲陆内造山，由北向南逆冲的基底拆离断层受扬子北缘刚性基底的阻拦形成构造楔，持续叠加导致垂直隆升，同时产生的反向挤压应力，控制了米仓山“扇状冲断”的构造变形特征。纵向上三层，上变形层沿嘉陵江组膏岩滑脱层由南向米仓山反冲，为一北高南低单斜构造；中、下变形层北部地层受构造挤压整体抬升，整体呈北高南低的构造形态，构造样式多样，断裂发育，变形强度由北向南依次减弱。南北划分为基底隆起带冲断带、隆起边缘断褶带、前缘隐伏滑脱断褶带和凹陷低缓褶皱带四个带，其中基底隆起冲断带以前震旦系为底板的构造楔；隆起边缘断褶带由基底隐伏逆冲断裂形成的断背斜；前缘隐伏滑脱断褶带以寒武系为底板，嘉陵江组膏盐岩为顶板的断褶构造；南北单应力挤压形成的米仓山东西向构造受龙门山和大巴山叠加+联合走滑挤压改造，具东西强中间弱的变形特征，东段受大巴山与米仓山叠加、联合走滑挤压，为“S”形高陡倒转构造，地层抬升幅度大；中段受米仓山单应力挤压，发育断褶反冲构造，地层未发生倒转；西段受龙门山叠加+左旋走滑改造，隆起边缘断褶带地层抬升幅度大，前缘隐伏北东向九龙山背斜稳定。

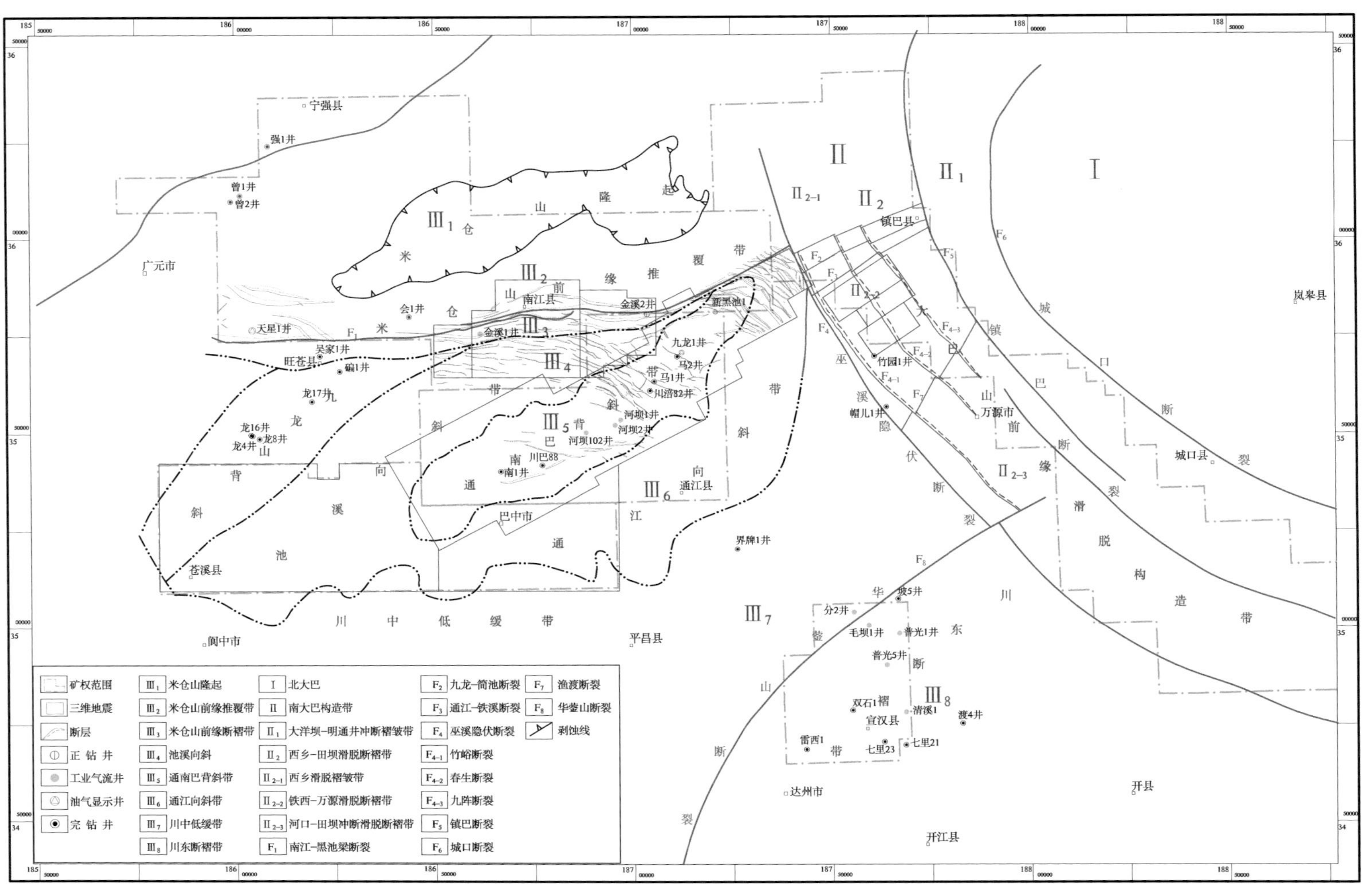

图 6-11　川东北地区构造区划图

三种挤压方式控制四组断裂体系的展布，两联合走滑挤压控制压扭变形。米仓山单一应力挤压控制东西向断裂，主要发育在海相地层中，分布于南江中西部的前缘隐伏构造带；龙门山与米仓山联合挤压控制北东向断裂，主要发育在海相地层中，压扭变形特征明显，呈雁列式分布于通南巴背斜两翼及南江东地区；米仓山与大巴山联合挤压控制北西-南东向断裂，主要分布于海相地层，压扭变形特征明显，呈扫帚状或“入”字形展布，集中分布于母家梁与黑北地区；大巴山叠加挤压控制北西向断裂，主要发育在陆相地层中，叠加早期构造之上。

2. 大巴山水平推覆逆冲滑脱断褶型构造

扬子陆块北缘向秦岭板块下俯冲，产生盖层拆离断层形成北大巴山推覆体，向南传递，受两侧的汉南古隆、神农架地块“双砥柱”限制，形成南大巴南西突出的弧形复杂构造带。受嘉陵江组膏盐岩层以及中下寒武统泥页岩的控制，纵向呈“三层楼”结构，分层变形，浅层以膏盐岩滑脱层为底板，发育断展背斜、箱状背斜等，深层以膏盐岩层为顶板、寒武系泥岩为底板，发育断褶、反冲、冲起和断背斜等构造样式；东西划分前陆拗陷带、滑脱构造带和冲断构造带、推覆构造带四个带，其中冲断与推覆带位于镇巴断裂以北，断裂较为发育，倾角较大，可达 70°，构造样式以正冲与反冲相组合为主，下古生界、盆地基底出露地表，保存条件差；滑脱构造带是南大巴山构造主体，位于巫溪隐伏断裂与镇巴断裂之间，主要发育寒武系至嘉陵江组之间的冲断与滑脱断褶构造，表现为隆-凹相间的格局；前陆凹陷带为山前与盆地之间的对冲平衡带，变形较弱，以断背斜、反冲构造样式为主。南北受神农架地块与米仓山阻挡，变形存在差异，具西弱东强的特点，北段西乡紧密褶皱带以东西和南北褶皱为主，表现为米仓山基底卷入型与大巴山盖层滑脱型叠加构造；中段铁溪-万源滑脱断褶带（侏罗系覆盖），以滑脱断褶为主；南段河口-田坝滑脱冲断褶皱带（二叠系—三叠系出露），以冲断为主。

二、烃源、储集条件与成藏分析

米仓山-大巴山山前带及周缘发育有多套生储盖组合，从分布有众多的沥青、油气苗和古油气藏、油气藏来看，山前带原始成油气地质条件优越，并有过大量的油气生成、运移、聚集与成藏过程。

（一）烃源岩及烃源条件

烃源岩纵向分布与四川盆地内部相似，多旋回的沉积特点决定了研究区内烃源岩在沉积剖面上十分发育，具有多层系的分布特征。区域性分布的烃源岩主要发育下寒武统、下志留统、下二叠统、上二叠统等多层系烃源岩。横向上，烃源岩的发育与沉积环境和沉积相带密切相关，Ⅰ级烃源岩主要发育在盆地相-斜坡相和外陆棚亚相，Ⅱ级烃源岩主要分布在内陆棚亚相和台地相。其中下寒武统和下志留统烃源岩为黑色泥质岩，下二叠统烃源岩主要为暗色碳酸盐岩。有机碳含量较高，有机质类型好，主要为Ⅰ-II_1 型干酪根，且横向分布稳定，现今均处于过成熟阶段，以生气为主（表 6-2）。

表 6-2　南大巴山地区烃源岩有机碳含量统计表

层位	岩性	样品数	有机碳含量/%		采样地点
			最高值	平均值	
P_2d	硅质页岩	13	5.34	1.93	清水、梨树、花萼
P_2w	灰岩	20	13.14	0.41	巴山、白果、庙坝、清水、渔渡
P_1m	灰岩	30	5.08	0.64	简池、渔渡、巴山、官渡
P_1q	灰岩（泥质灰岩）	76	9.31	1.01	田坝、白果、巴山、清水、渔渡
P_1L	页岩	7	4.48	2.41	巴山、田坝、白芷山
S_1lm	页岩	31	5.21	2.55	田坝、巴山、明通井、简池
O_3w	硅质岩、硅质页岩	7	3.33	1.63	双河、田坝、明通井
$€_1s$	泥页岩、碳质页岩	74	10.45	1.97	龙田、修齐、毛垭、福成

烃源岩的发育部位一般受沉积旋回控制，多分布在每一沉积旋回的中下部，如下寒武统底部筇竹寺组和下志留统底部龙马溪组的黑色泥质岩段。下二叠统的栖霞组—茅口组暗色混质、泥晶灰岩是米仓山-大巴山山前带纵、横向沉积剖面上烃源岩发育的主要部位。

下寒武统烃源岩厚度变化受震旦系隆起和凹陷的控制，平面上，受古构造-沉积背景的控制，呈现出由四川盆地往秦岭海槽方向增厚的趋势，厚度为 46.8～706.78 m，其中广元陈家坝地区最厚可达 639.9 m，镇巴兴隆场达 452.9 m，城口和平地区为 222.75 m，南江沙滩达 148.43 m。下寒武统烃源岩为一套滞留浅海-半深海沉积，岩性主要为灰黑色页岩、含碳质页岩，有机碳含量为 0.33%～10.45%，频率主峰位于 0.8%～3.5%（占 75.68%），平均值为 1.97%（74 个样）；氯仿沥青“*A*”为 0.0013%～0.0166%。按页岩生烃下限评判，属好-很好烃源岩。其中，在龙田剖面为黑色含碳质泥页岩，有机碳含量最高可达 10.45%。此外，有机硫含量为 0.02%～6.5%，平均值为 1.68%（52 个样品）。

上奥陶统五峰组（O_3w）含碳质硅质页岩或含泥硅质岩，厚度为 3.0～30 m，为滞留浅海-半深海沉积。在星子山剖面厚约 4 m，巴山剖面厚约 3 m，观音剖面厚约 30.2 m、明通井剖面见 9.6 m，田坝剖面见约 7.0 m。总体上，在研究区内，上奥陶统烃源岩厚度较薄，分布不甚稳定，仅在秦岭海槽及其附近厚度较大。有机碳含量为 0.67%～3.33%，平均为 1.63%（7 个样）；氯仿沥青“*A*”为 0.001%～0.0026%，为一套很好的烃源岩。此外，有机硫含量为 0.04%～0.15%。

下志留统龙马溪组灰黑色、黑灰色泥页岩，志留系底部大多可见 0.91～52.03 m 厚的深灰色、灰黑色泥页岩，为半深海沉积，由于相变较快，其分布不稳定，呈现由北往东、南方向厚度逐渐增大的趋势。从所采集的样品看，有机碳含量为 0.32%～5.21%，平均为 2.55%；氯仿沥青“*A*”为 0.0016%～0.0126%。平面上，沿西乡-镇巴古隆起往东、南方向，有机质含量逐渐增高，其中，南大巴山地区南部巫溪地区，厚度较为稳定，是一套很好的烃源岩。此外，有机硫含量为 0.02%～2.92%，平均值为 1.41%（16 个样品）。

下二叠统烃源岩包括栖霞组—茅口组黑色、深灰色、灰黑色泥晶灰岩和黑色碳质页岩，以泥晶灰岩为主，普遍发育，厚度大于 100 m。

其中，下二叠统栖霞组（P_1q）：深灰色、灰黑色灰岩、含碳泥质灰岩，为缓坡沉积。在研究区内普遍发育，厚度多为 30～100 m，烃源岩厚度主要受拉张沉积背景控制，在深缓坡区烃源岩沉积厚度最大。灰岩有机碳含量为 0.11%～9.31%，平均值为 1.01%（76 个样），频率分布主峰为 0.4%～2.5%（占 65.58%）；氯仿沥青“*A*”为 0.001%～0.15%。属较好-好烃源岩。此外，有机硫含量为 0.01%～0.69%，平均值为 0.10%（15 个样品），烃源岩成熟度盆内在 2.0%以上，大巴山前在 1.5%左右，处于生成凝析油-湿气阶段。

下二叠统茅口组（P_1m）：深灰色、灰黑色灰岩、硅质灰岩，为缓坡-陆棚相沉积。在研究区内普遍发育，厚度为 40～110 m。烃源岩发育同为拉张沉积背景所控制，主要发育于茅口早、中期；在陆棚相区为深水欠补偿沉积，沉积厚度较薄，而缓坡区烃源岩沉积厚度最大。灰岩有机碳含量为 0.05%～5.08%，平均值为 0.64%（30 个样），频率分布主峰为 0.40%～1.0%；氯仿沥青“*A*”为 0.0005%～0.0027%。从烃源岩有机碳评判标准看，是一套有效的烃源岩。此外，有机硫含量为 0.03%～4.99%，平均值为 2.06%（9 个样品）。

上二叠统吴家坪组（P_2w）：底部王坡段见黑色粉砂质、碳质页岩夹硅质页岩、透镜状煤层，为沼泽相沉积；中上部吴家坪组为深灰色、灰黑色灰岩、含硅质灰岩，为缓坡相沉积。烃源岩累计厚度为 10～100 m。灰岩有机碳含量为 0.03%～13.14%，频率主峰位于 0.30%～0.90%，平均值为 0.41%（20 个样），氯仿沥青“*A*”为 0.0011%～0.017%，是一套有效的烃源岩。此外，有机硫含量为 0.02%～7.57%，平均值为 4.7%（20 个样品）。

上二叠统大隆组（P_2d）：灰褐色硅质页岩，为陆棚-盆地相沉积，主要分布在清水-官渡-明通井一线以北，往南则过渡为长兴组灰岩。大隆组烃源岩累计厚度为 9.64～43.32 m，灰岩有机碳含量为 0.50%～3.50%，平均为 1.93%；氯仿沥青“*A*”为 0.0016%～0.018%，属较好-好烃源岩。此外，有机硫含量为 1.96%～9.28%，平均值为 5.38%（13 个样品）。

由图 6-12 可以看出，大巴山山前地区烃源岩热演化具有较好的分带性，在造山带一侧，烃源岩热演化程度较低，往盆地方向，烃源岩热演化程度逐渐增高。

海相下组合下寒武统烃源岩 R^o 多数在 2%以上，反映烃源岩处于过成熟阶段，在镇巴-城口断裂带之间下寒武统烃源岩 R^o 值相对较低，为 2.0%～2.4%，分析北部受西乡-镇巴继承性古隆起影响，下古生界沉积厚度较薄，而城口地区受印支运动改造影响，新生代沉积厚度较薄。

对海相上组合二叠系烃源岩而言，在镇巴-城口断裂带之间的冲断褶皱带烃源岩 R^o 分布在 1.1%～1.5%，处于成熟-高成熟阶段；往盆内烃源岩成熟度 R^o 逐渐升高，其中滑脱褶皱带演化程度高于冲断褶皱带，处于高成熟阶段；盆内演化程度更高，处于过成熟阶段，如普光地区二叠系烃源岩成熟度 R^o 达 2.8%以上。

根据上述资料，本地区烃源岩评价如按有机碳含量指标：下寒武统水井沱组，下志留统龙马溪组，下二叠统栖霞组、梁山组，上奥陶统五峰组及上二叠统大隆组为优质烃源岩；茅口组、吴家坪组烃源条件相对较差。按烃源岩厚度：下寒武统水井沱组厚度最大，下志留统龙马溪组，下二叠统栖霞组、茅口组烃源岩分布稳定，厚度较大。

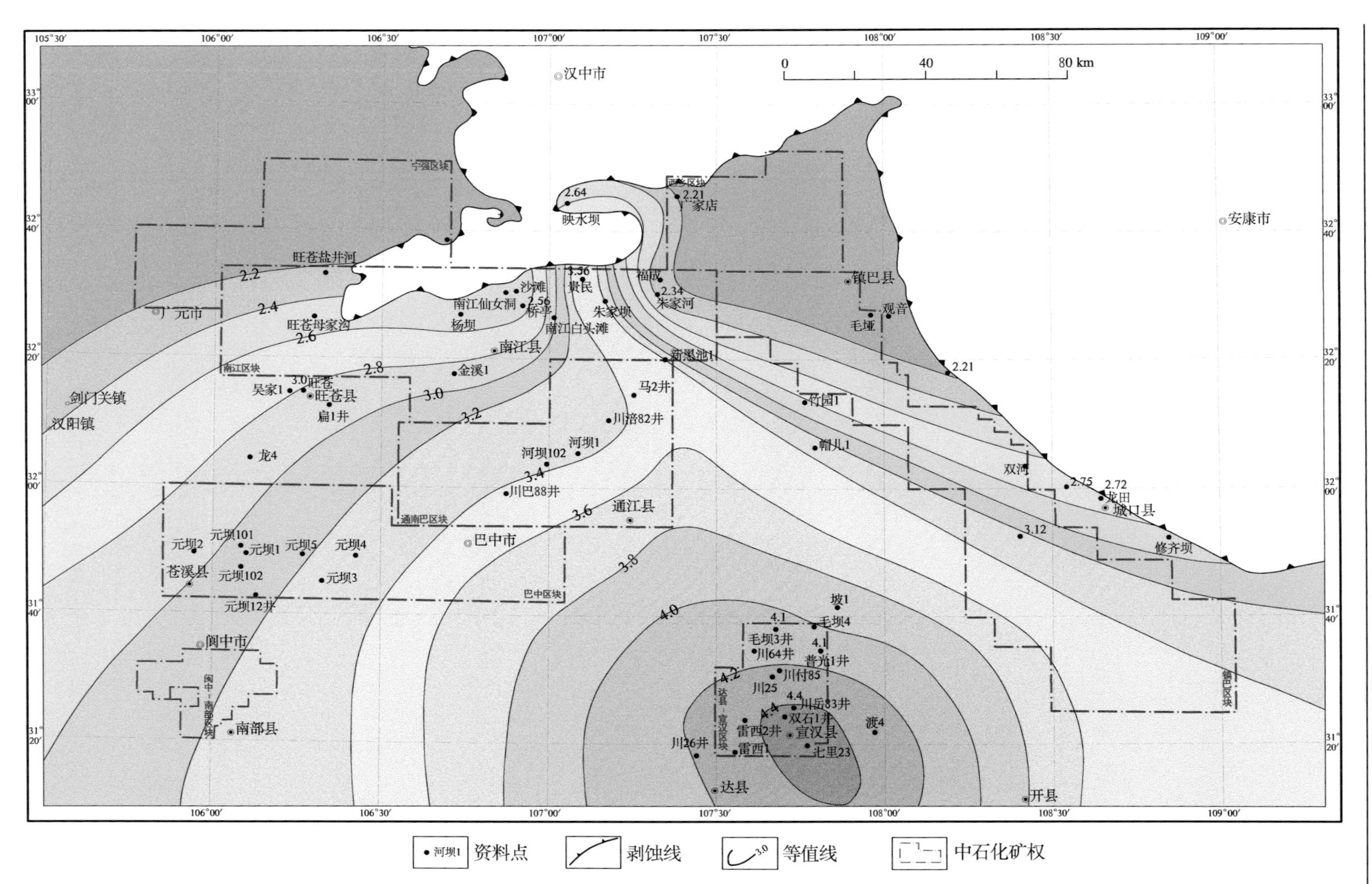

图 6-12 大巴山及邻区下寒武统 R^o（%）等值线图

（二）储层特征及发育分布

米仓山-大巴山山前带灯影组—三叠系重点层系储层岩石类型丰富，以白云岩为主，灰岩次之。白云岩储层包括残余生物礁细晶白云岩、残余生屑细晶白云岩、残余鲕粒细晶白云岩及粉细晶白云岩、葡萄-皮壳状白云岩、残余砂屑结晶白云岩等，灰岩储层包括生物礁灰岩、鲕粒灰岩生屑灰岩等。通过岩心和薄片观察，灯影组—飞仙关组重点层系储层类型以孔隙型为主，裂缝-孔隙型次之。储集空间以溶孔为主，晶间孔及裂缝次之。孔隙类型以晶间溶孔、粒间溶孔、粒内溶孔及晶间孔为主，溶洞、鲕模孔及裂缝次之。

灯影组储层特征：灯影组潮坪亚相分布于西部米仓山南部地区，沉积物厚度较大，为 400～800 m，岩性以浅灰色粉细晶白云岩、藻屑白云岩、泥晶白云岩和藻白云岩为主。浅灰色及灰色云岩中见鸟眼构造，局部见交错层理及藻纹层。地层中发育丰富的葡萄状构造。潟湖亚相分布于东部大巴山前缘及米仓山西部地区，沉积物厚度较小，在 200 m 左右，岩性以泥晶白云岩为主，部分为藻纹层白云岩。与西部潮坪亚相的重要区别是，潟湖亚相不发育灯二段泥质岩（或者很薄），葡萄状构造也不发育。野外调查在镇巴渔渡、城口康家坪等地区发现台内浅滩沉积。储层厚度分布稳定，灯影组白云岩厚度为 50～150 m，其中在镇巴毛垭剖面实测厚度为 152.29 m，残余颗粒白云岩及细晶白云岩厚度为 65.8 m。优质储层主要分布于该组的中下部，另外，顶部可见 3～5 m 厚岩溶白云岩储层。储集岩以（含）残余粒屑白云岩、细晶白云岩及粉晶白云岩为主。灯影组储层孔渗变化较大，孔隙度为 0.28%～8.82%，平均值为 3.03%；渗透率为 0.041×10^{-3}～$0.6551\times10^{-3}\ \mu m^2$，平均值为 $0.083\times10^{-3}\ \mu m^2$。地表岩石受表生期淡水胶结作用的影响，致使白云岩储层总体上呈低孔低渗特征，多属Ⅱ-Ⅲ类储层。此外，镇巴渔渡、城口康家坪及南江杨坝等地区灯影组白云岩中发育针孔状溶孔（岩石风化后发育顺层选择性溶孔），显示其良好的储集性能。灯影组白云岩储集空间主要为晶间（溶）孔、溶蚀孔洞及构造微裂缝。

长兴组储层物性特征：米仓山-大巴山山前带长兴组为两台夹两槽沉积格局，发育开阔台地、台地边缘礁滩、台地边缘斜坡、浅水陆棚及深水陆棚等沉积相单元。其中，台地边缘相带分布于广旺-开江梁平陆棚东西两侧及鄂西陆棚西侧。由断续分布的生物礁及生物碎屑滩构成。相带宽一般几千米，宽处十几千米。生物礁厚度变化较大，几十米居多，厚者可达 100 多米。礁体形态以圆丘状为主，部分为长条形。生物礁岩性主要为海绵礁灰岩及海绵礁白云岩，浅滩岩性为浅灰色、灰白色厚块状残余生屑白云岩。该相带中礁白云岩及礁顶残余生屑白云岩中溶孔丰富，是最好的储层发育区。而深水陆棚相区分布于北东部的广元、巴中、镇巴及城口等地区。沉积大隆组，厚度较小，一般为 20～30 m，岩性为深灰色、灰黑色薄层硅质岩、碳质页岩夹深灰色薄层或条带状微泥晶灰岩，发育水平层理，含大量形态完整的菊石化石。以镇巴红渔、宣汉盘龙洞及元坝地区长兴组生物礁为基础，开展长兴组储层特征研究。长兴组孔隙度平均值为 6.98%，以 5%～10% 为主，占 46.2%；渗透率平均值为 $1.13\times10^{-3}\ \mu m^2$，以小于 $0.25\times10^{-3}\ \mu m^2$ 为主。孔隙度好于渗透率，孔渗关系好。综合分析认为，川东北长兴组以中孔低渗为主，储层类型为孔隙型。

飞一段、飞二段储层物性特征：米仓山-大巴山前缘飞一段—飞二段古地理面貌基本继承了长兴期格局，仍为两台两槽相间，发育有台地蒸发岩、局限台地、开阔台地、台地边缘浅滩、台地边缘斜坡及陆棚等沉积相单元。台地边缘浅滩呈狭长带状蜿蜒于江油二郎庙、苍溪、普光6井、万源及云阳沙沱等地，相带一般宽10～20 km。江油二郎庙为台缘浅滩沉积，下部为灰色、浅灰色薄中厚层微泥晶灰岩，中部为浅灰色、灰白色厚块鲕状豆状灰岩，上部为浅灰色、灰白色砂屑白云岩及鲕粒白云岩；宣汉普光及毛坝一带为台缘暴露浅滩沉积，底部为灰色微晶灰岩，上部为浅灰色、灰白色砂屑白云岩及鲕粒白云岩。发育交错理层。产丰富的瓣鳃、腕足及有孔虫化石，为很好的储集层。而陆棚相区分布于北东部的广元、旺苍、宣汉及镇巴等地区。飞仙关组下部为灰色、深灰色薄中层状微泥晶灰岩夹钙质泥（页）岩，上部为黄灰色、灰色薄层泥质灰岩及薄层泥灰岩及灰色薄层泥晶灰岩，发育水平层理，产菊石、瓣鳃及牙形石。以镇巴红渔、陕西小南海及宣汉旧院等地区飞一段—飞二段台缘浅滩为基础，开展飞仙关组储层特征研究。飞仙关组孔隙度平均值为5.45%，以5%～10%为主，占50%；渗透率平均值为$0.78\times10^{-3}\mu m^2$，各类比较平均。孔渗关系好。综合分析认为，川东北飞仙关组以中孔低渗为主，低孔低渗次之，储层类型为孔隙型。

（三）金溪1井、金溪2井、春生1井成藏与保存条件分析

米仓山山前带不同区域构造变形强度差异大，其中中、强扭变形区主要分布于米仓山山前带断褶带内，主要受米仓山与大巴山联合挤压影响，中深层发育北西向断裂，其中南江东与黑北地区断层切割区域膏岩断层或地层高陡倒转，为强扭变形区，保存条件破坏；马路背-黑池梁地区北西向断层断距相对较小，属中扭变形区，保存条件相对较好。弱扭变形区主要分布于米仓山断褶带局部与盆内低缓褶皱带，浅层发育北西向断层或东西向断层，区域膏岩未受破坏，保存条件良好。

分析测试结果同样反映上述分析结果：处于强扭变形带的金溪2井地层压力系数低，地层水总矿化度小于30 g/L，变质系数大于1.2，脱硫系数大于15（图6-13），揭示该区保存条件受晚期构造作用强烈改造，保存条件破坏；处于中扭变形带的九龙1井与新黑池1井地层压力系数为1.39～1.48，地层水矿化度为30～50 g/L，变质系数在1.1左右，脱硫系数在5.8左右，反映该区保存条件相对变好；弱扭变形带钻井地层压力系数大于1.59，最大可达2.28，地层水矿化度大于50 g/L，变质系数小于1，脱硫系数小于5；表明该区保存条件好。

通南巴-南江地区，特别是南江中西部、仁和场及河坝场地区处于弱扭变形带（图6-14），断裂活动未破坏膏岩区域盖层连续性，具备良好的保存条件。

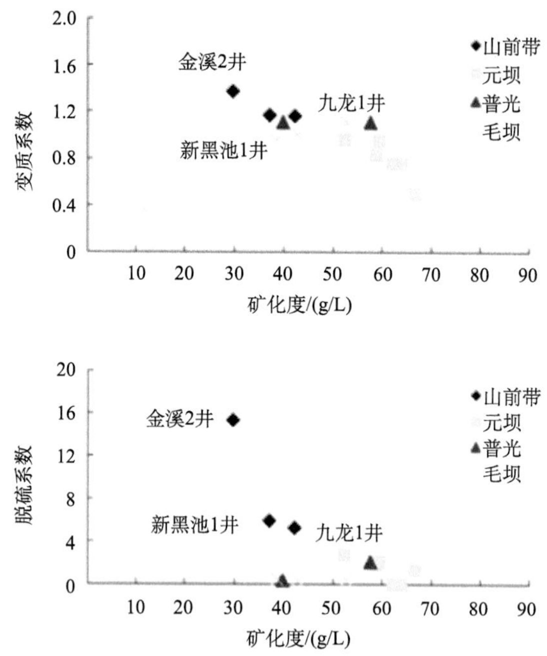

图 6-13　川北地区长兴组—飞仙关组地层水总矿化度与变质系数、脱硫系数关系图

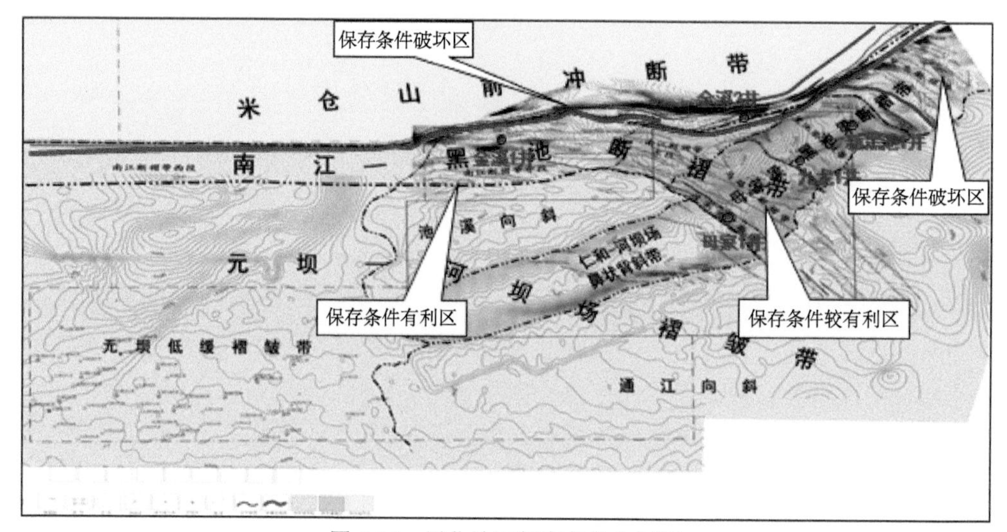

图 6-14　川北地区保存条件分区图

1. 黑池梁-南江东部台缘礁滩-金溪 1 井

2006 年，预探黑池梁-南江东部长兴组—飞仙关组台缘礁滩储层及含气性，金溪构造带安家营背斜高点部署实施金溪 1 井。本井于 2008 年完钻，完钻井深 4795.59 m，完钻层位为下二叠统栖霞组。金溪 1 井在断层以上的嘉陵江顶部主滑脱面附近雷口波组—嘉陵江组三段产生大量漏失，而断层以下地层承压能力上升，用相对密度为 1.8～2.0 泥浆钻进，较少井漏，并且在断层下盘飞一段测试获得日产天然气 2.0992 万 m^3，地层水矿化度为 122～279 g/L，水型为 $CaCl_2$ 型，表明该区保存条件好。

2. 南江东台缘礁滩-金溪 2 井

2013 年，预探南江东长兴组—飞仙关组台缘礁滩储层及含气性，南江东铁厂圈闭高点部署实施金溪 2 井。本井于 2015 年完钻，完钻井深 7200 m，完钻层位栖霞组。通过钻探，金溪 2 井断上盘、倒转段及倒转后地层皆钻遇飞仙关组台地边缘浅滩储层，且整体处于台地边缘靠近内侧鲕滩沉积。飞一段台地边缘相岩心孔隙度为 1.59%～8.31%，平均值为 3.8%，渗透率为 0.003×10^{-3}～170.5513×10^{-3} μm²，平均值为 11.1570×10^{-3} μm²，其中：白云岩孔隙度为 1.6%～2.7%，平均为 2.2%；鲕粒云岩孔隙度为 2.26%～8.31%，平均为 5.36%。储层物性相对较好，以Ⅱ类、Ⅲ类储层为主；测井解释各类储层 267.9 m，储集空间类型主要为粒间溶孔、晶间溶孔、粒内溶孔，偶见构造微裂缝，裂缝宽度小于 1 mm，大部分未被充填。

实钻表明，南江东地区吴家坪组底部—茅口组顶部泥质烃源岩发育，岩性主要为泥质灰岩、深灰色灰质泥岩、碳质泥岩等。吴家坪组烃源岩厚度为 37 m，测试的 7 个烃源岩样品表明吴家坪组烃源岩有机碳含量为 2.52%～10.87%，平均值为 5.42%，属于好烃源岩。茅三段烃源岩厚度为 50 m，测试的 5 个烃源岩样品表明吴家坪组烃源岩有机碳含量为 1.48%～5.55%，平均值为 3.33%，属于好烃源岩。

金溪 2 井飞仙关组钻遇良好的储层，储层中沥青含量低，测试主要产水。钻后构造解释长兴组—飞仙关组台缘相区地层高陡倒转且向北、向东抬升至地表，圈闭不存在，三套储层测试为水层和干层，地层水矿化度低，测试井段：6111～6136 m 裸眼测试，液氮气举深度为 5440 m，折算日产水 112 m³，反映地层能量低，分析为常压系统。水型为碳酸氢钠，总矿化度为 29780 mg/L，实钻揭示保存条件差，油气藏破坏。

3. 镇巴台缘礁滩-春生 1 井

2015 年预探镇巴山山前带长兴组—飞仙关组台缘礁滩储层及含气性，在春生构造-岩性圈闭高点部署实施春生 1 井。本井于 2016 年 10 月完钻，完钻井深 4581.92 m，完钻层位为长兴组，裸眼完钻。通过钻探，春生 1 井钻遇台缘内侧局限台地浅滩鲕粒白云岩、砂屑白云岩，厚度为 59 m，储层相对致密，油气显示弱。春生 1 井靠近台缘礁滩相带。实钻地层层序正常，嘉四段—嘉五段膏岩盐层之上地层产状陡，小断层发育，地层重复；嘉陵江组及以下地层断层发育，主干断层向上穿膏岩盐层，向下消失在寒武系中。从钻探情况分析，全井共发生井漏 18 次，共漏失 11119.41 m³，其中断裂带附近嘉陵江组漏失 9311.24 m³，飞仙关组漏失 1372.57 m³，嘉四段—嘉五段放空发生，累计放空 11.49 m，表明背斜顶部与地表连通，地表水下渗，膏岩盐层发生溶蚀，纵向封堵能力变差。

三、资源潜力与勘探方向

米仓山-大巴山山前带属四川盆地的一部分，具有相同的沉积环境，基本石油地质条件相同，但是后期构造作用比盆内改造强烈。评价山前带总资源量 17089×10^8 m³。其中，通南巴地区总资源量 8669×10^8 m³，南江地区总资源量 4021×10^8 m³，镇巴地区总资源

量 $4399\times10^8\ m^3$（据 2003～2007 年新一轮全国油气资源评价）。研究认为：①发育多套优质烃源岩，自下而上为下寒武统暗色泥岩，下志留统泥页岩，二叠系泥灰岩、泥岩三套主力烃源岩，具有丰富的油气资源潜力，烃源岩分布广、成熟度高；②发育多套优质碳酸盐岩储层，自下而上为震旦系灯影组白云岩、下寒武统龙王庙组白云岩、二叠系礁滩白云岩及颗粒灰（云）岩、三叠系飞仙关组鲕粒滩云（灰）岩，储层厚度大、分布稳定；③发育了嘉陵江组—雷口坡组膏岩优质盖层，同时发育志留系泥岩及陆相厚层状泥岩两套区域盖层，厚度大，具有良好的保存条件。

"十一五"以来，按照"采集、处理、解释"一体化攻关思路和"地质与物探结合、地面与地下结合"的攻关方法，持续加强山前带采集、处理技术攻关，提高了地震资料品质；以构造研究为主线，深化了构造演化与油气成藏的配套研究，形成和发展了山前带地震勘探及目标评价技术方法，加强了地质评价研究，推进了山前带勘探研究。

下一步勘探研究重点：

（1）灯影组丘滩勘探研究方向。

研究表明灯影组优质储层主要受高能丘滩相带控制，地震资料解释元坝-仁和场地区处于古裂陷边缘高能相带。元坝、仁和场、南江地区灯影组发育明显的丘滩地震异常体，分布广、成藏条件好，是"十三五"实现规模增储接替阵地的显示目标。

南江区带灯影组丘滩储层发育，成藏条件好，构造样式及保存条件好。下一步要加强老资料的重新处理，改善下组合成像，加强储层和圈闭描述及构造保存条件分析，精细落实目标，适时提出勘探部署建议，争取早日取得油气突破。

（2）二叠系—三叠系勘探研究方向。

实钻进一步证实南江东-黑池梁、镇巴地区二叠系—三叠系台缘礁滩储层发育、烃源岩条件好，具有较好的勘探潜力。下一步工作重点：一是以构造与保存研究为主线，进一步加强构造演化与构造变形特征研究，结合生埋烃史分析，深化油气成藏和保存条件的研究，开展米仓山-大巴山山前带地区新一轮的区带评价与优选；二是通过地震成像攻关和成藏分析，落实有利油气成藏和保存区，力争获得山前带地区油气大突破。

参 考 文 献

蔡勋育，黄仁春. 2003. 桂中坳陷构造演化与油气成藏. 南方油气, 16(3): 6-9
曹国喜，罗小平. 1996. 中扬子区海相油气保存条件初析. 石油与天然气地质, 17(1): 44-47
曹淑韵. 1991. 中扬子区下三叠统嘉陵江组溶塌角砾岩的形成时期. 石油实验地质, 13(3): 297-302
陈丛林，史晓颖. 2006. 右江盆地晚古生代深水相地层沉积构造演化. 中国地质, 33(52): 436-443
陈洪德，庞林，倪新锋，等. 2007. 中上扬子地区海相油气勘探前景. 石油实验地质, 29(3): 13-18
陈洪德，田景春，刘文均，等. 2002. 中国南方海相震旦系—中三叠统层序划分与对比. 成都理工学院学报, 29(4): 355-378
陈军，赵永辉，等. 2011. 黔桂地区区域构造特征的综合地球物理研究. 北京：中国石化工股份有限公司勘探南方分公司
陈绵琨. 2003. 鄂西-渝东地区天然气勘探潜力分析. 江汉石油学院学报, 25(1): 27-29
陈玉明，高星星，盛贤才. 2013. 湘鄂西地区构造演化特征及成因机理分析. 石油地球物理勘探, 48(S1): 157-203
陈子炓，姚根顺，楼章华，等. 2011. 桂中坳陷及周缘油气保存条件分析. 中国矿业大学学报, 40(1):

80-88
成先海. 2007. 中扬子区海相油气勘探突破点的选择. 天然气技术, 1(3): 30-33
邓红婴, 周进高, 赵宗举, 等. 1999. 中下扬子区震旦纪—中三叠世海相盆地类型及后期改造. 海相油气地质, 4(3): 38-45
邓模, 吕俊祥, 潘文蕾, 等. 2009. 鄂西渝东区油气保存条件分析. 石油实验地质, 31(2): 202-206
丁卫星, 赵挺, 赵胜, 等. 2013. 下扬子前陆盆地北部构造变形特征研究. 复杂油气藏, 6(2): 1-6
范德江, 刘仲衡, 韩德亮, 等. 1993. 中扬子二叠系白云石化模式. 海相湖沼通报, (3): 40-45
封永泰, 赵泽恒, 赵培荣. 2007. 黔中隆起及周缘基底结构、断裂特征. 石油天然气学报(江汉石油学院学报), (3): 35-38
冯增昭. 1988. 下扬子地区中下三叠统青龙群岩相古地理研究. 昆明: 云南科技出版社
付立新, 于平, 李淑玲, 等. 2009. 桂中坳陷泥盆系生物礁分布预测. 海相油气地质, 14(4): 35-41
付小东, 秦建中, 滕格尔, 等. 2013. 鄂西渝东地区石柱复向斜海相层系烃源研究. 天然气地质学, 24(2): 372-381
付宜兴, 张萍, 李志祥, 等. 2007. 中扬子区构造特征及勘探方向建议. 大地构造与成矿学, 31(3): 308-314
郭岭, 王丽丹, 郭峰, 等. 2009. 桂中坳陷中泥盆统纳标组层序地层与岩相古地理研究. 石油天然气学报, 31(2): 211-214
郭彤楼, 田海芹. 2003. 南方中−古生界油气勘探的若干地质问题及对策. 石油与天然气地质, 23(3): 244-247
郭彤楼, 楼章华, 马永生. 2003. 南方海相油气保存条件评价和勘探决策中应注意的几个问题. 石油实验地质, 25(1): 3-9
郭彤楼, 李国雄, 曾庆立. 2005. 江汉盆地当阳复向斜当深 3 井热史恢复及其油气勘探意义. 地质科学, 40(4): 570-578
郭旭升, 梅廉夫, 汤济广, 等. 2006. 扬子陆块中、新生代构造演化对海相油气成藏的制约. 石油与天然气地质, 27(3): 295-325
郭战峰, 陈红, 刘新民. 2005. 江汉平原构造演化与中古生界成藏模式探讨. 资源环境与工程, (4): 16-20
郭战峰, 陈绵琨, 付宜兴, 等. 2008. 鄂西渝东地区震旦、寒武系天然气成藏条件. 西南石油大学学报, 30(4): 39-42
郭战峰, 盛贤才, 胡晓凤, 等. 2013. 中扬子区海相层系石油地质特征与勘探方向选择. 石油天然气学报, 35(6): 1-9
韩应钧, 丁玉兰. 2002. 大巴山南缘中岗岭−黑楼门剪切断裂带的识别及其勘探实践意义. 天然气地球科学, 13(1): 67-73
何建坤. 1997. 南大巴冲断构造及其剪切动力学机制. 高校地质学报, 2(4): 419-428
何建坤, 卢华复, 张庆龙. 1997. 南大巴山冲断构造及其剪切挤压动力学机制. 高校地质学报, 2(4): 419-428
何治亮, 汪新伟, 李双建, 等. 2011. 中上扬子地区燕山运动及其对油气保存条件的影响. 石油实验地质, 33(1): 1-11
贺训云, 姚根顺, 贺晓苏, 等. 2011. 桂中坳陷泥盆系烃源岩发育环境及潜力评价. 石油学报, 32(2): 273-279
胡琳, 朱炎铭, 陈尚斌, 等. 2012. 中上扬子地区下寒武统筇竹寺组页岩气资源潜力分析. 煤炭学报, 37(11): 1871-1877
胡明毅, 戴卿林, 朱忠德, 等. 1993. 中扬子地区海相碳酸盐岩石油地质特征及远景评价. 石油与天然气地质, 14(4): 331-339
胡明毅, 朱忠德, 郭成贤. 1994. 中扬子地区海相碳酸盐岩储层类型及特征. 石油勘探与开发, 21(1):

106-113
胡晓凤, 王韶华, 盛贤才, 等. 2007. 中扬子区海相地层水化学特征与油气保存. 石油天然气学报, 29(2): 32-37
黄羚, 徐政语, 王鹏万, 等. 2012. 桂中坳陷上古生界页岩气资源潜力分析, 中国地质, 39(2): 497-506
贾承造, 李本亮, 张兴阳, 等. 2007. 中国海相盆地的形成与演化. 科学通报, 52(S1): 1-8
金爱民, 尚长健, 李梅等. 2011. 桂中坳陷现今水文地质地球化学与油气保存. 浙江大学学报, 45(4): 775-781
金之钧, 袁玉松, 刘全有, 等. 2012. J_3-K_1 构造事件对南方海相源盖成藏要素的控制作用. 中国科学(D辑: 地球科学), 42(12): 1791-1801
康建威, 林小兵, 田景春, 等. 2010. 黔南-桂中地区泥盆系层序地层格架中的储集体特征研究. 沉积与特提斯地质, 30(3): 76-83
乐光禹. 1998. 大巴山造山带及其前陆盆地的构造特征和构造演化. 矿物岩石, (S1): 14-21
李建青, 蒲仁海, 田媛媛. 2012. 下扬子区印支期后构造演化与有利勘探区预测. 现代地质, 26(2): 326-332
李艳霞, 李静红. 2010. 中扬子区上震旦统—志留系页岩气勘探远景. 新疆石油地质, 31(6): 659-663
李忠雄, 陆永潮, 王剑, 等. 2004. 中扬子地区晚震旦世—早寒武世沉积特征及岩相古地理. 古地理学报, 6(2): 151-162
梁狄刚, 郭彤楼, 陈建平, 等. 2008. 中国南方海相生烃成藏研究的若干新进展(一): 南方四套区域性海相烃源岩的分布. 海相油气地质, 13(2): 1-16
梁兴, 叶舟, 马力, 等. 2004. 中国南方海相含油气保存单元的层次划分与综合评价. 海相油气地质, 9(1-2): 59-76
林良彪, 陈洪德, 陈子炓, 等. 2009. 桂中坳陷中泥盆统烃源岩特征. 天然气工业, 29(3): 45-47
刘少峰, 王平, 胡明卿, 等. 2010. 中上扬子北部盆-山系统演化与动力学机制. 地学前缘, 17(3): 14-26
刘早学, 陈铁龙, 周向辉, 等. 2012. 中扬子利川-慈利走廊震旦系—下古生界油气地质特征及有利区带预测. 资源环境与工程, 26(2): 111-119
刘仲衡, 范德江. 1991. 中扬子二叠系碳酸盐岩岩相模式. 青岛海洋大学学报, 22(3): 79-89
楼章华, 马永生, 郭彤楼, 等. 2006. 中国南方海相地层油气保存条件评价. 天然气工业, 26(8): 8-11
楼章华, 金爱民, 朱蓉, 等. 2007. 黔中隆起及其周缘地区油气保存条件研究. 北京: 中国石油化工股份有限公司勘探南方分公司
罗开平, 刘光祥, 王津义. 2009. 黔中隆起金沙地区中新生代隆升剥蚀的裂变径迹分析. 海相油气地质, 14(1): 61-64
马立桥, 董庸, 屠小龙, 等. 2007. 中国南方海相油气勘探前景. 石油学报, 28(3): 1-7
毛治超, 杜远生, 张敏, 等. 2008. 广西桂中地区泥盆系沉积环境及沉积有机质特征. 中国科学(D 辑: 地球科学), (S2): 83-89
梅廉夫, 费琪. 1992. 中扬子区海相地层中油气显示及其石油地质意义. 石油与天然气地质, 13(2): 155-166
聂瑞贞. 2006. 黔中隆起及其周缘奥陶系层序地层格架及古地理演化. 北京: 中国地质大学(北京)
彭金宁, 刘光祥, 罗开平, 等. 2009. 中扬子地区下寒武统烃源岩横向分布及主控因素. 西安石油大学学报, 24(6): 17-20
沈建伟. 2005. 桂林中、晚泥盆世微生物碳酸盐沉积、礁和丘及层序地层、古环境和古气候的意义. 中国科学(D 辑: 地球科学), 35(7): 627-637
盛贤才, 郭战峰. 2011. 江汉平原簰深 1 井石炭系黄龙组流体包裹体特征及其地质意义. 石油实验地质, 33(6): 652-656
盛贤才, 郭战峰, 胡晓凤. 2014. 鄂西渝东地区震旦系灯影组古岩溶作用特征. 海相油气地质, 19(2):

32-38
施小斌, 石红才, 杨小秋, 等. 2013. 江汉盆地当阳向斜区主要不整合面剥蚀厚度的中低温热年代学约束. 地质学报, 87(8): 1076-1088
孙树强. 2011. 黔桂地区上古生界海相储集岩特征及评价. 油气地质与采收率, 18(3): 29-33
坛俊颖, 王文龙, 王延斌, 等. 2011. 中上扬子下寒武统牛蹄塘组海相烃源岩评价. 海洋地质前沿, 27(3): 23-27
汤济广, 梅廉夫, 沈传波, 等. 2005. 滇黔桂地区海相地层油气宏观保存条件评价. 地质科技情报, 24(2): 7-11
汤济广, 梅廉夫, 沈传波, 等. 2012. 多旋回叠合盆地烃流体源与构造变形响应: 以扬子陆块中古生界海相为例. 地球科学, 37(3): 526-534
陶树, 汤达祯, 伍大茂, 等. 2010. 中、上扬子区下组合烃源岩有机岩石学特征. 中国矿业大学学报, 39(4): 575-590
汪建国, 陈代钊, 王清晨, 等. 2007. 中扬子地区晚震旦世—早寒武世转折期台-盆演化及烃源岩形成机理. 地质学报, 81(8): 251-258
王芙蓉, 何生, 杨兴业. 2012. 方解石脉对中扬子地区沉湖土地堂复向斜油气保存单元的指示意义. 矿物岩石, 32(1): 94-100
王津义, 彭金宁, 王彦青, 等. 2011. 黔南坳陷区带评价与优选. 北京: 中国石油化工股份有限公司勘探南方分公司
王鹏万, 姚根顺, 陈子炓, 等. 2011. 桂中坳陷泥盆纪生物礁储层特征及演化史. 中国地质, 38(1): 170-179
王鹏万, 陈子炓, 贺训云, 等. 2012. 桂中坳陷泥盆系页岩气成藏条件与有利区带评价. 石油与天然气地质, 33(3): 353-363
王韶华, 宋明雁, 李国雄. 2002. 江汉盆地南部二叠系烃源岩热演化特征. 油气地质与采收率, 9(3): 31-33
王韶华, 胡晓凤, 曾庆立. 2005. 沉湖地区下古生界油气系统与成藏模式. 石油天然气学报, 27(2): 154-157
王韶华, 胡晓凤, 李志祥, 等. 2008. 江汉平原海相油气成藏潜力与勘探方向. 资源环境与工程, 22(3): 316-319
王韶华, 罗开平, 刘光祥. 2009. 江汉盆地周缘中、新生代构造隆升裂变径迹记录. 石油与天然气地质, 30(3): 255-259
王顺玉, 戴鸿鸣, 王海清. 2000. 大巴山、米仓山南缘烃源岩特征研究. 天然气地球科学, 11(5): 4-16
韦宝东. 2004. 桂中坳陷泥盆系烃源岩特征. 南方油气, 17(2): 19-21
韦宝东, 张可怀, 张金端, 等. 2010. 黔中隆起及周缘地区都匀构造面特征及其控油作用研究. 北京: 中国石油化工股份有限公司勘探南方分公司
吴国干, 姚根顺, 徐政语, 等. 2009. 桂中坳陷改造期构造样式及其成因. 海相油气地质, 14(1): 33-40
吴孔友, 刘磊. 2010. 大南盘江地区构造对油气藏破坏作用研究. 大地构造与成矿学, 34(2): 255-261
吴巧英, 谢润成, 陈姗姗, 等. 2012. 中扬子地区地层水特征与油气保存的关系. 石油地质与工程, 26(5): 35-38
吴世祥, 汤良杰. 2005. 米仓山与大巴山交汇区构造分区与油气分布. 石油与天然气地质, 26(3): 361-365
肖加飞, 何熙琦, 王尚彦, 等. 2005. 黔中隆起及外围南华—志留纪层序地层特征. 贵州地质, 22(2): 90-97
肖开华, 陈红, 沃玉进, 等. 2005. 江汉平原区构造演化对中、古生界油气系统的影响. 石油与天然气地质, 26(5): 688-693
徐国盛, 曹俊锋, 朱建敏, 等. 2009. 鄂西渝东地区典型构造流体封存箱划分及油气藏的形成与演化. 成

都理工大学学报, 36(6): 621-629
徐胜林, 尚云志, 陈安清. 2007. 黔南-桂中地区泥盆系沉积体系研究. 四川地质学报, 27(1): 7-12
徐曦, 杨风丽, 赵文芳. 2011. 下扬子区海相中、古生界上油气成藏组合特征分析. 海洋石油, 31(4): 48-53
徐政语, 林舸. 2001. 中扬子地区显生宙构造演化及其对油气系统的影响. 大地构造与成矿学, 25(1): 1-8
叶舟, 支家生, 梁兴, 等. 2005. 江汉盆地前白垩系油气勘探前景展望. 天然气工业, 25(2): 14-27
叶舟, 梁兴, 马力, 等. 2006. 下扬子独立地块海相残留盆地油气勘探方向探讨. 地质科学, 41(3): 523-548
袁志华, 冯增昭, 吴胜和. 1998. 中扬子地区早三叠世嘉陵江期岩相古地理研究. 地质科学, 33(2): 180-186
袁玉松, 孙冬胜, 周雁, 等. 2010. 中上扬子地区印支期以来抬升剥蚀时限的确定. 地球物理学报, 53(2): 362-369
张庆龙, 卢华复. 1995. 大巴山前缘含油气构造条件. 天然气工业, 15(4): 5-9
张士万, 杨振武, 梁西文, 等. 2007. 中扬子区海相天然气勘探层系及突破方向. 石油实验地质, 29(4): 361-366
赵孟军, 张水昌, 赵陵, 等. 2006. 南盘江盆地油气成藏过程及天然气勘探前景分析. 地质论评, 52(5): 642-649
赵孟军, 张水昌, 赵陵, 等. 2007. 南盘江盆地古油藏沥青、天然气的地球化学特征及成因. 中国科学(D辑: 地球科学), 37(2): 167-177
赵胜, 程海生, 郑团结, 等. 2013. 下扬子北部 YF 地区 MT 资料综合解释研究. 安徽地质, 23(3): 216-219
赵挺, 程海生, 陆英. 2010. 下扬子区中、古生界典型构造样式与油气勘探选区. 复杂油气藏, 3(2): 8-12
赵宗举, 王根海, 徐云俊, 等. 2000. 改造型盆地评价及其油气系统研究方法——以中国南方中、古生界海相地层为例. 海相油气地质, 2(2): 67-79
赵宗举, 朱淡, 杨树峰, 等. 2002a. 残留盆地油气系统研究方法——以中国南方中、古生界海相地层为例. 地质学报, 76(1): 124-137
赵宗举, 朱琰, 李大成, 等. 2002b. 中国南方构造形变对油气藏的控制作用. 石油与天然气地质, 23(1): 19-25
赵宗举, 朱琰, 李大成. 2002c. 中国南方中、古生界古今油气藏形成演化控制因素及勘探方向. 天然气工业, 22(5): 1-6
赵宗举, 俞广, 朱琰, 等. 2003a. 中国南方大地构造演化及其对油气的控制. 成都理工大学学报(自然科学版), 30(2): 155-168
赵宗举, 朱琰, 邓红婴, 等. 2003b. 中国南方古隆起对中、古生界原生油气藏的控制作用. 石油实验地质, 25(1): 10-27
赵宗举, 朱淡, 徐云俊. 2003c. 中国南方中、古生界油气系统及勘探选区. 中国石油勘探, 8(4): 1-8
赵宗举, 朱琰, 徐云俊. 2004. 中国南方古生界—中生界油气藏成藏规律及勘探方向. 地质学报, 78(5): 710-720
朱定伟, 丁文龙, 邓礼华, 等. 2012. 中扬子地区泥页岩发育特征与页岩气形成条件分析. 特种油气藏, 19(1): 34-37
朱夏, 陈焕疆. 1982. 中国大陆边缘构造和盆地演化. 石油实验地质, 4(3): 153-160